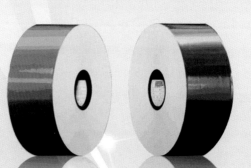

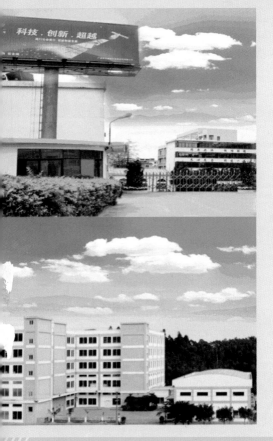

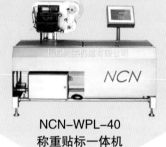

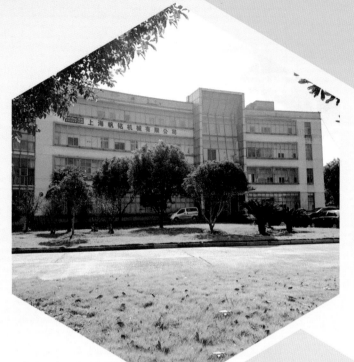

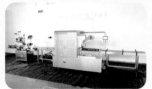

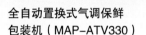

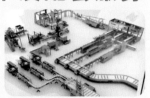

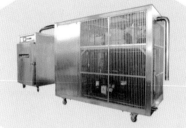

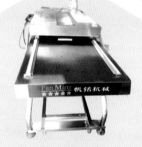

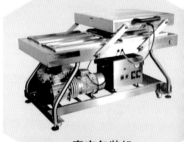

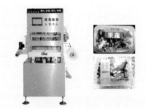

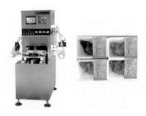

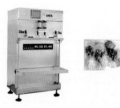

上海市
高新技术企业
上海市高新技术企业（产品）认定办公室颁发

行业认定
企业技术中心
国家烟草专卖局
二〇一三年九月

上海市认定
企业技术中心
上海市经济委员会　上海市国家税务局
上海市财政局　　　上海市地方税务局
上海海关

荣誉证书
命名 上海烟草包装印刷有限公司
为 二〇一五~二〇一六 年度
上海市文明单位。
特发此证。

上海烟草包装印刷有限公司

公司简介

　　上海烟草包装印刷有限公司（原名上海烟草工业印刷厂）创建于1929年，现为上海烟草集团配套生产企业，投资并管理上海金鼎印务有限公司。

　　近年来，在上海烟草集团的领导下，公司大力弘扬"和搏一流"企业精神，按照"精心服务主业，实现多元发展"的定位，自觉规范经营行为。历经80多年的发展，公司已建设成为功能齐全、技术领先的现代化大型包装印刷联合企业。公司具有独特工艺和强大的设计、研发、生产能力，被上海市高新技术企业认定委员会认定为"上海市高新技术企业"；企业技术中心2004年被上海市授予"市级技术中心"，2013年又被国家烟草专卖局认定为"行业级企业技术中心"。公司主要产品有国内多家中烟公司的卷烟商标印刷品以及"相宜本草""伽蓝"等知名品牌包装产品。

　　公司连续多年获得"上海市文明单位""上海市包装企业50强""上海市清洁生产示范单位"等多项荣誉，2012年荣获首批"国家印刷示范企业"称号。

主要产品

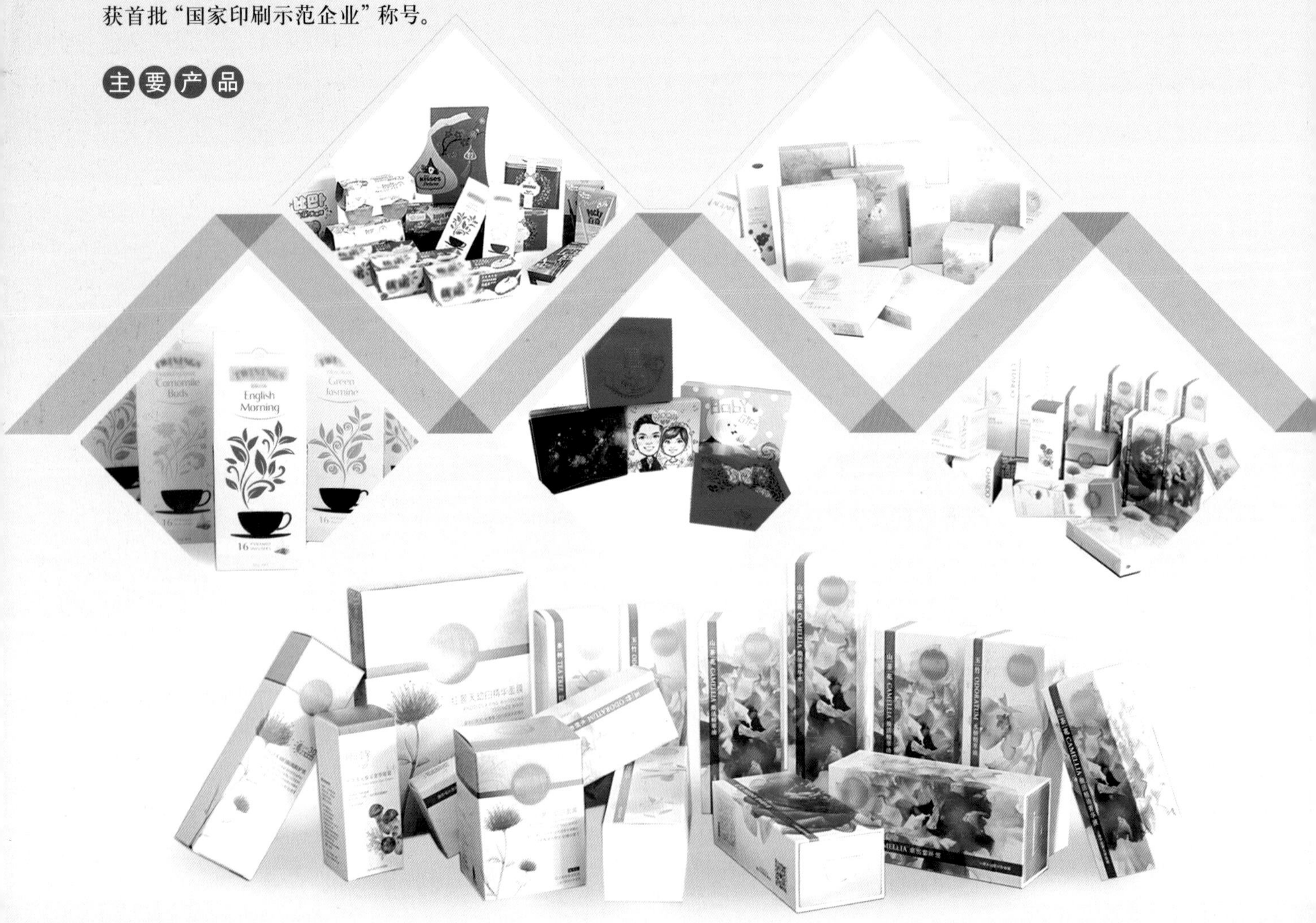

地址：上海市浦东新区张杨北路3939号　邮编：200137　电话：+86-021-61666868　传真：+86021-58614779

珠海鼎立包装制品有限公司、福建鼎盛五金制品有限公司、山东龙口博瑞特金属容器有限公司与常州博瑞特金属容器有限公司主要生产易拉罐盖金属包装产品，为客户提供安全、经济、高效的包装解决方案。

2018 年四个生产基地总产能 170 亿，产品类型有 113RPT/SOT、200RPT/SOT、202RPT/SOT、206RPT/SOT、209FA、200 与 209 底盖、28 与 38 铝旋开盖，是可口可乐、百事可乐、青岛啤酒、雪花啤酒、燕京啤酒、红牛、养元、娃哈哈、加多宝、王老吉等多个知名客户的认可供货商。

2014 年年底公司成立二维码研发专项小组，经过近一年的不断探索与实践，终于实现了二维码在易拉盖上的应用。截至 2017 年 12 月底，共取得二维码发明专利认证 2 项、实用新型专利认证 3 项、外观专利认证 2 项。

我们将凭借先进的技术、优质的服务及良好的企业管制和监控，保持自身的持续发展，为客户、员工、股东实现价值最大化的同时提升自身价值，进一步强化在行业中的领导地位。

拉环盖 RPT
(Ring Pull Tab)

保留盖 SOT
(Stay On Tab)

全开盖 FAT/P
(Full Aperture Tinplate)

202SOT 汽水盖
二维码盖

体系证书——珠海鼎立

体系证书——福建鼎盛

体系证书——山东博瑞特

209FA 全开盖－七彩印刷盖
正面印刷七彩色，喷二维码

202RPT 汽水盖
二维码盖

珠海鼎立包装制品有限公司
地址：中国广东省珠海市金湾区红旗镇红旗路 22 号

福建鼎盛五金制品有限公司
地址：福建省莆田市涵江区江口镇锦江西路 1108 号

博瑞特 RIGHT
山东龙口博瑞特金属容器有限公司
地址：山东省烟台市龙口市高新技术产业园区宇安路

博瑞特 RIGHT
常州博瑞特金属容器有限公司
地址：江苏省常州市新北区滨江经济技术开发区东海路 206 号
电话：86-756-6129999
联系人：高先国 先生
邮编：519090

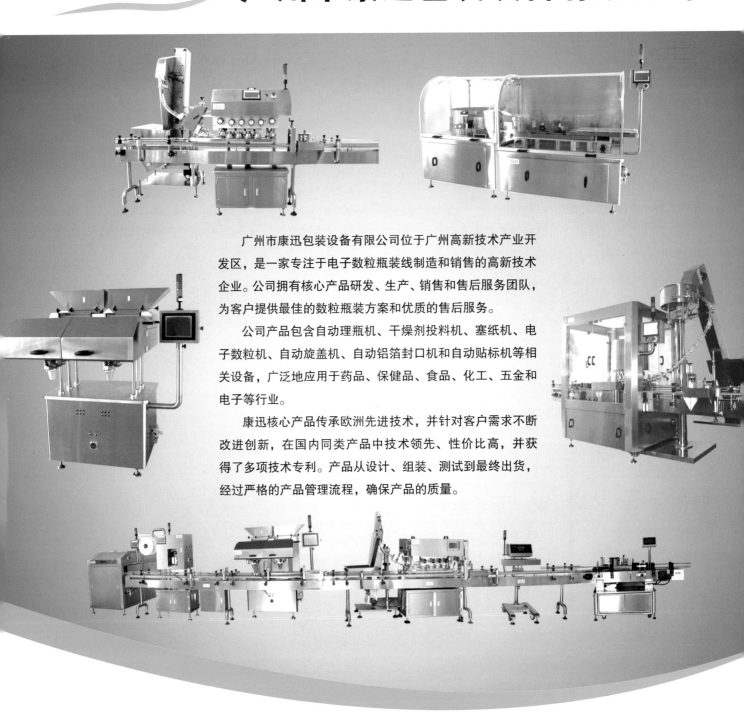

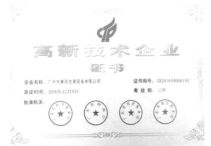

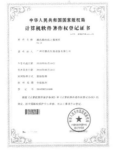

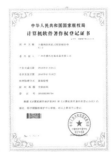

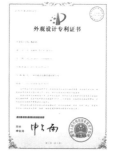

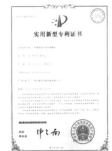

中国包装标准汇编

产品包装卷

（上）

（第二版）

中国标准出版社　编

中国标准出版社
北京

图书在版编目(CIP)数据

中国包装标准汇编. 产品包装卷:全 2 册/中国标准出版社编. —2 版. —北京:中国标准出版社,2019.7
ISBN 978-7-5066-9379-0

Ⅰ. ①中… Ⅱ. ①中… Ⅲ. ①包装标准-汇编-中国
Ⅳ. ①TB488

中国版本图书馆 CIP 数据核字(2019)第 120974 号

中国标准出版社出版发行
北京市朝阳区和平里西街甲 2 号(100029)
北京市西城区三里河北街 16 号(100045)
网址 www.spc.net.cn
总编室:(010)68533533 发行中心:(010)51780238
读者服务部:(010)68523946
中国标准出版社秦皇岛印刷厂印刷
各地新华书店经销

*

开本 880×1230 1/16 印张 48.5 字数 1462 千字
2019 年 7 月第二版 2019 年 7 月第二次印刷

*

定价(上下册) 430.00 元

出版说明

《中国包装标准汇编》是我国包装行业标准化方面的一套大型丛书，按行业分类分别立卷。

本汇编为丛书的一卷，分上、下册出版，共收集了截至2019年6月底批准发布的产品包装国家标准和行业标准129项，其中，国家标准110项、行业标准19项。上册内容包括：综合，农业、林业，医药、卫生、劳动保护，食品、烟草；下册内容包括：化工，建材，能源、核技术，机械，冶金，纺织，轻工。

本汇编收集的标准的属性已在目录上标明，年代号用四位数字表示。鉴于部分国家标准和行业标准是在标准清理整顿前出版，现尚未修订，故正文部分仍保留原样，读者在使用这些标准时，其属性以目录上标明的为准（标准正文"引用标准"中的标准的属性请读者注意查对）。

本汇编可供包装行业的生产、科研、销售单位的技术人员，各级监督、检验机构的人员、各管理部门的相关人员使用，也可供大专院校有关专业的师生参考。

编　者

2019年6月

目　录

一、综　　合

二、农业、林业

三、医药、卫生、劳动保护

四、食品、烟草

一、综　合

ICS 13.300
A 80

中华人民共和国国家标准

GB 190—2009
代替 GB 190—1990

危险货物包装标志

Packing symbol of dangerous goods

2009-06-21 发布　　2010-05-01 实施

中华人民共和国国家质量监督检验检疫总局
中国国家标准化管理委员会　发布

前　言

本标准的第3章、第4章为强制性的，其余为推荐性的。

本标准修改采用联合国《关于危险货物运输的建议书　规章范本》(第15修订版)第5部分：托运程序　第5.2章：标记和标签。本标准与其相比，存在以下技术性差异：

——标志图形采用表格形式叙述；

——删除了与标志使用无关的内容。

本标准代替GB 190—1990《危险货物包装标志》。本标准与GB 190—1990相比主要变化如下：

——爆炸品标签从原有的3个增加为4个；

——气体标签从原有的3个增加为5个；

——易燃液体标签从原有的1个增加为2个；

——第4类物质标签，从原有的3个增加为4个；

——第5类物质标签中，有机过氧化物变动较大；

——毒性物质标签，从原有的3个减少为1个；

——第7类物质标签中，增加裂变性物质标签；

——增加4个标记；

——增加标记和标签使用要求(附录A)。

本标准的附录A为规范性附录。

本标准由全国危险化学品管理标准化技术委员会(SAC/TC 251)提出并归口。

本标准负责起草单位：铁道部标准计量研究所。

本标准主要起草人：张锦、赵靖宇、赵华、兰淑梅、苏学锋。

本标准所代替标准的历次版本发布情况为：

——GB 190—1985、GB 190—1990。

危险货物包装标志

1 范围

本标准规定了危险货物包装图示标志(以下简称标志)的分类图形、尺寸、颜色及使用方法等。

本标准适用于危险货物的运输包装。

2 规范性引用文件

下列文件中的条款通过本标准的引用而成为本标准的条款。凡是注日期的引用文件,其随后所有的修改单(不包括勘误的内容)或修订版均不适用于本标准,然而,鼓励根据本标准达成协议的各方研究是否可使用这些文件的最新版本。凡是不注日期的引用文件,其最新版本适用于本标准。

GB/T 191 包装储运图示标志

GB 6944 危险货物分类和品名编号

GB 11806—2004 放射性物质安全运输规程

GB 12268 危险货物品名表

3 标志分类

标志分为标记(见表 1)和标签(见表 2)。标记 4 个;标签 26 个,其图形分别标示了 9 类危险货物的主要特性。

表 1 标记

序　　号	标记名称	标记图形
1	危害环境物质和物品标记	 (符号:黑色,底色:白色)

表 1（续）

序　　号	标记名称	标记图形
2	方向标记	 （符号：黑色或正红色，底色：白色）  （符号：黑色或正红色，底色：白色）
3	高温运输标记	 （符号：正红色，底色：白色）

表 2　标签

序　号	标签名称	标签图形	对应的危险货物类项号
1	爆炸性物质或物品	 （符号：黑色，底色：橙红色）  （符号：黑色，底色：橙红色）  （符号：黑色，底色：橙红色）  （符号：黑色，底色：橙红色） * * 项号的位置——如果爆炸性是次要危险性，留空白。 * 配装组字母的位置——如果爆炸性是次要危险性，留空白。	1.1 1.2 1.3 1.4 1.5 1.6

表 2（续）

序　　号	标签名称	标签图形	对应的危险货物类项号
2	易燃气体	 （符号：黑色，底色：正红色）  （符号：白色，底色：正红色）	2.1
	非易燃无毒气体	 （符号：黑色，底色：绿色）  （符号：白色，底色：绿色）	2.2

表 2（续）

序　　号	标签名称	标签图形	对应的危险货物类项号
2	毒性气体	 （符号：黑色，底色：白色）	2.3
3	易燃液体	 （符号：黑色，底色：正红色）  （符号：白色，底色：正红色）	3
4	易燃固体	 （符号：黑色，底色：白色红条）	4.1

表 2（续）

序　　号	标签名称	标签图形	对应的危险货物类项号
4	易于自燃的物质	 （符号：黑色，底色：上白下红）	4.2
	遇水放出易燃气体的物质	 （符号：黑色，底色：蓝色）  （符号：白色，底色：蓝色）	4.3
5	氧化性物质	 （符号：黑色，底色：柠檬黄色）	5.1

表 2（续）

序　　号	标签名称	标签图形	对应的危险货物类项号
5	有机过氧化物	 （符号：黑色，底色：红色和柠檬黄色）  （符号：白色，底色：红色和柠檬黄色）	5.2
6	毒性物质	 （符号：黑色，底色：白色）	6.1
	感染性物质	 （符号：黑色，底色：白色）	6.2

表 2（续）

序　　号	标签名称	标签图形	对应的危险货物类项号
7	一级放射性物质	 （符号：黑色，底色：白色，附一条红竖条） 黑色文字，在标签下半部分写上： “放射性” “内装物______” “放射性强度______” 在“放射性”字样之后应有一条红竖条	7A
	二级放射性物质	 （符号：黑色，底色：上黄下白，附两条红竖条） 黑色文字，在标签下半部分写上： “放射性” “内装物______” “放射性强度______” 在一个黑边框格内写上：“运输指数” 在“放射性”字样之后应有两条红竖条	7B

表 2（续）

<table>
<tr><th>序　号</th><th>标签名称</th><th>标签图形</th><th>对应的危险货物类项号</th></tr>
<tr><td rowspan="2">7</td><td>三级放射性物质</td><td>

（符号：黑色，底色：上黄下白，附三条红竖条）
黑色文字，在标签下半部分写上：
“放射性”
“内装物______”
“放射性强度______”
在一个黑边框格内写上：“运输指数”
在“放射性”字样之后应有三条红竖条</td><td>7C</td></tr>
<tr><td>裂变性物质</td><td>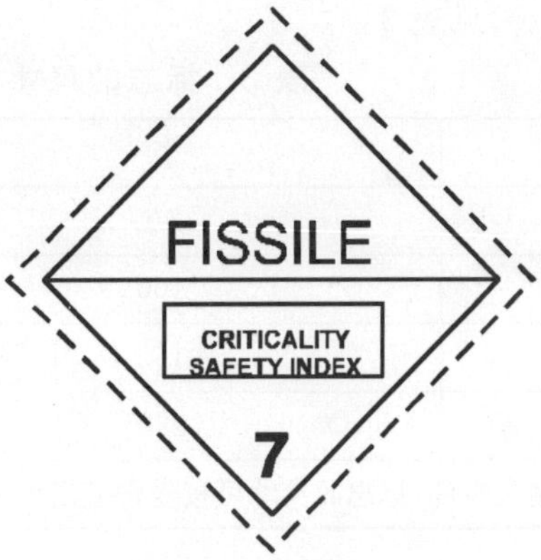

（符号：黑色，底色：白色）
黑色文字
在标签上半部分写上：“易裂变”
在标签下半部分的一个黑边
框格内写上：“临界安全指数”</td><td>7E</td></tr>
<tr><td>8</td><td>腐蚀性物质</td><td>

（符号：黑色，底色：上白下黑）</td><td>8</td></tr>
</table>

表 2（续）

序　　号	标签名称	标签图形	对应的危险货物类项号
9	杂项危险物质和物品	（符号：黑色，底色：白色）	9

4 标志的尺寸、颜色

4.1 标志的尺寸

标志的尺寸一般分为四种，见表 3。

表 3　标志的尺寸　　单位为毫米

尺寸号别	长	宽
1	50	50
2	100	100
3	150	150
4	250	250
注：如遇特大或特小的运输包装件，标志的尺寸可按规定适当扩大或缩小。		

4.2 标志的颜色

标志的颜色按表 1 和表 2 中规定。

5 标志的使用方法

5.1 储运的各种危险货物性质的区分及其应标打的标志，应按 GB 6944、GB 12268 及有关国家运输主管部门相关规定选取，出口货物的标志应按我国执行的有关国际公约（规则）办理。

5.2 标志的具体使用方法见附录 A。

附 录 A
（规范性附录）
标记和标签使用要求

A.1 标记

A.1.1 除另有规定外，根据GB 12268确定的危险货物正式运输名称及相应编号，应标示在每个包装件上。如果是无包装物品，标记应标示在物品上、其托架上或其装卸、储存或发射装置上。

A.1.2 A.1.1要求的所有包装件标记：

a) 应明显可见而且易读；

b) 应能够经受日晒雨淋而不显著减弱其效果；

c) 应标示在包装件外表面的反衬底色上；

d) 不得与可能大大降低其效果的其他包装件标记放在一起。

A.1.3 救助容器应另外标明“救助”一词。

A.1.4 容量超过450 L的中型散货集装箱和大型容器，应在相对的两面作标记。

A.1.5 第7类的特殊标记规定：

a) 第7类的特殊标记、运输装置和包装形式应符合GB 11806—2004的规定。

b) 应在每个包装件的容器外部，醒目而耐久地标上发货人或收货人或两者的识别标志。

c) 对于每个包装件(GB 11806—2004规定的例外包装件除外)，应在容器外部醒目而耐久地标上前面冠以GB 12268编号和正式运输名称。就例外包装件而言，只需要标上前面冠以GB 12268编号。

d) 总质量超过50 kg的每个包装件应在其容器外部醒目而耐久地标上其许可总质量。

e) 每个包装件：

——如果符合IP-1型包装件、IP-2型包装件或IP-3型包装件的设计，应在容器外部醒目且耐久地酌情标上“IP-1型”、“IP-2型”或“IP-3型”；

——如符合A型包装件设计，应在容器外部醒目而耐久地标上“A型”标记；

——如符合IP-2型包装件、IP-3型包装件或A型包装件设计，应在容器外部醒目且耐久地标上原设计国的国际车辆注册代号(VRI代号)和制造商名称，或原设计国运输主管部门规定的其他容器识别标志。

f) 符合运输主管部门所批准设计的每个包装件应在容器外部醒目而耐久地标上下述标记：

——运输主管部门为该设计所规定的识别标记；

——专用于识别符合该设计的每个容器的序号；

——如为B(U)型或B(M)型包装件设计，标上“B(U)型”或“B(M)型”；

——如为C型包装件设计，标上“C型”。

g) 符合B(U)型或B(M)型或C型包装件设计的每个包装件应在其能防火、防水的最外层贮器的外表面用压纹、压印或其他能防火、防水的方式醒目地标上三叶形标志(见图A.1)。

h) LSA-Ⅰ物质或SCO-Ⅰ物体如装在贮器或包裹材料里并且按照运输主管部门容许的独家使用方式运输时，可以在这些贮器或包裹材料的外表面上酌情贴上“放射性LSA-Ⅰ”或“放射性SCO-Ⅰ”标记。

i) 如果包装件的国际运输需要运输主管部门对设计或装运的批准，而有关国家适用的批准型号不同，那么标记应按照原设计国的批准证书做出。

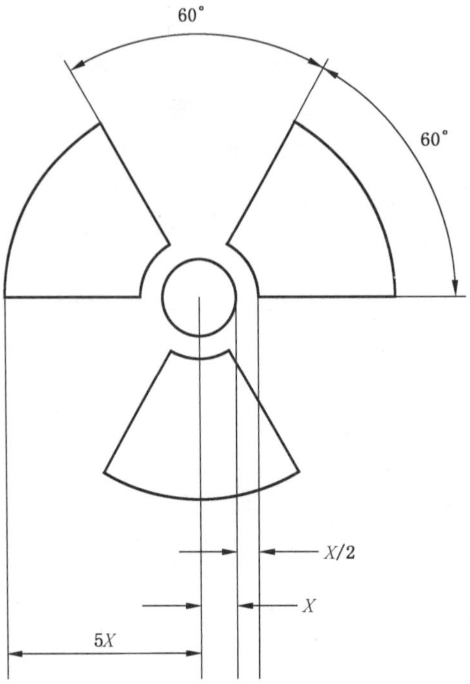

注：其尺寸比例基于半径为 X 的中心圆。X 的最小允许尺寸为 4 mm。

图 A.1 基本的三叶形标志

A.1.6 危害环境物质的特殊标记规定：

a) 装有符合 GB 12268 和 GB 6944 标准中的危害环境物质(UN 3077 和 UN 3082)的包装件，应耐久地标上危害环境物质标记，但以下容量的单容器和带内容器的组合容器除外：

——装载液体的容量为 5 L 或以下；

——装载固体的容量为 5 kg 或以下。

b) 危害环境物质标记，应位于 A.1.1 要求的各种标记附近，应满足 A.1.2 和 A.1.4 的要求。

c) 危害环境物质标记，应如表 1 序号 1 图所示。除非包装件的尺寸只能贴较小的标记，容器的标记尺寸应符合表 3 的规定。对于运输装置，最小尺寸应是 250 mm×250 mm。

A.1.7 方向箭头使用规定：

a) 除 b)规定的情况外：

——内容器装有液态危险货物的组合容器；

——配有通风口的单一容器；

——拟装运冷冻液化气体的开口低温贮器。

应清楚地标上与表 1 序号 2 图所示的包装件方向箭头，或者符合 GB/T 191 规定的方向箭头。方向箭头应标在包装件相对的两个垂直面上，箭头显示正确的朝上方向。标识应是长方形的，大小应与包装件的大小相适应，清晰可见。围绕箭头的长方形边框是可以任意选择的。

b) 下列包装件不需要标方向箭头：

——压力贮器；

——危险货物装在容积不超过 120 mL 的内容器中，内容器与外容器之间有足够的吸收材料，能够吸收全部液体内装物；

——6.2 项感染性物质装在容积不超过 50 mL 的主贮器内；

——第 7 类放射性物质装在 B(U)型、B(M)型或 C 型包装件内；

——任何放置方向都不漏的物品(例如装入温度计、喷雾器等的酒精或汞)。

c) 用于表明包装件正确放置方向以外的箭头，不应标示在按照本标准作标记的包装件上。

A.1.8 高温物质标记使用规定：

运输装置运输或提交运输时，如装有温度不低于 100 ℃的液态物质或者温度不低于 240 ℃的固态物质，应在其每一侧面和每一端面上贴有如表 1 序号 3 图所示的标记。标记为三角形，每边应至少有 250 mm，并且应为红色。

A.2 标签

A.2.1 标签规定

A.2.1.1 这些是表现内装货物的危险性分类标签规定(如表 2 所示)。但表明包装件在装卸或贮藏时应加小心的附加标记或符号(例如，用伞作符号表示包装件应保持干燥)，也可在包装件上适当标明。

A.2.1.2 表明主要和次要危险性的标签应与表 2 中所示的序号 1 至序号 9 所有式样相符。"爆炸品"次要危险性标签应使用序号 1 中带有爆炸式样标签图形。

A.2.1.3 危险货物一览表具体列出的物质或物品，应贴有 GB 12268 一览表第 4 栏下所示危险性的类别标签。危险货物一览表第 5 栏中以类号或项号表示的任何危险性，也须加贴次要危险性标签。但如果第 5 栏下未列出次要危险性，或危险货物一览表虽列出次要危险性但对使用标签的要求可予以豁免的情况下，特殊规定也须加贴次要危险性标签。

A.2.1.4 如果某种物质符合几个类别的定义，而且其名称未具体列在 GB 12268 危险货物一览表中，则应利用 GB 6944 中的规定来确定货物的主要危险性类别。除了需要有该主要危险性类的标签外，还应贴危险货物一览表中所列的次要危险性标签。

装有第 8 类物质的包装件不需要贴 6.1 号式样的次要危险性标签，如果毒性仅仅是由于对生物组织的破坏作用引起的。装有 4.2 项物质的包装件不需要贴 4.1 号式样的次要危险性标签。

A.2.1.5 具有次要危险性的第 2 类气体的标签见表 A.1。

表 A.1

项	GB 6944 所示的次要危险性	主要危险性标签	次要危险性标签
2.1	无	2.1	无
2.2	无	2.2	无
	5.1	2.2	5.1
2.3	无	2.3	无
	2.1	2.3	2.1
	5.1	2.3	5.1
	5.1,8	2.3	5.1,8
	8	2.3	8
	2.1,8	2.3	2.1,8

A.2.1.6 对第 2 类规定有三种不同的标签：一种表示 2.1 项的易燃气体(红色)，一种表示 2.2 项的非易燃无毒气体(绿色)，一种表示 2.3 项的毒性气体(白色)。如果 GB 12268 危险货物一览表表明某一种第 2 类气体具有一种或多种次要危险性，应根据 A.2.1.5 使用标签。

A.2.1.7 除 A.2.2.1.2 规定的要求外，每一标签应：

a) 在包装件尺寸够大的情况下，与正式运输名称贴在包装件的同一表面与之靠近的地方；

b) 贴在容器上不会被容器任何部分或容器配件或者任何其他标签或标记盖住或遮住的地方；

c) 当主要危险性标签和次要危险性标签都需要时，彼此紧挨着贴。

当包装件形状不规则或尺寸太小以致标签无法令人满意地贴上时，标签可用结牢的签条或其他装置挂在包装件上。

A.2.1.8 容量超过 450 L 的中型散货集装箱和大型容器，应在相对的两面贴标签。

A.2.1.9 标签应贴在反衬颜色的表面上。

A.2.1.10 自反应物质标签的特殊规定：

B 型自反应物质应贴有“爆炸品”次要危险性标签(1 号式样)，除非运输主管部门已准许具体容器免贴此种标签，因为试验数据已证明自反应物质在此种容器中不显示爆炸性能。

A.2.1.11 有机过氧化物标签的特殊规定：

装有 GB 12268 危险货物一览表表明的 B、C、D、E 或 F 型有机过氧化物的包装件应贴表 2 序号 5 中 5.2 项标签(5.2 号式样)。这个标签也意味着产品可能易燃，因此不需要贴“易燃液体”次要危险性标签(3 号式样)。另外还应贴下列次要危险性标签：

a) B 型有机过氧化物应贴有“爆炸品”次要危险性标签(1 号式样)，除非运输主管部门已准许具体容器免贴此种标签，因为试验数据已证明有机过氧化物在此种容器中不显示爆炸性能；

b) 当符合第 8 类物质Ⅰ类或Ⅱ类包装标准时，需要贴“腐蚀性”次要危险性标签(8 号式样)。

A.2.1.12 感染性物质包装件标签的特殊规定：

除了主要危险性标签(6.2 号式样)外，感染性物质包装件还应贴其内装物的性质所要求的任何其他标签。

A.2.1.13 放射性物质标签的特殊规定：

a) 除 GB 11806—2004 为大型货物集装箱和罐体规定的情况外，盛装放射性物质的每个包装件、外包装和货物集装箱应按照该包装件、外包装或货物集装箱的类别(见 GB 11806—2004 表 7)酌情贴上至少两个与 7A 号、7B 号和 7C 号式样相一致的标签。标签应贴在包装件外部两个相对的侧面上或货物集装箱外部的所有四个侧面上。盛装放射性物质的每个外包装应在外包装外部相对的侧面至少贴上两个标签。此外，盛装易裂变材料的每个包装件、外包装和货物集装箱应贴上与 7E 号式样相一致的标签；这类标签适用时应贴在放射性物质标签旁边。标签不得盖住规定的标记。任何与内装物无关的标签应除去或盖住。

b) 应符合 GB 11806—2004 的规定在与 7A 号、7B 号和 7C 号式样相一致的每个标签上填写下述资料：

——内装物：

除 LSA-Ⅰ物质外，以 GB 11806—2004 的 5.3.1.1 表 1 中规定的符号表示的取自该表的放射性核素的名称。对于放射性核素的混合物，应尽量地将限制最严格的那些核素列在该栏内直到写满为止。应在放射性核素的名称后面注明 LSA 或 SCO 的类别。为此，应使用“LSA-Ⅱ”、“LSA-Ⅲ”、“SCO-Ⅰ”及“SCO-Ⅱ”等符号；

对于 LSA-Ⅰ物质，仅需填写符号“LSA-Ⅰ”，无需填写放射性核素的名称。

——放射性活度：放射性内装物在运输期间的最大放射性活度，以贝克勒尔(Bq)为单位加适当的国际单位制词头符号表示。对于易裂变材料，可以克(g)或其倍数为单位表示的易裂变材料质量来代替放射性活度。

——对于外包装和货物集装箱，应在标签的“内装物”栏里和“放射性活度”栏里分别填写“外包装”和“货物集装箱”全部内装物加在一起的 A.2.1.13a)和 A.2.1.13b)所要求的资料，但装有含不同放射性核素的包装件的混合货载的外包装或货物集装箱除外，在它们标签上的这两栏里可填写“见运输票据”。

——运输指数：见 GB 11806—2004 中 6.8[Ⅰ类(白)毋需填写运输指数]。

c) 应在与 7E 号式样相一致的每个标签上填写与运输主管部门颁发的特殊安排批准证书或包装件设计批准证书上相同的临界安全指数(CSI)。

d) 对于外包装和货物集装箱，标签上的临界安全指数栏里应填写外包装或货物集装箱的易裂变内装物加在一起的 A.2.1.13c)所要求的资料。

e) 如果包装件的国际运输需要运输主管部门对设计或装运的批准，而有关国家适用的批准型号不同，那么标记应按照原设计国的批准证书做出。

A.2.2 标签规定

标签应满足本节的规定，并在颜色、符号和一般格式方面与表2所示的标签式样一致。必要时，表2所示的标签可按照下列a)的规定用虚线标出外缘。标签贴在反衬底色上时不需要这么做，规定如下：

a) 标签形状为呈45°角的正方形(菱形)，尺寸符合4.1的规定，但包装件的尺寸只能贴更小的标签和b)规定的情况除外。标签上沿着边缘有一条颜色与符号相同、距边缘5 mm的线。标签应贴在反衬底色上，或者用虚线或实线标出外缘。

b) 第2类的气瓶可根据其形状、放置方向和运输固定装置，贴表2序号2所规定的标签，尺寸符合4.1的规定，但在任何情况下表明主要危险的标签和任何标签上的编号均应完全可见，符号易于辨认。

c) 标签分为上下两半，除1.4项、1.5项或1.6项外，标签的上半部分为图形符号，下半部分为文字和类号或项号和适当的配装组字母。

d) 除1.4项、1.5项和1.6项外，第1类的标签在下半部分标明物质或物品的项号和配装组字母。1.4项、1.5项和1.6项的标签在上半部分标明项号，在下半部分标明配装组字母。1.4项S配装组一般不需要标签。但如果认为这类货物需要有标签，则应依照1.4号式样。

e) 第7类以外的物质的标签，在符号下面的空白部分填写的文字(类号或项号除外)应限于表明危险性质的资料和搬运时应注意的事项。

f) 所有标签上的符号、文字和号码应用黑色表示，但下述情况除外：

——第8类的标签，文字和类号用白色；

——标签底色全部为绿色、红色或蓝色时，符号、文字和号码可用白色；

——贴在装液化石油气的气瓶和气筒上的2.1项标签可以贮器的颜色作底色，但应有足够的颜色对比。

g) 所有标记应经受得住风吹雨打日晒，而不明显降低其效果。

ICS 55.020
A 80

中华人民共和国国家标准

GB/T 191—2008
代替 GB/T 191—2000

包装储运图示标志

Packaging—Pictorial marking for handling of goods

(ISO 780:1997,MOD)

2008-04-01 发布　　2008-10-01 实施

中华人民共和国国家质量监督检验检疫总局
中国国家标准化管理委员会　发布

前 言

本标准修改采用国际标准 ISO 780:1997《包装 储运图示标志》，主要差异如下：

——在国际标准三种规格的基础上，增加了 50 mm 的规格尺寸；

——在 4.1 标志的使用中增加了“印制标志时，外框线及标志名称都要印上，出口货物可省略中文标志名称和外框线；喷涂时，外框线及标志名称可以省略”；

——在表 1 中增加了每个标志的完整图形。

本标准代替 GB/T 191—2000《包装储运图示标志》。

本标准与 GB/T 191—2000 相比主要变化如下：

——取消了标志在包装件上的粘贴位置；

——在表 1 中增加了标志图形一栏。

本标准由全国包装标准化技术委员会提出并归口。

本标准起草单位：铁道部标准计量研究所、北京出入境检验检疫协会。

本标准主要起草人：张锦、赵靖宇、徐思桥、苏学锋。

本标准所代替标准的历次版本发布情况为：

——GB/T 191—1963、GB/T 191—1973、GB/T 191—1985、GB/T 191—1990、GB/T 191—2000；

——GB 5892—1985。

包装储运图示标志

1 范围

本标准规定了包装储运图示标志(以下简称标志)的名称、图形符号、尺寸、颜色及应用方法。

本标准适用于各种货物的运输包装。

2 标志的名称和图形符号

标志由图形符号、名称及外框线组成,共17种,见表1。

表 1 标志名称及图形

序号	标志名称	图形符号	标 志	含 义	说明及示例
1	易碎物品			表明运输包装件内装易碎物品,搬运时应小心轻放	见4.2.2 a)。 位置示例 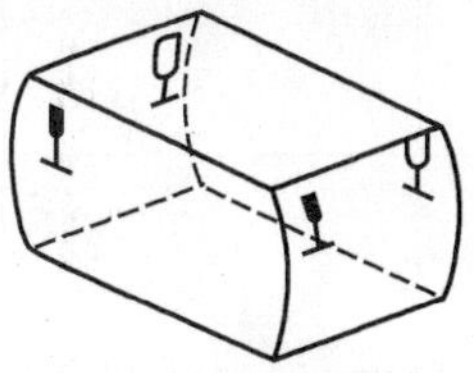
2	禁用手钩	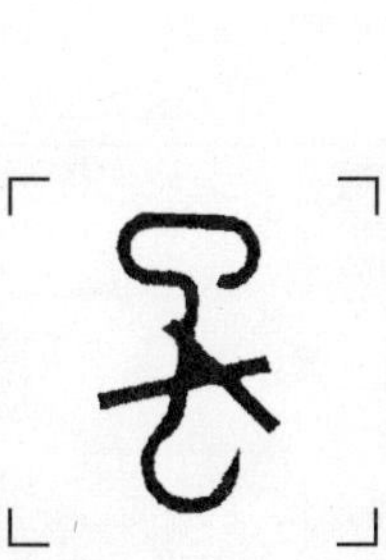	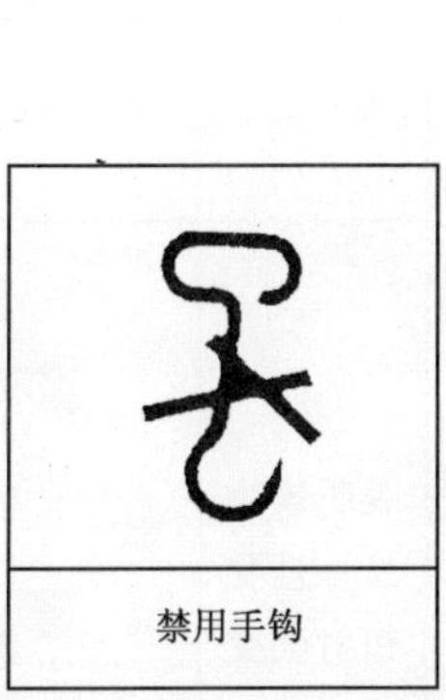	表明搬运运输包装件时禁用手钩	

表 1(续)

序号	标志名称	图形符号	标　　志	含　义	说明及示例
3	向上		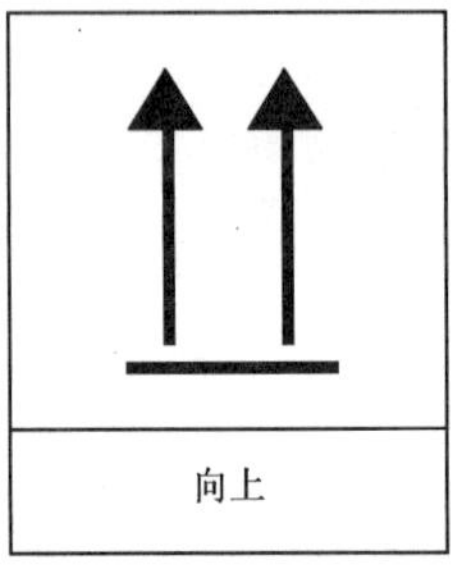	表明该运输包装件在运输时应竖直向上	见 4.2.2 b)。 位置示例 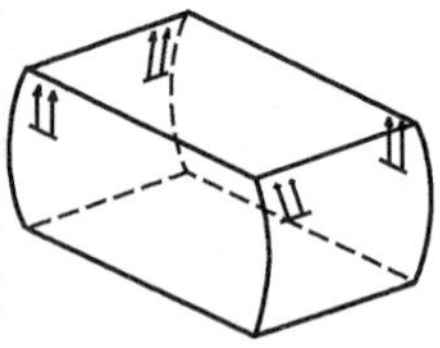 a) 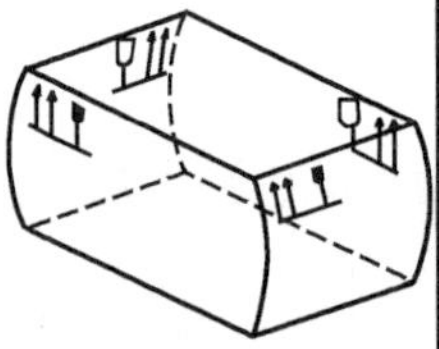 b) 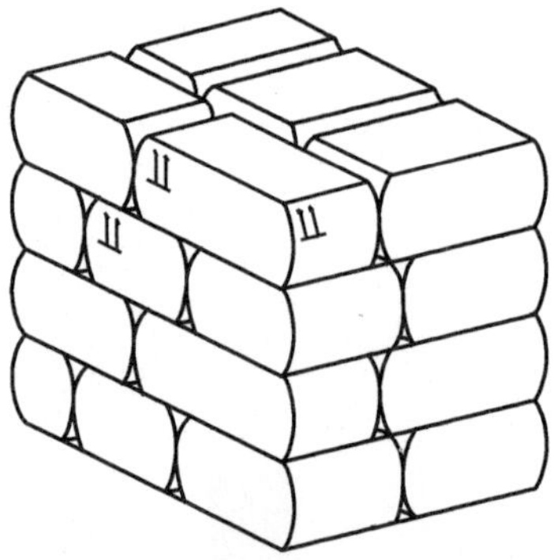 c)
4	怕晒		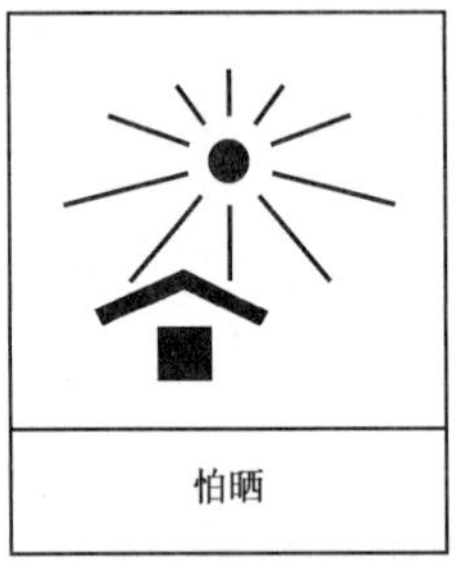	表明该运输包装件不能直接照晒	
5	怕辐射			表明该物品一旦受辐射会变质或损坏	

表 1(续)

序号	标志名称	图形符号	标　　志	含　义	说明及示例
6	怕雨			表明该运输包装件怕雨淋	
7	重心		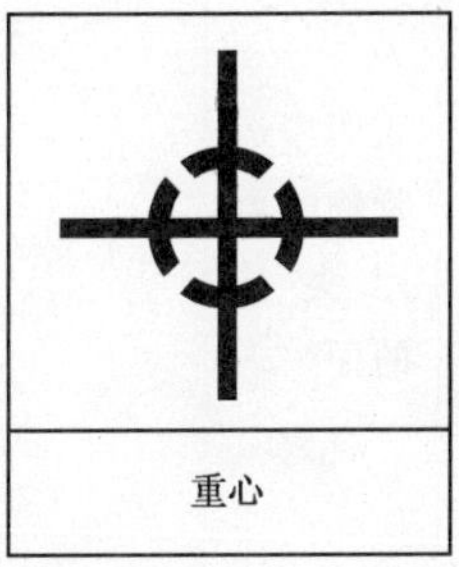	表明该包装件的重心位置，便于起吊	见 4.2.2 c)。 位置示例 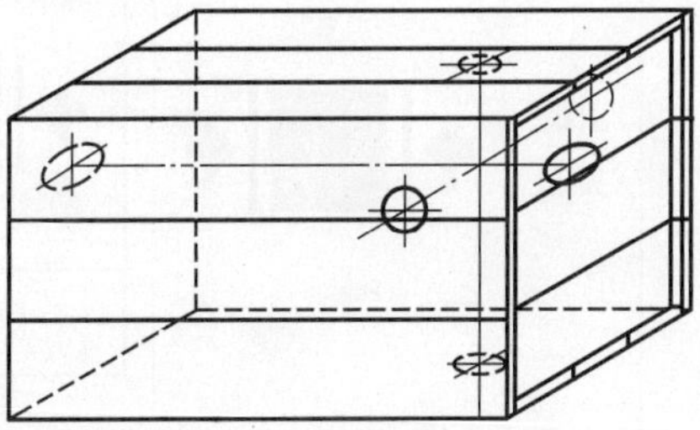 该标志应标在实际位置上
8	禁止翻滚			表明搬运时不能翻滚该运输包装件	
9	此面禁用手推车			表明搬运货物时此面禁止放在手推车上	

表 1(续)

序号	标志名称	图形符号	标　　志	含　义	说明及示例
10	禁用叉车			表明不能用升降叉车搬运的包装件	
11	由此夹起		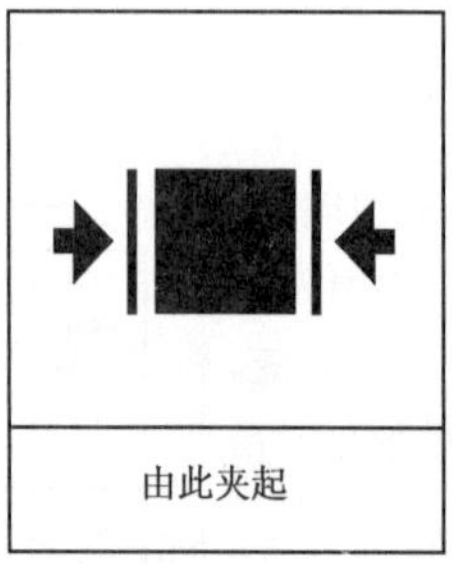	表明搬运货物时可用夹持的面	见 4.2.2 d)。
12	此处不能卡夹		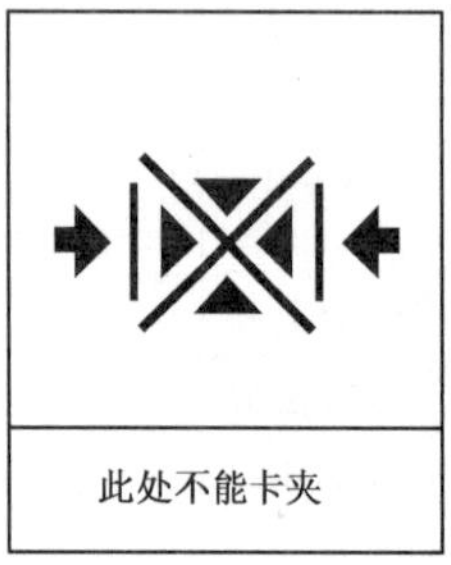	表明搬运货物时不能用夹持的面	
13	堆码质量极限			表明该运输包装件所能承受的最大质量极限	

表 1(续)

序号	标志名称	图形符号	标志	含义	说明及示例
14	堆码层数极限	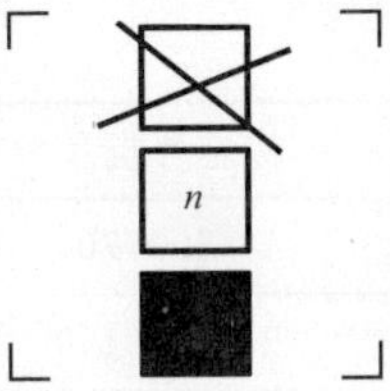	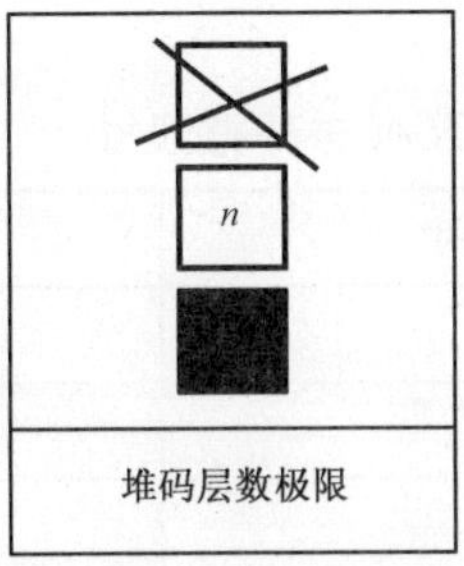	表明可堆码相同运输包装件的最大层数	包含该包装件，n 表示从底层到顶层的总层数
15	禁止堆码	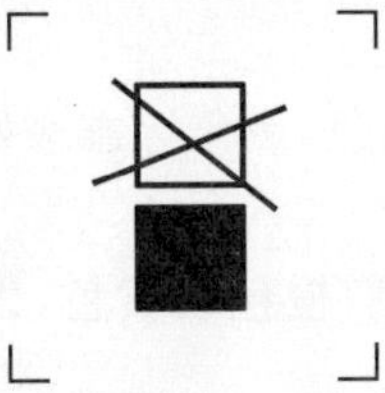	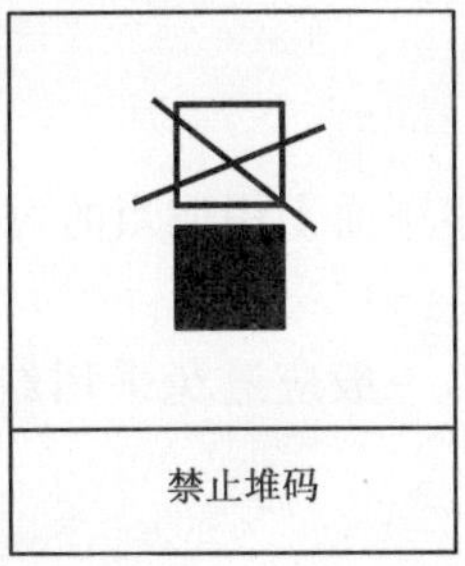	表明该包装件只能单层放置	
16	由此吊起	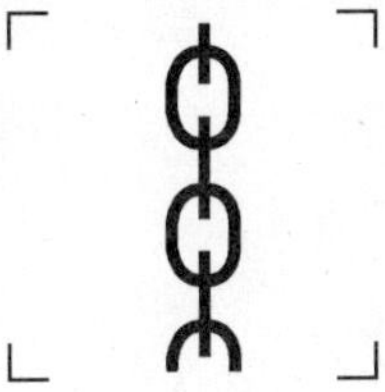	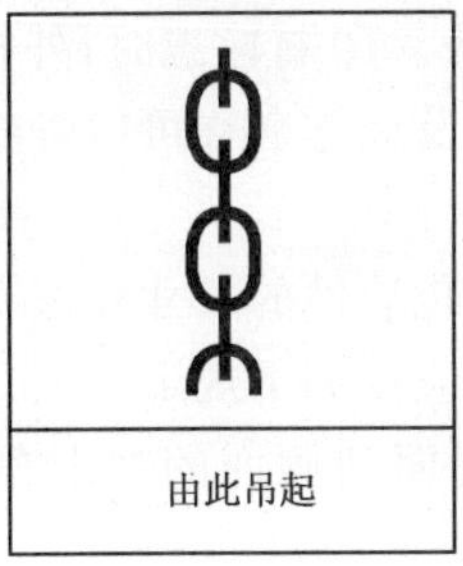	表明起吊货物时挂绳索的位置	见 4.2.2 e)。 位置示例 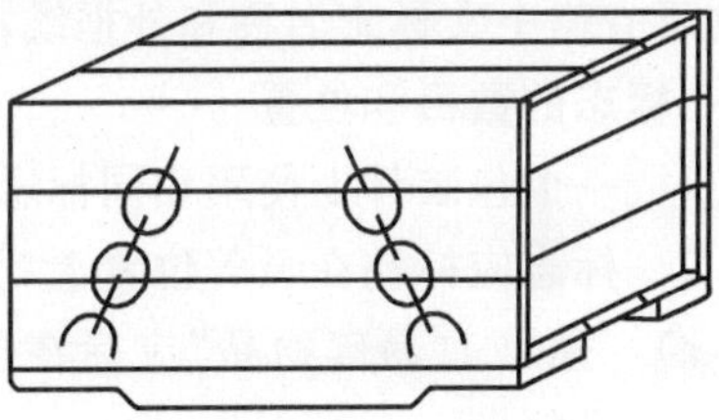 应标在实际起吊位置上
17	温度极限	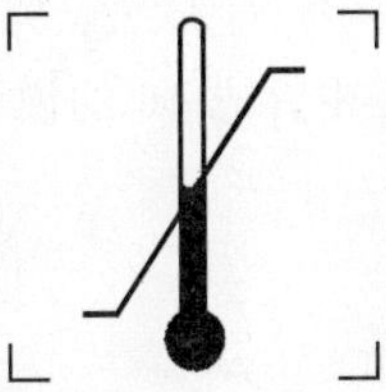	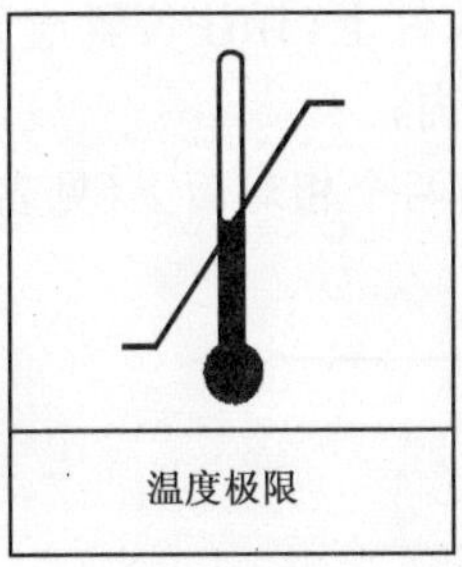	表明该运输包装件应该保持的温度范围	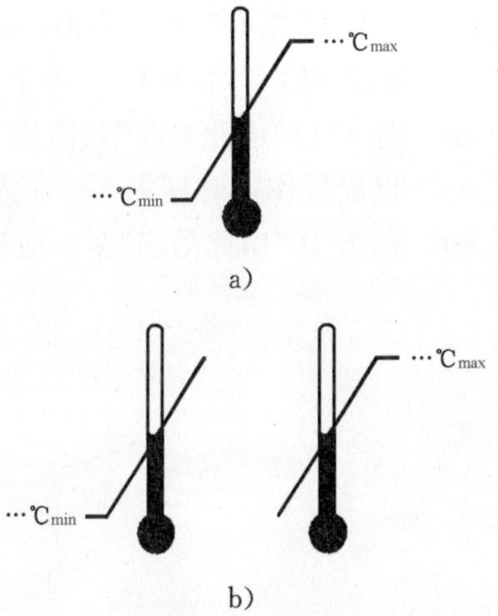

3 标志尺寸和颜色

3.1 标志尺寸

标志外框为长方形，其中图形符号外框为正方形，尺寸一般分为4种，见表2。如果包装尺寸过大或过小，可等比例放大或缩小。

表2 图形符号及标志外框尺寸

单位为毫米

序号	图形符号外框尺寸	标志外框尺寸
1	50×50	50×70
2	100×100	100×140
3	150×150	150×210
4	200×200	200×280

3.2 标志颜色

标志颜色一般为黑色。

如果包装的颜色使得标志显得不清晰，则应在印刷面上用适当的对比色，黑色标志最好以白色作为标志的底色。

必要时，标志也可使用其他颜色，除非另有规定，一般应避免采用红色、橙色或黄色，以避免同危险品标志相混淆。

4 标志的应用方法

4.1 标志的使用

可采用直接印刷、粘贴、拴挂、钉附及喷涂等方法。印制标志时，外框线及标志名称都要印上，出口货物可省略中文标志名称和外框线；喷涂时，外框线及标志名称可以省略。

4.2 标志的数目和位置

4.2.1 一个包装件上使用相同标志的数目，应根据包装件的尺寸和形状确定。

4.2.2 标志应标注在显著位置上，下列标志的使用应按如下规定：

a) 标志1“易碎物品”应标在包装件所有的端面和侧面的左上角处（见表1标志1的说明及示例）；

b) 标志3“向上”应标在与标志1相同的位置[见表1中标志3示例a)所示]。当标志1和标志3同时使用时，标志3应更接近包装箱角[见表1中标志3示例b)所示]；

c) 标志7“重心”应尽可能标在包装件所有六个面的重心位置上，否则至少也应标在包装件2个侧面和2个端面上（见表1中标志7的说明及示例）；

d) 标志11“由此夹起”只能用于可夹持的包装件上，标注位置应为可夹持位置的两个相对面上，以确保作业时标志在作业人员的视线范围内；

e) 标志16“由此吊起”至少应标注在包装件的两个相对面上（见表1中标志16的说明及示例）。

ICS 55.020
A 83

中华人民共和国国家标准

GB/T 4879—2016
代替 GB/T 4879—1999

防锈包装

Rustproof packaging

2016-02-24 发布 2016-05-24 实施

中华人民共和国国家质量监督检验检疫总局
中国国家标准化管理委员会 发布

前　言

本标准按照 GB/T 1.1—2009 给出的规则起草。

本标准代替 GB/T 4879—1999《防锈包装》，除编辑性修改外，与 GB/T 4879—1999 相比主要技术变化如下：

——对第 1 章“范围”进行了重新描述；

——删除了第 3 章“术语”；

——将 1 级包装防锈期限“3～5 年内”修改为“2 年”；将 2 级包装防锈期限“2～3 年内”修改为“1 年”；将 3 级包装防锈期限“2 年内”修改为“0.5 年”（见 3.2）；

——增加了特殊包装防锈等级的说明（见 3.2）；

——删除了关于防锈材料的规定（见 1999 年版的 5.2.1、5.2.2）；

——将“环境要求”（见 1999 年版的 5.3）和“一般要求”合并（见第 4 章）；

——删除了“标志”的规定（见 1999 年版的第 8 章）；

——将附录 A 中的表 A.4 中的 B3 与 B5 合并、B4 与 B9 合并，并进行适当修改；

——修改了附录 A 中“A.4 包装”的部分内容。

本标准由全国包装标准化技术委员会（SAC/TC 49）提出并归口。

本标准主要起草单位：沈阳防锈包装材料有限责任公司、深圳职业技术学院、泉州市玉杰旋转接头金属软管有限公司、机械科学研究总院、军民融合包装发展建设工作委员会。

本标准主要起草人：黄雪、李伟哲、裴方芳、唐艳秋、陈秀兰、王玉鑫、李建华、朱斌。

本标准所代替标准的历次版本发布情况为：

——GB/T 4879—1985、GB/T 4879—1999。

防 锈 包 装

1 范围

本标准规定了防锈包装等级、一般要求、材料要求、防锈包装方法和试验方法。

本标准适用于防锈包装的设计、生产和检验。

2 规范性引用文件

下列文件对于本文件的应用是必不可少的。凡是注日期的引用文件，仅注日期的版本适用于本文件。凡是不注日期的引用文件，其最新版本(包括所有的修改单)适用于本文件。

GB/T 5048 防潮包装

GB/T 12339 防护用内包装材料

GB/T 14188 气相防锈包装材料选用通则

GB/T 16265 包装材料试验方法 相容性

GB/T 16266 包装材料试验方法 接触腐蚀

GB/T 16267 包装材料试验方法 气相缓蚀能力

GJB 145A—1993 防护包装规范

GJB 2494 湿度指示卡规范

BB/T 0049 包装用矿物干燥剂

3 防锈包装等级

3.1 应根据产品的性质、流通环境条件、防锈期限等因素进行综合考虑来确定防锈包装等级。

3.2 防锈包装等级一般分为1级、2级、3级，见表1。对防锈包装有特殊要求时，可按特殊要求进行。

表1 防锈包装等级

等级	条件		
	防锈期限	温度、湿度	产品性质
1级包装	2年	温度大于30 ℃，相对湿度大于90%	易锈蚀的产品，以及贵重、精密的可能生锈的产品
2级包装	1年	温度在20 ℃～30 ℃之间，相对湿度在70%～90%之间	较易锈蚀的产品、以及较贵重、较精密可能生锈的产品
3级包装	0.5年	温度小于20 ℃，相对湿度小于70%	不易锈蚀的产品

注1：当防锈包装等级的确定因素不能同时满足本表的要求时，应按照三个条件的最严酷条件确定防锈包装等级。亦可按照产品性质、防锈期限、温湿度条件的顺序综合考虑，确定防锈包装等级。

注2：对于特殊要求的防锈包装，主要是防潮要求更高的包装，宜采用更加严格的防潮措施。

4 一般要求

4.1 确定防锈包装等级。并按等级要求包装，在防锈期限内保障产品不产生锈蚀。

4.2 防锈包装操作过程应连续，如果中断应采取暂时性的防锈处理。

4.3 防锈包装过程中应避免手汗等污染物污染产品。

4.4 需进行防锈处理的产品，如处于热状态时，为了避免防锈剂受热流失或分解，应冷却到接近室温后再进行处理。

4.5 涂覆防锈剂的产品，如果需要包敷内包装材料时，应使用中性、干燥清洁的包装材料。

4.6 采用防锈剂防锈的产品，在启封使用时，一般应除去防锈剂。产品在涂覆或除去防锈剂会影响产品性能时，应不使用防锈剂。

4.7 防锈包装作业应在清洁、干燥、温差变化小的环境中进行。

5 材料要求

5.1 产品使用的防锈材料，其质量应符合有关标准的规定。

5.2 干燥剂一般使用矿物干燥剂。矿物干燥剂应符合 BB/T 0049 的规定。

5.3 气相防锈包装材料应符合 GB/T 14188 的有关规定。

5.4 防护用内包装材料应符合 GB/T 12339 的有关规定。

5.5 防锈包装材料除应进行有关试验外，相容性试验应按 GB/T 16265 的规定，接触腐蚀试验应按 GB/T 16266 的规定，气相缓蚀能力试验应按 GB/T 16267 的规定。

5.6 必要时应采用湿度指示卡、湿度指示剂或湿度指示装置，并应尽量远离干燥剂。湿度指示卡应符合 GJB 2494 的有关规定。

6 防锈包装方法

6.1 产品应根据下列条件，确定防锈包装的方法：

a) 产品的特征与表面加工的程度；

b) 运输与贮存的期限；

c) 运输与贮存的环境条件；

d) 产品在流通过程中所承受的载荷程度；

e) 防锈包装等级。

6.2 防锈包装分为清洁、干燥、防锈和包装四个步骤：

a) 清洁。应除去产品表面的尘埃、油脂残留物、汗渍及其他异物。可选用 A.1 的一种或多种方法进行清洗。

b) 干燥。产品的金属表面在清洗后，应立即进行干燥。可选用 A.2 的一种或多种方法进行干燥。

c) 防锈。产品的金属表面在进行清洗、干燥后，根据需要进行防锈处理，可选用 A.3 的一种或多种方法相结合进行防锈。

d) 包装。产品的金属表面在进行清洗、干燥、防锈处理后，进行包装。包装可选用 A.4 的一种或多种方法相结合进行，亦可与 GB/T 5048 的有关防潮包装方法相结合进行防锈包装。

7 试验方法

7.1 防锈包装按 GJB 145A—1993 中的周期暴露试验 A 的规定进行。1 级包装可选择 3 个周期暴露试验,2 级包装可选择 2 个周期暴露试验,3 级包装可选择 1 个周期暴露试验。

7.2 经周期暴露试验后,启封检查内装产品和所选材料有无锈蚀、老化、破裂或其他异常情况。

附 录 A
（资料性附录）
常用防锈包装方法

A.1 清洗

常用清洗方法见表 A.1。

表 A.1 清洗方法

代号	名 称	方 法
Q1	溶剂清洗法	在室温下，将产品全浸或半浸在规定的溶剂中，用刷洗、擦洗等方式进行清洗。大件产品可采用喷洗。洗涤时应注意防止产品表面凝露
Q2	清除汗迹法	在室温下，将产品在置换型防锈油中进行浸洗、摆洗或刷洗，高精密小件产品可在适当装置中用温甲醇清洗
Q3	蒸汽脱脂清洗法	用卤代烃清洗剂，在蒸汽清洗机或其他装置中对产品进行蒸汽脱脂。此法适用于除去油脂状的污染物
Q4	碱液清洗法	将产品在碱液中浸洗、煮洗或喷洗
Q5	乳剂清洗法	将产品在乳剂清洗液中浸洗或喷淋清洗
Q6	表面活性剂清洗法	制品在离子表面活性剂或非离子表面活性剂的水溶液中浸洗、泡刷洗或压力喷洗
Q7	电解清洗法	将产品浸渍在电解液中进行电解清洗
Q8	超声波清洗法	将产品浸渍在各种清洗溶液中，使用超声波进行清洗

A.2 干燥

常用干燥方法见表 A.2。

表 A.2 干燥方法

代号	名 称	方 法
G1	压缩空气吹干法	用经过干燥的清洁压缩空气吹干
G2	烘干法	在烘箱或烘房内进行干燥
G3	红外线干燥法	用红外灯或远红外线装置直接进行干燥
G4	擦干法	用清洁、干燥的布擦干，注意不允许有纤维物残留在产品上
G5	滴干、晾干法	用溶剂清洗的产品，可用本方法干燥
G6	脱水法	用水基清洗剂清洗的产品，清洗完毕后，应立即采用脱水油进行干燥

A.3 防锈

常用防锈方法见表 A.3。

表 A.3 防锈方法

代号	名 称	方 法
F1	防锈油浸涂法	将产品完全浸渍在防锈油中,涂覆防锈油膜
F2	防锈油脂刷涂法	在产品表面刷涂防锈油脂
F3	防锈油脂充填法	在产品内腔充填防锈油脂,充填时应注意使内腔表面全部涂覆,且应留有空隙,并不应泄漏
F4	气相缓蚀剂法	按产品的要求,采用粉剂、片剂或丸剂状气相缓蚀剂,散布或装入干净的布袋或盒中。或将含有气相缓蚀剂的油等非水溶液喷洒于包装空间
F5	气相防锈纸法	对形状比较简单而容易包扎的产品,可用气相防锈纸包封,包封时要求接触或接近金属表面
F6	气相防锈塑料薄膜法	产品要求包装外观透明时采用气相防锈塑料薄膜袋热压焊封
F7	防锈液处理法	可以采用浸涂或喷涂,然后进行干燥

A.4 包装

常用包装方法见表 A.4。

表 A.4 包装方法

代号	名 称	方 法	适用防锈等级
B1	一般包装	制品经清洗、干燥后,直接采用防潮、防水包装材料进行包装	3 级包装
B2	防锈油脂包装		
B2-1	涂覆防锈油脂	按 F1 或 F2 的方法直接涂覆膜或防锈油脂。不采用内包装	3 级包装
B2-2	防锈纸包装	按 F1 或 F2 的方法涂防锈油脂后,采用耐油性、无腐蚀内包装材料包封	3 级包装
B2-3	塑料薄膜包装	按 F1 或 F2 的方法涂覆防锈油脂后,装入塑料薄膜制作的袋中,根据需要用黏胶带密封或热压焊封	1 级包装 2 级包装
B2-4	铝塑薄膜包装	按 F1 或 F2 的方法涂覆防锈油脂后,装入铝塑薄膜制作的袋中,热压焊封	1 级包装 2 级包装
B2-5	防锈油脂充填包装	对密闭内腔的防锈,可按 F3 的方法进行防锈后,密封包装	1 级包装

表 A.4（续）

代号	名 称	方 法	适用防锈等级
B3	气相防锈材料包装		
B3-1	气相缓蚀剂包装	按照 F4 的方法进行防锈后，再密封包装	1 级包装 2 级包装 3 级包装
B3-2	气相防锈纸包装	按照 F5 的方法进行防锈后，再密封包装	
B3-3	气相防锈塑料薄膜包装	按照 F6 的方法进行防锈时即完成包装	
B3-4	气相防锈油包装	制品内腔密封系统刷涂、喷涂或注入气相防锈油	3 级包装
B4	密封容器包装		
B4-1	金属刚性容器密封包装	按 F1 或 F2 的方法涂防锈油脂后，用耐油脂包装材料包扎和充填缓冲材料，装入金属刚性容器密封，需要时可作减压处理	1 级包装 2 级包装
B4-2	非金属刚性容器密封包装	将防锈后的制品装入采用防潮包装材料制作的非金属刚性容器，用热压焊封或其他方法密封	
B4-3	刚性容器中防锈油浸泡的包装	制品装入刚性容器（金属或非金属）中，用防锈油完全浸渍，然后进行密封	
B4-4	干燥剂包装	制品进行防锈后，与干燥剂一并放入铝塑复合材料等密封包装容器中。必要时可抽取密封容器内部分空气	
B5	可剥性塑料包装		
B5-1	涂覆热浸型可剥性塑料包装	制品长期封存或防止机械碰伤，采用涂覆热浸可剥性塑料包装。需要时，在制品外按其形状包扎无腐蚀的纤维织物（布）或铝箔后，再涂覆热浸型可剥性塑料	1 级包装 2 级包装
B5-2	涂覆溶剂型可剥性塑料包装	制品的孔穴处充填无腐蚀性材料后，在室温下一次涂覆或多次涂覆溶剂型可剥性塑料。多次涂覆时，每次涂覆后应待溶剂完全挥发后，再涂覆	
B6	贴体包装	制品进行防锈后，使用硝基纤维、醋酸纤维、乙基丁基纤维或其他塑料膜片作透明包装，真空成形	2 级包装
B7	充气包装	制品装入密封性良好的金属容器、非金属容器或透湿度小、气密性好、无腐蚀性的包装材料制作的袋中，充干燥空气、氮气或其他惰性气体密封包装。制品可密封内腔，经清洗、干燥后，直接充气密封	1 级包装 2 级包装

ICS 55.020
A 83

中华人民共和国国家标准

GB/T 5048—2017
代替 GB/T 5048—1999

防潮包装

Moisture-proof packaging

2017-10-14 发布　　2018-05-01 实施

中华人民共和国国家质量监督检验检疫总局
中国国家标准化管理委员会　发布

前　言

本标准按照GB/T 1.1—2009给出的规则起草。

本标准代替GB/T 5048—1999《防潮包装》，除编辑性修改外，与GB/T 5048—1999相比主要技术变化如下：

——对第1章“范围”进行了重新描述；

——将1级包装防潮期限“1～2年”修改为“2年”；将2级包装防潮期限“0.5～1年”修改为“1年”；将3级包装防潮期限“0.5年内”修改为“0.5年”(见3.2，1999年版的3.3)；

——增加了对特殊防潮包装等级要求的说明(见3.2)；

——增加了局部防护要求(见4.5)；

——增加了清洁的要求(见4.9)；

——修改了干燥剂的封口、固定方法(见5.9，1999年版的4.5)。

——删除了“封口要求”(见1999年版的4.5)；

——删除了“标志”要求(见1999年版的第7章)。

本标准由全国包装标准化技术委员会(SAC/TC 49)提出并归口。

本标准起草单位：深圳职业技术学院、成都东友包装有限公司、福建省闽旋科技股份有限公司、机械科学研究总院、沈阳防锈包装材料有限责任公司、南安市桃源石亭茶果场、军民融合包装发展建设工作委员会。

本标准主要起草人：黄雪、王利婕、白芳、裴方芳、江贵安、王玉鑫、傅瑞典、安卫国、朱斌。

本标准所代替标准的历次版本发布情况为：

——GB/T 5048—1985，GB/T 5048—1999。

防 潮 包 装

1 范围

本标准规定了防潮包装等级、一般要求、包装材料和容器、包装方法。

本标准适用于防潮包装的设计、生产和检验。

2 规范性引用文件

下列文件对于本文件的应用是必不可少的。凡是注日期的引用文件，仅注日期的版本适用于本文件。凡是不注日期的引用文件，其最新版本(包括所有的修订单)适用于本文件。

GB/T 1037 塑料薄膜和片材透水蒸气性试验方法 杯式法

GB/T 6981 硬包装容器透湿度试验方法

GB/T 6982 软包装容器透湿度试验方法

GB/T 12339 防护用内包装材料

GB/T 15171 软包装件密封性能试验方法

GB/T 26253 塑料薄膜和薄片水蒸气透过率的测定 红外检测器法

GJB 145A 防护包装规范

GJB 2494 湿度指示卡规范

BB/T 0049 包装用矿物干燥剂

3 等级

3.1 根据产品的性质、流通环境条件、防潮期限等因素进行综合考虑来确定防潮包装等级。

3.2 防潮包装等级一般分为1级包装、2级包装、3级包装，见表1。对防潮包装有特殊要求时，可按特殊要求进行防潮包装。

表1 防潮包装等级

等级	条件		
	防潮期限	温湿度	产品性质
1级包装	2年	温度大于30 ℃，相对湿度大于90%	对湿度敏感，易生锈易长霉或变质的产品，以及贵重、精密的产品
2级包装	1年	温度在20 ℃～30 ℃之间，相对湿度在70%～90%之间	对湿度轻度敏感的产品、较贵重、较精密的产品
3级包装	0.5年	温度小于20 ℃，相对湿度小于70%	湿度不敏感的产品
当防潮包装等级的确定因素不能同时满足表的要求时，应按照三个条件的最严酷条件确定防潮包装等级。亦可按照产品性质、防潮期限、温湿度条件的顺序综合考虑，确定防潮包装等级。 对于特殊要求的防潮包装，主要是防潮要求更高的包装，宜采用更加严格的防潮措施。			

4 一般要求

4.1 在包装前应确保产品干燥、清洁。

4.2 产品有尖突部,并可能损伤防潮阻隔层时,应采取包裹、衬垫等局部防护措施。

4.3 产品在进行防潮包装时,如果还有其他防护要求,应同时按其他防护包装标准的规定采取相应的措施。

4.4 应尽可能减小防潮包装的体积。固定产品用的材料尽可能放置在防潮阻隔层的外边。

4.5 对防潮要求敏感的零部件或部位,可采用重点防护措施进行局部特殊包装。

4.6 采用湿度指示卡、湿度指示剂或湿度指示装置时,其放置位置应尽可能远离干燥剂。湿度指示卡应符合 GJB 2494 的有关规定。

4.7 进行防潮包装时应连续操作,一次完成包装。若中途停顿作业,应采取临时的防潮保护措施。

4.8 在防潮包装的有效期限内,包装容器阻隔层内的空气相对湿度一般应控制在 60%以内。

注:控制阻隔层内空气的相对湿度,应合理确定干燥剂使用量。

4.9 包装作业环境应清洁、干燥。温度应不高于 35 ℃,相对湿度不大于 75%。包装材料和内装物表面不应有凝露现象。

5 包装材料和容器

5.1 防潮包装所选用的材料应符合有关产品标准的规定。

5.2 防潮用的内包装材料的选用应符合 GB/T 12339 的有关规定。

5.3 应根据防潮包装的等级按表 2 选用相应阻隔性能的防潮包装材料或包装容器。材料的透水蒸汽性试验方法按 GB/T 1037 或 GB/T 26253 的规定执行,硬包装容器的透湿度试验方法按 GB/T 6981 的规定执行,软包装容器的透湿度试验方法按 GB/T 6982 的规定执行。

表 2 防潮包装材料和容器的透湿度

防潮包装等级	薄膜/[g/(m^2·24 h)]	容器[a]/[g/(m^2·30 d)]
1 级包装	<1	<20
2 级包装	<5	<120
3 级包装	<15	<450
[a] 在温度为(40±1)℃,相对湿度为 80%~92%的条件下测量。		

5.4 包装用的各种材料应清洁、干燥,缓冲和衬垫材料应采用不吸湿的或吸湿性小的材料。

5.5 防潮包装阻隔材料的封口强度应不小于 30 N/5 cm,封口热合强度的试验按 GJB 145A 中的热焊封试验进行。

5.6 防潮包装容器应密闭,不得有针孔、裂口及封口不严等缺陷,软包装的防潮包装的密封性能试验按 GB/T 15171 的规定。

5.7 防潮包装性能试验按 GJB 145A 中的周期暴露试验的规定进行。1 级包装可选择试验 B。2 级和 3 级包装可选择试验 A。

5.8 干燥剂的选用应注意对内装物不得有不良的影响。如无特殊规定时,干燥剂一般选用矿物干燥剂。矿物干燥剂应符合 BB/T 0049 的规定。

5.9 干燥剂应装入布袋或强度足够的纸袋中,并放在包装容器中适当的一个或多个位置上。干燥剂袋袋口应封牢。干燥剂袋放置时不得与产品精密表面接触;在与涂有防锈剂的零部件接触时,须用无腐蚀耐油包装材料将袋子和产品隔开。处理好的干燥剂从取出到放置在包装容器中密封起来的时间应尽量短。

5.10 无特殊规定时,干燥剂用量的计算可参见附录A进行。

6 包装方法

6.1 采用透湿度为零或接近零的包装容器时,如金属或塑料等包装容器,应将产品放入后迅速密封。包装容器内可加干燥剂,亦可采用抽真空、充惰性气体等方式,或几种方式的组合。

6.2 采用较低透水蒸气性的柔性材料,根据具体情况,加或不加干燥剂,并封口密封,再利用其他外包装容器如纸箱、木箱等进行包装。必要时,可抽去密闭包装内的部分空气。其密闭内包装根据需要采取单一柔性薄膜、复合薄膜或多层薄膜材料等进行密封。

附 录 A
（资料性附录）
干燥剂用量的计算方法

A.1 一般干燥剂

一般干燥剂的简单计算选择用量按式(A.1)计算：

$$W=\frac{1}{2K}\times V \qquad \cdots\cdots(A.1)$$

式中：

W ——干燥剂用量，单位为克(g)；

K ——干燥剂的吸湿率关系系数[$K=K_b/K_a$。K_a 为细空硅胶在温度 25 ℃，相对湿度 60%时的吸湿率，为 30%；K_b 为其他干燥剂(如分子筛、氧化铝、活性黏土等)在同样温、湿度条件时的吸湿率。采用细孔硅胶时，$K=1$]；

V ——包装容器的内部容积，单位为立方分米(dm^3)(取量值)。

A.2 硅胶干燥剂

A.2.1 硅胶干燥剂的计算选择用量：

细孔硅胶用量按式(A.2)、式(A.3)、式(A.4)、式(A.5)计算：

使用机械方法密封的金属容器：

$$W=20+V+0.5D \qquad \cdots\cdots(A.2)$$

使用铝塑复合材料制成的袋子：

$$W=100AY+0.5D \qquad \cdots\cdots(A.3)$$

使用聚乙烯等塑料薄膜包装材料制成的袋子：

$$W=100AR_1Y+0.5D \qquad \cdots\cdots(A.4)$$

使用密封胶带封口罐和塑料罐：

$$W=300R_2Y+0.5D \qquad \cdots\cdots(A.5)$$

式中：

D ——包装内含湿性材料质量(包装纸、衬垫、缓冲材料等)，单位为克(g)；

A ——包装材料的总面积，单位为平方米(m^2)(取量值)；

Y ——预定的贮存时间(取下次更换干燥剂的时间)，单位为年(a)；

R_1 ——温度为 40 ℃、相对湿度为 90%的条件下包装薄膜材料的水蒸气透过量，单位为克每平方米二十四小时[$g/(m^2\cdot 24\ h)$]；

R_2 ——温度为 40 ℃、相对湿度为 90%的条件下密封胶带封口罐、塑料罐的水蒸气透过量湿度，单位为克每平方米二十四小时[$g/(m^2\cdot 24\ h)$]。

A.2.2 复合材料的水蒸气透过量是由各层的水蒸气透过量组合起来的。通常用各个组成材料的水蒸气透过量($R_1,R_2\cdots R_n$)的倒数之和为其水蒸气透过量(R)的倒数来求得。

即：

$$\frac{1}{R}=\frac{1}{R_1}+\frac{1}{R_2}+\cdots+\frac{1}{R_n} \qquad \cdots\cdots(A.6)$$

A.2.3 式(A.3)、式(A.4)、式(A.5)中的贮存时间是在气候条件(温、湿度)较恶劣时的贮存时间,如需要换算不同气候条件下的贮存时间可按 GJB 145A 的规定进行。

A.3 矿物干燥剂

蒙脱石干燥剂的选择用量按式(A.7)、式(A.8)计算:

密封刚性金属包装容器

$$U = K_1V_1 + X_1D_1 + X_2D_1 + X_3D_1 + X_4D_1 \qquad \cdots\cdots\cdots\cdots(\text{A.7})$$

除密封刚性金属包装容器以外的包装容器

$$U = CA_1 + X_1D_1 + X_2D_1 + X_3D_1 + X_4D_1 \qquad \cdots\cdots\cdots\cdots(\text{A.8})$$

式中:

U ——干燥剂用量的单位数,一个单位的干燥剂在25 ℃的平衡气温条件下,至少能吸附3 g(相对湿度20%)或6 g(相对湿度40%)质量的水蒸气;

K_1——系数,包装容器内部容积以立方米给出时,取42.7;

V_1——包装容器内部容积,单位为立方米(m^3)(取量值);

C ——系数,防潮罩套内表面积以平方米为单位给出时,取17.2;

A_1——包装箱内表面积,单位为平方米(m^2)(取量值);

X_1——系数,垫料为纤维材料(包括木材)以及在下列归类中没有列出的其他材料时,取17.64;

X_2——系数,垫料为粘接纤维板时,取7.92;

X_3——系数,垫料为玻璃纤维时,取4.41;

X_4——系数,垫料为泡沫塑料或橡胶时,取1.11;

D_1——垫料的质量,单位为千克(kg)(取量值)。

前　　言

防水包装是为了防止机械、电子等工业产品在流通过程中因水侵入而影响产品质量所采取的保护措施。

本标准在GB/T 7350—1987《防水包装技术条件》修订时主要修订了以下内容:

将常用防水包装方法(容器结构)取消了少量的不常用结构,增加了部分新型防水材料后修订为附录A(提示的附录)。

本标准自实施之日起,同时代替GB/T 7350—1987。

本标准的附录A是提示的附录。

本标准由中国包装总公司提出。

本标准由全国包装标准化技术委员会归口。

本标准负责起草单位:机械科学研究院、常州升龙包装材料有限公司。

本标准主要起草人:李雪龙、马耀良、杨绿漪、黄雪、陈国耀。

本标准首次发布:1987年2月26日。

中华人民共和国国家标准

GB/T 7350—1999

代替 GB/T 7350—1987

防水包装

Waterproof packaging

1 范围

本标准规定了包装的防水等级、要求、包装方法、试验方法和标志。

本标准适用于机械、电子等工业产品，其他产品也可参照使用。

2 引用标准

下列标准所包含的条文，通过在本标准中引用而构成为本标准的条文。本标准出版时，所示版本均为有效。所有标准都会被修订，使用本标准的各方应探讨使用下列标准最新版本的可能性。

GB 191—1990 包装储运图示标志

GB/T 4857.9—1992 包装 运输包装件 喷淋试验方法(eqv ISO 2875:1985)

GB/T 4857.12—1992 包装 运输包装件 浸水试验方法(eqv ISO 8478:1986)

3 防水包装等级

3.1 产品需要防水包装时，必须在产品技术文件中规定产品包装的防水包装等级要求。

3.2 包装的防水等级应根据产品的性质、流通环境和可能遇到的水侵害等因素来确定。

3.3 防水包装等级分为A类1级包装、2级包装、3级包装和B类1级包装、2级包装、3级包装，详见表1。

表1 防水包装等级

类别	级别	要求
A类	1级包装	按 GB/T 4857.12 做浸水试验，试验时间 60 min
	2级包装	按 GB/T 4857.12 做浸水试验，试验时间 30 min
	3级包装	按 GB/T 4857.12 做浸水试验，试验时间 5 min
B类	1级包装	按 GB/T 4857.9 做喷淋试验，试验时间 120 min
	2级包装	按 GB/T 4857.9 做喷淋试验，试验时间 60 min
	3级包装	按 GB/T 4857.9 做喷淋试验，试验时间 5 min

3.4 防水包装等级选择原则

3.4.1 包装件在储运过程中环境条件恶劣，可能遭到水害，并沉入水面以下一定时间，可选用A类1级包装。

3.4.2 包装件在储运过程中环境条件恶劣，可能遭到水害，并短时间沉入水面以下，可选用A类2级包装。

3.4.3 包装件在储运过程中包装件的底部或局部可能短时间浸泡在水中，可选用A类3级包装。

3.4.4 包装件在储运过程中基本露天存放，可选用B类1级包装。

国家质量技术监督局 1999-09-07 批准　　2000-02-01 实施

3.4.5 包装件在储运过程中部分时间露天存放，可选用B类2级包装。

3.4.6 包装件在储运过程中可能短时遇雨，可选用B类3级包装。

4 要求

4.1 一般要求

4.1.1 防水包装应保证产品自出厂之日起一年内不因防水包装不善使包装件渗水而影响产品质量。

4.1.2 防水包装一般用在外包装上，必要时，内包装上也可采用防水措施。

4.1.3 防水包装容器在装填产品后应封缄严密。

4.1.4 外包装箱开设的通风孔，应采取防雨措施，以防雨水侵入。

4.2 材料要求

4.2.1 防水包装材料应具有良好的耐水性能。常用的防水包装材料有：聚乙烯低发泡防水阻隔薄膜、复合薄膜、塑料薄膜、油纸等。辅助材料有：防水胶粘带、防水粘结剂等。

4.2.2 选用的防水包装材料，其质量应符合有关产品标准的规定和国家的有关法规。

4.2.3 防水包装材料，应具有一定的强度以承受流通过程中的各种机械因素的危害。

4.2.4 用于最外部的防水包装材料除要求有一定的强度和耐水性外，还应具有防老化、防污染、防虫咬、防疫病等性能。

4.2.5 大中型木箱顶盖使用的防水包装材料应有足够的长度和宽度，褡裢不少于100 mm。

4.2.6 防水材料需拼接时，搭接方式应便于雨水外流，搭接宽度不少于60 mm。

4.3 环境要求

包装环境应清洁、干燥，无有害物质。

5 防水包装方法

常用防水包装方法(容器结构)可按附录A(提示的附录)选用。

6 试验方法

6.1 A类1级包装、2级包装、3级包装按GB/T 4857.12的有关规定进行。

6.2 B类1级包装、2级包装、3级包装按GB/T 4857.9的有关规定进行。

6.3 包装件经试验后，外包装容器应无明显变形。箱面标志应牢固、清晰。

6.4 包装件经试验后，包装件的防水密封程度，根据产品的性质，应达到下列要求之一：

a) 包装件无渗水，漏水现象。

b) 包装件无明显渗水现象。

c) 外包装无明显漏水现象。内包装上不应出现水渍。

7 标志

应在包装件外部按GB 191的规定标识包装件怕湿标志。

附　录　A

（提示的附录）

常用防水包装方法（容器结构）

A1　常用防水包装方法（容器结构）可参考表 A1 选用。

表 A1　常用防水包装方法（容器结构）

类　别	结　构　示　意	说　　明
箱板拼接方式（举例）	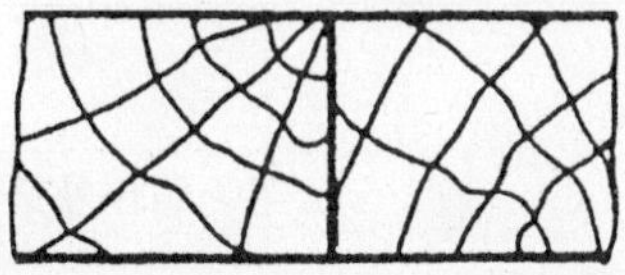	对口接缝
	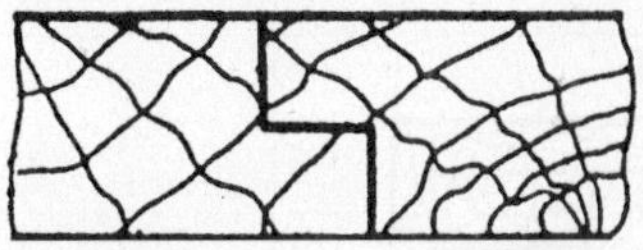	压边接缝
		榫槽接缝采用槽宽与舌高相等进行接合
金属板拼接方式（举例）	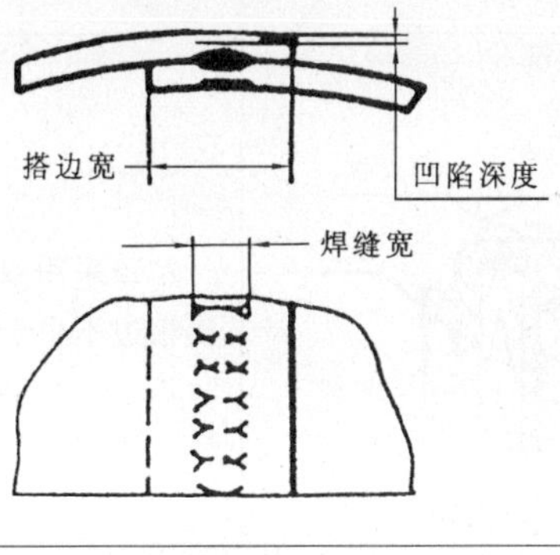	桶（箱）搭边缝的焊接
	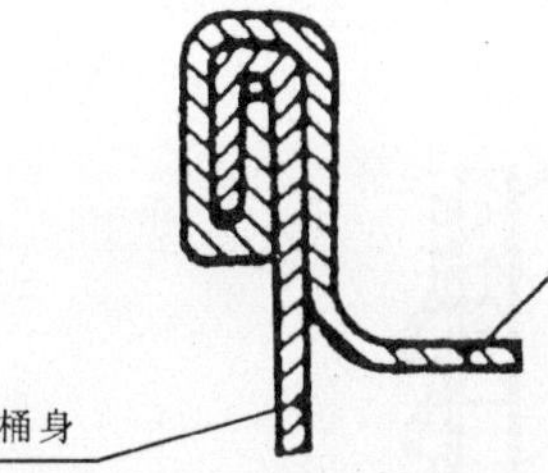	桶身与桶顶（底）的连接
	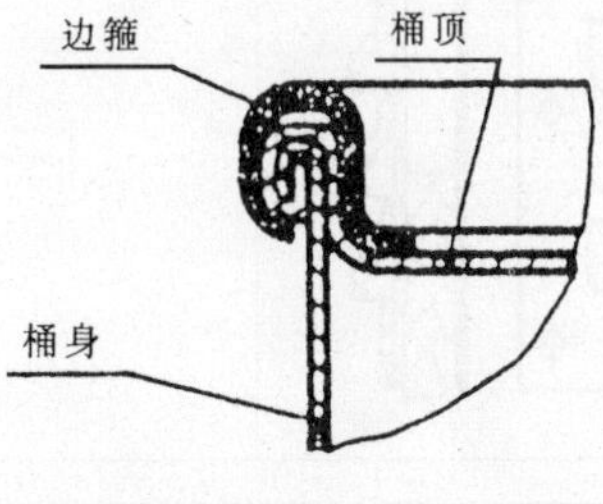	桶身与桶顶（底）的连接（2）

表 A1（续）

类　别	结 构 示 意	说　　明
防水材料拼接方式 （举例）	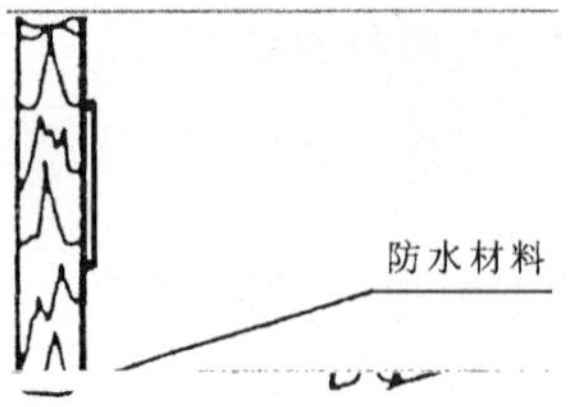	箱体内壁铺防水材料并搭接
	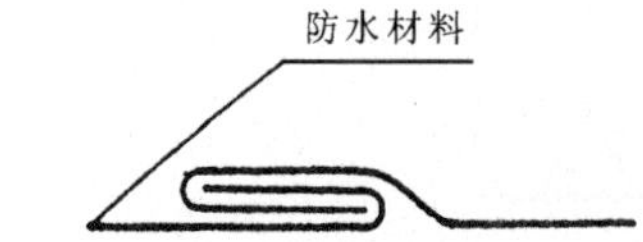	箱体外壁铺防水材料对折搭接
防水材料敷设方式 （举例）	木容器内部 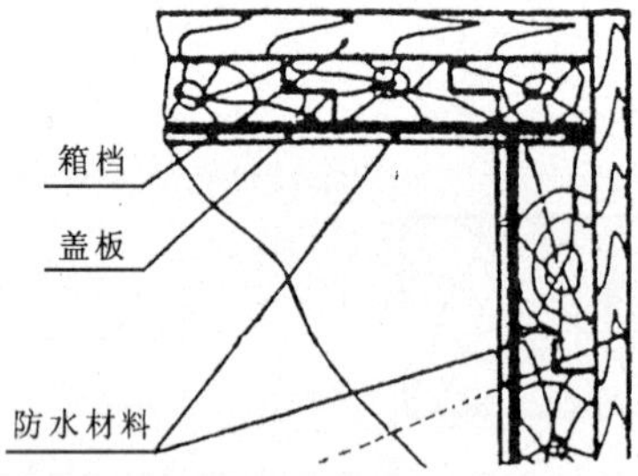	木箱箱板采用对接或压边接缝（注：箱内六面均采用防水材料敷设）
	木容器顶部 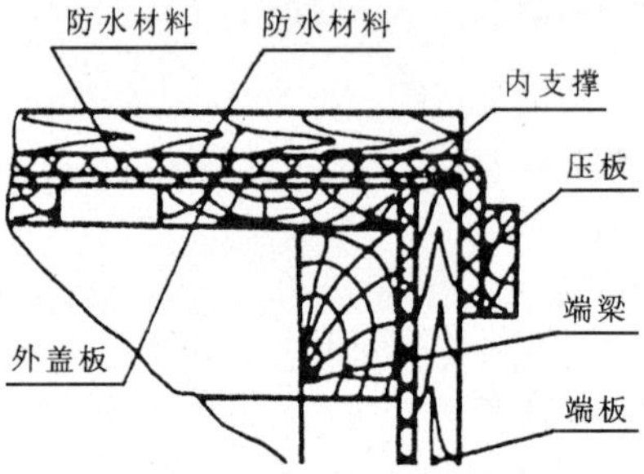	箱顶采用双层防水材料，外层防水材料伸出箱边不小于 100 mm
通风孔挡雨方式 （举例）	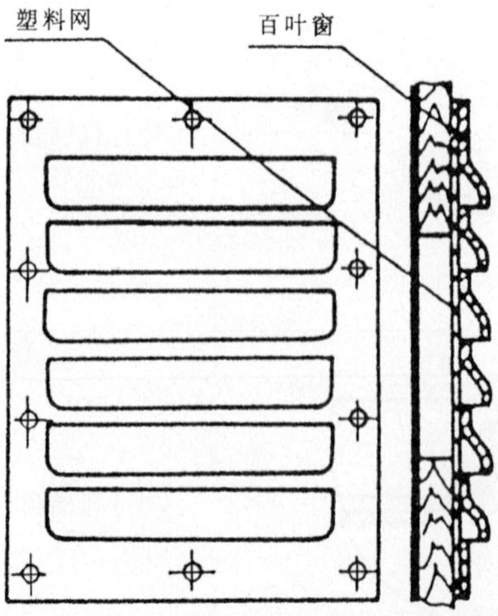	通风孔外侧钉塑料网，并加百叶窗挡雨

表 A1（续）

<table>
<tr><th>类　别</th><th>结　构　示　意</th><th>说　　明</th></tr>
<tr><td>通风孔挡雨方式
（举例）</td><td>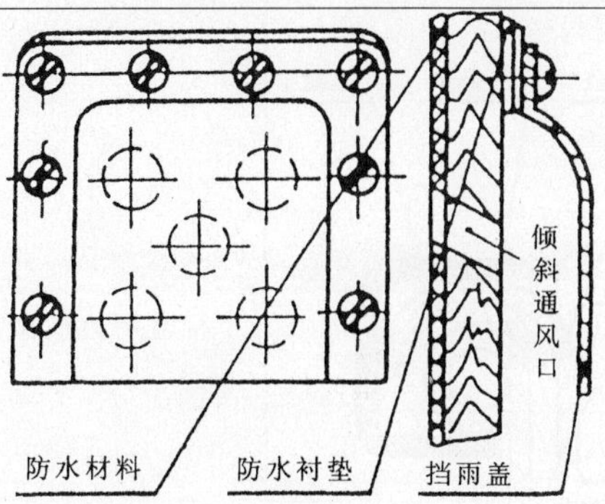
</td><td>倾斜通风孔外侧加盖挡雨</td></tr>
<tr><td rowspan="3">密封方式
（举例）</td><td>袋密封
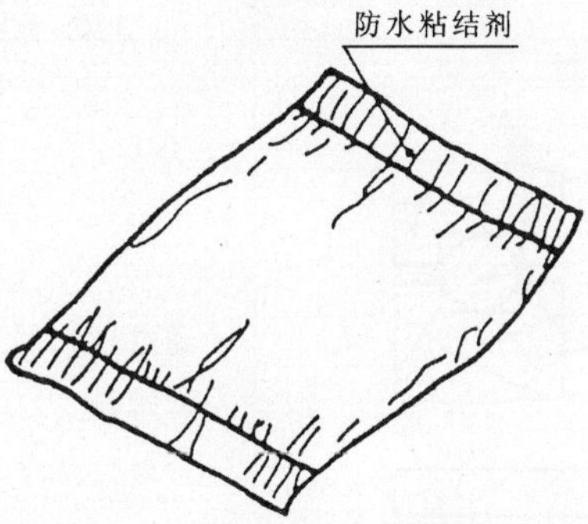
</td><td>复合材料制成的袋，封口处热焊封或粘合</td></tr>
<tr><td>盒密封
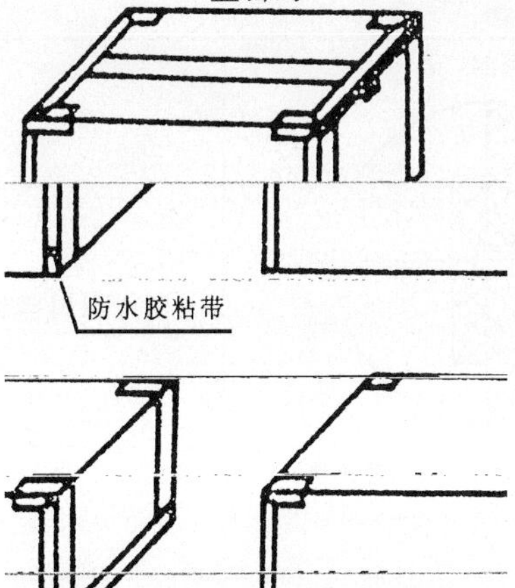
</td><td>经防水处理的纸箱、钙塑箱的盖的接缝处用防水胶粘带密封</td></tr>
<tr><td>容器密封
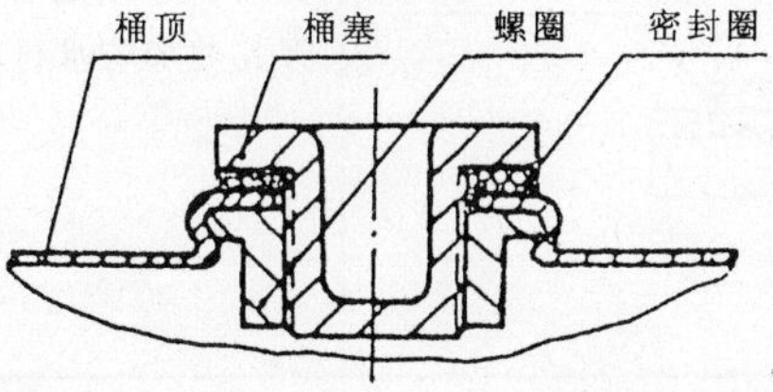
</td><td>容器口靠螺纹压紧密封圈密封</td></tr>
</table>

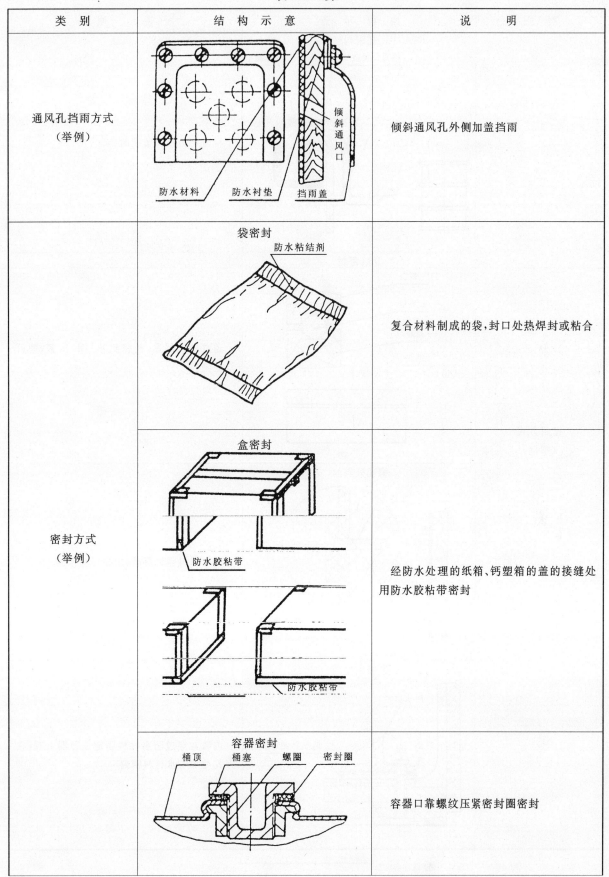

表 A1（完）

类　别	结　构　示　意	说　　明
密封方式（举例）	桶密封 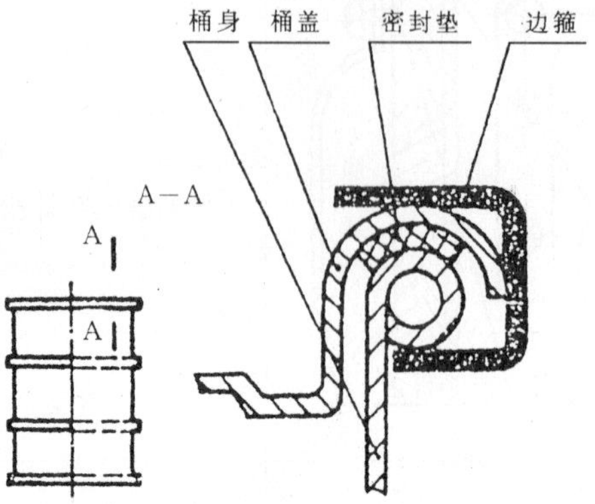	桶盖用边箍箍紧密封
	开口密封 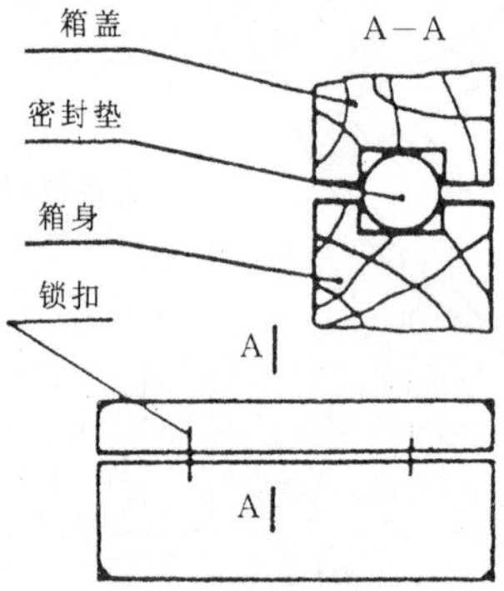	通过锁扣锁紧，使密封垫（圈）压紧，使开口处密封
	螺孔处密封 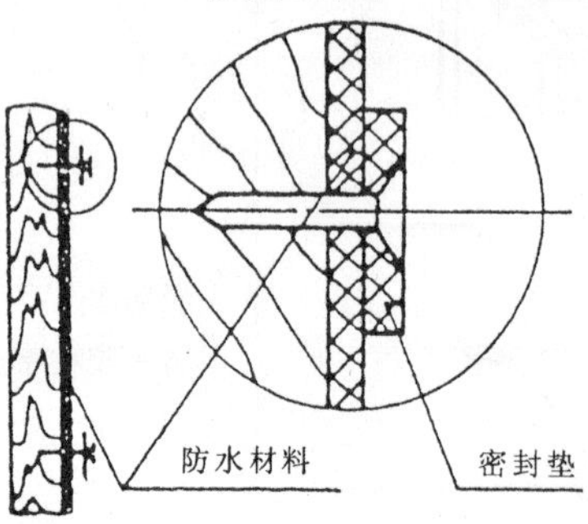	防水材料需钉穿时，加密封垫密封
	连接处密封 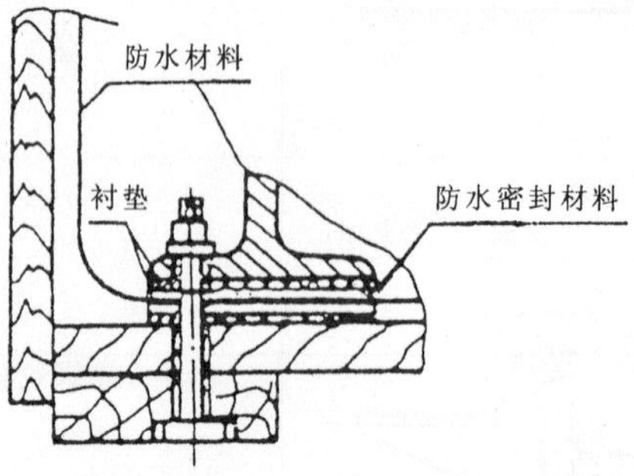	内装物穿过防水材料固定在容器上时，在穿孔处加防水材料密封

ICS 55.020
A 80

中华人民共和国国家标准

GB/T 9174—2008
代替 GB/T 9174—1988

一般货物运输包装通用技术条件

General specification for transport packages of general cargo

2008-07-18 发布　　2009-01-01 实施

中华人民共和国国家质量监督检验检疫总局
中国国家标准化管理委员会　发布

前　言

本标准代替 GB/T 9174—1988《一般货物运输包装通用技术条件》。

本标准与 GB/T 9174—1988 相比主要变化如下：

——取消了“产品运输包装均应符合本标准规定的各项技术要求”（1988 年版的 1.1）；

——取消了“货物运输包装应由国家认可的质量检验部门进行检查监督和提出试验结果评定，并逐步推行合格证制度”（1988 年版的第 2 章）；

——增加了规范性引用文件一章；

——增加了圆柱形、袋类尺寸要求，以及运输包装尺寸及质量限界（本版的 3.9，3.10，3.11）；

——将表 1 改为条款，并做了相应修改；

——修改了部分计量单位；

——增加了“质量在 140 kg 以下的包装件应便于人力作业；质量在 140 kg～1 500 kg 的箱装货物应便于叉车作业，并在包装上标出货物重心位置；质量在 1 500 kg 以上的箱装货物，应便于吊车作业，并标出货物重心位置和起吊位置”（本版的 3.13）；

——修改了性能试验（本版第 6 章）。

本标准由全国包装标准化技术委员会提出并归口。

本标准起草单位：深圳市栢兴实业有限公司、铁道部标准计量研究所。

本标准主要起草人：程刚、张锦、兰淑梅、苏学锋、白志刚。

本标准所代替标准的历次版本发布情况为：

——GB/T 9174—1988。

一般货物运输包装通用技术条件

1 范围

本标准规定了对一般货物运输包装(以下简称运输包装)的总要求、类型、技术要求和鉴定检查的性能试验。

本标准适用于铁路、公路、水运、航空所承运的一般货物运输包装。不包括危险货物、鲜活易腐货物的运输包装。

2 规范性引用文件

下列文件中的条款通过本标准的引用而成为本标准的条款。凡是注日期的引用文件,其随后所有的修改单(不包括勘误的内容)或修订版均不适用于本标准,然而,鼓励根据本标准达成协议的各方研究是否可使用这些文件的最新版本。凡是不注日期的引用文件,其最新版本适用于本标准。

GB/T 191 包装储运图示标志(GB/T 191—2008,ISO 780:1997,MOD)

GB/T 325 包装容器 钢桶

GB/T 731 黄麻麻袋的技术条件

GB/T 732 黄麻麻袋的分等规定

GB/T 4857(所有部分) 包装 运输包装件基本试验

GB/T 4892 硬质直方体运输包装尺寸系列

GB/T 6543 运输包装用单瓦楞纸箱和双瓦楞纸箱

GB/T 6544 瓦楞纸板

GB/T 7284 框架木箱

GB/T 6980 钙塑瓦楞箱

GB/T 8946 塑料编织袋

GB/T 8947 复合塑料编织袋

GB 9774 水泥包装袋

GB/T 12464 普通木箱(GB/T 12464—2002,JIS Z 1402:1999,NEQ)

GB/T 13201 圆柱体运输包装尺寸系列

GB 13252 包装容器 钢提桶

GB/T 13508 聚乙烯吹塑桶

GB/T 13757 袋类运输包装尺寸系列

GB/T 16471 运输包装件尺寸与质量界限

GB/T 17343 包装容器 方桶

GB/T 18924 钢丝捆扎箱

GB/T 18925 滑木箱

3 总则

3.1 运输包装是以运输储存为主要目的的包装,应具有保障货物运输安全、便于装卸储运、加速交接点验等功能。

3.2 运输包装应符合科学、牢固、经济、美观的要求。

3.3 运输包装应确保在正常的流通过程中,能抗御环境条件的影响而不发生破损、损坏等现象,保证安全、完整、迅速地将货物运至目的地。

3.4　货物运输包装材料、辅助材料和容器，均应符合国内有关国家标准和行业标准的相关规定。无标准的材料和容器应经试验验证，其性能可以满足流通环境条件的要求。

3.5　运输包装应完整、成型。内装货物应均布装载、压缩体积、排摆整齐、衬垫适宜、内货固定、重心位置尽量居中靠下。

3.6　根据货物的特性及搬运、装卸、运输、仓储等流通环境条件，应选用带有防护装置的包装。如防震、防盗、防雨、防潮、防锈、防霉、防尘等防护包装。

3.7　运输包装盛装货物后，其封口应严密牢固，对体轻、件小、易丢失的货物应选用胶带封合、钉合或全粘合加胶带封口加固。根据货物的品名、体积、特性、质量、长度和运输方式的要求，选用钢带、塑料捆扎带等，进行二道、三道、十字、双十字、井字、双井字等型式的捆扎加固。捆扎带应搭接牢固、松紧适度、平整不扭，不少于2道。

3.8　各类直方体的运输包装底面积尺寸，应符合GB/T 4892的规定。

3.9　各类圆柱体运输包装尺寸，应符合GB/T 13201的规定。

3.10　各类袋运输包装尺寸，应符合GB/T 13757的规定。

3.11　运输包装尺寸限界和重量限界应符合GB/T 16471的规定。

3.12　货物运输包装标志应根据内装货物性质和对货物储运的特殊要求，按GB/T 191的图形、文字在明显的部位标打。标志应正确、清晰、齐全、牢固。内货与标志一致。标志一般应印刷或标打，也允许拴挂或粘贴，标志在整个流通过程中应不褪色、不脱落。旧标志应抹除。

3.13　质量在140 kg以下的包装件应便于人力作业；质量在140 kg～1 500 kg的箱装货物应便于叉车作业，应在包装上标出货物重心位置；质量在1 500 kg以上的箱装货物，应便于吊车作业，应标出货物重心位置和起吊位置。

3.14　根据不同运输方式，还应符合相应运输方式的有关规定。

4　运输包装的类型

4.1　箱类

箱类包装为直六面体，具有一定刚性，通常为长方体。根据其制作材料，又可分为木箱、花格木箱、瓦楞纸箱、钙塑箱、胶合板箱、竹胶板箱、纤维板箱、刨花板箱、铁箱、菱镁混凝土箱等。

4.2　桶类

桶类包装通常为圆桶、方桶、琵琶桶。根据其制作材料又可分为铁桶、木桶、铝桶、硬纸板桶、胶合板桶、纤维板桶、塑料桶等。

4.3　袋类

袋类包装为一端开口的可折叠的挠性包装容器。根据其制作材料又可分为麻袋、多层纸袋、布袋、塑料编织袋、复合袋等。

4.4　裹包类

裹包类包装是将货物用一层或多层挠性材料包覆，并用各种捆扎带扎紧固定。根据裹包材料又可分为布包、麻包、席包、塑料编织布包、纸包等。

4.5　夹板、轴盘类

按货物形状、性质通常为长方形夹板和圆形轴盘。按其制作材料又可分为密木夹板、花框木夹板和木轴盘、铁木轴盘等。

4.6　筐、篓类

筐、篓类包装为长方体、扁方体或圆柱体。根据其编结材料又可分为竹筐(篓)、柳条筐(篓)、槐条筐(篓)、荆条筐(篓)、藤条筐(篓)、钢丝筐(篓)等。

4.7 坛类

坛类包装是口小肚大的包装容器，通常为小螺口、有耳无耳（提手、搬手）、大口、无螺口形。根据其制作材料又可分为陶土坛、瓷土坛等。

4.8 局部包装及捆绑类

局部包装及捆绑类是根据每件货物的性质、形状、质量、体积或在其个别特殊部位需要防护，可施以缠、捆、绑等局部包装。

5 技术要求

5.1 箱类

5.1.1 木箱

5.1.1.1 普通木箱应符合 GB/T 12464 的规定，滑木箱应符合 GB/T 18925 的有关规定，框架木箱应符合 GB/T 7284 的规定，钢丝捆扎箱应符合 GB/T 18924 的规定。

5.1.1.2 根据货物的性质、价值、体积、重量合理选用箱型及材种；价值较高、容易散落和丢失的货物应使用木箱。

5.1.1.3 装运机械仪器，其质量超过 100 kg 的木箱，应有底盘、底座或加厚底带，其材质应保证搬运装卸作业安全。箱内货物应采用螺栓与底盘，底座固定牢靠，不摇晃，不滚动。

5.1.1.4 装运精密仪器等货物，应具有必要的防震装置。

5.1.2 瓦楞纸箱

5.1.2.1 普通瓦楞纸箱

根据内装货物、质量及用途，应符合 GB/T 6543 的规定。

5.1.2.2 重型瓦楞纸箱

5.1.2.2.1 内装货物质量超过 55 kg 时，应选用重型瓦楞纸箱，其质量应符合 GB/T 6543 的要求，内装物质量应根据 GB/T 6543 标准计算所得。

5.1.2.2.2 重型瓦楞纸板质量应符合 GB/T 6544。

5.1.2.3 钙塑瓦楞箱

根据内装货物、质量及用途，应符合 GB/T 6980 的规定。

5.2 桶类

5.2.1 钢桶

根据内装货物、质量及用途，应符合 GB/T 325、GB 13252、GB/T 17343 的规定。

5.2.2 胶合板（纤维板）桶

5.2.2.1 制桶用胶合板不少于 3 层，桶底、桶盖应使用五层胶合板，不允许有脱胶、鼓泡。纤维板应有良好的抗水性能。

5.2.2.2 桶体应挺实坚固，无明显失圆、凹瘪、歪斜等缺陷。桶身两端应有钢带加强箍。

5.2.2.3 桶口内缘应有衬肩。桶盖封口应采用咬口盖箍紧、销牢。

5.2.2.4 胶合板桶装运粉、粒状货物，应有内衬纸袋、布袋或塑料袋盛装并严密封口。并应层码、摆齐严紧。

5.2.3 硬纸板桶

5.2.3.1 硬纸板桶采用多层牛皮纸粘压制成，表层应涂具抗水性能的防护层。

5.2.3.2 桶盖或桶底可采用相同材料或 5 层胶合板制成、桶底与桶身应采用钢带卷边压制结合。

5.2.3.3 封口：采用咬口盖应箍紧销牢。

5.2.3.4 硬纸板桶装运胶状物质，应有内衬袋盛装，袋口应扎牢。内衬袋的容积应大于外包装桶。

5.2.4 琵琶形木桶

5.2.4.1 制桶用板料厚度不小于 20 mm。

5.2.4.2 桶身应有5道加强铁箍箍紧，其厚度不小于5 mm，宽度不小于35 mm，接头用铆钉铆牢。

5.2.4.3 桶盖和桶底均需有“十”型木档。要求其厚度为20 mm～30 mm，宽度不小于35 mm。

5.2.5 **硬塑料桶**

5.2.5.1 要求不裂、不漏，无老化现象。其造型应便于堆码、装卸和搬运。

5.2.5.2 封口要求双层桶盖拧紧，内货不渗漏。

5.2.5.3 根据内装货物、质量及用途，应符合GB/T 13508的规定。

5.2.5.4 跌落试验应在－18 ℃以下进行，堆码试验温度在40 ℃以上，持续时间28 d，试验合格后方能使用。并尽可能采用集装单元运输。

5.3 **袋类**

5.3.1 **麻袋**

5.3.1.1 各类包装袋袋口均应折叠缝密、针距均匀。内货不外露，不撒漏。不允许手工扎口。

5.3.1.2 根据内装货物、质量及用途，应符合GB/T 731、GB/T 732的规定。

5.3.1.3 麻袋袋口不是整边时，应折边缝合。缝针密度应不少于6针/100 mm(用单纱缝合时不少于10针/100 mm)，缝口后应在袋角扎口，以作装卸之抓手。

5.3.2 **布袋**

5.3.2.1 制袋布使用普通棉布、帆布或塑料编织布，布料应为整块，无裂口、无破洞，不允许使用旧布。

5.3.2.2 布袋缝边处的缝针密度为4针/10 mm～6针/10 mm，袋身不允许开线、裂口。

5.3.2.3 布袋袋口应折边缝合，每边宽度为5 mm～8 mm，袋口无毛边无开线、不允许扎口、敞口。

5.3.2.4 布袋装运粉粒状等易撒漏货物时，应有坚韧结实的内衬袋，并严密封口后再装入布袋。

5.3.3 **纸袋**

5.3.3.1 纸袋应采用坚韧牛皮纸制作，纸面应洁净、无折褶、皱纹、裂口和破洞。纸袋纸不允许补贴。纸袋层数为5层以上(含5层)。

5.3.3.2 纸袋缝线涂胶宽度不小于10 mm，粘合应牢固，不开胶，不虚贴。

5.3.3.3 纸袋应机器封口，两端折叠缝口针角长度应在11 mm～13 mm间，严禁扎口、敞口。

5.3.3.4 水泥包装袋应符合GB 9774的规定。

5.3.4 **塑料编织袋**

5.3.4.1 塑料编织袋用扁丝外观应光滑、平整，无明显起毛。

5.3.4.2 编织袋裁剪应采用热熔切割，以保证切口处熔融粘连不散边。

5.3.4.3 编织袋缝边、缝口一般采用工业或民用缝纫机缝线，缝线到边、底距离为8 mm～12 mm，无边袋口卷折不大于10 mm。

5.3.4.4 根据内装货物、质量及用途，应符合GB/T 8946、GB/T 8947的规定。

5.3.4.5 装运粉、粒状货物要求有内衬袋。

5.3.5 **复合袋**

5.3.5.1 复合袋材质是以纸袋纸、涂膜、聚丙烯编织布等经热压复合成一体，经切割、压杠缝纫而成的袋。

5.3.5.2 袋的裁剪应用热熔切割，以保证切口处熔融粘连不散边。

5.3.5.3 复合袋缝边、缝口之缝线到边、底的距离为8 mm～12 mm；缝针密度为16针/100 mm～25针/100 mm。袋上口卷折度不应大于10 mm，底部折回不小于10 mm。

5.4 **裹包类**

5.4.1 **布包**

5.4.1.1 布包包皮不允许有破口，皱纹。

5.4.1.2 布包成包后，包身搭边应不小于60 mm，两头缝包处应留出大于40 mm的包皮布折进缝入包内。

5.4.1.3 布包缝搭边及包头处应缝严，包头应缝牢，针距不超过50 mm。

5.4.1.4 捆包带间距不大于200 mm。

5.4.1.5 机械捆包或人力捆包，都应使用适宜的捆扎带或绳索捆紧加固。要求不开扣、不断线、不变形、捆扎等距均匀，松紧适度。

5.4.1.6 包内衬物，应能保护内装货物的性质，如：装运布匹、针棉织品应用塑料布、坚韧牛皮纸或防潮纸等裹严。

5.4.1.7 对易撒漏、易污染其他货物和易被其他货物污染的裹包类货物，应有内衬裹严。

5.4.2 麻包

5.4.2.1 材料要求不霉、不烂，编织紧密。

5.4.2.2 缝口处应折回缝牢，严密不露，缝线不能过细。

5.4.2.3 麻包外应捆扎牢固。

5.4.3 纸包

5.4.3.1 使用坚韧牛皮纸包装，不少于3层。

5.4.3.2 纸包捆扎，一般使用机械捆扎或绳索进行“井”字型捆扎加固。

5.4.3.3 纸包只适用于装运书报、杂志、纸制印刷品等货物。

5.4.4 塑料编织布包

5.4.4.1 编织布裁剪应用热熔切割，以保证切口处熔融粘连不散边。

5.4.4.2 编织布用扁丝外观应光滑、平整，无明显起毛。

5.4.4.3 装运军服等军备品应用坚韧牛皮纸或塑料布、防潮纸等内衬物。

5.5 夹板、轴盘类

5.5.1 夹板用木板厚度应不小于12 mm，宽度不小于80 mm，横档厚度不小于24 mm。轴盘木板厚度不小于15 mm，板宽在80 mm～150 mm间。结构要求牢固严密。

5.5.2 钉夹板或轴盘时，钉距不大于50 mm，夹板、轴盘木板端不少于2钉，钉裂长度不应超过板长的五分之一。不允许有虚钉，裸露钉尖应盘平。

5.5.3 木夹板的质量、规格应与货重、尺寸相适应，其尺寸以略大于货件为宜，保护货物不外露、不松动、不变形，夹板外部应以钢带或铁线捆扎加固。夹板端面和侧面应加以防护。

5.5.4 木轴盘两侧应具有防护板，周围具有防护横板；货物应在盘内紧密缠绕，端头固定，货物周围应有防护横板，应突出板外的端头，应有特殊防护，护板外应有转动方向等指示标志。

5.6 筐、篓类

5.6.1 编制筐篓用荆、柳、藤、竹均应质量良好，不朽、不烂，无虫蛀。荆、柳条应为原条，不允许用半条或劈裂。

5.6.2 筐篓的编结应紧密结实，条尖向内，边缘整齐；体身应加立筋，确保端正、平稳，不松懈、不变形。

5.6.3 筐篓之上盖应大于筐口，并用绳索、铁线结扎紧固严密。结扎不少于4处。

5.6.4 装运易碎品时（原则上只装运粗杂易碎品），应采用衬垫填实；装运金属制品要串捆塞牢，不窜动；装运五金工具、机械零件等较小物品，应有袋、盒、包盛装，摆排整齐、填塞妥实；外用捆扎带或绳索捆牢。

5.7 坛类

5.7.1 坛类包装应光滑，无裂纹、无沙眼、无破口等缺陷；其形状应落地平稳，无倾斜。

5.7.2 坛耳应坚固，封口要严密，装货后不允许渗漏。

5.7.3 坛类包装均应以绳索密缠或装入花格木箱、竹筐、竹箩、藤箩并加缓冲材料隔衬，防止破损。

5.7.4 坛类包装易碎，内装货物又多为流质，极易污染其他货物，应采用特殊防护。

5.8 局部包装及捆绑类

5.8.1 采用局部包装应在保障自身货物安全的同时，又不影响其他货物安全，且其形态应方便搬运、装卸及堆码作业。

5.8.2 捆绑易松散货物，应用竹片、麻片、竹席等包扎紧，使用各种绳索(棕、麻、草绳或铁丝)捆绑，腰箍不少于4道，绳索交叉处应压扣锁口。

5.8.3 使用草绳捆绑，不允许一绳到底，每5圈～10圈作一死结，分段缠绕；使用铁丝、铁腰捆绑货物，不少于3道，应捆扎结实。

5.8.4 分段缠绕货物每5周作索扣索紧，对满缠货物每10周作一索扣索紧。

5.8.5 根据货物的性质、形状、质量及其特点，选用拉力强的捆绑材料，确定捆扎方式和道数。

5.8.6 捆、缠、绑的部位，对于容易造成破损、折裂的部位，要厚垫满缠。

5.8.7 特别是柜橱、家具等除捆绑外，在其四周、腿部和具有玻璃处，应特殊防护加固。柜、橱家具内不允许盛物，避免加大质量，造成破损。

6 性能试验

6.1 试验目的

模拟或重现运输包装件在流通过程中可能遇到的各种危害及其抗御这些危害的能力，或发生事故进行仲裁。

6.2 试验项目的确定

货物运输包装件性能试验一般应做堆码试验和垂直冲击跌落试验两项试验。

根据货物的特性、包装类型、不同运输方式及货物、流通环境条件和货主及运输部门的要求，再按GB/T 4857的规定选做其他相应的试验。气密试验和液密试验按GB/T 325选取。

6.3 试验强度值的选择

根据运输方式和流通时间等，按GB/T 4857规定选取试验强度值。试验所规定的强度值，是检验货物运输包装强度的最低要求。

试验样品的内装物一般应为实物。

6.4 试验结果评定

6.4.1 试验结果评定原则

运输包装件经过一系列试验后，应确保内装物完好无损，运输包装外观不应有明显的缺陷和损坏。

6.4.2 常规试验结果的评定

6.4.2.1 跌落试验

包装无任何渗漏及可能影响运输安全的任何损坏；包装经跌落后不影响使用及无明显不损坏，视为合格。

6.4.2.2 堆码试验

包装无任何渗漏及可能影响运输安全的任何损坏或影响堆码稳定性的变形，可视为合格。影响堆码稳定性的检验可采用在变形的包装件放置两个同一类的包装件，若能保持其位置达1 h以上，则视为合格。

6.4.2.3 起吊试验

起吊部位无变形或损坏，包装件稳定视为合格。

6.4.2.4 气密试验

试验时保持规定压力不漏气视为合格。

6.4.2.5 液压试验

试验过程中不渗漏视为合格。

ICS 55.020
A 80

中华人民共和国国家标准

GB/T 12123—2008
代替 GB/T 12123—1989,GB/T 19451—2004

包装设计通用要求

General requirements for designing of packages

2008-07-18 发布　　2009-01-01 实施

中华人民共和国国家质量监督检验检疫总局
中国国家标准化管理委员会　发布

前　言

本标准代替 GB/T 12123—1989《销售包装设计程序》和 GB/T 19451—2004《运输包装设计程序》。

本标准与 GB/T 12123—1989 和 GB/T 19451—2004 相比，主要变化如下：

——在设计因素内容中，增加了内装物特性及形态、用户需求及限制的内容；

——将原标准包装贮存条件整合到流通环境条件中，同时在流通环境条件下增加了装卸作业条件、储存保管条件、气象条件的内容；

——将确定包装容器，改为确定包装方式；

——删除了设计鉴定的内容。

本标准由全国包装标准化技术委员会(SAC/TC 49)提出并归口。

本标准起草单位：厦门合兴包装印刷股份有限公司、中机生产力促进中心、深圳职业技术学院、广东省佛山市南海东兴塑料制罐有限公司。

本标准主要起草人：黄雪、张波涛、李云、王利婕、罗意自、张晓建、肖遇春、刘萍。

本标准所代替标准的历次版本发布情况为：

——GB/T 12123—1989；

——GB/T 19451—2004。

包装设计通用要求

1 范围

本标准规定了包装设计的基本要求、设计因素、设计方案确定方法、试验验证等内容。

本标准适用于各类产品的包装设计。

2 规范性引用文件

下列文件中的条款通过本标准的引用而成为本标准的条款。凡是注日期的引用文件，其随后所有的修改单(不包括勘误的内容)或修订版均不适用于本标准，然而，鼓励根据本标准达成协议的各方研究是否可使用这些文件的最新版本。凡是不注日期的引用文件，其最新版本适用于本标准。

GB 190 危险货物包装标志

GB/T 191 包装储运图示标志(GB/T 191—2008,ISO 780:1997,MOD)

GB/T 4768 防霉包装(GB/T 4768—1995,neq IEC 68:1988)

GB/T 4857(所有部分) 包装 运输包装件基本试验

GB/T 4879 防锈包装

GB/T 5048 防潮包装

GB/T 5398 大型运输包装件试验方法(GB/T 5398—1999,ASTM D1083:1991,NEQ)

GB/T 7350 防水包装

GB/T 8166 缓冲包装设计

GB/T 13385 包装图样要求

3 基本要求

3.1 应依据项目任务书或合同书进行包装设计。

3.2 应保证内装物的性能在流通过程中满足质量要求。

3.3 应采用适当的包装材料，减少对环境和人身产生的危害。

3.4 应节省资源，合理控制包装成本，提高经济效益。

3.5 必要时，应按相关的要求分等级包装。

3.6 设计的包装应符合有关法律法规及标准的要求。

3.7 尽量做到包装紧凑，科学合理。

4 设计因素

4.1 内装物特性

4.1.1 形态

根据内装物的形态(固态、液态、气态)，选择相应的包装方式或包装方法。应考虑采用容器的种类及内部的物理保护(如：密封、缓冲、固定等技术措施通过分解或组合，达到稳定和体积最小)。对于固态应考虑稳定型(如：立方体、有基座的物体)、非稳定型(如：球形、圆筒形及其他带凸凹的异形体)等形式。

4.1.2 质量及尺寸

4.1.2.1 内装物可分为轻物、重物、小型、大型、长物、扁平物、超高物等。应根据质量及尺寸确定包装单元,要考虑到运输、装卸及仓储等。

4.1.2.2 对于重物、长物、扁平物、超高物、大型物,在考虑物品本身的保护的同时,要具备有利于装卸方便及安全的外包装形态。即使是轻物、小型物,一般情况下也要对来自上部的载荷及冲击进行防护。

4.1.3 强度

预先应掌握内装物的强度及脆值等因素,采用适当缓冲技术措施。选择内装物强度较大的位置作为支持点,施加固定或缓冲技术措施,选择有利于装卸稳定的包装单元及包装容器。

4.1.4 温度适应性

掌握适宜温度及选定能保持适宜温度的容器及材料(如:冷冻包装、冷冻集装箱、耐寒容器、干冰的使用或保温容器等)。

耐温度包装要考虑运输期间流通环境的影响因素、运输路线及运输方式。运输方式包括铁路、公路、水路、空运。

4.1.5 耐水、耐潮性

对于耐水及耐潮性,应考虑如下因素:

a) 不受水及潮气影响的产品,可采用花格箱、捆扎包装、底盘包装或裸装等;

b) 易受水影响的产品,可采用防水容器或防水包装等;

c) 易受潮气影响的产品,可采用防潮包装或防水材料进行防潮包装。

4.1.6 耐腐蚀性

对于易腐蚀产品,要考虑流通环境条件,采取防锈处理及防水或防潮包装。

4.1.7 耐霉性

对于易发霉及易受霉影响的产品,根据流通环境中的气象条件采用熏蒸、防霉剂、防潮包装等。

4.1.8 危险性

产品为剧毒、易燃物、易爆物、放射物质等情况下,要根据安全性及有关法规进行包装设计。

4.1.9 物品的种类、用途、性能

根据物品的种类(如:成套设备、机器、装饰品、食品、建筑材料、零件、原材料等)、用途、性能等,采取符合其运输、销售目的的内包装、外包装。

4.2 流通环境条件

4.2.1 装卸作业条件

应考虑如下情况:

a) 人工作业、机械作业、多式联运转载作业等,推测装卸次数的多少及跌落、冲击、倒置、棱与角的载荷等可能性,采取必要的试验验证;

b) 到达地的港湾设施、装卸设备、装卸技术、装卸习惯等;

c) 内装物的强度(特别是易损品要依据其脆值参数)与有关试验、经验数据;

d) 装卸的便利性及保护措施(适当的包装单元、质量、尺寸);

e) 托盘及集装箱的利用。

4.2.2 运输环境条件

应考虑如下情况:

a) 铁路运输的情况,如:振动、冲击、货压、温湿度等;

b) 公路运输的情况,如:换挡、恶劣道路上运行与急刹车的冲击、振动等;

c) 水路运输的情况,如:振动、摆动、货压、冲击、温湿度变化、盐雾等;

d) 航空运输的情况,如:振动、冲击、温度变化、低气压等。

4.2.3 贮存保管条件

贮存保管应考虑的主要因素:

a) 堆码的高度及堆码的排列方式对产品强度的影响;

b) 贮存期的长短对包装材料及容器的疲劳及强度降低的影响;

c) 贮存场所的温湿度条件对包装件的影响;

d) 室外贮存时的风吹、日晒、雨淋、凝露、扬尘等对包装件的影响。

4.2.4 气象条件

应考虑高温、低温、温度变化造成的高温熔融及低温冻结和温湿度变化及结露等气象条件对包装件的影响。

4.3 用户要求

a) 销售性:便于销售的包装单元;

b) 便利性:检查、拆开及使用后易处理;

c) 标志性:容易识别,不会与其他混淆的鲜明标志等。

4.4 其他限制事项

不仅要遵守各运输、仓储等部门所规定的包装条件,还要遵守有关法规所规定的限制条款。如:质量限制、尺寸限制、性质限制、地区限制等。

5 确定设计方案

5.1 确定设计参数

a) 内装物的计量值,如:质量、体积、数量、尺寸等;

b) 预留容积或允许偏差;

c) 根据内装物特点需确定的其他参数;

d) 包装的重复使用次数;

e) 包装有效期。

5.2 确定包装方式

5.2.1 根据设计因素,采用箱装、袋装、瓶装、桶装、捆装、裸装,及压缩打包包装、托盘包装、集合包装、收缩或拉伸包装等。

5.2.2 有标准容器类型可供选择时,应选用标准容器类型。无标准容器类型可供选择时,应先确定容器类型,然后进行容器设计。并在规格、性能、价格等方面符合产品包装的要求。

5.2.3 集装单元运输的包装容器规格尺寸应符合有关包装尺寸系列标准的规定。非集装单元运输的包装容器规格尺寸应参照有关尺寸标准规定,并符合运输工具装载尺寸的要求。

5.2.4 包装容器有外观要求时,要做出相应规定,如表面缺陷值、颜色均匀程度以及其他需要确定的要求。

5.2.5 应规定包装容器的物理、生物、化学等性能,如抗压、防霉、防锈的技术要求。

5.2.6 设计容器结构时应考虑容器易于加工制造、易于装配、便于储运、易于机械装卸。包装废弃物要利于回收、降解及处理。系列产品包装的容器造型及结构应具有整体协调性,多用途包装的容器造型及结构应具有再利用的价值。

5.3 确定包装材料

a) 应按包装技术要求,合理的选择包装材料。有现行标准,应采用有关标准。无现行标准时,应规定使用的包装材料的品种、规格及各种性能指标。并在货源、规格、性能、价格等方面符合产品包装的要求;

b) 选用的包装容器材料、辅助材料、辅助物等应与内装物相容,对内装物无损害;

c) 应易于成型和印刷着色;

d） 应优先选用环保型包装材料。

5.4 确定技术要求

a） 应规定包装结构的技术要求、工艺条件以及应达到的性能指标；

b） 应规定包装应具备的性能指标及质量要求，如：透湿度、含水率等指标；

c） 应规定包装材料应具备的性能指标及质量要求，如：透气率、透油性等指标；包装材料需预处理时，应提出处理项目、条件、时间、方法、量值等要求。

5.5 包装结构设计

5.5.1 防护设计

a） 防锈包装设计应符合 GB/T 4879 的有关规定；

b） 防潮包装设计应符合 GB/T 5048 的有关规定；

c） 防水包装设计应符合 GB/T 7350 的有关规定；

d） 防霉包装设计应符合 GB/T 4768 的有关规定；

e） 缓冲包装设计应符合 GB/T 8166 的有关规定；

f） 其他防护设计应符合相关规定。

5.5.2 定位设计

应确定产品及附件的位置及固定方法。

5.5.3 包装图样绘制

包装图样的绘制应符合 GB/T 13385 的有关规定。

5.5.4 包装标志设计

包装标志设计应符合有关规定。一般货物包装储运图示标志应符合 GB/T 191 的有关规定，危险货物包装标志，应符合 GB 190 的有关规定。

5.6 包装装潢设计

5.6.1 设计包装装潢时，应考虑包装的级别、档次、价值、整体造型特点等因素。

5.6.2 确定包装装潢设计要素。

5.6.2.1 图形

a） 具体图形应具有写实感；

b） 抽象图形应有较强概括性；

c） 牌号、标志、商标等图形符号应形象突出，易于辨认和记忆。图形符号有标准的，应按有关标准使用。

5.6.2.2 色彩

a） 基色的选用应充分考虑内装物的特性、企业形象和包装意图；

b） 包装整体的配色应具有和谐、明快、醒目的美感情调；

c） 应考虑规范性、习惯性色彩的运用。

5.6.2.3 文字

a） 主体文字的造型应考虑艺术性和可读性；

b） 说明性文字应清楚、整齐，尽量采用印刷体；

c） 选用的字种、字体应符合规范要求；

d） 文字的大小、造型配色、布局、排列等应与包装件整体装潢效果相协调。

5.6.3 确定装潢的组成部分，如：容器外观、标签、装饰物等。

5.6.4 确定装潢布局，如：各组成部分的数量、位置关系、相互间应遵循的美学法则等。

5.6.5 确定装潢造型，如：各组成部分的形状、尺寸、比例关系、表现技法等。

6 试验验证分析

运输包装需要时应进行试验，以验证设计是否达到预定的防护要求。应确定试验目的、试验项目、试验方法、试验量值、试验仲裁等。运输包装件基本试验应符合 GB/T 4857 标准的有关规定。大型运输包装件试验应符合 GB/T 5398 的有关规定。

前　　言

本标准是非等效采用原苏联ГОСТ 21140《包装　尺寸系列》(1988年)对GB 13201—91进行修订的。

这样,使我国圆柱体运输包装尺寸尽可能与国际先进技术方法一致,以尽快适应国际贸易、技术和经济发展的需要。

在本次修订时,保留了GB 13201—91中适合我国国情又不妨碍国际通用的内容。取消了GB 13201—91中A08、A09、A10、C06、C07、C09六种不适合于物质流通的堆码方式,增加了A07、B07、B08三种适合于物质流通的堆码方式,共提出了26个圆柱体运输包装尺寸。

本标准规定的圆柱体运输包装尺寸系列,涉及到各种材质圆柱体运输包装尺寸的大小,这些尺寸是设计、生产、使用圆柱体运输包装的主要依据。

本标准的附录A是标准的附录。

本标准由中国包装总公司提出。

本标准由全国包装标准化技术委员会尺寸分技术委员会归口。

本标准起草单位:交通部标准计量研究所、化工部标准化研究所、铁道部标准计量研究所、天津市涂料包装器材厂。

本标准起草人:熊才启、梅建、张锦、张春国、汪炜。

本标准于1991年9月29日首次发布,于1997年7月9日第一次修订。

本标准委托全国包装标准化技术委员会尺寸分技术委员会负责解释。

中华人民共和国国家标准

GB/T 13201—1997

代替 GB/T 13201—91

圆柱体运输包装尺寸系列

Packaging—Dimensions of cylinder transport package

1 范围

本标准规定了钢、纸、塑料等各种材质圆柱体运输包装的最大外廓直径。

本标准适用于圆柱体运输包装。

2 引用标准

下列标准所包含的条文，通过在本标准中引用而构成为本标准的条文。本标准出版时，所示版本均为有效。所有标准都会被修订，使用本标准的各方应探讨使用下列标准最新版本的可能性。

GB/T 15233—1994 包装 单元货物尺寸

3 包装单元货物尺寸系列代号

包装单元货物尺寸见 GB/T 15233，其系列代号见表 1。

表 1 包装单元货物尺寸系列代号

系列代号	包装单元货物尺寸(长×宽)，mm
A	1 200×1 000
B	1 200×800
C	1 140×1 140

4 圆柱体运输包装尺寸系列

4.1 圆柱体运输包装尺寸系列见表 2。

4.2 圆柱体运输包装尺寸系列的包装单元排列实例图谱见附录 A(标准的附录)。

4.3 圆柱体运输包装最大外廓直径的极限偏差为－4%。

国家技术监督局 1997-07-09 批准　　1998-01-01 实施

表 2 圆柱体运输包装尺寸系列

序　号	最大外廓直径 mm	系列代号	单层件数	包装单元排列 实例图谱代号
1	667	C	2	C01
2	650	A	2	A01
3	614	B	2	B01
4	570	C	4	C02
5	552	A	3	A02
6	514	A	4	A03
7	480	B	3	B02
8	472	C	5	C03
9	458	A	5	A04
10	440	B	4	B03
11	427	C	6	C04
12	400	B	6	B04
13	380	C	9	C05
14	374	A	8	A05
15	357	B	6	B05
16	352	A	9	A06
17	323	B	8	B06
18	307	A	12	A07
19	294	B	11	B07
20	285	C	16	C06
21	277	B	12	B08
22	270	A	16	A08
23	246	B	15	B09
24	219	A、B	25、20	A09、B10
25	200	A、B	30、24	A10、B11
26	190	C	36	C07

5 圆柱体运输包装的高度尺寸

5.1 圆柱体运输包装的高度尺寸按产品特点和有关标准确定。

附 录 A
（标准的附录）
包装单元排列实例图谱

A1 A 1 200 mm×1 000 mm

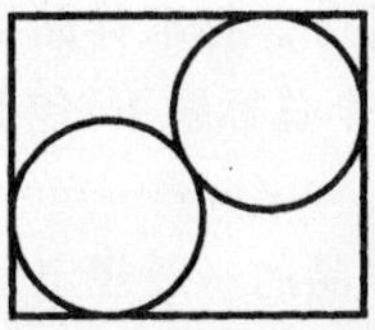
A01
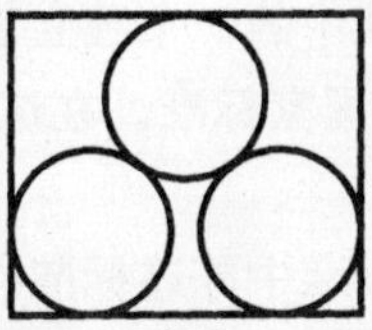
A02
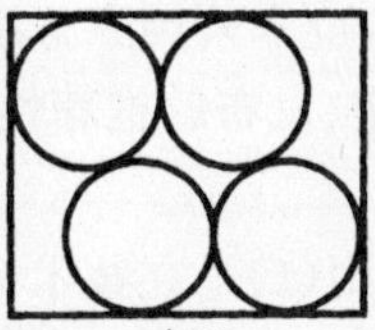
A03

A04

A05
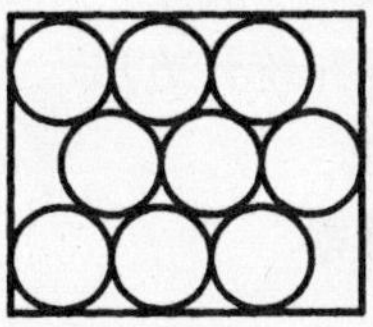
A06

A07
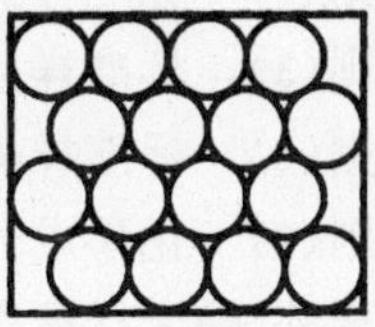
A08
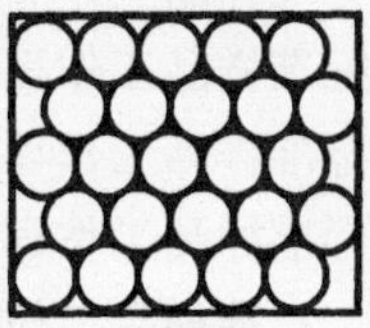
A09

A10

A2 B 1 200 mm×800 mm

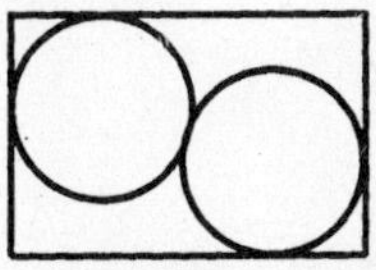
B01
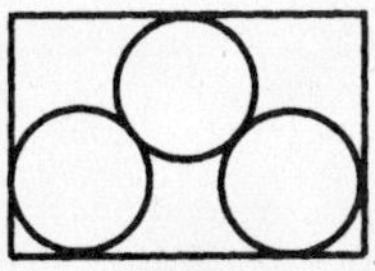
B02
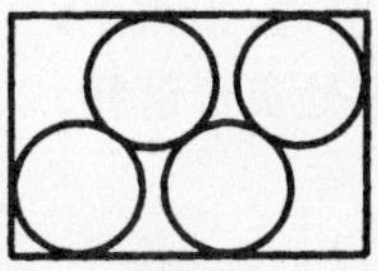
B03

B04
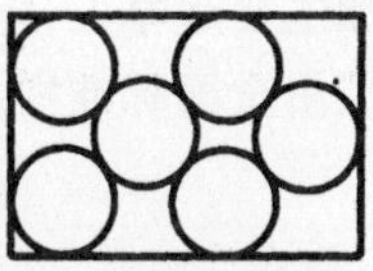
B05
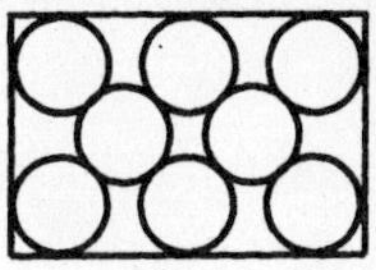
B06

B07

B08
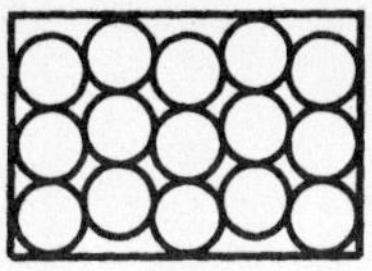
B09

B10

B11

A3 C 1 140 mm×1 140 mm

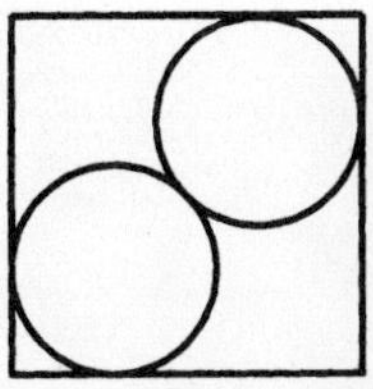
C01

C02
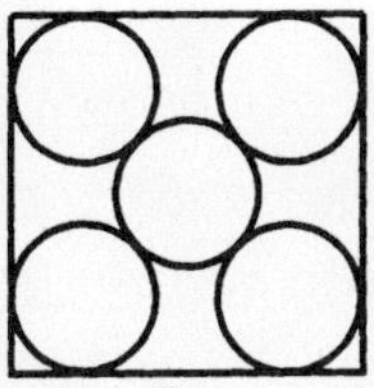
C03
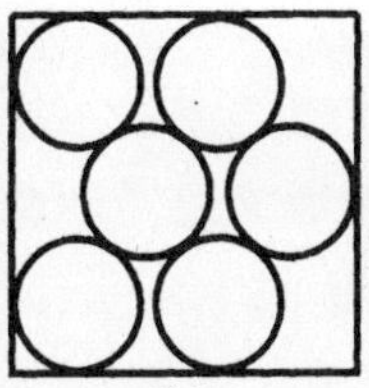
C04

C05

C06
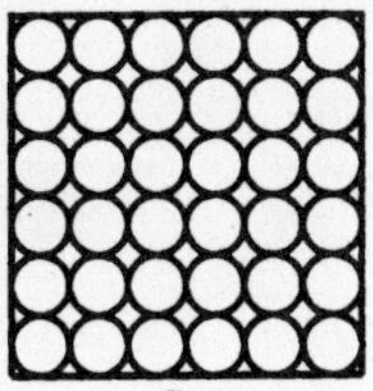
C07

前　言

本标准是标准样品工作导则GB/T 15000系列国家标准中的一个独立部分。标准样品工作导则是指导和统一我国标准样品的研制、定值、鉴定、发布的推荐性国家标准。在这个总标题下，包括如下的独立部分：

GB/T 15000.1—94　标准样品工作导则(1)　在技术标准中陈述标准样品的一般规定

GB/T 15000.2—94　标准样品工作导则(2)　标准样品常用术语及定义

GB/T 15000.3—94　标准样品工作导则(3)　标准样品定值的一般原则和统计方法

GB/T 15000.4—94　标准样品工作导则(4)　标准样品证书内容的规定

GB/T 15000.5—94　标准样品工作导则(5)　化学成分标准样品技术通则

GB/T 15000.6—1996　标准样品工作导则(6)　标准样品包装通则

本标准由全国标准样品技术委员会提出并归口。

本标准由全国标准样品技术委员会秘书处负责起草。

本标准主要起草人：陈柏年、张淑英、姜清梅、张太生。

本标准由全国标准样品技术委员会秘书处负责解释。

中华人民共和国国家标准

标准样品工作导则(6)
标准样品包装通则

GB/T 15000.6—1996

Directives for the work of reference materials(6)
General rules for package of certified reference materials

1 范围

本标准规定了标准样品包装的一般要求、包装容器要求、包装技术要求、标志、标签和运输、贮存等。

本标准适用于国家标准样品和行业标准样品。

2 引用标准

下列标准包含的条文,通过在本标准中引用而构成本标准的条文。本标准出版时,所示版本均为有效。所有标准都会被修订,使用标准的各方应探讨使用下列标准最新版本的可能性。

GB 190—90 危险货物包装标志
GB 191—90 包装储运图示标志
GB 5099—85 钢质无缝气瓶
GB 5100—85 钢质焊接气瓶
GB 7694—87 危险货物命名原则
GB 11640—89 铝合金无缝气瓶
GB 11806—89 放射性物质安全运输规定
GB 12268—90 危险货物品名表
GB/T 12122—89 产品包装质量保证体系
GB/T 15000.2—94 标准样品工作导则(2) 标准样品常用术语及定义
GB/T 19000—94—ISO 9000:94 质量管理和质量保证系列标准

3 定义

本标准采用GB/T 15000.2及下列定义。

3.1 标准样品的销售包装 sales package of CRM

以销售为主要目的,与内装物一起到达消费者手中的包装。

销售包装一般由内包装容器、外包装容器和辅助材料组成,也可由内包装容器单独组成。

3.2 标准样品的运输包装 transport package of CRM

以运输贮存为主要目的的包装。它具有保障产品的安全,方便贮运装卸,加速交接,点验等作用。

3.3 内装物 contents

包装内所装的标准样品。

3.4 包装容器 container

为销售、贮存或运输而使用的盛装标准样品的器具总称。

国家技术监督局1996-11-04批准 1997-04-01实施

4 一般技术要求

4.1 标准样品分危险品和非危险品。危险品分类及品名的确定遵循以下准则：

a) 有相应的技术标准时，以技术标准中产品的分类为准；

b) 无相应的技术标准时，按 GB 7694、GB 12268 的规定进行。

4.2 危险品的包装，除满足国家、部门有关的法规规定外，还须满足本标准的要求，放射性标准样品同时必须符合 GB 11806 中的有关规定。

4.3 标准样品的包装类别分为：

a) 固体标准样品的包装；

b) 液体标准样品的包装；

c) 气体标准样品的包装。

所有类型的包装都要进行防泄漏、防腐蚀、防潮、防锈试验以确保标准样品在有效期内的稳定性和均匀性。

4.4 应根据标准样品的实际用途选用合适的包装形式和材料；在涉及到特殊要求的标准样品时，还应符合相应的国家有关包装法规。

4.5 标准样品的内外包装必须分别粘贴符合本标准规定的标志和有证标准样品标志。

4.6 标准样品的销售包装一般由内包装容器、外包装容器和辅助材料组成，必要时也可由内包装容器单独组成。

4.7 标准样品的内装量值应符合标签中的净含量规定。

4.8 标准样品的包装容器或材料若采用外购件时，则应考虑分供方的质量保证能力。推荐选择通过 GB/T 19000—ISO 9000 质量体系认证的分供方或执行 GB/T 12122 的分供方。

5 包装容器要求

5.1 固体标准样品包装容器

5.1.1 内包装容器

按照标准样品的形状或硬度大小选择包装容器的类别、规格，必要时，可以在容器中填入适量的内衬以防止样品振动而损坏容器内壁。

5.1.2 外包装容器

需要时，可以采用外包装容器。外包装容器和内包装容器之间应有辅助材料——内衬，以减小两种容器的撞击。外包装容器应美观，一般为直方形状或圆柱形状，并具有一定抗压、抗冲击性能，尺寸应与内包装容器相适应。

5.1.3 包装材料

包装容器的材料可以是金属的、玻璃的、木质的或其他合成材料。但内包装容器及内衬材料必须清洁、干燥、无杂物渗入，并与内装物的理化特性相容并确保对内装物不发生不良影响，以防止内装物变质。

5.2 液体标准样品包装容器

5.2.1 内包装容器

按照标准样品的用量选用合适的规格和形状的包装容器，当有密封性、透气性、避光等要求时，必须严格按规定选择。

5.2.2 外包装容器

需要时，可以采用外包装容器。外包装容器和内包装容器之间必须有辅助材料——内衬，以减小两种容器的撞击而造成内包装容器破碎。外包装容器应美观，并具有一定的抗压、抗冲击性能，尺寸应与内包装容器相适应。

5.2.3 包装材料

包装材料一般选择玻璃或合成材料，内包装容器及内衬材料必须清洁、干燥、无杂物渗入，并与内装物的理化特性相容并确保对内装物不发生不良影响，以 防止内装物变质或起化学反应。

5.3 气体标准样品包装容器

5.3.1 内包装容器

内包装容器的尺寸规格可根据标准气体的使用要求选择，本标准推荐如下几种：40 L、20 L、8 L、6 L、4 L、2 L、1 L。

内包装高压容器的技术要求、试验方法及检验规则均应符合 GB 5099 以及 GB 11640 相应的规定。

5.3.2 外包装容器

在高压状态时，一般不采用外包装。在常压时可采用外包装，但与内包装容器之间应有辅助材料——内衬，以减小两种容器之间的撞击。外包装容器一般为直方形，并应具有一定的抗压、抗冲击能力。

5.3.3 包装材料

内包装容器可采用金属的、玻璃的或其他合成材料(高压容器则应采用钢质和铝合金材料)。但必须抗腐蚀，并保证材料与内装物的理化特性相容以确保内装物特性的稳定性和均匀性。

6 包装技术要求

6.1 包装环境要求

标准样品包装时，周围环境条件(温度、相对湿度、洁净度等)应符合标准样品的特性要求。

6.2 密封

当需要密封时应采用密封包装技术以防止渗漏；对危险品的密封则应按处理危险品的要求进行。

6.3 对危险品包装的特殊要求

对危险品的包装要根据其特性采取相应的防辐射、防爆、防燃、防震等特殊的技术措施。

7 标志、标签

7.1 标志

7.1.1 标准样品的外包装标志应符合 GB 191 的有关规定。危险品还应符合 GB 190 的有关规定，同时在外包装容器规定的位置上粘贴有关危险品的标志、图形、颜色、种类、名称等内容。

7.1.2 有证标准样品标志

标准样品应在内包装(或外包装)容器上标有有证标准样品标志，此标志应是国家技术监督局标准化主管部门(国家标样)或有关部门标准化主管机构(行业标样)统一印发。必要时，可采用防伪技术。

7.1.3 防伪标志

标准样品的研制单位也可以采取相应的防伪技术进行防伪标志，制作的防伪标志的位置一般应在内包装容器上(最好在容器的盖、塞上)。

7.2 标签

7.2.1 标签的文字应清晰，尺寸应按容器的大小确定。

7.2.2 标签应有编号、名称、贮存条件、成分(或技术参数)、研制单位及地址、有效日期、净含量等内容。推荐格式如下：

编号:GSB ××××-×××× 或:XSB ××××-××××	成分(或技术参数)
名称:(中文)	
名称:(英文)	
研制单位及地址:	
贮存条件:	
有效日期:(××××年××月)	净含量:

7.2.3 标签位置

内包装的标签直接贴在内包装容器上,外包装标签应贴在打开包装后标签不被破坏的位置。

8 运输和贮存

8.1 运输

标准样品在运输时,应进行运输包装。运输包装的要求应满足相应的运输方法所规定的包装要求。对放射性标准样品的运输还应符合 GB 11806 的规定。

8.2 贮存

8.2.1 标准样品的外包装上应有贮存图示,并满足 GB 190 或 GB 191 规定的相应的贮存图示要求。

8.2.2 标准样品的贮存场所应规定相应的温度、湿度等要求,并应符合标签中规定的贮存条件。

8.2.3 标准样品贮存时,应按品种、规格、等级分别码放。

ICS 55.020
A 80

中华人民共和国国家标准

GB/T 15719—2011
代替 GB/T 15719—1995

现场发泡包装

Foam-in-place packaging

2011-07-20 发布 2012-01-01 实施

中华人民共和国国家质量监督检验检疫总局
中国国家标准化管理委员会 发布

前　言

本标准按照 GB/T 1.1—2009 给出的规则起草。

本标准代替 GB/T 15719—1995《现场发泡包装》。

本标准与 GB/T 15719—1995 相比，除编辑性修改外主要技术变化如下：

——按包装方式对现场发泡包装进行重新分类；

——按重新确定的包装分类编写了相应的包装方法；

——将原标准 4.1 一般要求的内容放入第 6 章要求中；

——删除了原标准一般要求中“泡沫厚度的预先确定”和“限制装置的使用”的内容，增加了“安全”、“防护”的内容；

——将原标准 4.3 发泡特性的内容放入 6.2 质量要求中；

——对试验和检验的内容进行了适当的调整；

——删除了检验规则的内容；

——删除了原标准中的附录 A。

本标准由全国包装标准化技术委员会(SAC/TC 49)提出并归口。

本标准起草单位：深圳市美盈森环保科技股份有限公司、中机生产力促进中心、希悦尔包装(上海)有限公司、中国物流公司、赛闻(天津)工业有限公司。

本标准主要起草人：黄雪、陈利科、张会青、刘萍、蔡少龄、张晓建、梁伟华、张文缤。

本标准所代替标准的历次版本发布情况为：

——GB/T 15719—1995。

现 场 发 泡 包 装

1 范围

本标准规定了现场发泡包装的分类、方法、要求、试验和检验等内容。

本标准适用于各类产品的聚氨酯现场发泡包装。

2 规范性引用文件

下列文件对于本文件的应用是必不可少的。凡是注日期的引用文件，仅注日期的版本适用于本文件。凡是不注日期的引用文件，其最新版本(包括所有的修改单)适用于本文件。

GB/T 4122.1 包装术语 第1部分:基础

GB/T 4857(所有部分) 包装 运输包装件 试验方法

GB/T 8166 缓冲包装设计

GB/T 15718 现场发泡包装材料

BB/T 0056 聚氨酯现场发泡包装设备

3 术语和定义

GB/T 4122.1界定的以及下列术语和定义适用于本文件。

3.1

现场发泡包装 foam-in-place packaging

用发泡设备或其他方式，将不同组分发泡材料的混合物注入模具或内装物与容器之间，使其发泡并固化，形成缓冲衬垫的一种包装方法。

4 分类

现场发泡包装按包装方式分为以下几类：

4.1 现场成型式:按隔离材料分为薄膜式和发泡袋式。

4.2 预制模成型式:按隔离材料分为薄膜式和发泡袋式。

4.3 组合式。

4.4 其他形式。

5 方法

5.1 现场成型式

5.1.1 薄膜式

5.1.1.1 根据内装物尺寸，选择适合的容器。

5.1.1.2 用适当厚度及宽度的薄膜(一般为0.02 mm～0.03 mm的低压聚乙烯薄膜)覆盖在容器的内侧面，盖住底部并延伸超过容器口[见图1a)]。薄膜尺寸应根据容器及内装物的尺寸确定，也可以参考式(1)、(2)进行计算：

$$薄膜长 = 2 \times 高 + 1.5 \times 长(容器内侧) \quad\cdots\cdots\cdots\cdots\cdots\cdots\cdots(1)$$
$$薄膜宽 = 2.5 \times 高 + 宽(容器内侧) \quad\cdots\cdots\cdots\cdots\cdots\cdots\cdots(2)$$

5.1.1.3 将发泡材料浇注到容器里,向内折拢薄膜,并完全覆盖泡沫[见图1b)、c)]。

5.1.1.4 发泡材料膨胀并固化到适当程度时,将内装物置于容器内[见图1d)]。

5.1.1.5 用第二张薄膜覆盖内装物,并延伸超过容器口,必要时用胶带固定[见图1e)]。

5.1.1.6 将足够的发泡材料浇注到容器内,折拢薄膜,盖住容器,确保泡沫膨胀后紧贴内装物并充满容器,然后将容器封口[见图1f)、g)]。

说明：
1——发泡材料；
2——薄膜；
3——包装容器。

a)

b)

c)

d)

e)

f)

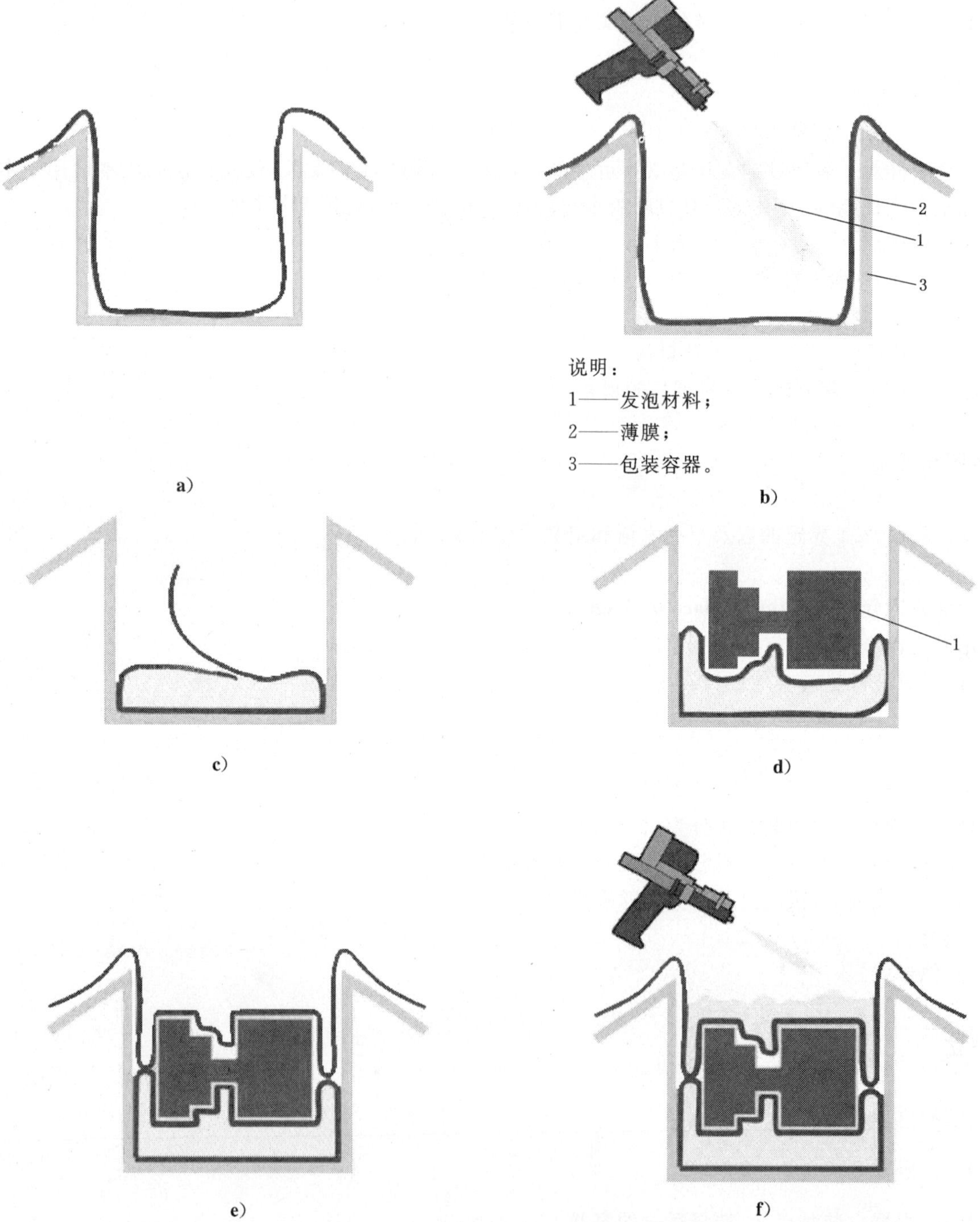

图 1 现场成型包装方法(薄膜式)

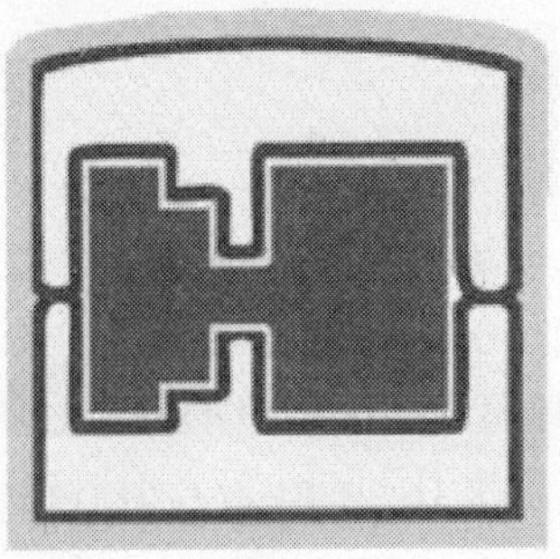

g)

图 1（续）

5.1.2　发泡袋式

5.1.2.1　根据内装物尺寸，选择适合的容器。

5.1.2.2　根据包装容器及内装物的大小，制作发泡袋，将正在膨胀的发泡袋放入容器底部[见图 2a)]。

5.1.2.3　将内装物置于发泡袋上，发泡袋膨胀并固化[见图 2b)]。

5.1.2.4　在内装物上放置第二个发泡袋，盖住容器，确保泡沫膨胀后紧贴内装物并充满容器，然后将容器封口[见图 2c)、d)]。

说明：

1——发泡袋。

a)　　　　b)

c)　　　　d)

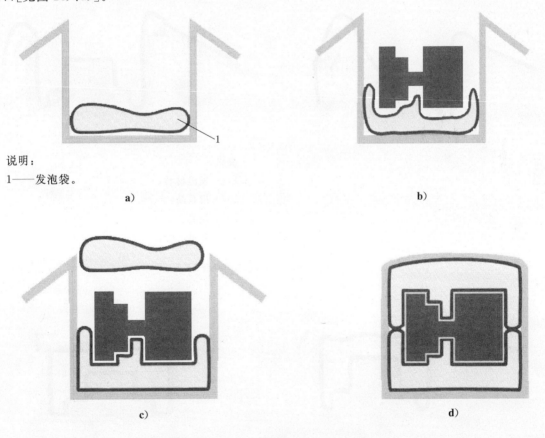

图 2　现场成型包装方法（发泡袋式）

5.2 预制模成型式

5.2.1 薄膜式

5.2.1.1 根据内装物的外形制作模具及模具箱。在模具箱内覆盖一张薄膜，薄膜应能覆盖模具箱所有暴露的内表面(含模具箱的箱盖)[见图 3a)]。

5.2.1.2 使薄膜紧贴在模具上，向模具箱内注入适量的发泡材料[见图 3b)]。

5.2.1.3 合上模具箱盖，用夹具将箱盖夹住[见图 3c)、d)]；经一定时间后，取出制作成型的衬垫[见图 3e)]。

5.2.1.4 按上述步骤制作所需要的其他衬垫。

5.2.1.5 将制作好的衬垫装入包装容器中，对内装物进行包装。

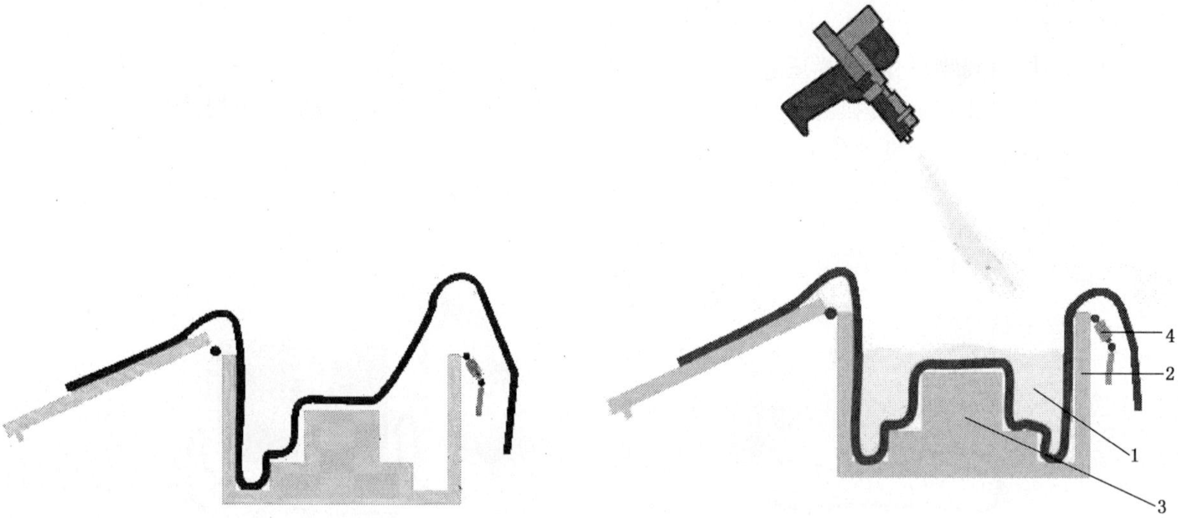

说明：

1——发泡材料；

2——模具箱；

3——模具；

4——夹具。

a)　　　　b)

c)　　　　d)

图 3 预制模成型包装方法(薄膜式)

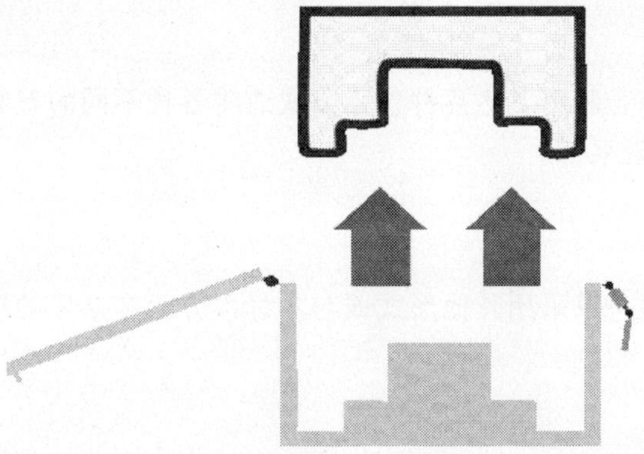

e)

图 3（续）

5.2.2 发泡袋式

5.2.2.1 根据内装物的外形制作模具及模具箱，将模具放入模具箱内[见图 4a)]。

5.2.2.2 将制作好的发泡袋放入模具箱内，用夹具将箱盖夹住[见图 4b)、4c)]。

5.2.2.3 经一定时间后，取出制作成型的衬垫[见图 4d)]。

5.2.2.4 按上述步骤制作所需要的其他衬垫。

5.2.2.5 将制作好的衬垫装入包装容器中，对内装物进行包装。

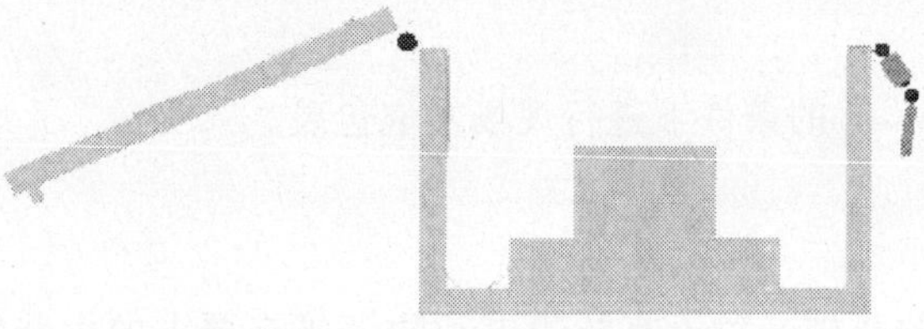

a)

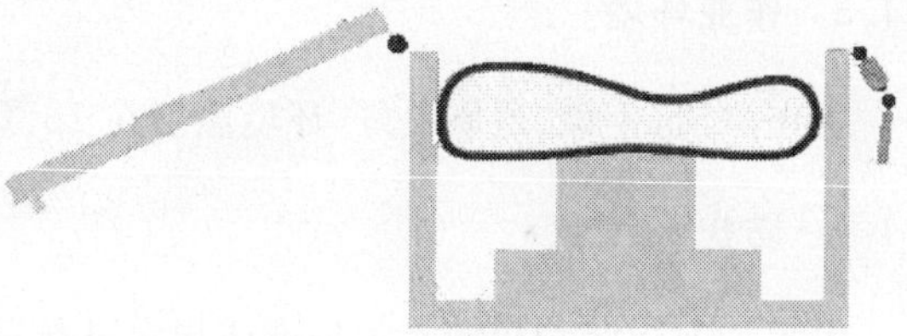

b)

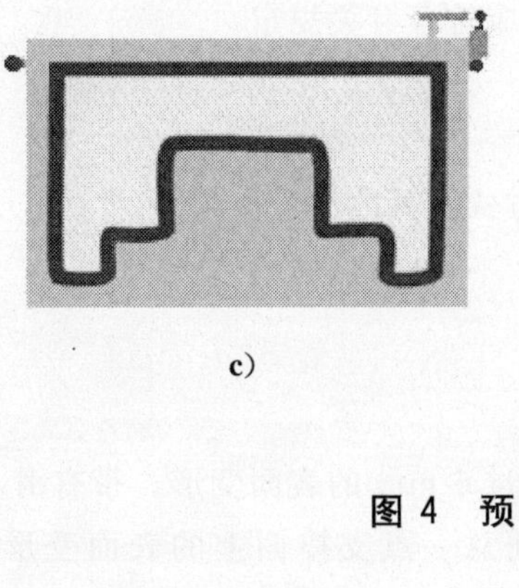

c)

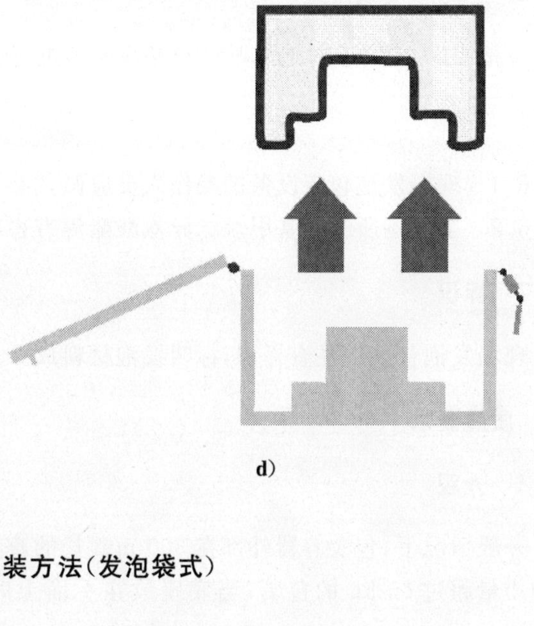

d)

图 4 预制模成型包装方法（发泡袋式）

5.3 组合式

在同一个包装过程中，综合利用上述几种包装方式或将各种不同的包装材料结合在一起使用，以达到某一特定的包装或固定的效果。

5.4 其他形式

根据需要和实际情况，也可以采用其他形式或与本标准方法有差异的包装方法，无论采用何种方法均应满足本标准的要求。

6 要求

6.1 一般要求

6.1.1 材料

现场发泡包装材料应符合 GB/T 15718 的有关要求。

重复使用的聚氨酯泡沫不应超过总泡沫体积的 30%，且应符合本标准的要求。

6.1.2 发泡设备

现场发泡设备应符合 BB/T 0056 的有关要求。

6.1.3 作业环境

应在清洁、干燥、通风良好，环境温度在 15 ℃～38 ℃的条件下进行现场发泡包装。

6.1.4 防护

包装之前内装物应按有关标准或规定进行适当的防护。对于有防静电和防潮等有要求的内装物，应采取相应的防护措施。

6.1.5 泡沫厚度或用量

应按 GB/T 8166 对泡沫厚度与支撑面积进行设计。

6.1.6 安全

6.1.6.1 现场发泡包装设备的操作人员应佩戴必要的防护用具。

6.1.6.2 工作场所二苯基甲烷二异氰酸酯等有害物质的含量应符合有关规定。

6.1.7 标识

现场发泡包装应注有标识，标明发泡材料成分、回收处理方式等其他注意事项。

6.2 质量要求

6.2.1 外观

一般情况下，包装容器外部在 300 mm 长的直线上应无超过 6 mm 的表面变形。带有滑木，特制底座和质量超过 65 kg 的包装，当底座放在平面上时，底座上任意一点支撑面上的表面变形不应超过 12 mm。

6.2.2 缓冲特性

内装物在受到外力的作用时，包装应提供足够的保护，试验后，内装物不应有损坏或明显的位移、或出现泡沫材料的破碎、内装物的损坏或泡沫材料侵入内装物里面等现象。

6.2.3 泡沫质量

泡沫固化后应有一定的韧性、泡沫均匀，不应成团状，不得有软塌、发粘粒子(未膨胀的酯)或出现裂开、皱缩等痕迹，不应有明显的空隙或直径超过 20 mm 的“空洞”。从泡沫上切取尺寸为 100 mm×100 mm×50 mm 的样品三个，要求在任何方向上不应有超过 12 mm 的开口空隙或凹槽、烧焦的痕迹等。泡沫中不应有被污染重复使用的泡沫。

6.2.4 包装容器

现场发泡包装的包装容器应易开合且不能损坏内装物或泡沫材料。在将泡沫喷注到容器里面时，应用薄膜将泡沫与容器隔开，以便对容器及泡沫进行分别回收处理。

6.2.5 内装物取出

内装物应能轻易地从发泡包装取出，内装物上不应有泡沫粘附的痕迹。包裹、隔离膜或袋不得损坏。

6.2.6 内装物状态

内装物不应出现因使用现场发泡材料引起的损坏痕迹，明显的损坏包括：凸角断裂或变形、安装件松动、导线断裂或表面烧焦。必要时，内装物应用塑料袋包裹，以防现场发泡过程中产生的水汽造成金属的锈蚀。

7 试验和检验

7.1 外观检测

目测和用尺子测量，其外观应符合 6.2.1 和 6.1.7 的要求。

7.2 缓冲性能试验

根据需要，按 GB/T 4857 进行有关试验，其结果应符合 6.2.2 的要求。

7.3 泡沫质量试验

发泡泡沫质量应符合 6.2.3 的要求。

7.4 开箱检验

按包装容器的开箱说明进行开箱检验，检查包装容器开启容易程度、内装物取出及状态等情况，其结果应符合 6.2.4～6.2.6 的要求。

ICS 55.020
A 80

中华人民共和国国家标准

GB/T 16716.1—2018
代替 GB/T 16716.1—2008,GB/T 16716.2—2010

包装与环境　第1部分:通则

Packaging and the environment—Part 1:General rules

(ISO 18601:2013,Packaging and the environment—General requirements for the use of ISO standards in the field of packaging and the environment,MOD)

2018-12-28 发布　　2018-12-28 实施

国家市场监督管理总局
中国国家标准化管理委员会　发布

前　言

GB/T 16716《包装与环境》共分为六个部分：

——第1部分：通则；

——第2部分：包装系统优化；

——第3部分：重复使用；

——第4部分：材料循环再生；

——第5部分：能量回收；

——第6部分：有机循环。

本部分为GB/T 16716的第1部分。

本部分按照GB/T 1.1—2009给出的规则起草。

本部分代替GB/T 16716.1—2008《包装与包装废弃物　第1部分：处理和利用通则》和GB/T 16716.2—2010《包装与包装废弃物　第2部分：评估方法和程序》，与GB/T 16716.1—2008和GB/T 16716.2—2010相比，除编辑性修改外，主要技术变化如下：

——标准名称修改为《包装与环境 第1部分：通则》；

——增加了关于原材料选用、生产制造和包装废弃物处理的基本要求（见4.2、4.3、4.4、4.6、4.7、4.8、4.9、4.10、4.12、4.13）；

——对GB/T 16716.2—2010基本原理和方法、要求、程序、评估准则和适用的技术内容进行了编辑性修改（见5.1、5.2、5.4.1、5.4.2、5.5、附录B，GB/T 16716.2—2010版第4章、第5章、第6章和附录A）；

——对GB/T 16716.1—2008要求、方法的部分内容进行了调整，增加了各类包装和包装废弃物回收利用和处理方法（见附录A，GB/T 16716.1—2008版第4章、第5章）；

——删除了GB/T 16716.1—2008效果评估准则（见GB/T 16716.1—2008版第6章）。

本部分使用重新起草法修改采用ISO 18601：2013《包装与环境 包装与环境领域ISO标准使用通则》。

本部分与ISO 18601：2013相比存在结构变化，增加了附录A和附录B，删除了参考文献，删除了ISO 18601：2013的附录A，ISO 18601：2013的附录B调整为本部分的附录C。

本部分与ISO 18601：2013相比存在技术性差异，这些差异涉及的条款已通过在其外侧页边空白位置的垂直单线(|)进行了标示，其技术性差异及其原因如下：

——关于规范性引用文件，本标准做了具有技术性差异的调整，以适应我国的技术条件，调整的情况集中反映在第2章"规范性引用文件"中，主要调整如下：

- 用修改采用国际标准的GB/T 16716.2代替了ISO 18602；
- 用修改采用国际标准的GB/T 16716.3代替了ISO 18603；
- 用修改采用国际标准的GB/T 16716.4代替了ISO 18604；
- 用GB/T 23156代替了ISO 21067；
- 增加了GB/T 4122.1　包装术语　第1部分：基础；
- 增加了GB/T 16288　塑料制品的标志；
- 增加了GB 16889　生活垃圾填埋场污染控制标准；
- 增加了GB/T 18455　包装回收标志；
- 增加了GB 18484　危险废物焚烧污染控制标准；

- 增加了 GB 18485　生活垃圾焚烧污染控制标准；
- 增加了 GB/T 18772　生活垃圾填埋场环境监测技术要求；
- 增加了 GB 23350　限制商品过度包装要求　食品和化妆品；
- 增加了 GB/T 31268　限制商品过度包装　通则；
- 增加了 GB/T 32161　生态设计产品评价通则；
- 增加了 CY/T 132.2　绿色印刷产品合格判定准则　第 2 部分：包装类印刷品；
- 增加了 HJ 209　环境标志产品技术要求　塑料包装制品；
- 增加了包装行业清洁生产评价指标体系(试行)(国家发展和改革委员会)；

——增加了包装符合环境友好的基本要求，以适应我国的技术条件(见第 4 章)；
——增加了评估要求和准则，以增强可操作性(见 5.3)。

本部分做了下列编辑性修改：

——为与现有标准体系一致，将名称改为《包装与环境　第 1 部分：通则》；
——调整第 3 章的术语和定义；
——对 ISO 18601:2013 引言、第 4 章、第 5 章进行了编辑性修改；
——增加了附录 A(资料性附录)“各类包装和包装废弃物回收利用和处理方法”；
——删除 ISO 18601:2013 的资料性附录 A“包装功能部分列表”。

本部分由全国包装标准化技术委员会(SAC/TC 49)提出并归口。

本部分起草单位：中国出口商品包装研究所、广州优越检测技术服务有限公司、中国塑料加工工业协会复合膜制品专业委员会、大连市产品质量检测研究院、广东志高空调有限公司、湖南工业大学东莞包装学院、深圳市印刷行业协会、广东省潮州市质量计量监督检测所、山东丽曼包装印务有限公司、江阴升辉包装材料有限公司。

本部分主要起草人：邢文彬、孙晓、夏嘉良、姜子波、甄荣基、谭伟、吴海娇、刘天航、朱永双、胡轩恒、刘贵深、陈晨、陈宇、李晓明、杨伟。

本部分所代替标准的历次版本发布情况为：

——GB/T 16716—1996；
——GB/T 16716.1—2008；
——GB/T 16716.2—2010。

引　言

GB/T 16716《包装与包装废弃物》(共7个部分)是我国制定的第一套包装与环境领域的专业基础标准,对推动我国包装与环境的协调发展和包装行业的技术进步发挥了积极的引领和带动作用。2013年国际标准化组织制定发布了包装与环境系列标准。为了与国际标准协调一致,促进国际贸易发展,GB/T 16716本次修改采用了国际标准,并将标准名称修改为GB/T 16716《包装与环境》。

本次修订是将GB/T 16716.1—2008与GB/T 16716.2—2010的主要技术内容进行了整合和编辑性修改,并修改采用了ISO 18601:2013的主要技术内容。

为了更好地符合我国生态文明建设和绿色化发展的总体要求,修订后的GB/T 16716.1增加了包装符合环境友好性的基本要求,界定了包装与环境系列标准内部的相互关系,使用这套标准对包装进行评估有助于确定所选用包装是否具有优化的可能及修改的必要,以确保其在使用后可被重复使用或回收利用。包装与环境系列标准的关系如图1所示。

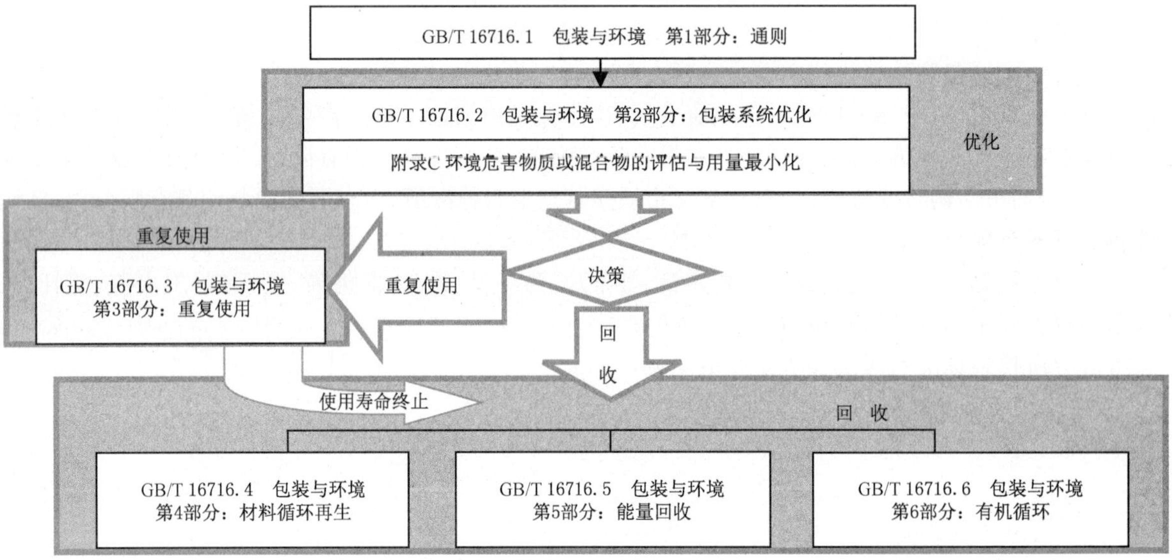

图1　包装与环境标准的关系

包装与环境　第1部分:通则

1　范围

GB/T 16716的本部分规定了包装符合环境友好的基本要求和评估方法。

本部分适用于包装的设计、生产、使用及处理利用。

2　规范性引用文件

下列文件对于本文件的应用是必不可少的。凡是注日期的引用文件,仅注日期的版本适用于本文件。凡是不注日期的引用文件,其最新版本(包括所有的修改单)适用于本文件。

GB/T 4122.1　包装术语　第1部分:基础

GB/T 16288　塑料制品的标志

GB/T 16716.2　包装与环境　第2部分:包装系统优化(GB/T 16716.2—2018,ISO 18602:2013,MOD)

GB/T 16716.3　包装与环境　第3部分:重复使用(GB/T 16716.3—2018,ISO 18603:2013,MOD)

GB/T 16716.4　包装与环境　第4部分:材料循环再生(GB/T 16716.4—2018,ISO 18604:2013,MOD)

GB 16889　生活垃圾填埋场污染控制标准

GB/T 18455　包装回收标志

GB 18484　危险废物焚烧污染控制标准

GB 18485　生活垃圾焚烧污染控制标准

GB/T 18772　生活垃圾卫生填埋场环境监测技术要求

GB/T 23156　包装　包装与环境　术语

GB 23350　限制商品过度包装要求　食品和化妆品

GB/T 31268　限制商品过度包装　通则

GB/T 32161　生态设计产品评价通则

CY/T 132.2　绿色印刷产品合格判定准则　第2部分:包装类印刷品

HJ 209　环境标志产品技术要求　塑料包装制品

包装行业清洁生产评价指标体系(试行)(国家发展和改革委员会)

ISO 18605　包装与环境　能量回收(Packaging and the environment—Energy recovery)

ISO 18606　包装与环境　有机循环(Packaging and the environment—Organic recycling)

3　术语和定义

GB/T 4122.1和GB/T 23156界定的以及下列术语和定义适用于本文件。

3.1

供应商　supplier

对投放市场或交付使用的包装或包装产品负有责任的经营者。

注：供应商亦指在产品及其包装出售之前的所有者；或在标签上注明的生产或销售商，更确切的是自愿执行本部分的经营者。当供应商使用的包装是由其他生产商提供，供应商可追溯有关技术资料。

3.2

包装系统　packaging system

实现某一商品包装的全部包装程序，包括以下一个或多个适用情形（视包装好的商品而定）：初级包装、次级包装（组合包装）、三级包装（运输包装）。

[GB/T 16716.2—2018，定义 3.6]

3.3

包装系统优化　packaging system optimization

为了减少对环境的影响，在包装的初级包装、次级包装（组合包装）和三级包装（运输包装）满足其功能需要，且消费者（用户）可接受的前提下，使包装的重量（体积）降至最低。

注：本部分中的包装系统优化不包括包装材料的选择和替换。

3.4

重复使用　reuse

同目的包装预期在其生命周期内被重复灌装或使用，必要时可使用市场上获取的补助物实现。

注：支持包装重复使用但本身不可重复使用的物件（如标签或封盖），视为包装的一部分。

[GB/T 16716.3—2018，定义 3.1]

3.5

材料循环再生　material recycling

将已使用的包装材料通过各种形式的制造工艺再加工得到产品、产品组件或次级（再生）原材料的过程，能量回收和作为燃料使用除外。

注：本部分中的循环再生仅指材料循环再生，其他类型的循环再生或回收利用不在此列。

[GB/T 16716.4—2018，定义 3.3]

3.6

能量回收　energy recovery

通过直接可控的燃烧产生有用的能源。

注：焚烧固体垃圾产生热水、蒸汽和电力是一种常见的能源回收利用法。

[ISO 18605：2013，定义 3.7]

3.7

有机循环　organic recycling

通过微生物的活动，对使用过的包装材料中的可降解成分进行可控的生物处理。这一过程可产生堆肥，厌氧分解过程中还可产生沼气。

注：垃圾填埋并非有机循环再生。

[ISO 18606：2013，定义 3.9]

4 基本要求

4.1 包装应在充分保护产品、符合安全、卫生和环境要求，满足消费者需求的前提下，减少材料的用量。

4.2 包装设计和制造应优先选用无毒、无害、环保型和单一材质的包装材料。

4.3 复合包装材料生产宜采用易于拆解的加工技术。

4.4 宜优先使用可循环再生、可回收利用、易降解和使用再生料生产的包装材料。

4.5 包装和包装材料中铅、镉、汞和六价铬的总含量应不超过 100 mg/kg。

4.6 包装制品的设计、生产和使用应符合 GB/T 32161 和 GB/T 31268 的规定。

4.7 包装的生产和制造应满足《包装行业清洁生产评价指标体系(试行)》的有关要求。

4.8 包装制品印刷应符合 CY/T 132.2 的规定。

4.9 塑料包装制品生产应符合 HJ 209 的规定。

4.10 食品和化妆品包装应符合 GB 23350 的规定。

4.11 包装材料、容器和辅助物的设计、制造和使用应有利于在其成为废弃物之后的分类、回收和处理,回收利用和处理方法可参照附录 A 实施。

4.12 包装废弃物的填埋应符合 GB 16889 和 GB/T 18772 的规定。

4.13 生活垃圾类包装废弃物的焚烧应满足 GB 18485 的要求,危险废物类包装废弃物的焚烧应满足 GB 18484 的要求。

4.14 包装回收标志应符合 GB/T 18455 的规定,其中塑料制品可按照 GB/T 16288 的规定加施标志。

4.15 包装和包装废弃物应符合其他有关环境的规定和标准。

5 评估方法

5.1 一般原则

供应商应在包装满足基本要求的前提下,预先选择适用的评估标准和程序,对包装的环境友好符合性进行全面评估,以使投放市场或交付使用的产品包装符合 GB/T 16716.2～GB/T 16716.4、ISO 18605、ISO 18606 的要求。

5.2 评估对象和内容

包装评估对象包括包装组分或任何初始包装、销售包装、配送包装和运输包装的组合,各评估对象的评估内容见表 1。

表 1 评估对象和评估内容

评估对象	包装组分	包装功能性单元	完整的包装系统
评估内容	四种重金属 环境危害物质	重复使用 材料循环再生 能量回收 有机循环	包装系统优化
注 1:包装功能性单元可包含销售包装、配送包装、运输包装的任何一级或几级组合。 注 2:完整的包装系统中材料用量和环境危害物质的评估,指该系统中的所有组分均需评估。			

5.3 评估要求和准则

包装应符合的评估要求和准则见附录 B。

5.4 评估程序和适用标准

5.4.1 评估程序

供应商应按照下列顺序对投放市场或交付使用的产品包装的相关要求进行评估:

——包装系统采用的全部材料达到“最小且适当用量”的评估;

——包装组分中为满足特定性能必须加入的重金属成分和含量的评估;

——包装组分中存在的可能成为烟尘、飞灰或渗滤液的环境危害物质的评估;

——包装的重复使用性符合重复使用条件的评估；

——包装的回收利用性能符合材料循环再生条件的评估；

——包装的回收利用性能符合能量回收条件的评估；

——包装的回收利用性能符合有机循环条件的评估。

注：“最小且适当用量”指包装在满足基本功能的前提下，减少材料用量且降低重金属或化学品的含量。

5.4.2 适用标准

供应商可按照表2选择适用的标准对5.4.1中的项目进行评估。

表2 评估项目和适用标准

<table>
<tr><th>序号</th><th colspan="2">评估项目</th><th>适用标准</th></tr>
<tr><td rowspan="3">1</td><td colspan="2">1.1 包装系统优化</td><td>GB/T 16716.2</td></tr>
<tr><td colspan="2">1.2 四种重金属</td><td rowspan="2">GB/T 16716.2—2018 附录C</td></tr>
<tr><td colspan="2">1.3 环境危害物质</td></tr>
<tr><td>2</td><td colspan="2">2.0 重复使用</td><td>GB/T 16716.3</td></tr>
<tr><td rowspan="3">3</td><td rowspan="3">回收利用</td><td>3.1 材料循环再生</td><td>GB/T 16716.4</td></tr>
<tr><td>3.2 能量回收</td><td>ISO 18605</td></tr>
<tr><td>3.3 有机循环</td><td>ISO 18606</td></tr>
</table>

5.5 评估报告

供应商应简要记录表2中1.1、1.2和1.3的评估结论。当包装满足重复使用条件时，应记录表2中2.0评估结论。包装应至少满足表2中3.1、3.2或3.3的其中一项，当包装回收利用的途径超过一项时，对评估的每一项结论均应记录。

评估报告和有关的支持文件应证明包装符合5.3和5.4的要求。评估报告应记录必要的测试，供应商应保留评估报告至少2年。评估报告示例参见附录C。

附 录 A
（资料性附录）
各类包装和包装废弃物回收利用和处理方法

A.1 回收利用

A.1.1 材料循环再生

当包装废弃物容易识别、分离和归类时，可在生产过程中采取有效技术措施，按确定的成分含量再生成为符合标准要求或具有使用价值的产品，则应以材料循环再生的方式回收利用。

A.1.2 能量回收利用

当包装容器中的产品残留物不易清除，或其本身不易识别、分离或归类，并且含有一定量的有机物，即具有最低限度热量值，能够通过燃烧获得有效热量时，则应以能源回收的方式回收利用。

A.1.3 有机循环

当包装废弃物为没有混入有害物质的一般生活垃圾，而且其成分含有植物纤维或可降解的材料时，可在有氧环境中通过生物降解生产有机堆肥，或可以在厌氧环境中制造沼气并且同时获得有机堆肥，则应以生物降解的方式回收利用，有机堆肥应符合可耕地土壤的要求。

A.2 处理方法

A.2.1 纸包装容器及材料

A.2.1.1 纸盒、纸箱等植物纤维制品按 A.1 的要求进行处理，当受到严重污染时按 A.3.2 进行处理。

A.2.1.2 在无特殊要求的情况下，可以采取下述措施：

——采用水溶性黏合剂；

——适当的印刷，减少油墨用量；

——采用氧化法漂白纸浆制品；

——减少或不使用金属钉、蜡、覆膜等。

A.2.1.3 品质较差、不宜再生造纸的植物纤维类废弃物可以采用打浆、吸塑、固化成型方法制成缓冲衬垫或模塑制品。

A.2.2 塑料包装容器及材料

A.2.2.1 塑料包装的回收利用按 4.14 的要求进行识别和分类。

A.2.2.2 塑料包装按 A.1.1 和 A.1.2 的要求进行处理。可生物降解的塑料按 A.1.3 的要求进行处理，当受到污染时按 A.3.2 进行处理。

A.2.2.3 塑料包装材料可采用专用设备分解为有机化工产品。

A.2.3 金属包装容器及材料

A.2.3.1 金属桶、罐、箱、软管、喷雾罐等包装容器及材料按 A.1.1 的要求进行处理。

A.2.3.2 金属包装容器及材料在回收、分类后，应进行适当的清理，去除硫、磷等残留物。

A.2.3.3 对于密闭的桶、罐或类似包装容器应拆开，镀锡的金属包装容器及材料应预先去除锡。

A.2.4 玻璃包装容器

A.2.4.1 玻璃包装容器按 A.1.1 的要求进行处理。

A.2.4.2 玻璃包装容器的循环再生处理应预先按颜色分类，去除金属及其氧化物等辅助物或残留物。

A.2.5 木包装容器及材料

A.2.5.1 木包装按 A.1 的要求进行处理，当受到生物侵害时按 A.3.2 进行处理。

A.2.5.2 木包装可采用拆解的方法，或在粉碎后采用电磁分离法，去除金属附件或金属钉，用作造纸原料或人造板材料。

A.2.6 其他包装容器及材料

A.2.6.1 复合罐、复合软管、铝箔复合膜等复合材料按 A.1.2 的要求进行处理。

A.2.6.2 对于多种材料复合而成的包装容器或材料，可以通过专用设备将两种或两种以上的材料进行分离。

A.2.6.3 当复合材料的包装是一种特定产品，并且其来源持续稳定，可以切碎成一定尺寸的颗粒，作为填料加在树脂中制成一定规格的再生材料或制品。

A.2.6.4 菱镁砼包装容器及材料可在粉碎后填埋处理。

A.3 最终处置

A.3.1 填埋

当包装废弃物不符合 A.1 的要求，而且不存在可能污染地下水源的物质或成分时，应按 GB 16889 和 GB 18772 的规定填埋处理。

A.3.2 焚烧

当包装废弃物不符合 A.1 的要求，而且存在有危险性的化学品或其他有害微生物时，应按 GB 18484的规定焚烧处理。

注：尽管焚烧处理与 A.1.2 所陈述的能源回收利用在形式上均为燃烧，但是目的和方法不同。焚烧处理为了彻底消除有危险性的化学品或有害微生物对环境的危害，有针对性的采用不同的炉温。

附　录　B
（规范性附录）
评估要求和准则

B.1　评估要求

B.1.1　包装生产和包装成分

B.1.1.1　应在为产品和消费者提供充分必要的安全、卫生和可接受的保障水平前提下，将包装的质量(体积)限制到最小且适当程度。

B.1.1.2　包装的设计、生产和商品化应有利于重复使用，或包括循环再生在内的回收利用，并且将包装废弃物及其操作处理产生的残余物对环境的影响降到最低。

B.1.1.3　在生产制造包装过程中应将其材料或组分的所有成分中存在的有害的或其他环境危害物质减到最少，以使废弃包装或处理包装废弃物产生的残余物在焚烧或填埋时，存在于飞灰、烟尘或渗滤液的这些物质最少。

B.1.1.4　包装生产和包装成分应同时满足 B.1.1.1～B.1.1.3 的要求。

B.1.2　包装可重复使用性能

B.1.2.1　包装的物理性能和技术特征应使其能够在常规可预见的使用条件下返回或循环使用若干次。

B.1.2.2　应采取稳定可靠的技术措施，使用过的容器保持清洁和卫生，并保障操作者的安全和健康。

B.1.2.3　包装应易于卸货或倒空，其容积或定量应符合预期的要求，并可通过洗涤、维护等操作使其保持原功能。

B.1.2.4　当包装不再重复使用成为废弃物时，应符合可回收利用的要求。

B.1.2.5　可重复使用包装应同时满足 B.1.2.1～B.1.2.4 的要求。

B.1.3　包装可回收利用性能

B.1.3.1　材料循环再生

能够循环再生的包装应在其后的制造过程中，对用过的材料以一定的质量百分比再生成为符合现行要求或标准并且有销售渠道的产品；由于构成包装所需要的材料类型不同，这个百分比可以不同。

B.1.3.2　能量回收

适合于能量回收处理的包装废弃物应具有最低的热能值，可使能量回收的效果最佳。

B.1.3.3　有机循环

适合于堆肥处理的包装废弃物应具有可生物降解的性质，不应妨碍分解收集和堆肥处理或向其施加活性。

可生物降解的包装废弃物应能够施加物理、化学、热能或生物分解的处理，致使其大部分形成堆肥，最终分解成为二氧化碳、生物量和水。

B.2　评估准则

包装符合环境要求的评估准则见表 B.1，其中可回收利用包装应至少满足 B.1.3.1～B.1.3.3 的一项或多项要求。

表 B.1 包装应符合的要求和评估准则

要求	评估准则
包装生产和包装成分	材料最少且适当的用量
	重复使用和(或)回收利用包括循环再生对环境的影响最小
	有害的和其他环境危害物质对环境的影响最小
可重复使用性能	能够往返或周转一定次数
	健康和安全
	废弃物处理时对环境的影响最小
可回收利用性能	适用于材料循环再生
	适用于能量回收利用
	适用于有机循环

附 录 C
（资料性附录）
评估报告示例

表 C.1 给出了评估报告示例。

表 C.1 评估报告示例

<table>
<tr><td colspan="2">包装鉴定</td><td colspan="2">评估声明</td></tr>
<tr><td colspan="4">主要材料鉴定</td></tr>
<tr><td colspan="4">第 1 部分 评估记录</td></tr>
<tr><td>评估项目</td><td>评估要求</td><td>是/否</td><td>记录</td></tr>
<tr><td>1.1 包装系统优化</td><td>包装系统中材料的使用达到最小且适当量
（见 GB/T 16716.2）</td><td></td><td></td></tr>
<tr><td>1.2 四种重金属</td><td>确保对包装组分进行评估，使其达到 GB/T 16716.2 附录 C 的规定</td><td></td><td></td></tr>
<tr><td>1.3 环境危害物质</td><td>确保对包装组分进行评估，使其达到 GB/T 16716.2 附录 C 的规定</td><td></td><td></td></tr>
<tr><td>2.0 重复使用</td><td>确保符合 GB/T 16716.3 重复使用的要求</td><td></td><td></td></tr>
<tr><td>3.1 材料循环再生</td><td>确保符合 GB/T 16716.4 材料循环再生的要求</td><td></td><td></td></tr>
<tr><td>3.2 能量回收</td><td>确保符合 ISO 18605 能量回收的要求</td><td></td><td></td></tr>
<tr><td>3.3 有机循环</td><td>确保可再生包装符合 ISO 18606 有机循环的要求</td><td></td><td></td></tr>
<tr><td colspan="4">按本部分的要求，评估应简要记录 1.1、1.2 和 1.3 的结论；当包装满足重复使用条件时，应记录 2.0 的评估结论；包装应至少满足 3.1、3.2 或 3.3 的其中一项，当包装回收利用的途径超过一项时，对评估的每一项结论均应记录</td></tr>
<tr><td colspan="4">第 2 部分 符合性声明</td></tr>
<tr><td colspan="4">鉴于以上第 1 部分的评估记录，本包装符合 GB/T 16716.1 的要求。
代表签名（供应商的名称和地址）

签名：

职务：　　　　　　　　　　　　　　　　　　　　日期：</td></tr>
<tr><td colspan="4">注：供应商按本部分的定义。</td></tr>
</table>

ICS 35.040
A 24

中华人民共和国国家标准

GB/T 16830—2008
代替 GB/T 16830—1997

商品条码 储运包装商品编码与条码表示

Bar code for commodity— Dispatch commodity numbering and bar code marking

2008-07-16 发布 2009-01-01 实施

中华人民共和国国家质量监督检验检疫总局
中国国家标准化管理委员会
发布

前　言

本标准参照《GS1 通用规范》(第八版)，并结合我国条码在储运包装商品中的实际应用情况，对 GB/T 16830—1997《储运单元条码》进行修订。

本标准代替 GB/T 16830—1997。

本标准与 GB/T 16830—1997 相比主要变化如下：

——标准名称由《储运单元条码》改为《商品条码　储运包装商品编码与条码表示》；

——删除引用 GB/T 12508—1990《光学识别用字母数字字符集　第二部分：OCR-B 字符集印刷图像的形状和尺寸》的内容；

——将原标准中的名称“消费单元”修改为“零售商品”、“储运单元”修改为“储运包装商品”；

——删除原标准中关于附加代码 ITF-6 的内容；

——删除原标准中第 8 章的内容；

——第 7 章为原标准第 9 章的内容；

——附录 B 为原标准第 7 章内容；

——修改了原标准附录 A 中 14 位代码的校验字符计算；

——增加了引用 GB/T 18348《商品条码　条码符号印制质量的检验》的内容；

——增加了条码符号尺寸与等级要求(见第 6 章)；

——增加了规范性附录 B“ITF-14 条码符号技术要求”；

——增加了资料性附录 C“储运包装商品条码示例”。

本标准的附录 A 和附录 B 为规范性附录，附录 C 为资料性附录。

本标准由全国物流信息管理标准化技术委员会提出并归口。

本标准起草单位：中国物品编码中心。

本标准主要起草人：张成海、李素彩、罗秋科、郭卫华、黄燕滨、董晓文、杜景荣、廖权虹、张春媛。

本标准于 1997 年首次发布，本次为第一次修订。

商品条码
储运包装商品编码与条码表示

1 范围

本标准规定了储运包装商品的术语和定义、编码、条码表示、条码符号尺寸与等级要求及条码符号放置。

本标准适用于储运包装商品的条码标识。

2 规范性引用文件

下列文件中的条款通过本标准的引用而成为本标准的条款。凡是注日期的引用文件，其随后所有的修改单(不包括勘误的内容)或修订版均不适用于本标准，然而，鼓励根据本标准达成协议的各方研究是否可使用这些文件的最新版本。凡是不注日期的引用文件，其最新版本适用于本标准。

GB 12904 商品条码(GB 12904—2003,ISO/IEC 15420:2000,NEQ)

GB/T 12905 条码术语

GB/T 14257 商品条码符号位置

GB/T 15425 EAN·UCC系统 128条码

GB/T 16829 信息技术 自动识别与数据采集技术 条码码制规范 交插二五条码(GB/T 16829—2003,ISO/IEC 16390:1999,IDT)

GB/T 16986 EAN·UCC系统应用标识符(GB/T 16986—2003,ISO/IEC 15418:1999,NEQ)

GB/T 18348 商品条码 条码符号印制质量的检验

3 术语和定义

GB/T 12905 中确立的以及下列术语和定义适用于本标准。

3.1

储运包装商品 dispatch commodity

由一个或若干个零售商品组成的用于订货、批发、配送及仓储等活动的各种包装的商品。

3.2

定量零售商品 fixed measure retail commodity

按相同规格(类型、大小、重量、容量等)生产和销售的零售商品。

3.3

变量零售商品 variable measure retail commodity

在零售过程中，无法预先确定销售单元，按基本计量单位计价销售的零售商品。

3.4

定量储运包装商品 fixed measure dispatch commodity

由定量零售商品组成的稳定的储运包装商品。

3.5

变量储运包装商品 variable measure dispatch commodity

由变量零售商品组成的储运包装商品。

4 编码

4.1 代码结构

储运包装商品的编码采用13位或14位数字代码结构。

4.1.1 13位代码结构

13位储运包装商品的代码结构与13位零售商品的代码结构相同，代码结构见GB 12904。

4.1.2 14位代码结构

储运包装商品14位代码结构见表1。

表1 储运包装商品14位代码结构

储运包装商品包装指示符	内部所含零售商品代码前12位	校验码
V	X_{12} X_{11} X_{10} X_9 X_8 X_7 X_6 X_5 X_4 X_3 X_2 X_1	C

4.1.2.1 储运包装商品包装指示符

储运包装商品14位代码中的第1位数字为包装指示符，用于指示储运包装商品的不同包装级别，取值范围为：1，2，…，8，9。其中：1～8用于定量储运包装商品，9用于变量储运包装商品。

4.1.2.2 内部所含零售商品代码前12位

储运包装商品14位代码中的第2位到第13位数字为内部所含零售商品代码前12位，是指包含在储运包装商品内的零售商品代码去掉校验码后的12位数字。

4.1.2.3 校验码

储运包装商品14位代码中的最后一位为校验码，计算方法见附录A。

4.2 代码编制

4.2.1 标准组合式储运包装商品

标准组合式储运包装商品是多个相同零售商品组成标准的组合包装商品。标准组合式储运包装商品的编码可以采用与其所含零售商品的代码不同的13位代码，编码方法见GB 12904。也可以采用14位的代码(包装指示符为1～8)。

4.2.2 混合组合式储运包装商品

混合组合式储运包装商品是多个不同零售商品组成标准的组合包装商品，这些不同的零售商品的代码各不相同。混合组合式储运包装商品可采用与其所含各零售商品的代码均不相同的13位代码，编码方法见GB 12904。

4.2.3 变量储运包装商品

采用14位的代码(包装指示符为9)。

4.2.4 同时又是零售商品的储运包装商品

按13位的零售商品代码进行编码。编码方法见GB 12904。

5 条码表示

5.1 13位代码的条码表示

采用EAN/UPC、ITF-14或UCC/EAN-128条码表示：

——当储运包装商品不是零售商品时，应在13位代码前补“0”变成14位代码，采用ITF-14或UCC/EAN-128条码表示。ITF-14条码见B.1，UCC/EAN-128条码见GB/T 15425。

——当储运包装商品同时是零售商品时，应采用EAN/UPC条码表示，见GB 12904；示例见C.1。

5.2 14位代码的条码表示

采用ITF-14条码或UCC/EAN-128条码表示：

——ITF-14条码见附录B；

——UCC/EAN-128 条码见 GB/T 15425。

示例见 C.2。

5.3 属性信息的条码表示

如需标识储运包装商品的属性信息(如所含零售商品的数量、质量、长度等),可在 13 或 14 位代码的基础上增加属性信息,见 GB/T 16986。

属性信息用 UCC/EAN-128 条码表示,见 GB/T 15425。

示例见 C.3。

6 条码符号尺寸与等级要求

6.1 储运包装商品的 EAN/UPC 条码符号

——X 尺寸范围为 0.495 mm～0.66 mm;

——条高见 GB 12904;

——符号等级大于或等于 1.5/06/670。

6.2 储运包装商品的 ITF-14 条码符号

——X 尺寸范围为 0.495 mm～1.016 mm;

——条高大于或等于 32 mm;

——当 X 尺寸小于 0.635 mm 时,符号等级大于或等于 1.5/10/670;当 X 尺寸大于或等于 0.635 mm 时,符号等级大于或等于 0.5/20/670。

技术要求见附录 B。

6.3 储运包装商品的 UCC/EAN-128 条码符号

——X 尺寸范围为 0.495 mm～1.016 mm;

——条高大于或等于 32 mm;

——符号等级大于或等于 1.5/10/670。

7 条码符号放置

储运包装商品上条码符号的放置见 GB/T 14257。

附 录 A
（规范性附录）
储运包装商品14位代码中校验码计算

A.1 代码位置序号

代码位置序号是指包括校验码在内的，由右至左的顺序号（校验码的代码位置序号为1）。

A.2 计算步骤

校验码的计算步骤如下：

a） 从代码位置序号2开始，所有偶数位的数字代码求和。

b） 将步骤a)的和乘以3。

c） 从代码位置序号3开始，所有奇数位的数字代码求和。

d） 将步骤b)与步骤c)的结果相加。

e） 用10减去步骤d)所得结果的个位数作为校验码的值（个位数为0，校验码的值为0）。

示例：代码0690123456789C的校验码C计算见表A.1。

表A.1 14位代码的校验码计算方法

<table>
<tr><th>步 骤</th><th colspan="2">举 例 说 明</th></tr>
<tr><td>1.自右向左顺序编号</td><td colspan="2"><table><tr><td>位置序号</td><td>14</td><td>13</td><td>12</td><td>11</td><td>10</td><td>9</td><td>8</td><td>7</td><td>6</td><td>5</td><td>4</td><td>3</td><td>2</td><td>1</td></tr><tr><td>代码</td><td>0</td><td>6</td><td>9</td><td>0</td><td>1</td><td>2</td><td>3</td><td>4</td><td>5</td><td>6</td><td>7</td><td>8</td><td>9</td><td>C</td></tr></table></td></tr>
<tr><td>2.从序号2开始求出偶数上数字之和①</td><td>9+7+5+3+1+9+0=34</td><td>①</td></tr>
<tr><td>3.①×3=②</td><td>34×3=102</td><td>②</td></tr>
<tr><td>4.从序号3开始求出奇数位上数字之和③</td><td>8+6+4+2+0+6=26</td><td>③</td></tr>
<tr><td>5.②+③=④</td><td>102+26=128</td><td>④</td></tr>
<tr><td>6.用10减去结果④所得结果的个位数作为校验码的值（个位数为0，校验码的值为0）</td><td colspan="2">10−8=2
校验码C=2</td></tr>
</table>

附 录 B
（规范性附录）
ITF-14 条码符号技术要求

B.1 符号结构

B.1.1 ITF-14 条码的条码字符集、条码字符的组成同交插二五条码，见 GB/T 16829。

B.1.2 ITF-14 条码由矩形保护框、左侧空白区、起始符、7 对数据符、终止符、右侧空白区组成，符号见图 B.1。

①——矩形保护框；
②——左侧空白区；
③——起始符；
④——7 对数据符；
⑤——终止符；
⑥——右侧空白区。

图 B.1 ITF-14 条码符号（保护框完整印刷）

B.2 技术要求

B.2.1 尺寸

B.2.1.1 ***X* 尺寸**

X 尺寸范围为 0.495 mm～1.016 mm。

B.2.1.2 **宽窄比（*N*）**

N 的设计值为 2.5，N 的测量值范围为 $2.25 \leqslant N \leqslant 3$。

B.2.1.3 **条高**

ITF-14 条码符号的最小条高是 32 mm。

B.2.1.4 **空白区**

条码符号的左右空白区最小宽度是 10 个 X 尺寸。

B.2.2 保护框

B.2.2.1 保护框线宽的设计尺寸是 4.8 mm。保护框应容纳完整的条码符号（包括空白区），保护框的水平线条应紧接条码符号条的上部和下部，见图 B.1。

B.2.2.2 对于不使用制版印刷方法印制的条码符号，保护框的宽度应该至少是窄条宽度的 2 倍，保护框的垂直线条可以缺省，见图 B.2。

1 5 4 0 0 1 4 1 2 8 8 7 6 3

图 B.2 ITF-14条码符号(保护框的垂直线条缺省)

B.2.3 供人识别字符

一般情况下,供人识别字符(包括条码校验字符在内)的数据字符应与条码符号一起,按条码符号的比例,清晰印刷。起始符和终止符没有供人识别字符。对供人识别字符的尺寸和字体不做规定。在空白区不被破坏的前提下,供人识别字符可放在条码符号周围的任何地方。

B.2.4 参考译码算法

参考译码算法见 GB/T 16829。

B.3 质量评价

B.3.1 质量评价见 GB/T 18348。

B.3.2 附加等级评定

B.3.2.1 空白区评级

当空白区大于或等于 10Z 时,判定为 4 级;小于 10Z 时,判定为 0 级。

B.3.2.2 宽窄比评级

当宽窄比 N 的测量值范围为 $2.25 \leqslant N \leqslant 3.0$ 时,判定为 4 级;否则判定为 0 级。

B.3.3 符号等级要求

B.3.3.1 对于 X 尺寸小于 0.635 mm 的条码符号,符号等级≥1.5/10/670。

B.3.3.2 对于 X 尺寸大于或等于 0.635 mm 的条码符号,符号等级≥0.5/20/670。

附 录 C
（资料性附录）
储运包装商品条码示例

C.1 13 位数字代码的储运包装商品条码

6 901234 000030

图 C.1 表示 13 位数字代码的 EAN-13 条码示例

06901234000043

图 C.2 表示 13 位数字代码的 ITF-14 条码示例

(01) 0 6901234 50003 5

图 C.3 表示 13 位数字代码的 UCC/EAN-128 条码示例

C.2 14 位数字代码的储运包装商品条码

26901234000043

图 C.4 包装指示符为“2”的 ITF-14 条码示例

(01) 1 6901234 60004 6

图 C.5 包装指示符为“1”的 UCC/EAN-128 条码示例

C.3 含属性信息的储运包装商品条码

(01) 2 6901234 70005 7 (10) 123

图 C.6 含批号“123”的 UCC/EAN-128 条码示例

(01) 9 6901234 50009 0 (3101) 000844

图 C.7　质量是 84.4 kg 的变量储运包装商品的 UCC/EAN-128 条码示例

注：本标准中的条码符号仅作示例。

ICS 03.080.01
A 12

中华人民共和国国家标准

GB/T 17306—2008/ISO/IEC GUIDE 41:2003
代替 GB/T 17306—1998

包装　消费者的需求

Packaging—Addressing consumer needs

(ISO/IEC GUIDE 41:2003,IDT)

2008-11-13 发布　　2009-05-01 实施

中华人民共和国国家质量监督检验检疫总局
中国国家标准化管理委员会　发布

前　言

本标准等同采用 ISO/IEC 指南 41:2003《包装　消费者的需求》(英文版)。

本标准代替 GB/T 17306—1998《包装标准　消费者的需求》。

本标准与 GB/T 17306—1998 相比主要变化如下:

——标准名称由原来的《包装标准　消费者的需求》修改为《包装　消费者的需求》;

——第 1 章范围中,增加了标准制定的目的;根据 GB 5296.1—1997《消费品使用说明　总则》修改了"消费品"的定义;

——第 2 章将标题"人与环境安全"改为"包装材料与人和环境的安全";在 2.1 中,删除了部分内容;2.2 中,修改 2.2.1 中部分内容,增加"d)防止儿童接触的包装应参照 ISO 8317 的规定";2.3 中,删除 2.3.3;

——第 3 章将标题"适用性"改为"实用性",将原有的 3.2 内容调整到 3.3,并做了修改;增加 3.2 安全开启;将 3.3 内容调整到 3.4,并将标题改为"包装",并将"包装尺寸与形状均不应使消费者对其内装物的含量产生误会"改为"包装尺寸与形状应与内装物含量相符,不应使消费者产生误会";

——第 4 章中,增加了 4.1 总则;

——增加了"参考文献"。

本标准由全国服务标准化技术委员会提出并归口。

本标准起草单位:中国标准化研究院、北京轻工业学院。

本标准主要起草人:曹俐莉、柳成洋、卢丽丽、李涵、郑百哲、祝燕。

本标准所代替标准的历次版本发布情况为:

——GB/T 17306—1998。

引　言

包装为消费者所关心，其成本由消费者间接负担。因此，包装标准化应强调安全、卫生、舒适、方便、可靠等因素，以及环境保护与节约资源等方面的需要。

制定本标准的目的在于向下列组织、人员提供指南：

——为满足消费者对包装的要求而制定标准的个人或组织；

——制定产品或服务标准的委员会；

——产品设计者、生产者以及其他与包装相关的人员；

——其他监督管理组织。

提供具有良好包装的产品，有助于供应商获得较好的声誉，降低消费者花费在咨询和投诉上的时间和费用。

包装　消费者的需求

1　范围

本标准规定了消费品包装为满足消费者的需求应遵循的基本原则和要求。

本标准适用于与消费品包装有关的标准的制定。

本标准的目的在于通过以下方式使消费者能够尽可能多地获益：

——去除不必要的包装以降低产品价格、减少因不必要包装而产生的废物；

——确保消费者所获得产品处于良好状况；

——保护消费者免于包装或内装物所带来的潜在损害；

——使消费者能够正确地贮存产品，正确地保存、处理或循环使用包装，以便最大限度降低包装给环境带来的危害。

本标准不适用于生产商和零售商之间大批量运输产品而使用的包装。

注：“消费品”是指为满足社会成员生活需要而销售的产品。

2　包装材料与人和环境的安全

2.1　贮存

2.1.1　包装材料不应由于下列原因而具有潜在危害：

a)　释放可能危害人体健康或环境的物质；

b)　因包装而使内装物污染，包括包装材料与内装物的组合而引起的问题。

2.1.2　内装物，尤其是有害的内装物不能因下列原因而渗漏：

a)　密封不严；

b)　因外界因素(如温度、光照或可预见的机械因素)的影响而使包装破损；

c)　因内装物的影响而使包装破损。

2.1.3　在有害内装物的包装上，应标明有关的安全警示及贮存与处理方法的说明，可参照 GB/T 2893.1—2004、GB/T 2893.2、ISO 11683 和 ISO 8317。

2.1.4　如产品安全有时间限制，在包装上应标明其安全使用期限。

2.2　使用

2.2.1　对有害内装物：

a)　对此类包装应同食品或饮料的包装明确区分，必要时采用不同颜色、不同形状或其他方法进行区分，避免使人产生误解；

b)　包装上应标明有关的安全警示和使用说明；

c)　如有条件，内包装上也应标明有关的安全警示和使用说明，例如“置于儿童接触不到的地方”；

d)　防止儿童接触的包装应参照 ISO 8317 的规定。

2.2.2　如果在开启包装或取出内装物时有可能危及安全：

a)　应在明显部位清楚地标明包装开启方法；

b)　包装开启方法应适合内装物、包装及使用者；

示例：在某些情况下，不同的使用者对开启方法的要求不同，甚至互相矛盾。应特别注意弱势群体(如儿童、残障人)的不同要求。例如，在儿童有可能接触到的药品包装上，应设有安全闭锁装置，该装置既应使儿童难以开启，同时又应便于残障人打开(或借助于辅助器具)。

c) 包装开启后，应就是否需要从包装中取出内装物给出警示信息，并给出内装物贮存条件；

示例：罐装食品。

d) 包装应便于安全地取出内装物。

更为详细的信息参见 GB/T 2893.1—2004、GB/T 2893.2、GB/T 24021—2001。

2.2.3 如果包装持续敞开有可能使内装物变质或变得有害，应明确标明及时封闭的说明，例如“内装物散发有害气体，用后请关紧”。

2.3 处理

2.3.1 应尽可能少地使用包装材料，应优先采用可重复使用、回收利用和/或能生物降解的包装材料。

更为详细的信息参见 GB/T 20877—2007 和 GB/T 20000.5—2004。在某些情况下，考虑到生态、经济因素以及现有的废物管理体系，使用方便采集的资源作为包装材料是最合理的解决方案。鼓励采用可重复使用的包装。

2.3.2 在常规处理方法不适用时，应给出有关包装和/或内装物的特殊处理说明。

3 实用性

3.1 保护

包装应保护内装物，使其性能与可靠性在运输、存储过程中，在可预见到的包装寿命内均不受下列影响：

a) 冲击或振动等外界机械因素；

b) 水或空气等环境物质；

c) 气候条件，如极限温度；

d) 射线，如紫外线，除非包装在设计时即考虑在一定时间后降解。

3.2 安全开启

设计包装时，应使消费者能够安全开启，如：不能造成人员伤害或内装物损害。

3.3 收存

设计包装时，应便于：

a) 产品从购买到包装处理过程中的运输、贮存和使用；

b) 在使用之前和后续收存中保护产品；

c) 开启，需要时保持其敞开状态，使使用者能够方便和安全地接触到内装物；

d) 封闭，不用时保持其封闭状态，所有的封闭装置应适合于内装物、包装和使用者；

e) 从包装中取出内装物时，不损害内装物；

f) 为重复使用包装，从包装中取出内装物不损害包装；

g) 完整取出内装物；

h) 可重复使用包装填充物时，宜有生产者提供再填充包。

3.4 包装

包装尺寸与形状应与内装物含量相符，不应使消费者产生误会。如果内装物有可能产生沉淀，应在包装外明确地标明这些信息。

每一产品系列，应保持最少的包装规格数。每一规格宜为前一规格的简单倍数(例如 25 g，50 g；10 g，20 g)。

4 节约资源与经济性

4.1 总则

设计包装之前，应考虑包装成本，避免浪费资源。

4.2 节约资源

包装应尽可能从节约资源的角度出发进行设计，尤其应符合以下要求：

a) 采用普通材料；

b) 采用耗能低的制造方法，尽可能减少对环境的损害；

c) 所用包装材料应能重复使用、可回收利用或能生物降解；

d) 对于可重复使用的包装，应易清洗和再填充。

注：详细信息参见 GB/T 24021—2001。

4.3 经济性

4.3.1 消费者的包装成本

应尽量减少附加到产品价格上的包装成本。设计包装时应注意使其运输与贮存费用最少，避免过分考究的包装，在不违反其他要求时，应采用最廉价的材料。

4.3.2 社会费用

在确定成本时，包装的处理费也应考虑在内。

参 考 文 献

[1] GB 5296.1—1997 消费品使用说明 总则(ISO/IEC Guide 37,1995 Instructions for use of—products of consumer interest, MOD)

[2] GB/T 2893.1—2004 图形符号 安全色和安全标志 第1部分:工作场所和公共区域中安全标志的设计原则(ISO 3864-1:2002,Graphical symbols—Safety colours and safety signs—Part 1: Design principles for safety signs in workplaces and public areas,MOD)

[3] GB/T 2893.2 图形符号 安全色和安全标志 第2部分:产品安全标签的设计原则 (ISO 3864-2, Graphical symbols—Safety colours and safety signs—Part 2: Design principles for product safety labels, MOD)

[4] ISO 8317,Child-resistant packaging—Requirements and testing procedures for reclosable packages

[5] ISO 11683, Packaging—Tactile warnings of danger—Requirements

[6] GB/T 24021—2001 环境管理 环境标志和声明 自我环境声明(Ⅱ型环境标志)(ISO 14021:1999,Environmental labels and declarations—Self-declared environmental claims(Type Ⅱ environmental labeling, IDT)

[7] GB/T 21737—2008 为消费者提供商品和服务的购买信息(ISO/IEC Guide 14:2003, Purchase information on goods and services intended for consumers, MOD)

[8] GB/T 20000.5—2004 标准化工作指南 第5部分:产品标准中涉及环境的内容(ISO Guide 64:1997,Guide for the inclusion of environmental aspects in product standards, NEQ)

[9] ISO/IEC Guide 71,Guidelines for standards developers to address the needs of older persons and persons with disabilities

[10] GB/T 20877—2007 电工产品标准中引入环境因素的导则(IEC Guide 109:2003,Environmental aspects—Inclusion in electrotechinical product standards,IDT)

ICS 55.020
A 80

中华人民共和国国家标准

GB/T 19142—2016
代替 GB/T 19142—2008

出口商品包装　通则

Packaging for export commodity—General rule

2016-02-24 发布　　2016-05-15 实施

中华人民共和国国家质量监督检验检疫总局
中国国家标准化管理委员会　发布

前　言

本标准按照 GB/T 1.1—2009 给出的规则起草。

本标准代替 GB/T 19142—2008《出口商品包装通则》，与 GB/T 19142—2008 相比，主要内容变化如下：

——在第 2 章增加了 GB/T 16716.3、GB/T 16716.5、GB/T 16716.6、GB/T 16716.7、GB/T 17488、GB/T 23156、GB/T 23350、GB/T 28060 和 GB/T 28206。删除了 GB/T 19786；

——对第 2 章中 GB/T 16470、GB/T 18127 的有效性进行重新确认；

——在第 3 章中增加了 IPPC 标识、可循环再生、能量回收、可生物降解、可堆肥塑料、包装空隙率、包装层数的定义；

——修改了木质包装材料检疫处理依据的标准，增加了加施 IPPC 标识的要求(见 4.1.4)；

——增加了对塑料包装材料选用的要求(见 4.1.5)；

——增加了对包装和包装废弃物可回收利用性能的特定要求(见 4.1.7)；

——增加了对预包装食品和化妆品容器的要求(见 4.1.8，2008 年版 4.1.6)；

——增加了集装袋运输包装尺寸系列(见 5.6)；

——修改了包装上印刷标志、标识的要求(见 6.3)；

——增加了出口商品木质包装材料检疫处理标识要求(见附录 A)。

本标准由全国包装标准化技术委员会(SAC/TC 49)提出并归口。

本标准起草单位：中国出口商品包装研究所、青岛永昌塑业有限公司、泸州市产品质量监督检验所、江苏前程工业包装有限公司、廊坊军兴溢美包装制品有限公司、山东省产品质量检验研究院。

本标准主要起草人：邢文彬、刘天航、徐颖、高翠玲、周洋、林子吉、徐银华、吴海娇、杨海涛。

本标准所代替标准的历次版本发布情况为：

——GB/T 19142—2003；

——GB/T 19142—2008。

出口商品包装　通则

1　范围

本标准规定了出口商品包装的基本要求、技术要求、标签、标志和标识。

本标准适用于出口商品(不包括危险货物)包装(以下简称包装)。

2　规范性引用文件

下列文件对于本文件的应用是必不可少的。凡是注日期的引用文件,仅注日期的版本适用于本文件。凡是不注日期的引用文件,其最新版本(包括所有的修改单)适用于本文件。

GB/T 191　包装储运图示标志

GB/T 1413　系列1集装箱　分类、尺寸和额定质量

GB/T 2934　联运通用平托盘主要尺寸及公差

GB/T 4122.1　包装术语　第1部分:基础

GB/T 4768　防霉包装

GB/T 4857.17　包装　运输包装件　编制性能试验大纲的一般原理

GB/T 4879　防锈包装

GB/T 4892　硬质直方体运输包装尺寸系列

GB/T 5048　防潮包装

GB/T 6388　运输包装收发货标志

GB/T 7350　防水包装

GB/T 13201　圆柱体运输包装尺寸系列

GB/T 13757　袋类运输包装尺寸系列

GB/T 15233　包装　单元货物尺寸

GB/T 16470　托盘单元货载

GB/T 16716.1　包装与包装废弃物　第1部分:处理和利用通则

GB/T 16716.3　包装与包装废弃物　第3部分:预先减少用量

GB/T 16716.5　包装与包装废弃物　第5部分:材料循环再生

GB/T 16716.6　包装与包装废弃物　第6部分:能量回收利用

GB/T 16716.7　包装与包装废弃物　第7部分:生物降解和堆肥

GB/T 17448　集装袋运输包装尺寸系列

GB/T 18127　商品条码　物流单元编码与条码表示

GB/T 18455　包装回收标志

GB/T 23156　包装　包装与环境　术语

GB 23350　限制商品过度包装要求　食品和化妆品

GB/T 28060　进出境货物木质包装材料检疫管理准则

GB/T 28206　可堆肥塑料技术要求

3 术语和定义

GB/T 4122.1 和 GB/T 23156 界定的以及下列术语和定义适用于本文件。

3.1

国际植物保护公约(IPPC)标识 International Plant Protection Convention mark

适用于木质包装材料证明其植物检疫状况的、符合《国际植物保护公约》要求的国际上认可的官方戳记或印记。

3.2

循环再生 recycling

将废弃的包装材料通过有目的的生产加工得以利用,包括有机物再生利用(不包括能源回收)的技术与方法。

3.3

能量回收利用 energy recovery

以利用热能为目的,直接燃烧包装废弃物,其间或许加入其他废弃物,是工业化的能源再利用的技术与方法。

3.4

生物降解 biodegradation

通过微生物活性特别是酶的作用引发包装废弃物材料在化学结构上产生显著变化的技术与方法。

3.5

堆肥 compost

包装废弃物和其中不同的植物残留物组成的混合物,通过生物降解而获得有机土壤(包含一定量的矿物成分)的技术与方法。

3.6

可堆肥塑料 compostable plastic

塑料在堆肥化的生物分解过程中,以与其他已知可堆肥材料相当的速率转化成二氧化碳、水及其所含的无机物和生物质,且不应有可见的、可区分的残渣以及有毒残留物。

3.7

包装空隙率 interspace ratio

商品销售包装内不必要的空间体积与商品销售包装体积的比率。

3.8

包装层数 package layers

完全包裹产品的包装的层数。

4 基本要求

4.1 安全要求

4.1.1 食品、医药和化妆品的包装材料、容器和标签应符合我国及进口国的有关法规。

4.1.2 玩具的销售包装(标签)不应遗漏为特定商品规定的警告语。

4.1.3 包装及其辅助物不应采用未经任何加工处理的天然动植物材料。

4.1.4 木质包装材料应按 GB/T 28060 的规定进行检疫处理,并按要求加施 IPPC 标识。出口商品木质包装材料检疫处理标识要求见附录 A。

4.1.5 塑料包装材料应选用可生物降解、可堆肥塑料,其中生态毒性要求见 GB/T 28206。

4.1.6 包装或包装材料中的重金属含量或危险性化学品含量应符合 GB/T 16716.1 的规定。

4.1.7 投放市场或交付使用的包装应进行预先的全面评估。包装或包装材料的用量及其重金属和化学品含量的评估见 GB/T 16716.3 的规定，包装或包装材料可循环再生的评估见 GB/T 16716.5 的规定，包装或包装材料可能量回收利用的评估见 GB/T 16716.6 的规定，包装或包装材料可生物降解和堆肥的评估见 GB/T 16716.7 的规定。

4.1.8 预包装产品定量及其表达应符合进口国的法规或消费者的生活习惯。计量单位应符合进口国的规定。预包装产品容器应符合下述要求：

——可重复开启的，在首次开启后留有明显的迹象；

——用常规的方法即可方便地倒空；

——能够证明预留的空隙是必要且适当的，其中食品和化妆品容器的包装空隙率及包装层数限量应符合 GB 23350 的规定；

——废弃后可以回收利用或安全处理。

4.1.9 预包装产品标签应使用进口国官方语言、通用语言或合同规定的语言。标签内容应至少包含下述基本要素：

——与商品属性一致的名称；

——按规定的字体尺寸和位置表达的净含量；

——必要的用量、用途或用法的描述；

——生产商、包装商或经销商的名称和营业地点。

4.2 包装设计

包装设计应充分考虑进口国及其消费者的宗教信仰和民族文化。包装设计使用的图案和颜色参见附录 B。

5 技术要求

5.1 包装应根据产品的物理和化学特性选择适用的材料和容器，根据预期的储存、运输和环境条件采用适当的防护措施，当合同未作特殊规定时，防霉包装见 GB/T 4768，防锈包装见 GB/T 4879，防潮包装见 GB/T 5048，防水包装见 GB/T 7350。

5.2 包装应适合于进口国的商业环境、市场运作或销售模式，可将不同流通渠道或销售场合的包装分为销售包装、配送包装和运输包装，并应根据实际需要，准确完整地表达适合于各类包装（标签）的必要信息。

5.3 包装所采用的材料、规格、型号、标签、标志、运输方式、检验标准等，均应在合同书中用规范的、不致引发歧义的语言明确规定。

5.4 密闭包装容器应根据内装产品的物理和化学特性以及可预见的高温环境留有适当的空隙。

5.5 当销售包装的形状不规则或外形尺寸较小不宜印刷标签时，可采用诸如吊牌一类的方式，其图形文字应可识别。

5.6 任何产品的包装均应在清洁卫生的环境中进行，不应有灰尘、污水、油渍、汗渍等的污染或痕迹。

5.7 运输包装件外形和尺寸应与预计使用的托盘、运载工具和集装箱的规格和尺寸相互协调。当合同未作特殊规定时，包装件外形和尺寸可按 GB/T 4892、GB/T 13201、GB/T 13757、GB/T 15233、GB/T 17488 选择；托盘尺寸见 GB/T 2934 和 GB/T 16470，集装箱内部尺寸见 GB/T 1413。

5.8 运输包装件应按合同的规定检验，当合同未作具体规定时，可按 GB/T 4857.17 编制性能试验大纲，依据试验大纲规定进行检验。

6 标志

6.1 标志、标识应清晰醒目，尺寸与包装件的大小相协调，并且应在可预见的使用环境中和规定的有效期内保持完好状态。

6.2 包装条码应符合 GB/T 18127 的规定。

6.3 当包装需要印有产品安全、节能、环境认证等标志时，应具有相应的证明。

6.4 包装储运图示标志见 GB/T 191 的规定，运输包装收发货标志见 GB/T 6388 的规定，包装回收标志见 GB/T 18455 的规定。

6.5 包装件的标志和标识应用示例参见附录 C。

附 录 A
（规范性附录）
出口商品木质包装材料检疫处理标识要求

A.1 标识式样

标识式样见图 A.1。

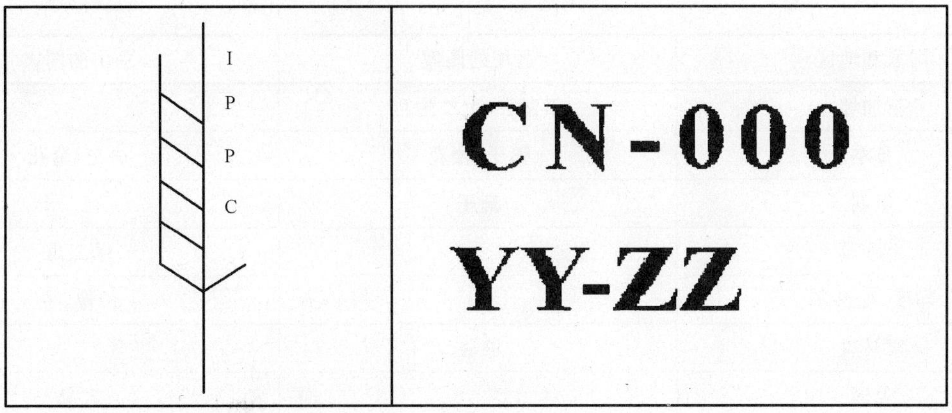

说明：
IPPC——《国际植物保护公约》的英文缩写；
CN ——国际标准化组织(ISO)规定的中国 2 个字母国家编号；
000 ——主管部门批准的木质包装生产企业编号；
YY ——确认的检疫处理方法，如溴甲烷熏蒸为 MB，热处理为 HT；
ZZ ——主管部门或木质包装材料生产单位可以根据需要增加其他信息，如去除树皮以 DB 表示。

图 A.1 标识式样

A.2 标识要求

标识应加施于木质包装材料显著位置，至少应在相对的两面，标识应清晰易辨、永久且不能移动。标识应避免使用红色或橙色。

附　录　B
（资料性附录）
出口商品包装设计的图案和颜色

B.1　包装设计的图案和颜色应尊重进口国及其消费者的宗教信仰和民族文化。

B.2　包装设计的图案和文字应相互协调。

B.3　包装设计推荐使用的图案见表B.1。

表B.1　包装设计推荐使用的图案

国家和地区	适用的图案	忌用的图案
新加坡	双喜字、十二生肖	
日本	鸭子、樱花	荷花、菊花
伊朗	狮子	
土耳其		绿三角
印度、尼泊尔		佛像、牛
索马里	骆驼	
美国		大象
英国	月季	
法国		核桃
意大利	十字架	菊花
瑞士		猫头鹰
捷克		红三角
匈牙利		黑猫
东南亚	大象	
北非地区		狗、熊猫
伊斯兰教地区		猪、熊猫等
中东地区		猪、熊猫、雪花、六角型、女人形象

B.4　包装设计推荐使用的颜色见表B.2。

表B.2　包装设计推荐使用的颜色

国家或地区	适用的颜色	忌用的颜色
日本	柔和色调、金、银、白、紫红白色组合	
巴基斯坦	翠绿色、鲜明色	
土耳其	绿、白、绯红	
伊拉克	红、蓝	黑色、橄榄绿
叙利亚	青蓝、绿、红	黄色

表 B.2（续）

国家或地区	适用的颜色	忌用的颜色
埃及	绿色	蓝色
摩洛哥	稍暗的鲜明色彩	
巴西		紫、黄、暗茶色
委内瑞拉	黄色	红、绿、茶、黑、白
墨西哥	红、白、绿色组合	红、深蓝、绿色组合
巴拉圭	明朗色彩	
秘鲁		紫色
古巴和厄瓜多尔	鲜明色彩、暗色、白色、明暗相间色	
德国	鲜明色彩	茶、红、深蓝及黑色
意大利	绿色	
爱尔兰	绿色	红、白、蓝色组合
西班牙	黑色	
瑞典		蓝、黄色组合
比利时	蓝色、粉红色	
奥地利	绿色	
保加利亚	深绿	
荷兰	橙色、蓝色	
挪威	红、蓝、绿等鲜明色彩	
希腊	蓝白相配及鲜明色彩	
突尼斯	绿、白、绯红	
新西兰、马来西亚和港澳地区	红、绿	青、蓝、白
北非地区	绿色	
伊斯兰教地区	绿色	黄色
中东地区	绿、深蓝与红色、白色	粉红、紫、黄色

附　录　C
（资料性附录）
出口商品包装标志和符号应用示例

C.1　包装宜使用必要的和适当的标志与标识。

C.2　包装应清楚地标明质量和尺寸。

C.3　包装标志和标识应采用印刷或模版喷刷，不应使用蜡笔、粉笔等。

C.4　出口商品包装标志和标识示意见图 C.1。

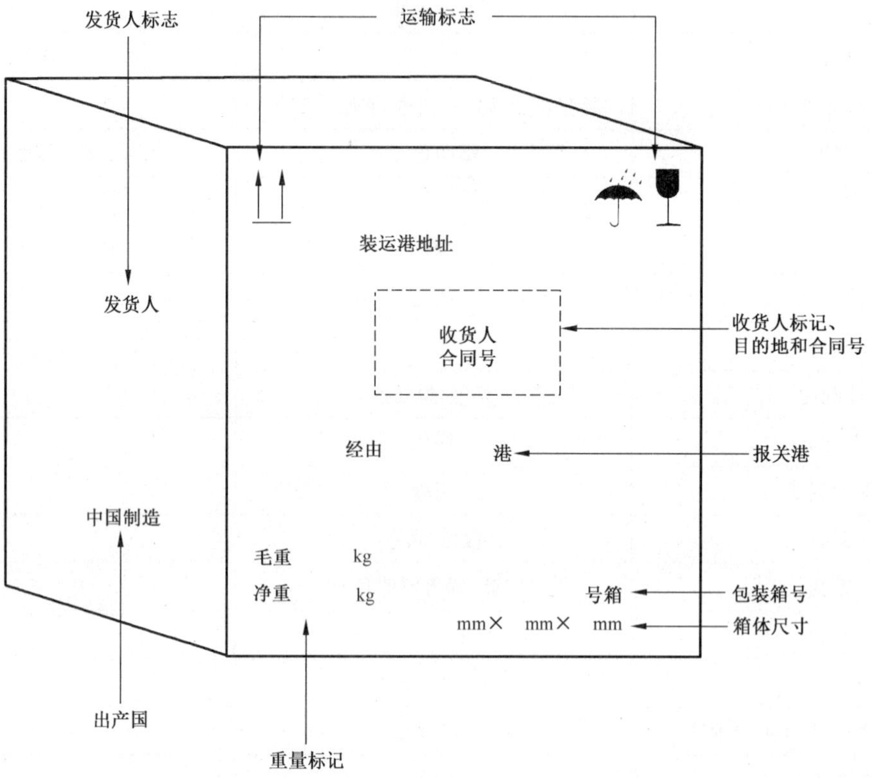

图 C.1　出口商品包装标志和标识示意图

C.5　常用包装储运图示标志常用文字见表 C.1。

C.6　储运图示标志的英文或进口国文字应在外包装上采用柔印、丝网印或其他适用的印刷方法。

C.7　当一批货物多个包装件一起运输时，应在包装上标明与单证上同样的号码。如一批货物中有 n 个包装件，则应在每个包装件上分别标明 $1/n$、$2/n$、$3/n$、……n/n。

表 C.1　包装储运图示标志常用文字

序号	图示标志	中文 Chinese	英文 English	法文 French	德文 German	意大利文 Italian	西班牙文 Spanish	日文 Japanese	俄文 Russian
1		易碎物品	FRAGILE	FRAGILE	zerbrechlich	FRAGILE	FRAGIL	壊れもの	Хрупкое. Осторожно
2		禁用手钩	USE NO HAND HOOKS	NE PAS UTILISER DE CROCHETS	keine Haken verwenden	NON USARE GANCI	NO USAR GARFIOS	手かぎ禁止	Крюками не брать
3		向上	THIS WAY UP	HAUT	oben	ALTO	HACIA ARRIBA	上	Верх
4		怕晒	KEEP AWAY FROM SUNLIGHT	CONSERVER AL'ABRI DE LA LUMIÈRE DU SOLEIL	vor Hitze schützen	TENERE AL RIPARO DAI RAGGI SOLARI	PROTEGER DE LA LUZ SOLAR	直射日光遮へい	Беречь от солнечных лучей
5		怕辐射	PROTECT FROM RADIOAC-TIVE SOURCES	PROTÉGER DES SOURCES RADIO-ACTIVES	vor radioaktiven Strahlen schützen	PROTEGGERE DA FONTI RADIOAT-TIVE	PROTEGER DE FUENTES RADIOACTI-VAS	放射線防護	защищать от радиоактивных источников
6		怕雨	KEEP AWAY FROM RAIN	CRAINT L'HUMIDITÉ	vor Nässe schützen	TENERE AL RIPARO DALLA PIOG-GIA	MANTENER A RESGUARDO DE LA LLUVIA	水ぬれ防止	Беречь от влаги

表 C.1（续）

序号	图示标志	中文 Chinese	英文 English	法文 French	德文 German	意大利文 Italian	西班牙文 Spanish	日文 Japanese	俄文 Russian
7		重心	**CENTRE OF GRAVITY**	CENTRE DE GRAVITÉ	Schwerpunkt	CENTRO DI GRAVITÀ	CENTRO DE GRAVEDAD	重心位置	Центр тяжести
8		禁止翻滚	**DO NOT ROLL**	NE PAS FAIRE ROULER	nicht rollen	NON ROVES-CIARE	NO RODAR	転がし禁止	Нс катить
9		此面禁用手推车	**DO NOT USE HAND TRUCK HERE**	PRISE PAR DIABLE INTERDITE SUR CETTE FACE	hier keine Stech-karre ansetzen	QUI NON UTILIZZARE CARRELLI A MANO	NO MANIPU-LAR CON LAS HORQUILLAS EN ESTA CARA	ハンドトラック差込み禁止	Здесь поднимать тележкой запрещается
10		禁用叉车	**USE NO FORKS**	UTILISATION DE CHARIOTS ÉLÉVATEURS À FOURCHE INTERDITE	keine Gabelstapler ansetzen	NON UTILIZZARE CARRELLI ELEVATORI	NO USAR CARRETILLA ELEVADORA	フォーク差込み禁止	Вилочные погрузчики не использовать
11		由此夹起	**CLAMP AS INDICATED**	PRISE LATÉRALE PAR PINCES AUTORISÉE SUIVANT LES INDICATIONS	Klammern in Pfeil-richtung	AFFERRARE COME INDICATO CON LE GANASCE PER LA MOVIMENTAZIONE	COLOCAR MORDAZAS AQUÍ	クランプ位置	Зажимать здесь

表 C.1（续）

序号	图示标志	中文 Chinese	英文 English	法文 French	德文 German	意大利文 Italian	西班牙文 Spanish	日文 Japanese	俄文 Russian
12		此处不能卡夹	DO NOT CLAMP AS INDICATED	NE PAS PRENDRE LATÉRALE-MENT PAR DES PINCES	keine Klammern in Pfeilrichtung ansetzen	NON BLOCCARE COME INDICATO	NO COLOCAR MORDAZAS AQUÍ	クランプ禁止	Не зажимать
13		堆码质量极限	STACKING LIMIT BY MASS	LIMITE DE GERBAGE EN MASSE	Begrenzung der Masse der Stapel-last	LIMITE DI SOVRAPPO-SIZIONE IN MASSA	APILAMIENTO LIMITADO POR PESO	上積み質量制限	Штабелирование ограничено
14		堆码层数极限	STACKING LIMIT BY NUMBER	LIMITE DE GERBAGE EN NOMBRE	Stapelbegrenzung	LIMITE DI SOVRAPPO-SIZIONE IN NUMERO	APILAMIENTO LIMITADO POR NÚMERO	上積み段数制限	Предел по количеству ярусов в штабеле
15		禁止堆码	DO NOT STACK	NE PAS EMPILER	nicht stapeln	NON SOVRAPPORRE	NO APILAR	上積み禁止	Штабелировать запрещается
16		由此吊起	SLING HERE	ÉLINGUER ICI	hier anschlagen	CINGHIA QUI	ESLINGAS AQUÍ	つり位置	Место строповки
17		温度极限	TEMPERATURE LIMITS	LIMITE DE TEMPÉRA-TURE	zulässiger Temperaturbereich	LIMITI DI TEMPERATURA	LÍMITES DE TEMPERA-TURA	温度制限	Ограничение температуры

ICS 55.020
A 83

中华人民共和国国家标准

GB/T 19784—2005

收缩包装

Shrink packaging

2005-05-25 发布

2005-11-01 实施

中华人民共和国国家质量监督检验检疫总局
中国国家标准化管理委员会
发布

前　言

收缩包装是利用可收缩的薄膜将各种单件或多件货物裹包后，加热收缩，使其紧贴被包装物的一种包装方法。

本标准附录A为资料性附录。

本标准由中国包装总公司提出。

本标准由全国包装标准化技术委员会归口。

本标准由机械科学研究院负责起草，大连三兹和包装机械有限公司、中包认证中心有限公司、江南大学、磐石工业(苏州)有限公司参加起草。

本标准主要起草人：孙奎连、王利、李雪龙、李维荣、陆佳平、顾健。

收 缩 包 装

1 范围

本标准规定了收缩薄膜包装(简称收缩包装)的分类与形式、要求、包装方法和标志。

本标准适用于采用收缩包装的各类产品的销售包装和运输包装。

2 规范性引用文件

下列文件中的条款通过本标准的引用而成为本标准的条款。凡是注日期的引用文件,其随后所有的修改单(不包括勘误的内容)或修订版均不适用于本标准,然而,鼓励根据本标准达成协议的各方研究是否可使用这些文件的最新版本。凡是不注日期的引用文件,其最新版本适用于本标准。

GB/T 191 包装储运图示标志

GB/T 4122.1 包装术语 基础

GB/T 4768 防霉包装

GB/T 4857.22 包装 运输包装件 单元货物稳定性试验方法

GB/T 4879 防锈包装

GB/T 5048 防潮包装

GB/T 7350 防水包装

GB/T 13519 聚乙烯热收缩薄膜

GB/T 16716 包装废弃物的处理与利用 通则

GJB 145A 防护包装规范

3 术语和定义

GB/T 4122.1 确立的以及下列术语和定义适用于本标准。

3.1

收缩率

在控制温度下,将薄膜收缩后尺寸变化的百分比(%)。

3.2

收缩比

在控制温度下,将薄膜收缩后,纵横向最大收缩率之比。

3.3

收缩张力

收缩张力是指薄膜收缩后施加给被包装物的张力。

3.4

收缩温度

收缩薄膜加热到一定温度开始收缩,温度升到一定高度又停止收缩,在此范围内的温度称为收缩温度。

4 收缩包装形式

4.1 产品需要进行收缩包装时,应在产品技术文件中规定产品收缩包装的形式。

4.2 收缩包装的形式应根据产品的性质、质量、体积、形状、流通环境等综合因素来确定。

4.3　收缩包装形式分为：L型、套筒式、枕式、四方式、托盘式和套标式(见表1)。

表1　收缩包装形式

<table>
<tr><th>包装形式</th><th>适用包装材料</th><th>收缩膜取向</th><th>封切方法</th><th>收缩方式</th></tr>
<tr><td>L型</td><td>PVC、PP、PE</td><td>双向收缩</td><td>脉冲线、直热刀</td><td rowspan="6">辐射加热
热风加热
热水加热
蒸汽加热</td></tr>
<tr><td rowspan="2">套筒式</td><td>PVC、PE</td><td rowspan="2">单向(纵)收缩</td><td>脉冲线、直热刀</td></tr>
<tr><td>PE</td><td>冷切搭接热粘合</td></tr>
<tr><td rowspan="2">枕式</td><td>PP</td><td rowspan="2">双向收缩</td><td rowspan="2">直热刀、脉冲线、热滚刀、静电、超声波搭接热粘合</td></tr>
<tr><td>PE</td></tr>
<tr><td>四方式</td><td>PVC、PP、PE</td><td>双向收缩</td><td>直热刀、脉冲线、热滚刀、静电、超声波</td></tr>
<tr><td>托盘式</td><td>PE</td><td>双向收缩</td><td>套罩</td><td>热风加热
火焰加热</td></tr>
<tr><td>套标式</td><td>PVC</td><td>单向(横)收缩</td><td>套标</td><td>热风加热
蒸汽加热
热水加热</td></tr>
</table>

4.4　收缩包装形式选择原则

销售包装，可选用L型收缩包装。

包装异形物，选用L型收缩包装和套罩式包装。

集合包装，可选用L型或套筒式收缩包装。

由消费者开封的包装，可选用L型、枕式或套筒式收缩包装。

要求经过充分固定内装物，在运输中有缓冲性能、抗震动、抗冲击的运输包装，可选用枕式、四方式收缩包装。

用于保存生鲜食品，要求低温储藏的商品(食品、药品等)，可选用L型或枕式收缩包装。

为固定托盘重物货品，保证运输中不散落损坏，防雨，可选用托盘式收缩包装。

为容器贴标，可选用套标式收缩包装机。

5　要求

5.1　一般要求

5.1.1　确定收缩包装形式，并按形式要求合理包装且达预定效果。

5.1.2　有防水要求的收缩包装，应符合GB/T 7350的有关规定。

5.1.3　收缩包装应用在外包装，应用时根据产品的储运要求选择防潮包装、防锈包装、防霉包装和缓冲包装，并符合GB/T 5048、GB/T 4879、GB/T 4768的有关规定。

5.1.4　收缩包装应保证经包装后在运输过程中不产生破裂造成散失或损坏。

5.1.5　收缩包装后应保持原产品包装有关标志清晰无损。

5.2　材料要求

5.2.1　收缩包装材料应具有良好的热收缩和封切强度性能。

5.2.2　收缩薄膜的厚度应均匀，尺寸、规格及收缩温度应于被包装物相适应。

5.2.3　收缩薄膜纵横向收缩率一般要求相等，约为50%；单项收缩膜的收缩率为25%～50%。收缩率、收缩比等指标应符合GB/T 13519的有关规定。

5.2.4 收缩温度与收缩率的关系可参照附录A选择包装材料。

5.2.5 根据所包装产品的要求选择材料时应确定材料的收缩强度、断裂伸长率、润湿张力、摩擦系数以及光泽度、透过率和雾度等，其物理机械性能应符合GB/T 13519的有关规定。

5.2.6 用于直接对食品，药品进行收缩包装的材料应符合相关的卫生

5.2.7 收缩包装材料在使用后属于包装废弃物，在材料的处理方面应符合GB/T 16716的有关规定。

5.3 环境要求

5.3.1 操作环境

包装操作环境应清洁、通风、无污染。

5.3.2 卫生环境

收缩包装卫生安全应符合相关规定。

6 收缩包装方法

6.1 收缩包装准备

6.1.1 产品

确定所包装产品在被包装时对温度的敏感性以及对包装材料的相容性。

6.1.2 材料

对选用的材料进行收缩包装试验，并考查收缩力、温度以及包装材料对产品的影响。

6.1.3 设备

选择适宜产品进行收缩包装的封切包装机和热收缩包装机。

6.1.4 收缩热源

根据产品的适应性和材料选择好收缩热源，可选热源有：电热、气热、水热和火焰，并根据热源性质调整温度、时间和传输速度。

6.2 L型收缩包装

采用对折的PVC、PE、PP双向收缩薄膜，一次完成横封和纵封后，通过热收缩包装机完成收缩包装。包装后薄膜收缩均匀、平整、无皱、无破损、裹紧物品。

6.3 套筒式收缩包装

采用上、下两卷PVC、PE单幅薄膜，物品通过后，形成筒状，然后横向封切或搭接，通过热收缩包装机完成收缩包装。包装后薄膜收缩均匀、平整、无皱、无破损、两端收紧、封切线或搭接部分牢固。

6.4 枕式收缩包装

较小的物品采用一卷单幅PP薄膜通过成形器后进行纵封和横封，将物品裹入其中，通过热收缩包装机完成收缩包装，包装后薄膜收缩均匀、无破损、平整、无皱、封切部分牢固。

较大的物品采用一卷折幅PE薄膜通过成形器将物品裹入其中后进行横封，通过热收缩包装机完成收缩包装、包装后薄膜收缩均匀、无破损、平整、封切或搭接部分牢固。

6.5 四方式收缩包装

用上、下两张薄膜裹包，四周进行封切，形成封闭包装，通过热收缩包装机完成收缩包装。包装后薄膜收缩均匀、平整、无破损、封切部分牢固。

6.6 托盘收缩包装

将托盘货物放置传送器上，套上PE薄膜罩，通过热收缩包装机完成收缩包装。包装后薄膜收缩均匀、平整、无破损、底端裹紧托盘。

6.7 套标收缩包装

采用人工或机械将事先印制好的筒状标签套在瓶类物体上，通过热收缩包装机完成收缩包装。包装后薄膜收缩均匀、平整、无皱、标位准确并紧贴物体表面。

7 试验方法

7.1 收缩包装动态性能试验

7.1.1 振动和摇摆试验

根据产品的运输环境选择包装件试验。试验后,收缩包装及被包装物应完整无损。

7.1.2 冲击力试验

根据产品的运输环境选择包装件试验。试验后,收缩包装及被包装物应完整无损。

7.1.3 托盘包装稳定性试验

托盘包装应按 GB/T 4857.22 有关规定试验,并符合相关要求。

7.2 收缩薄膜的静态性能试验

7.2.1 封口封合强度试验

按 GJB 145A 中的热焊封试验进行,并符合有关规定。

8 标志

在收缩包装外部的标志应符合 GB/T 191 的有关规定。

附 录 A
（资料性附录）
塑料薄膜的性能

A.1 收缩包装各种薄膜性能可参照表 A.1。

表 A.1 各种薄膜性能

性　质	单　位	聚氯乙烯 PVC	聚丙烯 PP	聚乙烯 PE
标准厚度	mm	0.019	0.013	0.025～0.254
拉伸强度	MPa	42～130	110～190	56～130
收缩率	%	50～70	70～80	70～80
收缩应力	MPa	1.1～2.1	2.1～4.2	0.4～3.5
薄膜收缩温度范围	℃	65～150	105～175	90～150
烘道空气温度	℃	105～155	110～235	105～315
热封温度	℃	135～175	175～205	120～260

A.2 收缩包装选用包装材料收缩温度与收缩率的关系可参照图的关系可参照图 A.1 选择。

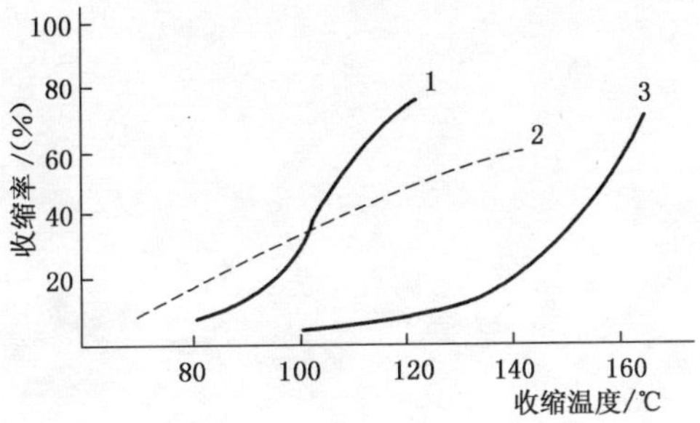

1——聚乙烯；
2——聚氯乙烯；
3——聚丙烯。

图 A.1 常用收缩薄膜的收缩温度-收缩率的关系曲线

ICS 55.020
A 83

中华人民共和国国家标准

GB/T 19785—2005

拉伸缠绕包装

Stretch packaging

2005-05-25 发布　　2005-11-01 实施

中华人民共和国国家质量监督检验检疫总局
中国国家标准化管理委员会　发布

前　言

拉伸缠绕包装是一种用途广泛的防护包装，它是利用拉伸薄膜拉伸后的回缩力将一个或多个货物牢固地捆束成易于搬运的单元整体，使其具有较强的耐冲击力和振动力，被广泛应用于各种产品的集装运输。

本标准由中国包装总公司提出。

本标准由全国包装标准化技术委员会归口。

本标准由机械科学研究院负责起草，大连三兹和包装机械有限公司、中包认证中心有限公司、机械科学研究院、中国包装科研测试中心、南亚塑胶工业(重庆)有限公司参加起草。

本标准主要起草人：孙奎连、王利、李雪龙、李维荣、李华、宋大春。

拉 伸 缠 绕 包 装

1 范围

本标准规定了拉伸缠绕包装(简称拉伸包装)的分类、要求、包装方法和标志。

本标准适用于采用拉伸缠绕的方式将单件、散件或组合好的产品缠绕裹包或固定在托盘上形成搬运单元整体的货物包装。

2 规范性引用文件

下列文件中的条款通过本标准的引用而成为本标准的条款。凡是注日期的引用文件,其随后所有的修改单(不包括勘误的内容)或修订版均不适用于本标准,然而,鼓励根据本标准达成协议的各方研究是否可使用这些文件的最新版本。凡是不注日期的引用文件,其最新版本适用于本标准。

GB/T 191 包装储运图示标志

GB/T 4122.1 包装术语 基础

GB/T 4768 防霉包装

GB/T 4857.22 包装 运输包装件 单元货物稳定性试验方法

GB/T 4879 防锈包装

GB/T 5048 防潮包装

GB/T 7350 防水包装

GB/T 16470 托盘包装

GB/T 16716 包装废弃物的处理与利用 通则

GB/T 18928 托盘缠绕裹包机

BB/T 0023 运输包装用拉伸缠绕膜

3 术语和定义

GB/T 4122.1 确立的以及下列术语和定义适用于本标准。

3.1

拉伸缠绕膜

以线性低密度聚乙烯为主要原料,在一定温度及拉伸比的条件下经过纵、横两个方向拉伸取向、定型、冷却等处理所制得的薄膜,它具有优良的拉伸强度,伸长率、撕裂强度和抗刺穿强度是用于拉伸缠绕包装的理想薄膜。

3.2

阻尼拉伸 tension control

被包装物与薄膜之间利用阻尼方式产生的薄膜拉伸。拉伸数值一般增加 60%左右为标准拉伸,调节范围为 40%~80%。

3.3

预拉伸 pre-stretch

薄膜受到一个恒定的拉伸力后,再裹包货物的方式为预拉伸。拉伸数值一般增加 200%左右为标准拉伸,调节范围为 100%~300%。

4 拉伸包装分类

4.1 产品需要进行拉伸包装时,应在产品技术文件中规定产品包装的拉伸包装类别要求。

4.2 拉伸包装的分类应根据被包装物的性质、质量、体积、形状、流通环境等综合因素来确定。

4.3 拉伸包装分为：手动式拉伸包装、阻尼拉伸包装、预拉伸包装。

表1 拉伸包装分类

分 类	薄膜规格	拉伸率	调节范围	要 求
手动式	厚度 17 μm～20 μm 宽度 450 mm～500 mm	60%	40%～80%	选用手工膜，用来裹包批量不大、较零碎的一般货物，可用人工或仅托盘转的机械慢速裹包。
阻拉伸	厚度 15 μm～25 μm 宽度 500 mm	100%	90%～120%	选用机用膜，但不允许高度拉伸，以免导致被包装物勒坏、或产生位移。
预拉伸		200%	180%～300%	选用高性能机用拉伸薄膜，用以裹包形状异形、质量较重、或易产生位移的货物，通常用有预拉伸机构的拉伸机裹包。

5 要求

5.1 一般要求

5.1.1 按拉伸包装分类要求选购薄膜和设备进行包装，以达到拉伸包装的预定效果。

5.1.2 拉伸包装应用在外包装上，应用时根据产品的储运要求选择防水包装、防潮包装、防锈包装、防霉包装和缓冲包装，并符合 GB/T 7350、GB/T 5048、GB/T 4879、GB/T 4768 的有关规定。

5.1.3 拉伸包装应保证被包装物在运输过程中不产生破裂散失或损坏。

5.2 材料要求

5.2.1 根据所包装产品的要求确定拉伸缠绕膜的拉断力、裂断伸长率、粘性、永久变形、弹性恢复、拉力保持、F 力值、抗刺穿、单位面积质量偏差、透光率、雾度、水蒸气透过量等，其物理机械性能应符合 BB/T 0023的有关规定。

5.2.2 用于直接接触食品的拉伸缠绕膜应符合相关的卫生标准。

5.2.3 使用具有合格证书的拉伸缠绕膜包装，尺寸、规格、偏差、外观应符合 BB/T 0023 的有关规定。

5.2.4 拉伸包装材料使用包后属于包装废弃物，在材料的处理方面应符合 GB/T 16716 的有关规定。

5.3 环境要求

5.3.1 温度

拉伸包装的环境温度应控制在－20℃到 40℃之间。

5.3.2 湿度

拉伸包装的环境湿度应控制在小于 80%。

5.3.3 清洁

拉伸包装场所的环境应无污物及有害物质。

5.4 设备

托盘缠绕裹包机，应符合 GB/T 18928 的有关规定。

6 拉伸包装方法

6.1 拉伸包装准备

6.1.1 被裹包产品对化学品、光、热、湿气、污物的敏感性对拉伸缠绕膜应相容。保证包装后产品及产品包装品质及标志和外观不受损。

6.1.2 根据货物的形状、稳定性、易碎性、耐挤压性以及质量选择薄膜拉伸力和用量。

6.1.3 进行试验性拉伸包装以对所选薄膜进行全面的性能综合试验，以确定批量包装时所用的包装材料。

6.1.4 对产品进行两个以上(含两个)的拉伸包装,并进行包装和运输的试验,以确定最终的包装方式。

6.2 托盘缠绕包装

选用可拉伸的薄膜及能达到要求的设备,将散件货物包装成整体并固定在标准的托盘上。托盘缠绕包装分螺旋裹包(即用窄幅薄膜裹包产品)和整幅裹包(即用宽幅薄膜裹包产品),包装后的性能应符合 GB/T 16470 的有关规定。

6.3 水平缠绕包装

选用可拉伸的薄膜及能达到要求的设备,将任意长度的货物在直线传输的过程中,将拉伸薄膜缠绕在货物上。

6.4 卷筒缠绕包装

选用可拉伸的薄膜及能达到要求的设备,将圆柱状货物置于两个旋转滚筒上,将拉伸薄膜进行纵向或横向缠绕在货物上。

6.5 环形缠绕包装

选用可拉伸的薄膜及能达到要求的设备,将环状货物置于旋转滚筒上,将薄膜穿过环状货物旋转缠绕在货物上。

7 试验方法

根据产品的运输环境案 GB/T 4857 有关规定选择运输包装件试验。

8 标志

在拉伸包装外部的包装储运标志应符合 GB/T 191 的有关规定。

ICS 35.040;55.020
A 80

中华人民共和国国家标准

GB/T 19946—2005/ISO 15394:2000

包装 用于发货、运输和收货标签的一维条码和二维条码

Packaging—Bar code and two-dimensional symbols for shipping, transport and receiving labels

(ISO 15394:2000,IDT)

2005-10-07 发布 2006-04-01 实施

中华人民共和国国家质量监督检验检疫总局
中国国家标准化管理委员会 发布

前　言

本标准等同采用ISO 15394:2000《包装　用于发货、运输和收货标签的一维条码和二维条码》。

本标准对照ISO 15394:2000,删除了ISO 15394:2000中5.2.1关于签发机构和签发代码相关说明以及注释段。

本标准的附录A和附录B是规范性附录,附录C、附录D、附录E和附录F是资料性附录。

本标准由中华人民共和国交通部提出。

本标准由交通部科技教育司归口。

本标准起草单位:交通部公路科学研究所、中国物品编码中心、武汉理工大学、北京中交国科物流技术发展有限公司。

本标准主要起草人:唐辉、陈继军、魏凤、郭成、曲国翠、吴清、卢瑞文、朱汉民。

引　言

在货物运输和搬运过程中为实现货物跟踪而进行电子数据交换时，需要明确和唯一的标识符连接电子数据与运输单元。

全球范围内广泛使用条码标识的运输标签，存在多种不同标准，每个标准满足特定行业的需求。为提高行业内和行业间运作效率、降低成本，应制定一个通用标准。

使用具有条码标识的运输标签可以推动装运作业自动化。运输标签中的条码信息可以作为访问计算机数据库的关键信息，该数据库包括运输单元的详细信息，可通过 EDI 传送。同时运输标签也可包含贸易双方共同确定的信息。

运输标签可以包含二维条码，用于发送方和接收方传送大量信息，同时也有利于承运人建立货物自动分拣和跟踪系统。

包装　用于发货、运输和收货标签的一维条码和二维条码

1　范围

本标准

—— 规定了包含一维条码和二维条码的运输单元标签设计最低要求；

—— 提供了运输单元唯一标识符，实现运输单元跟踪；

—— 规定了标签中一维条码、二维条码或供人识读字符中的数据表示格式；

—— 提供了选择条码码制的建议，规定了条码密度等级和质量要求；

—— 提供了对标签放置、大小以及文字和图形的建议；

—— 提供了选择标签材料的指南。

2　规范性引用文件

下列文件中的条款通过本标准的引用而成为本标准的条款。凡是注日期的引用文件，其随后所有的修改单(不包括勘误的内容)或修订版均不适用于本标准，然而，鼓励根据本标准达成协议的各方研究是否可使用这些文件的最新版本。凡是不注日期的引用文件，其最新版本适用于本标准。

GB/T 5271.1～5271.15　信息技术　词汇

GB/T 12908　信息技术　自动识别和数据采集技术　条码符号规范　三九条码(GB/T 12908—2002,ISO/IEC 16388:1999,MOD)

GB/T 16828　位置码

GB/T 18347　128 条码(GB/T 18347—2001,idt ISO/IEC 15417:2000)

ISO/IEC 15416　信息技术　自动识别和数据采集技术　印刷质量测试规范　一维符号

ISO/IEC 15418　信息技术　EAN/UCC 应用标识符和 FACT 数据标识符及维护

ISO/IEC 15434　信息技术　高容量 ADC 媒体用的传送语法

ISO/IEC 15438:2001　信息技术　自动识别和数据采集技术　条码符号规范　PDF417

ISO/IEC 16023:2000　信息技术　国际符号表示规范　混合代码

3　术语和定义

GB/T 5271.1～5271.15 中确立的及下列术语和定义适用于本标准。

3.1

分拣　sortation

在配送过程中运用自动物料处理系统对包装及货物进行分类、拣送的作业。

4　概念

4.1　原则

使用条码标签的目的是为了便于配送环节中所有参与方，如供应方、承运人、客户以及其他中间商之间实现自动数据交换。一维条码、二维条码以及供人识读信息所包含的数据量取决于贸易伙伴之间的要求。标签与数据库、EDI 系统共同使用时，标签中数据量可以大幅减少，可只需要运输单元唯一标识符一条数据。

贸易伙伴往往会有不同的信息需求。一些信息可能对两个或多个贸易伙伴而言是公共信息，而另外一些信息可能只对个别贸易伙伴有用。贸易伙伴可以获得不同时段的信息，例如：

——生产或包装时的特定产品信息；

——订单处理过程中的订单处理信息；

——出货时的运输信息。

上述信息包含一些必要的有效数据元，这些数据元可以表示为一维条码、二维条码(见附录A和附录B)和供人识读形式。

本标准应与定义了相关各参与方可选参数的应用指南结合使用。附录C给出了这些参数的应用指南。

4.2 装载单元和运输包装

为便于货物运输、跟踪和存储，使用托盘、薄衬纸、皮带、互锁装置、粘合剂、热缩塑料包装、包装网等方式捆扎货物作为一个单元，称之为装载单元。装载单元也可以是一个或几个运输包装。为运输和搬运目的，将物品、小包装或者散货组成一个包装单元，称之为运输包装。运输包装和装载单元都可以作为运输单元。

4.3 运输单元唯一标识符

本标准在规范所有标签格式时，要求为每个运输单元分配一个唯一的运输单元标识符。运输单元唯一标识符是访问存储在计算机文件中并可以通过EDI传输信息的关键字。同时所有贸易伙伴都可以使用该标识符获取运输单元本身或运输单元在供应链中实际移动状况的信息，因而可以使系统能随时跟踪单个运输单元。

4.4 标签格式

4.4.1 发货/运输/收货基本标签

在贸易伙伴之间实现EDI时，基本标签应包含满足供应链所有贸易伙伴要求的最小数据集。

基本标签应包含一个运输单元唯一标识符。

除了运输单元唯一标识符，建议在基本标签中提供如下信息：

——“发货方”的名称和地址(在不能交货的情况下可以退回货物)；

——“收货方”的名称和地址(用于交付货物)；

——承运人数据库的关键字(如果该关键字不是运输单元唯一标识)；

——客户数据库的关键字(如果该关键字不是运输单元唯一标识)。

4.4.2 发货/运输/收货扩展标签

实际应用中通过自动通信方式交换电子文档，有时不一定能获取运输单元的搬运信息。因此，除了运输单元标识外，还需要在运输单元上标明相关信息。为便于相关贸易伙伴的识别和处理，各数据字段应以一种标准方式来组织。

当基本标签所包含的信息不能满足贸易各方需求时，应使用扩展标签。扩展标签所包含的信息应由3部分组成：

——承运人段：除了承运人数据库的关键字，还包括一些附加信息，如发货确认和交货指示等；

——客户段：除了客户数据库的关键字，还包括一些附加信息，如客户号码等；

——供应方段：由供应方提供的附加信息，如产品标识、批号、尺寸等。

5 数据内容

5.1 数据表示

5.1.1 一维条码数据

可采用以下3种数据和条码相结合的方式描述：

a) 与 ISO/IEC 15418 一致的 EAN. UCC 应用标识符(AIs)只能和 UCC/EAN-128(与 GB/T 18347—致的 128 条码子集)结合使用;

b) 与 ISO/IEC 15418 一致的 FACT 数据标识符(DIs)应与 GB/T 12908 的 39 条码结合使用;

c) 与 ISO/IEC 15418 一致的 FACT 数据标识符(DIs)应与符合 GB/T 18347 的 128 条码结合使用。

用户遇到相关情况时可以参考附录 D。

5.1.2 二维条码数据

当贸易各方一致认可时也可以使用二维条码提供相关信息。二维条码的数据语法应符合 ISO/IEC 15434。

5.1.3 供人识读形式数据

以一维条码形式表示的信息应提供供人识读信息。有些信息只能表示为供人识读信息(见 6.3)。

5.2 数据元

5.2.1 运输单元唯一标识符

每一运输单元都应分配一个唯一的标识符。

运输单元唯一标识符应是以下两者之一:

—— SSCC,使用“00”应用标识符,以 UCC/EAN-128 表示;

—— 使用 FACT 数据标识符“J”,以 39 条码或 128 条码表示。

5.2.2 收货地

“收货地”数据元指运输单元将被交付收货方的地址。使用时,该数据元将表示为最多 5 行可供人识读的字符串,而且每个字符串中字母和数字不超过 35 个。也可以用位置码标识(见 GB/T 16828)收货方,此代码以条码或可供人识读形式表示。

5.2.3 发货地

“发货地”数据元指运输单元如出现无法交货的情况时要退回发货方的地址。使用时,该数据元将表示为最多 5 行可供人识读的字符串,而且每个字符串中字母和数字不超过 35 个。也可以用位置码标识(见 GB/T 16828)发货方,此代码以条码或可供人识读形式表示。

5.2.4 承运人数据库关键字

承运人数据库关键字必须与承运人相互协商一致。如果在 5.2.1 规定的运输单元唯一标识符不是承运人数据库的关键字,就要使用下面一个或多个关键字:

——承运人包括服务类别的跟踪号码;

——承运人标识货物的代码;

——承运人标识运输单元的代码。

此数据元可以包含在一维条码或二维条码中,也可以同时表示为两种方式。

5.2.5 客户数据库关键字

客户数据库关键字必须与客户相互协商一致。如果在 5.2.1 规定的运输单元唯一标识符不是客户数据库的关键字,就要使用下面一个或多个关键字:

——客户订购单号;

——部件号;

——看板;

——货物标识符。

此数据元可以包含在一维条码或二维条码中,也可以同时表示为两种方式。

5.2.6 其他数据元

在扩展标签中可以包含更多附加信息,以满足供应方、承运人和客户的需要。

5.3 一维条码中的链接数据字段

5.3.1 使用应用标识符

当几个应用标识符及其数据与一个 UCC/EAN-128 符号链接时，每个可变长度字段后跟随一个 FNC1 字符，最后一个字段除外。这个 FNC1 字符将设定为$^{G}{}_{S}$值通过解码器传输。

5.3.2 使用数据标识符

当几个数据标识符及其数据与一个 39 条码或 128 条码链接时，每个字段后将跟随一个"＋"符号，最后一个字段除外。

5.4 结构化数据文件

结构化数据文件，如交货通知、质量证书、保险凭证等，可以用来支持运输单元或完整的 EDI 报文的处理。这些数据可以用大容量的二维条码来表示。结构数据文件应符合 ISO/IEC 15434 中的语法规则。

6 数据载体

6.1 一维条码符号

6.1.1 码制

一维条码可以用下列码制表示：

—— 符合 GB/T 12908 的"39 条码"；

—— 符合 GB/T 18347 的"128 条码"。

注："UCC/EAN-128"是"128 码"的一个子集。

6.1.2 符号高度

条码符号的最小条高应为 1.27 cm。

6.1.3 窄单元尺寸

最小的窄单元尺寸（x 尺寸）应不小于 0.25 mm。对于 39 条码和 128 条码的 x 尺寸宜在 0.25 mm～0.43 mm 的范围内，具体大小取决于标签厂商/打印机的精度。UCC/EAN-128 码的 x 尺寸宜在0.25 mm～0.81 mm 的范围内，具体大小取决于标签厂商/打印机的精度。UCC/EAN-128 SSCC 码的 x 尺寸宜在 0.50mm～0.81 mm 的范围内，具体大小取决于标签厂商/打印机的精度。

在只需要比表 1(7.3.4)中规定的字符少的情况下，只要满足 6.1.8 规定的条码印刷质量要求和标签推荐宽度，可采用更大的 x 尺寸。

注：当字符尺寸在规定的 x 尺寸范围中处于比较小的值时，特别是 0.25mm～0.33mm 时，需要特别注意该字符应符合质量要求。

6.1.4 "39 条码"符号的宽窄比率

"39 条码"符号单元的宽窄比率(N)应该是 3.0∶1，测量比率在 2.4∶1～3.2∶1 之间。

6.1.5 空白区

印刷时条码左右两侧的空白区不应小于 6.4 mm。x 尺寸大于 0.64 mm 时条码的空白区不应小于 10x。为保证最小空白区，宜参考所使用打印设备上的产品标签标注参数。

6.1.6 方向

在运输单元上一维条码应呈水平方向。如果参与方都达成一致，条码也可以呈垂直方向。

6.1.7 放置

一维条码应放置在合适的区域以确保扫描时不会相互干扰。

注：在标签上不允许两个以上条码并排。如果两个条码相邻，为减少扫描条码时的互相干扰，不能安排在同一条线上。

6.1.8 一维条码印刷质量

一维条码符号的印刷质量应依据 ISO/IEC 15434 来检测。下列最低符号等级为 1.5/10/660:

——产品制作时的最低印刷质量等级为 1.5(C);

——测量孔径为 0.250 mm(大约为 10 mil/0.010 inch);

——检验波长为(660±10)nm。

在应用系统过程中条码应都能解码,因此,质量测试不仅局限于标签制作过程中的检查,而且应该追踪到最后的使用阶段。上述符号质量和检测参数保证了在各种扫描环境中的可扫描性。当客户接收到标签时,标签质量可能低于标签的印刷质量。因此,制作标签时的印刷质量应高于标签使用时的质量。

无监控扫描需要比上述更高的印刷质量等级。因此,本标准应用于这种无监控扫描时,贸易伙伴应共同商定印刷质量要求。

当直接在牛皮纸、瓦楞纸上印刷时,可能达不到本标准的印刷质量要求。如直接在牛皮纸、瓦楞纸上印刷条码时,用户应考虑贸易全过程相关参与方的扫描能力。

6.2 二维条码符号

如果要在标签上以光学可识读符号容纳比一维条码更多的信息,可以使用二维条码。本标准支持两种二维条码,MaxiCode 和 PDF417。本标准推荐使用 MaxiCode 用于承运人分拣和跟踪,PDF417 用于其他应用。关于二维条码的更多使用信息和使用指南,见附录 A 以及附录 B 的 B.2 和 B.3。

6.3 供人识读信息

6.3.1 供人识读编码

为了提供返回输入信息和校验信息,每个一维条码符号都应附加一个供人识读编码。供人识读编码用以描述条码的编码内容。参见附录 E 中的图 E.9。

6.3.2 供人识读说明

除供人识读编码外,对一维条码信息的供人识读说明可能出现在标签的其他区域。参见附录 E 中的图 E.9。

6.3.3 数据区标题

数据区包括条码或供人识读形式表示的信息。数据区标题以可供人识读文本的形式来标识相应的数据区。当一个数据区包含以下信息时,可以去掉数据区标题。

——多个数据元链接的单个一维条码;

——包含多个一维条码符号,可作为单一数据扫描的数据区;

——包含二维条码的数据区。

6.3.4 自由文本和数据

根据贸易伙伴的要求,提供一维条码不包含的其他信息,以供人识读方式表示。

7 标签设计

7.1 一般要求

运输单元唯一标识符是本标准规定的必备数据元,表示运输单元唯一标识符的一维条码应该印刷在标签最下面的区域。

根据配送环节中贸易伙伴的信息需求,对标签数据进行逻辑分类,定义为 3 个部分:承运人、客户和供应方。标签各部分可以同时印刷在一张标签上,也可以不印刷在同一张标签上。当运输单元的尺寸和结构允许时,这 3 部分应该按下列顺序从上至下垂直排列:

——承运人部分;

——客户部分；

——供应方部分。

在附录E中提供了标签的例子。附录E中的标签仅仅是个示例，并不代表标签设计的所有可能的选择。

标签的不同部分可能用于不同阶段，以构成完整的标签。

7.2 格式

7.2.1 基本标签格式

除了运输单元唯一标识符外，一个典型的基本标签应包括以下数据区：

——“发货方”地址，可供人识读；

——“收货方”地址，可供人识读；

——“收货方”邮政编码或区域代码，一维条码；

——承运人发货跟踪号(可选)，一维条码；

——客户订购单号(可选)，一维条码。

在基本标签上以机器可读形式表示的数据仅使用一维条码。

“收货方”地址应该位于“发货方”地址的下方或右方。“发货方”字符应该明显小于“收货方”字符，并且“收货方”区域应易于辨认。

7.2.2 扩展标签格式

扩展标签比基本标签包括更多的信息。除了基本标签包括的信息外，扩展标签还可包括：

——表示其他独立数据元的一维条码；

——表示链接数据元的一维条码；

——二维条码；

——一维条码所对应的供人识读说明；

——仅供人识读的信息；

——图形。

7.2.3 其他数据

本标准不能代替或取代任何已应用的安全和常用标志或标签要求。本标准在其他强制标签要求的基础上适用。也可能需要使用一些空白或特定图形，如安全、危险、质量标志或组织标识等。

7.3 标签尺寸

7.3.1 一般要求

标签的尺寸大小应符合供应链中所有贸易伙伴的数据要求，同时受运输单元尺寸的限制。

上述标签格式并没有规定一个完整标签的固定尺寸。标签的实际尺寸由标签制作者决定。选择标签尺寸时要考虑印刷的数据量、印刷设备的实际字符大小或运输单元的尺寸。

7.3.2 标签高度

标签高度由标签制作者决定。

7.3.3 标签宽度

标签宽度由标签制作者决定。标签宽度由所印刷条码符号的x尺寸和含有最大信息的条码长度所决定。表2列出了x尺寸和x尺寸所对应的标签宽度之间的相互关系，使用表1所规定的数据限制。

一些现有的行业标准有其他的数据限制。如果一个交易参与方需要一个39条码，数据字段包含比表1更多的字符，标签制作者可以选择更宽的标签纸或选取比本标准规定最小x尺寸更小的x尺寸。

7.3.4 数据限制

单个条码的字符数限制见表1。

表 1　一维条码符号的最大字符数

标 识 标 准	字 符 限 制
128 条码(数字型)	50 个数字(在字符标识 DI 之后)
128 条码(字母数字型)	27
UCC/EAN-128(数字型)	48
UCC/EAN-128(字母数字型)	26
39 条码	19

注 1：对 UCC/EAN-128，字符计数将包含 FNC1 字符和符号校验字符之间的所有字符。

注 2：对 39 条码，字符计数将包含起始符和终止符之间的所有字符。

表 2　表 1 规定的最大打印字符限制要求的最小标签宽度

<table>
<tr><th>象形符</th><th>39 条码</th><th>128 条码
(数字)</th><th>128 条码
(字母数字)</th><th>UCC/EAN-128
SSCC</th><th>UCC/EAN-128
(数字)</th><th>UCC/EAN-128
(字母数字)</th></tr>
<tr><td>表 1 中最大
字符限制</td><td>19</td><td>50
(单一 DI)</td><td>27</td><td>仅 20</td><td>48</td><td>26</td></tr>
<tr><td>x 尺寸/mm</td><td colspan="6">最小标签宽度/mm</td></tr>
<tr><td>0.25</td><td>105</td><td>105</td><td>105</td><td rowspan="4">不推荐</td><td>105</td><td>105</td></tr>
<tr><td>0.33</td><td>148</td><td>148</td><td>148</td><td>148</td><td>148</td></tr>
<tr><td>0.38</td><td>148</td><td>148</td><td>148</td><td>148</td><td>148</td></tr>
<tr><td>0.43</td><td>>148</td><td>148</td><td>>148</td><td>>148</td><td>>148</td></tr>
<tr><td>0.50</td><td rowspan="4" colspan="3">不推荐</td><td>105</td><td>>148</td><td>>148</td></tr>
<tr><td>0.66</td><td>148</td><td>>148</td><td>>148</td></tr>
<tr><td>0.76</td><td>148</td><td>>148</td><td>>148</td></tr>
<tr><td>0.81</td><td>>148</td><td>>148</td><td>>148</td></tr>
</table>

注 1：本表用于指导打印机/使用者在能容纳表 1 规定的最大字符限制的标签纸上打印标签。

注 2：本表中标签宽度仅基于两种标签尺寸(105 mm 和 148 mm)。

注 3：本表中所有最小标签宽度计算如下：

——起始符和终止符，2.54 mm 的打印参数，6.4 mm 或大于 10 倍条码 x 尺寸(选择两者较大)的空白区；

——对 UCC/EAN-128 条码，FNC1 字符和符号校验字符；

——对 39 条码，宽窄比率为 3∶1 和 1 个 x 尺寸；

——对 128 条码，校验字符。

注 4：UCC/EAN SSCC 条码最小 x 尺寸大于 0.432 mm。为了适合 102 mm 的标签宽度，这个条码符号应按 UCC/EAN 规范中规定的最小 x 尺寸印刷。

7.4　文字大小

7.4.1　一般要求

文本字符高度与一行所要求的字符数有关。本标准规定了 9 种文字尺寸。标签制作者将根据印刷能力选择与这 9 种文字尺寸对应的实际字符高度。字符应清晰易读。

每行最大文本字符数见表 3。

表 3　字符高度和字符限制

近似字符高度/cm	对整个标签的字符限制(字符数)
2.54	8
1.27	18
0.84	28
0.64	34
0.51	42
0.43	48
0.36	59
0.32	68
0.25	77

注：表中文本字符计数限制的计算是基于如下假设：102 mm 宽的标签，固定宽度字符，所使用的字符尺寸条件下字符清晰易读。

7.4.2　特定的文字尺寸

特定的文字尺寸如下：

——数据区标题不小于 0.25 cm；

——“发货方”地址不小于 0.25 cm，并始终小于“收货方”地址的文字大小；

——“收货方”地址不小于 0.43 cm，并始终大于“发货方”地址的文字大小；

——一维条码符号的相应文字翻译(或供人识读编码)不小于 0.25 cm；

——重要的供人识读信息(或供人识读说明)不小于 0.51 cm；

——次要的供人识读信息(文本或描述性信息)不小于 0.25 cm。

7.5　材料

选择标签材料和在运输单元上粘贴标签的方法时要确保以下几点：

——在标签的有效期内保证标签一直粘贴在运输单元上；

——在标签的有效期内保持标签可读性；

——在标签有效期内保持标签不受环境的影响，如污染、热、光或潮湿等情况；

——满足可处理要求。

8　标签的放置

8.1　一般要求

标签宜贴在不易受破坏的位置。标签宜贴在运输单元的一面，标签上的供人识读信息平行于运输单元自然底部。标签各个边缘到运输单元边缘宜至少有 32 mm 的距离。

在运输单元相邻的两面应贴有同一标签。除了前面章节中提到的客户和供应方信息，货物承运人还可要求将承运人信息放置在运输单元的顶端，并与前述放置要求一致。

8.2　装载单元(托盘)

每一个托盘至少应有一个条码标签。标签应贴在垂直面的右上角，到运输单元每个边缘有至少 5 cm的距离。标签不应贴于接缝、封条或商标处，这些地方可能干扰标签的扫描。运输单元唯一标识符的底边缘到托盘底边缘应有 40 cm～80 cm 的距离。如果托盘高度不足 50 cm，则标签应贴在托盘尽可能高的地方，见图 1。

单位为厘米

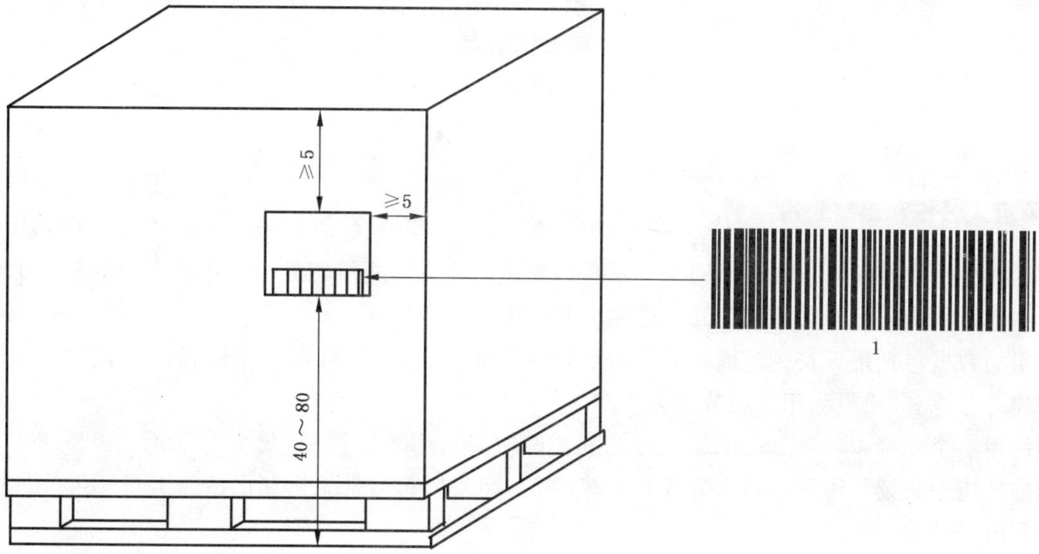

1——运输单元唯一标识符。

图 1　托盘标签位置

8.3　运输包装

高度不大于 1 m 的运输包装，运输单元唯一标识符底边到实际包装的底部距离应在 2.5 cm～7.6 cm之间。对高度大于 1 m 的运输包装，建议遵从 8.2 的规定。

8.4　其他运输单元

附录 F 给出了各类运输单元的标签实例。标签的粘贴位置应遵循详尽的应用指南。

附 录 A
（规范性附录）
使用 MaxiCode 的程序

A.1 承运人分拣和跟踪应用

承运人分拣是指在两点或多点间安排发送运输单元的运输路线的过程。承运人跟踪是在承运人的数据库中更新承运人运输的装载单元和运输单元位置的过程。

使用的数据包括用于安排运输单元在多点间的运输路线、确定运输单元位置以及其他用于内部或外部处理与分拣和/或跟踪相关的数据。

当使用一个二维条码来进行承运人分拣和跟踪时，MaxiCode 符号（见 ISO/IEC 16023:2000）可在高速扫描环境中识读。用于承运人分拣和跟踪的 MaxiCode 符号的结构和语法与 ISO/IEC 15434 描述的结构和语法一致。

A.2 数据编码

A.2.1 代码集

当使用 MaxiCode 符号进行信息编码时，建议字符的选择尽可能限于代码集 A（见 ISO/IEC 16023:2000）。

A.2.2 模式

每个 MaxiCode 符号有一个模式。本标准推荐使用 MaxiCode 模式 2 或模式 3，以确保分拣系统在符号损坏的情况下能够对“收货方”邮政编码、“收货方”国家代码和服务等级进行译码（见 ISO/IEC 16023:2000）。

使用何种模式由“收货方”邮政编码和服务等级的数据特征来决定，见表 A.1。

表 A.1 MaxiCode 模式的确定

“收货方”邮政编码	服务等级	使用模式
仅为数字型，最多 9 位字符	数字型	模式 2
文字数字型，最多 6 位字符	数字型	模式 3
与上述不同	数字型	模式 4
上述中任意一种	字母数字型	模式 4

A.3 纠错等级

MaxiCode 有固定的纠错等级。MaxiCode 符号应使用 ISO/IEC 16023:2000 规定的纠错等级。

A.4 窄单元尺寸

MaxiCode 符号不支持不同的 x 尺寸。MaxiCode 符号只有一个 x 尺寸（符号尺寸宽度），所有其他尺寸与 ISO/IEC 16023:2000 一致。

A.5 空白区

在承运人分拣和跟踪应用中，MaxiCode 符号的上下左右的空白区最小为 1 mm。

A.6 MaxiCode 符号印刷质量

根据 ISO/IEC 16023:2000 规定的 MaxiCode 符号印刷质量，在承运人分拣和跟踪应用中，最低符号等级是：

——符号印刷时印刷质量等级不小于 2.5(B)；

——光源波长为(660±10)nm；

上述符号质量和测量参数确保在各种扫描环境中能够扫描。当客户接收到标签时，标签质量可能低于标签的印刷质量。因此，制作标签时的印刷质量应高于标签使用时的质量。

当直接在牛皮纸、瓦楞纸上印刷时，难以保证满足本标准的印刷质量要求。用户在试图将 MaxiCode符号直接印刷在牛皮纸、瓦楞纸上时应考虑到贸易全过程各相关参与方的扫描能力。

A.7 方向和位置

A.7.1 MaxiCode 方向

由于 MaxiCode 码制自身的特点，不需要确定符号方向。

A.7.2 符号放置

如果在 ISO 标签放置符号，MaxiCode 符号应放置在承运人段。图 A.1 为一放置实例。

A.7.3 标签放置

标签应放置在运输单元的顶部。

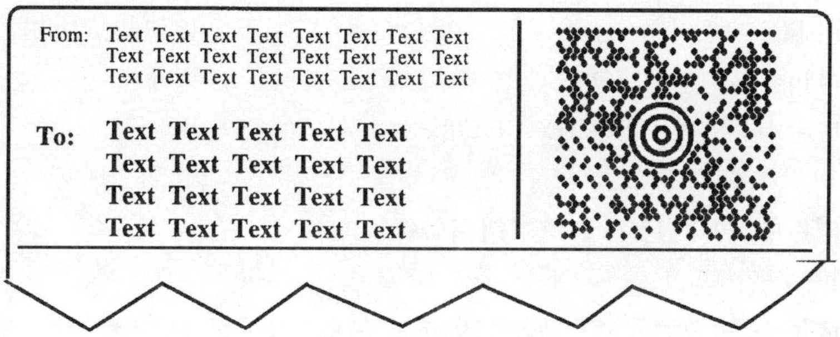

注：此图非实际比例。

图 A.1 标签上放置 MaxiCode 符号

A.8 链接

A.8.1 结构化的附加 MaxiCode 符号的使用

如果数据长度超过一个 MaxiCode 符号能编码的最大数据量，可以使用下列两种结构化的附加符号。本标准推荐使用模式 2 和模式 3。结构化的附加符号遵从 ISO/IEC 16023:2000 的定义，并且：

——在两种符号中都应包含主要信息；

——结构化附加指示符序列应放在次要信息的前两个数据字符中；

——数据的延续信息应包含在第二个符号的次要信息中。

A.8.2 结构化的附加 MaxiCode 符号的印刷

在承运人分拣和跟踪应用中，在单一信息中编码的数据量超出单个符号的编码容量时，印刷系统应能够处理，可自动使用结构化附加符。

符号可以并排印刷。

A.8.3 结构化的附加 MaxiCode 符号的识读

当结构化附加符与模式 2 和模式 3 符号同时使用时，可以从结构化附加符序列中的任何符号解码以获得主要信息。按 ISO/IEC 16023:2000 的附录 B，整个信息将被重建。

附 录 B
（规范性附录）
使用 PDF417 程序

B.1 一般要求

如果下述一条或两条经相互协商作为客户信息内容的一部分，应遵从本附录定义的下述规则：

——发货和收货数据(B.2)，可以有效地将标签上所有条码数据放入一个 PDF417 符号中；

——完整的 EDI 报文/交易(B.3)可以使用 PDF417 符号编码。

B.2 发货和收货应用

B.2.1 总则

发货和收货数据可便于分段运输、运输以及货物和原材料的接收。这些数据应印刷在本标准规定的“标签”上。该符号的扫描环境与标签上其他符号的扫描环境相同。在发货和收货应用中使用的 PDF417 符号的结构和语法应与 ISO/IEC 15434 描述的结构和语法一致。

B.2.2 推荐码制

本标准推荐使用 PDF417 码制(见 ISO/IEC 15438:2001)用于发货和收货应用。

在发货和收货应用中，不使用 ISO/IEC 15438:2001 定义的压缩 PDF417。

在发货和收货应用中，不使用 ISO/IEC 15438:2001 定义的宏 PDF417。

B.2.3 纠错等级

在发货和收货应用中，PDF417 符号使用纠错等级 5。

B.2.4 窄单元尺寸

在发货和收货应用中，窄单元尺寸(x 尺寸)范围应在 0.254 mm～0.432 mm 之间，视标签厂商/打印机的性能而定。如果符号的窄单元 x 尺寸在此范围的低值处于 0.254 mm～0.330 mm 之间，则需要特别注意满足 B.2.8 中印刷质量的要求。应与 B.2.8 中规定的印刷质量要求一致。

B.2.5 行高

PDF417 符号的最小行高(符号单元的高度)应该是窄单元宽度(x 尺寸)的 3 倍。增加行高可提高扫描性能，但会减少给定空间可编码的字符数。

B.2.6 空白区

对于发货和收货应用，PDF417 符号的上下左右的空白区的最小值为 1 mm，计算符号尺寸时要包括空白区。

B.2.7 符号尺寸

对于发货和收货应用，PDF417 符号的高度应不超过 61 mm，包括空白区。

对于发货和收货应用，为保证在识读设备可识读的最宽范围内能有效识读，PDF417 符号的印刷宽度不应超过 12 列数据。如果贸易伙伴协商一致，也可以达到 18 列数据宽度。表 B.1 列出了 12 列数据中 PDF417 符号在不同 x 尺寸下(包括空白区)的宽度。关于数据列、符号宽度、字符数和印刷密度的进一步的信息，见 B.4.2 和 B.4.3。

表 B.2～表 B.8 提供了在 ISO 标签设计中使用 PDF417 符号的应用指南。根据数据内容和印刷过程，PDF417 符号的实际大小可变化。表 B.1 列出的尺寸包含了大多数情况。

表 B.1 使用 12 列数据的最大符号宽度

单位为毫米

x 尺 寸	最大宽度(包括空白区)
0.25	71.37
0.33	92.20
0.38	106.17
0.43	119.89

B.2.8 印刷质量

根据 ISO/IEC 15438:2001 来决定 PDF417 符号的印刷质量。对于发货和收货应用,最低的符号等级为 2.5/10/660,即:

——在符号印刷时,推荐的印刷质量等级为 2.5(B);

——测量孔径为 0.250 mm(大约 10 mil/0.010 inch);

——光源波长为(660±10) nm。

上述的符号质量和测量参数确保在各种扫描环境下符号可扫描。当客户接收到标签时,标签质量可能低于标签的印刷质量。因此,制作标签时的印刷质量应高于标签使用时的质量。

当直接印刷在牛皮纸、瓦楞纸时,难以保证满足本标准的印刷质量要求。用户在试图将 PDF417 符号直接印刷在牛皮纸、瓦楞纸上时应考虑到贸易全过程各相关参与方的扫描能力。

B.2.9 方向和位置

B.2.9.1 PDF417 方向

PDF417 的条应该与标签的自然底边垂直(见图 B.1)。

B.2.9.2 标签放置

标签的放置见第 8 章。

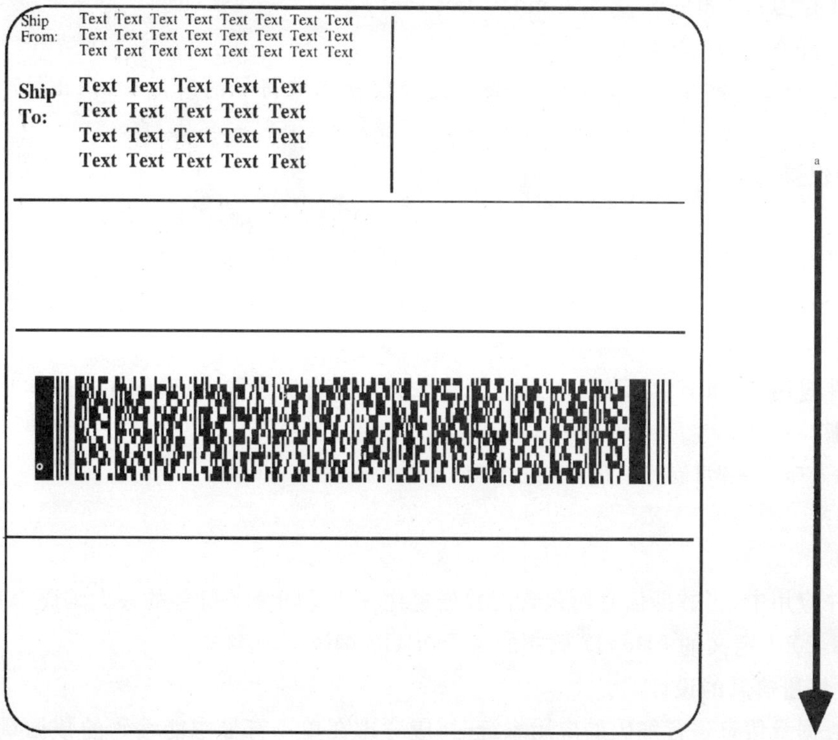

注 1:此图非实际比例。

a 到实际包装底部的方向。

图 B.1 标签上 PDF417 符号的方向

B.3 支持文件应用

B.3.1 总则

运输单元的发货、运输和收货通常需要支持文件数据，例如提单、仓单、装箱单、海关数据或者是EDI传输的信息。这些信息不印刷在“标签”上，也不会和标签上的数据在同一环境下扫描。这种应用使用二维条码对数据进行编码来支持发货、收货、运输分拣及跟踪。

B.3.2 推荐码制

本标准推荐使用PDF417码制（支持文件应用见ISO/IEC 15438:2001）。在支持文件应用中用到的PDF417符号的结构和语法与ISO/IEC 15434中规定的结构和语法一致。

B.3.3 纠错等级

在支持文件应用中，PDF417符号采用纠错等级5。

B.3.4 窄单元尺寸

本标准推荐在支持文件应用中使用x尺寸为0.254 mm的PDF417符号。

B.3.5 行高

PDF417符号的行高（符号单元的高度）应该是窄单元宽度（x尺寸）的3倍。

B.3.6 空白区

对于支持文件应用，PDF417符号的上下左右的空白区最小值为1 mm。

B.3.7 印刷质量

采用ISO/IEC 15438:2001确定PDF417符号的质量。对于支持文件应用，最低的符号等级应为2.5/06/660，即：

——在符号印刷时，推荐的印刷质量等级为2.5(B)；

——测量孔径为0.150 mm(大约6 mil/0.006 inch)；

——光源波长为(660±10)nm。

在使用0.125 mm(大约5 mil/0.005 inch)孔径校验其他符号的应用中，PDF417符号可以使用0.125 mm孔径。

B.3.8 方向和位置

B.3.8.1 方向

所有的PDF417符号应有相同的方向。PDF417的条应与页的实际底边垂直。在支持文件应用中，符号倾斜不超过±5°。

B.3.8.2 放置

在支持文件应用中，所有PDF417符号应放置在文件中合适位置，以确保在文件本身折叠或皱折时符号仍保持清晰。

注：由于文件在印刷后很可能折叠，因此应进行测试来选择合适的符号位置。

B.3.9 符号链接

B.3.9.1 总则

在支持文件应用中，当数据信息所包含的数据量比一个PDF417符号的最大编码容量大时，应采用ISO/IEC 15438:2001定义的PDF417码制的宏PDF417编码。

B.3.9.2 大数据量信息的设计

设计对大数据量信息进行编码的应用系统时，应考虑在单一符号中能编码的数据量。如果包括格式化字符的单一数据信息预计超过大约1 500个字母和数字字符时，应该设计确保构造整个宏PDF417信息的所有链接符号可在一个扫描序列中识读。扫描一个中间符号、一维条码或二维条码，都会中断扫描序列出现无法预期的结果。

B.3.9.3 链接符号的印刷

在支持文件应用中,单一信息中编码的数据量超出单个符号的编码容量时,印刷系统能自动或设置成使用宏 PDF417。除了必备型字段,宏 PDF417 控制块还应包括可选段计数字段以确保宏 PDF417 符号在缓冲或非缓冲模式下都能扫描识读。

B.3.9.4 宏 PDF417 符号的识读

为正确识读宏 PDF417 符号,解码器的传输协议应与 ISO/IEC 15438:2001 附录 H 中定义的宏 PDF417 一致。解码器应能完全支持 PDF417 的码制标识符选项。

符号可以缓冲或非缓冲模式传输。

每个符号中的数据前应有码制标识符"]L1"。标头表示转义字符与顺序字符已经由识读器插入信息中并由应用程序处理。之后应用程序识别码制标识符,解释转义字符并重组原始信息。ISO/IEC 15438:2001 中规定了转义字符与顺序字符的具体内容,用法以及宏 PDF417 的结构。

B.4 PDF417 符号印刷时需要考虑的事项

B.4.1 总则

印刷与本标准一致的 PDF417 符号时,应考虑几个因素。这些因素决定如何使用 PDF417 的选项。这些因素包括:

——数据要求;

——扫描技术;

——标签区要求;

——打印机技术。

确定使用的 PDF417 选项时,PDF417 印刷软件的开发者和用户应该遵循这些指南。既然没有一种最佳解决方案,有时会采取折衷。这些指南确保能印刷有效的符号。此外,还确保考虑了用户的扫描和印刷要求。使用表 B.2 时应考虑以下事项。

B.4.2 标签设计原则

B.4.2.1 最大 x 尺寸的设计

设计在 ISO 标签上放置 PDF417 符号的所需空间时,设计者应设计印刷中使用的最大 x 尺寸。由于标签厂商/打印机最终决定印刷符号的 x 尺寸,在发货/收货应用中可以在 0.254 mm～0.432 mm 之间任意选择 x 尺寸来印刷 PDF417 符号。

B.4.2.2 最大数据量的设计

确定信息中所需要的字段和每个字段的最大估计长度。在需要格式化时加入附加字符。

B.4.2.3 使用的扫描设备的设计

在选择对 PDF417 符号进行编码的空间时,应考虑可能使用的扫描设备的性能。例如,如果设备可扫描的最大宽度为 7.6 cm,则不可能识读 10 cm 宽的符号,但是如果设备配置较高于符号宽度,如同一数据编码为 6.6 cm 宽度时就能够扫描。

表 B.2 PDF417 符号宽度和字符数

x尺寸	0.43 mm		0.38 mm		0.33 mm		0.25 mm	
字符数	符号(2 cm 高)	符号(4 cm 高)	符号(2 cm 高)	符号(4 cm 高)	符号(2 cm 高)	符号(4 cm 高)	符号(2 cm 高)	符号(4 cm 高)
50	83.31 mm	61.21 mm	73.66 mm	47.75 mm	58.42 mm	41.66 mm	41.15 mm	28.19 mm
100	105.16 mm	68.58 mm	80.26 mm	54.36 mm	64.01 mm	47.24 mm	45.47 mm	36.83 mm
150	119.89 mm	75.95 mm	93.22 mm	60.71 mm	75.44 mm	52.83 mm	49.78 mm	36.83 mm
200	134.62 mm	83.31 mm	106.17 mm	67.31 mm	86.61 mm	52.83 mm	54.10 mm	36.83 mm
250	149.35 mm	90.68 mm	119.13 mm	73.66 mm	92.20 mm	58.42 mm	62.74 mm	41.15 mm

表 B.2（续）

x尺寸	0.43 mm		0.38 mm		0.33 mm		0.25 mm	
字符数	符号(2 cm高)	符号(4 cm高)	符号(2 cm高)	符号(4 cm高)	符号(2 cm高)	符号(4 cm高)	符号(2 cm高)	符号(4 cm高)
300	164.08 mm	97.79 mm	132.08 mm	80.26 mm	103.38 mm	64.01 mm	67.06 mm	41.15 mm
400	200.66 mm	112.52 mm	157.99 mm	93.22 mm	125.98 mm	75.44 mm	80.01 mm	49.78 mm
500	230.12 mm	127.25 mm	183.90 mm	106.17 mm	142.75 mm	81.03 mm	88.65 mm	54.10 mm
750	310.90 mm	164.08 mm	248.67 mm	132.08 mm	187.71 mm	103.38 mm	118.87 mm	67.06 mm
1 000	391.41 mm	208.03 mm	313.44 mm	164.34 mm	238.25 mm	125.98 mm	144.78 mm	80.01 mm
1 250	472.19 mm	244.60 mm	371.60 mm	196.85 mm	282.96 mm	148.34 mm	175.01 mm	92.96 mm
1 500	560.32 mm	281.43 mm	436.37 mm	222.76 mm	333.50 mm	170.69 mm	200.91 mm	105.92 mm

此表假定：

——宽度包括空白区；

——纠错等级为5。

B.4.2.4 在表中查找合适尺寸

表B.2给出了使用0.43 mm、0.38 mm、0.33 mm、0.25 mm几个不同x尺寸时，对应于所列的字符数(字母和数字)，高度分别为2 cm和4 cm的PDF417符号的适合宽度。根据表B.2，先找出应用系统中的预计最大x尺寸，然后找出表示该尺寸的字符数。该尺寸是近似值；实际尺寸根据压缩算法和编码数据的属性等因素而变化。

如果可用空间不能容纳最初的字符数，可以考虑选择减少字符数。

B.4.3 在标签上印刷符号

B.4.3.1 总则

在预定义的ISO发货标签上印刷PDF417符号时，标签厂商/打印机应考虑分配给符号的空间大小。

B.4.3.2 使用x尺寸的确定

在发货和收货应用中，除非所有相关贸易伙伴另有约定，本标准推荐印刷PDF417符号时不超过12个数据列(见图B.2)。标签上分配给符号的空间大小与此限制结合，可影响符号印刷时x尺寸的选择。所用印刷设备的性能决定x尺寸的选择。

数据列中包含的编码数据见图B.2。

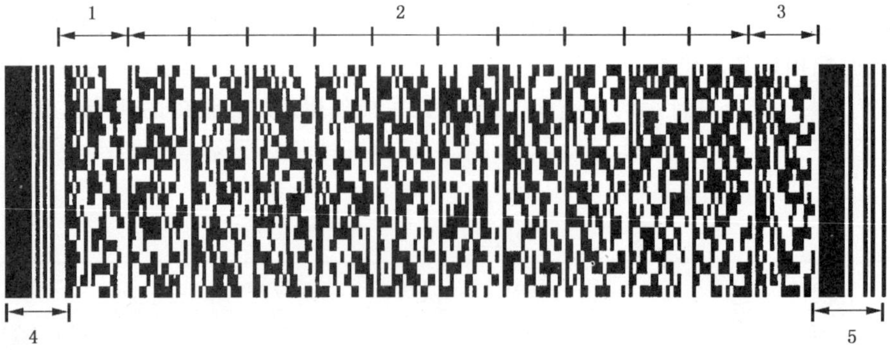

1——左行指示符列；

2——数据列；

3——右行指示符列；

4——起始符；

5——终止符。

图 B.2 PDF417符号示意图

表 B.3～表 B.6 给出了对于给定 x 尺寸，当标签宽度为 102 mm 时，PDF417 符号在不同符号宽度条件下能编码的数据列数和字符数(文字与数字)。在表 B.3～表 B.6 中，假定 PDF417 符号 2.5 cm 高或 5 cm 高。纠错等级定为 5 级。

标签宽度为 102 mm。

表 B.3　特定宽度和高度，x 尺寸为 0.25 mm 的 PDF417 符号的包括文字与数字的近似字符数

符号高	宽约 38.1 mm		宽约 50.8 mm		宽约 63.5 mm		宽约 76.2 mm		宽约 96.5 mm	
	mm	数据列	mm	数据列	mm	数据列	mm	数据列	mm	数据列
	36.8	4	49.8	7	62.7	10	75.7	13	93.0	17
2.5 cm	56 字符		185 字符		315 字符		445 字符		617 字符	
5 cm	293 字符		601 字符		909 字符		1 217 字符		1 535 字符	
注：假定宽度包括空白区。										

表 B.4　特定宽度，x 尺寸为 0.33 mm 的 PDF417 符号的包括文字和数字的近似字符数

符号高	宽约 38.1 mm		宽约 50.8 mm		宽约 63.5 mm		宽约 76.2 mm		宽约 96.5 mm	
	mm	数据列	mm	数据列	mm	数据列	mm	数据列	mm	数据列
	36.1	4	47.2	4	55.8	6	75.4	9	92.2	12
2.5 cm	N/A		13 字符		77 字符		175 字符		272 字符	
5 cm	41 字符		200 字符		358 字符		596 字符		833 字符	
注：N/A 表示不适用。出现 N/A 时表示在对应标签宽度和纠错等级为 5 的情况下，数据不能编码。										

表 B.5　特定宽度，x 尺寸为 0.38 mm 的 PDF417 符号的包括文字和数字的近似字符数

符号高	宽约 38.1 mm		宽约 50.8 mm		宽约 63.5 mm		宽约 76.2 mm		宽约 96.5 mm	
	mm	数据列	mm	数据列	mm	数据列	mm	数据列	mm	数据列
	34.8	1	47.8	3	60.7	5	73.7	7	93.2	10
2.5 cm	N/A		N/A		27 字符		85 字符		171 字符	
5 cm	N/A		88 字符		225 字符		362 字符		567 字符	
注：N/A 表示不适用。出现 N/A 时表示在对应标签宽度和纠错等级为 5 的情况下，数据不能编码。										

表 B.6　特定宽度，x 尺寸为 0.43 mm 的 PDF417 符号的包括文字和数字的近似字符数

符号高	宽约 38.1 mm		宽约 50.8 mm		宽约 63.5 mm		宽约 76.2 mm		宽约 96.5 mm	
	mm	数据列	mm	数据列	mm	数据列	mm	数据列	mm	数据列
	31.8	0	46.5	2	61.2	4	75.9	6	90.7	8
2.5 cm	N/A		N/A		N/A		34 字符		85 字符	
5 cm	N/A		N/A		121 字符		239 字符		358 字符	
注：N/A 表示不适用。出现 N/A 时表示在对应标签宽度和纠错等级为 5 的情况下，数据不能编码。										

表 B.7 和表 B.8 给出了对于给定 x 尺寸，当标签大于 102 mm 宽度时，PDF417 符号在不同符号宽度条件下能编码的数据列数和字符数(文字与数字)。在表 B.7 和表 B.8 中，假定 PDF417 符号 2.5 cm 或 5 cm 高。纠错等级定为 5 级。

标签宽度大于 102 mm。

表 B.7 特定宽度,x 尺寸为 0.38 mm 的 PDF417 符号的包括文字和数字的近似字符数

符号高	宽约 122 mm		宽约 135 mm		宽约 147 mm	
	mm	数据列	mm	数据列	mm	数据列
	119	14	132	16	145	18
2.5 cm	286 字符		344 字符		401 字符	
5 cm	841 字符		891 字符		920 字符	

表 B.8 特定宽度,x 尺寸为 0.43 mm 的 PDF417 符号的包括文字和数字的近似字符数

符号高	宽约 122 mm		宽约 135 mm		宽约 147 mm		宽约 160 mm	
	mm	数据列	mm	数据列	mm	数据列	mm	数据列
	120	12	135	14	142	15	157	17
2.5 cm	185 字符		236 字符		261 字符		311 字符	
5 cm	596 字符		715 字符		747 字符		770 字符	
注：假定宽度包括空白区。								

附 录 C
（资料性附录）
起草符合本标准的应用指南或标准时应考虑的问题

C.1 一般要求

本标准规定了各行业在发货和收货标签中应用条码的标准所遵循的框架。本标准定义了最少的和公共的数据元，并规定了数据标识符和码制的选择。符合本标准的应用指南应该更具体。本附录描述了在应用指南中必须规定的内容。

C.2 应用指南

C.2.1 规定应用指南或标准的领域，根据：

——出版和维护应用指南的责任机构（通常是贸易协会、联盟或类似团体）；

——行业部门；

——地域；

——应用指南适用的贸易伙伴类别。

C.2.2 规定可使用的数据表示方法（见5.1.1和5.1.2）：

——UCC/EAN应用标识符；

——FACT数据标识符；

——ISO/IEC 15434允许使用的二维条码的数据格式。

C.2.3 文件结构应说明贸易伙伴是否接受基本和/或扩展标签（见4.4）。

C.2.4 规定数据单元集并定义这些单元是必备还是可选：

a) 运输单元唯一标识符（见5.2.1）的所需数据元遵守如下规定：

——如果使用UCC/EAN应用标识符，所有的供应方都应遵守UCC/EAN系列货运包装箱代码的规则；

——如果使用FACT数据标识符，作为一个组织，应用标准的发布者应保证完全遵守签发机构的责任（ISO/IEC 15459-2:2006规定）并在注册机构注册。所有供应方应遵守应用指南中唯一标识符的原则。

b) 考虑承运人的信息需求，特别是承运人信息的关键字（见5.2.4）；

c) 考虑客户的信息需要，特别是客户信息的关键字（见5.2.5）；

d) 供应方、承运人和客户之间相互协商一致所需要的其他数据（见5.2.6），应深入分析UCC/EAN应用标识符或FACT数据标识符的编码能力。

C.2.5 使用FACT数据标识符对运输单元唯一标识符编码时，应说明：

a) 由ISO/IEC JTC 1/SC 31指定唯一的国际注册机构；

b) 注册机构为签发机构分配唯一代码（签发机构代码）；

c) 签发机构控制并为一个组织或个人分配标识符，以确保在签发机构系统内标识符唯一；

d) 组织或个人使用签发机构代码和签发机构所分配独有的标识符为运输单元生成一个使用数据标识符“J”的“牌照”号码。“J”标识符后的数据是签发机构代码，再其后的数据应遵从签发机构规定的格式；应保证“牌照”号码的唯一性，同时在足够长的时间内，该号码不另作它用，直到号码对所有使用者无效。

C.2.6 如果包含二维条码，则规定所选格式。还必须包括附录A和附录B的准确原则。

C.2.7 规定使用何种一维码制。如果从39条码中转换，见附录D。

C.2.8 规定x尺寸(见6.1.3)。理想情况下，根据本标准应该提供0.25 mm～0.43 mm的尺寸范围。然而，可能特定行业要求更严格的尺寸范围。

C.2.9 规定符号印刷质量等级(见6.1.8，A.6，B.2.8和B.3.7)。理想情况下，应等同于本标准中规定。然而，可能有特定的行业需要，要求不同的符号印刷质量等级。在起草应用指南时，应该考虑下面两种情况的相互影响：

——从应用指南规定的供应方到行业外客户的标签；

——来自行业外的供应方的标签。

在上述两种情况下，应遵从本标准规定的符号印刷质量等级。

C.2.10 规定考虑标签大小(见7.3)和任何特殊标签材料(见7.5)的标签设计(见第7章)。

C.2.11 规定标签放置(见第8章)。如果应用中包括承运人分拣和跟踪数据，MaxiCode符号应放置在运输单元的顶部(见A.7.3)。

附　录　D
（资料性附录）
多码制与多格式系统的影响

D.1　概述

本标准确定的开放式系统，指的是运输单元通过任何承运人在供应方和客户之间的自由移动。各个机构在发货和收货过程中扫描条码标签，这些标签可能采用不符合特定需求、但却在供应链其他地方有用的符号，采用这些符号可能影响各个机构。本附录针对这种情况提出解决方法，也提出了在准备转换时必须考虑的选项问题。

本附录描述了 ISO/IEC 15424:2000 中确定的数据载体/码制标识符的使用。码制标识符是解码器传输数据的前缀。数据载体/码制标识符不在符号中编码。

5.1.1 中规定的选项是：

a)　UCC/EAN 128 码制的应用标识符；

b)　39 条码码制的数据标识符；

c)　128 条码码制的数据标识符。

尽管用户倾向于只使用其中一种组合，但扫描系统中可能出现其他组合。因此，可以选择支持单一选项，也可以支持多个选项，这些描述如下。

D.2　单一选项系统

对于在单一选项环境中操作的用户来说，需要考虑下列程序。

——如果单独使用选项 a)，用户可以在任何解码器中不使用其他码制，包括选项 c)中描述的 128 条码。如果解码器支持码制标识符，主机系统应校验相应的码制标识符，在此规定为]C1，以此表示 UCC/EAN-128 符号在起始码后第一个位置有 FNC1 字符。

——如果单独使用选项 b)，用户可以在任何解码器中不使用其他码制。如果解码器支持码制标识符，主机系统应校验相应的码制标识符，在此规定为]A0。

——如果单独使用选项 c)，用户应能完全实现使用码制标识符。对于不支持码制标识符的解码器，主机系统不能自动区分 a)选项和 c)选项。通过使用码制标识符，主机能区分不同的选项并滤除不需要的选项。主机系统应校验相应的码制标识符，在此规定为]C0。

D.3　多个选项系统

如果使用两种或所有选项扫描标签为系统提供信息，用户应完全采用码制标识符。对于不支持码制标识符的解码器，主机系统不会自动区分选项 a)，b)和 c)。通过使用码制标识符，主机能区分不同的选项并滤除不需要的选项。码制标识符与 FACT 数据标识符或应用标识符结合，能够提供可靠的输入。用户应适当考虑采用附加的、在 B.4.3 中描述的可靠性特征。

D.4　转换选项——需要考虑的事项

D.4.1　总则

选项间的转换是可行的。实际转换是：

A:FACT DIs 39 条码转换为 UCC/EAN-128 条码

B:FACT DIs 39 条码转换为 FACT DIs 128 条码

C:FACT DIs 128 条码转换为 UCC/EAN-128 条码

转换过程需要一段(通常是大量)时间的并行操作,涉及系统(参见 D.4.2)和设备(参见 D.4.3)。

D.4.2 系统

行业团体和供应方进行任意两选项间转换时必须考虑对客户的责任。公司或行业团体容易假定他们采用的条码标签标准对客户的影响相同,这种处理过于简单化。

如果在 FACT DIs 和 UCC/EAN AIs 间进行转换(例如选项"A"和"C"的转换),支持标签制作的计算机系统、承运人及客户计算机系统必须升级,以便在任何转换之前处理 UCC/EAN 应用标识符。

每个选项转换均要求主机系统软件能识别码制标识符(参见 D.4.3),这些标识符是区分码制和一些选项特征的唯一可靠方式。

这样的转换涉及重大改变,供应方、承运人和客户小组之间必须对这些改变达成一致。否则可能导致成熟系统产生问题,甚至造成数据损坏。

D.4.3 设备

D.4.3.1 印刷

印刷硬件、软件和使用软硬件的用户应该能够使用 FACT 数据标识符和/或 EAN.UCC-128 应用标识符正确产生新格式符号,并生成正确的码制。

D.4.3.2 解码器

为避免自动数据采集错误,能自动识读多个码制的条码识读器应设置成只识读应用系统所需的码制。

解码器必须设置成能识读和传输新旧两种码制的数据,并能传输相关码制标识符。

注:转换选项"C"在新旧标准间要求不同的解码器设置。

不是所有的解码器都能传输码制标识符。在系统中使用不一致的新旧码制的设备可能导致不能正确区分码制。一些解码器可以升级使用,另一些解码器不能升级,必须进行更换。

扫描仪不会受影响,但集成解码器的扫描仪可能受影响。

D.5 管理转换的推荐措施

D.5.1 相关行业团体

负责实施转换的行业团体需要确定供应方、承运人和客户在转换时可能遇到的潜在问题。当供应方准备转换时,应与代表承运人和客户利益的团体联系。行业团体应:

——确定并仔细考虑转换产生的问题;

——调查供应方、承运人和客户以评估设备过时程度;

——调查供应方、承运人和客户以评估数据库需要升级的程度;

——为升级设备和计算机系统提供一个升级途径,切记:需要扫描与新标准一致的符号的用户在引入新标签格式前必须已有适合的系统;

注:这是和初次应用条码系统时通常采用的战略完全不同的实施战略,因为大量标签在扫描实施之前就已存在。

——逐步取消旧标签格式的设计。

D.5.2 标签制作组织

实施标识符标准和/或码制标准转换的供应方应:

——如果转换到 UCC/EAN AIs,确保内部数据库和应用标识符之间的映射软件是正确的;

注:公称数据(例如日期或计量单位编码方式)在 FACT DIs 和 UCC/EAN AIs 间的数据格式可能不同。

——如果转换到 UCC/EAN-128,确保印刷软件和/或硬件完全支持该码制中的选项,包括起始码后第一个位置和其他位置的 FNC1。

——在新格式标签实际发布前进行 128 条码和 UCC/EAN-128 的印刷质量测试。

这些系统测试能够确定是否有升级或替代现有系统和硬件的需要。

D.5.3 标签扫描组织

扫描新格式标签的组织在标签引入前应该采取下列措施：

——确保解码器与 ISO/IEC 15424:2000 中关于 39 条码及 128 条码的数据载体/码制标识符的规定完全一致；

——使用既能校验 FACT 数据标识符也能校验 UCC/EAN 应用标识符的软件；

——使用解析数据格式和长度的软件；

——如果转换到 UCC/EAN AIs，使用将数据由 AI 格式转换成主机的格式要求的软件。

注：因为在 FACT DIs 和 UCC/EAN AIs 间一些数据字段的格式不同，此为必需。

附 录 E
(资料性附录)
标签实例

E.1 基本标签实例

E.1.1 最小基本标签实例

图 E.1 和图 E.2 是最小基本标签的两种格式。

1——字段名；

2——运输单元唯一标识符的符号表示；

3——运输单元唯一标识符的供人识读编码。

注：此图非实际比例。

图 E.1 使用 UCC/EAN-128 牌照的基本标签

1——签发机构代码(IAC)；

2——数据标识符；

3——国家前缀；

4——公司前缀；

5——唯一标识符。

注：此例中 UPU 的签发机构代码为“J”。

图 E.2 使用“J”数据标识符牌照的基本标签

E.1.2 使用条码符号作为贸易伙伴数据库指针的基本标签实例

如果贸易伙伴达成一致意见,并需要承运人或客户数据库的指针时,推荐使用图 E.3 或图 E.4 的基本标签格式。

1——发送方;

2——接收方;

3——承运人数据库指针;

4——接收方或客户数据库指针;

5——UCC/EAN-128 牌照。

注:此图非实际比例。

图 E.3 使用带有承运人和客户数据库指针的 UCC/EAN-128 牌照的基本标签

1——发送方；

2——接收方；

3——承运人数据库指针；

4——接收方或客户数据库指针；

5——39 条码 DI“J”牌照。

注：此图非实际比例。

图 E.4 使用带有承运人和客户数据库指针的“J”数据标识符牌照的基本标签

E.2 扩展标签

E.2.1 使用条码符号作为贸易伙伴数据库指针的标签实例

如果贸易伙伴达成一致意见，并需要承运人或客户数据库的指针时，推荐使用图 E.5 和图 E.6 的扩展标签格式。

1——发送方；

2——接收方；

3——承运人数据库指针；

4——接收方或客户数据库指针；

5——可选数据；

6——可选数据；

7——UCC/EAN-128 牌照。

注：此图非实际比例。

图 E.5 使用带有承运人和客户数据库指针的 UCC/EAN-128 牌照的扩展标签

1——发送方；

2——接收方；

3——承运人数据库指针；

4——接收方或客户数据库指针；

5——可选数据；

6——可选数据；

7——39 条码 DI“J”牌照。

注：此图非实际比例。

图 E.6 使用带有承运人和客户数据库指针的“J”数据标识符牌照的扩展标签

E.2.2 使用牌照和二维条码表示贸易伙伴附加数据的标签实例

如果贸易伙伴达成一致，贸易伙伴数据需要以二维条码表示时，推荐图 E.7、图 E.8 或图 E.9 格式。如果现有扫描仪不能识读二维条码，用户应了解扫描二维条码需要不同的扫描仪。

1——发送方；

2——接收方；

3——承运人分拣/跟踪的二维条码；

4——接收方或客户数据的二维条码；

5——UCC/EAN-128 牌照。

注：此图非实际比例。

图 E.7 使用 UCC/EAN-128 牌照和二维条码表示贸易伙伴附加数据的标签

图 E.7 中以 MaxiCode 符号编码的数据如下：

一致性指示符	[)>${}^{R}_{S}$
分拣和跟踪格式标头	01 ${}^{R}_{S}$96
承运人数据	352440000 ${}^{R}_{S}$840 ${}^{R}_{S}$001 ${}^{R}_{S}$
承运人数据	963141592653598414098 ${}^{R}_{S}$SCAC ${}^{R}_{S}$
承运人数据	5215716587 ${}^{R}_{S}{}^{R}_{S}$480546160 ${}^{R}_{S}{}^{R}_{S}$580 ${}^{R}_{S}$Y
应用标识符格式标头	05 ${}^{R}_{S}$
供应方运输单元标识符	00000987560000000115 ${}^{R}_{S}{}^{E}_{OT}$

图 E.7 中以 PDF417 符号编码的数据如下：

标头	[)>${}^{R}_{S}$
数据格式“03”格式标头	03003030 ${}^{F}_{S}{}^{G}_{S}{}^{U}_{S}$
发送方名称	N1 ${}^{G}_{S}$SF ${}^{G}_{S}$GOOD SUPPLIIER ${}^{F}_{S}$
发送方街道地址	N3 ${}^{G}_{S}$3693 LOWLANDER ${}^{F}_{S}$
发送方城市、国家和邮政编码	N4 ${}^{G}_{S}$PINEY RAPIDS ${}^{G}_{S}$IA ${}^{G}_{S}$52403 ${}^{F}_{S}$
接收方名称	N1 ${}^{G}_{S}$ST ${}^{G}_{S}$GOOD CUSTOMER ${}^{F}_{S}$
接收方街道地址	N3 ${}^{G}_{S}$2020 VALLEYDALE ROAD ${}^{F}_{S}$
接收方城市、国家和邮政编码	N4 ${}^{G}_{S}$BIRMINGHAM ${}^{G}_{S}$AL ${}^{G}_{S}$35244 ${}^{R}_{S}$
应用标识符格式标头	05 ${}^{G}_{S}$
货物标识符	902S480546160 ${}^{G}_{S}$
运输单元标识符(集装箱牌照)	00000987560000000115 ${}^{G}_{S}$
承运人发货号码	9631415926535984147098 ${}^{G}_{S}$
客户订单号码和行项号	400123456789+001 ${}^{G}_{S}$
SCC-14(项目代码)和数量(每个)	019009875610001630500 ${}^{G}_{S}$
客户产品标识符	241AA00211211 ${}^{G}_{S}$
原产地国	904LUS ${}^{G}_{S}$
批号	10MJH110780 ${}^{G}_{S}$
纸板箱“共 x 个第 n 个”	9013Q1/3 ${}^{G}_{S}$
货物重量	3301263 ${}^{G}_{S}$
货物体积	3362165CR ${}^{G}_{S}$
拖车	${}^{E}_{OT}$

1——发送方；

2——接收方；

3——承运人分拣/跟踪二维条码；

4——接收方或客户数据二维条码；

5——39 条码 DI“J”牌照。

注：此图非实际比例。

图 E.8 使用“J”数据标识符牌照和辅助贸易伙伴二维条码的标签

图 E.8 MaxiCode 符号编码的承运人数据如下：

标头	[)>$^{R}_{S}$
分类和跟踪格式标头	01$^{R}_{S}$96
承运人数据	S-131 89$^{G}_{S}$752$^{G}_{S}$006$^{G}_{S}$MH80312$^{G}_{S}$SCAC$^{G}_{S}$
承运人数据	5215716587$^{G}_{S}$$^{G}_{S}$1JEABCXXXA$^{G}_{S}$$^{G}_{S}580^{G}_{S}$ Y$^{R}_{S}$$^{E}_{OT}$

图 E.8 PDF417 符号编码的客户数据如下：

标头	[)>$^{R}_{S}$
数据格式“04”格式标头	04092001$^{F}_{S}$$^{G}_{S}$$^{U}_{S}$
发送方名称和地址	NAD$^{G}_{S}$SF$^{G}_{S}$$^{G}_{S}$$^{G}_{S}$GOOD SUPPLIIER$^{G}_{S}$185MONMOUTH PKWY$^{G}_{S}$E. SHORT BRANCH$^{G}_{S}NJ^{G}_{S}$0764-1394$^{G}_{S}USA^{F}_{S}$
接收方名称和地址	NAD$^{G}_{S}$ST$^{G}_{S}$$^{G}_{S}$$^{G}_{S}$TELEFONAKTLEBOLAGET OLAFSSON +PHYSICAL DISTRIBUTION$^{G}_{S}$$^{G}_{S}$$^{G}_{S}$STOCHOLM$^{G}_{S}$$^{G}_{S}$$^{G}_{S}$ S-131 89$^{G}_{S}$SEK$^{F}_{S}$
发送通知号	BGM$^{G}_{S}$351$^{G}_{S}$93-5678ML$^{G}_{S}$9$^{R}_{S}$
数据标识符格式标头	06$^{G}_{S}$
运输单元标识符(集装箱牌照)	JEABCXXXA$^{G}_{S}$
承运人发货号码	12KSCACMH80312$^{G}_{S}$
客户订单号码	KPO505054$^{G}_{S}$
数量(每个)	Q500$^{G}_{S}$
供应方标识符	3V0662742$^{G}_{S}$
客户产品标识符	PAA00211211$^{G}_{S}$
原产地国	4LUS$^{G}_{S}$
批号	1TMJH110780$^{G}_{S}$
纸板箱“共 x 个第 n 个”	13Q1/3$^{G}_{S}$
货物重量	7Q263.2KG$^{G}_{S}$
货物体积	7Q1.65CR$^{G}_{S}$
拖车	$^{E}_{OT}$

1——发送方；

2——接收方；

3——承运人分拣/跟踪二维条码；

4——产品描述；

5——商标；

6——供人识读说明；

7——EAN. UCC 号和批号；

8——UCC/EAN-128 牌照；

9——供人识读编码。

注：此图非实际比例。

图 E.9 两标签（上为承运人标签，下为供应方标签）

附　录　F
（资料性附录）
标签位置

图 F.1 是各种运输单元贴标签的例子。

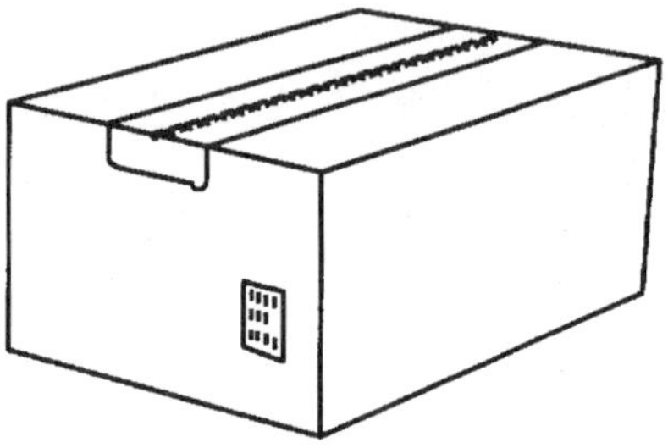

a）有运输包装标签的箱或纸箱

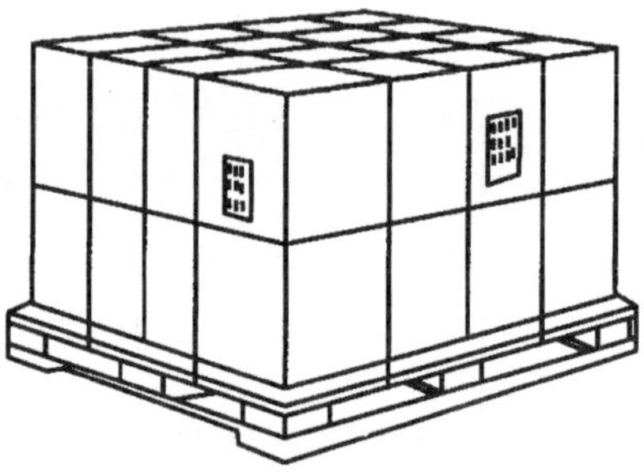

b）有两个装载单元标签的托盘

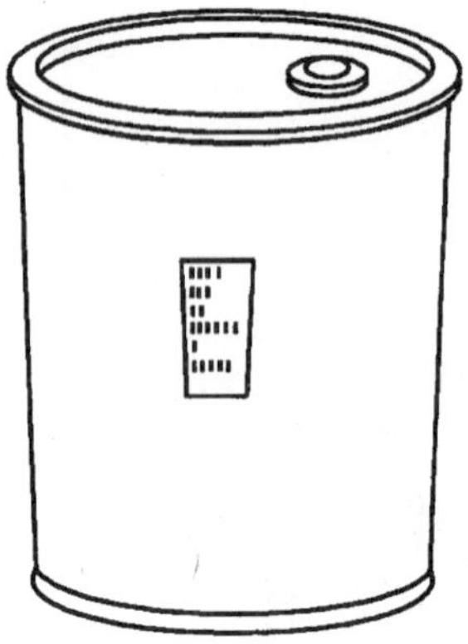

c）桶、筒或圆柱型容器

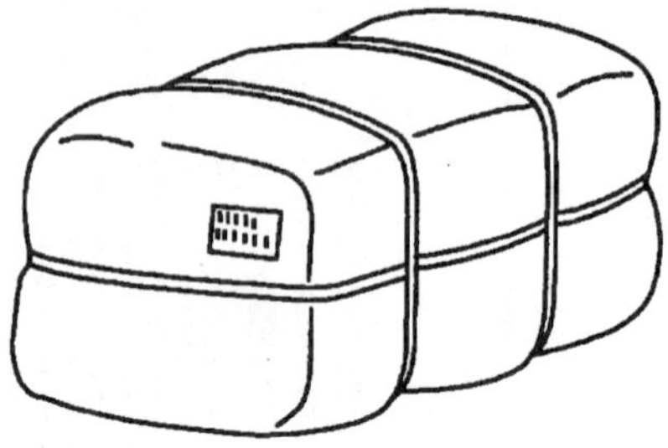

d）包

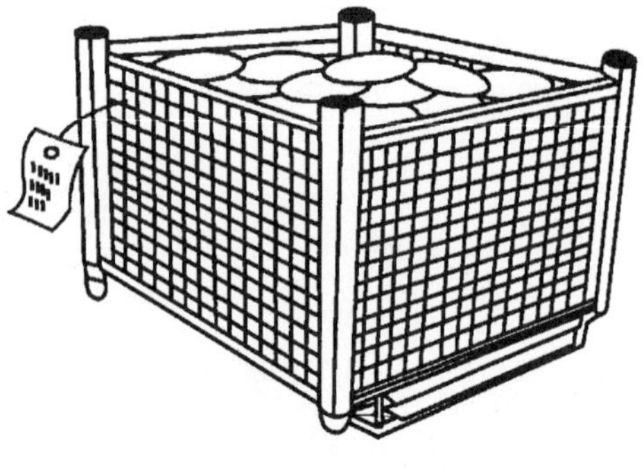

e）筐、金属网眼状容器

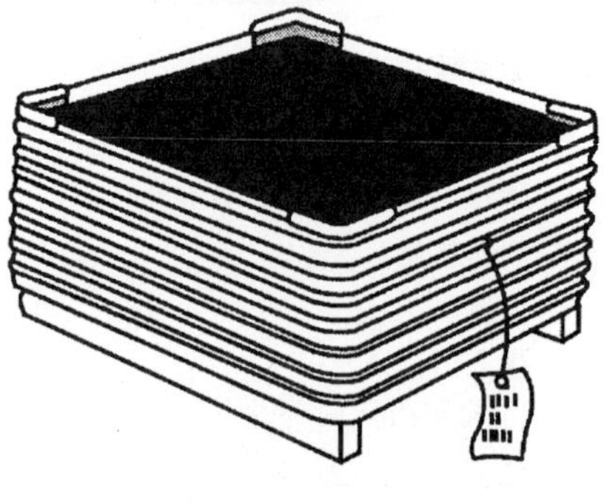

f）金属箱或盆

图 F.1　标签位置例子

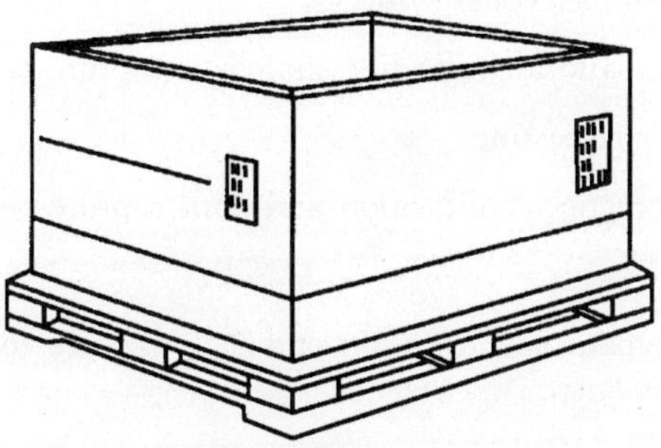

g) 箱式托盘

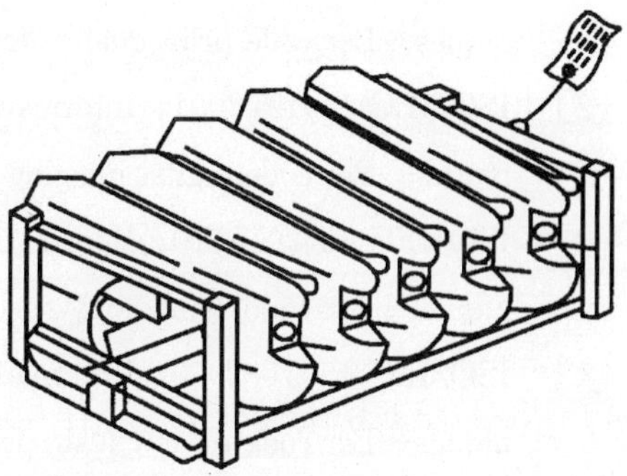

h) 架

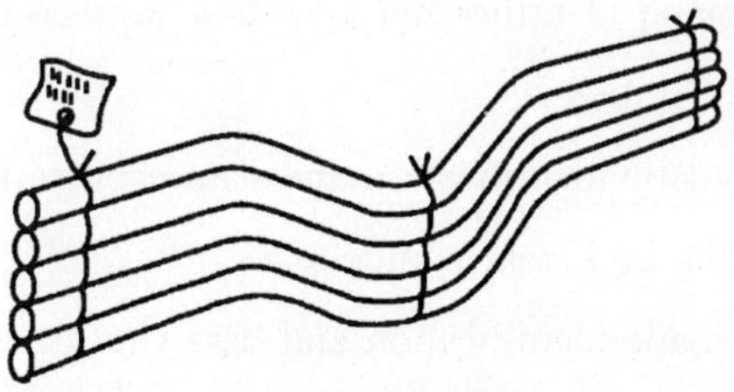

i) 捆

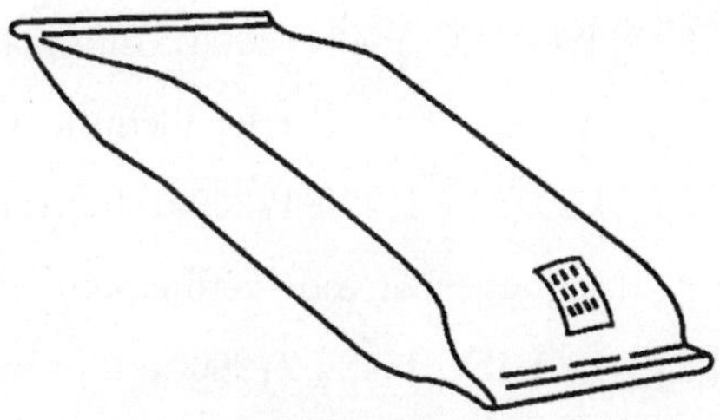

j) 袋

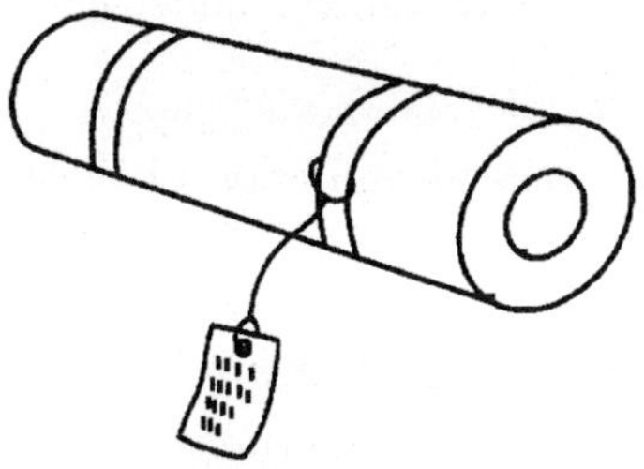

k) 卷

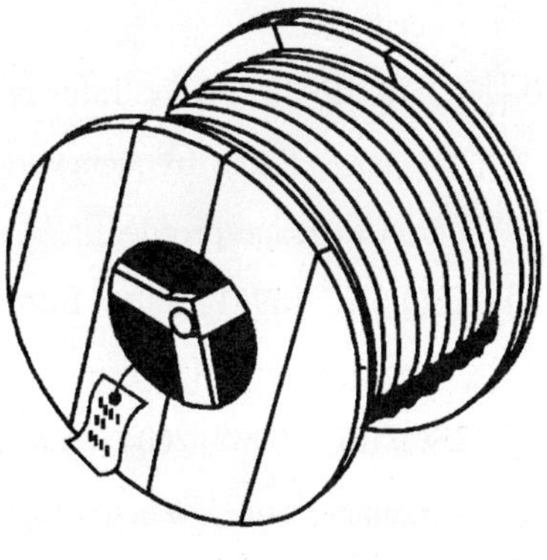

l) 卷轴或电缆

图 F.1（续）

参 考 文 献

[1] ISO/IEC 15415:2004, Information technology—Automatic identification and data capture techniques—Bar code print quality test specification—Two-dimensional symbols.

[2] ISO/IEC 15419:2001, Information technology—Automatic identification and data capture techniques—Bar code digital imaging and printing performance testing.

[3] ISO/IEC 15420:2000, Information technology—Automatic identification and data capture techniques—Bar code symbology specification—EAN/UPC.

[4] ISO/IEC 15421:2000, Information technology—Automatic identification and data capture techniques—Bar code master test specification.

[5] ISO/IEC 15423:2004, Information technology—Automatic identification and data capture techniques—Bar code scanner and decoder performance testing.

[6] ISO/IEC 15424:2000, Information technology—Automatic identification and data capture techniques—Data Carrier Identifiers (including Symbology Identifiers).

[7] ISO/IEC 15426-1:2000, Information technology—Automatic identification and data capture techniques—Bar code verifier conformance specifications—Part 1: Linear symbols.

[8] ISO/IEC 15426-2:2000, Information technology—Automatic identification and data capture techniques—Bar code verifier conformance specifications—Part 2: Two-dimensional symbols.

[9] ISO/IEC 15459-2: 2006, Information technology—Unique identifiers—Part 2: Registration procedures.

[10] ISO/IEC 15960[1], Information technology—Automatic identification and data capture techniques—Radio-frequency identification for item management—Application requirements/transaction message profiles.

[11] ISO/IEC 15961:2004, Information technology—Radio frequency identification (RFID) for item management—Data protocol:application interface.

[12] ISO/IEC 15962:2004, Information technology—Radio frequency identification (RFID) for item management—Data protocol: data encoding rules and logical memory functions.

[13] ISO/IEC 15963:2004, Information technology—Radio frequency identification for item management—Unique identification of RF tags.

[14] ISO/IEC 16022:2000/Cor 1:2004, Information technology—International symbology specification—Data matrix.

[15] ISO/IEC 16390:1999, Information technology—Automatic identification and data capture techniques—Bar code symbology specifications—Interleaved 2 of 5.

[16] ISO/IEC 18000-1～18000-4,18000-6～18000-7:2004, Information technology—Radio frequency identification for item management.

1 待发布

[17] ISO/IEC 18004:2000, Information technology—Automatic identification and data capture techniques—Bar code symbology—QR Code.

[18] ISO/IEC TR 18001: 2004, Information technology—Radio frequency identification for item management—Application requirements profiles.

ICS 55.020
A 80

中华人民共和国国家标准

GB 23350—2009

限制商品过度包装要求 食品和化妆品

Requirements of restricting excessive package—Foods and cosmetics

2009-03-31 发布　　2010-04-01 实施

中华人民共和国国家质量监督检验检疫总局
中国国家标准化管理委员会　发布

前　　言

本标准4.2.1、4.2.2条为强制性条款，其余为推荐性条款。

本标准附录A、附录B、附录C为规范性附录。

本标准由中国标准化研究院提出。

本标准由全国包装标准化技术委员会归口。

本标准起草单位：中国标准化研究院、中国包装联合会、机械科学研究院、中国包装科研测试中心、中国出口商品包装研究所、中国食品发酵工业研究院、资生堂丽源化妆品有限公司。

本标准主要起草人：杨跃翔、汤万金、王利、黄雪、咸奎桐、牛淑梅、王远德、陈岩、郭新光。

限制商品过度包装要求
食品和化妆品

1 范围

本标准规定了限制食品和化妆品过度包装的要求和限量指标计算方法。

本标准适用于食品和化妆品的销售包装。

2 规范性引用文件

下列文件中的条款通过本标准的引用而成为本标准的条款。凡是注日期的引用文件,其随后所有的修改单(不包括勘误的内容)或修订版均不适用于本标准,然而,鼓励根据本标准达成协议的各方研究是否可使用这些文件的最新版本。凡是不注日期的引用文件,其最新版本适用于本标准。

GB/T 4122.1 包装术语 第1部分:基础

3 术语和定义

GB/T 4122.1 确立的以及下列术语和定义适用于本标准。

3.1

过度包装 excessive package

超出适度的包装功能需求,其包装空隙率、包装层数、包装成本超过必要程度的包装。

3.2

初始包装 original package

直接与产品接触的包装。

3.3

包装层数 package layers

完全包裹产品的包装的层数。

注:完全包裹指的是使商品不致散出的包装方式。

3.4

包装空隙率 interspace ratio

商品销售包装内不必要的空间体积与商品销售包装体积的比率。

4 要求

4.1 基本要求

4.1.1 包装设计应科学、合理,在满足正常的包装功能需求的前提下,包装材料、结构和成本应与内装物的质量和规格相适应,有效利用资源,减少包装材料的用量。

4.1.2 应根据食品和化妆品的特征和品质,选择适宜的包装材料。包装宜采用单一材质,或采用便于材质分离的包装材料。鼓励使用可循环再生、回收利用的包装材料。

4.1.3 应合理简化包装结构及功能,不宜采用繁琐的形式或复杂的结构,尽量避免包装层数过多、空隙过大、成本过高的包装。

4.1.4 应考虑包装全生命周期成本,采取有效措施,控制包装直接成本,考虑包装回收再利用和废弃处理时对环境的影响及产生的相关成本。

4.1.5 对于包装功能完成后还可作为其他功能使用的包装，应充分考虑其经济性与实用性，避免为了追求其他功能而增加包装成本。

4.2 限量要求

4.2.1 食品和化妆品包装空隙率及包装层数应符合表1的规定。

表1

商品类别	限量指标	
	包装空隙率	包装层数
饮料酒	≤55%	3层及以下
糕点	≤60%	3层及以下
粮食[a]	≤10%	2层及以下
保健食品	≤50%	3层及以下
化妆品	≤50%	3层及以下
其他食品	≤45%	3层及以下
注：当内装产品所有单件净含量均不大于30 mL或30 g，其包装空隙率不应超过75%；当内装产品所有单件净含量均大于30 mL或30 g，并不大于50 mL或50 g，其包装空隙率不应超过60%。		
[a] 粮食指原粮及其初级加工品。		

4.2.2 除初始包装之外的所有包装成本的总和不应超过商品销售价格的20%。

5 限量指标计算方法

5.1 包装空隙率计算方法见附录A。

5.2 包装层数计算方法见附录B。

5.3 包装成本与销售价格比率计算方法见附录C。

附　录　A
（规范性附录）
包装空隙率计算方法

A.1　包装空隙率计算见式(A.1)：

$$X = \frac{[V_n - (1+k)V_0]}{V_n} \times 100\% \qquad \cdots\cdots\cdots\cdots (\text{A.1})$$

式中：

X——包装空隙率；

V_n——商品销售包装体积[指商品销售包装(不含提手、扣件、绑绳等配件)的外切最小长方体体积]，单位为立方毫米(mm^3)；

V_0——商品初始包装的总体积，即各商品的初始包装体积的总和。商品初始包装体积指商品初始包装本身的外切最小长方体体积，单位为立方毫米(mm^3)；

k——商品必要空间系数。商品的必要的空间体积指用于保护或固定各产品初始包装所需要的空间。本标准中，k 取值为 0.6。

注：在计算商品销售包装体积和商品初始包装体积时，外切最小立方体边长测量精度为毫米。

A.2　商品销售包装中若含有两种或两种以上的商品，则标签所列的商品，其体积或其初始包装体积(如果该商品也有初始包装)计入商品初始包装总体积。

为实现商品的正常功能，需伴随商品一起销售的附加物品的体积，计入商品初始包装总体积，如商品特定的开启工具、商品说明书或其他辅助物品。

A.3　若商品销售包装中有两类或两类以上商品，且有两种或两种以上商品有包装空隙率要求时，以标签所列的商品计算商品包装空隙率；若标签所列两种或两种以上商品有包装空隙率要求时，以包装空隙率较大的计算。

附　录　B
（规范性附录）
包装层数计算方法

B.1　完全包裹指定商品的包装均认定为一层。

B.2　计算销售包装内的初始包装为第 0 层，接触初始包装的完全包裹的包装为第 1 层，依此类推，销售包装的最外层为第 N 层，N 即是包装的层数。

B.3　同一销售包装中若含有包装层数不同的商品，仅计算对销售包装层数有限量要求的商品的包装层数。对销售包装层数有限量要求的商品分别计算其包装层数，并根据销售包装层数限量要求判定该商品包装层数是否符合要求。

附　录　C
（规范性附录）
包装成本与销售价格比率计算方法

C.1　包装成本与产品销售价格比率计算见式(C.1)：

$$Y = \frac{C}{P} \times 100\% \qquad \cdots\cdots\cdots\cdots (\text{C.1})$$

式中：

Y——包装成本与产品销售价格比率；

C——包装成本；

P——产品销售价格。

C.2 包装成本核算方法

C.2.1 包装成本的计算应从商品制造商的角度确定。

C.2.2 包装成本是第1层到第 N 层所有包装物成本的总和。

C.3 销售价格核算方法

商品销售价格的核定应以商品制造商与销售商签订的合同销售价格计算，或以该商品的市场正常销售价格计算。

ICS 03.220
A 16

中华人民共和国国家标准

GB/T 23862—2009

文物运输包装规范

Specification of shipping packaging of cultural relics

2009-05-04 发布 2009-12-01 实施

中华人民共和国国家质量监督检验检疫总局
中国国家标准化管理委员会 发布

前　言

本标准的附录A为资料性附录。

本标准由国家文物局提出。

本标准由全国文物保护标准化技术委员会(SAC/TC 289)归口。

本标准起草单位:秦始皇兵马俑博物馆、华协国际珍品货运服务有限公司。

本标准主要起草人:吴永琪、张颖岚、汤毅嵩、赵昆、马生涛、方国伟、邓壮、杨广波、郑宁、王东峰。

本标准是首次发布。

文物运输包装规范

1 范围

本标准规定了文物运输包装过程中的基本技术要求。

本标准适用于由公路、铁路、航空承运的文物运输包装。

注：海路运输另行处理。

2 规范性引用文件

下列文件中的条款通过本标准的引用而成为本标准的条款。凡是注日期的引用文件，其随后所有的修改单(不包括勘误的内容)或修订版均不适用于本标准，然而，鼓励根据本标准达成协议的各方研究是否可使用这些文件的最新版本。凡是不注日期的引用文件，其最新版本适用于本标准。

GB/T 191—2008 包装储运图示标志(ISO 780:1997，MOD)

GB/T 1413 系列1集装箱 分类、尺寸和额定质量(GB/T 1413—2008，ISO 668:1995，IDT)

GB/T 4122.4 包装术语 木容器(GB/T 4122.4—2002，ISO 2074:1990，NEQ)

GB/T 4456 包装用聚乙烯吹塑薄膜

GB/T 4768 防霉包装

GB/T 5048 防潮包装

GB/T 6543—2008 运输包装用单瓦楞纸箱和双瓦楞纸箱

GB/T 6544 瓦楞纸板

GB/T 7284 框架木箱

GB/T 7350 防水包装

GB/T 9846.3—2004 胶合板 第3部分：普通胶合板通用技术条件

GB/T 10802—2006 通用软质聚醚型聚氨酯泡沫塑料

GB/T 12626 硬质纤维板

GB/T 16299 飞机底舱集装箱技术条件和试验方法

GB/T 16471—2008 运输包装件尺寸与质量界限

GB 18580 室内装饰装修材料 人造板及其制品中甲醛释放限量

GB 18581 室内装饰装修材料 溶剂型木器涂料中有害物质限量

GB/T 18944.1—2003 高聚物多孔弹性材料 海绵与多孔橡胶制品 第1部分：片材(idt ISO 6916-1:1995)

JT/T 198—2004 营运车辆技术等级划分和评定要求

3 术语和定义

GB/T 4122.4 确立的以及下列术语和定义适用于本标准。

3.1

文物运输包装 shipping packaging of cultural relics

使用适当的包装材料、包装容器，并利用相关的技术(并不局限于包装技术)，保证文物在运输过程中的安全的过程。

3.2

文物包装容器 container for cultural relics

为保证文物安全存放、运输而使用的盛装器具总称，包括内、外包装箱。

3.3

内包装箱　innerbox

用于直接盛装文物的内层包装容器。

3.4

常规外包装箱　normal outer container

用于盛装内包装箱的固定规格的集装式直方体包装容器。

3.5

特殊外包装箱　special outer container

针对特殊形体、特殊重量、特殊材质文物的实际需要，而制作的特殊规格外包装容器。

3.6

防水包装　waterproof packaging

为防止水浸入文物包装箱内部而采取一定保护措施的包装。

3.7

防潮包装　moistureproof packaging

为防止潮气浸入文物包装箱内部而采取一定保护措施的包装。

3.8

防震包装　shockproof packaging

为减缓文物受到的冲击和振动，保护其免受损坏，而采取一定保护措施的包装。

3.9

防霉包装　mouldproof packaging

为防止文物出现霉变而采取一定保护措施的包装。

3.10

包装材料　packaging materials

用于制造文物包装容器和进行包装的过程中使用的材料。

3.11

表面防护包装材料　packaging materials for surface protection

可以直接接触文物的包装材料。

3.12

阻隔包装材料　packaging materials for blocking

用来阻隔文物包装容器内部与外部环境的温度、湿度以及气体等环境因素变化，保证文物保存环境稳定性的包装材料。

3.13

防震与缓冲包装材料　packaging materials for shockproof and cushion

为减缓文物受到的冲击和振动而垫衬在文物周围的包装材料。

3.14

箱体包装材料　packaging materials for container

制造箱档、箱板等构件的包装材料。

3.15

滑木　skid

构成底座或底盘的纵向主要构件。

3.16

枕木　load bearing or floor member

垂直于滑木且横向安装在滑木上，用于承受内装物载荷的构件。

3.17

垫木 filler piece

横向安装于滑木下面，用于调整起吊及叉车进叉方向的位置或垫于内装物下面以调整包装箱受力状态的构件。

3.18

框架木箱 wooden framed case

侧面和端面采用框架式结构的箱档与箱板结合，底盘采用滑木结构制成的木箱。

3.19

箱板 boards

构成箱面的板材，一般分为顶板、侧板、端板、底板等。

3.20

箱档 cleat

箱面上与箱板结合并起加固作用的板材。

3.21

堆码载荷 superimposed load

由包装箱框架承受的堆积载荷。

3.22

包装储运图示标志 indicated marks

在包装、运输过程中，为使文物包装箱存放、搬运适当，按标准格式在文物包装箱一定位置上，以简单醒目的图案和文字标明的特定记号和说明事项。

4 技术要求

4.1 基本要求

4.1.1 文物包装应结构合理、材料环保，确保文物安全。

4.1.2 包装时应注意对文物内部结构、质地及表面层的保护。

4.1.3 文物包装应做到防水、防潮、防霉、防虫、防震、防尘和防变形。

4.1.4 内包装箱、特殊外包装箱应根据文物的质地、外形、尺寸、包装运输条件进行设计。

4.1.5 包装箱外形尺寸应符合 GB/T 16471—2008 的要求。

4.1.6 重量超过 100 kg 的装有文物的包装箱，在进行移动的过程中，应使用机械设备。起重、搬运设备的承载重量不应超过设备设计能力的 50%。

4.2 包装材料要求

文物包装材料主要分为：表面防护包装材料，阻隔、防震与缓冲包装材料，箱体包装材料三大类。

4.2.1 表面防护包装材料

应使用对文物无污染、柔软的材料，如：绵纸、无酸纸、浅色纯棉制品。

4.2.2 阻隔、防震与缓冲包装材料

包装容器内部应采用无污染的包装材料，不宜使用会排放有害介质的材料。

4.2.2.1 聚乙烯吹塑薄膜

应符合 GB/T 4456 的要求。

4.2.2.2 溶剂型木器涂料面漆

应符合 GB 18581 的要求。可使用硝基类、聚氨酯类面漆，不宜使用酸固化涂料、不饱和树脂涂料。

4.2.2.3 海绵

应符合 GB/T 18944.1—2003 的要求。

4.2.2.4 **软质聚氨酯泡沫塑料**

应符合 GB/T 10802—2006 的要求。

4.2.3 **箱体材料**

箱体材料不应由于材料变形而导致文物损坏。

4.2.3.1 **木材**

4.2.3.1.1 文物包装箱用木材应在保证包装箱强度的前提下，根据合理用材的要求，选用适当的树种，主要受力构件应以落叶松、马尾松、紫云松、白松、榆木等为主。也可采用与上述木材物理、力学性能相近的其他树种。

4.2.3.1.2 包装用木材质量应符合 GB/T 7284 的要求，其中滑木、枕木、框架木及内包装板选用一等材，外包装板选用二等材。

4.2.3.1.3 木箱的箱板、箱档木材含水率一般为 8%～20%，滑木、枕木及框架木含水率一般不大于 25%。

4.2.3.1.4 天然木材必须经过熏蒸处理。

4.2.3.2 **胶合板**

应符合 GB/T 9846.3—2004。甲醛释放量应符合 GB 18580 的要求。

4.2.3.3 **纤维板**

应符合 GB/T 12626 的要求。甲醛释放量应符合 GB 18580 的要求。

4.2.3.4 **瓦楞纸板**

应符合 GB/T 6544 中优等品的要求。

4.3 **制箱要求**

4.3.1 **一般要求**

4.3.1.1 包装箱应具有较强的防震、防冲击、抗压、防潮、防水、防虫、防尘、防变形、保温和阻燃性能。箱体设计必须能够承受运输中的多次搬运以及环境的复杂变化。

4.3.1.2 根据文物的质地、外形、尺寸、包装运输条件，制作内包装箱、外包装箱。直接盛装文物的包装箱，其箱体内部与文物应留有不小于 5 cm 的空间，以便充填缓冲材料。

4.3.1.3 箱体四壁的边沿结合处，连接固定时应在缝隙间填装防水密封胶，以确保木质外包装箱的整体防水性能。

4.3.1.4 箱盖处安装时加装密封条，当箱盖关闭时，起到密封及防水作用。

4.3.1.5 外包装箱表面不应有突出的锁扣等装置，以避免箱体移位时发生拉挂等现象，影响箱体安全。

4.3.1.6 外包装箱应有明确的包装储运图示标志，并标明箱号。

4.3.2 **外包装箱**

外包装箱可分为常规外包装箱和特殊外包装箱两种。

4.3.2.1 **常规外包装箱**

4.3.2.1.1 **箱体制作**

箱体材料的选择按文物重量可分为以下三类：

a) 文物重量≤100 kg，用细木工板（厚度≥12 mm）制作箱体四壁和顶部，用胶合板（厚度≥18 mm）制作箱底，用胶合板（厚度≥18 mm）制作箱档。
b) 文物重量在 100 kg～250 kg，用胶合板（厚度≥12 mm）制作箱体四壁和顶部，用胶合板（厚度≥18 mm）制作箱底，用胶合板（厚度≥18 mm）制作箱体四壁和顶部箱档，用胶合板（厚度≥36 mm）制作底部箱档。
c) 文物重量在 250 kg～500 kg，用胶合板（厚度≥18 mm）制作箱体四壁和顶部，用胶合板（厚度≥30 mm）制作箱底，用胶合板（厚度≥18 mm）制作四壁和顶部箱档，用胶合板（厚度≥36 mm）制作底部箱档。

箱体结构参见附录 A。

4.3.2.1.2 **箱体规格**

常规外包装箱尺寸应符合 GB/T 16299 和 GB/T 1413 的要求，在符合航空、公路和铁路运输尺寸要求的前提下，可根据实际情况适当增减。

4.3.2.2 **特殊外包装箱**

重量≥500 kg 或需要独立包装的大型文物，应使用框架木箱等承重木箱。

4.3.3 **内包装箱**

箱体材料的选择按文物重量可分为以下三类：

a) 文物重量≤30 kg，用瓦楞纸箱做内包装盒。应符合 GB/T 6543—2008 的要求，单瓦楞纸箱应使用 BS-1.4 类或以上等级，双瓦楞纸箱应使用 BD-1.3 类或以上等级。
b) 文物重量在 30 kg～50 kg，用胶合板(厚度≥12 mm)做内包装盒，胶合板所制作的板面之间用木螺钉连接。
c) 文物重量≥50 kg 以上，用胶合板(厚度≥18 mm)做内包装箱，胶合板所制作的板面之间用乳胶黏结，加木螺丝钉紧固。

4.4 **防护包装要求**

4.4.1 **防震包装**

4.4.1.1 在文物与包装箱体内部各面和内、外包装箱之间衬垫防震缓冲材料。防震缓冲材料应紧贴(或紧固)于文物和内包装箱或外包装箱内壁之间。

4.4.1.2 缓冲材料应质地柔软，富有弹性，不易疲劳变形、虫蛀及长霉。

4.4.2 **防潮包装**

防潮包装应符合 GB/T 5048 的要求。

4.4.3 **防水包装**

防水包装应符合 GB/T 7350 的要求。

4.4.4 **防霉包装**

防霉包装应符合 GB/T 4768 的要求。

4.5 **包装场地要求**

4.5.1 包装场地应设在室内，相对宽敞。

4.5.2 文物、包装材料应摆放有序。

4.5.3 包装场地应封闭，易于对出入人员的管理，并有一定的保卫措施或人员。

4.5.4 室内包装场地应有环境控制系统，应保持在适宜于文物包装、存放的环境下。

4.6 **装箱要求**

4.6.1 文物包装时，应确保周围环境和文物包装箱内清洁、干燥、无有害介质。

4.6.2 文物表面可根据需要包裹一层表面防护包装材料。

4.6.3 选用适当的包装方法将文物水平放置在内包装箱内，并予以紧固。体量较大的文物，将其直接固定在特殊外包装箱内，并进行防震包装。

4.6.4 文物上可移动的附件原则上应分开单独包装，但应装在同一个包装箱内，并固定在适当的位置。成套的(由多件组成的)文物无法装入同一个包装箱内的，以个体为单位独立包装，并写明编号，以方便查找。

4.6.5 文物装箱后，其包装箱的重心应尽量靠下居中。

4.6.6 将若干个内包装箱按照较重文物在下，较轻文物在上的原则依次码入外包装箱内。内包装箱不应与外包装箱直接接触，在各箱体间应留有一定的空隙以便放置防震缓冲材料。

4.6.7 用防震缓冲材料填实空隙、固定、放入此箱文物清单，最后封箱。

4.7 存放、堆码载荷的安全要求

4.7.1 文物不得露天存放。

4.7.2 存放文物的库房应有环境控制系统，确保文物不受环境变化的影响。

4.7.3 文物外包装箱堆码不得超过两层。

4.7.4 堆码时应注意将体量大的文物包装件放置在下层，体量小的文物包装件放置在上层。

4.8 文物运输的技术、安全要求

4.8.1 运输工具的选择以保障文物安全为前提。

4.8.2 出发地与目的地之间有高速公路相通，且公路运输时间不超过 24 h 的，可选择公路运输。

4.8.3 两地间距离过远，公路运输时间在 24 h 以上，或道路状况不佳，沿线地形复杂，气候条件不利于公路运输时应采用铁路运输或空运方式。

4.8.4 公路运输时，在高速路上的车速不应超过 80 km/h，在国、省道上的车速不应超过 60 km/h。司机连续驾驶不得超过 4 h。

4.8.5 夜间不宜运输。晚上驻地休息时，装载文物的车辆应停放在安全条件较好的当地文博单位中，并留有专人值班看守。

4.8.6 使用汽车、火车运输，必须有专职人员押运。

4.8.7 装卸作业时，文物包装箱的倾斜角不得超过 30°。

4.8.8 水平搬运外包装箱时应尽量降低箱体悬空距离。

4.9 文物运输车辆的技术要求

4.9.1 运输文物时，宜使用全封闭箱式货车。车辆技术等级应达到 JT/T 198—2004 中要求的一级。

4.9.2 封闭厢式货车厢内应安装有温度、湿度控制设备，根据文物需要，确定温、湿度控制范围。车厢厢体内应装备有防火、保温夹层。

4.9.3 厢式货车宜配备有液压升降板，以减少文物包装箱垂直移动的悬空距离，保证安全。

4.9.4 封闭厢式货车宜配备气垫防震装置。车厢内应有紧固锁具装置，以便在车辆行驶时木质外包装箱在车厢内牢固、稳定。

4.10 文物承运人资质

委托的文物承运人的资格由国家有关行政部门根据有关规定认定并颁发资格证书。

5 文物包装箱内部环境控制

5.1 包装材料

包装时应使用阻隔包装材料。

5.2 环境监测

对环境要求严格的文物在包装箱内宜安装温湿度计，监测文物包装运输过程中环境的变化，以便对文物状况的变化进行分析。

5.3 环境控制

根据文物情况，应在包装箱内放置适合的调湿、吸附、防霉、防虫等材料。

6 文物包装信息的编制

6.1 包装箱内文物信息的编制

6.1.1 封箱前应对箱内文物进行清点，核对箱内文物状况，填写文物包装清单，列出文物的基本信息，并附文物照片。

6.1.2 文物包装清单至少一式四份，由文物交接双方经手人和相关方(包括承运人、押运人、保险公司等)签字认可，一份随文物一起装箱，其余由各方持有。

6.2 文物包装、运输操作信息的编制

根据文物的包装工艺，考虑运输过程中的各种因素，编制文物运输、装卸及包装拆解操作规程信息，对包装结构复杂的文物包装件，应在箱体上标注出主要固定结构的位置以及包装拆解的顺序。

6.3 包装运输标志

应符合 GB/T 191—2008 的要求。上盖与侧面或端面应有明确的位置对应标记，以便再次装箱时，易于查找箱盖的正确安放位置。

附 录 A
（资料性附录）
木质外包装箱结构示意图

A.1 箱体

木质外包装箱，见图 A.1。

A.1.1 箱档与箱体之间先涂乳胶并打螺丝连接，再打气钉加固。

A.1.2 木箱不可开的各面也用此法连接固定，并用角铁进一步加固，见图 A.2。

A.1.3 底部箱档与箱体用螺栓连接固定。

A.2 螺栓

A.2.1 可开面与箱体之间用直径 8 mm 螺栓连接。见图 A.3。

A.3 防潮

箱内各面贴有防潮薄膜，可开的各面与木箱连接处贴有防水密封条。见图 A.4，图 A.5。

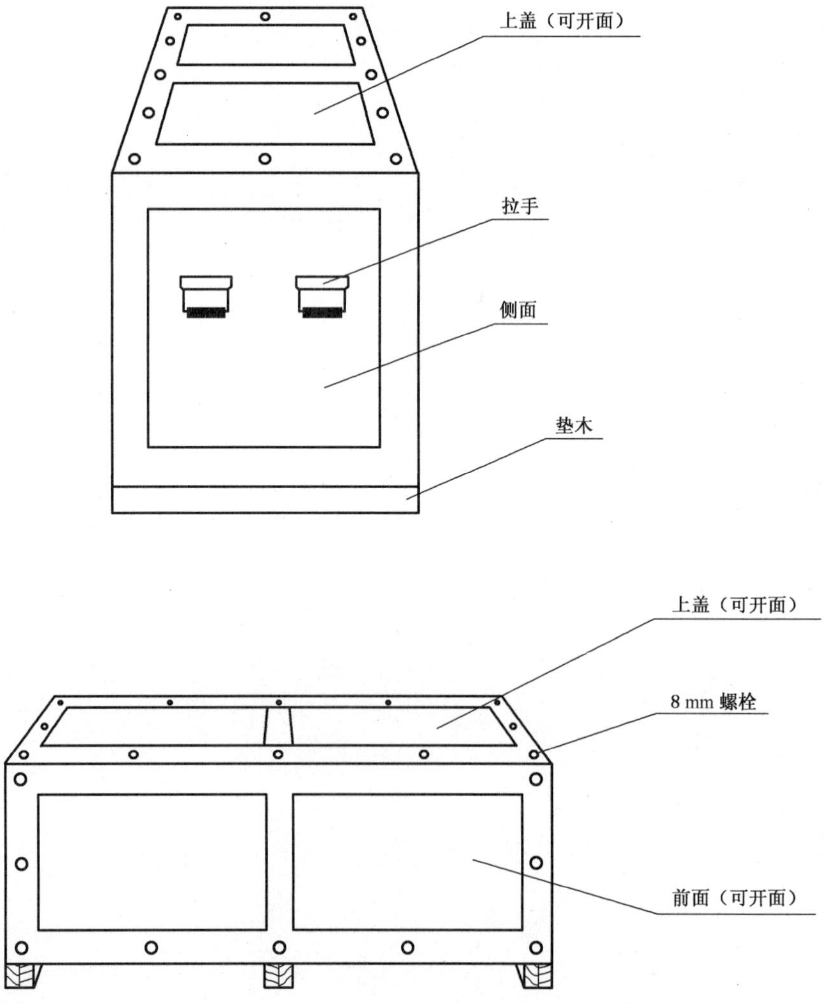

图 A.1 包装箱外观（端面、侧面）

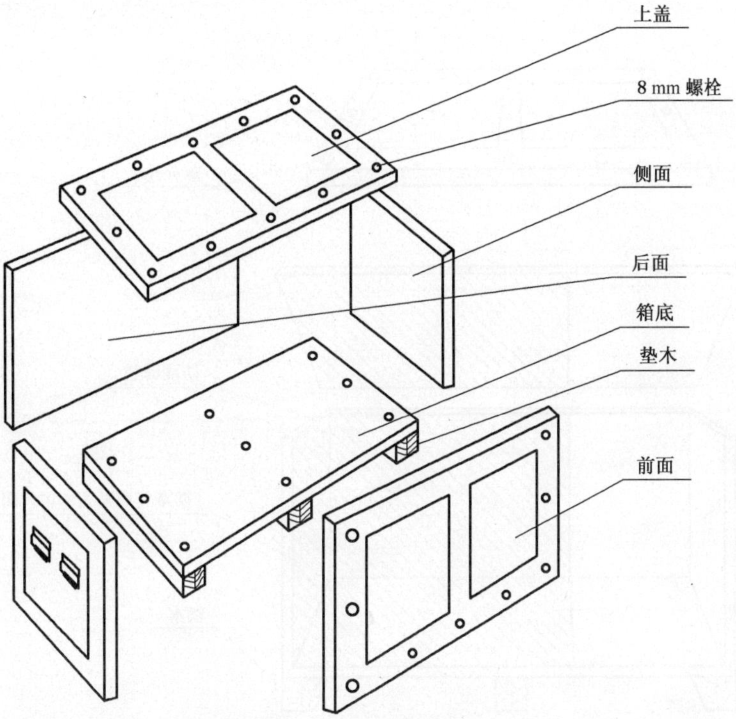

图 A.2　包装箱结构分解图

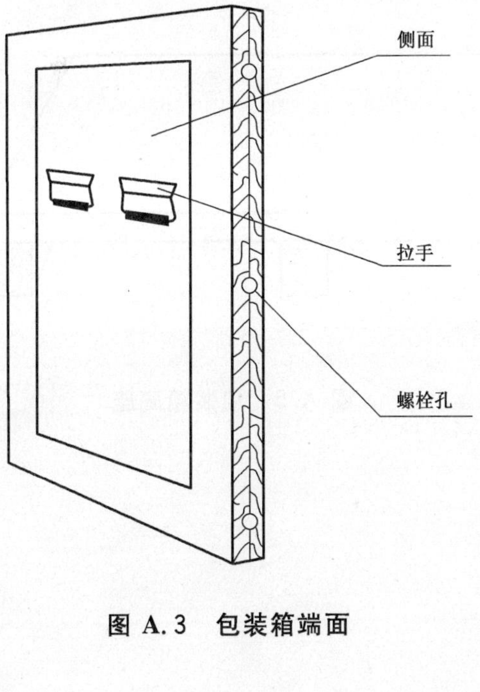

图 A.3　包装箱端面

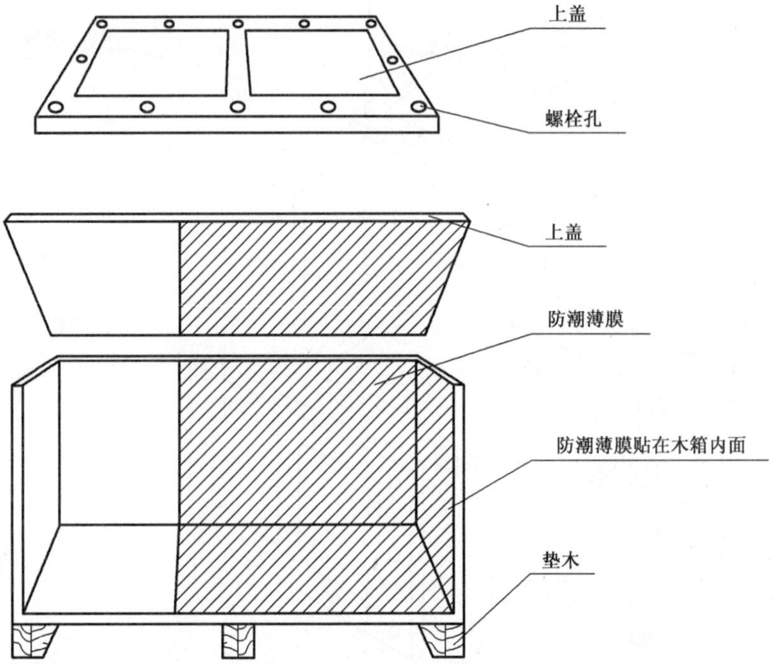

图 A.4　包装箱内部防潮示意图

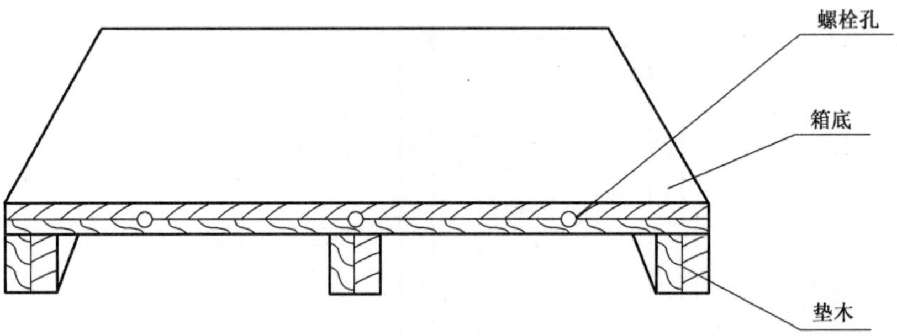

图 A.5　包装箱底座

参 考 文 献

[1] GB/T 9174—2008 一般货物运输包装通用技术条件
[2] GB/T 12464—2002 普通木箱
[3] JT/T 617—2004 汽车运输危险货物规则
[4]《出国(境)文物展览展品运输规定》
[5]《出国(境)文物展品包装工作规范》2001.7.30

ICS 55.020
A 80

中华人民共和国国家标准

GB/T 31268—2014

限制商品过度包装　通则

Restricting excessive packaging for commodity—General rule

2014-12-05 发布　　2015-05-01 实施

中华人民共和国国家质量监督检验检疫总局
中国国家标准化管理委员会　发布

前　言

本标准按照GB/T 1.1—2009给出的规则起草。

请注意本文件的某些内容可能涉及专利。本文件的发布机构不承担识别这些专利的责任。

本标准由中国包装联合会提出。

本标准由全国包装标准化技术委员会(SAC/TC 49)归口。

本标准起草单位:中国包装联合会、福建省闽旋科技股份有限公司、四川省宜宾普拉斯包装材料有限公司、苏州美盈森环保科技有限公司、东莞市铭丰包装品制造有限公司、机械科学研究总院。

本标准主要起草人:王利、黄雪、邹耀邦、陈利科、朱斌、陈华、朱婧、周琳。

限制商品过度包装　通则

1　范围

本标准规定了限制商品过度包装的总则、包装设计、包装材质和包装成本等通用要求。

本标准适用于所有商品的包装。

2　规范性引用文件

下列文件对于本文件的应用是必不可少的。凡是注日期的引用文件，仅注日期的版本适用于本文件。凡是不注日期的引用文件，其最新版本(包括所有的修改单)适用于本文件。

GB/T 4122.1—2008　包装术语　第1部分：基础

GB/T 4892　硬质直方体运输包装尺寸系列

GB/T 8166　缓冲包装设计

GB/T 12123　包装设计通用要求

GB/T 13201　圆柱体运输包装尺寸系列

GB/T 13757　袋类运输包装尺寸系列

GB/T 16716(所有部分)　包装与包装废弃物

GB/T 17448　集装袋运输包装尺寸系列

3　术语和定义

GB/T 4122.1—2008 界定的以及下列术语和定义适用于本文件。为了便于使用，以下重复列出了 GB/T 4122.1—2008 中的某些术语和定义。

3.1

内装物　contents

包装件内所装的产品或物品。

[GB/T 4122.1—2008，定义 2.9]

3.2

过度包装　excessive package

超出正常的包装功能需求，其包装层数(3.3)、包装空隙率(3.4)、包装成本超过必要程度的包装。

[GB/T 4122.1—2008，定义 2.25]

3.3

包装层数　package layers

完全包裹商品的可物理拆分的包装的层数。

注：完全包裹商品指的是使商品不致散出的包装方式。

3.4

包装空隙率　package interspace ratio

包装内去除内装物占有的空间容积与包装总容积的比率。

4 总则

4.1 包装应符合有关法律法规及有关国家、行业标准的规定，同时应考虑回收处理的可能性及对健康和环境的影响。

4.2 在不损害商品包装作用的基本原则下，应使包装轻质化，采用简易包装。

4.3 在满足包装主要功能的前提下，其辅助功能应简单、实用(如封合功能、开启功能、携带功能、装饰功能等)。

4.4 包装尺寸大小与形状应适当，尽可能简化结构、减少包装层数和包装空隙率。

4.5 鼓励采用可复用、可回收和再循环使用的包装，并应符合 GB/T 16716 所有部分的规定。

4.6 能不用包装时，可以不进行包装。鼓励包装容器的重复使用及供应零售商品时客户自己携带原包装容器盛装商品。

5 包装设计

5.1 应做到包装紧凑，科学合理，符合 GB/T 12123 的要求。

5.2 应遵循保护功能得当、使用材料适宜、体积容量适量、费用成本合理的原则。在满足正常的包装功能需求的前提下，包装设计应与内装物的质量和规格相适应，有效利用资源，减少包装材料的用量。

5.3 合理简化包装结构及功能，不宜采用繁琐的形式或复杂的结构，尽量避免包装层数过多、空隙率过大。必要时，可按具体流通环境条件进行分等级设计包装。

5.4 可重复使用的包装，应考虑其包装的结构和强度对重复使用次数的影响及其经济性。

5.5 对于一次性包装，在满足流通环境条件要求、方便消费者使用的前提下，应尽可能简单实用。

5.6 在商品的使用过程中起到保护商品、便于携带和方便使用等作用的包装，应与产品的整个生命周期一同考虑，尤其是强度、便携性和使用性能等。

5.7 对于只有依附包装才能使用的商品，如液态、气态、粉状产品等，应考虑商品的属性及使用特点和生命周期，适当确定包装材料和包装结构类型。

5.8 对于包装功能完成后还可作为其他功能的包装，应分清主要功能和次要功能，充分考虑其经济性与实用性，避免为了追求其他的次要功能而过多增加包装成本和浪费包装材料。

5.9 集装单元运输的包装容器规格尺寸应根据不同的包装装载形式采用 GB/T 4892、GB/T 13201、GB/T 13757 和 GB/T 17448 尺寸系列标准的规定。非集装单元运输的包装容器规格尺寸参照有关标准规定，并符合运输工具装载尺寸的要求。鼓励集装或托盘包装。

5.10 内装物与包装容器内壁的间隙以受到正常情况下的冲击或压力时，不造成因包装变形使内装物损坏为准，不宜过大。

5.11 需要缓冲的包装设计，其内装物与包装容器内壁的间隙以容下缓冲材料为准，缓冲材料的材质选用与厚度应按 GB/T 8166 等有关标准进行设计计算。

5.12 根据采用容器的型式，对可拆卸或可分解的内装物，以及多件内装物时，可通过拆卸、分解、组合等方法和合理的内部保护(缓冲、固定等)达到稳定和体积紧凑。

5.13 有标准容器类型可供选择时，应选用标准容器类型。无标准容器类型可供选择时，应先确定容器类型，然后进行容器设计。应按有关标准对包装容器进行设计。

5.14 设计容器结构时应考虑容器便于加工制造、便于装配、便于储运、便于机械装卸和易于集装或托盘包装。

5.15 系列产品包装的容器造型及结构应具有整体协调性，多用途包装的容器造型及结构应具有再利用的价值。

6 包装材质

6.1 包装材料的选取，应本着节约、节俭的原则，尽可能使用常用的、经济的包装材料，应优先选用环保型包装材料。部分常用包装材料参见附录A。

6.2 采用的包装材料应注意包装废弃物对环境的影响，应使用无毒、无害包装材料，包装废弃物要利于回收、降解及处理。鼓励使用可循环再生、回收利用的包装材料。

6.3 包装宜采用单一材质，或采用便于材质分离的包装材料。需要多种材料的包装其结构形式宜设计成可拆卸式结构，拆卸和分解后利于分类回收。

6.4 应按包装技术要求，合理的选择包装材料。有现行标准时，应采用有关标准；无现行标准时，应规定使用的包装材料的品种、规格及各种性能指标，并在货源、规格、性能、价格等方面综合考虑。

7 包装成本

7.1 应考虑包装全生命周期成本。包装费用包括材料费用、制作费用、封装费用、运输搬运费用、储存保管费用、回收处理费用等。这些费用基本上都与包装方式、包装的尺寸及复杂程度有关。包装的材料选取、结构形式应考虑上述费用构成。

7.2 采取有效措施，控制包装直接成本，考虑包装回收再利用和废弃处理时对环境的影响及产生的相关成本。可重复使用的包装，除了制造成本外，应考虑回收与管理成本。

7.3 应尽量减少附加到商品价格上的包装成本，使其运输与贮存费用最少。

7.4 对于不同性质的商品，选择适当的包装材料，采取合适的包装结构和尺寸控制包装成本。

附 录 A
（资料性附录）
部分常用包装材料及制品

A.1 塑料

部分常用塑料包装材料及制品见表 A.1。

表 A.1 部分常用塑料包装材料及制品

序号	材料或产品名称	回收利用特性
1	聚乙烯中空容器	可重复使用，可回收利用
2	聚乙烯周转箱	可重复使用，可回收利用
3	有机玻璃	可重复使用，可回收利用
4	聚丙烯塑料编织袋	可重复使用，可回收利用
5	聚丙烯周转箱	可重复使用，可回收利用
6	聚丙烯中空容器	可重复使用，可回收利用
7	PC 中空容器	可重复使用，可回收利用
8	高抗冲击性聚苯乙烯周转箱	可重复使用，可回收利用
9	聚酰胺塑料周转箱	可重复使用，可回收利用
10	塑料托盘	可重复使用，可回收利用
11	聚乙烯塑料打包带	可回收利用
12	聚丙烯薄膜	可回收利用
13	PET 吸塑泡罩	可回收利用
14	PET 片材盒体	可回收利用
15	聚乙烯薄膜	一般一次性使用，可回收利用
16	聚丙烯塑料打包带	一次性使用，可回收利用
17	聚苯乙烯薄膜、片材	一次性使用，可回收利用
18	PET 瓶	一次性使用，可回收利用
19	双向拉伸聚酯薄膜	一次性使用，可回收利用
20	PET 热收缩聚酯薄膜	一次性使用，可回收利用
21	聚乙烯泡沫塑料	一次性使用，交联聚乙烯泡沫塑料废弃物回收利用较困难，珍珠棉废弃物可回收利用
22	聚丙烯泡沫塑料	一次性使用，未交联聚丙烯泡沫塑料可熔融再利用或回收造粒，交联产品熔融回收利用困难
23	聚苯乙烯泡沫材料	一次性使用，可回收利用，但回收成本较高、一般燃烧处理
24	聚苯乙烯发泡片材	一次性使用，可回收利用，但回收成本较高、一般燃烧处理
25	软质聚氯乙烯压延薄膜、片材	一次性使用，可回收利用，废弃物填埋、焚烧会污染环境

表 A.1（续）

序号	材料或产品名称	回收利用特性
26	硬质聚氯乙烯薄膜片	一次性使用,可回收利用,废弃物填埋、焚烧会污染环境
27	软质聚氯乙烯吹塑薄膜	一次性使用,可回收利用,废弃物填埋、焚烧会污染环境
28	硬质聚氯乙烯吹塑薄膜	一次性使用,可回收利用,废弃物填埋、焚烧会污染环境
29	PVC 热收缩膜	一次性使用,可回收利用,废弃物填埋、焚烧会污染环境
30	聚乙烯拉伸膜(自粘膜、缠绕膜)	一次性使用,可回收利用,废弃物填埋、焚烧会污染环境
31	聚氯乙烯泡沫塑料	一次性使用,可回收利用,废弃物填埋、焚烧会污染环境
32	聚氯乙烯塑料瓶	一次性使用,可回收利用,废弃物填埋、焚烧会污染环境
33	可降解塑料膜	一次性使用,可降解,不易回收利用
34	PVDC 热收缩膜、肠衣膜	一次性使用,一般不可回收利用,废弃物填埋、焚烧会污染环境
35	塑塑复合	一次性使用,一般都为不可回收

A.2 金属

常用金属包装材料及制品见表 A.2。

表 A.2 常用金属包装材料及制品

序号	材料或产品名称	回收利用特性
1	金属桶	可重复循环使用,可回收利用
2	金属三片罐	不能重复循环使用,可回收利用
3	金属二片罐	不能重复循环使用,可回收利用
4	金属封闭器、瓶盖	可回收利用,但有一定的难度
5	金属气雾罐	一次性使用,可回收利用
6	金属软管	一次性使用,可回收利用
7	铝塑复合材料	一次性使用,可回收利用。在塑料和金属的解离方面还存在技术问题

A.3 纸

常用纸质包装材料及制品见表 A.3。

表 A.3 常用纸质包装材料及制品

序号	材料或产品名称	回收利用特性
1	包装用纸	多数包装用纸不可以重复使用,食品用纸为一次性使用。可回收利用,可完全降解
2	瓦楞纸箱	可有限重复使用,可回收利用,可完全降解

表 A.3（续）

序号	材料或产品名称	回收利用特性
3	蜂窝纸板	可有限重复使用;可回收利用,可完全降解
4	纸盒	可有限重复使用,用于食品包装为一次性使用;可回收利用,可完全降解
5	纸袋	可重复使用或做其他用途,可回收利用,可完全降解
6	纸桶	可重复使用,用于化工、医药运输包装时,应避免交叉污染;可回收利用,可完全降解
7	纸浆模塑	可有限重复使用,可回收利用,可完全降解;纸浆模塑餐具为一次性使用
8	包装用纸板	一次性使用,可回收利用,可完全降解
9	食品纸容器	一次性使用,可回收利用,可完全降解
10	纸塑复合	一次性使用后废弃,可自然老化降解;也可回收纸和塑料
11	纸铝塑复合	一次性使用,废弃物可回收利用;分离工艺复杂,增加了能源的消耗能源的消耗

A.4 竹、木材

常用竹、木材包装材料及制品见表 A.4。

表 A.4 常用竹、木材包装材料及制品

序号	材料或产品名称	回收利用特性
1	普通木箱	可重复循环使用、可回收利用
2	滑木箱	可重复循环使用、可回收利用
3	框架木箱	可重复循环使用、可回收利用
4	木质底盘	可重复循环使用、可回收利用
5	木质托盘	可重复循环使用、可回收利用
6	钢丝捆扎箱	可重复循环使用、可回收利用
7	琵琶形木桶	可重复循环使用、可回收利用
8	竹胶合板箱	可重复循环使用、可回收利用
9	竹托盘	可重复循环使用、可回收利用
10	拼装式胶合板箱	可重复循环使用、可回收利用
11	塑木托盘	可重复循环使用、可回收利用
12	刨花板模压托盘	可重复循环使用、可回收利用
13	胶合板托盘	可重复循环使用、可回收利用

A.5 玻璃陶瓷

常用玻璃陶瓷包装材料及制品见表 A.5。

表 A.5 常用玻璃陶瓷包装材料及制品

序号	材料或产品名称	回收利用特性
1	包装玻璃瓶罐	部分食品用玻璃容器可重复循环使用;化学品玻璃容器不可重复循环使用。玻璃可回收利用
2	医用包装安瓿和管制药瓶	药品(医用)瓶不重复循环使用,不可回收利用
3	陶瓷包装制品	部分重复循环使用,一般可回收

ICS 13.310
A 90

中华人民共和国国家标准

GB/T 36087—2018

数码信息防伪烫印箔

Digital information anti-counterfeiting hot stamping foil

2018-03-15 发布 2018-10-01 实施

中华人民共和国国家质量监督检验检疫总局
中国国家标准化管理委员会 发布

前　言

本标准按照 GB/T 1.1—2009 给出的规则起草。

本标准由全国防伪标准化技术委员会(SAC/TC 218)提出并归口。

本标准起草单位:山东泰宝防伪技术产品有限公司、泸州老窖股份有限公司、青岛黎马敦包装有限公司、山东景芝股份有限公司、深圳市法兰智联股份有限公司、无锡新光印防伪技术有限公司、深圳市宜美特科技有限公司、山东景泰瓶盖有限公司、山东扳倒井股份有限公司、山东丽鹏股份有限公司、山东黄河龙集团有限公司、烟台海普制盖有限公司。

本标准主要起草人:张钦永、何诚、王文峰、王世恩、沈硕果、王国平、崔若峰、易斌、李华容、鞠坡、白秀彬、罗田、曹俊峰。

引　言

本文件的发布机构提请注意，声明符合本文件时，可能涉及专利——彩色全息数码信息烫印箔及其制备方法 专利号:201410139341.7 的使用。

本文件的发布机构对于该专利的真实性、有效性和范围无任何立场。

该专利的持有人已向本文件的发布机构保证，他愿意同任何申请人在合理且无歧视的条款和条件下，就专利授权许可进行谈判。该专利持有人的声明已在本文件的发布机构备案。相关信息可通过以下联系方式获得：

专利持有人：山东泰宝防伪技术产品有限公司

地址：山东省淄博市桓台县少海路北首

邮政编码：256407

联系人：巩建宝

联系电话：13953389389

邮箱：13953399389@163.com

请注意除上述专利外，本文件的某些内容仍可能涉及专利。本文件的发布机构不承担识别这些专利的责任。

数码信息防伪烫印箔

1 范围

本标准规定了数码信息防伪烫印箔的要求、试验方法、检验规则、标志、包装、运输及贮存。

本标准适用于以全息薄膜为基材,制成的带有数码防伪信息的烫印箔。

2 规范性引用文件

下列文件对于本文件的应用是必不可少的。凡是注日期的引用文件,仅注日期的版本适用于本文件。凡是不注日期的引用文件,其最新版本(包括所有的修改单)适用于本文件。

GB/T 2792—2014 胶粘带剥离强度的试验方法

GB/T 2828.1—2012 计数抽样检验程序 第1部分:按接收质量限(AQL)检索的逐批检验抽样计划

GB/T 7706—2008 凸版装潢印刷品

GB/T 10335.1—2005 涂布纸和纸板 涂布美术印刷纸(铜版纸)

GB/T 14258—2003 信息技术 自动识别与数据采集技术 条码符号印制质量的检验

GB/T 18734—2002 防伪全息烫印箔

GB/T 19425—2003 防伪技术产品通用技术条件

GB/T 22258—2008 防伪标识通用技术条件

GB/T 23704—2009 信息技术 自动识别与数据采集技术 二维条码符号印刷质量的检验

GB/T 23808—2009 全息防伪膜

3 术语和定义

GB/T 22258—2008、GB/T 18734—2002、GB/T 23704—2009 和 GB/T 23808—2009 界定的以及下列术语和定义适用于本文件。

3.1

烫印 hot foil-stamping

将烫印箔的烫印层凭借热量和压力的作用,压印在承印件的表面上,烫印完毕后,烫印箔上面的聚酯薄膜连同没有被转印的部分一起被剥离。

3.2

烫印箔 hot stamping foil

以塑料薄膜为基材,经涂布、模压、镀铝等工序而制成的一种烫印材料。

3.3

数码信息防伪烫印箔 digital anti-counterfeiting hot stamping foil

以全息薄膜为基材,载有标的物特定信息的数字编码,并通过网络终端设备获取标的物上加载的防伪信息码,由特定计算机程序判定该信息码,达到核验标的物真伪的技术的烫印箔。

3.4

定位脱铝 locating de-aluminized

根据设计要求在图案的固定位置对铝层进行的镂空处理。

3.5

光标　optical mark

可被光电识别装置识别用于位置定位的光学标记。

3.6

响应时间　response time

查询过程中,光学采集系统通过采集防伪码获取产品信息所需用的时间。

3.7

正确率　correct rate

能反馈正确防伪信息数码数量占数码总量的百分比。

3.8

畅通率　flow rate

符合查询响应时间的防伪码数量与所查询防伪数码总数的百分比。

4　要求

4.1　外观质量

数码信息防伪烫印箔的外观质量要求见表1。

表1　外观质量

序号	项目名称	要求
1	表面	表面平整,无褶皱、黑斑及明显划痕,没有明显影响使用质量的凹凸点
2	图像	图像清晰完整,色彩分明,无糊版、内容不全等质量问题
3	定位脱铝	脱铝内容完整无残缺,边缘锐利,整洁度好,无明显废铝点残留
4	光标	边缘锐利笔直,无明显黑斑
5	套色错位	不大于0.15 mm
6	套印误差	不大于0.3 mm
7	黑斑	直径不大于0.3 mm
8	砂眼	直径不大于0.3 mm
9	水渍	不允许进入图案
10	图像位置偏差	不大于0.3 mm
11	端面划痕	不允许有
注:接头个数由合同特殊规定。		

4.2　产品规格

产品规格要求见表2。

表2　产品规格

序号	项目名称	要求
1	幅宽尺寸偏差	不大于0.5 mm
2	端面整齐度误差	不大于0.8 mm

4.3 物理指标

产品物理指标要求见表 3。

表 3 物理指标

序号	指标名称	要求
1	信噪比	≥20∶1
2	衍射效率	≥8%
3	同批同色色差 ΔE	≤4
4	烫印层耐磨性	摩擦后受损面积不大于 3%
5	成标完整性	≥99%
6	光密度	应符合 GB/T 18734—2002 的要求
7	烫印结合牢度	≥80%
8	烫印速度	≥5 000 次/h

4.4 耐性要求

产品耐性要求见表 4。

表 4 耐性要求

序号	项目	要求
1	耐热水	≥2 级
2	耐乙醇	≥2 级
3	耐划伤硬度	HB、H、2H
4	耐热	3 级
5	耐寒	3 级

4.5 数码信息防伪识别特征及查询

4.5.1 数码识别特征要求见表 5。

表 5 数码识别特征

序号	项目	要求
1	响应时间	≤3 s
2	扫描等级	D 级以上

4.5.2 数码查询要求见表 6。

表 6 数码查询要求

序号	项目	要求
1	正确率	100%
2	畅通率	≥90%
3	结果反馈	反馈信息含有标的物特征信息包括独占性的特征信息(如企业、产品信息等),语音应答应使用标准普通话,语音清晰、流畅;反馈的图文信息应清晰、明确;非首次查询的正确数码查询,须报出首次查询的具体时间、该数码已被查询的次数、提示核对的信息等

4.6 防伪力度

应满足 GB/T 19425—2003 中表 1 的要求。

4.7 身份唯一性

应满足 GB/T 19425—2003 中表 2 的要求。

4.8 稳定期

应满足 GB/T 19425—2003 中表 3 的要求。

4.9 识别性能

应满足 GB/T 19425—2003 中表 4 的要求。

5 试验方法

5.1 试验要求

5.1.1 试验环境要求

温度:(23±5)℃;
湿度:(50±5)%。

5.1.2 试样采取

5.1.2.1 烫印箔

将抽取的烫印箔样品拆除包装后,去掉前端有破损的部分,截取有效长度 0.5 m～1.5 m 作为试样。

5.1.2.2 烫印品

以符合 GB/T 10335.1—2005 规定的中量涂布亚光型 115 g/m² 双面涂布的一等品美术印刷纸为基材的试样作为烫印品。

5.1.3 试样处理

在 5.1.1 试验环境条件下,放置不少于 8 h。

5.2 外观质量

将烫印箔试样平放在平板玻璃上，距离试样 0.8 m 处设置 60 W 钨灯光源，对于有全息信息的试样以再现角进行照明，观察者进行目视观察或借助放大镜、读数显微镜及相关测量工具进行观察或测量。

5.3 产品规格

取烫印箔试样使用分度值为 0.1 mm 的测量工具直接测量。

5.4 物理指标

5.4.1 信噪比、衍射效率

按 GB/T 18734—2002 中 7.4.1 和 7.4.2 的规定进行检测。

5.4.2 同批同色色差

按 GB/T 7706—2008 中 6.6 的规定进行检测。

5.4.3 烫印层耐磨性

按 GB/T 18734—2002 中 7.4.6 的规定进行检测。

5.4.4 成标完整性

取烫印品试样，用宽 20 mm 的半透明毫米格纸覆盖在标识单元上，分别数出检验范围内烫印层所占的格数和无烫印层的格数，计算出成标完整性。

检验范围最大为 20 mm×20 mm，标识单元 *XY* 任何方向小于 20 mm 时，取标识该方向有效尺寸。

5.4.5 光密度

按 GB/T 18734—2002 中 7.4.7 的规定进行检测。

5.4.6 烫印结合牢度

5.4.6.1 测试装置

5.4.6.1.1 试验用压辊符合 GB/T 2792—2014 中 5.3.4 规定。

5.4.6.1.2 试验用拉力试验机符合 GB/T 2792—2014 中 5.3.2 规定。

5.4.6.1.3 压敏胶带宽度 5 mm～25 mm，粘合力 0.25 N/mm～0.30 N/mm。

5.4.6.2 检验步骤

5.4.6.2.1 使用胶带，撕去外面 3 层～5 层，然后取 200 mm 以上的压敏胶带(胶带粘合面不能接触手或其他物质)。

5.4.6.2.2 把胶带与试样粘接，用压辊在自重下以约(10±0.5)mm/s 的速度在试样上来回滚压 3 次(试样与胶带结合处不允许有气泡存在)。

5.4.6.2.3 将试样置于试验环境下放置 20 min～40 min。

5.4.6.2.4 将制备好的试样在拉力试验机上以(50±10)mm/min 的速度 180°剥离。

5.4.6.2.5 取下试样，用宽 20 mm 的半透膜毫米格纸覆盖在被揭部分，分别数出烫印层所占的格数和被揭去的烫印层所占的格数。

5.4.6.3 检验结果

烫印层结合牢度按式(1)计算：

$$A=\left(\frac{B}{B+C}\right)\times 100\% \quad \cdots\cdots(1)$$

式中：

A ——烫印层结合牢度；

B ——烫印层的格数；

C ——被揭去的烫印层的格数。

5.4.7 烫印速度

5.4.7.1 测试装置

5.4.7.1.1 试验用双向定位烫印机。

5.4.7.1.2 试验用金属铜质烫印版；试验用铜版纸被烫载体。

5.4.7.2 检验步骤

5.4.7.2.1 从批中随机抽取3卷烫印箔样品，每个样品中烫印箔单元个数≥200个。

5.4.7.2.2 使用烫印机将烫印箔单元正常连续完整烫印到铜版纸上面，用秒表记录连续烫印 n(20个≤n≤50个)个单元所用的时间 t。

5.4.7.3 检验结果

烫印速度按式(2)计算：

$$v=\frac{n}{t}\times 3\ 600 \quad \cdots\cdots(2)$$

式中：

v ——烫印速度，单位为米每秒(m/s)；

n ——单元个数；

t ——连续烫印时间，单位为秒(s)。

检验结果以3个样品烫印速度的算术平均值表示。

5.5 耐性要求

5.5.1 耐热性

5.5.1.1 仪器和样品

仪器和样品包括：

a) 电热恒温水浴锅；

b) 500 mL的玻璃烧杯；

c) 镊子；

d) 棉纱；

e) 500 g的砝码；

f) 取5个烫印好的标的物。

5.5.1.2 检测步骤

5.5.1.2.1 在烧杯中盛入 250 mL～300 mL 清水，放入水浴热锅中，开启水浴热锅，将其温度设定到 45 ℃。

5.5.1.2.2 用酒精温度计测量烧杯中水的温度，当水温到达(45±2)℃时，将 5 个样品放入烧杯水中停留 10 min。

5.5.1.2.3 用镊子取出样品，将棉纱放入水中浸湿，然后覆盖在标的物的烫金部位，在棉纱上面放上一个 500 g 的砝码，用手往返拉动棉纱对烫印层摩擦 6 次(往返一个过程为摩擦一次)。

5.5.1.3 评定

样品外观无明显变化，数码信息防伪识别特征及查询符合 4.5 为合格，否则为不合格。

5.5.2 耐乙醇

5.5.2.1 仪器和样品

仪器和样品包括：

a) 500 mL 的玻璃烧杯；
b) 镊子；
c) 棉纱；
d) 500 g 的砝码；
e) 分析纯乙醇；
f) 取 5 个烫印好的标的物。

5.5.2.2 检测步骤

5.5.2.2.1 在烧杯中调配体积比(50±2)%乙醇水溶液 250 mL～300 mL。

5.5.2.2.2 将其中一组样品放入烧杯溶液中停留 10 min。

5.5.2.2.3 用镊子取出样品，将棉纱放入乙醇溶液中浸湿，然后覆盖在标的物的烫印部位，在棉纱上面放上一个 500 g 的砝码，用手往返拉动棉纱对烫印层摩擦 6 次(往返一个过程为摩擦 1 次)。

5.5.2.3 评定

按照 5.5.1.3 方法评定。

5.5.3 耐划伤硬度

5.5.3.1 仪器和样品

仪器和样品包括：

a) QHQ 型铅笔划痕硬度仪；
b) 砝码 1 个(1 kg±0.05 kg)；
c) 铅笔 3 支(在硬度 HB、H 和 2H 范围内，任选同一硬度铅笔 3 只)；
d) 5 个烫印品试样。

5.5.3.2 检测步骤

5.5.3.2.1 削去铅笔前段木质部分至露出 5 mm～6 mm 柱状铅芯(但切不可使铅芯松动成削伤铅芯)，使用 400 号砂纸将铅芯端面磨成一个水平面(边缘要无破碎或缺口)。

5.5.3.2.2 把修好的铅笔插入铅笔架上，调整铅笔，使铅笔芯工作端面与砝码重心重合(相应铅芯工作端面与铅笔架距离约 25 mm)，然后用螺钉拧紧，使铅笔位置固定。

5.5.3.2.3 松开夹紧螺母，放入需测定的样品，然后拧紧夹紧螺母，使样品固定。

5.5.3.2.4 松开止动螺钉，调整平衡锤，使工作杆平衡。(即使铅笔刚好接触到试片上)，然后拧紧止动螺钉，使铅笔芯工作面离开涂膜试片。

5.5.3.2.5 把砝码轻轻放在铅笔架上。

5.5.3.2.6 松开止动螺钉，使铅笔芯轻轻降下到被测样品上。

5.5.3.2.7 转动手轮，使涂膜板朝划痕方向移动大约 5 mm(顺时针转动手轮)并留意观察烫印箔表面是否划破。

5.5.3.2.8 取下砝码，更换铅笔，旋动试台旋钮，使试验台纵向移动一定距离更换试片划痕位置，重复准备操作后，再做下一次试验，依次用每种型号硬度的铅笔一次犁出 5 道划痕。

5.5.3.2.9 从最硬的铅笔开始用此方法，当检定 5 道痕迹中，若有 2 次以上犁伤膜时，换上一级的铅笔，直至找出 5 道痕迹中，只有一次犁伤烫印箔的铅笔(或没有破坏)。则这一级铅笔的硬度值就代表被测涂膜的硬度。

5.5.4 耐热

5.5.4.1 仪器与试样

控温精度±2 ℃的恒温箱，5 个试样。

5.5.4.2 试验

将试样置于试验箱内，模拟(50±2)℃的使用环境，持续 12 h。

5.5.4.3 评定

按照 5.5.1.3 方法评定。

5.5.5 耐寒

5.5.5.1 仪器与试样

控温精度±2 ℃的恒温箱，5 个试样。

5.5.5.2 试验

将试样置于试验箱内，模拟(−10±2)℃的使用环境，持续 12 h。

5.5.5.3 评定

按照 5.5.1.3 方法评定。

5.6 数码信息防伪识别特征及查询

5.6.1 数码识别特征

5.6.1.1 响应时间

采用防伪码对应的查询方式/路径查询，记录模拟查询时间作为响应时间。

5.6.1.2 扫描等级

按 GB/T 14258—2003 和 GB/T 23704—2009 的规定进行检测。

5.6.2 数码查询要求

5.6.2.1 正确率

采用防伪码对应的查询方式/路径查询，记录正确的个数算出查询正确率。

5.6.2.2 畅通率

采用防伪码对应的查询方式/路径查询，记录符合响应时间的个数算出查询畅通率。

5.6.2.3 结果反馈

采用防伪码对应的查询方式/路径查询，记录查询结果，检查测试结果与初始设定是否一致。

5.7 防伪力度

按 GB/T 19425—2003 中 6.1 的规定进行检测。

5.8 身份唯一性

按 GB/T 19425—2003 中 6.2 的规定进行检测。

5.9 稳定期

按 GB/T 19425—2003 中 6.3 的规定进行检测。

5.10 识别性能

按 GB/T 19425—2003 中 6.4 的规定进行检测。

6 检验规则

6.1 组批

同一品种同一规格产品的交货批或试制批次作为一批。

6.2 取样

从批中随机抽取样本，以使样本能代表批质量。抽取样本的时间，可以在批的形成过程中，也可以在批组成以后。

6.3 检验分类

检验分出厂检验和型式检验。

6.3.1 出厂检验

6.3.1.1 生产厂应保证出厂的产品符合本标准的规定，并附有合格证。

6.3.1.2 出厂检验项目包括产品外观质量、规格精度、查询及扫描。

6.3.1.3 按 GB/T 2828.1—2012 正常检验一次抽样方案进行，接收质量限(AQL)＝2.5，特殊检验水平(IL)＝S-3，抽样方案见表 7。

6.3.1.4 根据抽样方案规定的接收数(Ac)和拒收数(Re)分别判定各项指标是否合格，若符合接收数，判该批产品合格，否则，判该批产品不合格。

表7 抽样方案

批量范围	样本大小	接收数(Ac)	拒收数(Re)
≤35 000	20	1	2
35 001～500 000	32	2	3
≥500 001	50	3	4

6.3.2 型式检验

6.3.2.1 型式检验为首件检验，下列情况应进行型式检验：

a) 新产品投产、改变工艺、变更主要原材料；

b) 产品停产超过一年，再次重新投产。

6.3.2.2 型式检验项目包括产品外观质量、规格精度、查询及扫描、物理指标、耐性要求、防伪力度、身份唯一性、稳定期、识别性能、技术安全保密性。

6.3.2.3 按GB/T 2828.1—2012正常检验一次抽样方案进行，接收质量限(AQL)＝2.5，特殊检验水平(IL)＝S-3，抽样方案见表7。

6.3.2.4 根据抽样方案规定的接收数(Ac)和拒收数(Re)分别判定各项指标是否合格，若符合接收数，判该批产品合格，否则，判该批产品不合格。

7 标志、包装、运输、贮存

7.1 标志

产品出厂时在外包装或产品合格证上应有下列标志：

a) 产品名称。

b) 产品规格、数量、批号。

c) 生产者名称、地址。

d) 生产日期。

e) 产品生产所依据的标准编号、名称。

f) 生产许可证编号。

g) 国家法律法规和相关政策要求标注的内容。

7.2 包装

7.2.1 包装数量：规定单位数量±50枚。

7.2.2 内包装用纸盒或塑料袋；外包装用瓦楞纸箱，长途运输时纸箱外用塑料编织袋包装。

7.2.3 箱内附有合格证、使用说明书、装箱清单。

7.2.4 外包装瓦楞纸箱上标识的内容包括：产品名称，产品数量，生产者名称、地址和电话，防潮、防雨、防火标志，产品标准编号，外包装尺寸、QS标志。

7.3 运输

运输时应防晒、防潮，不可重压，不得与化学品和污染品混合装运。

7.4 贮存

应贮存在阴凉、通风、防火的仓库内。应避免接触有机溶剂、酸、碱、氧化剂、还原剂等化学物质。存放处应严禁烟火，不得与易燃物品混放。

ICS 55.180.99
A 82

中华人民共和国国家标准

GB/T 37425—2019

包装　非危险货物用柔性中型散装容器

Packaging—Flexible intermediate bulk containers(FIBCs) for non-dangerous goods

(ISO 21898:2004,MOD)

2019-05-01 发布　　2019-12-01 实施

国家市场监督管理总局
中国国家标准化管理委员会　发布

前　言

本标准按照 GB/T 1.1—2009 给出的规则起草。

本标准使用重新起草法修改采用 ISO 21898:2004《包装　非危险货物用柔性中型散装容器》。

本标准与 ISO 21898:2004 的技术性差异及其原因如下：

——关于规范性引用文件，本标准做了具有技术性差异的调整，以适应我国的技术条件，调整的情况集中反映在第 2 章“规范性引用文件”中，具体调整如下：

- 用等同采用国际标准的 GB/T 4857.4 代替 ISO 12048(见 E.2、E.3)；
- 用修改采用国际标准的 GB/T 3923.1 代替 ISO 13934-1(见 6.2.1、B.3)；
- 增加引用了 GB/T 1447(见 6.2.1)、GB/T 16422.3(见 B.2) 、GB/T 25159(见第 3 章)；
- 删除了引用的 ISO /IEC 17025。

——关于术语具体调整如下：

- 引用了标准 GB 25159 界定的术语和定义；
- 删除了国际标准中的“防静电”“防昆虫”等术语。

——增加了第 4 章“分类”。

——增加了 5.4“性能”的要求。

——删除了国际标准中的认证要求。

——修改了附录 C 标题“FIBCs 的设计”为“中散容器的结构”。

本标准还做了下列编辑性修改：

——按 GB/T 1.1—2009 改写了范围，并对格式进行了相应调整。

本标准由全国包装标准化技术委员会(SAC/TC 49)提出并归口。

本标准主要起草单位：中机科(北京)车辆检测工程研究院有限公司、天津市旭辉恒远塑料包装股份有限公司、安徽时代创美包装有限公司、河南硕之家环保科技有限公司、河南普绿环保科技有限公司、机械科学研究总院集团有限公司、中科高博(北京)科学技术服务中心。

本标准主要起草人：黄雪、王玉鑫、王旭辉、周梦慈、陈宝元、周光宇、董岩、王新丑、朱政、张海军、周康、王广森。

包装　非危险货物用柔性中型散装容器

1　范围

本标准规定了非危险货物用柔性中型散装容器(以下简称中散容器)的分类、要求、试验、标识等。

本标准适用于承装粉状、颗粒状的固体或膏状体等非危险货物的中散容器。

2　规范性引用文件

下列文件对于本文件的应用是必不可少的。凡是注日期的引用文件,仅注日期的版本适用于本文件。凡是不注日期的引用文件,其最新版本(包括所有的修改单)适用于本文件。

GB/T 1447　纤维增强塑料拉伸性能试验方法(GB/T 1447—2005,ISO 527-4:1997,NEQ)

GB/T 3923.1　纺织品　织物拉伸性能　第1部分:断裂强力和断裂伸长率的测定(条样法)(GB/T 3923.1—2013,ISO 13934-1:1999,MOD)

GB/T 4857.4　包装　运输包装件基本试验　第4部分:采用压力试验机进行的抗压和堆码试验方法(GB/T 4857.4—2008,ISO 12048:1994,IDT)

GB/T 16422.3　塑料　实验室光源暴露试验方法　第3部分:荧光紫外灯(GB/T 16422.3—2014,ISO 4892-3:2006,IDT)

GB/T 25159　包装术语　非危险货物用中型散装容器(GB/T 25159—2010,ISO 15867:2003,IDT)

3　术语和定义

GB/T 25159 界定的以及下列术语和定义适用于本文件。

3.1

柔性中型散装容器　flexible intermediate bulk container;FIBC

由柔性材料(如:编织布、塑料薄膜或纸)制成,可直接或通过内衬与内装物相接触,空置时可折叠的中型散装容器。

3.2

安息角　reposeful angle

静止状态下物料堆积斜面与底部水平面所夹锐角。

3.3

额定载荷　safe working load

中散容器被认可确定的最大负载量。

3.4

安全系数　safety factor

在周期性提吊试验中最终确定的负载量除以额定载荷后四舍五入的整数商。

3.5

提吊装置　lifting device

作为中散容器的一部分用于提吊的装置。

注：可拆卸的提吊部件不视为提吊装置。

3.6

内衬　inner liner

与中散容器为一体的或可拆卸的内部构件。

4　分类

中散容器可分为一次性使用和可重复使用两类：

a）一次性使用型：

不可重复使用，不可维修和更换内衬；

b）可重复使用型：

1）重型：装载量较大，可维修，但维修后的拉伸强度至少要与原始强度一致；

2）标准型：一定装载量，除更换内衬外，不可维修再用。

中散容器的种类及使用指南参见附录A。

5　要求

5.1　材料

5.1.1　中散容器应由合格的柔性材料制成。根据需要，可对材料进行改进，提高其性能和稳定性。必要时，应进行防虫害、防静电和阻燃处理。

5.1.2　中散容器所用材料按6.2.1进行拉伸强度测试，其拉伸强度应不低于材料原始拉伸强度的85%。

5.1.3　中散容器材料按附录B进行抗紫外线试验，其拉断力和伸长率应不低于材料原始拉断力和伸长率的50%。

5.2　结构

5.2.1　所有的接缝和连接处应牢固、可靠，接缝处应有不小于20 mm的搭接宽度。中散容器结构参见附录C。

5.2.2　焊接、粘合、热合的表面应清洁、平整。

5.3　填料高度

内装物的填料高度一般应为中散容器最短水平距离的0.5倍～2倍。具有圆形截面的中散容器的最短水平距离通常是其底面的直径；其他形状中散容器的最短水平距离通常是其底部最短边的距离。

5.4　性能

5.4.1　周期提吊试验后性能要求

中散容器进行周期提吊试验后应符合以下要求：

a）试验装置不影响施加试验力值及试验结果；

b）当试验样品含内衬时，除非设计时有特殊要求，内衬不超出中散容器样品的外表面；

c）内装物无损失；

d） 试验样品完好无损，不影响使用。

5.4.2 压力或堆码试验后性能要求

中散容器进行压力或堆码试验后应符合以下要求：

a） 内装物无损失；

b） 试验样品完好无损，不影响使用。

注：视情况，试验过程中允许有轻微泄露。

6 试验

6.1 试验准备

6.1.1 内装物

对于进行周期提吊试验和压力/堆码试验的中散容器，其内装物的填料高度应符合5.3的规定，填料高度的公差为0～+5%。内装物填料应符合以下要求之一：

a） 堆密度为500 kg/m^3～900 kg/m^3，颗粒大小为3 mm～12 mm，安息角为30°～35°；

b） 可用实际内装物进行试验。

6.1.2 温湿度条件

应对试验样品进行预处理，在预定的温湿度条件下进行试验。有争议时，应在环境温度(23±2)℃，相对湿度(50±5)%的条件下进行试验。

6.2 试验方法

6.2.1 材料拉伸试验

将材料完全沉浸在水中(25±1)h后，将其干燥。在温度(23±2)℃，相对湿度(50±5)%的条件下放置(60±5)min后，按材料相关标准进行拉伸强度测试，如编织物按GB/T 3923.1进行，纤维增强塑料按GB/T 1447进行。

6.2.2 抗紫外线能力试验

按附录B进行抗紫外线能力试验。

6.2.3 周期提吊试验

按附录D进行周期提吊试验。

6.2.4 压力或堆码试验

按附录E进行压力或堆码试验。

7 标识

中散容器应贴(标)有耐用、容易识别的标识，标识应包括以下内容：

a） 制造厂商的名称、地址；

b） 制造厂商的唯一标识；

c） 按要求注明供应商的名称、地址；

d） 额定载荷；

e） 安全系数；

f） 执行的标准(本标准编号)；

g） 中散容器的类型，如：重型可重复使用的柔性中型散装容器、标准型可重复使用的柔性中型散装容器和一次性使用的柔性中型散装容器；

h） 检测日期；

i） 检测单位名称；

j） 生产时间；

k） 处理、回收方式；

l） 特殊处理和防护要求；

m） 当中散容器要求承装特定产品时，需对产品进行描述。

附 录 A
（资料性附录）
中散容器使用指南

A.1 中散容器的种类

通常使用的中散容器有许多种，但是主要分为以下三种：

a) 重型可重复使用的中散容器，如附有聚合织物涂层的中散容器或袋体附带聚氯乙烯塑料材料的中散容器；

b) 标准型可重复使用的中散容器，如附有聚烯烃织物涂层，带或不带塑料薄膜内衬的中散容器；

c) 一次性使用的中散容器，如附有聚烯烃织物涂层，带或不带塑料薄膜内衬的中散容器。

A.2 中散容器的选用

中散容器的选用应考虑以下因素：

a) 中散容器及内装物的物理和化学特性：
   1) 容量；
   2) 流动特性；
   3) 通风程度；
   4) 尺寸和形状；
   5) 材料的兼容性；
   6) 进料温度；
   7) 内装物是否是食品等特定情况。

b) 中散容器进料、处理、运输、储存、卸料等方法。

c) 运输装卸的数量、次数，环境条件。

d) 运输流通过程中环境条件。

A.3 中散容器的储存

空的中散容器和内衬应妥善存储，防止其受到意外事件、阳光或其他极端环境情况等导致的质量降低等危害。

与中散容器配套的内衬可独立或与中散容器一起运输，必要时应避免内衬被污染。

内衬易于损坏，且往往损坏是不可见的，因此应对其进行妥善保管和储存。

A.4 中散容器装料

通常利用提吊装置将中散容器悬挂起来进行装料，其底面托在地面或平面上，或稍微提离地面。其他的装料、进料方法可由供需双方协商。

装料期间需关闭卸料口。

如果装料时温度达到 60 ℃以上，需双方协商、认可。

A.5　已装载中散容器的稳定性

装料高度与底面边长的比值宜为 0.5～2.0，中散容器装料后较为稳定。

底面边长确认方法为：

a)　圆形截面的直径可作为底面边长；

b)　有矩形截面的中散容器，最短边的长度为底面边长。

注：影响稳定性的主要因素包括内装物的流动性、空置的空间和空气流动等。

A.6　已装载中散容器的提吊

在对中散容器进行提吊期间，应注意以下几点：

a)　检查是否有影响安全的损坏；

b)　根据制造商或供应商的指导放置、安装提吊装置；

c)　提吊用钩或提调用升降叉车，其与中散容器接触部分的倒角半径应大于中散容器接触部分的厚度或直径，或者与中散容器接触的部分进行焊接保护。倒角半径应大于或等于 5 mm，如图 A.1 所示。

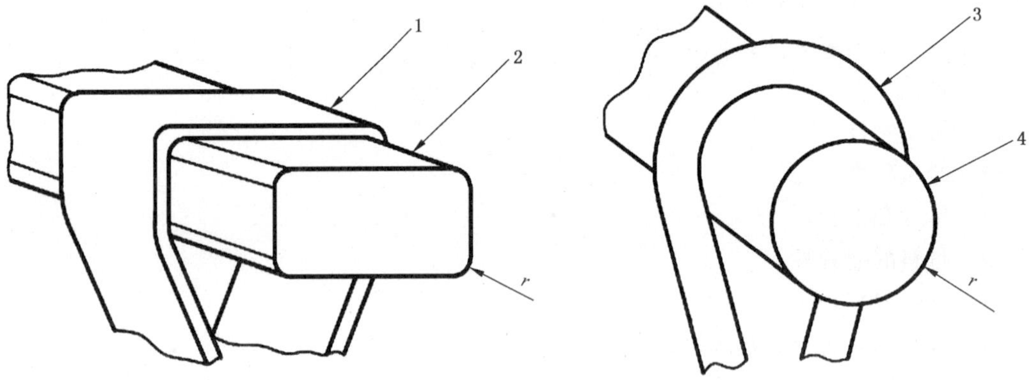

说明：

1——吊带；

2——提吊用横梁；

3——吊带；

4——提吊横梁。

图 A.1　倒角示意图

A.7　已装载中散容器的储存

除非制造商与供应商双方协商、认可，否则已装载的中散容器的储存温度应不高于 50 ℃。在进行储存以前，应将中散容器的进料口全部关闭。

除对中散容器在户外储存进行了特定要求，应注意以下内容：

a)　用防水材料遮盖进行防水；

b)　不能储存在水里；

c)　尽量避免光照。

A.8　对已装载中散容器的卸料

对中散容器的卸料可通过吸、吹等方式，但主要通过重力作用进行。内装物的特性和辅助卸料设备的成本是选择卸料方式的主要因素。

卸料过程中，中散容器没有被固定支撑的条件下，操作人员不应站在或将手放在中散容器的下面。

A.9　重型与标准型中散容器的检查

在重复使用中散容器前，应考虑其是否可能被以前承装的内装物所污染。应对拼接、粘合、焊接的部位进行检查，对袋体表面磨损、表面切口或其他的损害进行检查，并对提吊装置及其附件进行检查，袋体损坏类型如下：

a）　磨损：磨损的影响可能是多种，但是一定会使强度降低，如磨损导致的织物纱线编织外层断裂；

b）　切口、裂口：切口特别是提吊部位的切口、裂口会导致强度的降低；

c）　紫外线降解或化学侵袭：可能表现为材料的软化（如：变色），紫外线降解或化学侵袭可能会促使外表面脱落，甚至外表面形成粉状；

d）　涂层的损坏：一些中散容器附有聚烯烃塑料涂层，涂层可能是内涂层或外涂层。如果内涂层损坏有可能导致内装物被污染；如果外涂层或内涂层损坏，也可能使水分渗入内装物中。

如果发现一些损坏影响了中散容器的强度，应立刻停止使用。

A.10　重型中散容器的维修

应确保维修后的中散容器能像新生产的中散容器一样满足各项要求。

制造商与供应商双方协商、认可后方可进行维修。是否进行维修，以及是否由制造商进行维修，应考虑以下因素：

a）　材料结构；

b）　损坏的类型；

c）　中散容器已使用的寿命使用年限；

d）　中散容器的使用情况；

e）　损坏位置。

附　录　B
（规范性附录）
抗紫外线试验

B.1　原理

从中散容器上受力、承重材料部位切下一块样品，样品在特定时间内被紫外线光照射和冷凝交替循环。

B.2　设备

试验设备应符合 GB/T 16422.3 的规定，可使用荧光紫外灯进行试验。

B.3　试验过程

试验样品应进行 200 h 的荧光紫外灯光照试验。试验按 8 h (60±3)℃的光照、4 h (50±3)℃的冷凝交替循环进行。荧光紫外灯应选用波长为 300 nm～340 nm、辐照度为 0.76 $W \cdot m^{-2} \cdot nm^{-1}$的 1A 型(UVA-340)荧光紫外灯。

按规定时间完成光照后，应按 GB/T 3923.1 的规定，在 6.2.1 的条件下，测量试验样品的抗拉强度和断裂伸长率。

B.4　试验结果

记录试验前试验样品的抗拉强度值和抗紫外线试验后的抗拉强度值，并比较两者试验数值。

附　录　C
（资料性附录）
中散容器的结构

本附录给出的一些类型中散容器的结构并不代表所有的结构类型，也不表示其他的结构不如以下结构，具体结构参见图 C.1～图 C.12。

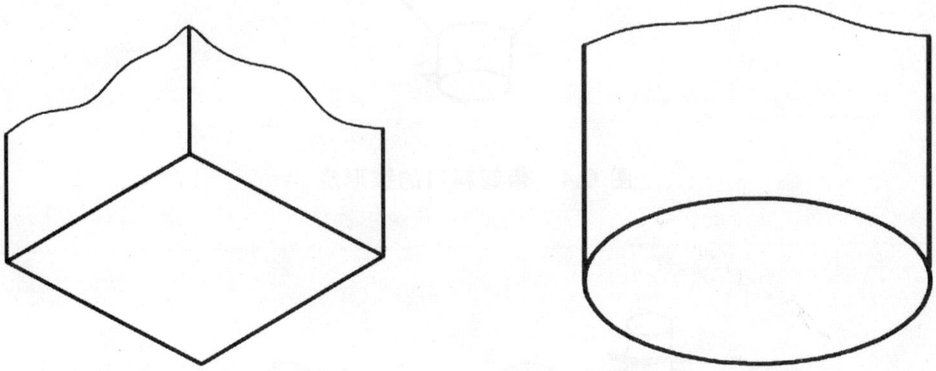

图 C.1　带平底的中散容器

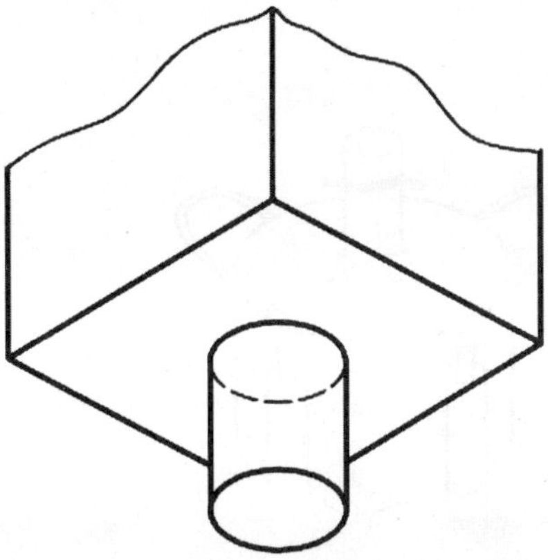

图 C.2　带卸料口的底

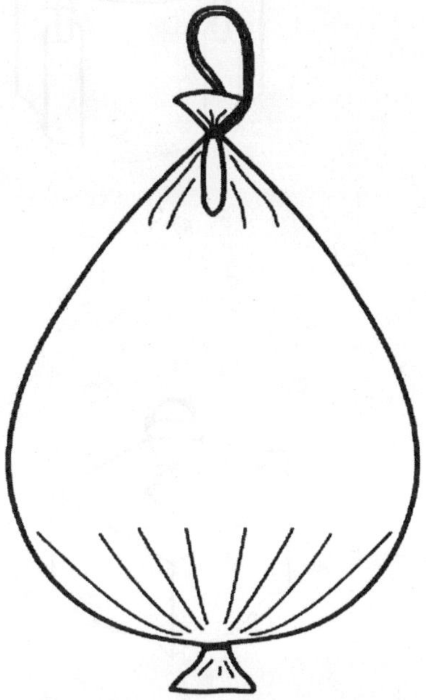

图 C.3　袋体锁紧后形成的底

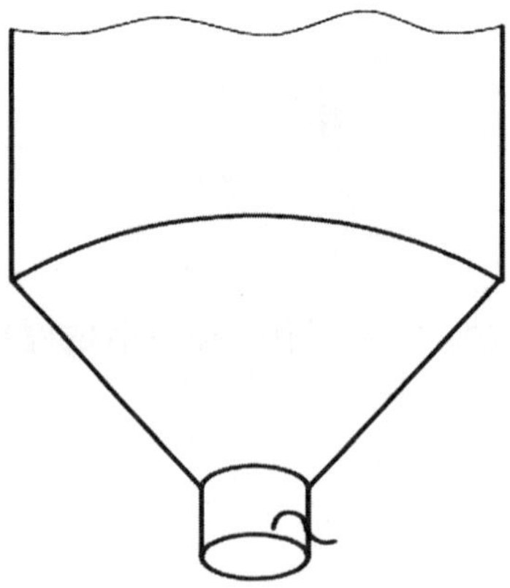

图 C.4 带卸料口的锥形底

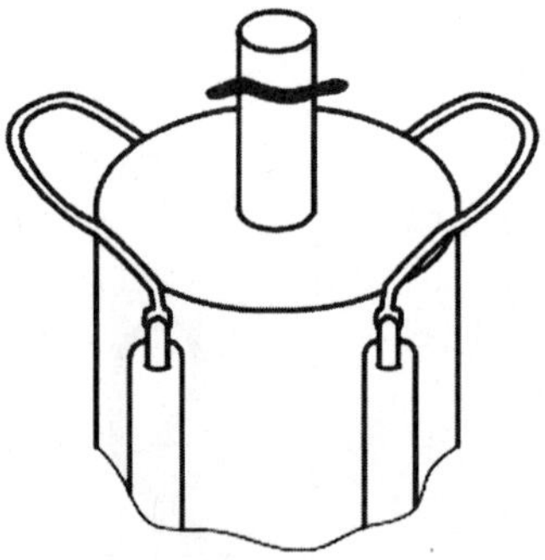

a)

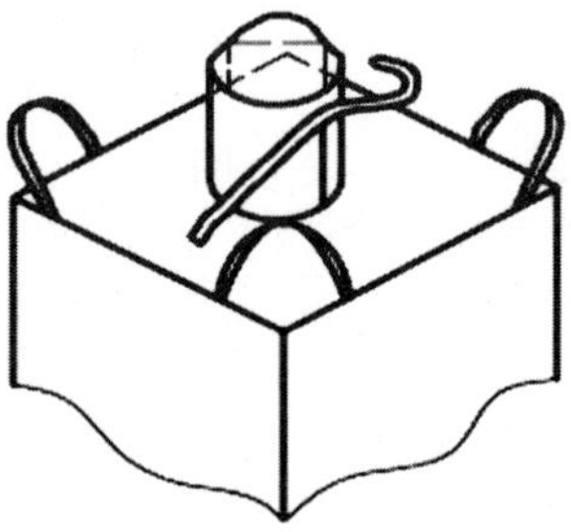

b)

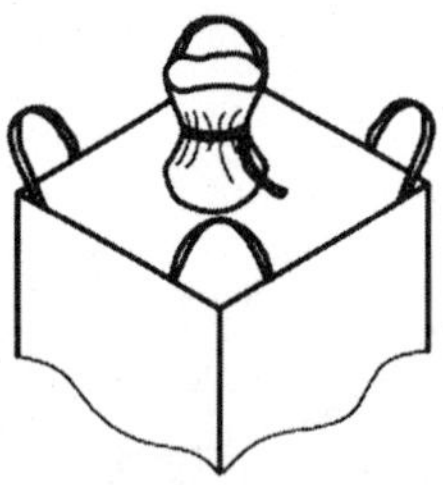

c)

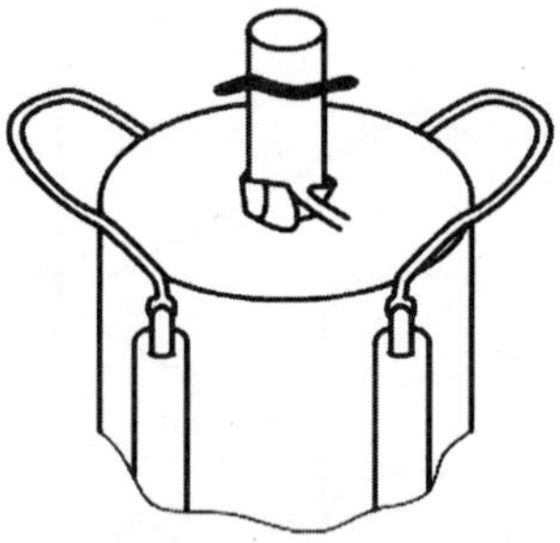

d)

图 C.5 上部带进料口的中散容器

图 C.6　带进料槽、进料口的中散容器

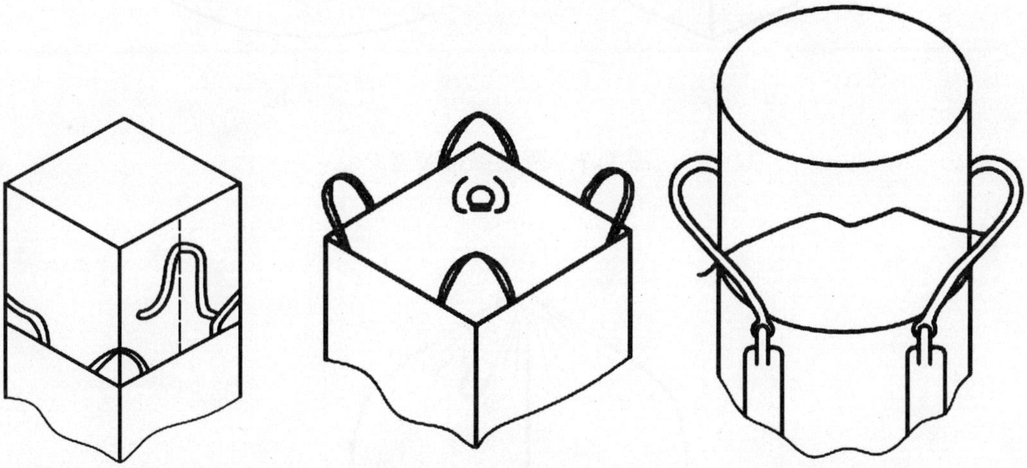

a)　　b)　　c)

图 C.7　带盖的中散容器

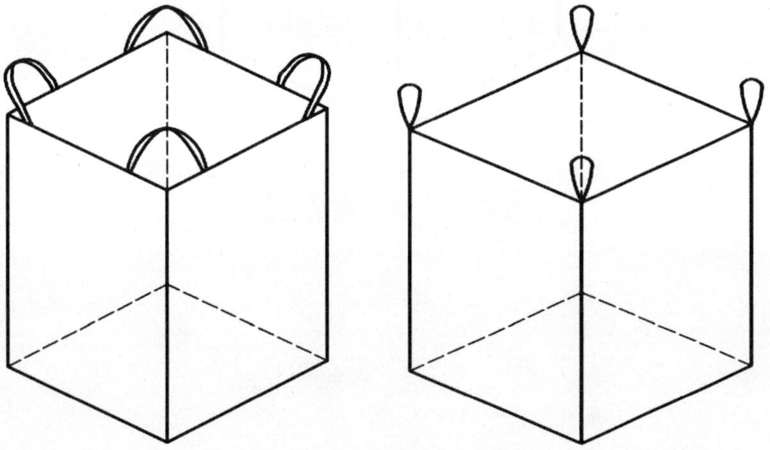

a)　　b)

图 C.8　四点提吊装置

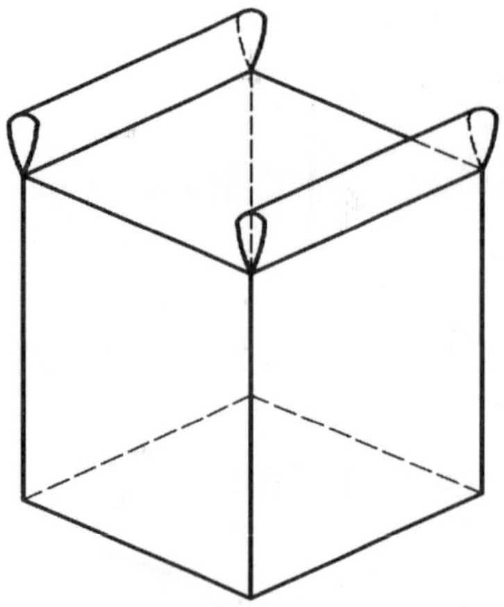

a）

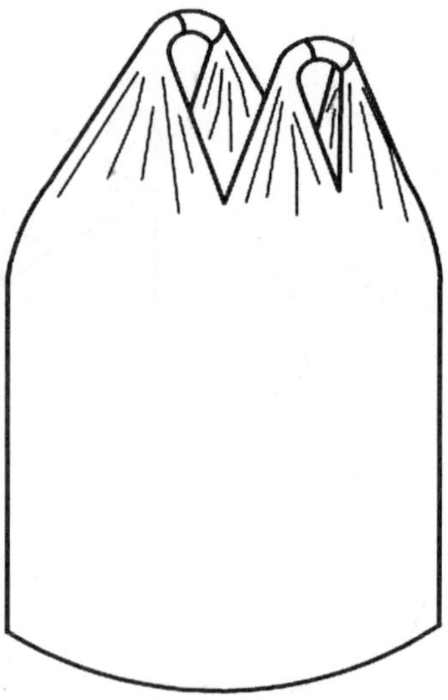

b）

图 C.9　两点提吊装置

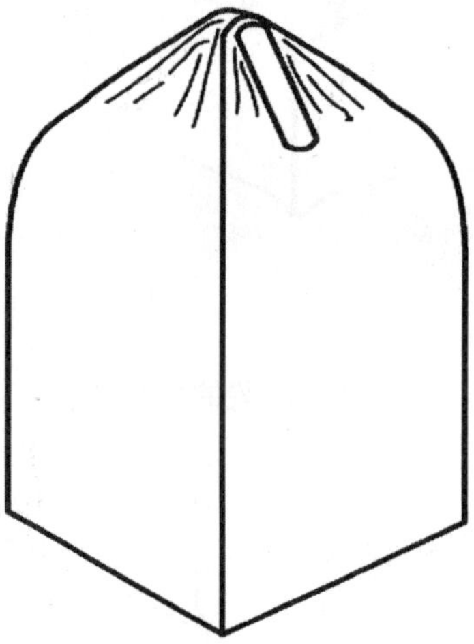

图 C.10　单点提吊装置

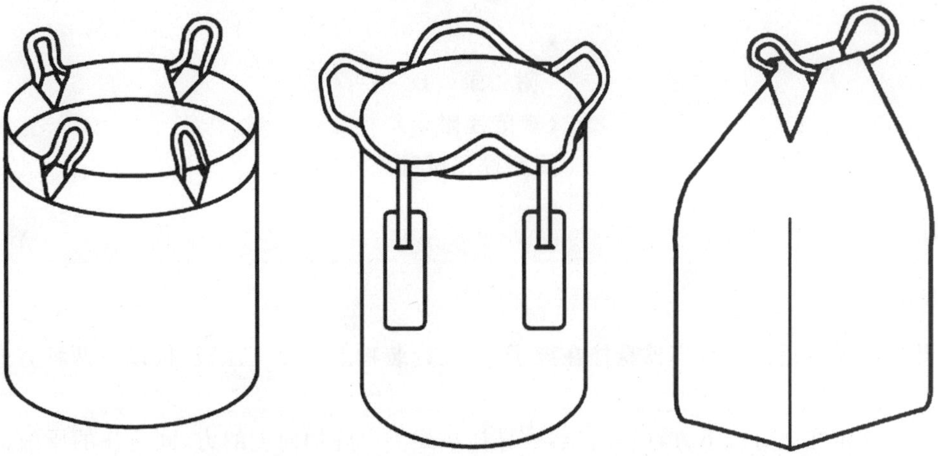

a) b) c)

图 C.11 提吊绳

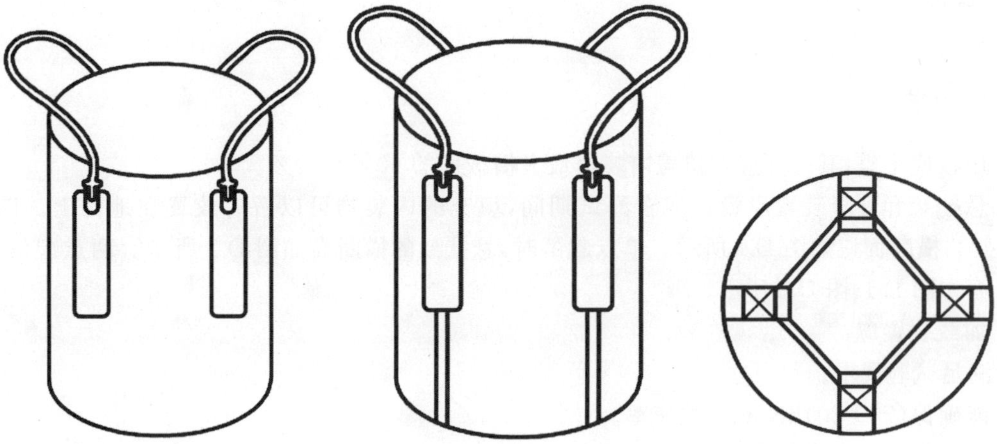

a) b) c)

图 C.12 提吊装置

附 录 D
（规范性附录）
周期提吊试验

D.1 原理

用提吊装置将装载后的中散容器悬挂在架子上，在内装物上放置一压板，按以下两种方式之一进行试验：

a） 压板可固定在上方或下方，中散容器被悬挂在架子上施加向上的力，固定住的压板进而形成向下的力；

b） 中散容器被悬挂在架子上，向压板施加一个向下的力，悬挂的中散容器受到一个向上的力。

D.2 试验设备

D.2.1 基本要求

D.2.1.1 压板应平整，其尺寸应能覆盖内装物最大横截面的60％～80％。

D.2.1.2 悬挂架和升降装置应设计成在测试期间，填充的内装物可以暂时放置在地面上。四点起吊时，悬挂架的横断面应如图D.1所示。单点起吊时，悬挂架的横断面如图D.2所示。两点起吊时，悬挂架的横断面如图D.1、图D.2所示。

D.2.1.3 加载装置应：

a） 满足试验要求；

b） 能确保(70±20)kN/min的速率。

D.2.1.4 悬挂架和压板应能承受试验所施加的力，且无或有最小的形变。

D.2.2 施加向上力的试验设备

D.2.2.1 施加向上的力所用的试验设备见图D.3～图D.9。

D.2.2.2 图D.6～图D.9是利用向下固定的下压板。固定压板的棍、杆、支柱需通过内装物，因此应注意以下几点：

a） 中散容器不应是整体的，应允许杆、棍的通过；

b） 通过内装物的棍、杆、支柱与任何中散容器的接缝、接口地方的距离应不小于20 mm；如果中散容器底部中心有接缝或接口处，单独支柱与接缝、接口处的距离小于20 mm，应使用双支柱，如图D.7或图D.9。

D.2.3 试验设备

施加向下的力所用的试验设备见图D.10。

单位为毫米

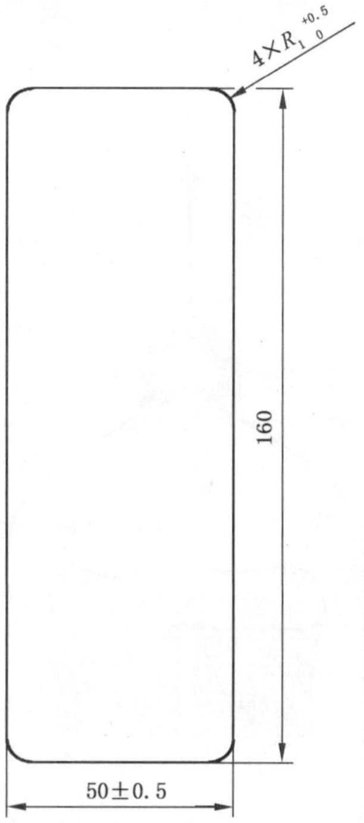

图 D.1　四点和两点起吊试验悬挂架横截面示意图

单位为毫米

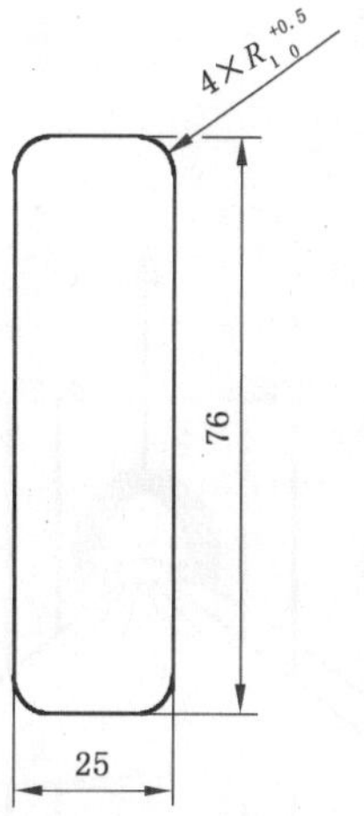

图 D.2　单点和两点起吊试验悬挂架横截面示意图

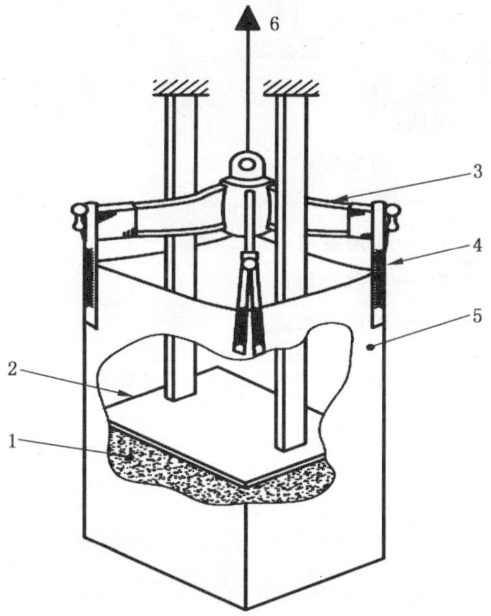

说明：

1——内装物；

2——压板；

3——提吊装置；

4——吊带；

5——中散容器；

6——施载方向。

图 D.3　向上固定压板的四点提吊示意图

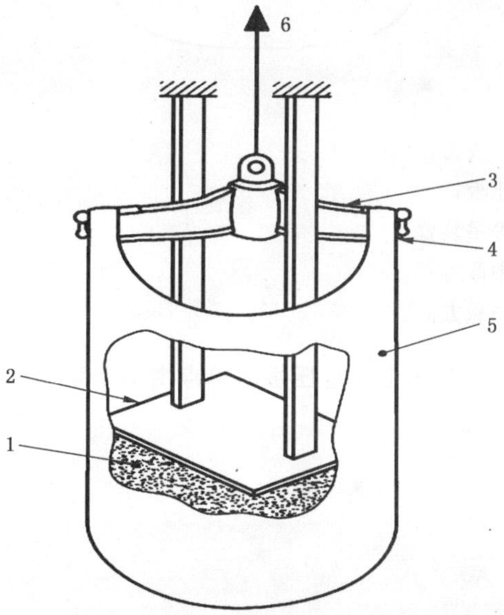

说明：

1——内装物；

2——压板；

3——提吊装置；

4——吊带；

5——中散容器；

6——施载方向。

图 D.4　向上固定压板的两点提吊示意图

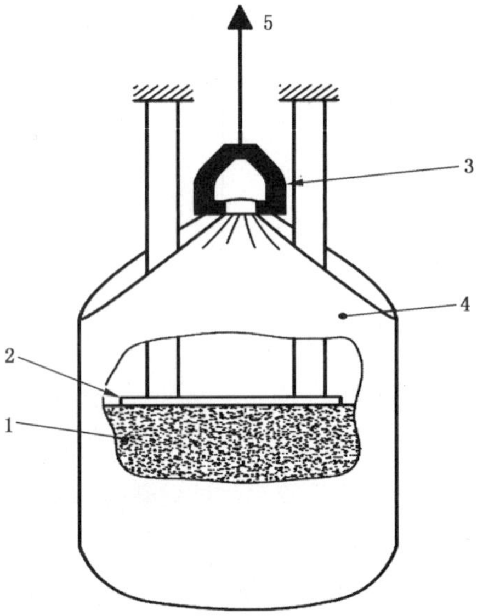

说明：
1——内装物；
2——压板；
3——提吊装置；
4——中散容器；
5——施载方向。

图 D.5 向上固定压板的单点提吊示意图

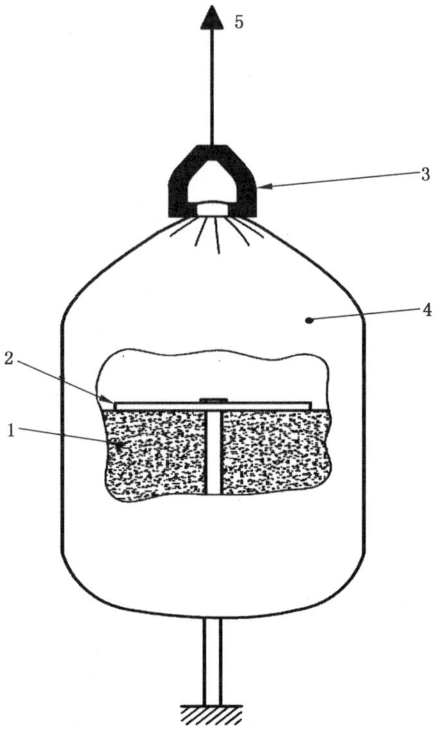

说明：
1——内装物；
2——压板；
3——提吊装置；
4——中散容器；
5——施载方向。

图 D.6 向下固定压板的单点提吊示意图

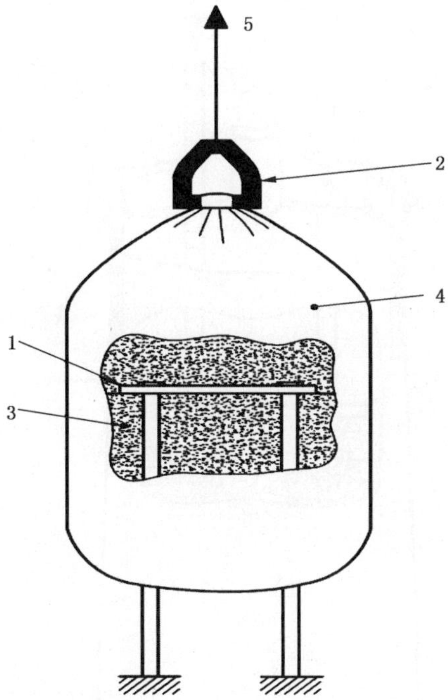

说明：
1——压板；
2——提吊装置；
3——内装物；
4——中散容器；
5——施载方向。

图 D.7　向下固定压板(双支柱)单点提吊装置示意图

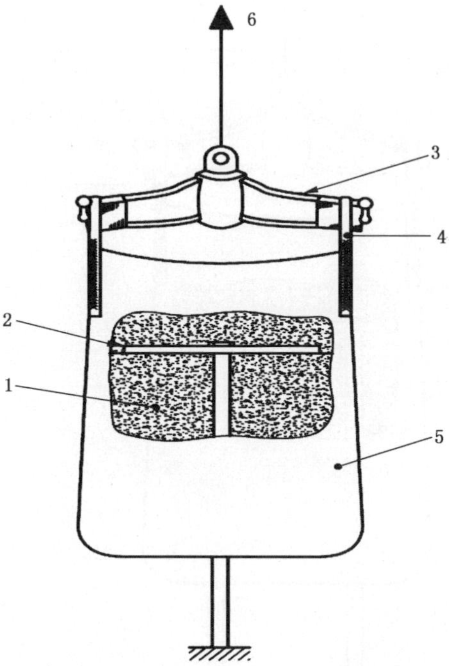

说明：
1——内装物；
2——压板；
3——提吊装置；
4——吊带；
5——中散容器；
6——施载方向。

图 D.8　向下固定压板的两点提吊装置示意图

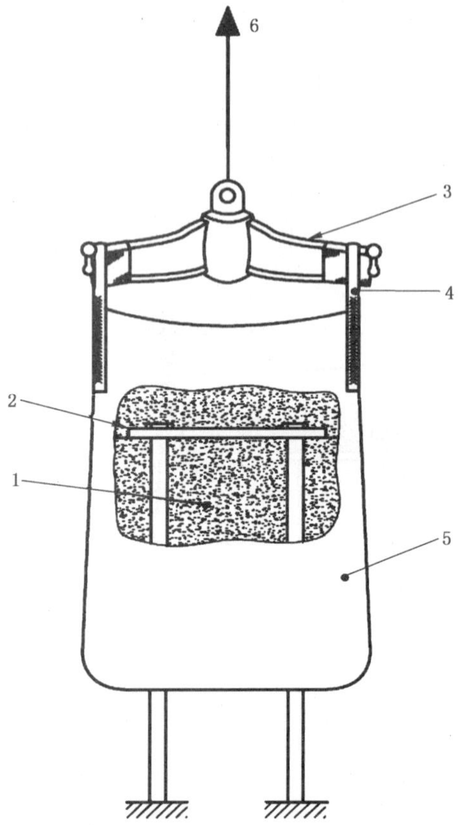

说明：
1——内装物；
2——压板；
3——提吊装置；
4——吊带；
5——中散容器；
6——施力方向。

图 D.9　向下固定压板(单独支柱)两点提吊装置图

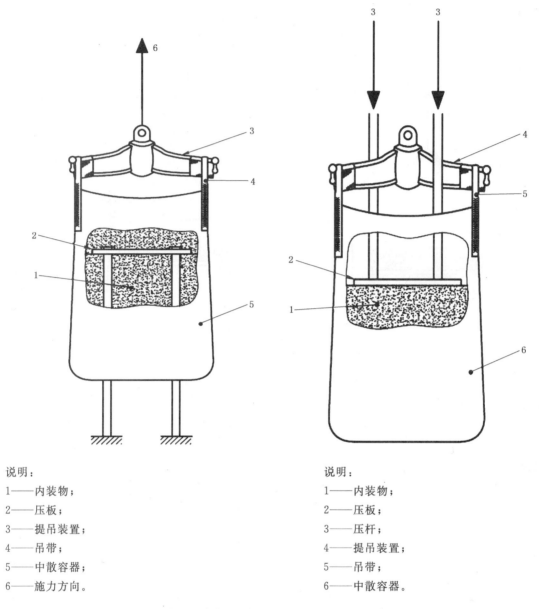

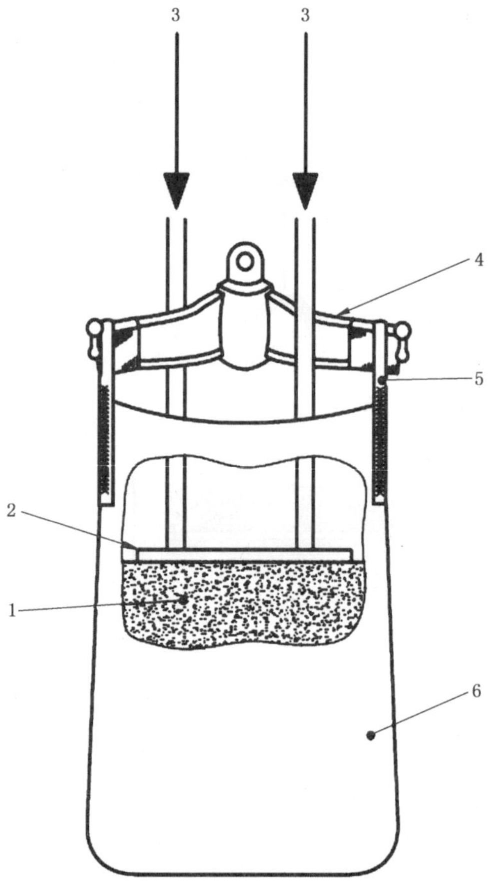

说明：
1——内装物；
2——压板；
3——压杆；
4——提吊装置；
5——吊带；
6——中散容器。

图 D.10　施加向下的力提吊装置示意图

D.3　试验过程

D.3.1　中型散装容器进行周期性提吊试验，试验样品的选择、注料及试验环境条件应符合 5.1、5.2 和 5.3的要求。

D.3.2　选择合适尺寸的压板符合 D.2.1.1 的要求，应放置于内装物上，压板不应与中散容器的壁接触。

D.3.3　以(70±20)kN/min 的速率增大施加力直至达到所要求的力值，然后释放力，完成一次试验。重复试验，时间间隔应不超过 30 s，直至达到规定的试验次数，完成试验。

D.3.4　按以下试验周期进行试验：

a)　重型可重复使用的中散容器：施加 6 倍安全额定载荷的力，循环试验 70 次，最后一次施加 8 倍额定载荷的力；

b)　标准型可重复使用的中散容器：施加 4 倍额定载荷的力，循环试验 70 次，最后一次施加 6 倍额定载荷的力；

c) 一次性使用的中散容器：施加 2 倍额定载荷的力，循环试验 30 次，最后一次施加 5 倍额定载荷的力。

注：如果试验有特定要求，可施加更大的力使中散容器破坏，记录下该值。

D.4 试验结论

试验结论应包括：内装物是否有泄露，提吊装置是否有松动或破损等内容。

附 录 E
（规范性附录）
压力试验

E.1 原理

将中散容器加载至规定载荷，可采用压力试验机加压或采用静载方法。试验完成后检查内装物是否有溢出以及中散容器是否有破损。

E.2 仪器、设备

试验所用仪器应符合 GB/T 4857.4 的有关要求，压板应能达到载荷要求。

E.3 试验过程

试验样品的注料、试验环境条件应符合 6.1.2 的有关要求。试验可按 GB/T 4857.4 中的方法施加压力达到所要求的值，或者给试验样品施加所要求的静载荷进行试验。

E.4 试验载荷

压力试验所要求的载荷一般应为 4 倍的额定载荷。

E.5 试验时间

试验持续时间 6 h。

E.6 试验结论

试验结论应包括：内装物是否有泄露、中散容器是否有破损等内容。

二、农业、林业

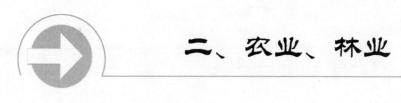

中华人民共和国国家标准

UDC 633-156

主要农作物种子包装

GB 7414—87

Seed packing of main agricultural crops

本标准适用于主要农作物种子贮藏、运输、销售等流通环节的包装。不适用以块根、块茎、芽苗等为繁殖材料的农作物种子。

1 包装分类、材料与规格

1.1 包装的分类

1.1.1 贮藏、运输包装：必须符合坚固耐久的要求和重复使用的价值。

1.1.2 销售包装：要求价格低廉、美观适用、方便用户。

1.2 包装材料

1.2.1 贮藏、运输包装材料：主要选用以黄、红麻为原料的机制麻袋作为包装材料。

1.2.2 销售包装材料：选用以纸张、聚乙烯、聚丙烯等为主要原料的制成品作为销售包装材料。

1.3 包装规格

1.3.1 贮藏、运输包装：执行GB 731—81《麻袋的技术条件》3号袋Ⅰ、Ⅱ的技术规格。

1.3.2 销售包装：规格见表1。

表1 销售包装规格

			1420	1724	2434	3043	3652	5072
编号			1420	1724	2434	3043	3652	5072
品名			1号包装袋	2号包装袋	3号包装袋	4号包装袋	5号包装袋	6号包装袋
规格 mm×mm			141.6×203.5	170.4×244.9	240.0×345.0	300.0×431.2	367.2×527.8	504.4×724.5
聚乙烯袋	厚度，mm		0.04	0.04	0.06	0.08		
纸袋	层数		1	1	1	1	2	3
	层次与纸张规格 g/m^2	里					80	80
		中						80
		外	80	80	120	120	120	120
聚丙烯袋	物理机械性能指标	重量 g/m^2	80～100					
	拉伸强度 kgf	经	≤30					≥50
		纬	≤30					≥50
		缝	≤20					≥30
	经密 根/10cm		44～48					
	纬密 根/10cm		44～48					
	规格外观及跌落试验允许偏差		执行SG 213—80《聚丙烯编织袋》					

国家标准局1987-03-13批准　　1987-10-01实施

1.3.2.1 销售包装袋装重编号顺序为：1号袋（0.5**kg**）、2号袋（1.0**kg**）、3号袋（2.5**kg**）、4号袋（5.0**kg**）、5号袋（10.0**kg**）、6号袋（25.0**kg**）。

2 包装标志、封口

2.1 贮藏、运输包装标志、封口

2.1.1 标志：袋上方印刷淡绿色，粗号宋体字“种子”二字，其下为淡绿色圆形标志图案（图1）。图案周围为粗圆环，环内中下部实体绿色部位表示土壤。土壤正中淡绿色嫩芽，代表苗壮幼苗，圆形标志图案的样图见图2，文字及标志位置见表2。

表2 贮藏、运输包装袋的文字及标志位置 mm

编号 / 位置及尺寸 / 文字及标志	3号袋Ⅰ（900×580）			3号袋Ⅱ（1070×740）		
	长×宽	中心距上缘	中心距左缘	长×宽	中心距上缘	中心距左缘
种	100×112.5	270	180	120×135	350	240
子	100×112.5	270	400	120×135	350	500
标志中心		540	290		630	370
内圆半径		115			120	
外圆半径		125			135	

1:15 mm

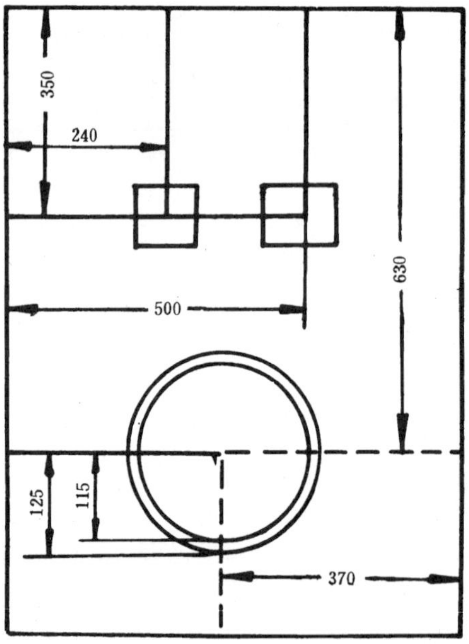

图1 3号袋—Ⅱ文字、标志位置关系图

图 2 3号销货包装袋（2434)标志图1 : 1

2.1.1.1 贮藏、运输包装袋装重编号顺序为：3号袋—Ⅰ（50kg）、3号袋—Ⅱ（100kg）。

2.1.2 封口

2.1.2.1 封包机缝口：针距14～15针/10cm。

2.1.2.2 机针手缝口：3号袋Ⅰ、Ⅱ分别为9针和11针。两角成“马耳”形。

2.1.2.3 手针手缝口：3号袋Ⅰ、Ⅱ分别为7和9针，两角成“马耳”形。

2.1.3 标签：贮藏、运输袋装种子后，袋外拴牢标签。

2.1.3.1 标签规格：采用80g/m^2牛皮纸（或塑料、化纤布等）制作。长95mm，宽60mm，标签穿线孔中心距上缘8 mm，左右缘均为30mm。标签正反面各粘贴质量80g/m^2，长宽均为16 mm的纸块一个，正中打一微孔，穿入200mm28号细铁丝一根。

2.1.3.2 标签内容与制作：内容包括作物、品种、等级及经营单位全称。采用3号宋体字（见图3）。标签分浅蓝、浅红、白三种颜色。浅蓝为原种标签，浅红为亲本种子标签，白色为生产用种标签。

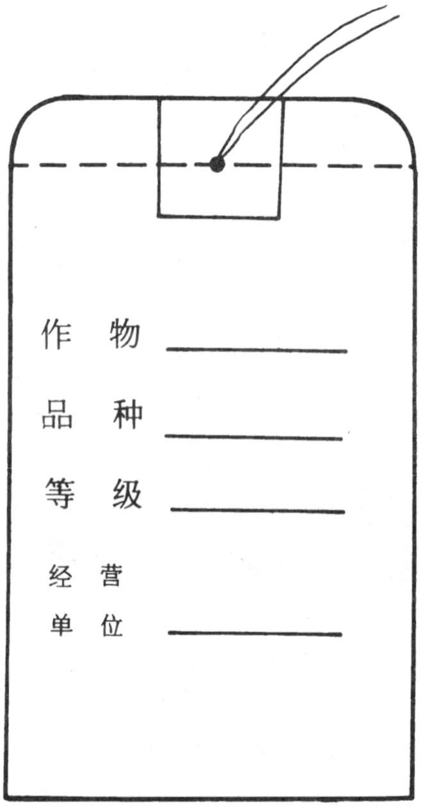

图3 标签 1 : 1

2.1.4 卡片：贮藏、运输包装封口前应填好卡片装入袋内。

2.1.4.1 规格：选用80g/m^2牛皮纸，长120mm，宽80mm。

2.1.4.2 卡片内容：作物、品种、纯度、净度、发芽率、水分、生产年月与经营单位。字型为3号宋体。

2.2 销售包装标志、封口

2.2.1 标志：袋正面上方第一行为“种子”二字，其下逐行依次为“种子”汉语拼音字母或少数民族文字、图形标志（同贮藏、运输、包装）、“作物”、“品种”、“净重”及经营单位全称。上述文字除经营单位全称选用宋体字外，余选用粗号宋体字。文字及标志在销售包装袋上的位置，以3号销售包装袋为例。见表3。

表3 销售包装文字和标志的位置 mm

内容＼位置	长×宽	中心距上缘	中心距左缘
种	40×45	77.5	80.0
子	40×45	77.5	160.0
拼音或少数民族文字	12×79	109.5	120.0
作	13×10	232.0	77.5
物	13×10	232.0	90.5
品	13×10	232.0	130.5
种	13×10	232.0	143.5
净	13×10	250.0	90.5
重	13×10	250.0	103.5
公	13×10	250.0	143.5
斤	13×10	250.0	156.5
经营单位全称	23×167	278.0	120.0
标志中心		172.5	120.0
内圆半径		46.0	
外圆半径		50.0	

各编号销售包装袋文字及标志位置与销售包装3号袋（编号2434）文字及位置的比例见表4。

表4 文字和位置的比例

编号	1420	1724	2434	3043	3652	5072
比值	0.59	0.71	1.00	1.25	1.53	2.10

2.2.2 封口

2.2.2.1 聚乙烯袋：各编号袋采用电热器热合封口。

2.2.2.2 聚丙烯袋：各编号袋采用封包机缝口，针距14～15针/10cm。

2.2.2.3 纸袋:1、2号包装袋折叠封口，3～6号包装袋用粘结剂或机械封口。

表5 主要农作物种子贮藏、运输包装袋定量标准

麻袋品名		装量 kg / 封口方法	小麦	稻		玉米	高粱	大豆	油菜籽	花生	棉花		黄红麻
				籼稻	粳稻						毛籽	光籽	
3号袋	I	封包机缝口	60	50	45	60	65	60	60	20	—	—	55
		手针缝口	55	45	40	55	60	55	55	20	—	—	50
3号袋	Ⅱ	封包机缝口	95	75	70	90	95	90	95	35	45	55	80
		手针缝口	90	70	65	85	90	85	90	30	40	50	75

附加说明：

本标准由中华人民共和国农牧渔业部提出。

本标准由中国种子公司、辽宁、浙江省种子公司负责起草。

本标准主要起草人王福才、孟祥仁、周如良、李建华。

ICS 83.040.10
B 72

中华人民共和国国家标准

GB/T 8082—2018
代替 GB/T 8082—2008

天然生胶　技术分级橡胶(TSR)包装、标志、贮存和运输

Rubber, raw natural—Technically specified rubber (TSR)—Packing, marking, storage and transportation

2018-12-28 发布　　　　2019-11-01 实施

国家市场监督管理总局
中国国家标准化管理委员会　发布

前　言

本标准按照 GB/T 1.1—2009 给出的规则起草。

本标准代替 GB/T 8082—2008《天然生胶　标准橡胶　包装、标志、贮存和运输》(含第 1 号修改单),与 GB/T 8082—2008 相比,主要技术变化如下:

——标准中文名称修改为“天然生胶　技术分级橡胶(TSR) 包装、标志、贮存和运输”,英文名称作相应改变,以便与 GB/T 8081《天然生胶　技术分级橡胶(TSR)规格导则》中“技术分级橡胶(TSR)”的名称相统一;

——修改了标准结构,将 GB/T 8082—2008 中的第 3 章“标准橡胶的包装和标志”改为第 3 章“包装”和第 4 章“标志”(见第 3 章和第 4 章,2008 年版的第 3 章,),将 GB/T 8082—2008 的第 4 章“标准橡胶的贮存和运输”改为第 5 章“贮存”和第 6 章“运输”(见第 5 章和第 6 章,2008 年版的第 4 章);

——删除了“每个胶包的净含量为 33.3 kg 或 35 kg(允许±0.5%),对于未改、扩建的企业生产的胶包,每个胶包的净含量可按 40 kg±0.2 kg 执行,但自 2015 年 1 月 1 日起生产的胶包,每个胶包净含量 40 kg±0.2 kg 的包装规格应停止执行”(见 GB/T 8082—2008 的第 1 号修改单),因为过渡期已过;

——修改了包装薄膜要求,增加了不剥离型薄膜引用 GB/T 24797.2 的规定(见 3.3.1,2008 年版的 3.1.3);

——增加了低黏恒黏胶的级别代号(见 4.1);

——标志内容修改了表述(见第 4 章,2008 年版的 3.2),增加了“厂址、商标、执行标准”(见 4.3),删除了许可证编号(见 2008 年版的 3.2);

——运输内容修改了表述(见第 6 章,2008 年版的 4.2),增加了“运输时应避免与油类、酸碱、有机溶剂及其他对橡胶有害的物质接触或受其污染”(见第 6 章)。

本标准由中国石油和化学工业联合会提出。

本标准由全国橡胶与橡胶制品标准化技术委员会天然橡胶分技术委员会(SAC/TC 35/SC 8)归口。

本标准起草单位:中国热带农业科学院农产品加工研究所、海南天然橡胶产业集团股份有限公司、云南农垦集团有限责任公司、中华人民共和国黄埔出入境检验检验局、广东省广垦橡胶集团有限公司、云南省天然橡胶及咖啡产品质量监督检验站、农业部天然橡胶质量监督检验测试中心、上海中化科技有限公司。

本标准主要起草人:卢光、袁瑞全、阮林光、刘能盛、李宗良、周旭晖、邓辉、张艺、李一民。

本标准所代替标准的历次版本发布情况为:

——GB/T 8082—1987、GB/T 8082—1999、GB/T 8082—2008。

天然生胶　技术分级橡胶(TSR)包装、标志、贮存和运输

1　范围

本标准规定了天然生胶技术分级橡胶(TSR)的包装、标志、贮存和运输。

本标准适用于我国各级别的天然生胶技术分级橡胶。

2　规范性引用文件

下列文件对于本文件的应用是必不可少的。凡是注日期的引用文件，仅注日期的版本适用于本文件。凡是不注日期的引用文件，其最新版本(包括所有的修改单)适用于本文件。

GB/T 8081—2018　天然生胶　技术分级橡胶(TSR)规格导则

GB/T 19188　天然生胶和合成生胶　贮存指南

GB/T 24797.2　橡胶包装用薄膜　第2部分：天然橡胶

3　包装

3.1　胶包净含量

每个胶包净含量为33.3 kg或35 kg(允许±0.5%)。

3.2　胶包尺寸

对于净含量为33.3 kg的胶包，其长约为670 mm，宽约为330 mm，高约为200 mm。

对于净含量为35 kg的胶包，其长约为680 mm，宽约为340 mm，高约为200 mm。

注：由于30包33.3 kg的胶包为1 t，因此，建议优先采用该规格的胶包。

3.3　包装材料和方式

3.3.1　胶包内层包装如使用不剥离型薄膜，应符合GB/T 24797.2的规定；胶包外层使用聚丙烯袋包装；经有关各方同意，也可使用其他的包装材料。

注：如有关各方同意，特别是当包装用的薄膜需要从胶包上剥除的话，也可用厚度最高达65 μm厚的薄膜。

3.3.2　包装方式可采用单包散装或大包装(通常为33.3 kg/包、30包为1 t或35 kg/包、36包为1.26 t)。大包装可采用托板、疏格箱或流转式包装箱。采用大包装的包装物，不应带有检疫性有害生物和有毒有害物质。

4　标志

4.1　TSR级别代号

TSR级别的代号按GB/T 8081—2018中表1规定执行。

4.2 级别标志颜色

TSR 级别的标志颜色按 GB/T 8081—2018 中表 1 规定执行。

4.3 标志内容

无论采取何种方式包装，均应在包装外表面清楚标明以下内容：

a) 生产厂名、厂址、商标；

b) 执行标准编号；

c) 产品名称、级别代号、标志颜色；

d) 净含量，千克(kg)；

e) 生产日期；

f) 生产批号或编号。

5 贮存

按 GB/T 19188 的规定进行。

6 运输

运输时应使用干燥和清洁车厢或集装箱等装运，并做好垫盖。

运输时应避免与油类、酸碱、有机溶剂及其他对橡胶有害的物质接触或受其污染。

ICS 79.060.10
B 70

中华人民共和国国家标准

GB/T 9846—2015
代替 GB/T 9846.1～9846.8—2004

普通胶合板

Plywood for general use

2015-07-03 发布 2015-11-02 实施

中华人民共和国国家质量监督检验检疫总局
中国国家标准化管理委员会 发布

前　言

本标准按照 GB/T 1.1—2009 给出的规则起草。

本标准是对 GB/T 9846.1～9846.8—2004《胶合板》的整合修订。

本标准与 GB/T 9846.1～9846.8—2004 相比，除编辑性修改外主要技术内容变化如下：

——修改了标准名称，把《胶合板》改为《普通胶合板》；

——修改了标准的适用范围；

——将 8 个部分系列标准整合为 1 个标准；

——增加了术语和定义；

——删除了按总体外观、最终使用者要求、构成、力学性能和用途等分类；

——修改了长度和宽度偏差；

——修改了厚度偏差；

——增加了平整度的测定，取消翘曲度的测定；

——修改了Ⅲ类胶合板的预处理条件；

——修改了胶合强度试件槽口深度；

——修改了含水率的下限值；

——增加了用材树种：桉木，其胶合强度指标值≥0.70 MPa；

——增加了阔叶材(包括热带阔叶材)外观缺陷中树胶道缺陷；

——增加了试件制作示意图；

——甲醛释放量指标值执行 GB 18580 的规定；

——增加了静曲强度和弹性模量试验方法及指标值；

——增加了浸渍剥离试验方法及指标值；

——修改了芯板叠离合格品、背板的最大宽度和长中板叠离的最大宽度；

——修改了含水率、胶合强度判定规则；

——包装标签增加了面板、芯板树种和厚度内容。

请注意本文件的某些内容可能涉及专利。本文件的发布机构不承担识别这些专利的责任。

本标准由国家林业局提出。

本标准由全国人造板标准化技术委员会(SAC/TC 198)归口。

本标准起草单位：中国林业科学研究院木材工业研究所、浙江升华云峰新材股份有限公司、德华兔宝宝装饰新材股份有限公司、国家木制家具及人造板质量监督检验中心、徐州盛和木业有限公司、徐州华纳威尔克木业有限公司、江苏富祥木业有限公司、东莞市东骏长和木业有限公司、广东省宜华木业股份有限公司、江苏森茂竹木业有限公司、广州力恒木业制造有限公司、书香门地(上海)新材料科技有限公司、湖南福湘木业有限责任公司、江苏肯帝亚木业有限公司、山东新港企业集团有限公司、鲁丽集团有限公司。

本标准主要起草人：龙玲、段新芳、曹忠荣、顾水祥、刘元强、徐建峰、贾音、魏鹏、张秀华、王殿营、叶诸根、刘壮青、刘海良、何伟锋、卜立新、张建均、郦海星、魏孝新、李艳霞。

本标准所代替标准的历次版本发布情况为：

——GB/T 9846.1～9846.10—1988；

——GB/T 9846.1～9846.8—2004。

普通胶合板

1 范围

本标准规定了普通胶合板的术语和定义、分类、要求、测量及试验方法、检验规则以及标志、包装、运输和贮存等。

本标准适用于普通胶合板，不适用于细木工板、单板层积材等不同结构和特殊性能要求的胶合板。

2 规范性引用文件

下列文件对于本文件的应用是必不可少的。凡是注日期的引用文件，仅注日期的版本适用于本文件，凡是不注日期的引用文件，其最新版本(包括所有的修改单)适用于本文件。

GB/T 1933 木材密度测定方法

GB/T 2828.1—2012 计数抽样检验程序 第1部分：按接收质量限(AQL)检索的逐批检验抽样计划

GB/T 17657—2013 人造板及饰面人造板理化性能试验方法

GB/T 18259—2009 人造板及其表面装饰术语

GB 18580 室内装饰装修材料 人造板及其制品中甲醛释放限量

GB/T 19367—2009 人造板的尺寸测定

3 术语和定义

GB/T 18259—2009 界定的以及下列术语和定义适用于本文件。为了便于使用，以下重复列出了 GB/T 18259—2009 中的某些术语和定义。

3.1

Ⅰ类胶合板 class Ⅰ plywood

能够通过煮沸试验，供室外条件下使用的耐气候胶合板。

[GB/T 18259—2009，定义 2.2.1.18]

3.2

Ⅱ类胶合板 class Ⅱ plywood

能够通过 63 ℃±3 ℃热水浸渍试验，供潮湿条件下使用的耐水胶合板。

[GB/T 18259—2009，定义 2.2.1.19]

3.3

Ⅲ类胶合板 class Ⅲ plywood

能够通过 20 ℃±3 ℃冷水浸泡试验，供干燥条件下使用的不耐潮胶合板。

3.4

胶合板树种 plywood tree spieces

胶合板面板的树种为该胶合板树种。

4 分类

4.1 按使用环境分为：

a) 干燥条件下使用；

b) 潮湿条件下使用；

c) 室外条件下使用。

4.2 按表面加工状况分为：

a) 未砂光板；

b) 砂光板。

5 要求

5.1 规格尺寸及其偏差

5.1.1 规格尺寸

5.1.1.1 胶合板幅面尺寸应符合表1要求。

表1 胶合板的幅面尺寸

单位为毫米

<table>
<tr><th>宽 度</th><th colspan="5">长 度</th></tr>
<tr><td>915</td><td>915</td><td>1 220</td><td>1 830</td><td>2 135</td><td>—</td></tr>
<tr><td>1 220</td><td>—</td><td>1 220</td><td>1 830</td><td>2 135</td><td>2 440</td></tr>
<tr><td colspan="6">注：特殊尺寸由供需双方协议。</td></tr>
</table>

5.1.1.2 胶合板厚度尺寸由供需双方协商确定。

5.1.2 尺寸偏差

5.1.2.1 胶合板长度和宽度偏差：±1.5 mm/m，最大±3.5 mm。

5.1.2.2 胶合板厚度偏差应符合表2的要求。

表2 胶合板厚度偏差要求

单位为毫米

<table>
<tr><th rowspan="2">公称厚度范围
(t)</th><th colspan="2">未砂光板</th><th colspan="2">砂光板（面板砂光）</th></tr>
<tr><th>板内厚度公差</th><th>公称厚度偏差</th><th>板内厚度公差</th><th>公称厚度偏差</th></tr>
<tr><td>$t \leqslant 3$</td><td>0.5</td><td>+0.4
−0.2</td><td>0.3</td><td>±0.2</td></tr>
<tr><td>$3 < t \leqslant 7$</td><td>0.7</td><td>+0.5
−0.3</td><td>0.5</td><td>±0.3</td></tr>
<tr><td>$7 < t \leqslant 12$</td><td>1.0</td><td rowspan="3">+(0.8+0.03t)
−(0.4+0.03t)</td><td>0.6</td><td>+(0.2+0.03t)
−(0.4+0.03t)</td></tr>
<tr><td>$12 < t \leqslant 25$</td><td rowspan="2">1.5</td><td>0.6</td><td rowspan="2">+(0.2+0.03t)
−(0.3+0.03t)</td></tr>
<tr><td>$t > 25$</td><td>0.8</td></tr>
</table>

5.1.2.3 胶合板垂直度偏差：不大于 1 mm/m。

5.1.2.4 胶合板边缘直度偏差：不大于 1 mm/m。

5.1.2.5 胶合板平整度偏差：

当幅面为 1 220 mm×1 830 mm 及其以上时，平整度偏差不大于 30 mm。

当幅面小于 1 220 mm×1 830 mm 时，平整度偏差不大于 20 mm。

注：厚度 $t \geqslant 7$ mm，检测平整度。

5.2 外观质量

5.2.1 分等

5.2.1.1 胶合板按成品板面板上可见的材质缺陷和加工缺陷的数量和范围分成优等品、一等品和合格品三个等级。这三个等级的面板应砂(刮)光，特殊需要的可不砂(刮)光或两面砂(刮)光。

5.2.1.2 可按用户需要，生产由不同等级面、背板组合的胶合板。

5.2.2 允许缺陷

5.2.2.1 以阔叶树材单板为表板的各等级普通胶合板的允许缺陷见表 3。

5.2.2.2 以针叶树材单板为表板的各等级普通胶合板的允许缺陷见表 4。

5.2.2.3 以热带阔叶树材单板为表板的各等级普通胶合板的允许缺陷见表 5。

表 3 阔叶树材胶合板外观分等的允许缺陷

<table>
<tr><th colspan="2" rowspan="3">缺陷种类</th><th rowspan="3">检验项目</th><th colspan="3">面 板</th><th rowspan="3">背 板</th></tr>
<tr><th colspan="3">胶 合 板 等 级</th></tr>
<tr><th>优等品</th><th>一等品</th><th>合格品</th></tr>
<tr><td colspan="2">(1)针节</td><td>—</td><td colspan="4">允许</td></tr>
<tr><td colspan="2">(2)活节</td><td>最大单个直径/mm</td><td>10</td><td>20</td><td colspan="2">不限</td></tr>
<tr><td rowspan="4">(3)</td><td>半活节、死节、夹皮</td><td>每平方米板面上总个数</td><td>不允许</td><td>4</td><td>6</td><td>不限</td></tr>
<tr><td>半活节</td><td>最大单个直径/mm</td><td>不允许</td><td>15
(自 5 以下不计)</td><td colspan="2">不限</td></tr>
<tr><td>死节</td><td>最大单个直径/mm</td><td>不允许</td><td>4
(自 2 以下不计)</td><td>15</td><td>不限</td></tr>
<tr><td>夹皮</td><td>单个最大长度/mm</td><td>不允许</td><td>20
(自 5 以下不计)</td><td colspan="2">不限</td></tr>
<tr><td colspan="2">(4)木材异常结构</td><td>—</td><td colspan="4">允许</td></tr>
<tr><td colspan="2" rowspan="2">(5)裂缝</td><td>单个最大宽度/mm</td><td rowspan="2">不允许</td><td>1.5
椴木 0.5</td><td>3，椴木 1.5，
南方材 4</td><td>6</td></tr>
<tr><td>单个最大长度/mm</td><td>200
南方材 250</td><td>400
南方材 450</td><td>800 南方
材 1 000</td></tr>
<tr><td colspan="2" rowspan="2">(6)虫孔、排钉孔、孔洞</td><td>最大单个单径/mm</td><td rowspan="2">不允许</td><td>4</td><td>8</td><td>15</td></tr>
<tr><td>每平方米板面上个数</td><td>4</td><td colspan="2">不允许呈筛孔状</td></tr>
</table>

表 3（续）

<table>
<tr><th rowspan="3">缺陷种类</th><th rowspan="3" colspan="2">检验项目</th><th colspan="3">面　板</th><th rowspan="3">背　板</th></tr>
<tr><th colspan="3">胶 合 板 等 级</th></tr>
<tr><th>优等品</th><th>一等品</th><th>合格品</th></tr>
<tr><td rowspan="2">(7)变色</td><td rowspan="2" colspan="2">不超过板面积/%</td><td>不允许</td><td>30</td><td colspan="2">不限</td></tr>
<tr><td colspan="4">注 1：浅色斑条按变色计。
注 2：一等品深色斑条宽度不得超过 2 mm,长度不得超过 20 mm。
注 3：桦木除特等板外,允许有伪心材,但一等品的色泽应调和。
注 4：桦木一等品不允许有密集的褐色或黑色髓斑。
注 5：优等品和一等品的异色边心材按变色计。</td></tr>
<tr><td>(8)腐朽</td><td colspan="2">—</td><td colspan="2">不 允 许</td><td>允许有不影响强度的初腐现象,但面积不超过板面积的 1%</td><td>允许有初腐</td></tr>
<tr><td rowspan="3">(9)树胶道</td><td colspan="2">单个最大长度/mm</td><td rowspan="3">不允许</td><td>150</td><td colspan="2" rowspan="3">不限</td></tr>
<tr><td colspan="2">单个最大宽度/mm</td><td>10</td></tr>
<tr><td colspan="2">每平方米板面上个数</td><td>4</td></tr>
<tr><td rowspan="3">(10)表板拼接离缝</td><td colspan="2">单个最大宽度/mm</td><td rowspan="3">不允许</td><td>0.5</td><td>1</td><td>2</td></tr>
<tr><td colspan="2">单个最大长度为板长/%</td><td>10</td><td>30</td><td>50</td></tr>
<tr><td colspan="2">每米板宽内条数</td><td>1</td><td>2</td><td>不限</td></tr>
<tr><td rowspan="2">(11)表板叠层</td><td colspan="2">单个最大宽度/mm</td><td colspan="2" rowspan="2">不允许</td><td>8</td><td>10</td></tr>
<tr><td colspan="2">单个最大长度为板长/%</td><td>20</td><td>不限</td></tr>
<tr><td rowspan="3">(12)芯板叠离</td><td rowspan="2">紧贴表板的芯板叠离</td><td>单个最大宽度/mm</td><td rowspan="3">不允许</td><td>2</td><td>6</td><td>8</td></tr>
<tr><td>每米板宽内条数</td><td>2</td><td colspan="2">不限</td></tr>
<tr><td colspan="2">其他各层离缝最大宽度/mm</td><td colspan="2">8</td><td>—</td></tr>
<tr><td>(13)长中板叠离</td><td colspan="2">单个最大宽度/mm</td><td>不允许</td><td colspan="2">8</td><td>—</td></tr>
<tr><td>(14)鼓泡、分层</td><td colspan="2">—</td><td colspan="3">不允许</td><td>—</td></tr>
<tr><td rowspan="2">(15)凹陷、压痕、鼓包</td><td colspan="2">单个最大面积/mm^2</td><td rowspan="2">不允许</td><td>50</td><td>400</td><td rowspan="2">不限</td></tr>
<tr><td colspan="2">每平方米板面上个数</td><td>1</td><td>4</td></tr>
<tr><td rowspan="2">(16)毛刺沟痕</td><td colspan="2">不超过板面积/%</td><td rowspan="2">不允许</td><td>1</td><td>20</td><td>不限</td></tr>
<tr><td colspan="2">深度不得超过/mm</td><td>0.2</td><td colspan="2">不允许穿透</td></tr>
<tr><td>(17)表板砂透</td><td colspan="2">每平方米板面上/mm^2</td><td colspan="2">不允许</td><td>400</td><td>不限</td></tr>
<tr><td>(18)透胶及其他人为污染</td><td colspan="2">不超过板面积/%</td><td>不允许</td><td>0.5</td><td>30</td><td>不限</td></tr>
<tr><td rowspan="3">(19)补片、补条</td><td colspan="2">允许制作适当、且填补牢固的,每平方米板面上的个数</td><td rowspan="3">不允许</td><td>3</td><td>不限</td><td rowspan="2">不限</td></tr>
<tr><td colspan="2">累计面积不超过板面积/%</td><td>0.5</td><td>3</td></tr>
<tr><td colspan="2">缝隙不得超过/mm</td><td>0.5</td><td>1</td><td>2</td></tr>
</table>

表 3（续）

缺陷种类	检验项目	面板 胶合板等级 优等品	面板 胶合板等级 一等品	面板 胶合板等级 合格品	背板
(20)内含铝质书钉	—	不允许			—
(21)板边缺损	自公称幅面内不得超过/mm	不允许		10	
(22)其他缺陷	—	不允许	按最类似缺陷考虑		

表 4　针叶树材胶合板外观分等的允许缺陷

缺陷种类		检验项目	面板 胶合板等级 优等品	面板 胶合板等级 一等品	面板 胶合板等级 合格品	背板
(1)针节		—	允许			
(2)	活节、半活节、死节	每平方米板面上总个数	5	8	10	不限
	活节	最大单个直径/mm	20	30 （自10以下不计）	不限	
	半活节、死节	最大单个直径/mm	不允许	5	30 （自10以下不计）	不限
(3)木材异常结构		—	允许			
(4)夹皮、树脂囊		每平方米板面上总个数	3	4 （自10以下不计）	10 （自15以下不计）	不限
		单个最大长度/mm	15	30	不限	
(5)裂缝		单个最大宽度/mm	不允许	1	2	6
		单个最大长度/mm		200	400	1 000
(6)虫孔、排钉孔孔洞		最大单个直径/mm	不允许	2	10	15
		每平方米板面上个数		4	10(自3 mm以下不计)	不允许呈筛孔状
(7)变色		不超过板面积/%	不允许	浅色10	不限	
(8)腐朽		—	不允许		允许有不影响强度的初腐现象，但面积不超过板面积的1%	允许有初腐
(9)树脂漏(树脂条)		单个最大长度/mm	不允许	150	不限	
		单个最大宽度/mm		10		
		每平方米板面上个数		4		

表 4（续）

<table>
<tr><th rowspan="3">缺陷种类</th><th rowspan="3" colspan="2">检验项目</th><th colspan="3">面　　板</th><th rowspan="3">背　　板</th></tr>
<tr><th colspan="3">胶 合 板 等 级</th></tr>
<tr><th>优等品</th><th>一等品</th><th>合格品</th></tr>
<tr><td rowspan="3">(10)表板拼接离缝</td><td colspan="2">单个最大宽度/mm</td><td rowspan="3">不允许</td><td>0.5</td><td>1</td><td>2</td></tr>
<tr><td colspan="2">单个最大长度为板长/%</td><td>10</td><td>30</td><td>50</td></tr>
<tr><td colspan="2">每米板宽内条数</td><td>1</td><td>2</td><td>不限</td></tr>
<tr><td rowspan="2">(11)表板叠层</td><td colspan="2">单个最大宽度/mm</td><td rowspan="2" colspan="2">不 允 许</td><td>2</td><td>10</td></tr>
<tr><td colspan="2">单个最大长度为板长/%</td><td>20</td><td>不限</td></tr>
<tr><td rowspan="3">(12) 芯板叠离</td><td rowspan="2">紧贴表板的芯板叠离</td><td>单个最大宽度/mm</td><td rowspan="3">不允许</td><td>2</td><td>4</td><td>8</td></tr>
<tr><td>每米板宽内条数</td><td>2</td><td colspan="2">不限</td></tr>
<tr><td colspan="2">其他各层离缝的最大宽度/mm</td><td colspan="2">8</td><td>—</td></tr>
<tr><td>(13)长中板叠离</td><td colspan="2">单个最大宽度/mm</td><td>不允许</td><td colspan="2">8</td><td>—</td></tr>
<tr><td>(14)鼓泡、分层</td><td colspan="2"></td><td colspan="3">不允许</td><td>—</td></tr>
<tr><td rowspan="2">(15)凹陷、压痕、鼓包</td><td colspan="2">单个最大面积/mm²</td><td rowspan="2">不允许</td><td>50</td><td>400</td><td rowspan="2">不限</td></tr>
<tr><td colspan="2">每平方米板面上个数</td><td>2</td><td>6</td></tr>
<tr><td rowspan="2">(16)毛刺沟痕</td><td colspan="2">不超过板面积/%</td><td rowspan="2">不允许</td><td>5</td><td>20</td><td>不限</td></tr>
<tr><td colspan="2">深度不得超过/mm</td><td>0.5</td><td colspan="2">不允许穿透</td></tr>
<tr><td>(17)表板砂透</td><td colspan="2">每平方米板面上/mm²</td><td colspan="2">不允许</td><td>400</td><td>不限</td></tr>
<tr><td>(18)透胶及其他人为污染</td><td colspan="2">不超过板面积/%</td><td>不允许</td><td>1</td><td colspan="2">不限</td></tr>
<tr><td rowspan="3">(19)补片、实条</td><td colspan="2">允许制作适当，且填补牢固的，每平方米板面上个数</td><td rowspan="3">不允许</td><td>6</td><td colspan="2">不限</td></tr>
<tr><td colspan="2">累计面积不超过板面积/%</td><td>1</td><td>5</td><td>不限</td></tr>
<tr><td colspan="2">缝隙不得超过/ mm</td><td>0.5</td><td>1</td><td>2</td></tr>
<tr><td>(20)内含铝质书钉</td><td colspan="2">—</td><td colspan="3">不允许</td><td>—</td></tr>
<tr><td>(21)板边缺损</td><td colspan="2">自公称幅面内不得超过/mm</td><td colspan="2">不允许</td><td colspan="2">10</td></tr>
<tr><td>(22)其他缺陷</td><td colspan="2">—</td><td>不允许</td><td colspan="3">按最类似缺陷考虑</td></tr>
</table>

表 5　热带阔叶树材胶合板外观分等的允许缺陷

<table>
<tr><th rowspan="3">缺陷种类</th><th rowspan="3">检验项目</th><th colspan="3">面　　板</th><th rowspan="3">背　　板</th></tr>
<tr><th colspan="3">胶 合 板 等 级</th></tr>
<tr><th>优等品</th><th>一等品</th><th>合格品</th></tr>
<tr><td>(1)针节</td><td></td><td colspan="4">允许</td></tr>
<tr><td>(2)活节</td><td>最大单个直径/mm</td><td>10</td><td>20</td><td colspan="2">不限</td></tr>
</table>

表 5（续）

<table>
<tr><th colspan="2" rowspan="3">缺陷种类</th><th rowspan="3">检验项目</th><th colspan="3">面　板</th><th rowspan="3">背　板</th></tr>
<tr><th colspan="3">胶 合 板 等 级</th></tr>
<tr><th>优等品</th><th>一等品</th><th>合格品</th></tr>
<tr><td rowspan="3">(3)</td><td>半活节、死节</td><td>每平方米板面上个数</td><td rowspan="3">不允许</td><td>3</td><td>5</td><td>不限</td></tr>
<tr><td>半活节</td><td>最大单个直径/mm</td><td>10
(自 5 以下不计)</td><td colspan="2">不限</td></tr>
<tr><td>死节</td><td>最大单个直径/mm</td><td>4
(自 2 以下不计)</td><td>15</td><td>不限</td></tr>
<tr><td colspan="2">(4)木材异常结构</td><td>—</td><td colspan="4">允许</td></tr>
<tr><td colspan="2" rowspan="2">(5)裂缝</td><td>单个最大宽度/mm</td><td rowspan="2">不允许</td><td>1.5</td><td>2</td><td>6</td></tr>
<tr><td>单个最大长度/mm</td><td>250</td><td>350</td><td>800</td></tr>
<tr><td colspan="2" rowspan="2">(6)夹皮</td><td>每平方米板面上总个数</td><td>不允许</td><td>2</td><td>4</td><td>不限</td></tr>
<tr><td>单个最大长度/mm</td><td></td><td>10
(自 5 以下不计)</td><td colspan="2">不限</td></tr>
<tr><td rowspan="4">(7)蛀虫造成的缺陷</td><td rowspan="2">虫孔</td><td>每平方米板面上个数</td><td rowspan="2">不允许</td><td>8(自 1.5 mm 以下不计)</td><td colspan="2" rowspan="4">不允许
呈筛孔状</td></tr>
<tr><td>单个最大直径/mm</td><td>2</td></tr>
<tr><td rowspan="2">虫道</td><td>每平方米板面上个数</td><td rowspan="2">不允许</td><td>2</td></tr>
<tr><td>单个最大长度/mm</td><td>10</td></tr>
<tr><td colspan="2" rowspan="2">(8)排钉孔、孔洞</td><td>单个最大直径/mm</td><td rowspan="2">不允许</td><td>2</td><td>8</td><td>15</td></tr>
<tr><td>每平方米板面上个数</td><td>1</td><td colspan="2">不限</td></tr>
<tr><td colspan="2">(9)变色</td><td>不超过板面积/%</td><td>不允许</td><td>5</td><td colspan="2">不限</td></tr>
<tr><td colspan="2">(10)腐朽</td><td>—</td><td colspan="2">不允许</td><td>允许有不影响强度的初腐现象，但面积不超过板面积的 1%</td><td>允许有初腐</td></tr>
<tr><td colspan="2" rowspan="3">(11)树胶道</td><td>单个最大长度/mm</td><td rowspan="3">不允许</td><td>150</td><td colspan="2" rowspan="3">不限</td></tr>
<tr><td>单个最大宽度/mm</td><td>10</td></tr>
<tr><td>每平方米板面上个数</td><td>4</td></tr>
<tr><td colspan="2" rowspan="3">(12)表板拼接离缝</td><td>单个最大宽度/mm</td><td colspan="2" rowspan="3">不允许</td><td>1</td><td>2</td></tr>
<tr><td>单个最大长度，相对于板长的百分比/%</td><td>30</td><td>50</td></tr>
<tr><td>每米板宽内条数</td><td>2</td><td>不限</td></tr>
<tr><td colspan="2" rowspan="2">(13)表板叠层</td><td>单个最大宽度/mm</td><td colspan="2" rowspan="2">不允许</td><td>2</td><td>10</td></tr>
<tr><td>单个最大长度，相对于板的百分比/%</td><td>10</td><td>不限</td></tr>
</table>

表 5（续）

<table>
<tr><th rowspan="3">缺陷种类</th><th rowspan="3" colspan="2">检验项目</th><th colspan="3">面　板</th><th rowspan="3">背　板</th></tr>
<tr><th colspan="3">胶合板等级</th></tr>
<tr><th>优等品</th><th>一等品</th><th>合格品</th></tr>
<tr><td rowspan="3">(14) 芯板叠离</td><td rowspan="2">紧贴表板的芯板叠离</td><td>单个最大宽度/mm</td><td rowspan="2">不允许</td><td>2</td><td>4</td><td>8</td></tr>
<tr><td>每米板宽内条数</td><td>2</td><td colspan="2">不限</td></tr>
<tr><td colspan="2">其他各层离缝的最大宽度/mm</td><td>不允许</td><td colspan="2">8</td><td>—</td></tr>
<tr><td>(15)长中板叠离</td><td colspan="2">单个最大宽度/mm</td><td>不允许</td><td colspan="2">8</td><td>—</td></tr>
<tr><td>(16)鼓泡、分层</td><td colspan="2"></td><td colspan="3">不允许</td><td>—</td></tr>
<tr><td rowspan="2">(17)凹陷、压痕、鼓包</td><td colspan="2">单个最大面积/mm²</td><td rowspan="2">不允许</td><td>50</td><td>400</td><td rowspan="2">不限</td></tr>
<tr><td colspan="2">每平方米板面上个数</td><td>1</td><td>4</td></tr>
<tr><td rowspan="2">(18)毛刺沟痕</td><td colspan="2">不超过板面积/%</td><td rowspan="2">不允许</td><td>1</td><td>25</td><td>不限</td></tr>
<tr><td colspan="2">最大深度/mm</td><td>0.4</td><td colspan="2">不允许穿透</td></tr>
<tr><td>(19)表板砂透</td><td colspan="2">每平方米板面上/mm²</td><td colspan="2">不允许</td><td>400</td><td>不限</td></tr>
<tr><td>(20)透胶及其他人为污染</td><td colspan="2">不超过板面积/(%)</td><td>不允许</td><td>0.5</td><td>30</td><td>不限</td></tr>
<tr><td rowspan="3">(21)补片、补条</td><td colspan="2">允许制作适当，且填补牢固的、每平方米板面上个数</td><td rowspan="3">不允许</td><td>3</td><td>不限</td><td rowspan="2">不限</td></tr>
<tr><td colspan="2">累计面积不超过板面积/%</td><td>0.5</td><td>3</td></tr>
<tr><td colspan="2">最大缝隙宽度/mm</td><td>0.5</td><td>1</td><td>2</td></tr>
<tr><td>(22)内含铝质书钉</td><td colspan="2">—</td><td colspan="3">不允许</td><td>—</td></tr>
<tr><td>(23)板边缺损</td><td colspan="2">自公称幅面内不得超过/mm</td><td colspan="2">不允许</td><td colspan="2">10</td></tr>
<tr><td>(24)其他缺陷</td><td colspan="2"></td><td>不允许</td><td colspan="3">按最类似缺陷考虑，不影响使用</td></tr>
<tr><td colspan="7">注 1：髓斑和斑条按变色计。
注 2：优等品和一等品的异色边心材按变色计。</td></tr>
</table>

5.2.3 面板拼接

5.2.3.1 优等品的面板板宽在 1 220 mm 以内的，其面板应为整张板或用两张单板在大致位于板的正中进行拼接，拼缝应严密。优等品的面板拼接时应适当配色且纹理相似。

5.2.3.2 一等品的面板拼接应密缝，木色相近且纹理相似，拼接单板的条数不限。

5.2.3.3 合格品的面板及各等级板的背板，其拼接单板条数不限。

5.2.3.4 各等级品的面板的拼缝均应大致平行于板边。

5.2.4 修补

5.2.4.1 对死节、孔洞和裂缝等缺陷，应用腻子填平后砂光进行修补。

5.2.4.2 补片和补条应采用与制造胶合板相近的胶黏剂进行胶粘。补片和补条的颜色和纹理，以及填料的颜色应与四周木材适当相配。

5.3 理化性能

5.3.1 含水率

胶合板含水率应符合表6的规定。

表6 胶合板的含水率要求

%

胶合板材种	类别	
	Ⅰ、Ⅱ类	Ⅲ类
阔叶树材(含热带阔叶树材)	5～14	5～16
针叶树材		

5.3.2 胶合强度

5.3.2.1 胶合板的胶合强度指标值应符合表7的规定。

表7 胶合强度要求

单位为兆帕

树种名称/木材名称/国外商品材名称	类别	
	Ⅰ、Ⅱ类	Ⅲ类
椴木、杨木、拟赤杨、泡桐、橡胶木、柳安、奥克榄、白梧桐、异翅香、海棠木、桉木	≥0.70	≥0.70
水曲柳、荷木、枫香、槭木、榆木、柞木、阿必东、克隆、山樟	≥0.80	
桦木	≥1.00	
马尾松、云南松、落叶松、云杉、辐射松	≥0.80	

5.3.2.2 对用不同树种搭配制成的胶合板的胶合强度指标值,应取各树种中胶合强度指标值要求最小的指标值。

5.3.2.3 如测定胶合强度试件的平均木材破坏率超过80%时,则其胶合强度指标值可比表7所规定的指标值低0.20 MPa。

5.3.2.4 其他国产阔叶树材或针叶树材制成的胶合板,其胶合强度指标值可根据其密度分别比照表7所规定的椴木、水曲柳或马尾松的指标值;其他热带阔叶树材制成的胶合板,其胶合强度指标值可根据树种的密度比照表7的规定,密度自0.60 g/m^3 以下的采用柳安的指标值,超过的则采用阿必东的指标值。供需双方对树种的密度有争议时,按GB/T 1933的规定测定。

5.3.3 浸渍剥离

当胶合板相邻层单板木纹方向相同时,应进行浸渍剥离试验。

每个试件同一胶层每边剥离长度累计不超过25 mm。

5.3.4 静曲强度和弹性模量

静曲强度和弹性模量指标值应大于或等于表8的规定。

表 8 静曲强度和弹性模量要求

单位为兆帕

试验项目		公称厚度 t/mm				
		$7 \leqslant t \leqslant 9$	$9 < t \leqslant 12$	$12 < t \leqslant 15$	$15 < t \leqslant 21$	$t > 21$
静曲强度	顺纹	32.0	28.0	24.0	22.0	24.0
	横纹	12.0	16.0	20.0	20.0	18.0
弹性模量	顺纹	5 500	5 000	5 000	5 000	5 500
	横纹	2 000	2 500	3 500	4 000	3 500

5.3.5 甲醛释放量

按 GB 18580 规定执行。

5.4 其他技术要求

5.4.1 通常相邻两层单板的木纹应基本垂直。

5.4.2 中心层两侧对称层的单板应为同一厚度、同一树种或物理性能相似的树种，同一生产方法（即都是旋切或是刨切的），而且木纹配置方向也应相同。

5.4.3 木纹方向平行的两层单板允许合为一层作中心层。测试胶合强度时，该两层单板看作一层。

5.4.4 面板或背板应为同一树种，表板应紧面朝外。

5.4.5 无孔胶纸带不得用于胶合板内部。如用其拼接优等品和一等品面板或修补一等品面板的裂缝，除不修饰外，事后应除去胶纸带且不留有明显胶纸痕。

5.4.6 在正常的干状条件下，阔叶树材胶合板表板厚度不得大于 3.5 mm，内层单板厚度不得大于 5 mm；针叶树材胶合板的内层和表层单板的厚度均不得大于 6.5 mm。

5.4.7 表板厚度均不得小于 0.55 mm。

5.4.8 胶合板的芯板不允许有任何方式的接长，长中板可以采取有孔胶带纸对接、斜面胶接和指形拼接的接长。

5.4.9 胶合板的内层单板可包括任意宽度的拼接或不拼接的单板。

6 测量及试验方法

6.1 规格尺寸测量

6.1.1 量具

量具包括：

——千分尺，分度值 0.01 mm；

——钢直尺，分度值 0.5 mm；

——钢卷尺，分度值 1.0 mm；

——金属线（如钢丝等），直径不大于 0.5 mm。

6.1.2 板的长度、宽度和厚度的测量

按 GB/T 19367—2009 中的相关规定进行。

6.1.3 垂直度测量

按 GB/T 19367—2009 中的相关规定进行。

6.1.4 边缘直度测量

按 GB/T 19367—2009 中的相关规定进行。

6.1.5 平整度测量

按 GB/T 19367—2009 中的相关规定进行。

6.2 试件取样及尺寸规定

6.2.1 仪器及量具

仪器及量具包括：

——千分尺，分度值 0.01 mm；

——游标卡尺，分度值 0.1 mm；

——钢卷尺，分度值 1.0 mm；

——天平，感量 0.01 g。

6.2.2 试件锯割

6.2.2.1 从每张供测试的胶合板上，按图 1 截取三块 600 mm×600 mm 试样。

单位为毫米

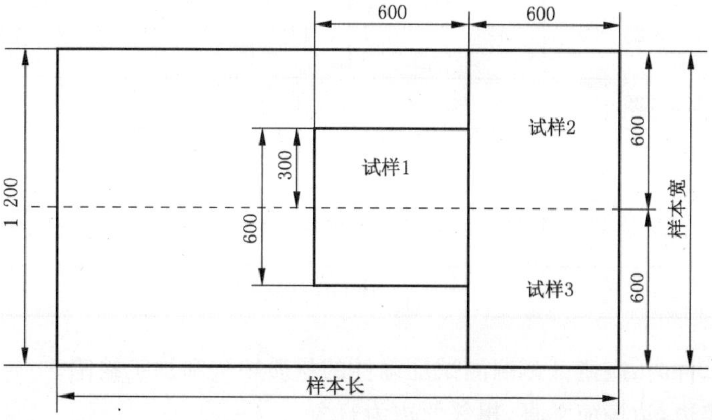

图 1 试样制作示意图

6.2.2.2 试件的制取位置及尺寸、数量按图 2 和表 9 进行。

单位为毫米

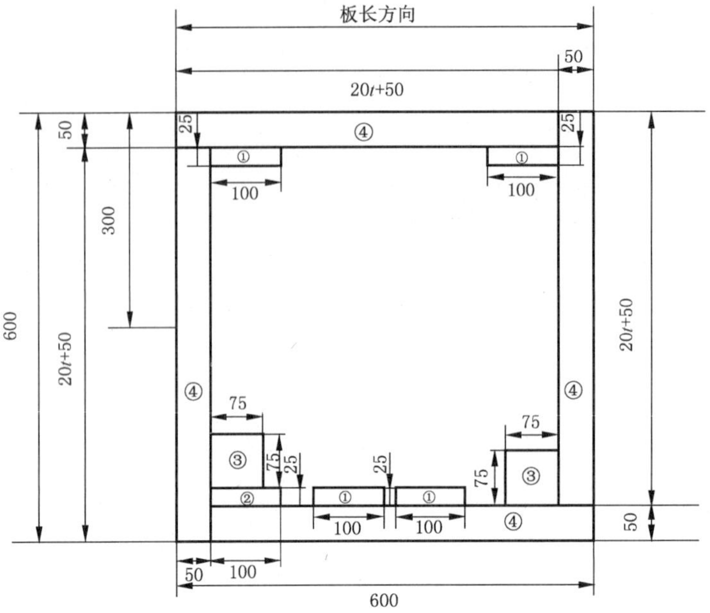

说明：

t——公称厚度。

图 2 试件制作示意图

表 9 试件尺寸及数量

试验项目	试件尺寸/mm	试件数量/片					试件编号	备注
		三层	五层	七层	九层	十一层		
胶合强度	100×25	12	12	18	24	36	①	试件数超过12片时，在适当位置制取试件
含水率	100×25	3					②	—
浸渍剥离	75×75	6					③	—
静曲强度 弹性模量	长20t+50，但不小于150，宽50	纵横各6					④	t——试件基本厚度
甲醛释放量	按GB 18580规定进行							

6.2.2.3 截取试样和试件时，应避开影响测试准确性的材质缺陷和加工缺陷。

6.2.2.4 试件不允许焦边，边棱应平直，相邻两边为直角。

6.2.2.5 试件开槽要确保测试受载时，一半试件芯板的旋切裂隙受拉伸，而另一半试件芯板的旋切裂隙受压缩，即应按胶合板的正（面板）、反（背板）方面锯至数量相等的试件，试件的总数量应包括每个组的各个胶层，而且测试最中间胶层的试件数量不少于试件总数量的三分之一。

6.2.2.6 厚度大于25 mm的胶合板，按上述试件锯割原则，在适当位置制取试件。

6.3 试验方法

6.3.1 外观质量

6.3.1.1 通过目测或用钢板尺（精度0.1mm）测量胶合板外观缺陷。

6.3.1.2 限制缺陷的数量，累积尺寸或范围应按1张板面积的平均每平方米上的数量进行计算，板宽度（或长度）上缺陷应按最严重一端的平均每米内的数量进行计算，其结果应取最接近的整数（即整数后有小数时，取相邻整数中大值）。

6.3.1.3 从表板上可以看到的内层单板的各种缺陷不得超过每个等级表板的允许限度。紧贴面板的芯板孔洞直径不得超过 20 mm，因芯板孔洞使一等品胶合板面板产生凹陷时，凹陷面积不得超过 50 mm^2。孔洞在板边形成的缺陷，其深度不得超过孔洞尺寸的1/2，超过者按芯板离缝计。

6.3.1.4 普通胶合板的节子或孔洞直径按常规系指最大直径和最小直径的平均值。节子或孔洞直径，按节子或孔洞轮廓线的切线间的垂直距离测定。

6.3.1.5 结果判定：通过逐张检验胶合板外观缺陷，确定其等级。

6.3.2 含水率

按 GB/T 17657—2013 中 4.3 的规定进行。

6.3.3 胶合强度

按 GB/T 17657—2013 中 4.17 的规定进行。

凡表板厚度（胶压前的单板厚度）大于 1 mm 的胶合板采用 A 型试件尺寸；表板厚度自 1 mm（含 1 mm）以下的胶合板采用 B 型试件尺寸。

Ⅰ类胶合板按 GB/T 17657—2013 中 4.17.5.2.3 的规定进行预处理。

Ⅱ类胶合板按 GB/T 17657—2013 中 4.17.5.2.2 的规定进行预处理。

Ⅲ类胶合板按 GB/T 17657—2013 中 4.17.5.2.1 的规定进行预处理。

6.3.4 浸渍剥离

按 GB/T 17657—2013 中 4.19 的规定进行。

6.3.5 静曲强度和弹性模量

按 GB/T 17657—2013 中 4.7 的规定进行。

6.3.6 甲醛释放量

按 GB/T 18580 的规定进行。

7 检验规则

7.1 检验分类

7.1.1 产品检验分出厂检验和型式检验。

7.1.2 出厂检验包括以下项目：

a) 外观质量检验；

b) 规格尺寸检验；

c) 理化性能检验项目中的含水率、胶合强度、甲醛释放量。

7.1.3 型式检验除包括出厂检验的全部项目外，增加浸渍剥离、静曲强度和弹性模量检验。有下列情况之一时，应进行型式检验：

a) 当原、辅材料及生产工艺发生较大变动时；

b) 长期停产后恢复生产时；

c) 正常生产时，每年型式检验不少于一次；

d） 质量监督机构提出型式检验要求时。

7.2 抽样方案

7.2.1 外观质量检验

采用 GB/T 2828.1—2012 中的一般检验水平为Ⅱ，接收质量限（AQL）为 4.0 的一次抽样方案，见表 10。

表 10 外观质量抽样方案

单位为张

批量范围	样本数	接收数	拒收数	样本合格数
51～90	13	1	2	12
91～150	20	2	3	18
151～280	32	3	4	29
281～500	50	5	6	45
501～1 200	80	7	8	73
1 201～3 200	125	10	11	115
3 201～10 000	200	14	15	186
10 001～35 000	315	21	22	294

7.2.2 规格尺寸检验

采用 GB/T 2828.1—2012 中的特殊检验水平为 S-4，接收质量限（AQL）为 6.5 的一次抽样方案，见表 11。

表 11 规格尺寸抽样检验

单位为张

批量范围	样本数	接收数	拒收数	样本合格数
51～90	5	1	2	4
91～150	8	1	2	7
151～280	13	2	3	11
281～500	13	2	3	11
501～1 200	20	3	4	17
1 201～3 200	32	5	6	27
3 201～10 000	32	5	6	27
10 001～35 000	50	7	8	43

7.2.3 理化性能检验

理化性能样板抽样见表 12。

表 12 理化性能抽样方案

单位为张

成批拨交的张数	初检抽样张数	复检抽样张数
<1 000	1	2
1 000～2 999	2	4
3 000～4 999	3	6
≥5 000	4	8

7.3 判定规则

7.3.1 外观质量和规格尺寸判定规则

外观质量、规格尺寸及其偏差符合 5.1、5.2 和表 11、表 12 的要求时，判定该批样板的外观质量和规格尺寸为合格，否则应降等或判定为不合格。

7.3.2 理化性能判定规则

7.3.1.1 符合含水率指标值规定的试件数等于或大于有效试件总数的 90%时判为合格，小于 70%则判为不合格。当符合含水率指标值要求的试件数等于或大于有效试件总数的 70%，但小于 90%时，允许对不合格项目重新抽样进行复检，其结果符合含水率指标值要求的试件数等于或大于有效试件总数的 90%时，判其为合格，小于 90%时则判其为不合格。

7.3.1.2 符合胶合强度指标值规定的试件数等于或大于有效试件总数的 90%时判为合格，小于 70%则判为不合格。当符合胶合强度指标值要求的试件数等于或大于有效试件总数的 70%，但小于 90%时，允许对不合格项目重新抽样进行复检，其结果符合胶合强度指标值要求的试件数等于或大于有效试件总数的 90%时，判其为合格，小于 90%时则判其为不合格。

7.3.1.3 符合浸渍剥离指标值规定的试件数等于或大于有效试件总数的 90%时判为合格，小于 70%则判为不合格。当符合浸渍剥离指标值要求的试件数等于或大于有效试件总数的 70%，但小于 90%时，允许对不合格项目重新抽样进行复检，其结果符合浸渍剥离指标值要求的试件数等于或大于有效试件总数的 90%时，判其为合格，小于 90%时则判其为不合格。

7.3.1.4 符合静曲强度指标值规定的试件数等于或大于有效试件总数的 90%时判为合格，小于 70%则判为不合格。当符合静曲强度指标值要求的试件数等于或大于有效试件总数的 70%，但小于 90%时，允许对不合格项目重新抽样进行复检，其结果符合静曲强度指标值要求的试件数等于或大于有效试件总数的 90%时，判其为合格，小于 90%时则判其为不合格。

7.3.1.5 符合弹性模量指标值规定的试件数等于或大于有效试件总数的 90%时判为合格，小于 70%则判为不合格。当符合弹性模量指标值要求的试件数等于或大于有效试件总数的 70%，但小于 90%时，允许对不合格项目重新抽样进行复检，其结果符合弹性模量指标值要求的试件数等于或大于有效试件总数的 90%时，判其为合格，小于 90%时则判其为不合格。

7.3.1.6 甲醛释放量，按 GB 18580 的判定规则与复检规则进行。

7.4 综合判定

样板的外观质量、规格尺寸及其偏差和理化性能均符合相应等级要求时，该批产品判定为合格，否则应降等或判定为不合格。

7.5 产品的计量

胶合板应按立方米计算，其允许公差不得计算在内。测算单张胶合板时，可精确至 0.000 01 m^3；计算成批胶合板时，可精确至 0.001 m^3。

8 标志、包装、运输和贮存

8.1 标志

8.1.1 在每张胶合板背板的右下角或侧面加盖表明产品名称、类别、等级、甲醛释放量级别等标志。

8.1.2 等级标记用〈优〉、△、(合格)分别代表普通胶合板的各个等级。

8.2 包装

产品应按不同类型、规格分别妥善包装。每个包装应附有注明产品名称、面板和芯板的树种和厚度、类别、等级、生产厂名、商标、幅面尺寸、数量、产品标准号和甲醛释放限量标志的检验标签。

8.3 运输和贮存

产品在运输和贮存过程中应注意防潮、防雨、防晒、防变形。

ICS 79.060.20
B 70

中华人民共和国国家标准

GB/T 12626.5—2015
部分代替 GB/T 12626.4～12626.9—1990

湿法硬质纤维板
第 5 部分：潮湿条件下使用的普通用板

Hard fibreboard—Part 5：General purpose boards for use in humid conditions

（ISO 27769-2：2009，Wood-based panels—Wet-process fibreboard—Part 2：Requirements，NEQ）

2015-07-03 发布 2015-11-02 实施

中华人民共和国国家质量监督检验检疫总局
中国国家标准化管理委员会 发布

前言

GB/T 12626《湿法硬质纤维板》分为9个部分：

——第1部分：定义和分类；

——第2部分：对所有板型的共同要求；

——第3部分：试件取样及测量；

——第4部分：干燥条件下使用的普通用板；

——第5部分：潮湿条件下使用的普通用板；

——第6部分：高湿条件下使用的普通用板；

——第7部分：室外条件下使用的普通用板；

——第8部分：干燥条件下使用的承载用板；

——第9部分：潮湿条件下使用的承载用板。

本部分为GB/T 12626的第5部分。

本部分按照GB/T 1.1—2009给出的规则起草。

本部分部分代替GB/T 12626.4～12626.9—1990中的内容。

本部分使用重新起草法参考ISO 27769-2:2009《人造板　湿法纤维板　第2部分：要求》编制，与ISO 27769-2:2009的一致性程度为非等效。本部分的物理力学性能指标与ISO 27769-2:2009中硬质纤维板部分潮湿条件下使用的普通用板的技术要求一致。

请注意本文件的某些内容可能涉及专利。本文件的发布机构不承担识别这些专利的责任。

本部分由国家林业局提出。

本部分由全国人造板标准化技术委员会(SAC/TC 198)归口。

本部分起草单位：中国林业科学研究院木材工业研究所、新乡市鑫泰隆木业有限公司、敦化丹峰林业纤维板有限责任公司、黑龙江省伊春市友好纤维板厂。

本部分主要起草人：杨帆、曲岩春、王维新、戚世军、潘王林、王波、刘希林。

本部分于1980年10月首次发布，1990年12月第一次修订，本次为第二次修订。

湿法硬质纤维板
第5部分:潮湿条件下使用的普通用板

1 范围

GB/T 12626 的本部分规定了潮湿条件下使用的普通用板的要求、试验方法、检验规则及标志、包装、运输和贮存。

本部分适用于 GB/T 12626.1—2009 中 3.1 所定义的湿法硬质纤维板。

2 规范性引用文件

下列文件对于本文件的应用是必不可少的。凡是注日期的引用文件,仅注日期的版本适用于本文件。凡是不注日期的引用文件,其最新版本(包括所有的修改单)适用于本文件。

GB/T 12626.1—2009 湿法硬质纤维板 第1部分:定义和分类

GB/T 12626.2—2009 湿法硬质纤维板 第2部分:对所有板型的共同要求

GB/T 12626.3—2009 湿法硬质纤维板 第3部分:试件取样及测量

GB/T 17657—2013 人造板及饰面人造板理化性能试验方法

3 要求

3.1 厚度偏差、长度和宽度偏差等共同指标应符合 GB/T 12626.2—2009 的要求。

3.2 物理力学性能指标见表1。

表1 物理力学性能指标

性能	单位	基本厚度 t/mm		
		$t\leqslant3.5$	$3.5<t\leqslant5.5$	$t>5.5$
静曲强度	MPa	32	32	30
内结合强度	MPa	0.55	0.55	0.50
24 h 吸水厚度膨胀率	%	22	18	15
防潮性能: 2 h 沸水煮后内结合强度	MPa	0.25	0.25	0.25
注:静曲强度、内结合强度、2 h 沸水煮后内结合强度为下规格限,24 h 吸水厚度膨胀率为上规格限。				

4 试验方法

4.1 取样及试件尺寸

按 GB/T 12626.3—2009 中第3章和第4章的规定进行。

4.2 静曲强度测定

按 GB/T 17657—2013 中 4.7 的规定进行，试件正面向上。

4.3 内结合强度测定

按 GB/T 17657—2013 中 4.11 的规定进行。

4.4 24 h 吸水厚度膨胀率测定

按 GB/T 17657—2013 中 4.4 的规定进行，浸泡时间为 24 h±5 min。

4.5 2 h 沸水煮后内结合强度测定

按 GB/T 17657—2013 中 4.13 的规定进行。

5 检验规则

按 GB/T 12626.2—2009 中第 4 章的规定进行。

6 标志、包装、运输和贮存

按 GB/T 12626.2—2009 中第 6 章的规定进行。

ICS 65.020.20
B 21

中华人民共和国国家标准

GB 20464—2006

农作物种子标签通则

General directive for labelling of agricultural seeds

2006-07-12 发布　　2006-11-01 实施

中华人民共和国国家质量监督检验检疫总局
中国国家标准化管理委员会　发布

前　言

本标准的全部技术内容为强制性。

本标准的附录A、附录B和附录C为资料性附录。

本标准由中华人民共和国农业部提出。

本标准由全国农作物种子标准化技术委员会归口。

本标准由全国农业技术推广服务中心负责起草，河北省种子总站、安徽省种子管理站、湖南省种子管理站、浙江省种子总站、四川省种子站、河南省种子管理站、江苏省种子站、山西省农业种子总站、辽宁省种子管理局、中种集团承德长城种子有限公司等参加起草。

本标准主要起草人：梁志杰、支巨振、张保起、孔令传、李稳香、周祥胜、柏长青、吴毓谦、张进生、卜连生、苏菊萍、李洪建、刘瑞苍。

引　言

为了规范农作物种子标签的标注、制作与使用行为，指导企业正确标注农作物种子标签，明示质量信息，明确质量责任，加强质量监督，根据《中华人民共和国种子法》(2000 年 7 月 8 日中华人民共和国主席令第 34 号发布)、《农业转基因生物安全管理条例》(2001 年 5 月 23 日国务院令第 304 号发布)、《农作物种子标签管理办法》(2001 年 2 月 26 日农业部令第 49 号发布)等有关法规的规定，本标准对农作物种子标签的标注内容、制作要求和使用监督等原则性规定作出进一步的规范、指导和示例。

农作物种子标签通则

1 范围

本标准规定了农作物商品种子标签的标注内容、制作要求，还确立了其使用监督的检查范围、内容以及质量判定规则。

本标准适用于中华人民共和国境内经营的农作物商品种子。

2 规范性引用文件

下列文件中的条款通过本标准的引用而成为本标准的条款。凡是注日期的引用文件，其随后所有的修改单(不包括勘误的内容)或修订版均不适用于本标准，然而，鼓励根据本标准达成协议的各方研究是否可使用这些文件的最新版本。凡是不注日期的引用文件，其最新版本适用于本标准。

GB/T 2930(所有部分)　牧草种子检验规程

GB/T 3543(所有部分)　农作物种子检验规程

GB/T 7408—2005　数据元和交换格式　信息交换　日期和时间表示法

3 术语和定义

下列术语和定义适用于本标准。

3.1

种子标签　seed labelling

标注内容的文字说明及特定图案。

注1：文字说明是指对标注内容的具体描述，特定图案是指警示标志、认证标志等。

注2：对于应当包装销售的农作物种子，标签为固定在种子包装物表面及内外的文字说明及特定图案；对于可以不经包装销售的农作物种子，标签为在经营时所提供印刷品的文字说明及特定图案。

3.2

商品种子　commercial seed

用于营销目的而进行交易的种子。

3.3

主要农作物种子　main crop seed

《中华人民共和国种子法》第七十四条第一款第三项所规定农作物的种子。

注：也见《主要农作物范围规定》(2001年2月26日农业部令第51号发布)的第二条。

3.4

非主要农作物种子　non-main crop seed

除主要农作物种子外的其他农作物的种子。

3.5

混合种子　mixture seed

不同作物种类或者同一作物不同品种或者同一品种不同生产方式、不同加工处理方式的种子混合物。

3.6

药剂处理种子　treated seed

经过杀虫剂、杀菌剂或其他添加剂处理的种子。

3.7

认证种子　certified seed

由种子认证机构依据种子认证方案通过对种子生产全过程的质量监控，确认符合规定质量要求并准许使用认证标志的种子。

3.8

转基因种子　genetically modified seed

利用基因工程技术改变基因组构成并用于农业生产的种子。

注1：基因工程技术系指利用载体系统的重组DNA技术以及利用物理、化学和生物学等方法把重组DNA分子导入品种的技术。

注2：基因组系指作物的染色体和染色体外所有遗传物质的总和。

3.9

育种家种子　breeder seed

育种家育成的遗传性状稳定、特征特性一致的品种或亲本组合的最初一批种子。

3.10

原种　basic seed

用育种家种子繁殖的第一代至第三代，经确认达到规定质量要求的种子。

3.11

大田用种　qualified seed

用原种繁殖的第一代至第三代或杂交种，经确认达到规定质量要求的种子。

3.12

应当包装销售的农作物种子　pack-marketing crop seed

《农作物商品种子加工包装规定》(2001年2月26日农业部令第50号发布)第二条所规定的农作物种子。

3.12.1

包装物　packaging material

符合标准规定的、将种子包装以作为交货单元的任何包装材料。

3.12.2

销售包装　marketing package

通过销售与内装物一起交付给种子使用者的不再分割的包装。

3.12.3

内装物　inner mass

包装物内的产品。

3.12.4

净含量　net content

除去包装物后的内装物的实际质量或数量。

3.13

可以不经包装销售的农作物种子　bulk-marketing crop seed

《农作物商品种子加工包装规定》(2001年2月26日农业部令第50号发布)第三条所规定的农作物种子。

3.14

生产商　seed packager

商品种子的最初供应商。

3.15

进口商 importer

直接从境外购入商品种子的经营者。

3.16

产地 origin

种子生产所在地隶属的行政区域。

3.17

检测值 estimated value

检测商品种子代表性样品所获得的某一质量指标的测定值。

注：质量指标也称质量特性，在本标准中，由标注项目(如发芽率、纯度、净度等)和标注值组成。

3.18

规定值 specified value

技术规范或标准中规定的商品种子某一质量指标所能容许的最低值(如发芽率、纯度、净度等指标)或最高值(如水分指标)。

3.19

标注值 stated value

商品种子标签上所标注的种子某一质量指标的最低值(如发芽率、纯度、净度等指标)或最高值(如水分指标)。

4 总则

4.1 真实

种子标签标注内容应真实、有效，与销售的农作物商品种子相符。

4.2 合法

种子标签标注内容应符合国家法律、法规的规定，满足相应技术规范的强制性要求。

4.3 规范

种子标签标注内容表述应准确、科学、规范，规定标注内容应在标签上描述完整。

标注所用文字应为中文，除注册商标外，使用国家语言文字工作委员会公布的规范汉字。可以同时使用有严密对应关系的汉语拼音或其他文字，但字体应小于相应的中文。除进口种子的生产商名称和地址外，不应标注与中文无对应关系的外文。

种子标签制作形式符合规定的要求，印刷清晰易辨，警示标志醒目。

5 标注内容

5.1 应标注内容

5.1.1 作物种类与种子类别

5.1.1.1 作物种类名称标注，应符合下列规定：

——按植物分类学上所确定的种或亚种或变种进行标注，宜采用 GB/T 3543.2 和 GB/T 2930.1 以及其他国家标准或行业标准所确定的作物种类名称；

——在不引起误解或混淆的情况下，个别作物种类可采用常用名称或俗名，例如："结球白菜"可标注为"大白菜"；

——需要特别说明用途或其他情况的，应在作物种类名称前附加相应的词，例如："饲用甜菜"和"糖用甜菜"。

5.1.1.2 种子类别的标注，应同时符合下列规定：

——按常规种和杂交种进行标注，其中常规种可以不具体标注；

——常规种按育种家种子、原种、大田用种进行标注，其中大田用种可以不具体标注；

——杂交亲本种子应标注杂交亲本种子的类型，例如："三系"籼型杂交水稻的亲本种子，应明确至不育系或保持系或恢复系；或直接标明杂交亲本种子，例如：西瓜亲本原种。

5.1.1.3 作物种类与种子类别可以联合标注，例如：水稻原种、水稻杂交种、水稻不育系原种、水稻不育系；玉米杂交种、玉米自交系。

5.1.2 品种名称

属于授权品种或审定通过的品种，应标注批准的品种名称；不属于授权品种或无需进行审定的品种，宜标注品种持有者(或育种者)确定的品种名称。

标注的品种名称应适宜，不应含有下列情形之一：

——仅以数字组成的，如88-8-8；

——违反国家法规或者社会公德或者带有民族歧视性的；

——以国家名称命名的，如中国1号；

——以县级以上行政区划的地名或公众知晓的外国地名命名的，如湖南水稻、北海道小麦；

——同政府间国际组织或其他国际国内知名组织及标志名称相同或者近似的，如FAO、UPOV、国徽、红十字；

——对植物新品种的特征、特性或者育种者的身份或来源等容易引起误解的，如铁秆小麦、超大穗水稻、李氏玉米、美棉王；

——属于相同或相近植物属或者种的已知名称的；

——夸大宣传并带有欺骗性的。

5.1.3 生产商、进口商名称及地址

5.1.3.1 国内生产的种子

国内生产的种子应标注：生产商名称、生产商地址以及联系方式。

生产商名称、地址，按农作物种子经营许可证(见5.1.7)注明的进行标注；联系方式，标注生产商的电话号码或传真号码。

有下列情形之一的，按照下列规定相应予以标注：

a) 集团公司生产的种子，标集团公司的名称和地址；集团公司子公司生产的种子，标子公司(也可同时标集团公司)的名称和地址；

b) 集团公司的分公司或其生产基地，对其生产的种子，标集团公司(也可同时标分公司或生产基地)的名称和地址；

c) 代制种或代加工且不负责外销的种子，标委托者的名称和地址。

5.1.3.2 进口种子

进口种子应标注：进口商名称、进口商地址以及联系方式、生产商名称。

进口商名称、地址，按农作物种子经营许可证(见5.1.7)注明的进行标注；联系方式，标注进口商的电话号码或传真号码。

生产商名称，标注种子原产国或地区(见5.1.5)能承担种子质量责任的种子供应商的名称。

5.1.4 质量指标

5.1.4.1 已制定技术规范强制性要求的农作物种子

已发布种子质量国家或行业技术规范强制性要求的农作物种子，其质量指标的标注项目应按规定进行标注(现行强制性标准参见附录A)。如果已发布种子质量地方性技术规范强制性要求的农作物种子，并在该地方辖区内进行种子经营的，可按该技术规范的规定进行标注。

质量指标的标注值按生产商或进口商或分装单位承诺的进行标注，但不应低于技术规范强制性要求已明确的规定值。

5.1.4.2 未制定技术规范强制性要求的农作物种子

质量指标的标注项目应执行下列规定：

a) 粮食作物种子、经济作物种子、瓜菜种子、饲料和绿肥种子的质量指标的标注项目应标注品种纯度、净度、发芽率和水分。

b) 无性繁殖材料（苗木）、热带作物种子和种苗、草种、花卉种子和种苗的质量指标宜参照推荐性国家标准或行业标准或地方标准（适用于该地方辖区的经营种子）已规定的质量指标的标注项目进行标注（参见附录B）；未制定推荐性国家标准或行业标准或地方标准的，按备案的企业标准规定或企业承诺的质量指标的标注项目进行标注。

c) 脱毒繁殖材料的质量指标宜参照推荐性国家标准或行业标准或地方标准（适用于该地方辖区的经营种子）已规定的质量指标的标注项目进行标注（参见附录B）；未制定推荐性国家标准或行业标准或地方标准的，按备案的企业标准规定或企业承诺的质量指标的标注项目进行标注，但至少应标注品种纯度、病毒状况和脱毒扩繁代数。

质量指标的标注值按生产商或进口商或分装单位承诺的进行标注，品种纯度、净度（净种子）、水分百分率保留一位小数，发芽率、其他植物种子数目保留整数。

5.1.5 产地

国内生产种子的产地，应标注种子繁育或生产的所在地，按照行政区域最大标注至省级。

进口种子的原产地，按照"完全获得"和"实质性改变"规则进行认定，标注种子原产地的国家或地区（指香港、澳门、台湾）名称。

注：《中华人民共和国海关关于进口货物原产地的暂行规定》（1986年12月6日海关总署发布）对"完全获得"和"实质性改变"规则作了详细的界定。

5.1.6 生产年月

生产年月标注种子收获或种苗出圃的日期，采用GB/T 7408—2005中5.2.1.2 a)规定的基本格式：YYYY-MM。例如：种子于2001年9月收获的，生产年月标注为：2001-09。

5.1.7 种子经营许可证编号和检疫证明编号

标注生产商或进口商或分装单位的农作物种子经营许可证编号。

注：《农作物种子生产经营许可证管理办法》（2001年2月26日农业部令第48号发布）规定了农作物种子经营许可证编号的表示格式：（×）农种经许字（××××）第×号，其中第一个括号内的×表示发证机关简称；第二个括号内的××××为年号；第×号中的×为证书序号。

应采用下列方式之一，标注检疫证明编号：

——产地检疫合格证编号（适用于国内生产种子）；

——植物检疫证书编号（适用于国内生产种子）；

——引进种子、苗木检疫审批单编号（适用于进口种子）。

5.2 根据种子特点和使用要求应加注内容

5.2.1 主要农作物种子

a) 国内生产的主要农作物种子应加注：

——主要农作物种子生产许可证编号；

——主要农作物品种审定编号。

b) 进口的主要农作物种子应加注在中国境内审定通过的主要农作物品种审定编号。

注1：《农作物种子生产经营许可证管理办法》（2001年2月26日农业部令第48号发布）规定了主要农作物种子生产许可证编号的表示格式：（×）农种生许字（××××）第×号，其中第一个括号内的×表示发证机关简称；第二个括号内的××××为年号；第×号中的×为证书序号。

注2：《主要农作物品种审定办法》（2001年2月26日农业部令第44号发布）规定了主要农作物品种审定编号的表示格式：审定委员会简称、作物种类简称、年号（四位数）、序号（三位数）。

5.2.2 **进口种子**

进口种子应加注：

——进出口企业资格证书或对外贸易经营者备案登记表编号；

——进口种子审批文号。

5.2.3 **转基因种子**

转基因种子应加注：

——标明“转基因”或“转基因种子”；

——农业转基因生物安全证书编号；

——转基因农作物种子生产许可证编号；

——转基因品种审定编号；

——有特殊销售范围要求的需标注销售范围，可表示为“仅限于××销售(生产、使用)”；

——转基因品种安全控制措施，按农业转基因生物安全证书上所载明的进行标注。

5.2.4 **药剂处理种子**

药剂处理种子应加注：

a) 药剂名称、有效成分及含量；

b) 依据药剂毒性大小(以大鼠经口半数致死量表示，缩写为 LD_{50})进行标注：

——若 $LD_{50}<50$ mg/kg，标明“高毒”，并附骷髅警示标志；

——若 $LD_{50}=50$ mg/kg～500 mg/kg，标明“中等毒”，并附十字骨警示标志；

——若 $LD_{50}>500$ mg/kg，标明“低毒”；

c) 药剂中毒所引起的症状、可使用的解毒药剂的建议等注意事项。

5.2.5 **分装种子**

分装种子应加注：

——分装单位名称和地址，按农作物种子经营许可证(见 5.1.7)注明的进行标注；

——分装日期，日期表示法同 5.1.6。

5.2.6 **混合种子**

混合种子应加注：

——标明“混合种子”；

——每一类种子的名称(包括作物种类、种子类别和品种名称)及质量分数；

——产地、检疫证明编号、农作物种子经营许可证编号、生产年月、质量指标等(只要存在着差异，就应标注至每一类)；

——如果属于同一品种不同生产方式、不同加工处理方式的种子混合物，应予注明。

5.2.7 **净含量**

应当包装销售的农作物种子应加注净含量。

净含量的标注由“净含量”(中文)、数字、法定计量单位(kg 或 g)或数量单位(粒或株)三个部分组成。使用法定计量单位时，净含量小于 1 000 g 的，以 g(克)表示，大于或等于 1 000 g 的，以 kg(千克)表示。

5.2.8 **杂草种子**

农作物商品种子批中不应存在检疫性有害杂草种子；其他杂草种子依据作物种类的不同，不应超过技术规范强制性要求所规定的允许含量。

如果种子批中含有低于或等于技术规范强制性要求所规定的含量，应加注杂草种子的种类和含量。

杂草种子种类应按植物分类学上所确定的种(不能准确确定所属种时，允许标注至属)进行标注，含量表示为：××粒/kg 或××粒/千克。

5.2.9 认证标志

以质量认证种子进行销售的种子批，其标签应附有认证标志。

5.3 宜加注内容

5.3.1 种子批号

种子批号是质量信息可靠性、溯源性以及质量监督的重要依据之一。应当包装销售的农作物种子，宜在标签上标注由生产商或进口商或分装单位自行确定的种子批号。

5.3.2 品种说明

有关品种主要性状、主要栽培措施、使用条件的说明，宜在标签上标注。

主要性状可包括种性、生育期、穗形、株型、株高、粒形、抗病性、单产、品质以及其他典型性状；主要栽培措施可包括播期、播量、施肥方式、灌水、病虫防治等；使用条件可包括适宜种植的生态区和生产条件。

对于主要农作物种子，品种说明应与审定公告一致；对于非主要农作物种子，品种说明应有试验验证的依据。

6 制作要求

6.1 形式

6.1.1 应当包装销售的农作物种子

应当包装销售的农作物种子的标注内容可采用下列一种或多种形式：

——直接印制在包装物表面；

——固定在包装物外面的印刷品；

——放置在包装物内的印刷品。

这三种形式应包括 5.1、5.2 的规定标注内容，但是下列标注内容应直接印制在包装物表面或者制成印刷品固定在包装物外面：

——作物种类与种子类别(见 5.1.1.3)；

——品种名称；

——生产商或进口商或分装单位名称与地址；

——质量指标；

——净含量；

——生产年月；

——农作物种子经营许可证编号；

——警示标志；

——标明“转基因”或“转基因种子”。

6.1.2 可以不经包装销售的农作物种子

可以不经包装销售的农作物种子的标注内容，应制成印刷品。

6.2 作为标签的印刷品的制作要求

6.2.1 形状

固定在包装物外面的或作为可以不经包装销售的农作物种子标签的印刷品应为长方形，长与宽大小不应小于 12 cm×8 cm。

6.2.2 材料

印刷品的制作材料应有足够的强度，特别是固定在包装物外面的应不易在流通环节中变得模糊甚至脱落。

6.2.3 颜色

固定在包装物外面的或作为可以不经包装销售的农作物种子标签的印刷品宜制作不同颜色以示区

别。育种家种子使用白色并有左上角至右下角的紫色单对角条纹，原种使用蓝色，大田用种使用白色或者蓝红以外的单一颜色，亲本种子使用红色。

6.3 印刷要求

印刷字体、图案应与基底形成明显的反差，清晰易辨。使用的汉字、数字和字母的字体高度不应小于 1.8 mm。定量包装种子净含量标注字符高度应符合表 1 的要求。

表 1 定量包装种子净含量标注字符高度

标注净含量(Q_n)	字符的最小高度/mm
$Q_n \leqslant 50$ g	2
50 g$<Q_n\leqslant$200 g	3
200 g$<Q_n\leqslant$1 000 g	4
$Q_n>$1 000 g	6

警示标志和说明应醒目，“高毒”、“中等毒”或“低毒”[见 5.2.4b)]以红色字体印制。

生产年月标示采用见包装物某部位的方式，应标示所在包装物的具体部位。

7 标签使用监督

7.1 检查适用范围

直接销售给种子使用者的销售包装或不再分割的种子包装，其标签标注内容应符合第 5 章、第 6 章的规定。

生产商供应且又不是最终销售的种子包装，其标签可只标注作物种类、品种名称、生产商名称或进口商名称、质量指标、净含量、农作物种子经营许可证编号、生产年月、警示标志、“转基因”，并符合第 5 章、第 6 章的规定。

属于运输加工目的需要而非直接用于销售的种子包装，其标签的标注和制作不受本标准的约束。

7.2 检查内容

种子标签使用监督检查内容包括：

——标注内容的真实性和合法性；

——标注内容的完整性和规范性(见 5.1 和 5.2，参见附录 C)；

——种子标签的制作要求(见第 6 章)。

7.3 质量判定规则

7.3.1 判定规则

对种子标签标注内容进行质量判定时，应同时符合下列规则：

a) 作物种类、品种名称、产地与种子标签标注内容不符的，判为假种子；

b) 质量检测值任一项达不到相应标注值的，判为劣种子；

c) 质量标注值任一项达不到技术规范强制性要求所明确的相应规定值的，判为劣种子；

d) 质量标注值任一项达不到已声明符合推荐性国家标准(或行业标准或地方标准)、企业标准所明确的相应规定值的，判为劣种子；

e) 带有国家规定检疫性有害生物的，判为劣种子。

7.3.2 验证方法

质量指标的检验方法，应执行下列原则：

——采用农作物种子质量技术规范或标准中的方法或其规范性引用文件的方法；

——尚未制定农作物种子质量技术规范或标准的，宜采用 GB/T 2930、GB/T 3543 规定的方法；GB/T 2930、GB/T 3543 未作规定的，可采用国际种子检验协会公布的《国际种子检验规程》所规定的方法。

7.3.3 容许误差

对于质量符合性检验，在使用7.3.1b)规则进行质量判定时，检测值与标注值允许执行下列的容许误差：

——净度的容许误差见GB/T 3543.3；

——发芽率的容许误差见GB/T 3543.4；

——对于不密封包装种子袋，种子水分允许有0.5%的容许误差；对于密封包装种子袋，水分不允许采用容许误差；

——品种纯度的容许误差见GB/T 3543.5。

附 录 A
（资料性附录）
有关农作物种子质量的强制性国家标准和行业标准

A.1 导言

本附录给出了我国已发布有效的农作物种子质量强制性国家标准和行业标准，种子生产商、进口商、分装单位明示承诺质量指标时，应符合下列相应标准的规定。

本附录按粮食作物种子、经济作物种子、瓜菜作物种子、牧草种子、果树苗木进行排列。

A.2 粮食作物种子

A.2.1 谷类

GB 4404.1—1996 粮食作物种子 禾谷类

GB 4404.4—1999 粮食作物种子 荞麦

GB 4404.5—1999 粮食作物种子 燕麦

GB 15671—1995 主要农作物包衣种子技术条件

A.2.2 豆类

GB 4404.2—1996 粮食作物种子 豆类

GB 4404.3—1999 粮食作物种子 赤豆、绿豆

A.2.3 薯类

GB 4406—1984 种薯

GB 18133—2000 马铃薯脱毒种薯

A.3 经济作物种子

A.3.1 纤维类

GB 4407.1—1996 经济作物种子 纤维类

GB 15671—1995 主要农作物包衣种子技术条件

NY 400—2000 硫酸脱绒与包衣棉花种子

A.3.2 油料类

GB 4407.2—1996 经济作物种子 油料类

NY 414—2000 低芥酸低硫苷油菜种子

A.3.3 糖料类

GB 19176—2003 糖用甜菜种子

A.3.4 饮料类

GB 11767—2003 茶树种苗

A.3.5 药用类

GB 6941—1986 人参种子

GB 6942—1986 人参种苗

A.4 瓜菜作物种子

A.4.1 瓜类

GB 4862—1984 中国哈密瓜种子

A.4.2 白菜类

GB 16715.2—1999 瓜菜作物种子 白菜类

A.4.3 茄果类

GB 16715.3—1999 瓜菜作物种子 茄果类

A.4.4 甘蓝类

GB 16715.4—1999 瓜菜作物种子 甘蓝类

A.4.5 绿叶类

GB 16715.5—1999 瓜菜作物种子 叶菜类

A.5 牧草种子

GB 6141—1985 豆科主要栽培牧草种子质量分级

GB 6142—1985 禾本科主要栽培牧草种子质量分级

A.6 果树苗木

GB 9847—2003 苹果苗木

GB 19173—2003 桑树种子和苗木

GB 19174—2003 猕猴桃苗木

GB 19175—2003 桃苗木

NY 329—2006 苹果无病毒母本树和苗木

NY 469—2001 葡萄苗木

NY 475—2002 梨苗木

NY 590—2002 芒果 嫁接苗

附 录 B
（资料性附录）
有关农作物种子质量的推荐性国家标准和行业标准

本附录给出了我国已发布有效的农作物种子质量推荐性国家标准和行业标准，种子生产商、进口商、分装单位明示承诺质量指标时，宜参照下列相应标准的规定。

GB/T 8080—1987 绿肥种子

GB/T 9659—1988 柑桔嫁接苗分级及检验

GB/T 16715.1—1996 瓜菜作物种子 瓜类

GB/T 17822.1—1999 橡胶树种子

GB/T 17822.2—1999 橡胶树苗木

GB/T 18247.4—2000 主要花卉产品等级 第4部分：花卉种子

GB/T 18247.5—2000 主要花卉产品等级 第5部分：花卉种苗

GB/T 18247.6—2000 主要花卉产品等级 第6部分：花卉种球

GB/T 18247.7—2000 主要花卉产品等级 第7部分：草坪

NY/T 351—1999 热带牧草 种子

NY/T 352—1999 热带牧草 种苗

NY/T 353—1999 椰子 种果和种苗

NY/T 354—1999 龙眼 种苗

NY/T 355—1999 荔枝 种苗

NY/T 356—2006 木薯 种茎

NY/T 357—1999 香蕉 组培苗

NY/T 358—1999 咖啡 种子

NY/T 359—1999 咖啡 种苗

NY/T 360—1999 胡椒 插条苗

NY/T 361—1999 腰果 种子

NY/T 362—1999 香荚兰 种苗

NY/T 451—2001 菠萝 种苗

NY/T 452—2001 杨桃 嫁接苗

NY/T 454—2001 澳洲坚果 种苗

NY 474—2002 甜瓜种子

NY/T 877—2004 非洲菊 种苗

NY/T 947—2006 牡丹苗木

NY/T 1074—2006 可可 种苗

YC/T 141—1998 烟草包衣丸化种子

附　录　C
（资料性附录）
标签标注项目索引

C.1　应当包装销售的农作物种子

C.1.1　国内生产种子

C.1.1.1　非主要农作物种子

作物种类、种子类别、品种名称、产地、农作物种子经营许可证编号、质量指标、检疫证明编号、净含量、生产年月、生产商名称、生产商地址(包括联系方式)。

C.1.1.2　主要农作物种子

作物种类、种子类别、品种名称、产地、主要农作物种子生产许可证编号、主要农作物品种审定编号、农作物种子经营许可证编号、质量指标、检疫证明编号、净含量、生产年月、生产商名称、生产商地址(包括联系方式)。

C.1.1.3　认证种子

认证机构制作的认证标签标注：作物种类、种子类别、品种名称、种子批号、质量指标、认证机构名称、认证标志、标签的惟一性编号等。

种子经营者制作的标签标注：依据C.1.1.1或C.1.1.2的要求，另行标注除认证机构认证标签已标注之外的内容。

C.1.2　进口种子

C.1.2.1　非主要农作物种子

作物种类、种子类别、品种名称、原产地、农作物种子经营许可证编号、质量指标、引进种子(苗木)检疫审批单编号、对外贸易经营者备案登记表编号、进口种子审批文号、净含量、生产年月、进口商名称、进口商地址(包括联系方式)、生产商名称。

C.1.2.2　主要农作物种子

作物种类、种子类别、品种名称、原产地、中国境内审定的主要农作物品种审定编号、农作物种子经营许可证编号、质量指标、引进种子(苗木)检疫审批单编号、净含量、生产年月、对外贸易经营者备案登记表编号、进口种子审批文号、进口商名称、进口商地址(包括联系方式)、生产商名称。

C.1.3　其他类型种子

C.1.3.1　转基因种子

转基因种子在C.1.1.2或C.1.2.2(如符合C.1.3.2或C.1.3.3的，还要加注)的基础上加注："转基因"、农业转基因生物安全证书编号、特殊销售范围、转基因品种安全控制措施。

C.1.3.2　药剂处理种子

药剂处理种子在C.1.1或C.1.2(如符合C.1.3.1或C.1.3.3的，还要加注)的基础上加注：药剂名称、有效成分及含量、标注毒性状况和警示标志、注意事项。

C.1.3.3　分装种子

分装种子应在C.1.1或C.1.2(如符合C.1.3.1或C.1.3.2的，还要加注)的基础上加注：分装单位名称和地址、分装日期。

C.2　可以不经加工包装进行销售的农作物种子

C.2.1　非主要农作物种子

作物种类、种子类别(适用时)、品种名称、产地、农作物种子经营许可证编号、质量指标、检疫证明编号、生产年月、生产商名称、生产商地址(包括联系方式)。

C.2.2 主要农作物种子

作物种类、种子类别(适用时)、品种名称、产地、主要农作物种子生产许可证编号、主要农作物品种审定编号、农作物种子经营许可证编号、质量指标、检疫证明编号、生产年月、生产商名称、生产商地址(包括联系方式)。

C.3 混合种子

C.3.1 非主要农作物种子

"混合种子"、生产商名称、生产商地址(包括联系方式)、净含量。

每一类种子的名称(包括作物种类、种子类别和品种名称)及质量分数、产地、农作物种子经营许可证编号、质量指标、检疫证明编号、生产年月(只要存在着差异,就应标注至每一类)。

如果属于同一品种不同生产方式、不同加工处理方式的种子混合物,应予注明。

C.3.2 主要农作物种子

"混合种子"、生产商名称、生产商地址(包括联系方式)、净含量。

每一类种子的名称(包括作物种类、种子类别和品种名称)及质量分数、产地、农作物种子经营许可证编号、质量指标、检疫证明编号、生产年月、主要农作物种子生产许可证编号、主要农作物品种审定编号(只要存在着差异,就应标注至每一类)。

如果属于同一品种不同生产方式、不同加工处理方式的种子混合物,应予注明。

参 考 文 献

[1] 中华人民共和国主席令第34号.中华人民共和国种子法. 2000年7月8日发布.

[2] 国务院令第304号. 农业转基因生物安全管理条例. 2001年5月23日发布.

[3] 国务院令第98号. 植物检疫条例. 1992年5月13日修订发布.

[4] 农业部令第13号. 中华人民共和国植物新品种保护条例实施细则(农业部分). 1999年6月16日发布.

[5] 农业部令第44号. 主要农作物品种审定办法. 2001年2月26日发布.

[6] 农业部令第48号. 农作物种子生产经营许可证管理办法. 2001年2月26日发布.

[7] 农业部令第49号. 农作物种子标签管理办法. 2001年2月26日发布.

[8] 农业部令第50号. 农作物商品种子加工包装规定. 2001年2月26日发布.

[9] 农业部令第51号. 主要农作物范围规定. 2001年2月26日发布.

[10] 农业部令第8号. 农业转基因生物安全评价管理办法. 2002年1月5日发布.

[11] 农业部令第10号. 农业转基因生物标识管理办法. 2002年1月5日发布.

[12] 农业部令第50号. 农作物种子质量监督抽查管理办法. 2005年3月10日发布.

[13] 农业部令第56号. 草种管理办法. 2006年1月12日发布.

[14] 农业部公告第617号. 全国农业植物检疫性有害生物名单和应施的植物及植物产品名单. 2006年3月2日发布.

[15] 农业部〔1993〕农(农)字第18号. 国外引种检疫审批管理办法.1993年11月10日发布.

[16] 商务部令第14号. 对外贸易经营者备案登记办法. 2004年6月25日发布.

[17] 国家质量监督检验检疫总局令第75号. 定量包装商品计量监督管理办法. 2005年5月30日发布.

[18] 海关总署〔86〕署税字第1218号. 中华人民共和国海关关于进口货物原产地的暂行规定. 1986年12月6日发布.

ICS 65.020.20
B 62

中华人民共和国国家标准

GB/T 23897—2009

主要切花产品包装、运输、贮藏

Packing, transportation and storage of major cut flowers

2009-05-12 发布 2009-11-01 实施

中华人民共和国国家质量监督检验检疫总局
中国国家标准化管理委员会 发布

前　言

本标准的附录 A 为规范性附录。

本标准由国家林业局提出并归口。

本标准起草单位:中国花卉协会、北京林业大学。

本标准主要起草人:张启翔、张宝鑫、高亦珂、张引潮、姜伟贤、宿友民、孔海燕。

主要切花产品包装、运输、贮藏

1 范围

本标准规定了主要切花月季(*Rosa cvs.*)、非洲菊(*Gerbera jamesonii*)、菊花(*Dendranthema morifolium*)、唐菖蒲(*Gladiolus hybridus*)、百合(*Lilium cvs.*)、香石竹(*Dianthus caryophyllus*)等产品的包装、运输及贮藏各环节的技术要求与方法。

本标准适用于我国国内大型花卉交易市场、花卉生产单位,作为切花批发、销售过程中包装、运输、贮藏各个环节的质量保证基准。其他切花可参照本标准的技术要求进行相应的包装、运输、贮藏。

2 规范性引用文件

下列文件中的条款通过本标准的引用而成为本标准的条款。凡是注日期的引用文件,其随后所有的修订单(不包括勘误的内容)或修订版均不适用于本标准,然而,鼓励根据本标准达成协议的各方研究是否可使用这些文件的最新版本。凡是不注日期的引用文件,其最新版本适用于本标准。

GB/T 191 包装储运图示标志

GB/T 6544 瓦楞纸板

GB/T 18247.1 主要花卉产品等级 第1部分:鲜切花

3 术语和定义

下列术语和定义适用于本标准。

3.1

包装 packing

在流通过程中保护花卉产品,方便储运,促进销售,按一定技术方法而采用的容器、材料及辅助物等的总体名称。也指为了达到上述目的而采用容器、材料和辅助物的过程中施加一定技术方法等的操作活动。

3.2

运输 transportation

运用一定的交通设备和工具,将花卉产品从一地点向另一地点运送的活动,其中包括集货、分配、搬运、中转、装入、卸下、分散等一系列操作。在切花生产销售过程中,运输是切花分级包装以后运送到市场或者消费者的过程。

3.3

贮藏 storage

在切花生产、销售过程中,采取一定的设备和措施将切花产品保存起来并达到一定的效果。

3.4

标识 labeling

用于识别花卉产品及其质量、数量、特征和使用方法所做的各种表示的统称。标识可以用文字、符号、图案以及其他说明物等表示。

3.5

预冷 precooling

在切花的运输前或贮藏前,通过人工措施将其温度迅速降到所需要温度的冷却处理过程,以加速田间热的散发,使其入库后较快的达到低温贮藏的要求。

3.6

切花保鲜剂　preservative solution of cut flowers

能够延长切花寿命的物质。切花保鲜剂包括预处液、催花液、瓶插液，本标准所指为前两种。

3.7

堆码　stacking

将切花包装箱整齐、规则地摆放成货垛的作业。

4　切花包装、运输、贮藏的一般要求

4.1　切花包装、运输、贮藏的一切操作过程应在低温、空气流通的环境下进行。

4.2　在包装、运输、贮藏操作过程中避免切花产品的机械损伤。

4.3　切花包装物应该为切花的运输、贮藏提供足够的保护。

4.4　销往国外的切花产品要根据国外切花包装、质量标准或根据切花营销双方约定的协议要求进行相应的包装、贮藏、运输。

5　切花包装

5.1　包装环境

切花的包装在专门场所内进行，包装过程在室温下进行，包装场所要求温度、湿度控制稳定，整洁，干净，无污染。

5.2　切花包装箱规格

切花产品包装、运输、贮藏所采用包装箱的规格见表1，各种包装箱的箱式及折叠方式见附录A，包装时根据实际情况选用适宜的包装箱。

表1　切花包装箱的规格及用途

包装规格(外围尺寸)(长×宽×高)	用途
90 cm×35 cm×20 cm	通用型
100 cm×40 cm×40 cm	铁路、航空专用
100 cm×45 cm×45 cm	铁路、航空专用
100 cm×50 cm×50 cm	铁路、航空专用
120 cm×45 cm×45 cm	通用型
130 cm×35 cm×35 cm	通用型
130 cm×45 cm×50 cm	通用型
160 cm×50 cm×35 cm	通用型
35 cm×20 cm×125 cm	专用于唐菖蒲
35 cm×35 cm×125 cm	专用于唐菖蒲
35 cm×35 cm×55 cm	专用于湿包装月季
100 cm×40 cm×10 cm	专用于非洲菊
105 cm×55 cm×45 cm	专用于非洲菊
80 cm×36 cm×36 cm	邮政专用(包装后总重量应低于35 kg)

5.3　切花包装箱的质地

切花运输过程中的包装箱采用瓦楞纸箱或蜂窝纸箱，瓦楞纸的厚度为2 mm～4 mm，瓦楞纸箱的强度、封口等各项技术要求参照GB/T 6544执行。

在切花交易双方协商同意的情况下，短途运输或者相邻区域的运输采用瓦楞纸包装或采用其他材料和容器包装。

5.4 切花包装的预处理

5.4.1 采后处理

切花采切后把茎端剪掉，迅速放入清水或保鲜液中，置于阴湿环境中，避免日光曝晒，吸水 2 h～3 h 以后进行包装。

5.4.2 切花的预冷

切花在采切后，冷藏运输和贮藏之前要进行预冷；预冷的温度为 0 ℃～1 ℃，相对湿度为 90%～95%；预冷起始时间尽可能早；预冷时间尽可能短；预冷后要保证整个箱子温度一致。

5.5 切花包装

5.5.1 包装程序

田间采切的鲜花经过预处理、切花保鲜液处理后，适当剪切，整理分级后进行包装，不同质量等级的鲜切花放入不同的包装箱内，包装后进行运输或者短暂贮藏。

5.5.2 包装内切花一致性的要求

切花产品质量等级应符合 GB/T 18247.1 的要求。

切花装箱时相同质量等级的切花放入同一个包装箱内，每一扎内的切花达到相同的成熟阶段，且在每个包装箱内，要求一级品每扎中切花最长与最短的差别不超过 1 cm，二级品每扎中最长与最短的差别不超过 3 cm，三级品每扎中切花最长与最短的差别不超过 5 cm。

5.5.3 切花包装的方法

切花的包装在分级之后进行，按照切花的质量等级、花色以及客户要求进行包装，按照一定的数量成束捆扎，在切花的茎秆基部捆扎。花头包装的方法有以下几种，根据实际情况选择使用：

——单头：以单朵花作为一个包扎单位，直接在包装箱中放置。非洲菊、菊花的质量等级较高的切花可采用。

——齐头：捆扎时切花的花头对齐，在基部捆扎。菊花、月季、香石竹切花可采用齐头的包装方法。

——错头：切花包扎时，花头错开，花头（花序）附近不得捆扎。非洲菊、唐菖蒲切花可采用错头包装方法。

——卷头：切花单排排列，由包装纸间隔卷绕包扎，在基部捆扎。月季切花可采用卷头包装方法。

——套头：单朵花的花头用不同包装材料进行包裹，每扎切花在基部捆扎。月季切花可采用套头的包装方法。

5.5.4 装箱容量

根据切花种类以及切花的质量等级来确定最佳装箱容量。切花装箱时根据需要进行，以装满为准，不能挤压，切花包扎数量及装箱容量应参照表 2 执行。

表 2 切花的装箱容量

切花种类	花束包扎数量	装箱容量（以 100 cm×50 cm×50 cm 规格纸箱为例）
香石竹	20 支捆为一扎	每箱放置 40 扎～60 扎
百合	10 支捆为一扎	每箱放置单头百合 70 扎，三头百合每箱放置 40 扎～60 扎
月季	20 支捆为一扎	每箱放置 70 扎
菊花	一级花每朵花都用纸包裹，其他级别切花 10 支～20 支捆为一扎	一级花每箱放置 50 支～70 支，其他级别切花每箱放置 30 扎
非洲菊	一级花每朵花都用纸包裹，其他级别切花 20 支捆为一扎	专用包装箱，一级花每箱放置 50 支～70 支，其他级别切花每箱放置 50 扎～60 扎
唐菖蒲	10 支捆为一扎	专用立式包装箱，每箱 15 扎～24 扎

5.5.5 **切花内包装材料的要求**

切花内包装材料要求新鲜、干净、无毒、无刺激性、完好无损、保湿性能好。

切花的内包装可以为耐湿白纸、白色瓦楞纸、报纸、聚乙烯薄膜，捆扎用橡皮筋、细绳、胶带等。

白纸或者瓦楞纸的规格为(20 cm～30 cm)×(30 cm～50 cm)，聚乙烯塑料薄膜的厚度为0.04 mm～0.06 mm。

切花的内包装要包裹花头部分，切花茎秆基部要用保湿纸包裹。

每扎花的内包装物只能使用一次。

5.5.6 **切花放置方式**

包装箱内切花分层放置，层间有衬垫，各层切花反向叠放箱中，花头朝外，距离箱边5 cm。纸箱两侧面要打孔，孔的直径为2 cm～3 cm，孔的数量为6个～8个，均匀分布于侧面。

封箱采用压敏胶带，胶带的长度需超过包装箱两端，纸箱外用纤维带捆扎，在包装箱上等距离捆扎三条纤维带。

5.5.7 **混合包装要求**

根据客户的要求及合同的约定，切花产品可采取在同一个包装箱内混装的方法，混装切花产品应该满足以下的要求：

a) 混装的切花产品要求运输温度在同样的允许范围内；

b) 不同切花对湿度的要求一致。

5.5.8 **切花包装箱的标识**

切花包装箱的标识应该包括以下项目和信息：

a) 切花种类(混装时要在包装箱上注明)；

b) 品种名；

c) 花色、花型等主要性状；

d) 质量等级及执行标准号；

e) 装箱容量；

f) 生产单位；

g) 花卉产地；

h) 采切时间；

i) 商品条形码。

以上的各个项目以及其他要求如“向上”、“防雨”、“温度极限”、“不耐挤压”等图示的标识根据GB/T 191执行。

包装标识的要求：

——切花包装的标识要求清晰，醒目，持久，整齐；

——切花的种类、生产单位、企业商标等项目标注在正面展示面；

——包装箱的侧面标注其他项目。

切花包装箱的标识部位见图1。

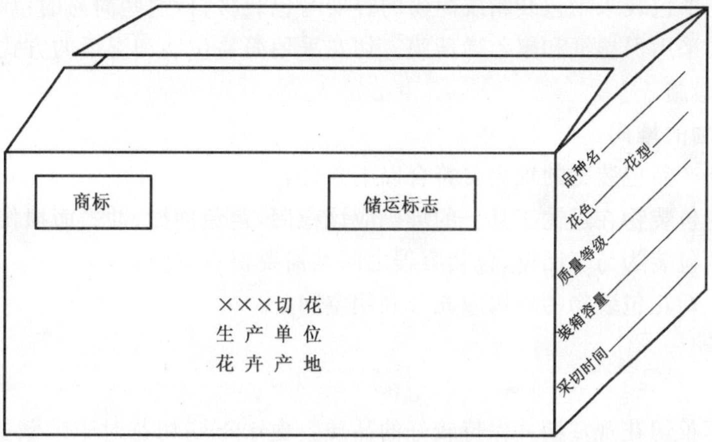

图 1　切花包装箱标识

6　切花运输

6.1　运输方式

切花运输方式的选择要根据切花的质量、采切时间、客户要求等实际条件加以综合确定，可采取以下几种运输方式：

a)　航空运输：采用飞机进行运输，运输在 24 h 内完成，不需要专门的冷藏设备，运输时要符合航空运输货物的相关规定。

b)　铁路运输：采用火车进行运输，时间较长，运输过程中需采取保鲜措施。

c)　汽车运输：为近距离运输的主要途径，或者用于铁路运输不方便的地区。时间不超过 20 h 的运输可不使用冷藏设备。

d)　轮船运输：采用轮船，运输过程中要采用冷藏集装箱，应满足切花最佳的运输条件。

运输工具要求具有良好的保温、保湿性能，且能够调节、控制温度，清洁卫生，无污染；运输时间不超过 20 h 的切花，可以采用无冷藏设备的货车，超过 20 h 的运输要使用冷藏设备或者专门的冷藏车；汽车、火车、轮船运输时，切花的包装可以采用纸箱和冷藏集装箱。

6.2　切花运输的温度、湿度要求

不同切花在运输中所要求的湿度、温度不同，切花在运输过程中温度、湿度应该满足表 3 所规定的条件。

表 3　切花适宜的运输温度、湿度

切花种类	运输温度	相对湿度
月季	2 ℃～8 ℃	85%～95%
香石竹	2 ℃～4 ℃，不高于 8 ℃	85%～95%
唐菖蒲	8 ℃～10 ℃	85%～95%
非洲菊	2 ℃～8 ℃	85%～95%
百合	1 ℃～2 ℃	85%～95%
菊花	2 ℃～4 ℃，不高于 8 ℃	85%～95%

6.3　不同运输距离切花运输的要求

长途运输的切花应该有硬质的外包装和内包装，运输包装采用标准规格的包装箱，包装箱内加冰瓶，防止温度上升。运输时间较长应使用集装箱，集装箱的使用参见其他的规定；长途运输采用空运或铁路运输。

短途运输的切花外包装采用包装箱或简易的容器与包装材料，这些简易的包装材料包括包装纸筒、水桶、周转箱，内包装采用保湿纸和聚乙烯薄膜。切花采用简易包装和湿运的方式，包裹花头，置于水桶中，可以不采取冷藏措施。

6.4 切花运输包装物的堆码

运输过程中切花产品包装物的堆码要符合以下条件：

——切花产品的包装物在运输工具上的堆码应该稳固，避免冲撞、冲击而损伤切花产品；

——切花产品的包装物与车厢壁、包装容器之间均需要留有空隙；

——运输工具上切花包装物的堆码应充分利用空间。

7 切花贮藏

贮藏的目的是延长切花观赏期并保持较好的品质。由于不同切花对于贮藏要求不同，因此贮藏时需根据具体情况，并参照相应的技术进行。

7.1 贮藏场所的环境要求

切花贮藏场所要求温度、湿度控制稳定，满足不同切花的贮藏要求，通风状况良好，并且要求干净、整洁、无污染物。

贮藏场所空间利用合理，对温度要求严格的切花放置于温度变化小的区域，对温度要求不严格的可以放置于边缘。

7.2 贮藏方法

鲜切花贮藏中可以根据切花的不同特性以及实际情况采用普通冷藏和减压贮藏、气体调节贮藏的方法。

7.2.1 普通冷藏

普通冷藏包括干藏和湿藏两种方式。

干藏用于切花的长期贮藏，贮藏过程中不提供任何的补水措施，切花采用聚乙烯薄膜包装，以减少水分蒸发，降低呼吸作用，有利于延长寿命。质量较高的的切花适于干藏。

湿藏用于1周～4周的短期贮藏，温度保持在3 ℃～4 ℃。贮藏过程中将花材茎秆基部直接浸入水中，或者用湿棉球包扎茎基切口处，以保持水分不断供给。湿藏的包装箱有保持垂直向上的标志。

7.2.2 其他贮藏方法

在鲜切花采后流通中采用减压贮藏和气体调节贮藏等贮藏方法，应遵照相关技术规程执行。

7.3 切花贮藏的温度、湿度要求

切花贮藏中要根据不同花卉的特性，来确定花卉的贮藏温度。切花贮藏冷库的温度一般应控制在2 ℃～4 ℃，唐菖蒲切花贮藏要保持相对较高的温度。常见切花的最佳贮藏温度、湿度范围见表4。

表4 切花贮藏温度、湿度

切花种类	贮藏温度	相对湿度
月季	0.5 ℃～0 ℃	85%～95%
唐菖蒲	7 ℃～10 ℃	90%～95%
香石竹	1 ℃～2 ℃	90%～95%
百合	2 ℃～5 ℃	90%～95%
菊花	2 ℃～3 ℃	90%～95%
非洲菊	2 ℃～4 ℃	90%～95%

7.4 贮藏的特殊处理

根据客户要求使用不同的切花保鲜剂，在切花采切后24 h内进行预处液处理，并结合复水处理，处

理不超过 12 h。

唐菖蒲等切花在贮藏过程中，容易发生花茎向上弯曲的现象，贮藏过程中应该使其垂直放置于贮藏场所。

7.5 贮藏时间

切花贮藏时间的长短要根据不同切花种类的特性、客户的具体要求、切花的不同贮藏方式来确定，要求尽量缩短贮藏时间。

7.6 贮藏容器要求

切花贮藏容器要求清洁、无菌，容器中装有水或者保鲜液。

切花贮藏时间较短，可采用规格统一的水桶、周转箱等简易设备。

7.7 贮藏环境中切花的摆放

贮藏场所中，成扎的切花放置于周转箱及塑料桶中，花头向上，包装容器置于架上或者地面上，要求摆放整齐。

切花也可放置在包装箱中，包装箱的码垛要整齐、安全，码放行距为 5 cm～10 cm，墙壁和包装箱距离 10 cm～20 cm，天花板和包装箱距离 50 cm，冷风出口与贮藏产品之间距离 200 cm。

附 录 A
（规范性附录）
切花包装箱箱型结构

0201

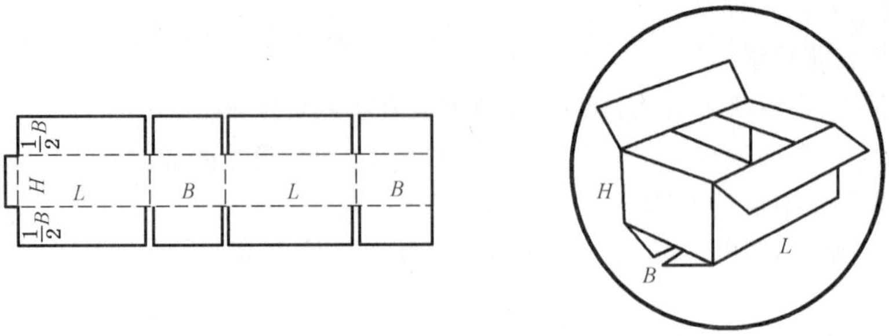

0202

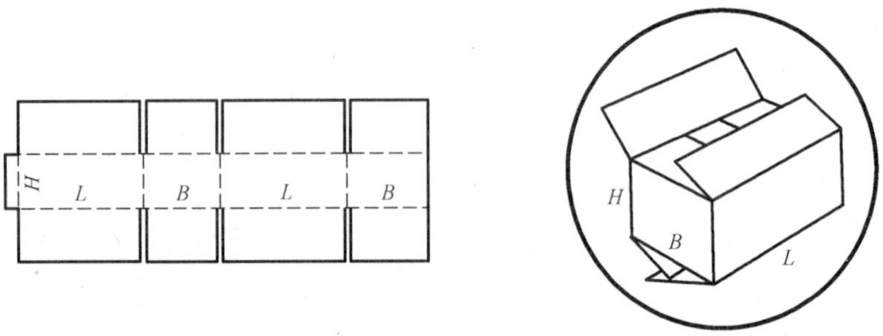

0203

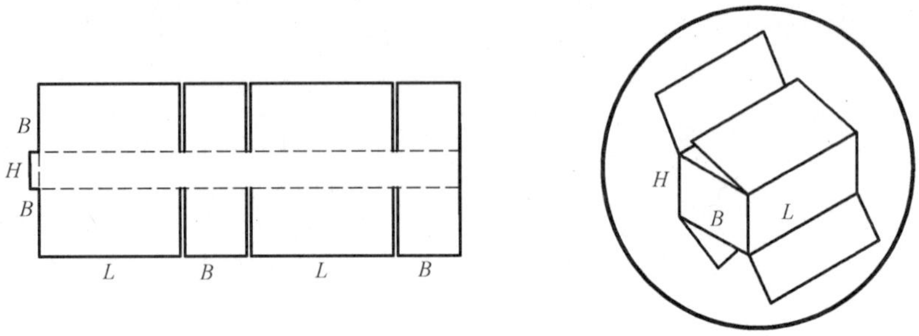

0301

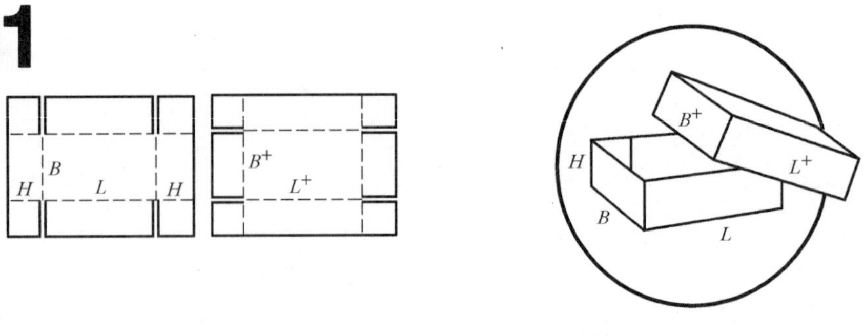

0303

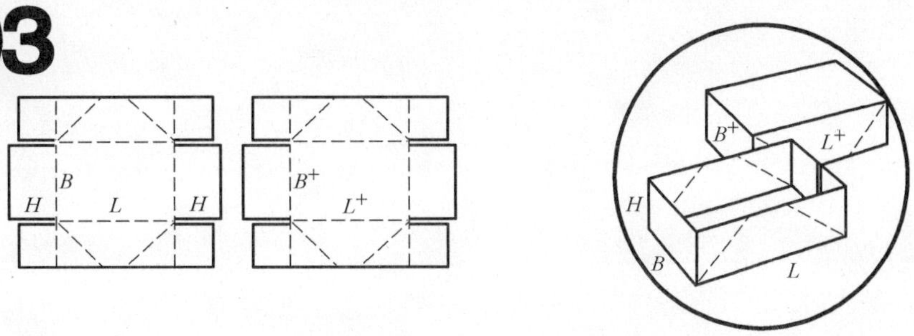

0304

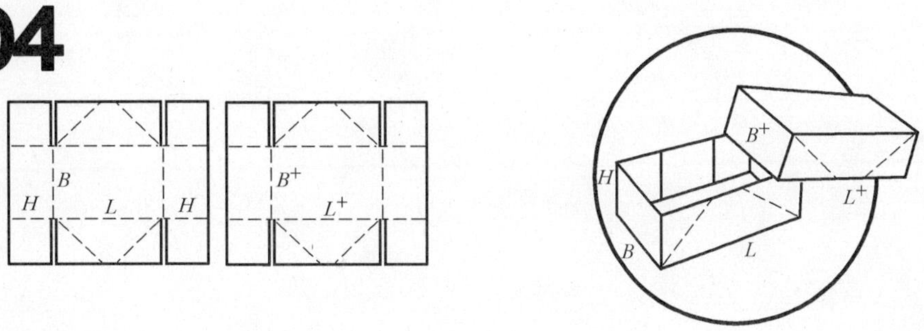

0305

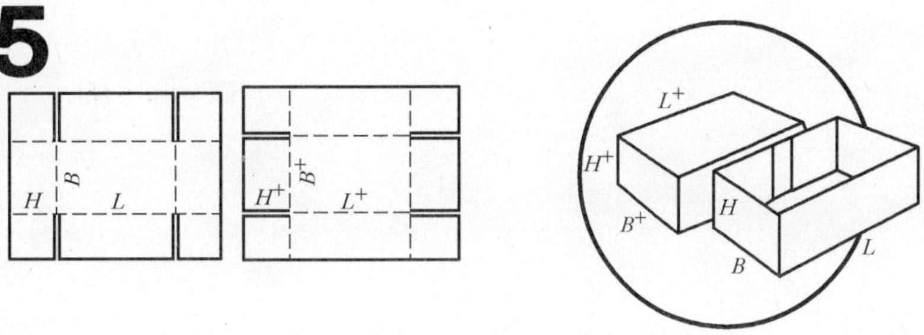

0306

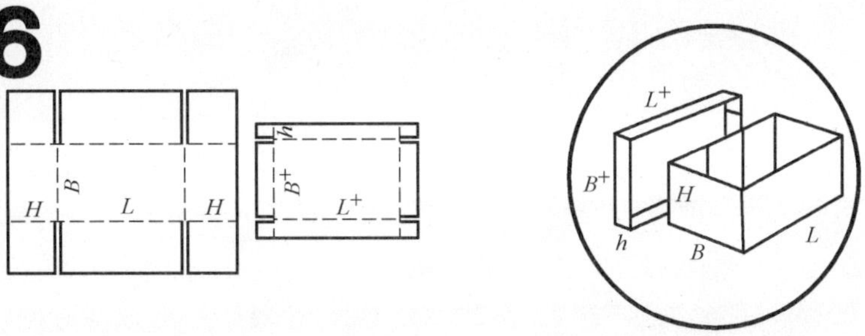

0310

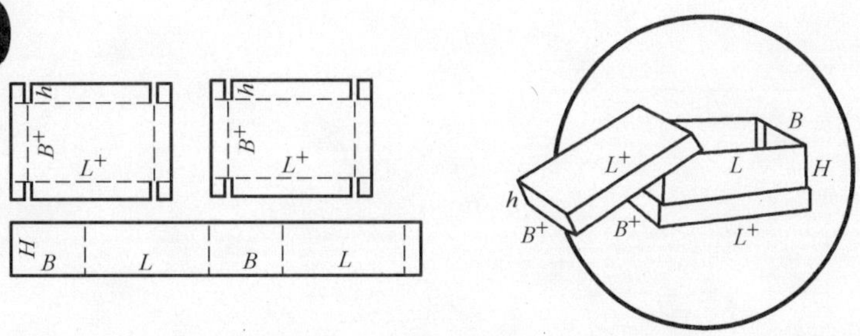

三、医药、卫生、劳动保护

ICS 13.300
A 80

中华人民共和国国家标准

GB 12463—2009
代替 GB 12463—1990

危险货物运输包装通用技术条件

General specifications for transport packages of dangerous goods

2009-06-21 发布　　2010-05-01 实施

中华人民共和国国家质量监督检验检疫总局
中国国家标准化管理委员会　发布

前　言

本标准的第5章、第8章为强制性的，其余为推荐性的。

本标准代替GB 12463—1990《危险货物运输包装通用技术条件》。

本标准与GB 12463—1990相比主要变化如下：

——取消了部分术语，直接引用相关标准；

——将桶类包装最大容积由450 L改为250 L；

——第4章为运输包装分类，并将等级改为类别，基本要求部分放入第8章；

——4.2基本要求与第5章合并为第5章包装要求；

——取消了“纺织品编织袋”(1990年版的5.14)；

——取消了“塑料袋”(1990年版的5.16)；

——气密、液压试验的压力做了修改；

——取消了“标记尺寸和使用方法可比照GB/T 191有关规定办理”(1990年版的7.2.6.2)；

——取消了包装性能试验的使用范围(1990年版的8.1)；

——表4增加了“耐酸坛、陶瓷坛、厚度3 mm以上的大玻璃瓶”液压试验值；

——取消了“包装检验”(1990年版的第9章)；

——增加了“包装容器基本结构应符合GB/T 9174的规定”(本版的5.1.11)。

本标准的附录A为资料性附录。

本标准由全国危险化学品管理标准化技术委员会(SAC/TC 251)提出并归口。

本标准起草单位：铁道部标准计量研究所、深圳市栢兴实业有限公司。

本标准主要起草人：张锦、兰淑梅、雷杰、赵靖宇、白志刚。

本标准所代替标准的历次版本发布情况为：

——GB 12463—1990。

危险货物运输包装通用技术条件

1 范围

本标准规定了危险货物运输包装(以下简称运输包装)的分类、基本要求、性能试验和检验方法、技术要求、类型和标记代号。

本标准适用于盛装危险货物的运输包装。

本标准不适用于:

a) 盛装放射性物质的运输包装;

b) 盛装压缩气体和液化气体的压力容器的运输包装;

c) 净质量超过 400 kg 的运输包装;

d) 容积超过 450 L 的运输包装。

2 规范性引用文件

下列文件中的条款通过本标准的引用而成为本标准的条款,凡是注日期的引用文件,其随后所有的修改单(不包括勘误的内容)或修订版均不适用于本标准,然而,鼓励根据本标准达成协议的各方研究是否可使用这些文件的最新版本。凡是不注日期的引用文件,其最新版本适用于本标准。

GB 190 危险货物包装标志

GB/T 191 包装储运图示标志(GB/T 191—2008,ISO 780:1997,MOD)

GB/T 4857.2 包装 运输包装件基本试验 第 2 部分:温湿度调节处理(GB/T 4857.2—2005,ISO 2233:2000,MOD)

GB/T 4857.3 包装 运输包装件基本试验 第 3 部分:静载荷堆码试验方法(GB/T 4857.3—2008,ISO 2234:2000,IDT)

GB/T 4857.5 包装 运输包装件 跌落试验方法(GB/T 4857.5—1992,eqv ISO 2248:1985)

GB/T 9174 一般货物运输包装通用技术条件

GB/T 13040 包装术语 金属容器

3 术语和定义

GB/T 13040 确立的以及下列术语和定义适用于本标准。

3.1

危险货物运输包装 transport packages of dangerous goods

根据危险货物的特性,按照有关标准和法规,专门设计制造的运输包装。

3.2

复合包装 composite packaging

由一个外包装和一个内容器(或复合层)组成一个整体的包装,称为复合包装。

4 运输包装分类

根据盛装内装物的危险程度,将运输包装分为三个类别:

Ⅰ类包装:适用内装危险性较大的货物;

Ⅱ类包装:适用内装危险性中等的货物;

Ⅲ类包装:适用内装危险性较小的货物。

5 包装要求

5.1 基本要求

5.1.1 运输包装应结构合理，并具有足够强度，防护性能好。材质、型式、规格、方法和内装货物重量应与所装危险货物的性质和用途相适应，便于装卸、运输和储存。

5.1.2 运输包装应质量良好，其构造和封闭形式应能承受正常运输条件下的各种作业风险，不应因温度、湿度或压力的变化而发生任何渗（撒）漏，表面应清洁，不允许粘附有害的危险物质。

5.1.3 运输包装与内装物直接接触部分，必要时应有内涂层或进行防护处理，运输包装材质不应与内装物发生化学反应而形成危险产物或导致削弱包装强度。

5.1.4 内容器应予固定。如内容器易碎且盛装易撒漏货物，应使用与内装物性质相适应的衬垫材料或吸附材料衬垫妥实。

5.1.5 盛装液体的容器，应能经受在正常运输条件下产生的内部压力。灌装时应留有足够的膨胀余量（预留容积），除另有规定外，并应保证在温度 55 ℃时，内装液体不致完全充满容器。

5.1.6 运输包装封口应根据内装物性质采用严密封口、液密封口或气密封口。

5.1.7 盛装需浸湿或加有稳定剂的物质时，其容器封闭形式应能有效地保证内装液体（水、溶剂和稳定剂）的百分比，在贮运期间保持在规定的范围以内。

5.1.8 运输包装有降压装置时，其排气孔设计和安装应能防止内装物泄漏和外界杂质进入，排出的气体量不应造成危险和污染环境。

5.1.9 复合包装的内容器和外包装应紧密贴合，外包装不应有擦伤内容器的凸出物。

5.1.10 盛装爆炸品包装的附加要求：

a) 盛装液体爆炸品容器的封闭形式，应具有防止渗漏的双重保护。

b) 除内包装能充分防止爆炸品与金属物接触外，铁钉和其他没有防护涂料的金属部件不应穿透外包装。

c) 双重卷边接合的钢桶，金属桶或以金属做衬里的运输包装，应能防止爆炸物进入隙缝。钢桶或铝桶的封闭装置应配有合适的垫圈。

d) 包装内的爆炸物质和物品，包括内容器，应衬垫妥实，在运输中不允许发生危险性移动。

e) 盛装有对外部电磁辐射敏感的电引发装置的爆炸物品，包装应具备防止所装物品受外部电磁辐射源影响的功能。

5.1.11 包装容器基本结构应符合 GB/T 9174 的规定。

5.1.12 常用危险货物运输包装的组合型式、标记代号、限制质量等参见附录 A。

5.2 包装容器

5.2.1 钢桶

5.2.1.1 桶端应采用焊接或双重机械卷边，卷边内均匀填涂封缝胶。桶身接缝，除盛装固体或 40 L 以下（含 40 L）的液体桶可采用焊接或机械接缝外，其余均应焊接。

5.2.1.2 桶的两端凸缘应采用机械接缝或焊接，也可使用加强箍。

5.2.1.3 桶身应有足够的刚度，容积大于 60 L 的桶，桶身应有两道模压外凸环筋，或两道与桶身不相连的钢质滚箍套在桶身上，使其不得移动。滚箍采用焊接固定时，不允许点焊，滚箍焊缝与桶身焊缝不允许重叠。

5.2.1.4 最大容积为 250 L。

5.2.1.5 最大净质量为 400 kg。

5.2.2 铝桶

5.2.2.1 制桶材料应选用纯度至少为 99％的铝，或具有抗腐蚀和合适机械强度的铝合金。

5.2.2.2 桶的全部接缝应采用焊接，如有凸边接缝应采用与桶不相连的加强箍予以加强。

5.2.2.3 容积大于 60 L 的桶，至少有两个与桶身不相连的金属滚箍套在桶身上，使其不得移动。滚箍采用焊接固定时，不允许点焊，滚箍焊缝与桶身焊缝不允许重叠。

5.2.2.4 最大容积为 250 L。

5.2.2.5 最大净质量为 400 kg。

5.2.3 **钢罐**

5.2.3.1 钢罐两端的接缝应焊接或双重机械卷边。40 L 以上的罐身接缝应采用焊接；40 L 以下(含 40 L)的罐身接缝可采用焊接或双重机械卷边。

5.2.3.2 最大容积为 60 L。

5.2.3.3 最大净质量为 120 kg。

5.2.4 **胶合板桶**

5.2.4.1 胶合板所用材料应质量良好，板层之间应用抗水粘合剂按交叉纹理粘接，经干燥处理，不应有降低其预定效能的缺陷。

5.2.4.2 桶身至少用三合板制造。若使用胶合板以外的材料制造桶端，其质量应与胶合板等效。

5.2.4.3 桶身内缘应有衬肩。桶盖的衬层应牢固地固定在桶盖上，并能有效地防止内装物撒漏。

5.2.4.4 桶身两端应用钢带加强。必要时桶端应用十字型木撑予以加固。

5.2.4.5 最大容积为 250 L。

5.2.4.6 最大净质量为 400 kg。

5.2.5 **木琵琶桶**

5.2.5.1 所用木材应质量良好，无节子、裂缝、腐朽、边材或其他可能降低木桶预定用途效能的缺陷。

5.2.5.2 桶身应用若干道加强箍加强。加强箍应选用质量良好的材料制造，桶端应紧密地镶在桶身端槽内。

5.2.5.3 最大容积为 250 L。

5.2.5.4 最大净质量为 400 kg。

5.2.6 **硬质纤维板桶**

5.2.6.1 所用材料应选用具有良好抗水能力的优质硬质纤维板，桶端可使用其他等效材料。

5.2.6.2 桶身接缝应加钉结合牢固，并具有与桶身相同的强度，桶身两端应用钢带加强。

5.2.6.3 桶口内缘应有衬肩，桶底、桶盖应用十字型木撑予以加固，并与桶身结合紧密。

5.2.6.4 最大容积为 250 L。

5.2.6.5 最大净质量为 400 kg。

5.2.7 **硬纸板桶**

5.2.7.1 桶身应用多层牛皮纸粘合压制成的硬纸板制成。桶身外表面应涂有抗水能力良好的防护层。

5.2.7.2 桶端若采用与桶身相同材料制造，应符合 5.2.6.2 和 5.2.6.3 的规定，也可用其他等效材料制造。

5.2.7.3 桶端与桶身的结合处应用钢带卷边压制接合。

5.2.7.4 最大容积为 250 L。

5.2.7.5 最大净质量为 400 kg。

5.2.8 **塑料桶、塑料罐**

5.2.8.1 所用材料能承受正常运输条件下的磨损、撞击、温度、光照及老化作用的影响。

5.2.8.2 材料内可加入合适的紫外线防护剂，但应与桶(罐)内装物性质相容，并在使用期内保持其效能。用于其他用途的添加剂，不能对包装材料的化学和物理性质产生有害作用。

5.2.8.3 桶(罐)身任何一点的厚度均应与桶(罐)的容积、用途和每一点可能受到的压力相适应。

5.2.8.4 最大容积：塑料桶为 250 L；

塑料罐为 60 L。

5.2.8.5 最大净质量：塑料桶为 250 kg；

塑料罐为 120 kg。

5.2.9 **木箱**

5.2.9.1 箱体应有与容积和用途相适应的加强条档和加强带。箱顶和箱底可由抗水的再生木板、硬质纤维板、塑料板或其他合适的材料制成。

5.2.9.2 满板型木箱各部位应为一块板或与一块板等效的材料组成。平板榫接、搭接、槽舌接，或者在每个接合处至少用两个波纹金属扣件对头连接等，均可视作与一块板等效的材料。

5.2.9.3 最大净质量为 400 kg。

5.2.10 **胶合板箱**

5.2.10.1 所用材料应符合 5.2.4.1 的规定。

5.2.10.2 胶合板箱的角柱件和顶端应用有效的方法装配牢固。

5.2.10.3 最大净质量为 400 kg。

5.2.11 **再生木板箱**

5.2.11.1 箱体应用抗水的再生木板、硬质纤维板、或其他合适类型的板材制成。

5.2.11.2 箱体应用木质框架加强，箱体与框架应装配牢固，接缝严密。

5.2.11.3 最大净质量为 400 kg。

5.2.12 **硬纸板箱、瓦楞纸箱、钙塑板箱**

5.2.12.1 硬纸板箱或钙塑板箱应有一定抗水能力。硬纸板箱、瓦楞纸箱、钙塑板箱应具有一定的弯曲性能，切割、折缝时应无裂缝，装配时无破裂或表皮断裂或过度弯曲，板层之间应粘合牢固。

5.2.12.2 箱体结合处，应用胶带粘贴，搭接胶合，或者搭接并用钢钉或 U 形钉钉合，搭接处应有适当的重叠。如封口采用胶合或胶带粘贴，应使用抗水胶合剂。

5.2.12.3 钙塑板箱外部表层应具有防滑性能。

5.2.12.4 最大净质量为 60 kg。

5.2.13 **金属箱**

5.2.13.1 箱体一般应采用焊接或铆接。花格型箱如采用双重卷边接合，应防止内装物进入接缝的凹槽处。

5.2.13.2 封闭装置应采用合适的类型，在正常运输条件下保持紧固。

5.2.13.3 最大净质量为 400 kg。

5.2.14 **塑料编织袋**

5.2.14.1 袋应缝制、编织或用其他等效强度的方法制作。

5.2.14.2 防撒漏型袋应用纸或塑料薄膜粘在袋的内表面上。

5.2.14.3 防水型袋应用塑料薄膜或其他等效材料粘附在袋的内表面上。

5.2.14.4 最大净质量为 50 kg。

5.2.15 **纸袋**

5.2.15.1 袋的材料应用质量良好的多层牛皮纸或与牛皮纸等效的纸制成，并具有足够强度和韧性。

5.2.15.2 袋的接缝封口应牢固、密闭性能好，并在正常运输条件下保持其效能。

5.2.15.3 防撒漏型袋应有一层防潮层。

5.2.15.4 最大净质量为 50 kg。

5.2.16 **坛类**

5.2.16.1 应有足够厚度，容器壁厚均匀，无气泡或砂眼。陶、瓷容器外部表面不得有明显的剥落和影响其效能的缺陷。

5.2.16.2 最大容积为 32 L。

5.2.16.3 最大净质量为 50 kg。

5.2.17 **筐、篓类**

5.2.17.1 应采用优质材料编制而成,形状周正,有防护盖,并具有一定刚度。

5.2.17.2 最大净质量为 50 kg。

6 防护材料

6.1 防护材料包括用于支撑、加固、衬垫、缓冲和吸附等材料。

6.2 运输包装所采用的防护材料及防护方式,应与内装物性能相容符合运输包装整体性能的需要,能经受运输途中的冲击与振动,保护内装物与外包装,当内容器破坏、内装物流出时也能保证外包装安全无损。

7 包装标志及标记代号

7.1 标志

根据危险货物的特性,选用 GB 190 及 GB/T 191 中规定的标志及其尺寸、颜色和使用方法。

7.2 标记代号

7.2.1 包装类别的标记代号

用下列小写英文字母表示:

x——符合Ⅰ、Ⅱ、Ⅲ类包装要求;

y——符合Ⅱ、Ⅲ类包装要求;

z——符合Ⅲ类包装要求。

7.2.2 包装容器的标记代号

用下列阿拉伯数字表示:

1——桶;

2——木琵琶桶;

3——罐;

4——箱、盒;

5——袋、软管;

6——复合包装;

7——压力容器;

8——筐、篓;

9——瓶、坛。

7.2.3 包装容器的材质标记代号

用下列大写英文字母表示:

A——钢;

B——铝;

C——天然木;

D——胶合板;

F——再生木板(锯末板);

G——硬质纤维板、硬纸板、瓦楞纸板、钙塑板;

H——塑料材料；

L——编织材料；

M——多层纸；

N——金属(钢、铝除外)；

P——玻璃、陶瓷；

K——柳条、荆条、藤条及竹篾。

7.2.4 包装件组合类型标记代号的表示方法

7.2.4.1 单一包装

单一包装型号由一个阿拉伯数字和一个英文字母组成，英文字母表示包装容器的材质，其左边平行的阿拉伯数字代表包装容器的类型。英文字母右下方的阿拉伯数字，代表同一类型包装容器不同开口的型号。

例：

1A——表示钢桶；

$1A_1$——表示闭口钢桶；

$1A_2$——表示中开口钢桶；

$1A_3$——表示全开口钢桶。

其他包装容器开口型号的表示方法，参见附录 A。

7.2.4.2 复合包装

复合包装型号由一个表示复合包装的阿拉伯数字“6”和一组表示包装材质和包装型式的字符组成。这组字符为两个大写英文字母和一个阿拉伯数字。第一个英文字母表示内包装的材质，第二个英文字母表示外包装的材质，右边的阿拉伯数字表示包装型式。

例：6HA1 表示内包装为塑料容器，外包装为钢桶的复合包装。

7.2.5 其他标记代号

用下列英文字母表示：

S——表示拟装固体的包装标记；

L——表示拟装液体的包装标记；

R——表示修复后的包装标记；

(GB)——表示符合国家标准要求；

(u n)——表示符合联合国规定的要求；

例：钢桶标记代号及修复后标记代号

例 1：新桶

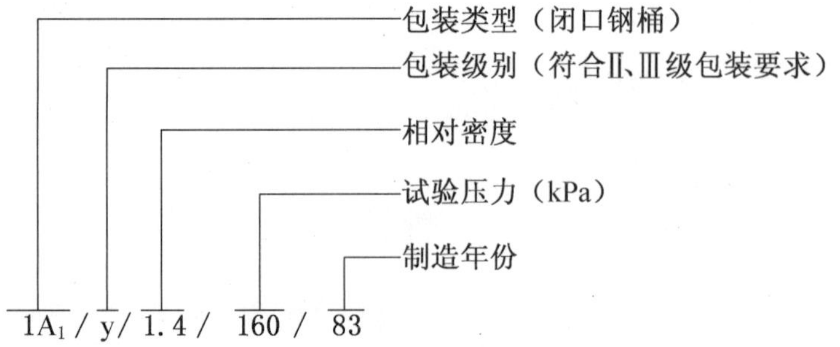

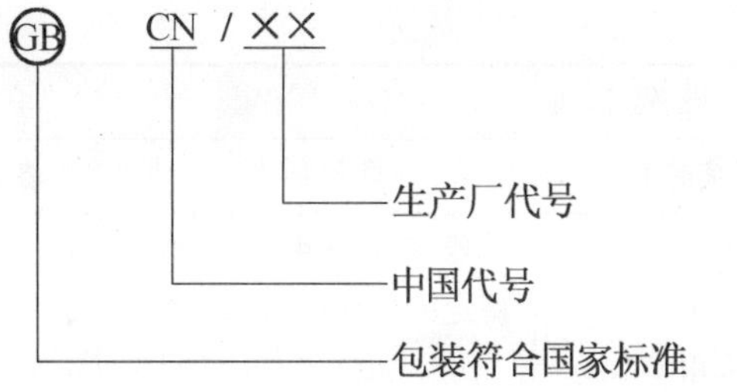

例 2:修复后的桶

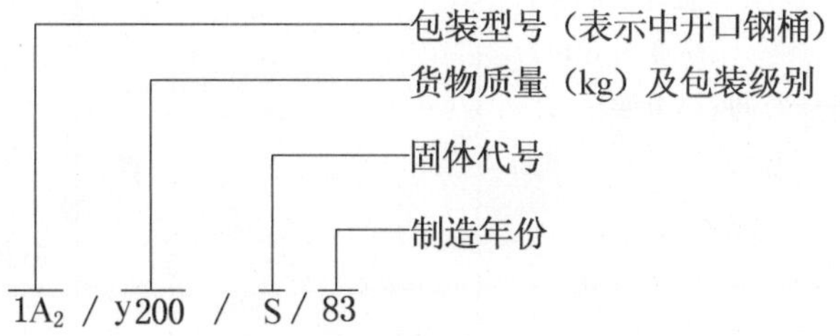

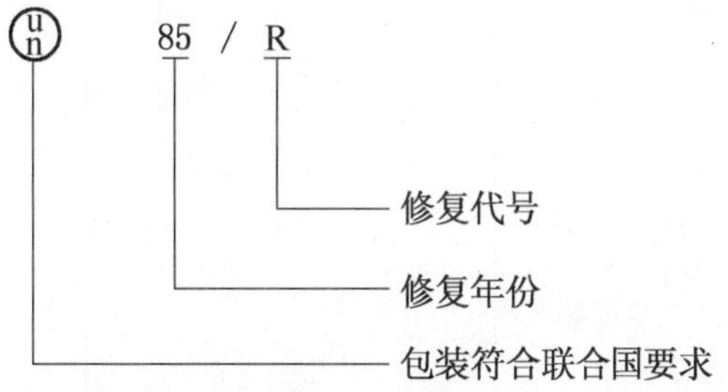

7.2.6 **标记的制作及使用方法**

标记采用白底(或采用包装容器底色)黑字,字体要清楚、醒目。标记的制作方法可以印刷、粘贴、涂打和钉附。钢制品容器可以打钢印。

8 运输包装性能试验

8.1 试验准备

8.1.1 准备试验的运输包装件应处于待运状态。凡盛装固体的包装件,可采用与拟装货物物理特性(如质量、粒径等)近似的其他物品代替,凡盛装液体的包装件,可采用与拟装货物物理特性(如密度、黏度)近似的其他物品代替,一般可用水代替。

8.1.2 盛装固体的包装应装至其容积的 95%,盛装液体的包装应装至其容积的 98%。

8.1.3 纸质和硬质纤维板包装应根据流通环境条件需要按照 GB/T 4857.2 的规定,进行温、湿度预处理。

8.1.4 塑料包装进行跌落试验前,应将试样和内装物的温度降至−18 ℃及其以下。内装物为液体时,温度降低后仍应是液态,如需要可加入防冻剂。

8.1.5 包装上的通气装置应用类似通气的封闭装置代替或将通气孔封闭。

8.1.6 直接盛装危险货物的容器及封口、吸附、衬垫等防护材料在性能试验前,还应进行盛装拟装物一定时期(例如为期 6 个月)的相容性试验。

8.2 主要试验项目及合格标准

各类包装试验项目、定量值及合格标准应符合表 1～表 4 有关规定。

表 1

运输包装类型	堆码试验				
	数量	试验方法	堆码高度及持续时间	合格标准	备注
钢(铁)桶(罐) 铝桶 木琵琶桶 胶合板桶 硬纸板桶 硬质纤维板桶 钢箱 天然木箱 胶合板箱 再生木箱 硬纸板箱 硬纸纤维板箱 瓦楞纸板箱 耐酸坛、陶瓷坛、厚度 3 mm以上的大玻璃瓶	3 只	见 8.2.1	① 堆码高度:陆运为 3 m; 海运为 8 m; 如采用集装箱或在甲板上运输,堆码高度为 3 m。 ② 持续时间:24 h 至一周	容器不应有引起堆码不稳定的任何变形和破损	
塑料桶(罐) 塑料箱 钙塑板箱 桶装复合包装(内容器为塑料材料) 箱状复合包装(内容器为塑料材料)			① 堆码高度:3 m。 ② 持续时间:28 d(温度40 ℃条件下)		
筐、篓			① 堆码高度:3 m。 ② 持续时间:24 h		不允许用作Ⅰ类包装

表 2

包装类型	跌落试验				
	数量	试验方法	跌落高度	合格标准	备注
钢(铁)桶(罐) 铝桶 木琵琶桶 胶合板桶 硬纸板桶 硬质纤维板桶 塑料桶(罐) 桶状复合包装	6 个(每次跌落 3 个)	见 8.2.2。 第一次跌落:应以桶的凸边成对角线(如 1-2-6 角)撞击在冲击面上,如包装件没有凸边则以圆周的接缝处或边缘撞击; 第二次跌落:以桶的第一次跌落时没有试验到的最薄弱部位撞击在冲击面上,如封闭装置,或圆柱形桶的桶体纵向焊缝(如 5-6 线)处	试件内装物质为固体及液体,或用与被运液体相对密度近似的液体进行试验时: Ⅰ类包装件:1.80 m; Ⅱ类包装件:1.20 m; Ⅲ类包装件:0.80 m	内外包装不应有引起内容物撒漏的任何破损	

表 2（续）

包装类型	跌落试验				
	数量	试验方法	跌落高度	合格标准	备注
天然木箱 胶合板箱 再生木箱 硬质纤维板箱 硬纸板箱 瓦楞纸板箱 钙塑板箱 塑料箱 钢箱 箱状复合包装	5 个(每次跌落 1 个)	第一次跌落：以箱底(3)平落； 第二次跌落：以箱顶(1)平落； 第三次跌落：以一长侧面(2 或 4)平落； 第四次跌落：以一短侧面(5 或 6)平落； 第五次跌落：以一个角(如 1-2-5 角)跌落			
纸袋 塑料编织袋	3 个(每个跌落 3 次)	第一次跌落：以袋的宽面(1 或 3)平落； 第二次跌落：以袋的窄面(2 或 4)平落； 第三次跌落：以袋的端部(5 或 6)平落	根据内装货物的危险程度用： Ⅱ类包装件：1.2 m； Ⅲ类包装件：0.8 m	袋不应有任何撒漏或破损	不允许用作Ⅰ类包装

表 3

包装类型	气密试验				
	数量	试验方法	试验压力	合格标准	备注
钢桶 铝桶 钢罐 钢塑复合桶(箱) 塑料桶 塑料罐	3 只	将试样完全浸入水中，然后向试样内充气加压，观察有无气泡产生。浸入水中的方法不得影响试验效果。或在桶(罐)接缝处或其他易渗漏处涂上皂液或其他合适的液体后向桶(罐)内充气加压，观察有无气泡产生也可以采用其他等效试验方法	Ⅰ类包装：不小于 30 kPa；Ⅱ、Ⅲ类包装：不小于 20 kPa	容器不漏气，视为合格	所有拟盛装液体的包装容器，均应做气密试验

表 4

包装类型	液压试验				
	数量	试验方法	试验压力	合格标准	备注
钢(铁)桶(罐) 铝桶 塑料桶(罐) 桶状复合包装(内容器为塑料材料)	3只	将测试容器上安装指标压力表,拧紧桶盖,接通液压泵,向容器内注水加压,当压力表指针达到所需压力时,塑料容器和内容器为塑料材质的复合包装,应经受30 min的压力试验;其他材质的容器和复合包装应经受5 min的压力试验。试验压力应均匀连续地施加,并保持稳定。试样如用支撑,不得影响其试验的效果	Ⅰ类包装:250 kPa; Ⅱ、Ⅲ类包装:不小于所运物质在50 ℃时的蒸气压力的1.75倍减去100 kPa,但最小的试验压力为100 kPa	容器不渗漏,视为合格	所有拟盛装液体的容器,均应做液压试验
耐酸坛、陶瓷坛、厚度3 mm以上的大玻璃瓶	3只	将测试容器上安装指标压力表,拧紧桶盖,接通液压泵,向容器内注水加压,当压力表指针达到所需压力时,经受5 min的恒压试验	Ⅰ类包装:250 kPa; Ⅱ类包装:200 kPa; Ⅲ类包装:200 kPa	坛、瓶不破裂,视为合格	

8.2.1 **堆码试验**

8.2.1.1 试验方法应符合GB/T 4857.3的规定。

8.2.1.2 各类运输包装的堆码试验和合格标准见表1。

8.2.2 **跌落试验**

8.2.2.1 试验方法应符合GB/T 4857.5的规定。

8.2.2.2 如用水代替进行试验,应根据内装液体的密度ρ,按下式计算:

Ⅰ类包装:

密度$\rho \leqslant 1.2$,则跌落高度$=1.2\times1.5=1.8$(m)

密度$\rho > 1.2$,则跌落高度$=\rho\times1.5$(m)

Ⅱ类包装:

密度$\rho \leqslant 1.2$,则跌落高度为1.2(m)

密度$\rho > 1.2$,则跌落高度$=\rho\times1.0$(m)

Ⅲ类包装:

密度$\rho \leqslant 1.2$,则跌落高度$=1.2\div1.5=0.8$(m)

密度$\rho > 1.2$,则跌落高度$=\rho\div1.5$(m)

其中:

ρ——液体密度,单位为克每立方厘米(g/cm^3);

1.0、1.5——系数。

8.2.2.3 各类包装的跌落试验和合格标准见表2。

8.2.3 **气密试验**

各类包装容器的气密试验和合格标准见表3。

8.2.4 液压试验

各类包装容器的液压试验和合格标准见表4。

8.2.5 其他试验

必要时可以根据流通环境条件或包装容器的需要，增加气候条件、机械强度等试验项目。

附　录　A
（资料性附录）
常用的危险货物运输包装表

A.1　常用的危险货物运输包装表见表 A.1。

表 A.1

包装号	包装组合型式		包装组合代号	适用货类	包装件限制质量	备注
	外包装	内包装				
1 甲 乙 丙 丁	闭口钢桶： 钢板厚 1.50 mm 钢板厚 1.25 mm 钢板厚 1.00 mm 钢板厚＞0.50 mm～0.75 mm		$1A_1$	液体货物	每桶净质量不超过： 250 kg 200 kg 100 kg 200 kg(一次性使用)	灌满腐蚀性物品钢桶内壁应涂镀防腐层
2 甲 乙 丙 丁 戊	中开口钢桶： 钢板厚 1.25 mm 钢板厚 1.00 mm 钢板厚 0.75 mm 钢板厚 0.50 mm 钢桶或镀锡薄钢板桶(罐)	塑料袋或多层牛皮纸袋	$1A_25H_4$ $1A_25M_1$ $1A_25M_2$ $1A_2$ $1N_2$ $3N_2$	固体、粉状及晶体状货物 稠黏状、胶状货物	每桶净质量不超过： 250 kg 150 kg 100 kg 50 kg 或 20 kg 50 kg 或 20 kg	
3 甲 乙 丙 丁	全开口钢桶： 钢板厚 1.25 mm 钢板厚 1.00 mm 钢板厚 0.75 mm 钢板厚 0.50 mm	塑料袋或多层牛皮纸袋	$1A_35H_4$ $1A_35M_1$ $1A_35M_3$ $1A_3$	固体、粉状及晶体状货物	每桶净质量不超过： 250 kg 150 kg 100 kg 50 kg	
4 甲 乙	钢塑复合桶： 钢板厚 1.25 mm 钢板厚 1.00 mm		6HA1	腐蚀性液体货物	每桶净质量不超过： 200 kg 50 kg 或 100 kg	
5	闭口铝桶： 铝板厚＞2 mm		$1B_1$	液体货物	每桶净质量不超过： 200 kg	
6	纤维板桶 胶合板桶 硬纸板桶	塑料袋或多层牛皮纸袋	$1F5H_4$ $1F5M_1$ $1D5H_4$ $1D5M_1$ $1G5H_4$ $1G5M_1$	固体、粉状及晶体状货物	每桶净质量不超过： 30 kg	

表 A.1（续）

包装号	包装组合型式		包装组合代号	适用货类	包装件限制质量	备注
	外包装	内包装				
7	闭口塑料桶		$1H_1$	腐蚀性液体货物	每桶净质量不超过：35 kg	
8	全开口塑料桶	塑料袋或多层牛皮纸袋	$1H_35H_4$ $1H_35M_1$	固体、粉状及晶体状货物	每桶净质量不超过：50 kg	
9	满板木箱	塑料袋 多层牛皮袋	$4C_15H_4$ $4C_15M_1$	固体、粉状及晶体状货物	每桶净质量不超过：50 kg	
10	满板木箱	1. 中层金属桶内装： 螺纹口玻璃瓶 塑料瓶 塑料袋 2. 中层金属罐内装： 螺纹口玻璃瓶 塑料瓶 塑料袋 3. 中层塑料桶内装： 螺纹口玻璃瓶 塑料瓶 塑料袋 4. 中层塑料罐内装： 螺纹口玻璃瓶 塑料瓶 塑料袋	 $4C_11N_39P_1$ $4C_11N_39H$ $4C_11N_35H_4$ $4C_13N_39P_1$ $4C_13N_39H$ $4C_13N_35H_4$ $4C_11H_39P_1$ $4C_11H_39H$ $4C_11H_35H_4$ $4C_13H_39P_1$ $4C_13H_39H$ $4C_13H_35H_4$	强氧化剂 过氧化物 氯化钠，氯化钾货物	每箱净质量不超过 20 kg。箱内：每瓶净质量不超过 1 kg，每袋净质量不超过 2 kg	
11	满板木箱	螺纹口或磨砂口玻璃瓶	$4C_19P_1$	液体强酸货物	每箱净质量不超过 20 kg。箱内：每箱净质量 0.5 kg～5 kg	
12	满板木箱	1. 螺纹口玻璃瓶 2. 金属盖压口玻璃瓶 3. 塑料瓶 4. 金属桶（罐）	$4C_19P_1$ $4C_19P_1$ $4C_19H$ $4C_11N$ $4C_13N$	液体、固体粉状及晶体货物	每箱净质量不超过 20 kg。箱内：每瓶、桶（罐）净质量不超过 1 kg	
13	满板木箱	安瓿瓶外加瓦楞纸套或塑料气泡垫，再装入纸盒	$4C_1G9P_3$ $4C_1H9P_3$	气体、液体货物	每箱净质量不超过 10 kg。箱内：每瓶净质量不超过 0.25 kg	
14	满板木箱或半花格木箱	耐酸坛或陶瓷瓶	$4C_19P_2$ $4C_39P_2$	液体强酸货物	1. 坛装每箱净质量不超过 50 kg； 2. 瓶装每箱净质量不超过 30 kg	

表 A.1（续）

包装号	包装组合型式		包装组合代号	适用货类	包装件限制质量	备注
	外包装	内包装				
15	满板木箱或半花格木箱	玻璃瓶或塑料桶	$4C_1 1H_2$ $4C_1 9P_1$ $4C_3 1H_1$ $4C_3 9P_1$	液体酸性货物	1. 瓶装每箱净质量不超过 30 kg，每瓶不超过 25 kg； 2. 桶装每箱净质量不超过 40 kg，每桶不超过 20 kg	
16	花格木箱	薄钢板桶或镀锡薄钢板桶(罐)	$4C_4 1A_2$ $4C_4 1N$ $4C_4 3N$	稠黏状、胶状货物如：油漆	1. 每箱净质量不超过 50 kg； 2. 每桶(罐)净质量不超过 20 kg	
17	花格木箱	金属桶（罐）或塑料桶，桶内衬塑料袋	$4C_4 1N5H_4$ $4C_4 3N5H_4$ $4C_4 1H_2 5H_4$	固体、粉状及晶体状货物	每箱净质量不超过 20 kg	
18	满底板花格木箱	螺纹口玻璃瓶、塑料瓶或镀锡薄钢板桶（罐）	$4C_2 9P_1$ $4C_2 9H$ $4C_2 1N$ $4C_2 3N$	稠黏状、胶状及粉状货物	每箱净质量不超过 20 kg。箱内：每瓶、桶(罐)净质量不超过 1 kg	
19	纤维板箱 锯末板箱 刨花板箱	螺纹口玻璃瓶、塑料瓶或镀锡薄钢板桶（罐）	$4F9P_1$ $4F9H$ $4F1N$ $4F3N$	固体、粉状及晶体状货物稠黏状、胶状货物	每箱净质量不超过 20 kg。箱内：每瓶净质量不超过 1 kg； 每桶(罐)净质量不超过 4 kg	
20	钙塑板箱	螺纹口玻璃瓶 塑料瓶 复合塑料瓶 金属桶(罐)，镀锡薄钢板桶或金属软管再装入纸盒	$4G_3 9P_1$ $4G_3 9H$ $4G_3 3N$ $4G_3 5N4M$	液体农药、稠黏状、胶状货物	每箱净质量不超过 20 kg 箱内：每桶（罐）、瓶、管不超过 1 kg	
21	钙塑板箱	双层塑料袋或多层牛皮纸袋	$4G_3 5H_4$ $4G_3 5M_1$	固体、粉状农药	每箱净质量不超过 20 kg 箱内：每袋净质量不超过 5 kg	
22	瓦楞纸箱	金属桶(罐) 镀锡薄钢板桶 金属软管	$4G_1 1N$ $4G_1 3N$ $4G_1 5N$	稠黏状、胶状货物	每箱净质量不超过 20 kg 箱内：每桶(罐)、管不超过 1 kg	
23	瓦楞板箱	塑料瓶 复合塑料瓶 双层塑料袋 多层牛皮纸袋	$4G_1 9H$ $4G_1 6H9$ $4G_1 5H_4$ $4G_1 5M_1$	粉状农药	每箱净质量不超过 20 kg 箱内：每瓶不超过 1 kg；每袋不超过 5 kg	

表 A.1（续）

包装号	包装组合型式		包装组合代号	适用货类	包装件限制质量	备注
	外包装	内包装				
24	以柳、藤、竹等材料编制的笼、篓、筐	螺纹口玻璃瓶 塑料瓶 镀锡薄钢板桶（罐）	$8K9P_1$ 8K9H 8K3N 8K1N	低毒液体或粉状农药，稠黏状、胶状货物，油纸制品和油麻丝	每笼、篓、筐净质量不超过20 kg；油漆类每桶（罐）净质量不超过5 kg； 每瓶不超过1 kg	
25	塑料编织袋	塑料袋	$5H_1 5H_4$	粉状、块状货物	每袋净质量不超过50 kg	
26	复合塑料编织袋		6HL5	块状、粉状及晶体状货物	每袋净质量25 kg～50 kg	
27	麻袋	塑料袋	$5L_1 5H_4$	固体货物	每袋净质量不超过100 kg	

A.2 常见包装组合代号见表A.2。

表 A.2

序号	包装名称	代号	序号	包装名称	代号
1	闭口钢桶	$1A_1$	16	瓦楞纸箱	$4G_1$
2	中开口钢桶	$1A_2$	17	硬纸板箱	$4G_2$
3	全开口钢桶	$1A_3$	18	钙塑板箱	$4G_3$
4	闭口金属桶	$1N_1$	19	普通型编织袋	$5L_1$
5	全开口金属罐	$3N_3$	20	复合塑料编织袋	6HL5
6	闭口铝桶	$1B_1$	21	普通型塑料编织袋	$5H_1$
7	中开口铝罐	$3B_2$	22	防撒漏型塑料编织袋	$5H_2$
8	闭口塑料桶	$1H_1$	23	防水型塑料编织袋	$5H_3$
9	全开口塑料桶	$1H_3$	24	塑料袋	$5H_4$
10	闭口塑料罐	$3H_1$	25	普通型纸袋	$5M_1$
11	全开口塑料罐	$3H_3$	26	防水型纸袋	$5M_3$
12	满板木箱	$4C_1$	27	玻璃瓶	$9P_1$
13	满底板花格木箱	$4C_2$	28	陶瓷坛	$9P_2$
14	半花格型木箱	$4C_3$	29	安瓿瓶	$9P_3$
15	花格型木箱	$4C_4$			

ICS 13.300
A 80

中华人民共和国国家标准

GB/T 15098—2008
代替 GB/T 15098—1994

危险货物运输包装类别划分方法

The principle of classification of transport packaging groups of dangerous goods

2008-08-04 发布　　2009-04-01 实施

中华人民共和国国家质量监督检验检疫总局
中国国家标准化管理委员会　发布

前　言

本标准代替 GB/T 15098—1994《危险货物运输包装类别划分原则》。

本标准与 GB/T 15098—1994 相比主要变化如下：

——依据全国危险化学品管理标准化技术委员会标准审查会专家意见，标准名称改为《危险货物运输包装类别划分方法》；

——对标准涉及的危险货物类项名称按照 GB 6944—2005 进行了一致性修改；

——对标准不适用的范围和内容依据 GB 12268—2005 中 4.2 进行了修改；

——删去了术语部分，因内容不全且与 GB 6944—2005 中术语重复；

——对包装类别的定义进行了修改；

——依据 GB 6944—2005，第 3 类易燃液体不分项，在第 3 类易燃液体删掉了低、中、高闪点的描述；

——依据联合国《关于危险货物运输的建议书　规章范本》(第 15 版)中的相关内容和危险货物运输的长期实践经验，对第 4 类 易燃固体、易于自燃的物质、遇水放出易燃气体的物质，第 5 类 氧化性物质，第 6 类 毒性物质，第 8 类 腐蚀性物质的包装类别分别进行了确定。

本标准由全国危险化学品管理标准化技术委员会(SAC/TC 251)提出并归口。

本标准起草单位：北京交通大学。

本标准主要起草人：杨月芳、吴育俭、海涛、李振江、贾传峻、杨方、王海星。

本标准于 1994 年首次发布。

危险货物运输包装类别划分方法

1 范围

本标准规定了划分各类危险货物运输包装类别的方法。

本标准适用于危险货物生产、贮存、运输和检验部门对危险货物运输包装进行性能试验和检验时确定包装类别的依据。

本标准不适用于：

a) 盛装爆炸品的运输包装；

b) 盛装气体的压力容器；

c) 盛装有机过氧化物和自反应物质的运输包装；

d) 盛装感染性物质的运输包装；

e) 盛装放射性物质的运输包装；

f) 盛装杂项危险物质和物品的运输包装；

g) 净质量大于 400 kg 的包装；

h) 容积大于 450 L 的包装。

有特殊要求的另按相关规定办理。

2 规范性引用文件

下列文件中的条款通过本标准的引用而成为本标准的条款。凡是注日期的引用文件，其随后所有的修改单(不包括勘误的内容)或修订版均不适用于本标准，然而，鼓励根据本标准达成协议的各方研究是否可使用这些文件的最新版本。凡是不注日期的引用文件，其最新版本适用于本标准。

GB/T 261—1983 石油产品闪点测定法(闭口杯法)

GB/T 616—2006 化学试剂 沸点测定通用方法

GB 6944 危险货物分类和品名编号

GB/T 7634—1987 石油及有关产品低闪点测定 快速平衡法

GB 12268 危险货物品名表

GB/T 21615—2008 危险品 易燃液体闭杯闪点试验方法

GB/T 21775—2008 闪点的测定 闭杯平衡法

GB/T 21789—2008 石油产品和其他液体闪点的测定 阿贝尔闭口杯法

联合国《关于危险货物运输的建议书 规章范本》(第 15 版)

3 包装类别

危险货物包装根据其内装物的危险程度划分为三种包装类别：

Ⅰ类包装：盛装具有较大危险性的货物；

Ⅱ类包装：盛装具有中等危险性的货物；

Ⅲ类包装：盛装具有较小危险性的货物。

4 包装类别的划分

4.1 基本方法

按 GB 6944 中危险货物的不同类项及有关的定量值，确定其包装类别。但各类中性质特殊的货物其包装类可另行规定。

货物具有两种以上危险性时，其包装类别须按级别高的确定。

4.2 第3类 易燃液体

按易燃性划分包装类别，如表1。

表1 易燃液体包装类别划分表

包装类别	闪点(闭杯)	初沸点
Ⅰ类包装	—	≤35 ℃
Ⅱ类包装	<23 ℃	>35 ℃
Ⅲ类包装	≥23 ℃，≤60 ℃	>35 ℃

注：沸点及闪点的测定方法参见 GB/T 261—1983、GB/T 616—2006、GB/T 7634—1987、GB/T 21615—2008、GB/T 21775—2008、GB/T 21789—2008。

4.3 第4类 易燃固体、易于自燃的物质、遇水放出易燃气体的物质

4.3.1 4.1项 易燃固体

a) GB 12268 中备注栏 CN 号为 41001～41500：Ⅱ类包装；

b) GB 12268 中备注栏 CN 号为 41501～41999：Ⅲ类包装；

c) 退敏爆炸品：根据危险性采用Ⅰ类或Ⅱ类包装。

4.3.2 4.2项 易于自燃的物质

a) GB 12268 中备注栏 CN 号为 42001～42500：Ⅰ类包装；

b) GB 12268 中备注栏 CN 号为 42501～42999：Ⅱ类包装；

c) GB 12268 中备注栏 CN 号为 42501～42999 中的含油、含水纤维或碎屑类物质：Ⅲ类包装；

d) 自热物质危险性大的须采用Ⅱ类包装。

4.3.3 4.3项 遇水放出易燃气体的物质

a) GB 12268 中备注栏 CN 号为 43001～43500：Ⅰ类包装；

b) GB 12268 中备注栏 CN 号为 43001～43500 中危险性小的以及 CN 号为 43501～43999：Ⅱ类包装；

c) GB 12268 中备注栏 CN 号为 43501～43999 中危险性小的：Ⅲ类包装。

4.4 第5类 氧化性物质

a) GB 12268 中备注栏 CN 号为 51001～51500：Ⅰ类包装；

b) GB 12268 中备注栏 CN 号为 51501～51999：Ⅱ类包装；

c) GB 12268 中备注栏 CN 号为 51501～51999 中危险性小的：Ⅲ类包装。

4.5 第6类 毒性物质

根据联合国《关于危险货物运输的建议书 规章范本》(第15版)，口服、皮肤接触以及吸入粉尘和烟雾的方式确定包装类，如表2。

表2 口服、皮肤接触以及吸入粉尘和烟雾毒性物质包装类别划分表

包装类别	口服毒性 LD_{50}/(mg/kg)	皮肤接触毒性 LD_{50}/(mg/kg)	吸入粉尘和烟雾毒性 LC_{50}/(mg/L)
Ⅰ	≤5.0	≤50	≤0.2
Ⅱ	$5.0 < LD_{50} \leq 50$	$50 < LD_{50} \leq 200$	$0.2 < LC_{50} \leq 2.0$
Ⅲ	$50 < LD_{50} \leq 300$	$200 < LD_{50} \leq 1\,000$	$2.0 < LC_{50} \leq 4.0$

注：GB 12268 备注栏 CN 号为 61001～61500 中闪点<23 ℃的液态毒性物质：Ⅰ类包装；
GB 12268 备注栏 CN 号为 61501～61999 中闪点<23 ℃的液态毒性物质：Ⅱ类包装。

4.6 第8类 腐蚀性物质

a) GB 12268 备注栏 CN 号为 81001～81500：Ⅰ类包装；

b) GB 12268 备注栏 CN 号为 81501～81999，82001～82500：Ⅱ类包装；

c) GB 12268 备注栏 CN 号为 82501～82999，83001～83999：Ⅲ类包装。

前　　言

本标准的制定参考了国际危险货物运输包装有关规定;第三章“要求”中的有关内容与国际要求接轨。

本标准的附录A是标准的附录。

本标准由中国包装总公司提出。

本标准由全国包装技术委员会归口。

本标准负责起草单位:贵州省技术监督局、贵州省包装公司、贵州省产品质量监督中心检验所。

本标准参加起草单位:贵州省进出口商品检验局。

本标准主要起草人:何开基、刘齐杰、顾曦、张建国、杨贵黔、李林筑。

中华人民共和国国家标准

GB 16473—1996

黄　磷　包　装

Packing for yellow phosphorus

1　范围

本标准规定了工业黄磷包装的要求、贮存、运输和试验方法。

本标准适用于黄磷的生产、使用、流通和监督检验。

2　引用标准

下列标准所包含的条文，通过在本标准中引用而构成为本标准的条文。本标准出版时，所示版本均为有效。所有标准都会被修订，使用本标准的各方应探讨使用下列标准最新版本的可能性。

GB 325—91　包装容器　钢桶

GB 912—89　碳素结构钢和低合金结构钢　热轧薄钢板及钢带

GB 4956—85　磁性金属基体上非磁性覆盖层厚度测量　磁性方法

GB 7816—87　工业黄磷

GB 11253—89　碳素结构钢和低合金结构钢　冷轧薄钢板及钢带

GB 12463—90　危险货物运输包装通用技术条件

GB 13251—91　包装容器　钢桶封闭器

3　要求

3.1　黄磷包装采用Ⅰ级包装，其要求应符合 GB 12463 规定。

3.2　黄磷每桶净重 200±0.2 kg，向桶内加水高度不少于 50 mm，预留空间高度不少于 35 mm。

3.3　黄磷包装的准备

3.3.1　黄磷包装场地需平坦、宽敞、周围无易燃易爆物品。现场应备冷热水源和蒸汽。

3.3.2　黄磷包装工人需经安全操作培训合格后方可上岗。操作前必须穿戴劳动保护用品。

3.3.3　黄磷包装容器要求：

a) 黄磷包装容器容积为 140 L；

b) 黄磷桶应符合附录 A(标准的附录)要求；

c) 黄磷生产厂对每个黄磷桶的外观和气密性按附录 A 检查合格方可使用。

3.3.4　黄磷包装用的台秤，最大量程为 500 kg，称量前应校验合格。

3.3.5　被包装黄磷的质量应符合 GB 7816 规定。

3.4　黄磷包装方法

黄磷包装可采用以下两种方式。

3.4.1　包装方式一：

3.4.1.1　将黄磷桶置于台秤上，注入 50℃～60℃热水，不少于 10 kg。

3.4.1.2　向黄磷桶内注入黄磷 200 kg，灌装时经常观察，黄磷应呈石蜡状、黄绿色或棕绿色。

国家技术监督局 1996-07-09 批准　　　　1997-01-01 实施

3.4.1.3 将黄磷包装件平稳移下台秤，在水平的地面排放整齐，冷却至常温。检查注入口和透气口处黄磷表面，其高度差不大于 10 mm。检查黄磷上表面最高点水层厚度不小于 50 mm。

3.4.1.4 待黄磷凝固后，将黄磷桶的注入口和排空口密封。

3.4.2 包装方式二：

3.4.2.1 向黄磷称量容器中注入 50℃～60℃热水约 5 kg 并称重。黄磷称量容器容积略大于 140 L，底部呈锥形。

3.4.2.2 向台秤上加 200 kg 砝码，将黄磷 200 kg 注入黄磷称量容器的水中，观察黄磷，应呈石蜡状、黄绿色或棕绿色。

3.4.2.3 向黄磷桶内注入 50℃～60℃热水约 10 kg，将黄磷称量容器中的黄磷和水全部放入黄磷桶的水中。

3.4.2.4 将黄磷桶移至水平地面冷却凝固，检查黄磷上表面注入口和透气口处黄磷表面，其高度差不大于 10 mm。检查黄磷上表面最高点水层厚度，不小于 50 mm。

3.4.2.5 称量黄磷包装件，调整水量。

3.4.2.6 将黄磷桶的注入口和透气口密封。

3.4.3 每批产品出厂附质量证明书。

3.4.4 黄磷包装过程中的安全要求应符合 GB 7816 中第 5 章规定。包装过程中黄磷应隔绝空气进行；不允许黄磷燃烧损坏黄磷桶保护层。

3.5 黄磷包装标志

在桶身圆柱面印制黄磷有关标志。标志必须清晰、醒目，标志内容包括：产品名称、级别、危险品编号、产品批号、生产日期、净质量、总质量、制造厂商和向上、自燃、有毒品等图形标志，如图 1。

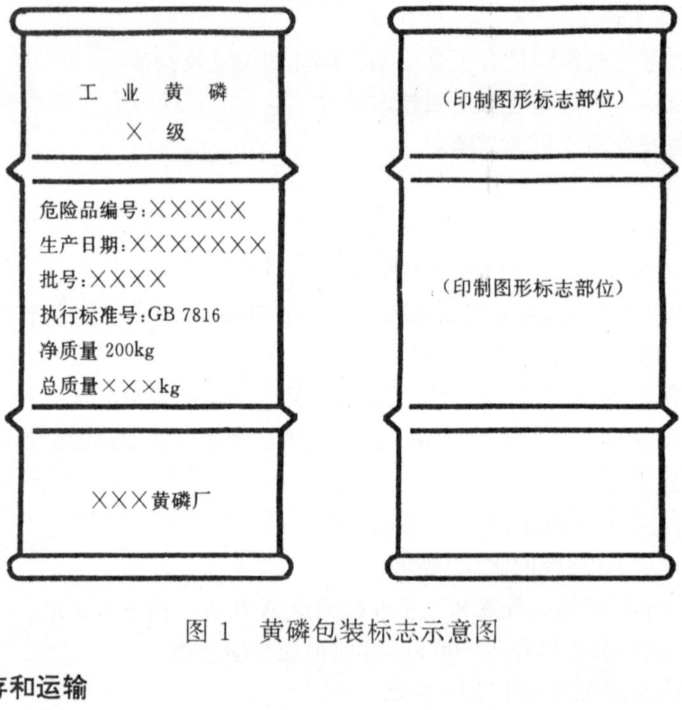

图 1 黄磷包装标志示意图

4 黄磷包装件的贮存和运输

4.1 黄磷包装件按批次堆放，堆放时底层应置垫木，露天堆放应有防雨措施。

4.2 黄磷包装件运输应符合 GB 7816 中第 4 章规定，外销按出口规定。在运输过程中严禁倒置、碰撞、抛摔。严禁车厢内尖锐物件损伤黄磷桶。

4.3 黄磷包装件在储运中不允许泄漏。

5 黄磷包装件的试验方法

黄磷包装件的试验方法按附录 A 进行。

附 录 A

（标准的附录）

黄磷包装钢桶

A1 本附录采用下列符号：

δ——钢板厚度；

d——内径；

H——外高；

L——环筋间距；

A——环筋高；

h——桶顶、桶底深度；

L_z——注入口与透气口中心距离。

A2 要求

A2.1 黄磷桶的形状和规格尺寸

A2.1.1 形状结构符合图 A1。

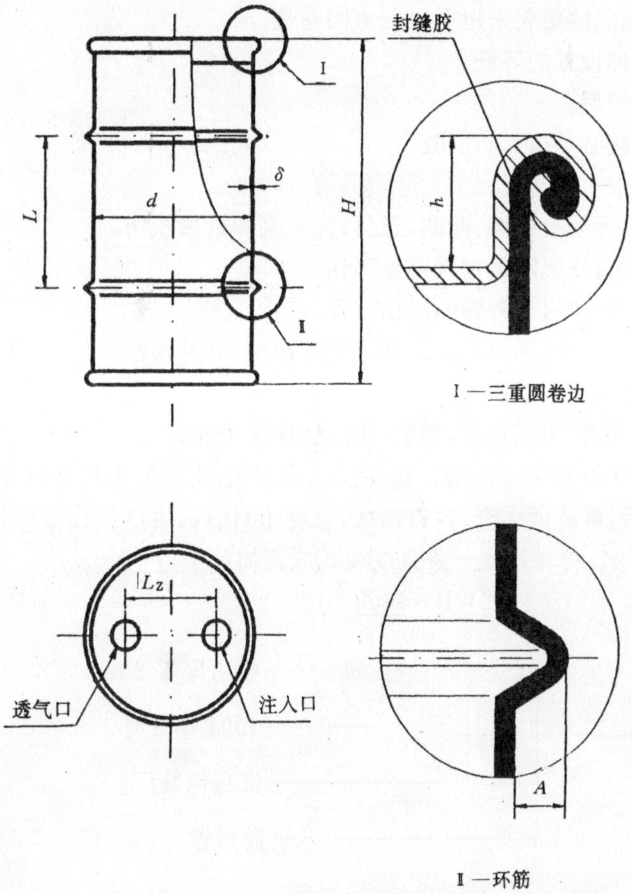

图 A1 黄磷桶形状结构示意图

A2.1.2 规格尺寸符合表 A1。

表 A1 规格尺寸

理论容量 L	d,mm		H,mm		A,mm		L,mm	h,mm		L_z,mm	δ,mm
	基本尺寸	公差	基本尺寸	公差	基本尺寸	公差	尺寸范围	基本尺寸	公差	尺寸范围	尺寸范围
140	500	±5	750	+5	14	±2	280～400	18	±2	330～350	≥1.2

A2.2 黄磷桶的制作材料

A2.2.1 桶身、桶顶和桶底材料厚度大于 1.25 mm 时用性能符合或优于 GB 912 规定的热轧薄钢板制作；材料厚度不大于 1.25 mm 时用性能符合或优于 GB 11253 规定的冷轧薄钢板制作。

A2.2.2 钢桶封闭器性能符合 GB 13251 中旋塞型封闭器相应要求。

A2.2.3 封缝胶采用密封性能良好，与黄磷的物理、化学性质相容的耐候、耐久和具有抗水溶性的材料。

A2.2.4 表面的涂镀层采用附着力强、与黄磷的物理、化学性质相容的耐候、耐久和具有抗水溶性的材料。

A2.3 黄磷桶的结构

A2.3.1 桶身、桶顶、桶底分别由整张薄钢板制作，不允许拼接。

A2.3.2 桶身纵缝采用电阻焊连接。

A2.3.3 钢桶封闭器锁装采用冲压连接。

A2.3.4 桶身与桶顶、桶底的组装采用七层三重圆卷边。

A2.3.5 桶身有两道对称设置的环筋。

A2.3.6 桶表面涂镀保护层。

A2.3.7 卷边和锁装连接必须填充封缝胶。

A2.4 黄磷桶的外观要求

A2.4.1 桶体圆整光滑，无明显失圆、凸凹、歪斜；无毛刺和机械损伤。

A2.4.2 直焊缝平整均匀；压痕对桶壁无明显损伤。

A2.4.3 三重圆卷边咬合良好，无外露的突出铁舌。

A2.4.4 钢桶封闭器锁装良好，不允许高出桶顶桶底深度，有互换性。

A2.4.5 桶内洁净，无锈及其他杂质。

A2.4.6 桶外涂镀平整光滑，组织致密，颜色一致，无明显失光。

A2.4.7 桶上标志、图形、符号字迹清晰。在桶顶适当部位，用阿拉伯数字符号和汉语拼音符号压印黄磷桶有关标志，内容包括：黄磷桶生产省(自治区、直辖市)代码、生产厂代号(用字母或阿拉伯数字)、生产年号、批号、桶身板厚等。符号排成一条直线或弧线。如：

52 GWB 9408 12

12——钢板厚 1.2 mm

9408——1994 年 8 月

GWB——贵乌包装厂

52——贵州省

A2.5 黄磷桶的涂镀层

A2.5.1 涂漆层厚度不小于 0.020 mm；镀锌层厚度不小于 0.010 mm。

A2.5.2 涂漆层附着力(试验)破损面小于 15%；镀锌层附着力(试验)破损面小于 5%。

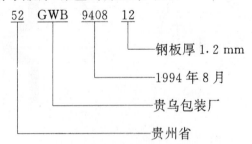

A2.6 气密性 0.05 MPa 无漏气现象，保压时间 5 min。

A2.7 液压 0.25 MPa 无渗漏现象，保压时间 5 min。

A2.8 跌落高度不小于 2.7 m。

A2.9 堆码质量不小于 2 400 kg。

A3 抽样

A3.1 黄磷桶质量特性分类见表 A2。

表 A2 黄磷桶质量特性分类表

序号	检验项目	质量特性分类		
		A类	B类	C类
1	内径			√
2	外高			√
3	环筋高			√
4	环筋间距			√
5	注入口与透气口中心距			√
6	桶顶、桶底深			√
7	圆整、无毛刺、无铁舌			√
8	无机械损伤			√
9	无锈、无杂质			√
10	涂镀层平整、光滑、均匀			√
11	标志清晰			√
12	焊缝		√	
13	封闭器互换性		√	
14	涂镀层厚度		√	
15	涂镀层附着力		√	
16	气密性	√		
17	液压	√		
18	堆码质量	√		
19	跌落高度	√		

A3.2 任一样本单位有下列情形之一，判定产品为不合格：

a) A 类不合格大于零；

b) B 类不合格二项；

c) C 类不合格四项；

d）B类不合格一项并C类不合格二项。

A3.3 出厂检验：

A3.3.1 黄磷桶的出厂检验应按A2.1～A2.4条和A2.6条逐个进行。

A3.3.2 出厂产品应出具产品合格证。

A3.4 型式检验：

型式检验须对A2要求项目全检。

A3.4.1 下列情况应进行型式检验：

a）产品试制定型鉴定；

b）按新标准组织生产；

c）产品的结构、材料、工艺有改变；

d）正常生产间隔壹年或生产3万只桶后；

e）长期停产，恢复生产时；

f）主要生产设备大修后；

g）产品质量发生重大问题后；

h）国家有关机关提出要求时。

A3.4.2 随机抽取黄磷桶6只，分为两组，每组各3只，分别进行型式检验。

A3.4.3 第一组进行C类和B类特性试验。任一样本单位有3.2条情形之一，则判定型式检验不合格。

A3.4.4 第二组进行堆码试验和气密性试验，有任一样本单位的任一项不合格则判定型式检验不合格。

A3.4.5 将试验合格后的第一组作液压试验，第二组作跌落试验，有任一样本单位的任一项不合格，则判定型式检验不合格。

A4 试验方法

A4.1 A2.1～A2.4条用通用量具、目测、手感及检查进货质量合格证或报告单的方式进行。

A4.2 气密性试验按GB 325附录B进行。

A4.3 涂镀层厚度按GB 4956测定。

A4.4 涂镀层附着力按GB 325附录A测定，破损面积涂漆层达2级以上，镀锌层达1级以上。

A4.5 液压试验按GB 325附录C进行。

A4.6 堆码试验按GB 325的6.5条进行。

A4.7 跌落试验按GB 325的6.4条进行。

ICS 13.300
A 80

中华人民共和国国家标准

GB 19268—2003

固体氰化物包装

Solid cyanide package

2003-08-13 发布　　　　2004-02-01 实施

中华人民共和国
国家质量监督检验检疫总局　发布

前　言

本标准第 4.4 条、第 6 章为强制性的，其余为推荐性条款。

本标准与联合国《关于危险货物运输的建议书　规章范本》（第十二修订版）的一致性程度为非等效，在标准文本格式上按 GB/T 1.1—2000 做了编辑性修改。

本标准由全国危险化学品管理标准化技术委员会（SAC/TC 251）提出并归口。

本标准负责起草单位：中化化工标准化研究所。

本标准参加起草单位：安庆曙光化工集团包装厂、上海石化鑫源化工责任有限公司、抚顺顺华化工公司、天津华升化工有限公司。

本标准主要起草人：周　玮、王晓兵、吴学铮、狄建平、金相德、梅　建。

本标准委托中化化工标准化研究所解释。

本标准为首次制定。

固 体 氰 化 物 包 装

1 范围

本标准规定了固体氰化物包装的分类和结构尺寸、要求、试验方法、检验规则、标识、运输和贮存。

本标准适用于固体氰化物包装，以下简称氰化物包装。

2 规范性引用文件

下列文件中的条款通过本标准的引用而成为本标准的条款。凡是注日期的引用文件，其随后所有的修改单(不包括勘误的内容)或修订版均不适用于本标准，然而，鼓励根据本标准达成协议的各方研究是否可使用这些文件的最新版本。凡是不注日期的引用文件，其最新版本适用于本标准。

GB/T 2828—1987　逐批检查计数抽样程序及抽样表(适用于连续批的检查)

GB/T 4857.3—1992　包装　运输包装件　静载荷堆码试验方法(eqv ISO 2234:1985)

GB/T 4857.5—1992　包装　运输包装件　跌落试验方法(eqv ISO 2248:1985)

GB/T 17344—1998　包装　包装容器　气密试验方法

3 分类和结构尺寸

3.1 危险货物包装分类

各类危险货物，按照它们具有的危险程度划分为三个包装类别：

Ⅰ类包装——高度危险性；

Ⅱ类包装——中等危险性；

Ⅲ类包装——轻度危险性。

3.2 固体氰化物包装分类

3.2.1 联合国《关于危险货物运输的建议书　规章范本》的危险货物一览表中列出了物质被划入的包装类别。固体氰化物为Ⅰ类包装。

3.2.2 氰化物包装按包装容器的不同分为钢桶和中型散货箱包装。

3.3 氰化物包装结构尺寸

氰化物包装结构尺寸钢桶规格见表1、中型散货箱规格见表2，其结构示意见图1、图2。特需规格的包装容器，可由供需双方商定。材质上鼓励采用等效包装、新型包装。

表 1

类别	公称容积/L	直径/mm		高/mm		桶口直径/mm	备注
		内径	极限偏差	内高	极限偏差		
钢桶	60	395	±5	520	±5	190～250	见图1
	70	385	±5	615	±5		
	80	415	±5	620	±5		

表 2

类别		公称容积/L	底面尺寸				高		备注
			长/mm	极限偏差/mm	宽/mm	极限偏差/mm	内高/mm	极限偏差/mm	
中型散货箱	A	400	890	±20	700	±20	650	±20	见图2
	B	1 000	1 100	±20	1 100	±20	890	±20	

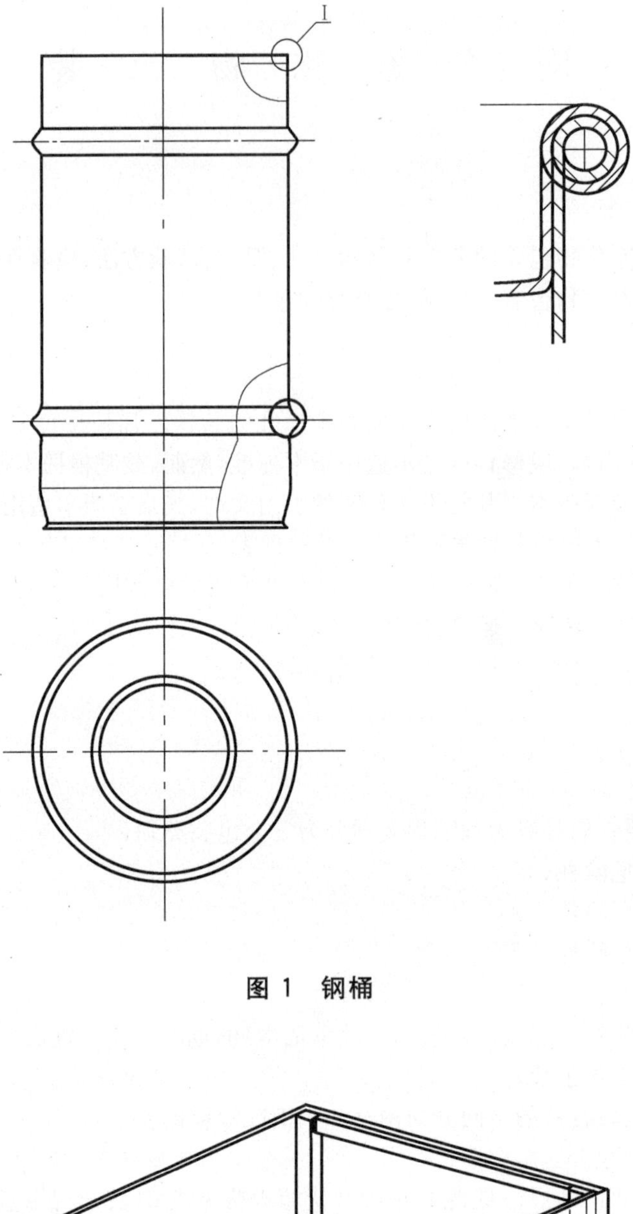

图 1　钢桶

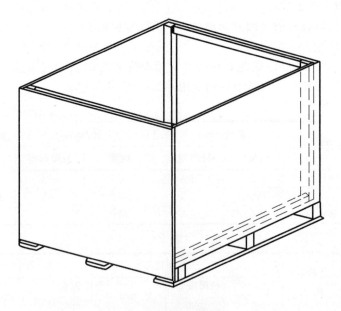

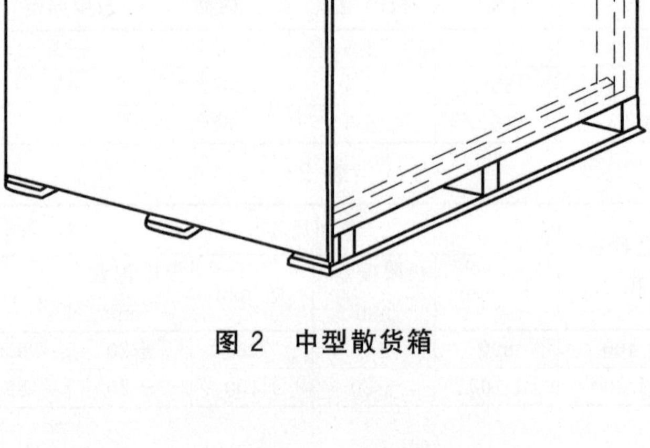

图 2　中型散货箱

4 要求

4.1 质量外观

4.1.1 钢桶内外表面光滑、无明显划伤、无锈蚀。卷边均匀、无皱纹、无毛刺、无铁舌。焊缝平整均匀。

4.1.2 中型散货箱木箱表面平整光洁，无毛刺。

4.2 钢桶包装的基本要求

4.2.1 钢桶包装内衬一层塑料袋。

4.2.2 桶身、桶顶和桶底均由整张薄钢板制成，不允许拼接。

4.2.3 桶身焊缝采用电阻焊焊接。

4.2.4 桶身具有2道环筋，或具有3～7道波纹。

4.2.5 钢桶桶身与桶顶、桶底的卷封为二重卷边，并填充与氰化物相适应的封缝胶。

4.2.6 钢桶内外表面按需要涂保护层。

4.3 中型散货箱包装的基本要求

4.3.1 在一层单面涂塑的柔性集装袋里，内衬一层塑料袋。

4.3.2 木箱面板为整张胶合板制成，不允许拼接。

4.3.3 木箱外横向加四道捆扎带，纵向加三道捆扎带。

4.3.4 木箱底部应有托盘。B类箱底部托盘下，加三块底板。

4.4 性能要求

性能要求见表3。

表3

项目	合格标准
堆码试验	无明显变形与破损
跌落试验	无破损、不撒漏
气密试验	保持压力5 min不渗漏
底部提升试验	无永久变形，内装物无损失

5 试验方法

5.1 外观及基本要求

用目测检查包装外观质量及钢桶、中型散货箱包装的基本要求是否符合规定。

5.2 堆码试验

按照GB/T 4857.3的规定，堆码时间为24 h，堆码高度为3 m，堆码负载P按下式计算：

$$P = K \times \frac{H-h}{h} \times M \times 9.807 \qquad \cdots\cdots (1)$$

式中：

P——包装物上施加的堆码负载，单位为牛顿(N)；

H——堆码高度，单位为米(m)；

h——单件包装物高度，单位为米(m)；

M——单件包装物盛装物品后的质量，单位为千克(kg)；

K——劣变系数为1；

H/h——取整数位。

5.3 跌落试验

按照 GB/T 4857.5 的规定，满足下列条件：

容器内盛装至少容积的 95%的与拟装氰化物堆密度相似的模拟物。封闭钢桶盖，选钢桶边缘最薄弱部位跌落。跌落试验高度为 1.8 m。

5.4 气密试验

钢桶按照 GB/T 17344 的规定，达到试验压力后保持压力 5 min，无渗漏。试验压力为 30 kPa。

5.5 底部提升试验

5.5.1 试验前准备

中型散货箱应装至其最大许可总重的 1.25 倍，载荷分布均匀。

5.5.2 试验方法

中型散货箱应由吊车提起和放下两次，叉斗应插入进入方向的四分之三。应从每一个可能的进入方向重复试验。

6 检验规则

产品由制造厂质量监督部门按本标准进行检验，并出具合格证。

6.1 检验分类

检验分出厂检验和型式检验。

6.1.1 出厂检验

出厂检验项目：本标准第 4.1～4.3 条的要求，钢桶另增加气密试验。

6.1.2 型式检验

6.1.2.1 型式检验项目

本标准第 4 章的所有规定项目。

6.1.2.2 型式检验条件

氰化物包装生产有下列情况之一时，应进行型式检验：

a) 新产品投产或老产品转产的试制定型鉴定；

b) 正式生产后，如结构、材料、工艺有较大改变，可能影响产品性能时；

c) 在正常生产时，每半年一次；

d) 产品长期停产后，恢复生产时；

e) 出厂检验结果与上次型式检验结果有较大差异时；

f) 国家质量监督机构提出进行型式检验。

6.2 组批

钢桶：每月产量为一批；中型散货箱：每 30 天产量为一批。

6.3 抽样

采用 GB/T 2828 正常检查一次抽样方案，其检查水平：特殊检查水平为 $S-2$($IL=S-2$)，合格质量水平为 4.0($AQL=4.0$)，抽样数和合格判定数见表 4。

表 4

批量范围	正常一次抽样 $IL=S-2$ $AQL=4.0$		
	样品数	合格判定数	不合格判定数
1～1 200	3	0	1
1 201 及以上	13	1	2

6.4 **判定规则**

按本标准的要求逐项进行检验，其中若有一项不合格，则判定该样品为不合格。当不合格样品数等于或大于表4规定的不合格判定数时，则判定该批产品不合格。

6.5 **不合格批的处理**

不合格批中的氰化物包装经剔除后，再次提交检验，其严格度不变。

7 标识、运输和贮存

7.1 每只氰化物包装物上应标有制造厂名或代码、生产日期和商标。每批包装物应有合格证。

7.2 运输中应避免摔跌，避免与坚硬锐利物碰撞。

7.3 氰化物包装物应遮篷贮存，避免曝晒、雨淋并防潮。

7.4 氰化物包装物贮存保质期为1年。

ICS 13.300;55.020
C 66

中华人民共和国国家标准

GB 19269—2009
代替 GB 19269.1—2003,GB 19269.2—2003,GB 19269.3—2003

公路运输危险货物包装检验安全规范

Safety code for inspection of packaging of dangerous goods transported by road

2009-06-21 发布 2010-05-01 实施

中华人民共和国国家质量监督检验检疫总局
中国国家标准化管理委员会 发布

前　言

本标准第5章、第6章、第7章和第8章为强制性的，其余条款为推荐性的。

本标准代替GB 19269.1—2003《公路运输危险货物包装检验安全规范　通则》、GB 19269.2—2003《公路运输危险货物包装检验安全规范　性能检验》和GB 19269.3—2003《公路运输危险货物包装检验安全规范　使用鉴定》。

本标准与GB 19269.1—2003、GB 19269.2—2003和GB 19269.3—2003的主要差异：

——对部分技术内容做了修改，使标准有关包装的技术内容与联合国《关于危险货物运输的建议书　规章范本》(第15修订版)和《国际公路危险货物运输协定》(2006版)一致；

——按照GB/T 1.1—2000对标准文本的格式进行了修改；

——本标准的第3章、第4章、第5章和第6章主要保留了GB 19269.1—2003的内容，在第3章中加入了"有限数量"的定义；

——本标准中第7章主要保留了GB 19269.2—2003的内容，删除了原标准中附录B的内容；

——本标准中第8章主要保留了GB 19269.3—2003的内容，删除了原标准中附录A、附录B和附录C；

——删除了上述三个标准中木制琵琶桶的相关内容，包括定义、检验项目和制桶工艺等。

本标准的附录A和附录D为规范性附录，附录B和附录C为资料性附录。

本标准由全国危险化学品管理标准化技术委员会(SAC/TC 251)提出并归口。

本标准负责起草单位：山东出入境检验检疫局。

本标准主要起草人：张少岩、温劲松、汤礼军、黄红花、陶强、宋振乾、卞学东。

本标准所代替标准的历次版本发布情况为：

——GB 19269.1—2003、GB 19269.2—2003、GB 19269.3—2003。

公路运输危险货物包装检验安全规范

1 范围

本标准规定了公路运输危险货物(军品除外)包装的分类、代码和标记、要求、性能检验和使用鉴定。

本标准适用于第4章中除第2类、第6类的6.2项和第7类以外的公路运输危险货物包装的检验。

本标准不适用于压力贮器、净重大于400 kg的包装件、容积超过450 L的包装件。

2 规范性引用文件

下列文件中的条款通过本标准的引用而成为本标准的条款。凡是注日期的引用文件,其随后所有的修改单(不包括勘误的内容)或修订版均不适用于本标准,然而,鼓励根据本标准达成协议的各方研究是否可使用这些文件的最新版本。凡是不注日期的引用文件,其最新版本适用于本标准。

GB/T 1540 纸和纸板 吸水性的测定 可勃法

GB/T 2828.1 计数抽样检验程序 第1部分:按接收质量限(AQL)检索的逐批检验抽样计划(GB/T 2828.1—2003,ISO 2859-1:1999,IDT)

GB/T 4122.1 包装术语 基础

GB/T 4857.3 包装 运输包装件 静载荷堆码试验方法

GB/T 4857.5 包装 运输包装件 跌落试验方法

GB/T 17344 包装 包装容器 气密试验方法

联合国《关于危险货物运输的建议书 规章范本》(ST/SG/AC.10/Rev.15,第15修订版,2007年)

国际公路危险货物运输协定(ECE/TRANS/185,2006年版)

3 术语和定义

GB/T 4122.1确立的以及下列术语和定义适用于本标准。

3.1

箱 box

由金属、木材、胶合板、再生木、纤维板、塑料或其他适当材料制作的完整矩形或多角形容器。

3.2

圆桶(桶) drum

由金属、纤维板、塑料、胶合板或其他适当材料制成的两端为平面或凸面的圆柱形容器。本定义还包括其他形状的容器,例如圆锥形颈容器或提桶形容器。

3.3

袋 bag

由纸、塑料薄膜、纺织品、编织材料或其他适当材料制作的柔性容器。

3.4

罐 jerrican

横截面呈矩形或多角形的金属或塑料容器。

3.5

轻型标准金属容器 light-gauge metal packaging

横截面呈圆形、椭圆形、矩形或多边形,桶体呈锥形收缩,壁厚小于0.5 mm,平底或弧形底带有一个或多个孔,由金属制成圆锥形颈容器和提桶形容器。

3.6

贮器 receptacle

用于装放和容纳物质或物品的封闭器具,包括封口装置。

3.7

容器 packaging

一个或多个贮器,以及贮器为实现贮放功能所需要的其他部件或材料。

3.8

包装件 package

包装作业的完结产品,包括准备好供运输的容器和其内装物。

3.9

内容器 inner packaging

运输时需用外容器的容器。

3.10

内贮器 inner receptacle

需要有一个外容器才能起容器作用的容器。

3.11

外容器 outer packaging

是复合或组合容器的外保护装置,连同为容纳和保护内贮器或内容器所需要的吸收材料、衬垫和其他部件。

3.12

组合容器 combination packaging

为了运输目的而组合在一起的一组容器,由固定在一个外容器中的一个或多个内容器组成。

3.13

复合容器 composite packaging

由一个外容器和一个内贮器组成的容器,其构造使内贮器和外容器形成一个完整的容器。这种容器经装配后,便成为单一的完整装置,整个用于装料、贮存、运输和卸空。

3.14

集合包装 over pack

为了方便运输过程中的装卸和存放将一个或多个包件装在一起以形成一个单元所用的包装物。

3.15

救助容器 salvage packaging

用于放置为了回收或处理损坏、有缺陷、渗漏或不符合规定的危险货物包装件,或者溢出或漏出的危险货物的特别容器。

3.16

封闭装置 closure

用于封住贮器开口的装置。

3.17

防撒漏的容器 sift proof packaging

所装的干物质,包括在运输中产生的细粒固体物质不向外渗的容器。

3.18

吸附性材料 absorbent material

特别能吸收和滞留液体的材料,内容器一旦发生破损、泄漏出来的液体能迅速被吸附滞留在该材料中。

3.19

不相容　incompatible

描述危险货物，如果混合则易于引起危险热量或气体的放出或生成一种腐蚀性物质，或产生理化反应降低包装容器强度的现象。

3.20

牢固封口　securely closed

所装的干燥物质在正常搬运中不致漏出的封口。这是对任何封口的最低要求。

3.21

液密封口　water-tight

又称有效封口，是指不透液体的封口。

3.22

气密封口　hermetically sealed

不透蒸气的封口。

3.23

性能检验　performance inspection

模拟不同运输环境对容器进行的型式试验，以判定容器的构造和性能是否与设计型号一致及是否符合有关规定。

3.24

使用鉴定　use appraisal

容器盛装危险货物以后，对包装件进行鉴定，以判定容器使用是否符合有关规定。

3.25

联合国编号　UN number

由联合国危险货物运输专家委员会编制的4位阿拉伯数编号，用以识别一种物质或一类特定物质。

3.26

有限数量　limited quantities

又称限量，是指准许按照联合国《关于危险货物运输的建议书　规章范本》(第15修订版)和《国际公路危险货物运输协定》(2006版)第3.4章规定运输有关物质的每个内容器或物品所装的最大数量。

4　分类

4.1　危险货物分类

4.1.1　按危险货物具有的危险性或最主要的危险性分成9个类别。有些类别再分成项别。类别和项别的号码顺序并不是危险程度的顺序。

4.1.2　第1类：爆炸品

a)　1.1项：有整体爆炸危险的物质和物品；

b)　1.2项：有迸射危险但无整体爆炸危险的物质和物品；

c)　1.3项：有燃烧危险并有局部爆炸危险或局部迸射危险或这两种危险都有、但无整体爆炸危险的物质和物品；

d)　1.4项：不呈现重大危险的物质和物品；

e)　1.5项：有整体爆炸危险的非常不敏感物质；

f)　1.6项：无整体爆炸危险的极端不敏感物品。

4.1.3　第2类：气体

a)　2.1项：易燃气体；

b)　2.2项：非易燃无毒气体；

c) 2.3 项:毒性气体。

4.1.4 第 3 类:易燃液体

4.1.5 第 4 类:易燃固体;易于自燃的物质;遇水放出易燃气体的物质

a) 4.1 项:易燃固体、自反应物质和固态退敏爆炸品;

b) 4.2 项:易于自燃的物质;

c) 4.3 项:遇水放出易燃气体的物质。

4.1.6 第 5 类:氧化性物质和有机过氧化物

a) 5.1 项:氧化性物质;

b) 5.2 项:有机过氧化物。

4.1.7 第 6 类:毒性物质和感染性物质

a) 6.1 项:毒性物质;

b) 6.2 项:感染性物质。

4.1.8 第 7 类:放射性物质

4.1.9 第 8 类:腐蚀性物质

4.1.10 第 9 类:杂类危险物质和物品

4.2 危险货物包装分类

4.2.1 第 1 类、第 2 类、第 7 类、第 5 类的 5.2 项、第 6 类的 6.2 项以及第 4 类的 4.1 项自反应物质以外的其他各类危险货物,按照它们具有的危险程度划分为三个包装类别:

Ⅰ类包装——显示高度危险性的物质;

Ⅱ类包装——显示中等危险性的物质;

Ⅲ类包装——显示轻度危险性的物质。

注:通常Ⅰ类包装可盛装显示高度危险性、显示中等危险性和显示轻度危险性的危险货物,Ⅱ类包装可盛装显示中等危险性和显示轻度危险性的危险货物,Ⅲ类包装则只能盛装显示轻度危险性的危险货物。但有时应视具体盛装的危险货物特性而定,例如盛装液体物质应考虑其相对密度的不同。

4.2.2 在联合国《关于危险货物运输的建议书 规章范本》(第 15 修订版)和《国际公路危险货物运输协定》(2006 版)的危险货物一览表中,列出了物质被划入的包装类别。

5 代码和标记

5.1 容器类型的代码

5.1.1 代码包括:

a) 阿拉伯数字,表示容器的种类,如桶、罐等,后接;

b) 大写拉丁字母,表示材料的性质,如钢、木等;

c) (必要时后接)阿拉伯数字,表示容器在其所属种类中的类别。

5.1.2 如果是复合容器,用两个大写拉丁字母依次写在代码的第二个位置中。第一个字母表示内贮器的材料,第二个字母表示外容器的材料。

5.1.3 如果是组合容器,只使用外容器的代码。

5.1.4 容器编码后面可加上字母"T"、"V"或"W",字母"T"表示符合联合国《国际公路危险货物运输协定》(2006 版)要求的救助容器;字母"V"表示符合 7.1.1.6 要求的特别容器;字母"W"表示容器类型虽与代码所表示的相同,而其制造的规格与附录 A 的规格不同,但根据《国际公路危险货物运输协定》(2006 版)的要求被认为是等效的。

5.1.5 下述数字用于表示容器的种类:

1——桶;

3——罐;

4——箱；

5——袋；

6——复合容器；

0——轻型标准金属容器。

5.1.6 下述大写字母用于表示材料的种类：

A——钢(一切型号及表面处理的)；

B——铝；

C——天然木；

D——胶合板；

F——再生木；

G——纤维板；

H——塑料；

L——纺织品；

M——多层纸；

N——金属(钢或铝除外)；

P——玻璃、陶瓷或粗陶瓷。

5.1.7 各种常用包装容器的代码遵照附录A。

5.2 标记

5.2.1 标记用于表明带有该标记的容器已成功地通过第7章规定的试验，并符合附录A的要求，但标记并不一定能证明该容器可以用来盛装任何物质。

5.2.2 每一个容器应带有持久、易辨认、与容器相比位置合适、大小适当的明显标记。对于毛重超过30 kg的包装件，其标记和标记附件应贴在容器顶部或一侧，字母、数字和符号须不小于12 mm高。容量为30 L或30 kg或更少的容器上，其标记至少应为6 mm高。对于容量为5 L或5 kg或更少的容器，其标记的尺寸应大小合适。

标记应标明：

a) 联合国包装符号(u/n)。本符号仅用于证明容器符合联合国《关于危险货物运输的建议书 规章范本》及第8章中有关规定，不应用于其他目的。如使用压纹金属容器，符号可用大写字母“UN”表示。符合上述规定的容器，可以用符号“ADR”代替(u/n)或“UN”标记。

b) 根据5.1表示容器种类的代码，例如3H1。

c) 一个由两部分组成的编号：

1) 一个字母表示设计型号已成功地通过试验的包装类别：

X——Ⅰ类包装；

Y——Ⅱ类包装；

Z——Ⅲ类包装。

2) 相对密度(四舍五入至第一位小数)，表示已按此相对密度对不带内容器的准备装液体的容器设计型号进行过试验；若相对密度不超过1.2，这一部分可省略。对准备盛装固体或装入内容器的容器而言，以kg表示的最大质量。

注：对于轻型标准金属容器，用于装载在23 ℃时黏度超过200 m^2/s的液体时，以kg表示的最大总质量。

d) 使用字母“S”表示容器拟用于运输固体或内容器，或者对拟装液体的容器(组合容器外)而言，容器已证明能承受的液压试验压力，用kPa表示(四舍五入至10 kPa)。

注：对于轻型标准金属容器，用于装载在23 ℃时黏度超过200 m^2/s的液体时，用字母“S”表示。

e) 容器制造年份的最后两位数字。型号为 1H1,1H2,3H1 和 3H2 的塑料容器还应适当地标出制造月份;这可与标记的其余部分分开,在容器的空白处标出,最好的方法是:

f) 标明生产国代号,中国的代号为大写英文字母 CN;

g) 容器制造厂的代号,该代号应体现该容器制造厂所在的行政区域,各区域代码参见附录 C;

h) 生产批次。

5.2.3 根据 5.2.2 对容器进行的标记示例参见附录 B。可单行或多行标识。

5.2.4 除了 5.2.2 中规定的耐久标记外,每一超过 100 L 的新金属桶,在其底部应有 5.2.2a)～e)所述持久性标记,并至少标明桶身所用金属标称厚度(mm,精确到 0.1 mm)。如金属桶两个端部中有一个标称厚度小于桶身的标称厚度,那么顶端、桶身和底端的标称厚度应以永久性形式(例如压纹)在底部标明,例如“1.0-1.2-1.0”或“0.9-1.0-1.0”。

5.2.5 国家主管机关所批准的其他附加标记应保证 5.2.2 所要求的标记能正确识别。

5.2.6 改制的金属桶,如果没有改变容器型号和没有更换或拆掉组成结构部件,所要求的标记不必是永久性的(例如压纹或印刷)。每一其他改制的金属桶都应在顶端或侧面以永久性形式(例如压纹)标明 5.2.2a)～e)中所述的标记。

5.2.7 用可不断重复使用的材料(例如不锈钢)制造的金属桶可以永久性形式(例如压纹)标明 5.2.2f)～h)中所述的标记。

5.2.8 作标记应按 5.2.2 所示的顺序进行;这些分段以及视情况 5.2.9a)～5.2.9c)所要求的每一个标记组成部分应用斜线清楚地隔开,以便容易辨认。标注方法可参见附录 B。

5.2.9 容器修复后,应按下列顺序在容器上加以持久性的标记标明:

a) 进行修复的所在国;

b) 修复厂代号;

c) 修复年份;字母“R”;对按 7.2.2 通过了气密试验的每一个容器,另加字母“L”。

5.2.10 对于用《关于危险货物运输的建议书　规章范本》(第 15 修订版)和《国际公路危险货物运输协定》(2006 版)中第 1.2 章定义的“回收塑料”材料制造的容器应标有“REC”。

5.2.11 修复容器、救助容器的标记示例参见附录 B。

6 要求

6.1 一般要求

6.1.1 每一容器应按 5.2 标明持久性标记。

6.1.2 公路运输危险货物包装应结构合理、防护性能好,符合联合国《关于危险货物运输的建议书　规章范本》(第 15 修订版)和《国际公路危险货物运输协定》(2006 版)规格规定。其设计模式、工艺、材质应适应公路运输危险货物特性,便于安全装卸和运输,能承受正常运输条件下的风险。

6.1.3 危险货物应装在质量良好的容器内,该容器应足够坚固,能承受得住运输过程中通常遇到的冲击和载荷,包括运输装置之间和运输装置与仓库之间的转载以及搬离托盘或外包装供随后人工或机械操作。容器的结构和封闭状况应防止准备运输时可能因正常运输条件下由于振动或由于温度、湿度或压力变化(例如:由于海拔不同产生的)造成的任何内装物损失。在运输过程中不应有任何危险残余物粘附在容器外面。这些要求适用于新的、再次使用的、修复过的或改制的容器。

6.1.4 容器与危险货物直接接触的各个部件：

a) 不应受到危险货物的影响或强度被危险货物明显地减弱。

b) 不应在包件内造成危险的效应，例如促使危险货物起反应或与危险货物起反应。必要时，这些部位应有适当的内涂层或经过适当的处理。

6.1.5 若容器内装的是液体，应留有足够的未满空间，以保证不会由于在运输过程中可能发生的温度变化造成的液体膨胀而使容器泄漏或永久变形。除非规定有具体要求，否则，液体不可在 55 ℃ 温度下装满容器。

6.1.6 内容器在外容器中的置放方式，应做到在正常运输条件下，不会破裂、被刺穿或其内装物漏到外容器中。对于那些易于破裂或易被刺破的内容器，例如，用玻璃、陶瓷、粗陶瓷或某些塑料制成的，应使用适当衬垫材料固定在外容器中。如果内装物有泄漏，衬垫材料或外容器的保护性能不应遭到重大破坏。

6.1.6.1 衬垫及吸收材料须是惰性的，并与内装物的性质相适应。

6.1.6.2 外容器材料的性能和厚度应保证运输过程中不会因摩擦而产生可能严重改变内装物的化学稳定性的热量。

6.1.7 危险货物不应与其他危险货物放置在同一个外容器或在大型容器中，如果它们彼此会起危险反应并造成：

a) 燃烧或放出大量的热；

b) 放出易燃、毒性或窒息性气体；

c) 产生腐蚀性物质；

d) 产生不稳定物质。

6.1.8 装有潮湿或稀释物质的容器的封闭装置应使液体（水、溶剂或减敏剂）的百分率在运输过程中不会下降到规定的限度以下。

6.1.9 液体仅可装入对正常运输条件下可能产生的内压具有适当承受力的内容器。如果包件中可能由于内装物释放气体（由于温度增加或其他原因）而产生压力时，可在容器上安装一个通气孔，但释放的气体不应因其毒性、易燃性和排放量而造成危险。通气孔应设计成保证在正常的运输条件下，在容器处于运输状态时，不会有液体泄漏和异物穿入等情况发生。

6.1.10 所有新的、改制的、再次使用的容器应能通过第 7 章规定的试验。在装货和移交运输之前，应按照第 8 章对每个容器进行检查，确保无腐蚀，污染或其他破损。当容器显示出的强度与批准的设计型号比较有下降的迹象时，不应再使用或应予以整修使之能够通过设计型号试验。

6.1.11 液体应装入对正常运输条件下可能产生的内部压力具有适当承受力的容器。标有 5.2.2d)规定的液压试验压力的容器，仅能装载有下述蒸气压力的液体：

a) 根据 15 ℃ 的装载温度和 6.1.5 规定的最大装载度确定的容器内的总表压（即装载物质的蒸气压加空气或其他惰性气体的分压，减去 100 kPa），在 55 ℃ 时不超过标记试验压力的三分之二；

b) 在 50 ℃ 时，小于标记试验压力加 100 kPa 之和的七分之四；

c) 在 55 ℃ 时，小于标记试验压力加 100 kPa 之和的三分之二。

6.1.12 拟装液体的每个容器，应在下列情况下成功地通过适当的气密（密封性）试验，并且能够达到第 7 章所规定的适当试验水平：

a) 在第一次用于运输之前；

b) 任何容器在改制或整理之后，再次用于运输之前。

c) 在进行这项试验时，容器不必装有自己的封闭装置。如试验结果不会受到影响，复合容器的内贮器可在不用外容器的情况下进行试验。以下情况可免于试验：

——复合容器（玻璃、陶瓷或粗陶瓷）的内贮器；

——轻型标准金属容器。

6.1.13 在运输过程中可能遇到的温度下会变成液体的固体所用的容器也应具备装载液态物质的能力。

6.1.14 用于装粉末或颗粒状物质的容器,应防泄漏或配备衬里。

6.1.15 内容器应固定并安装衬垫,限制其在外包装中的移动,以防在正常的运输条件下破裂、渗漏,内容器为玻璃或陶瓷类包装,用4.2中Ⅰ类或Ⅱ类外包装盛装第3、4、8类及第5类中5.1项、第6类中6.1项的液体时,内容器外应有吸附衬垫材料。吸附衬垫材料不应与内容器中盛装的危险物发生危险性反应,内容物的渗漏也不应引起危险的化学反应或改变衬垫材料的保护特性。

6.1.16 外包装材料的性能和厚度应保证不会因运输过程中的摩擦生热而改变内容物的化学稳定性。

6.1.17 用组合容器盛装危险货物,内容器的封闭口不能倒置。在外包装上应标有明显的表示作业方向的标识。

6.1.18 对于损坏、有缺陷、渗漏或不符合规定的危险货物包装件,或者溢出或漏出的危险货物,可以装在救助容器中运输。

6.1.19 应采取适当措施,防止损坏或渗漏的包件在救助容器内过分移动。当救助容器装有液体时,应添加足够的惰性吸收材料以消除游离液体的出现。

6.2 第Ⅰ类爆炸物品的特殊包装要求

6.2.1 应符合6.1的一般规定。

6.2.2 第Ⅰ类货物的所有容器的设计和制造应达到以下要求:

a) 能够保护爆炸品,使它们在正常运输条件下,包括在可预见的温度、湿度和压力发生变化时,不会漏出,也不会增加无意引燃或引发的危险;

b) 完整的包装件在正常运输条件下可以安全地搬动;

c) 包装件能够经受得住运输中可预见的堆叠加在它们之上的任何荷重,不会因此而增加爆炸品具有的危险性,容器的保护功能不会受到损害,容器变形的方式或程度不至于降低其强度或造成堆垛的不稳定。

6.2.3 供运输的所有爆炸性物质和物品应已按照联合国《关于危险货物运输的建议书 规章范本》(第15修订版)和《国际公路危险货物运输协定》(2006版)所规定的程序加以分类。

6.2.4 第Ⅰ类货物应按照《国际公路危险货物运输协定》(2006版)的规定包装。

6.2.5 容器应符合第7章的要求,并达到Ⅱ类包装试验要求,而且应遵守5.1.4和6.1.13的规定。Ⅰ类包装不应使用金属容器。

6.2.6 装液态爆炸品的容器的封闭装置应有防渗漏的双重保护设备。

6.2.7 金属桶的封闭装置应包括适宜的垫圈;如果封闭装置包括螺纹,应防止爆炸性物质进入螺纹。

6.2.8 盛装可溶于水的物质的容器应是防水的。运装减敏或退敏物质的容器应封闭以防止浓度在运输过程中发生变化。

6.2.9 当容器包括中间充水的双包层,而水在运输过程中可能结冰时,应在水中加入足够的防冻剂以防结冰。不应使用由于其固有的易燃性而可能引起燃烧的防冻剂。

6.2.10 钉子、钩环和其他没有防护涂层的金属制造的封闭装置,不应穿入外容器内部,除非内容器能够防止爆炸品与金属接触。

6.2.11 内容器、连接件和衬垫材料以及爆炸性物质或物品在包装件内的放置方式应能使爆炸性物质或物品在正常运输条件下不会在外容器内散开。应防止物品的金属部件与金属容器接触。含有未用外壳封装的爆炸性物质的物品应互相隔开以防止摩擦和碰撞。内容器或外容器、模件或贮器中的填塞物、托盘、隔板可用于这一目的。

6.2.12 制造容器的材料应与包装件所装的爆炸品相容,并且是该爆炸品不能透过的,以防爆炸品与容器材料之间的相互作用或渗漏造成爆炸品不能安全运输,或者造成危险项别或配装组的改变。

6.2.13 应防止爆炸性物质进入有接缝金属容器的凹处。

6.2.14 塑料容器不应容易产生或积累足够的静电，以致放电时可能造成包件内的爆炸性物质或物品引爆、引燃或发生反应。

6.2.15 爆炸性物质不应装在由于热效应或其他效应引起的内部和外部压力差可能导致爆炸或造成包装件破裂的内容器或外容器。

6.2.16 如果松散的爆炸性物质或者无外壳或部分露出的物品的爆炸性物质可能与金属容器（1A2、1B2、4A、4B和金属贮器）的内表面接触时，金属容器应有内衬里或涂层。

6.2.17 内容器、附件、衬垫材料以及爆炸性物质在包装件内应牢固放置，以保证在运输过程中，不会导致危险性移动。

6.2.18 电引爆装置应防止电磁辐射及偏离电流。装有发火或引发装置的爆炸品，应有效保护，防止正常运输条件下发生意外事故。

6.3 有机过氧化物（5.2项）和自反应物质（4.1项）的特殊包装要求

6.3.1 对于有机过氧化物，所有贮器应"有效封闭"。如果包装件内可能因为释放气体而产生较大的内压，可以配备排气孔，但排放的气体不应造成危险，否则装载度应加以限制。任何排气装置的结构应使液体在包件直立时不会漏出，并且应能防止杂质进入。如果有外容器，其设计应使它不会干扰排气装置的作用。

6.3.2 有爆炸副危险性的有机过氧化物的容器还应符合联合国《国际公路危险货物运输协定》（2006版）的其他有关要求。

6.3.3 有机过氧化物的包装应保证对所有与内容物相接触的材料不起化学反应，对内容物的特性无影响，当发生泄漏时，衬垫物不易燃烧，不会引起有机过氧化物的分解。

6.4 各种包装的特殊要求遵照附录A。

7 性能检验

7.1 试验规定

7.1.1 试验的施行和频率

7.1.1.1 每一容器在投入使用之前，其设计型号应成功地通过试验。容器的设计型号是由设计、规格、材料和材料厚度、制造和包装方式界定的，但可以包括各种表面处理。它也包括仅在设计高度上比设计型号稍小的容器。

7.1.1.2 对生产的容器样品，应按主管当局规定的时间间隔重复进行试验。

7.1.1.3 容器的设计、材料或制造方式发生变化时也应再次进行试验。

7.1.1.4 与试验过的型号仅在小的方面不同的容器，如内容器尺寸较小或净重较小，以及外部尺寸稍许减小的桶、袋、箱等容器，主管当局可允许进行有选择的试验。

7.1.1.5 如组合容器的外容器用不同类型的内容器成功地通过了试验，则这些不同类型的内容器也可以合装在此外容器中。此外，如能保持相同的性能水平，下列内容器的变化形式可不必对包件再做试验准予使用：

a) 可使用尺寸相同或较小的内容器，条件是：
   1) 内容器的设计与试验过的内容器相似（例如形状为圆形、长方形等）；
   2) 内容器的制造材料（玻璃、塑料、金属等）承受冲击力和堆码力的能力等于或大于原先试过的内容器；
   3) 内容器有相同或较小的开口，封闭装置设计相似（如螺旋帽、摩擦盖等）；
   4) 用足够多的额外衬垫材料填补空隙，防止内容器明显移动；
   5) 内容器在外容器中放置的方向与试验过的包装件相同；

b) 如果用足够的衬垫材料填补空隙处防止内容器明显移动，则可用较少的试验过的内容器或a)

中所列的替代型号内容器。

7.1.1.6 物品或者是装固体或液体的任何型号的内容器合装在一个外容器内运输，在下列条件下可不进行试验：

a) 外容器在装有内装液体的易碎(如玻璃)内容器时应成功地通过按照7.2.1以Ⅰ类包装的跌落高度进行的试验。

b) 各内容器的合计总毛重不得超过7.1.1.6a)中的跌落试验使用的各内容器毛重的一半。

c) 各内容器之间以及内容器与容器外部之间的衬垫材料厚度，不应低于原先试验的容器的相应厚度；如在原先试验中仅使用一个内容器，各内容器之间的衬垫厚度不应少于原先试验中容器外部和内容器之间的衬垫厚度。如使用较少或较小的内容器(与跌落试验所用的内容器相比)，应使用足够的附加衬垫材料填补空隙。

d) 外容器在空载时应成功地通过7.2.4的堆码试验。相同包装件的总重量应根据7.1.1.6a)中的跌落试验所用的内容器的合计质量确定。

e) 装液体的内容器周围应完全裹上吸收材料，其数量足以吸收内容器所装的全部液体。

f) 如用不防泄漏的外容器容纳装液体的内容器，或用不防泄漏的外容器容纳装固体的内容器，则应配备发生泄漏时留住任何液体或固体内装物的装置，例如，可使用防漏衬里、塑料袋或其他同样有效的容纳装置。对于装液体的容器，7.1.1.6e)中要求的吸收材料应放在留住液体内装物的装置内。

g) 容器应按照第5章作标记，表示已通过组合容器的Ⅰ类包装性能试验。所标的以kg计的毛重，应为外容器重量加上7.1.1.6a)中所述的跌落试验所用的内容器重量的一半之和。这一包件标记也应包括5.1.4中所述的字母“V”。

7.1.1.7 主管当局可随时要求按照本节规定进行试验，证明成批生产的容器符合设计型号试验的要求。

7.1.1.8 因安全需要有的内层处理或涂层，应在进行试验后仍保持其保护性能。

7.1.1.9 若试验结果的正确性不会受影响，可对一个试样进行几项试验。

7.1.1.10 救助容器应根据拟用于运输固体或内容器的Ⅱ类包装容器所适用的规定进行试验和做标记，以下情况除外：

a) 进行试验时所用的试验物质应是水，容器中所装的水不得少于其最大容量的98%。允许使用添加物，如铅粒袋，以达到所要求的总包装件质量，只要它们放的位置不会影响试验结果。或者，在进行跌落试验时，跌落高度可按照7.2.1.4b)予以改变。

b) 容器应已成功地经受30 kPa的密封性试验，并且这一试验的结果反映在7.2.5所要求的试验报告中。

c) 容器应标有5.1.4所述的字母“T”。

7.1.1.11 拟装液体的每个容器，应在下列情况下成功地通过适当的气密试验，并且能够达到7.2.2.4表明的适当试验水平：

a) 在第一次用于运输之前；

b) 在改制或修理之后，再次用于运输之前。

如试验结果不会受到影响，复合容器的内贮器可在不用外容器的情况下进行试验。

7.1.2 容器的试验准备

7.1.2.1 对准备好供运输的容器，其中包括组合容器所使用的内容器，应进行试验。就内贮器或单贮器或容器而言，所装入的液体不应低于其最大容量的98%，所装入的固体不得低于其最大容量的95%。就组合容器而言，如内容器将装运液体和固体，则需对液体和固体内装物分别作试验。将装入容器运输的物质或物品，可以其他物质或物品代替，除非这样做会使试验结果成为无效。就固体而言，当使用另一种物质代替时，该物质应与待运物质具有相同的物理特性(质量、颗粒大小等)。允许使用添加物，如铅粒包，以达到要求的包装件总重量，只要它们放的位置不会影响试验结果。

7.1.2.2 对装液体的容器进行跌落试验时，如使用其他物质代替，该物质应有与待运物质相似的相对密度和黏度。水也可以用于进行7.2.1.4条件下的液体跌落试验。

7.1.2.3 纸和纤维板容器应在控制温度和相对湿度的环境下至少放置24 h。有以下三种办法，应选择其一。温度23 ℃ ±2 ℃和相对湿度50%±2%(r.h)是最好的环境。另外两种办法是：温度20 ℃±2 ℃和相对湿度(65%±2%)(r.h)或温度27 ℃±2 ℃和相对湿度(65%±2%)(r.h)。

注：平均值应在这些限值内，短期波动和测量局限可能会使个别相对湿度量度有±5%的变化，但不会对试验结果的复验性有重大影响。

7.1.2.4 首次使用塑料桶(罐)、塑料复合容器及有涂镀层的容器，在试验前需直接装入拟运危险货物贮存六个月以上进行相容性试验，对贮存期的第一个和最后一个24 h，应使试验样品的封闭装置朝下放置，但对带有通气孔的容器，每次的时间应是5 min。在贮存期之后，再对样品进行7.2.1、7.2.2、7.2.3和7.2.4所列的适用试验。如果所装的物质可能使塑料桶或罐产生应力裂纹或弱化，则应在装满该物质、或另一种已知对该种塑料至少具有同样严重应力裂纹作用的物质的样品上面放置一个荷重，此荷重相当于在运输过程中可能堆放在样品上的相同数量包装件的总质量。堆垛包括试验样品在内的最小高度3 m。

7.1.3 检验项目

各种常用公路运输危险货物包装容器应检验项目遵照附录D，另外对拟装闪点不大于61 ℃易燃液体的塑料桶、塑料罐和复合容器(塑料材料)(6 HA1除外)还应进行渗透性试验。

7.2 试验

7.2.1 跌落试验

7.2.1.1 试验样品数量和跌落方向

每种设计型号试验样品数量和跌落方向见表1。

除了平面着地的跌落之外，重心应位于撞击点的垂直上方。在特定的跌落试验可能有不止一个方向的情况下，应采用最薄弱部位进行试验。

表1 试验样品数量和跌落方向

容　器	试验样品数量	跌落方向
钢桶 铝桶 除钢桶或铝桶之外的金属桶 钢罐 铝罐 胶合板桶 纤维板桶 塑料桶和罐 圆柱形复合容器 轻型标准金属容器	6个 (每次跌落用3个)	第一次跌落(用3个样品)：容器应以凸边斜着撞击在冲击板上。如果容器没有凸边，则撞击在周边接缝上或一棱边上。 第二次跌落(用另外3个样品)：容器应以第一次跌落未试验过的最弱部位撞击在冲击板上，例如封闭装置，或者某些圆柱形桶，则撞在桶身的纵向焊缝上。
天然木箱 胶合板箱 再生木箱 纤维板箱 塑料箱 钢或铝箱 箱形复合容器	5个 (每次跌落用1个)	第一次跌落：底部平跌 第二次跌落：顶部平跌 第三次跌落：长侧面平跌 第四次跌落：短侧面平跌 第五次跌落：角跌落

表 1（续）

容　器	试验样品数量	跌落方向
袋-单层有缝边	3 个 （每袋跌落 3 次）	第一次跌落：宽面平跌 第二次跌落：窄面平跌 第三次跌落：端部跌落
袋-单层无缝边，或多层	3 个 （每袋跌落 2 次）	第一次跌落：宽面平跌 第二次跌落：端部跌落
桶或箱形复合容器（玻璃、陶瓷或粗陶瓷）	3 个 （每次跌落用 1 个）	容器应以底部凸边斜着撞击在冲击板上。如果没有凸边，则撞击在周边接缝上或一底部棱边上

7.2.1.2　跌落试验样品的特殊准备

以下容器进行试验时，应将试验样品及其内装物的温度降至－18 ℃或更低：

a)　塑料桶；

b)　塑料罐；

c)　泡沫塑料箱以外的塑料箱；

d)　复合容器（塑料材料）；

e)　带有塑料袋以外的、拟用于装固体或物品的塑料内容器的组合容器。

按这种方式准备的试验样品，可免除 7.1.2.3 中的调理。试验液体应保持液态，必要时可添加防冻剂。

7.2.1.3　试验设备

符合 GB/T 4857.5 中试验设备的要求。冷冻室（箱）：能满足 7.2.1.2 要求；温、湿度室（箱）：能满足 7.1.2.3 要求。

7.2.1.4　跌落高度

对于固体和液体，如果试验是用待运的固体或液体或用具有基本上相同的物理性质的另一物质进行，跌落高度见表 2。

表 2　跌落高度　　单位为米

Ⅰ类包装	Ⅱ类包装	Ⅲ类包装
1.8	1.2	0.8

对于液体，如果试验是用水进行：

a)　如果待运物质的相对密度不超过 1.2，跌落高度见表 2；

b)　如果待运物质的相对密度超过 1.2，跌落高度应根据待运物质的相对密度 d 按表 3 进行计算（四舍五入至第一位小数）。

表 3　跌落高度与密度换算　　单位为米

Ⅰ类包装	Ⅱ类包装	Ⅲ类包装
$d\times1.5$	$d\times1.0$	$d\times0.67$

7.2.1.5　通过试验的准则

a)　每一盛装液体的容器在内外压力达到平衡后，应无渗漏，有内涂（镀）层的容器，其内涂（镀）层还应完好无损。但是，对于组合容器的内容器、复合容器（玻璃、陶瓷或粗陶瓷）的内贮器，其压力可不达到平衡。

b)　盛装固体的容器进行跌落试验并以其上端面撞击冲击板，如果全部内装物仍留在内容器或内贮器(例如塑料袋)之中,即使封闭装置不再防撒漏,试验样品即通过试验。

c) 复合或组合容器或其外容器,不应出现可能影响运输安全的破损。也不应有内装物从内贮器或内容器中漏出。若有内涂(镀)层,其内涂(镀)层应完好无损。

d) 袋子的最外层或外容器,不应出现影响运输安全的破损。

e) 在撞击时封闭装置有少许排出物,但无进一步渗漏,仍认为容器合格。

f) 装第Ⅰ类物质的容器不允许出现任何会使爆炸性物质或物品从外容器中撒漏破损。

7.2.2 气密(密封性)试验

7.2.2.1 试验样品数量

每种设计型号取 3 个试验样品。

7.2.2.2 试验前试验样品的特殊准备

将有通气孔的封闭装置以相似的无通气孔的封闭装置代替,或将通气孔堵死。

7.2.2.3 试验设备

按 GB/T 17344 的要求。

7.2.2.4 试验方法和试验压力

将容器包括其封闭装置箝制在水面下 5 min,同时施加内部空气压力,箝制方法不应影响试验结果。施加的空气压力(表压)见表 4。

表 4 气密试验压力

单位为千帕

Ⅰ类包装	Ⅱ类包装	Ⅲ类包装
不小于 30	不小于 20	不小于 20

其他至少有同等效力的方法也可以使用。

7.2.2.5 通过试验的准则

所有试样应无泄漏。

7.2.3 液压(内压)试验

7.2.3.1 试验样品数量

每种设计型号取 3 个试验样品。

7.2.3.2 试验前容器的特殊准备

将有通气孔的封闭装置用相似的无通气孔的封闭装置代替,或将通气孔堵死。

7.2.3.3 试验设备

液压危险货物包装试验机或达到相同效果的其他试验设备。

7.2.3.4 试验方法和试验压力

a) 金属容器和复合容器(玻璃、陶瓷或粗陶瓷)包括其封闭装置,应经受 5 min 的试验压力。塑料容器和复合容器(塑料)包括其封闭装置,应经受 30 min 的试验压力。这一压力就是 5.2.2d) 所要求的标记的压力。支撑容器的方式不应使试验结果无效。试验压力应连续地、均匀地施加;在整个试验期间保持恒定。所施加的液压(表压),按下述任何一个方法确定:

——不小于在 55 ℃时测定的容器中的总表压(所装液体的蒸气压加空气或其他惰性气体的分压,减去 100 kPa)乘以安全系数 1.5 的值;此总表压是根据 6.1.5 规定的最大装载度和 15 ℃的灌装温度确定的。

——不小于待运液体在 50 ℃时的蒸气压的 1.75 倍减去 100 kPa,但最小试验压力为 100 kPa。

——不小于待运液体在 55 ℃时的蒸气压的 1.5 倍减去 100 kPa,但最小试验压力为 100 kPa。

拟装Ⅰ类包装液体的容器最小试验压力为 250 kPa。

b) 在无法获得待运液体的蒸气压时,可按表5的压力进行试验。

表5 液压试验压力

单位为千帕

Ⅰ类包装	Ⅱ类包装	Ⅲ类包装
不小于250	不小于100	不小于100

7.2.3.5 通过试验的准则

所有试样应无泄漏。

7.2.4 堆码试验

7.2.4.1 试验样品数量

每种设计型号取3个试验样品。

7.2.4.2 试验设备

按GB/T 4857.3的要求。

7.2.4.3 试验方法和堆码载荷

在试验样品的顶部表面施加一载荷,此载荷重量相当于运输时可能堆码在它上面的同样数量包装件的总重量。如果试验样品内装的液体的相对密度与待运液体的不同,则该载荷应按后者计算。包括试验样品在内的最小堆码高度不小于3 m。试验时间为24 h,但拟装液体的塑料捅、罐和复合容器(6HH1和6HH2),应在不低于40 ℃的温度下经受28 d的堆码试验。

堆码载荷P按式(1)计算:

$$P=\left(\frac{H-h}{h}\right)\times m \qquad \cdots\cdots(1)$$

式中:

P——加载的载荷,单位为千克(kg);

H——堆码高度(不小于3 m),单位为米(m);

h——单个包装件高度,单位为米(m);

m——单个包装件毛重,单位为千克(kg)。

7.2.4.4 通过试验的准则

试验样品不得泄漏。对复合或组合容器而言,不允许有所装的物质从内贮器或内容器中漏出。试验样品不允许有可能影响运输安全的损坏,或者可能降低其强度或造成包装件堆码不稳定的变形。在进行判定之前,塑料容器应冷却至环境温度。

7.2.5 渗透性试验

7.2.5.1 样品数量

每种设计型号取3个试验样品。

7.2.5.2 试验方法

将试验样品在盛装拟装物或标准溶液后在温度23 ℃、相对湿度50%的条件下保存28 d。称取其在28 d保存期前后的质量,并计算其渗透率。

7.2.5.3 通过试验的准则

渗透率不超过0.008 g/h。

7.2.6 试验(检测)报告

试验报告内容包括:

a) 试验机构的名称和地址;

b) 申请人的姓名和地址(如适用);

c) 试验报告的特别标志;

d) 试验报告签发日期；

e) 容器制造厂；

f) 容器设计型号说明(例如尺寸、材料、封闭装置、厚度等)，包括制造方法(例如吹塑法)，并且可附上图样和/或照片；

g) 最大容量；

h) 试验内装物的特性，例如液体的黏度和相对密度，固体的粒径；

i) 试验说明和结果；

j) 试验报告应由授权签字人签字，写明姓名和身份。

7.3 检验规则

7.3.1 生产厂应保证所生产的公路运输危险货物包装应符合本标准规定，并由有关检验部门按本标准检验。

7.3.2 有下列情况之一时，应进行性能检验：

a) 新产品投产或老产品转产时进行性能检验；

b) 正式生产后，如结构、材料、工艺有较大改变，可能影响产品性能时；

c) 在正常生产时，每半年一次；

d) 产品长期停产后，恢复生产时；

e) 国家质检部门提出进行性能检验。

7.3.3 性能检验周期为1个月、3个月、6个月三个档次。每种新设计型号检验周期为3个月，连续三个检验周期合格，检验周期可升一档，若发生一次不合格，检验周期降一档。

7.3.4 在性能检验周期内可进行抽查检验，抽查的次数按检验周期1个月、3个月、6个月三个档次分别为一次、两次、三次，每次抽查的样品不应多于2件。

7.3.5 包装容器有效期是自容器生产之日起计算不超过12个月。超过有效期的包装容器需再次进行性能检验，容器有效期自检验完毕日期起计算不超过6个月。

7.3.6 对于再次使用的、修复过的或改制的容器有效期自检验完毕日期起计算不超过6个月。

7.3.7 对于7.3.1～7.3.3规定的检验，应按本标准的要求对每个制造厂的每个设计型号的容器逐项进行检验。若有一个试样未通过其中一项试验，则判定该项目不合格，只要有一项不合格则判定该设计型号容器不合格。

7.3.8 对检验不合格的容器，其制造厂生产的该设计型号的容器不允许用于盛装公路运输危险货物，除非再次检验合格。再次提交检验时，其严格度不变。

8 使用鉴定

8.1 鉴定要求

8.1.1 一般要求

8.1.1.1 包装件的外观

包装件上包装标记应符合6.1.1的要求，并在包装件上加贴(或印刷)符合联合国《关于危险货物运输的建议书　规章范本》(第15修订版)等国际规章要求的危险品标志和标签。包装件外表应清洁，不允许有残留物、污染或渗漏。

8.1.1.2 使用单位选用的容器须与公路运输危险货物的性质相适应，其性能应符合第6章和第7章的规定。

8.1.1.3 容器的包装类别应等于或高于盛装的危险货物要求的包装类别。

8.1.1.4 在下列情况时应提供危险货物的分类、定级危险特性检验报告：

a) 首次生产的或未列明的；

b) 首次运输或出口的；

c) 有必要时(如申报的内容物与实际的内容物不相符等)。

8.1.1.5 首次使用的塑料容器或内涂(镀)层容器须提供六个月以上化学相容性试验合格的报告。

8.1.1.6 危险货物包装件单件净重不得超过联合国《关于危险货物运输的建议书 规章范本》(第15修订版)和《国际公路危险货物运输协定》(2006版)规定的重量。

8.1.1.7 一般情况下，液体危险货物灌装至容器容积的98%以下。对于膨胀系数较大的液体货物，应根据其膨胀系数确定容器的预留容积。固体危险货物盛装至容器容积的95%以下。

8.1.1.8 采用液体或惰性气体保护危险货物时，该液体或惰性气体应能有效保证危险货物的安全。

8.1.1.9 危险货物不得撒漏在容器外表面或外容器和内贮器之间。

8.1.1.10 危险货物和与之相接触的容器不得发生任何影响容器强度及发生危险的化学反应。

8.1.1.11 吸附材料不得与所装危险货物发生有危险的化学反应，并确保内容器破裂时能完全吸附滞留全部危险货物，不致造成内容物从外包装容器中渗漏出来。

8.1.1.12 防震及衬垫材料不得与所装危险货物发生化学反应，而降低其防震性能。应有足够的衬垫填充材料，防止内容器移动。

8.1.2 特殊要求

8.1.2.1 桶、罐类容器的要求

a) 闭口桶、罐的大、小封闭器螺盖应紧密配合，并配以适当的密封圈。螺盖拧紧程度应达到密封要求。

b) 开口桶、罐应配以适当的密封圈，无论采用何种形式封口，均应达到紧箍、密封要求。扳手箍还需用销子锁住扳手。

8.1.2.2 箱类包装的要求

a) 木箱、纤维板箱用钉紧固时，应钉实，不得突出钉帽，穿透容器的钉尖应盘倒，并加封盖，以防与内装物发生任何化学反应或物理变化。打包带紧箍箱体。

b) 瓦楞纸箱应完好无损，封口应平整牢固。打包带紧箍箱体。

8.1.2.3 袋类包装的要求

a) 外容器用缝线封口时，无内衬袋的外容器袋口应折叠30 mm以上，缝线的开始和结束应有5针以上回针，其缝针密度应保证内容物不撒漏且不降低袋口强度。有内衬袋的外容器袋缝针密度应保证牢固无内容物撒漏。

b) 内容器袋封口时，不论采用绳扎、粘合或其他型式的封口，应保证内容物无撒漏。

c) 绳扎封口时，排出袋内气体、袋口用绳紧绕二道，扎紧打结，再将袋口朝下折转、用绳紧绕二道，扎紧打结。如果是双层袋，则应按此法分层扎紧。

d) 粘合封口时，排出袋内气体、粘合牢固，不允许有孔隙存在。如果是双层袋，则应分层粘合。

8.1.2.4 组合包装的要求

a) 内容器盛装液体时，封口需符合液密封口的规定；如需气密封口的，需符合气密封口的规定。

b) 盛装液体的易碎内容器(如玻璃等)，其外包装应符合Ⅰ类包装。

c) 吸附材料须符合8.1.1.11的要求。

d) 箱类外容器如是不防泄漏或不防水的，应使用防泄漏的内衬或内容器。

8.2 抽样

8.2.1 检验批

以相同原材料、相同结构和相同工艺生产的包装件为一检验批，最大批量为10 000件。

8.2.2 抽样规则

按 GB/T 2828.1 正常检查一次抽样一般检查水平Ⅱ进行抽样。

8.2.3 抽样数量

抽样数量见表 6。

表 6 抽样数量

单位为件

批量范围	抽样数量
1～8	2
9～15	3
16～25	5
26～50	8
51～90	13
91～150	20
151～280	32
281～500	50
501～1 200	80
1 201～3 200	125
3 201～10 000	200

8.3 鉴定项目

8.3.1 检查所选用包装是否与公路运输危险货物的性质相适应;是否有包装的性能检验合格报告。

8.3.2 对于 8.1.1.4 和 8.1.1.5 提到的公路运输危险货物包装,检查是否具有由国家质检部门或国家质检部门认可的检测机构出具的危险品的分类、定级危险特性检验报告。

8.3.3 检查公路运输危险货物净重是否符合 8.1.1.6 的要求。

8.3.4 检查盛装液体或固体的公路运输危险货物容器盛装容积是否符合 8.1.1.7 的要求。

8.3.5 提取保护危险货物的液体进行分析和用微量气体测定仪检测惰性气体含量,按各类危险货物相应的标准检验保护性液体或惰性气体是否有效保证危险货物的安全。

8.3.6 检查危险货物和与之接触的包装、吸附材料、防震和衬垫材料、绳、线等包装附加材料是否发生化学反应,影响其使用性能。

8.3.7 检查容器的封口(包括组合容器的内容器封口)、吸附材料是否符合第 6 章的相关规定。

8.3.8 检查危险货物和与之接触的容器、吸附材料、防震和衬垫材料、绳、线等容器附加材料是否发生化学反应,影响其使用性能。

8.3.9 检查桶、罐类容器是否符合 8.1.2.1 的要求。

8.3.10 检查箱类容器是否符合 8.1.2.2 的要求。

8.3.11 检查袋类容器是否符合 8.1.2.3 的要求。

8.3.12 检查组合容器是否符合 8.1.2.4 的要求。

8.4 鉴定规则

8.4.1 危险货物包装的使用企业应保证所使用的公路运输危险货物包装符合本标准规定,并由有关检验部门按本标准进行鉴定。危险货物的用户有权按本标准的规定,对接收的危险货物包装件提出验收检验。

8.4.2 公路运输危险货物包装件应逐批鉴定,以订货量为一批,但最大批量不得超过 8.2.1 规定的最大批量。

8.4.3 使用鉴定报告的有效期应自危险货物灌装之日计算,盛装第 8 类危险物质及带有腐蚀性副危险性物质的包装件的使用鉴定报告有效期不超过 6 个月,其他危险货物的包装使用鉴定有效期不超过 1 年,但此有效期不能超过性能检验报告的有效期。

8.4.4 判定规则:若有一项不合格,则该批公路运输危险货物包装件不合格。上述各项经鉴定合格后,出具使用鉴定报告。

8.4.5 不合格批处理:经返工整理或剔除不合格的包装件后,再次提交检验,其严格度不变。

8.4.6 对检验不合格的包装件,不允许提交公路运输。除非再次检验合格。

附　录　A
（规范性附录）
各种常用的包装容器编码、类别、要求及最大容量和净重的有关要求

表 A.1　各种常用的包装容器编码、类别、要求及最大容量和净重的有关要求

种类	编码	类别	要　　求	最大容量/L	最大净重/kg
钢桶	1A1 1A2	非活动盖 活动盖	a) 桶身和桶盖应根据钢桶的容量和用途，使用型号适宜和厚度足够的钢板制造。 b) 拟用于装 40 L 以上液体的钢桶，桶身接缝应焊接。拟用于装固体或者装 40 L 以下液体的钢桶，桶身接缝可用机械方法结合或焊接。 c) 桶的凸边应用机械方法接合，或焊接。也可以使用分开的加强环。 d) 容量超过 60 L 的钢桶桶身，通常应该至少有二个扩张式滚箍，或者至少两个分开的滚箍。如使用分开式滚箍，则应在桶身上固定紧，不应移位。滚箍不应点焊。 e) 非活动盖(1A1)钢桶桶身或桶盖上用于装入、倒空和通风的开口，其直径不应超过 7 cm。开口更大的钢桶将视为活动盖(1A2)钢桶。桶身和桶盖的开口封闭装置的设计和安装应做到在正常运输条件下始终是紧固和不漏的。封闭装置凸缘应用机械方法或焊接方法恰当接合。除非封闭装置本身是防漏的，否则应使用密封垫或其他密封件。 f) 活动盖钢桶的封闭装置的设计和安装，应做到在正常的运输条件下该装置始终是紧固的，钢桶始终是不漏的。所有活动盖都应使用垫圈或其他密封件。 g) 如果桶身、桶盖、封闭装置和连接件所用的材料本身与装运的物质是不相容的，应施加适当的内保护涂层或处理。在正常运输条件下，这些涂层或处理层应始终保持其保护性能。	450	400
铝桶	1B1 1B2	非活动盖 活动盖	a) 桶身和桶盖应由纯度至少 99% 的铝，或以铝为基础的合金制成。应根据铝桶的容量和用途，使用适当型号和足够厚度的材料。 b) 所有接缝应是焊接的。凸边如果有接缝的话，应另外加加强环。 c) 容量大于 60 L 的铝桶桶身，通常应至少装有两个扩张式滚箍，或者两个分开式滚箍。如装有分开式滚箍时，应安装得很牢固，不应移动。滚箍不应点焊。 d) 非活动盖(1B1)铝桶的桶身或桶盖上用于装入、倒空和通风的开口，其直径不应超过 7 cm。开口更大的铝桶将视为活动盖(1B2)铝桶。桶身和桶盖的开口封闭装置的设计和安装应做到在正常运输条件下，它们始终是紧固和不漏的。封闭装置凸缘应焊接恰当，使接缝不漏。除非封闭装置本身是防漏的，否则应使用垫圈或其他密封件。 e) 活动盖铝桶的封闭装置的设计和安装，应做到在正常运输条件下始终是紧固和不漏的。所有活动盖都应使用垫圈或其他密封件。	450	400

表 A.1（续）

种类	编码	类别	要　　求	最大容量/L	最大净重/kg
胶合板桶	1D		a) 所用木料应彻底风干，达到商业要求的干燥程度，且没有任何有损于桶的使用效能的缺陷。若用胶合板以外的材料制造桶盖，其质量与胶合板应相等。 b) 桶身至少应用两层胶合板，桶盖至少应用三层胶合板制成。各层胶合板应按交叉纹理用抗水粘合剂牢固地粘在一起。 c) 桶身、桶盖及其连接部位应根据桶的容量和用途设计。 d) 为防止所装物质撒漏，应使用牛皮纸或其他具有同等效能的材料做桶盖衬里。衬里应紧扣在桶盖上并延伸到整个桶盖周围外。	250	400
纤维板桶	1G		a) 桶身应由多层厚纸或纤维板牢固地胶合或层压在一起，可以有一层或多层由沥青、涂腊牛皮纸、金属薄片、塑料等构成的保护层。 b) 桶盖应由天然木、纤维板、金属、胶合板、塑料或其他适宜材料制成，可包括一层或多层由沥青、涂腊牛皮纸、金属薄片、塑料等构成的保护层。 c) 桶身、桶盖及其连接处的设计应与桶的容量和用途相适应。 d) 装配好的容器应由足够的防水性，在正常运输条件下不应出现剥层现象。	450	400
塑料桶	1H1	非活动盖	a) 容器应使用适宜的塑料制造，其强度应与容器的容量和用途相适应。除了联合国《关于危险货物运输的建议书　规章范本》(第15修订版)中第一章界定的回收塑料外，不应使用来自同一制造工序的生产剩料或重新磨合材料以外的用过材料。容器应对老化和由于所装物质或紫外线辐射引起的质量降低具有足够的抵抗能力。 b) 如果需要防紫外线辐射，应在材料内加入碳黑或其他合适的色素或抑制剂。这些添加剂应是与内装物相容的，并应在容器的整个使用期间保持其效能。当使用的碳黑、色素或抑制剂与制造试验过的设计型号所用的不同时，如碳黑含量(按重量)不超过2%，或色素含量(按重量)不超过3%，则可不再进行试验；紫外线辐射抑制剂的含量不限。 c) 除了防紫外线辐射的添加剂之外，可以在塑料成分中加入其他添加剂，如果这些添加剂对容器材料的化学和物理性质并无不良作用。在这种情况下，可免除再试验。 d) 容器各点的壁厚，应与其容量、用途以及各个点可能承受的压力相适应。 e) 对非活动盖的桶(1H1)和罐(3H1)而言，桶身(罐身)和桶盖(罐盖)上用于装入、倒空和通风的开口直径不应超过7 cm。开口更大的桶和罐将视为活动盖型号的桶和罐(1H2和3H2)，桶(罐)身或桶(罐)盖上开口的封闭装置的设计和安装应做到在正常运输条件下始终是紧固和不漏的。除非封闭装置本身是防漏的，否则应使用垫圈或其密封件。 f) 设计和安装活动盖桶和罐的封闭装置，应做到在正常运输条件下该装置始终是紧固和不漏的。所有活动盖都应使用垫圈，除非桶或罐的设计是在活动盖夹得很紧时，桶或罐本身是防漏的。	450	400
	1H2	活动盖		450	400
塑料罐	3H1	非活动盖		60	120
	3H2	活动盖		60	120

表 A.1（续）

种类	编码	类别	要　　求	最大容量/L	最大净重/kg
钢或铝以外的金属桶	1N1 1N2	非活动盖 活动盖	a) 桶身和桶盖应由钢和铝以外的金属或金属合金制成。应根据桶的容量和用途，使用适当型号和足够厚度的材料。 b) 凸边如果有接缝的话，应另外加加强环。所有接缝应是焊接的。 c) 容量大于 60 L 的金属桶桶身，通常应至少装有两个扩张式滚箍，或者两个分开式滚箍。如装有分开式滚箍时，应安装得很牢固，不应移动。滚箍不应点焊。 d) 非活动盖(1N1)金属桶的桶身或桶盖上用于装入、倒空和通风的开口，其直径不应超过 7 cm。开口更大的金属桶将视为活动盖(1N2)金属桶。桶身和桶盖的开口封闭装置的设计和安装应做到在正常运输条件下，它们始终是紧固和不漏的。封闭装置凸缘应焊接恰当，使接缝不漏。除非封闭装置本身是防漏的，否则应使用垫圈或其他密封件。 e) 活动盖金属桶的封闭装置的设计和安装，应做到在正常运输条件下始终是紧固和不漏的。所有活动盖都应使用垫圈或其他密封件。	450	400
钢罐	3A1 3A2	非活动盖 活动盖	a) 罐身和罐盖应用钢板、至少 99％纯的铝或铝合金制造。应根据罐的容量和用途，使用适当型号和足够厚度的材料。 b) 钢罐的凸边应用机械方法接合或焊接。用于容装 40 L 以上液体的钢罐罐身接缝应焊接。用于容装小于或等于 40 L 的钢罐罐身接缝应使用机械方法接合或焊接。对于铝罐，所有接缝应焊接。凸边如果有接缝的话，应另加一条加强环。 c) 罐(3A1 和 3B1)的开口直径不应超过 7cm。开口更大的罐将视为活动盖型号(3A2 和 3B2)。封闭装置的设计应做到在正常运输条件下始终是紧固和不漏的。除非封闭装置本身是防漏的，否则应使用密封垫或其他密封件。 d) 如果罐身、盖、封闭装置和连接件等所用的材料本身与装运的物质是不相容的，应施加适当的内保护涂层或处理。在正常运输条件下，这些涂层或处理层应始终保持其保护性能。	60	120
铝罐	3B1 3B2	非活动盖 活动盖			
天然木箱	4C1 4C2	普通 箱壁防撒漏	a) 所用木材应彻底风干，达到商业要求的干燥程度，并且没有会实质上降低箱子任何部位强度的缺陷。所用材料的强度和制造方法，应与箱子的容量和用途相适应。顶部和底部可用防水的再生木，如高压板、刨花板或其他合适材料制成。 b) 紧固件应耐得住正常运输条件下经受的振动。可能时应避免用横切面固定法。可能受力很大的接缝应用抱钉或环状钉或类似紧固件接合。 c) 箱 4C2：箱的每一部分应是一块板，或与一块板等效。用下面方法中的一个接合起来的板可视与一块板等效：林德曼(Linderman)连接、舌槽接合、搭接或槽舌接合或者在每一个接合处至少用两个波纹金属扣件的对头连接。		400

表 A.1（续）

种类	编码	类别	要　　　求	最大容量/L	最大净重/kg
胶合板箱	4D		所用的胶合板至少应为3层。胶合板应由彻底风干的旋制、切成或锯制的层板制成，符合商业要求的干燥程度，没有会实质上降低箱子强度的缺陷。所用材料的强度和制造方法应与箱子的容量和用途相适应。所有邻接各层，应用防水粘合剂胶合。其他适宜材料也可与胶合板一起用于制造箱子。应由角柱或端部钉牢或固定住箱子，或用同样适宜的紧固装置装配箱子。		400
再生木箱	4F		a) 箱壁应由防水的再生木，例如高压板、刨花板或其他适宜材料制成。所用材料的强度和制造方法应与箱子的容量和用途相适应。 b) 箱子的其他部位可用其他适宜材料制成。 c) 箱子应使用适当装置牢固地装配。		400
纤维板箱	4G		a) 应使用与箱子的容量和用途相适应、坚固优质的实心或双面波纹纤维板（单层或多层）。外表面的抗水性应是：当使用可勃(Cobb)法确定吸水性时，在30 min的试验期内，重量增加值不大于155 g/m^2（见GB/T 1540）。纤维板应有适当的弯曲强度。纤维板应在切割、压折时无裂缝，并应开槽以便装配时不会裂开、表面破裂或者不应有的弯曲。波纹纤维板的槽部，应牢固的胶合在面板上。 b) 箱子的端部可以有一个木制框架，或全部是木材或其他适宜材料。可以用木板条或其他适宜材料加强。 c) 箱体上的接合处，应用胶带粘贴、搭接并胶住，或搭接并用金属卡钉钉牢。搭接处应由适当长度的重叠。 d) 用胶合或胶带粘贴方式进行封闭时，应使用防水胶合剂。 e) 箱子的设计应与所装物品十分相配。		400
塑料箱	4H1 4H2	泡沫塑料箱 硬塑料箱	a) 应根据箱的容量和用途，用足够强度的适宜塑料制造箱子。箱子应对老化和由于所装物质或紫外线辐射引起的质量降低具有足够的抵抗力。 b) 泡沫塑料箱应包括由模制泡沫塑料制成的两个部分，一为箱底部分，有供放置内容器的模槽，另一为箱顶部分，它将盖在箱底上，并能彼此扣住。箱底和箱顶的设计应使内容器能刚刚好放入。内容器的封闭帽不得与箱顶的内面接触。 c) 发货时，泡沫塑料箱应用具有足够抗拉强度的自粘胶带封闭，以防箱子打开。这种自粘胶带应能耐受风吹雨淋日晒，其粘合剂与箱子的泡沫塑料是相容的。可以使用至少同样有效的其他封闭装置。 d) 硬塑料箱如果需要防护紫外线辐射，应在材料内添加碳黑或其他合适的色素或抑制剂。这些添加剂应是与内装物相容的，并在箱子的整个使用期限内保持效力。当使用的碳黑、色素或抑制剂与制造试验过的设计型号所使用的不同时，如碳黑含量（按重量）不超过2%，或色素含量（按重量）不超过3%，则可不再进行试验；紫外线辐射抑制剂的含量不限。 e) 防紫外线辐射以外的其他添加剂，如果对箱子材料的物理或化学性质不会产生有害影响，可加入塑料成分中。在这种情况下，可免予再试验。 f) 硬塑料箱的封闭装置应由具有足够强度的适当材料制成，其设计应使箱子不会意外打开。		60 400

表 A.1（续）

种类	编码	类别	要　　求	最大容量/L	最大净重/kg
钢或铝箱	4A 4B	钢箱 铝箱	a) 金属的强度和箱子的构造，应与箱子的容量和用途相适应。 b) 箱子应视需要用纤维板或毡片作内衬，或其他合适材料作的内衬或涂层。如果采用双层压折接合的金属衬，应采取措施防止内装物，特别是爆炸物，进入接缝的凹槽处。 c) 封闭装置可以是任何合适类型，在正常运输条件下应始终是紧固的。		400
纺织品袋	5L1 5L2 5L3	无内衬或涂层 防撒漏 防水	a) 所用纺织品应是优质的。纺织品的强度和袋子的构造应与袋的容量和用途相适应。 b) 防撒漏袋 5L2：袋应能防止撒漏，例如，可采用下列方法： 1) 用抗水粘合剂，如沥青、将纸粘贴在袋的内表面上；或 2) 袋的内表面粘贴塑料薄膜；或 3) 纸或塑料做的一层或多层衬里。 c) 防水袋 5L3：袋应具有防水性能以防止潮气进入，例如，可采用下列方法： 1) 用防水纸（如涂腊牛皮纸、柏油纸或塑料涂层牛皮纸）做的分开的内衬里；或 2) 袋的内表面粘贴塑料薄膜；或 3) 塑料做的一层或多层内衬里。		50
塑料编织袋	5H1 5H2 5H3	无内衬或涂层 防撒漏 防水	a) 袋子应使用适宜的弹性塑料袋或塑料单丝编织而成。材料的强度和袋的构造应与袋的容量和用途相适应。 b) 如果织品是平织的，袋子应用缝合或其他方法把袋底和一边缝合。如果是筒状织品，则袋应用缝合、编制或其他能达到同样强度的方法来闭合。 c) 防撒漏袋 5H2：袋应能防撒漏，例如可采用下列方法： 1) 袋的内表面粘贴纸或塑料薄膜；或 2) 用纸或塑料做的一层或多层分开的衬里。 防水袋 5H3：袋应具有防水性能以防止潮气进入，例如，可采用下述方法： 1) 用防水纸（例如，涂腊牛皮纸，双面柏油牛皮纸或塑料涂层牛皮纸）做的分开的内衬里；或 2) 塑料薄膜粘贴在袋的内表面或外表面；或 3) 一层或多层塑料内衬。		50
塑料薄膜袋	5H4		袋应用适宜塑料制成。材料的强度和袋的构造应与袋的容量和用途相适应。接缝和闭合处应能承受在正常运输条件下可能产生的压力和冲击。		50

表 A.1（续）

种类	编码	类别	要　　求	最大容量/L	最大净重/kg
纸袋	5M1 5M2	多层 多层，防水	a) 袋应使用合适的牛皮纸或性能相同的纸制造，至少有三层，中间一层可以是用粘合剂贴在外层的网状布。纸的强度和袋的构造应与袋的容量和用途相适应。接缝和闭合处应防撒漏。 b) 袋5M2：为防止进入潮气，应用下述方法使四层或四层以上的纸袋具有防水性：最外面两层中的一层作为防水层，或在最外面二层中间夹入一层用适当的保护性材料做的防水层。防水的三层纸袋，最外面一层应是防水层。当所装物质可能与潮气发生反应，或者是在潮湿条件下包装的，与内装物接触的一层应是防水层或隔水层，例如，双面柏油牛皮纸、塑料涂层牛皮纸、袋的内表面粘贴塑料薄膜、或一层或多层塑料内衬里。接缝和闭合处应是防水的。		50
复合容器（塑料材料）	6HA1	塑料贮器与外钢桶	a) 内贮器： 1) 塑料内贮器应适用附录A的有关要求。 2) 塑料内贮器应完全合适地装在外容器内，外容器不应有可能擦伤塑料的凸出处。 b) 外容器： 外容器的制造应符合附录A的有关要求。	250	400
	6HA2	塑料贮器与外钢板条箱或钢箱		60	75
	6HB1	塑料贮器与外铝桶		250	400
	6HB2	塑料贮器与外铝板箱或铝箱		60	75
	6HC	塑料贮器与外木板箱		60	75
	6HD1	塑料贮器与外胶合板桶		250	400
	6HD2	塑料贮器与外胶合板箱		60	75
	6HG1	塑料贮器与外纤维制桶		250	400
	6HG2	塑料贮器与外纤维制箱		60	75
	6HH1	塑料贮器与外塑料桶		250	400
	6HH2	塑料贮器与外硬塑料箱		60	75

表 A.1（续）

种类	编码	类别	要　　求	最大容量/L	最大净重/kg
复合容器（玻璃、陶瓷或粗陶瓷）	6PA1 6PA2 6PB1 6PB2 6PC 6PD1 6PD2 6PG1 6PG2 6PH1 6PH2	贮器与外钢桶 贮器与外钢板条箱或钢箱 贮器与外铝桶 贮器与外铝板条箱或铝箱 贮器与外木箱 贮器与外胶合板桶 贮器与外有盖柳条篮 贮器与外纤维质桶 贮器与外纤维板箱 贮器与外泡沫塑料容器 贮器与外硬塑料容器	a）内贮器： 1）贮器应具有适宜的外形（圆柱形或梨形），材料应是优质的，没有可损害其强度的缺陷。整个贮器应有足够的壁厚。 2）贮器的封闭装置应使用带螺纹的塑料封闭装置、磨砂玻璃塞或是至少具有等同效果的封闭装置。封闭装置可能与贮器所装物质接触的部位，与所装物质应不起作用。应小心地安装好封闭装置，以确保不漏，并且适当紧固以防在运输过程中松脱。如果是需要排气的封闭装置，则封闭装置应符合 6.1.10 的规定。 3）应使用衬垫和/或吸收性材料将贮器牢牢地紧固在外容器中。 b）外容器： 1）贮器与外钢桶 6PA1：外容器的制造应符合附录 A 的有关要求。不过这类容器所需要的活动盖可以是帽形。 2）贮器与外钢板条箱或钢箱 6PA2：外容器的制造应符合附录 A 的有关要求。如系圆柱形贮器，外容器在直立时应高于贮器及其封闭装置。如果梨形贮器外面的板条箱也是梨形，则外容器应装有保护盖（帽）。 3）贮器与外铝桶 6PB1：外容器的制造应符合附录 A 的有关要求。 4）贮器与外铝板条箱或铝箱 6PB2：外容器的制造应符合附录 A 的有关要求。 5）贮器与外木箱 6PC：外容器的制造应符合附录 A 的有关要求。 6）贮器与外胶合板桶 6PD1：外容器的制造应符合附录 A 的有关要求。 7）贮器与外有盖柳条篮 6PD2：有盖柳条篮应由优质材料制成，并装有保护盖（帽）以防伤及贮器。 8）贮器与外纤维质桶 6PG1：外容器的制造应符合附录 A 的有关要求。 9）贮器与外纤维板箱 6PG2：外容器的制造应符合附录 A 的有关要求。 10）贮器与外泡沫塑料或硬塑料容器（6PH1 或 6PH2）：这两种外容器的材料都应符合附录 A 的有关要求。硬塑料容器应由高密度聚乙烯或其他类似塑料制成。不过这类容器的活动盖可以是帽形。	60	75
注：对于复合容器，最大容量和最大净重是针对内贮器而言。					

附 录 B
（资料性附录）
新容器、修复容器和救助容器的标记示例

B.1 新容器的标记示例

B.1.1 盛装液体货物

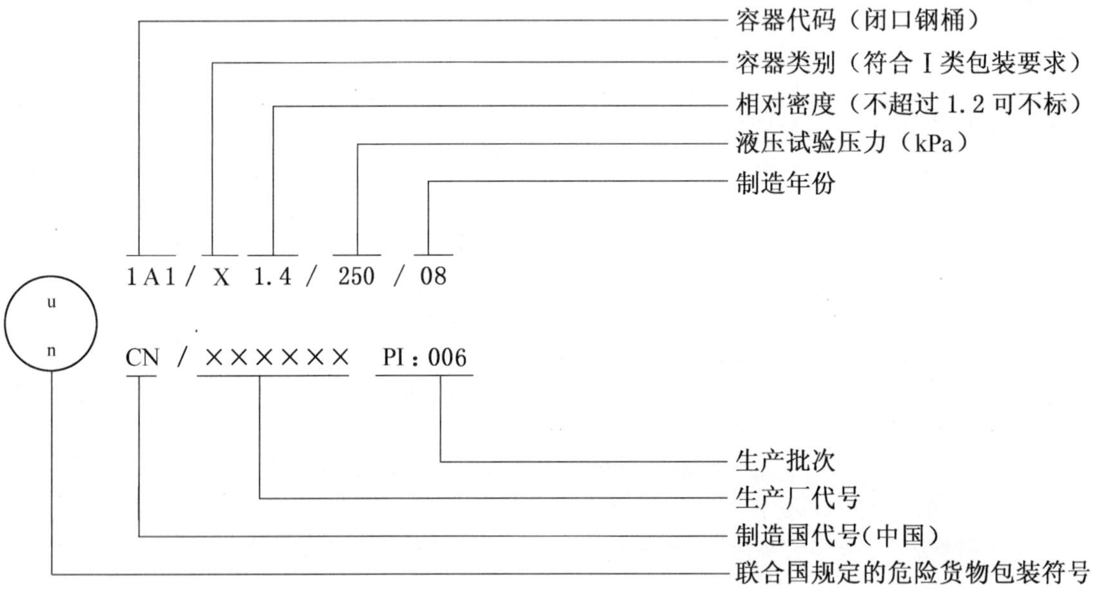

B.1.2 盛装固体物质

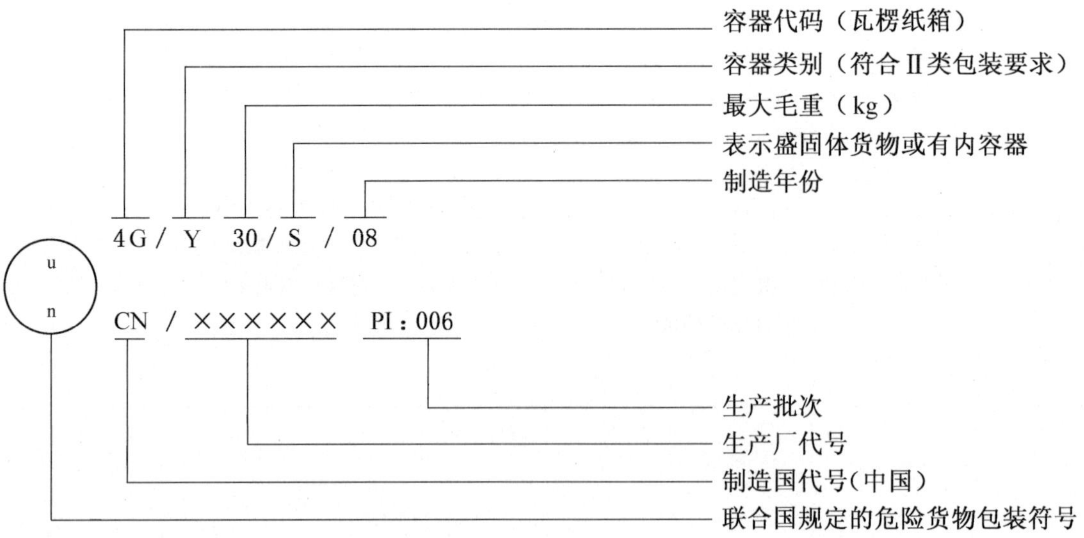

B.2 修复容器的标记示例

B.2.1 修复过的液体货物的容器(非塑料容器)

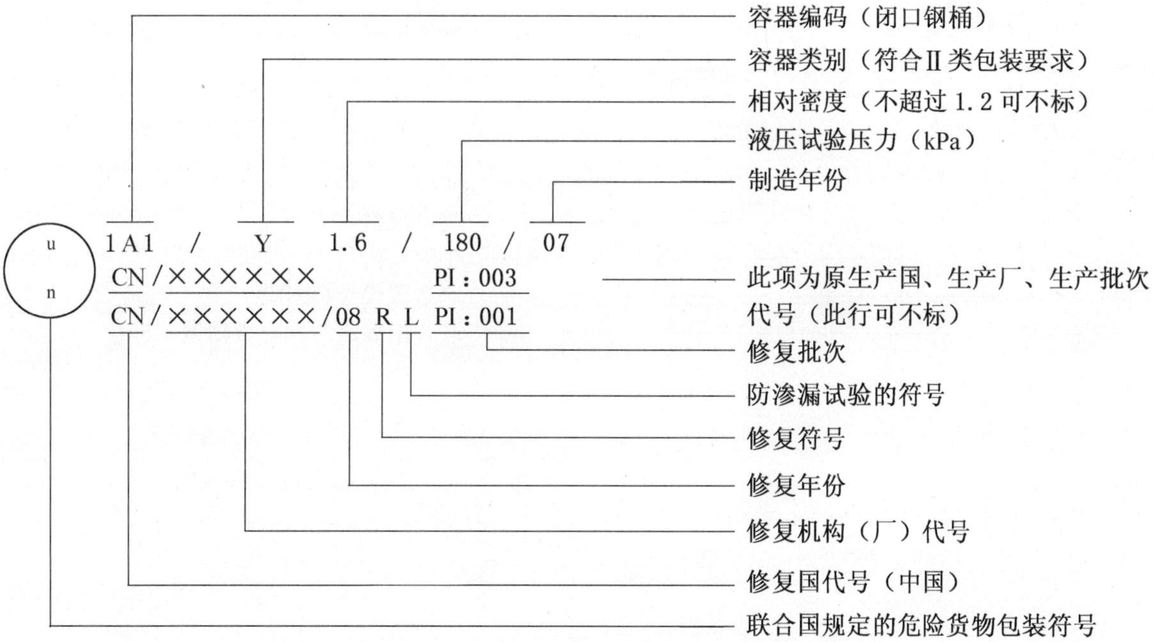

B.2.2 修复过的固体货物容器

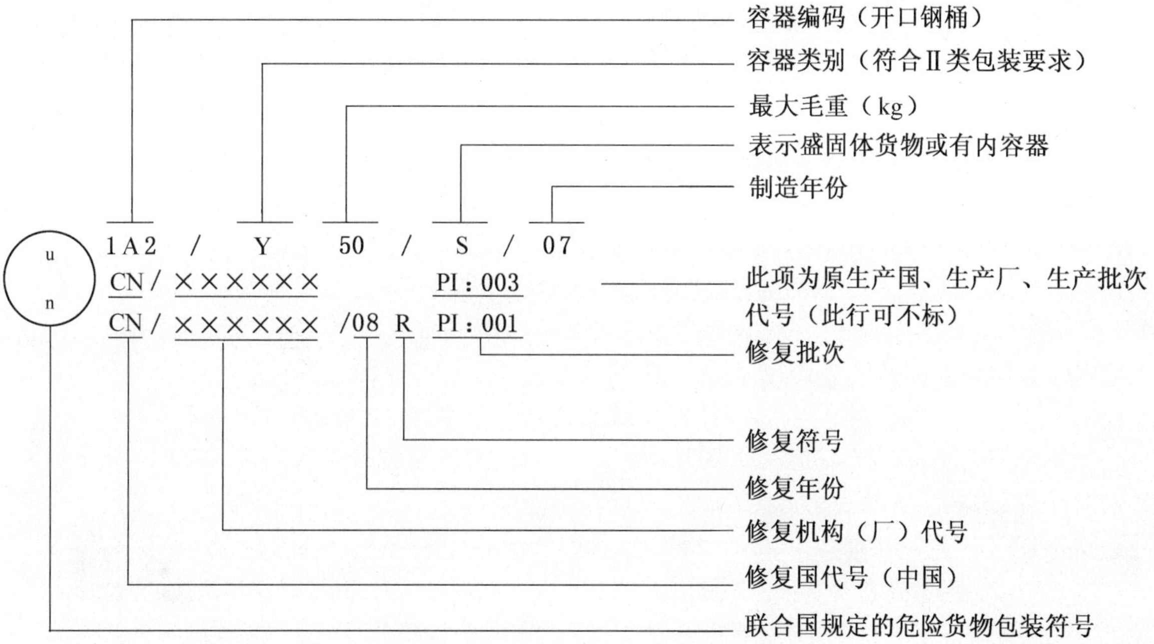

B.3 救助容器的标记示例

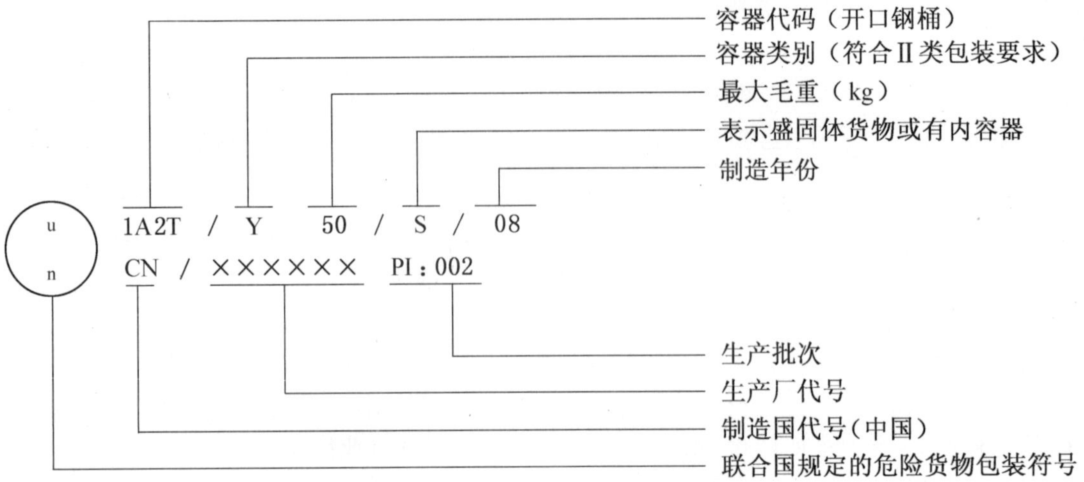

附　录　C
（资料性附录）
各区域代码

表 C.1　各区域代码

地区名称	代码	地区名称	代码	地区名称	代码
北京	1100	安徽	3400	海南	4600
天津	1200	福建	3500	四川	5100
河北	1300	厦门	3502	重庆	5102
山西	1400	江西	3600	贵州	5200
内蒙古	1500	山东	3700	云南	5300
辽宁	2100	河南	4100	西藏	5400
吉林	2200	湖北	4200	陕西	6100
黑龙江	2300	湖南	4300	甘肃	6200
上海	3100	广东	4400	青海	6300
江苏	3200	深圳	4403	宁夏	6400
浙江	3300	广西	4500	新疆	6500

附　录　D

（规范性附录）

各种常用公路运输危险货物包装容器应检验项目的要求

表 D.1　各种常用公路运输危险货物包装容器检验项目表

种类	编码	类别	应检验项目			
			跌落	气密	液压	堆码
钢桶	1A1 1A2	非活动盖 活动盖	+ +	+	+	+ +
铝桶	1B1 1B2	非活动盖 活动盖	+ +	+	+	+ +
金属桶(不含钢桶和铝桶)	1N1 1N2	非活动盖 活动盖	+ +	+	+	+ +
钢罐	3A1 3A2	非活动盖 活动盖	+ +	+	+	+ +
铝罐	3B1 3B2	非活动盖 活动盖	+ +	+	+	+ +
胶合板桶	1D		+			+
纤维板桶	1G		+			+
塑料桶和罐	1H1 1H2 3H1 3H2	桶，非活动盖 桶，活动盖 罐，非活动盖 罐，活动盖	+ + + +	+ +	+ +	+ + + +
天然木箱	4C1 4C2	普通的 箱壁防泄漏	+ +			+ +
胶合板箱	4D		+			+
再生木箱	4F		+			+
纤维箱	4G		+			+
塑料箱	4H1 4H2	发泡塑料箱 密实塑料箱	+ +			+ +
钢或铝箱	4A 4B	钢箱 铝箱	+ +			+ +
纺织袋	5L1 5L2 5L3	不带内衬或涂层 防泄漏 防水	+ + +			
塑料编织袋	5H1 5H2 5H3	不带内衬或涂层 防泄漏 防水	+ + +			

表 D.1（续）

种类	编码	类别	应检验项目			
			跌落	气密	液压	堆码
塑料膜袋	5H4		+			
纸袋	5M1	多层	+			
	5M2	多层、防水的	+			
复合包装（塑料材料）	6HA1	塑料贮器与外钢桶	+	+	+	+
	6HA2	塑料贮器与外钢板条箱或钢箱	+			+
	6HB1	塑料贮器与外铝桶	+	+	+	+
	6HB2	塑料贮器与外铝板箱或铝箱	+			+
	6HC	塑料贮器与外木板箱	+			+
	6HD1	塑料贮器与外胶合板桶	+	+	+	+
	6HD2	塑料贮器与外胶合板箱	+			+
	6HG1	塑料贮器与外纤维板桶	+	+	+	+
	6HG2	塑料贮器与外纤维板箱	+			+
	6HH1	塑料贮器与外塑料桶	+	+	+	+
	6HH2	塑料贮器与外硬塑料箱	+			+
复合包装（玻璃、陶瓷或粗陶瓷）	6PA1	贮器与外钢桶	+			
	6PA2	贮器与外钢板条箱或钢箱	+			
	6PB1	贮器与外铝桶	+			
	6PB2	贮器与外铝板条箱或铝箱	+			
	6PC	贮器与外木箱	+			
	6PD1	贮器与外胶合板桶	+			
	6PD2	贮器与外有盖柳条篮	+			
	6PG1	贮器与外纤维质桶	+			
	6PG2	贮器与外纤维板箱	+			
	6PH1	贮器与外泡沫塑料容器	+			
	6PH2	贮器与外硬塑料容器	+			
轻型标准金属包装容器	0A1	固定顶盖	+			+
	0A2	活动顶盖	+			+

注 1：表中“+”号表示应检测项目。

注 2：凡用于盛装液体的容器，均应进行气密试验和液压试验。

ICS 13.300;55.020
C 66

中华人民共和国国家标准

GB 19270—2009
代替 GB 19270.1—2003,GB 19270.2—2003,GB 19270.3—2003

水路运输危险货物包装检验安全规范

Safety code for inspection of packaging of dangerous goods transported by water

2009-06-21 发布 2010-05-01 实施

中华人民共和国国家质量监督检验检疫总局
中国国家标准化管理委员会 发布

前　言

本标准第5章、第6章、第7章和第8章为强制性的，其余条款为推荐性的。

本标准代替GB 19270.1—2003《水路运输危险货物包装检验安全规范　通则》、GB 19270.2—2003《水路运输危险货物包装检验安全规范　性能检验》和GB 19270.3—2003《水路运输危险货物包装检验安全规范　使用鉴定》。

本标准与GB 19270.1—2003、GB 19270.2—2003和GB 19270.3—2003相比主要变化如下：

——标准名称改为《水路运输危险货物包装检验安全规范》；

——删除了木琵琶桶的定义和相关规定；

——增加了"有限数量"的定义和相关规定；

——对堆码载荷的计算公式的注释做了修改(原版GB 19270.2—2003中的5.4.3，本版7.2.4.3)。

本标准的附录A和附录D为规范性附录，附录B和附录C为资料性附录。

本标准由全国危险化学品管理标准化技术委员会(SAC/TC 251)提出并归口。

本标准负责起草单位：江苏出入境检验检疫局。

本标准参加起草单位：中化化工标准化研究所、常州进出口工业及消费品安全检测中心。

本标准主要起草人：汤礼军、梅建、高翔、王晓兵、徐炎、汪蓉、唐建明、丁一迅。

本标准所代替标准的历次版本的发布情况为：

——GB 19270.1—2003；

——GB 19270.2—2003；

——GB 19270.3—2003。

水路运输危险货物包装检验安全规范

1 范围

本标准规定了水路运输危险货物包装(不包括军品)的分类、代码和标记、要求、性能检验和使用鉴定。

本标准适用于第4章中除第2类、第7类和第6类的6.2项以外的水路运输危险货物包装的检验。

本标准不适用于压力贮器、净重大于400 kg的包装件、容积超过450 L的包装件。

2 规范性引用文件

下列文件中的条款通过本标准的引用而成为本标准的条款。凡是注日期的引用文件,其随后所有的修改单(不包括勘误的内容)或修订版均不适用于本标准,然而,鼓励根据本标准达成协议的各方研究是否可使用这些文件的最新版本。凡是不注日期的引用文件,其最新版本适用于本标准。

GB/T 1540 纸和纸板吸水性的测定 可勃法

GB/T 2828.1 计数抽样检验程序 第1部分:按接收质量限(AQL)检索的逐批检验抽样计划

GB/T 4122.1 包装术语 第1部分:基础

GB/T 4857.3 包装 运输包装件基本试验 第3部分:静载荷堆码试验方法

GB/T 4857.5 包装 运输包装件 跌落试验方法

GB/T 17344 包装 包装容器 气密试验方法

联合国《关于危险货物运输的建议书 规章范本》(第15修订版)

《国际海运危险货物规则》(2006版)

3 术语和定义

GB/T 4122.1确立的以及下列术语和定义适用于本标准。

3.1

箱 box

由金属、木材、胶合板、再生木、纤维板、塑料或其他适当材料制做的完整矩形或多角形的容器。

3.2

圆桶(桶) drum

由金属、纤维板、塑料、胶合板或其他适当材料制成的两端为平面或凸面的圆柱形容器。

3.3

袋 bag

由纸张、塑料薄膜、纺织品、编织材料或其他适当材料制作的柔性容器。

3.4

罐 jerrican

横截面呈矩形或多角形的金属或塑料容器。

3.5

贮器 receptacle

用于装放和容纳物质或物品的封闭器具,包括封口装置。

3.6

容器 packaging

贮器和贮器为实现贮放作用所需要的其他部件或材料。

3.7

包装件 package

包装作业的完结产品，包括准备好供运输的容器和其内装物。

3.8

内容器 inner packaging

运输时需用外容器的容器。

3.9

内贮器 inner receptacle

需要有一个外容器才能起容器作用的容器。

3.10

外容器 outer packaging

复合或组合容器的外保护装置连同为容纳和保护内贮器或内容器所需要的吸收材料、衬垫和其他部件。

3.11

组合容器 combination packaging

为了运输目的而组合在一起的一组容器，由固定在一个外容器中的一个或多个内容器组成。

3.12

复合容器 composite packaging

由一个外容器和一个内贮器组成的容器，其构造使内贮器和外容器形成一个完整的容器。这种容器经装配后，便成为单一的完整装置，整个用于装料、贮存、运输和卸空。

3.13

集合包装 over pack

为了方便运输过程中的装卸和存放，将一个或多个包件装在一起以形成一个单元所用的包装物。

3.14

救助容器 salvage packaging

用于放置为了回收或处理损坏、有缺陷、渗漏或不符合规定的危险货物包装件，或者溢出或漏出的危险货物的特别容器。

3.15

封闭装置 closure

用于封住贮器开口的装置。

3.16

防撒漏的容器 sift proof packaging

所装的干物质，包括在运输中产生的细粒固体物质不向外撒漏的容器。

3.17

吸附性材料 absorbent material

特别能吸收和滞留液体的材料，内容器一旦发生破损、泄漏出来的液体能迅速被吸附滞留在该材料中。

3.18

不相容的 incompatible

描述危险货物，如果混合则易于引起危险热量或气体的放出或生成一种腐蚀性物质，或产生理化反应降低包装容器强度的现象。

3.19

牢固封口 securely closed

所装的干燥物质在正常搬运中不致漏出的封口。这是对任何封口的最低要求。

3.20

液密封口 water-tight

又称有效封口,是指不透液体的封口。

3.21

气密封口 hermetically sealed

不透蒸气的封口。

3.22

性能检验 performance inspection

模拟不同运输环境对容器进行的型式试验,以判定容器的构造和性能是否与设计型号一致及是否符合有关规定。

3.23

使用鉴定 use appraisal

容器盛装危险货物以后,对包装件进行鉴定,以判定容器使用是否符合有关规定。

3.24

联合国编号 UN number

由联合国危险货物运输专家委员会编制的4位阿拉伯数编号,用以识别一种物质或一类特定物质。

3.25

有限数量 limited quantities

又称限量,是指准许按照联合国《关于危险货物运输的建议书 规章范本》(第15修订版)和《国际海运危险货物规则》(2006版)第3.4章规定运输有关物质的每个内容器或物品所装的最大数量。

4 分类

4.1 危险货物分类

4.1.1 按危险货物具有的危险性或最主要的危险性分成9个类别。有些类别再分成项别。类别和项别的号码顺序并不是危险程度的顺序。

4.1.2 第1类:爆炸品

——1.1项:有整体爆炸危险的物质和物品;

——1.2项:有迸射危险但无整体爆炸危险的物质和物品;

——1.3项:有燃烧危险并有局部爆炸危险或局部迸射危险或这两种危险都有,但无整体爆炸危险的物质和物品;

——1.4项:不呈现重大危险的物质和物品;

——1.5项:有整体爆炸危险的非常不敏感物质;

——1.6项:无整体爆炸危险的极端不敏感物品。

4.1.3 第2类:气体

——2.1项:易燃气体;

——2.2项:非易燃无毒气体;

——2.3项:毒性气体。

4.1.4 第3类:易燃液体。

4.1.5 第4类:易燃固体;易于自燃的物质;遇水放出易燃气体的物质。

——4.1 项：易燃固体、自反应物质和固态退敏爆炸品；

——4.2 项：易于自燃的物质；

——4.3 项：遇水放出易燃气体的物质。

4.1.6 第 5 类：氧化性物质和有机过氧化物

——5.1 项：氧化性物质；

——5.2 项：有机过氧化物。

4.1.7 第 6 类：毒性物质和感染性物质

——6.1 项：毒性物质；

——6.2 项：感染性物质。

4.1.8 第 7 类：放射性物质。

4.1.9 第 8 类：腐蚀性物质。

4.1.10 第 9 类：杂类危险物质和物品。

4.2 危险货物包装分类

4.2.1 第 1 类、第 2 类、第 5 类的第 5.2 项、第 6 类的 6.2 项、第 7 类以及第 4 类的 4.1 项自反应物质以外的其他各类危险货物，按照他们具有的危险程度划分为三个包装类别：

Ⅰ类包装——显示高度危险性；

Ⅱ类包装——显示中等危险性；

Ⅲ类包装——显示轻度危险性。

注：通常Ⅰ类包装可盛装显示高度危险性、显示中等危险性和显示轻度危险性的危险货物，Ⅱ类包装可盛装显示中等危险性和显示轻度危险性的危险货物，Ⅲ类包装则只能盛装显示轻度危险性的危险货物。但有时应视具体盛装的危险货物特性而定，例如盛装液体物质应考虑其相对密度的不同。

4.2.2 在联合国《关于危险货物运输的建议书 规章范本》和《国际海运危险货物规则》的危险货物一览表中，列出了物质被划入的包装类别。

5 代码和标记

5.1 容器类型的代码

5.1.1 代码包括：

a) 阿拉伯数字，表示容器的种类，如桶、罐等，后接；

b) 大写拉丁字母，表示材料的性质，如钢、木等；

c) （必要时后接）阿拉伯数字，表示容器在其所属种类中的类别。

5.1.2 如果是复合容器，用两个大写拉丁字母依次写在代码的第二个位置中。第一个字母表示内贮器的材料，第二个字母表示外容器的材料。

5.1.3 如果是组合容器，只使用外容器的代码。

5.1.4 容器编码后面可加上字母“T”、“V”或“W”，字母“T”表示符合《国际海运危险货物规则》要求的救助容器；字母“V”表示符合 7.1.1.6 要求的特别容器；字母“W”表示容器类型虽与编码所表示的相同，而其制造的规格与附录 A 的规格不同，但根据《国际海运危险货物规则》的要求被认为是等效的。

5.1.5 下述数字用于表示容器的种类：

1——桶；

3——罐；

4——箱；

5——袋；

6——复合容器。

5.1.6 下述大写字母用于表示材料的种类：

A——钢(一切型号及表面处理的)；

B——铝；

C——天然木；

D——胶合板；

F——再生木；

G——纤维板；

H——塑料；

L——纺织品；

M——多层纸；

N——金属(钢或铝除外)；

P——玻璃、陶瓷或粗陶瓷。

5.1.7 各种常用包装容器的代码遵照附录A。

5.2 标记

5.2.1 标记用于表明带有该标记的容器已成功地通过第7章规定的试验，并符合附录A的要求，但标记并不一定能证明该容器可以用来盛装任何物质。

5.2.2 每一个容器应带有持久、易辨认、与容器相比位置合适、大小适当的明显标记。对于毛重超过30 kg的包装件，其标记和标记附件应贴在容器顶部或一侧，字母、数字和符号应不小于12 mm高。容量为30 L或30 kg或更少的容器上，其标记至少应为6 mm高。对于容量为5 L或5 kg或更少的容器，其标记的尺寸应大小合适。

标记应表示如下：

a) 联合国包装符号$\left(\begin{smallmatrix}u\\n\end{smallmatrix}\right)$。本符号仅用于证明容器符合联合国《关于危险货物运输的建议书 规章范本》第6.1章和《国际海运危险货物规则》第6.1章的有关规定，不应用于其他目的。对于模压金属容器，符号可用大写字母"UN"表示。

b) 根据5.1表示容器种类的代码，例如3H1。

c) 一个由两部分组成的编号：

  1) 一个字母表示设计型号已成功地通过试验的包装类别：

    X 表示Ⅰ类包装；

    Y 表示Ⅱ类包装；

    Z 表示Ⅲ类包装。

  2) 相对密度(四舍五入至第一位小数)，表示已按此相对密度对不带内容器的准备装液体的容器设计型号进行过试验；若相对密度不超过1.2，这一部分可省略。对准备盛装固体或装入内容器的容器而言，以kg表示的最大总质量。

d) 使用字母"S"表示容器拟用于运输固体或内容器，或使用精确到最近的10 kPa(即四舍五入至10 kPa)表示的试验压力来表示容器(组合容器除外)所顺利通过的液压试验。

e) 容器制造年份的最后两位数字。型号为1H1，1H2，3H1和3H2的塑料容器还应适当地标出制造月份；这可与标记的其余部分分开，在容器的空白处标出，最好的方法是：

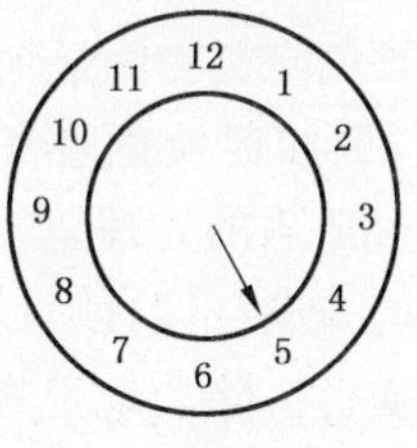

f） 标明生产国代号，中国的代号为大写英文字母 CN。

g） 容器制造厂的代号，该代号应体现该容器制造厂所在的行政区域，各区域代码参见附录 C。

h） 生产批次。

5.2.3 根据 5.2.2 对容器进行的标记示例参见附录 B。可单行或多行标示。

5.2.4 除了 5.2.2 中规定的耐久标记外，每一超过 100 L 的新金属桶，在其底部应有 5.2.2a) 至 e) 所述持久性标记，并至少表明桶身所用金属标称厚度（mm，精确到 0.1 mm）。如金属桶两个端部中有一个标称厚度小于桶身的标称厚度，那么顶端、桶身和底端的标称厚度应以永久性形式（例如压纹或印刷）在底部标明，例如"1.0-1.2-1.0"或"0.9-1.0-1.0"。

5.2.5 国家主管机关所批准的其他附加标记应保证 5.2.2 所要求的标记能正确识别。

5.2.6 改制的金属桶，如果没有改变容器型号和没有更换或拆掉组成结构部件，所要求的标记不必是永久性的（例如压纹）。每一其他改制的金属桶都应在顶端或侧面以永久性形式（例如压纹）标明 5.2.2a) 至 e) 中所述的标记。

5.2.7 用可不断重复使用的材料（例如不锈钢）制造的金属桶可以永久性形式（例如压纹）标明5.2.2f) 至 h) 中所述的标记。

5.2.8 作标记应按 5.2.2 所示的顺序进行；这些分段以及视情况 5.2.9a) 至 5.2.9c) 所要求的每一个标记组成部分应用斜线清楚地隔开，以便容易辨认。标注方法可参见附录 B。

5.2.9 容器修理后，应按下列顺序在容器上加以持久性的标记标明：

a） 进行修理的所在国；

b） 修理厂代号；

c） 修复年份；字母"R"；对按 7.2.2 通过了气密试验的每一个容器，另加字母"L"。

5.2.10 对于用联合国《关于危险货物运输的建议书　规章范本》和《国际海运危险货物规则》中第 1.2 章定义的"回收塑料"材料制造的容器应标有"REC"。

5.2.11 修理容器、救助容器的标记示例参见附录 B。

6 要求

6.1 一般要求

6.1.1 每一容器应按 5.2 标明持久性标记。对于有限数量（限量）运输的容器，其标记应符合联合国《关于危险货物运输的建议书　规章范本》（第 15 修订版）和《国际海运危险货物规则》（2006 版）第 3.4 章的规定。

6.1.2 水路运输危险货物容器应结构合理、防护性能好、符合联合国《关于危险货物运输的建议书　规章范本》和《国际海运危险货物规则》的规格规定。其设计模式、工艺、材质应适应水路运输危险货物的特性，适合积载，便于安全装卸和运输，能承受正常运输条件下的风险。

6.1.3 危险货物应装在质量良好的容器内，该容器应足够坚固，能承受得住运输过程中通常遇到的冲击和载荷，包括运输装置之间和运输装置与仓库之间的转载以及随后从托盘或集合包装上人工或机械的搬运。在准备运输时，容器的结构和封闭状况应能够在正常运输条件下防止由于震动及温度、湿度或压力变化（例如：由于纬度不同产生的）而引起的任何内装物的渗漏。在运输过程中不应有任何危险残余物粘附在容器外面。这些要求适用于新的、再次使用的、修整过的或改制的容器。

6.1.4 容器与危险货物直接接触的各个部位：

a） 不应受到危险货物的影响或强度被危险货物明显地减弱；

b） 不应在包装件内造成危险的效应，例如促使危险货物起反应或与危险货物起反应。必要时，这些部位应有适当的内涂层或经过适当的处理。

6.1.5 若容器内装的是液体，应留有足够的未满空间，以保证不会由于在运输过程中可能发生的温度变化造成的液体膨胀而使容器泄漏或永久变形。除非规定有具体要求，否则，液体不得在 55 ℃温度下装满容器。

6.1.6 内容器在外容器中的放置方式应做到在正常运输条件下，不会因内容器的破裂、戳穿或渗漏而使内装物进入外容器中。装运液体的内容器应封闭口朝上，并在包装件上标有明显的表示作业方向的标识。对于那些易于破裂或易被刺破的内容器，例如，用玻璃、陶瓷、粗陶瓷或某些塑料制成的内容器，应使用适当衬垫材料固定在外容器中。内装物的泄漏不应明显削弱衬垫材料或外容器的保护性能。

6.1.6.1 衬垫及吸收材料应是惰性的，并与内装物的性质相适应。

6.1.6.2 外容器材料的性能和厚度应保证运输过程中不会因摩擦而产生可能严重改变内装物的化学稳定性的热量。

6.1.7 危险货物同危险货物或其他货物相互之间发生危险反应并引起以下后果，则不应放置在同一个外容器或大型容器中：

a） 燃烧或放出大量的热；

b） 放出易燃、毒性或窒息性气体；

c） 产生腐蚀性物质；

d） 产生不稳定物质。

6.1.8 装有加湿或经稀释的物质的容器，其封闭装置应使液体（水、溶剂或减敏剂等）的百分率在运输过程中不会下降到规定的限度以下。

6.1.9 除非另有规定，否则盛装具有以下特性物质的包装件应满足气密封口的要求：

a） 产生易燃气体或蒸气；

b） 在干燥的情况下，可能有爆炸性；

c） 产生有毒性气体或蒸气；

d） 产生腐蚀性气体或蒸气；或

e） 可能与空气发生危险性反应。

6.1.10 装运液体的内容器应足以承受正常运输条件下可能产生的内压力。如果包装件中可能由于内装物释放气体（由于温度增加或其他原因）而产生压力时，可在容器上安装一个通气孔，但释放的气体不应因其毒性、易燃性和排放量而造成危险。对拟运输的容器，通气孔应设计成保证在正常的运输条件下防止液体的泄漏和外界物质的渗入。

6.1.11 所有新的、改制的、再次使用的容器应能通过第7章规定的试验。在装货和移交运输之前，应按照第8章对每个容器进行检查，确保无腐蚀，污染或其他破损。当容器显示出的强度与批准的设计型号比较有下降的迹象时，不应再使用，或应予以整修，使之能够通过设计型号试验。

6.1.12 液体应装入对正常运输条件下可能产生的内部压力具有适当承受力的容器。标有5.2.2d)规定的液压试验压力的容器，仅能装载有下述蒸气压力的液体：

a） 在55 ℃时，容器内的总表压（即装载物质的蒸气压加上空气或其他惰性气体的分压，减去100 kPa）不超过标记试验压力的三分之二；或

b） 在50 ℃时，小于标记试验压力加100 kPa之和的七分之四；或

c） 在55 ℃时，小于标记试验压力加100 kPa之和的三分之二。

6.1.13 拟装液体的每个容器，应在下列情况下成功地通过适当的气密（密封性）试验，并且能够达到第7章所规定的适当试验水平：

a） 在第一次用于运输之前；

b） 任何容器在改制或整理之后，再次用于运输之前。

注：在进行这项试验时，容器不必装有自己的封闭装置。如试验结果不会受到影响，复合容器的内贮器可在不用外容器的情况下进行试验。组合容器的内容器不需要进行此项试验。

6.1.14 在运输过程中可能遇到的温度下会变成液体的固体所用的容器也应具备装载液态物质的能力。

6.1.15 用于装粉末或颗粒状物质的容器，应防撒漏或配备衬里。

6.1.16 除非另有规定，第1类货物、4.1项自反应物质和5.2项有机过氧化物所使用的容器，应符合中等危险类别Ⅱ类包装的规定。

6.1.17 对于损坏、有缺陷、渗漏或不符合规定的危险货物包装件，或者溢出或漏出的危险货物，可以装在救助容器中运输。

6.1.17.1 应采取适当措施，防止损坏或渗漏的包件在救助容器内过分移动。当救助容器装有液体时，应添加足够的惰性吸收材料以消除游离液体的出现。

6.1.17.2 救助容器不得用作从物质或材料产地向外运输的包装。

6.1.17.3 应采取适当措施，确保没有造成危险的压力升高。

6.2 第1类危险货物的特殊包装要求

6.2.1 供运输的所有爆炸性物质和物品应已按照联合国《关于危险货物运输的建议书 规章范本》和《国际海运危险货物规则》所规定的程序加以分类。

6.2.2 第1类危险货物的容器应符合6.1的一般规定。

6.2.3 第1类危险货物的所有容器的设计和制造应达到以下要求：

a) 能够保护爆炸品，使它们在正常运输条件下，包括在可预见的温度、湿度和压力发生变化时，不会漏出，也不会增加无意引燃或引发的危险；
b) 完整的包装件在正常运输条件下可以安全地搬动；
c) 包件能够经受得住运输中可预见的堆叠加在它们之上的任何荷重，不会因此而增加爆炸品具有的危险性，容器的保护功能不会受到损害，容器变形的方式或程度不至于降低其强度或造成堆垛的不稳定。

6.2.4 第1类危险货物应按照《国际海运危险货物规则》的包装导则和规定进行包装。

6.2.5 容器应符合第7章的要求，并达到Ⅱ类包装试验要求，而且应遵守5.1.4和6.1.14的规定。可以使用符合Ⅰ类包装试验标准的金属容器以外的容器。为了避免不必要的限制，不得使用Ⅰ类包装的金属容器。

6.2.6 装液态爆炸品的容器的封闭装置应确保有双重防渗漏保护。

6.2.7 金属桶的封闭装置应包括适宜的垫圈；如果封闭装置包括螺纹，应防止爆炸性物质进入螺纹中。

6.2.8 可溶于水的物质的容器应是防水的。装运减敏或退敏物质的容器应封闭以防止浓度在运输过程中发生变化。

6.2.9 当包装件中包括在运输途中可能结冰的双层充水外壳这一装置时，应在水中加入足够的防冻剂以防结冰。不应使用由于其固有的易燃性而可能引起燃烧的防冻剂。

6.2.10 钉子、钩环和其他没有防护涂层的金属制造的封闭装置，不应穿入外容器内部，除非内容器能够防止爆炸品与金属接触。

6.2.11 内容器、连接件和衬垫材料以及爆炸性物质或物品在包装件内的放置方式应能使爆炸性物质或物品在正常运输条件下不会在外容器内散开。应防止物品的金属部件与金属容器接触。含有未用外壳封装的爆炸性物质的物品应互相隔开以防止摩擦和碰撞。可以使用衬垫、托盘、内容器或外容器中的隔板、模衬或贮器，达到这一目的。

6.2.12 制造容器的材料应与包装件所装的爆炸品相容，并且是该爆炸品不能透过的，以防爆炸品与容器材料之间的相互作用或渗漏造成爆炸品不能安全运输，或者造成危险项别或配装组的改变。

6.2.13 应防止爆炸性物质进入有接缝金属容器的凹处。

6.2.14 塑料容器不应容易产生或积累足够的静电，以致放电时可能造成包装件内的爆炸性物质或物品引爆、引燃或发生反应。

6.2.15 爆炸性物质不应装在由于热效应或其他效应引起的内部和外部压力差可能导致爆炸或造成包装件破裂的内容器或外容器。

6.2.16 如果松散的爆炸性物质或者无外壳或部分露出的爆炸性物质可能与金属容器(1A2、1B2、4A、4B和金属贮器)的内表面接触时,金属容器应有内衬或涂层。

6.2.17 内容器、附件、衬垫材料以及爆炸性物质在包装件内应牢固放置,以保证在运输过程中,不会导致危险性移动。

6.3 有机过氧化物(5.2项)和4.1项自反应物质的特殊包装要求

6.3.1 对于有机过氧化物,所有盛装贮器应为"有效封口"。如果包装件内可能因为释放气体而产生较大的内压,可以配备排气孔,但排放的气体不应造成危险,否则内装物的量应加以限制。任何排气装置的结构应使液体在包装件直立时不会漏出,并且应能防止杂质进入。如果有外容器,其设计应使它不会干扰排气装置的作用。

6.3.2 有机过氧化物和自反应物质的容器应符合第7章规定的Ⅱ类包装性能水平的要求,为了避免不必要的限制,不得使用Ⅰ类包装的金属容器。

6.3.3 有机过氧化物和自反应物质的包装方法应符合《国际海运危险货物规则》的有关要求。

6.4 各种容器的要求遵照附录A。

7 性能检验

7.1 试验规定

7.1.1 试验的施行和频率

7.1.1.1 每一容器在投入使用之前,其设计型号应成功地通过试验。容器的设计型号是由设计、规格、材料、材料厚度、制造和包装方式界定的,但可以包括各种表面处理。设计型号也包括仅在设计高度上比设计型号稍小的容器。

7.1.1.2 对生产的容器样品,应按主管当局规定的时间间隔重复进行试验。

7.1.1.3 容器的设计、材料或制造方式发生变化时也应再次进行试验。

7.1.1.4 与试验过的型号仅在小的方面不同的容器,如内容器尺寸较小或净重较小,以及外部尺寸稍许减小的桶、袋、箱等容器,主管当局可允许进行有选择的试验。

7.1.1.5 如组合容器的外容器用不同类型的内容器成功地通过了试验,则这些不同类型的内容器也可以合装在此外容器中。此外,如能保持相同的性能水平,下列内容器的变化形式可不必对包装件再作试验并准予使用:

a) 可使用尺寸相同或较小的内容器,条件是:
   ——内容器的设计与试验过的内容器相似(例如形状为圆形、长方形等);
   ——内容器的制造材料(玻璃、塑料、金属等)承受冲击力和堆码力的能力等于或大于原先试验过的内容器;
   ——内容器有相同或较小的开口,封闭装置设计相似(如螺旋帽、摩擦盖等);
   ——用足够多的额外衬垫材料填补空隙,防止内容器明显移动;
   ——内容器在外容器中放置的方向与试验过的包装件相同。

b) 如果用足够的衬垫材料填补空隙处防止内容器明显移动,则可用较少的试验过的内容器或7.1.1.5a)中所列的替代型号内容器。

7.1.1.6 在下列条件下,各种装载固体或液体的内容器或物品可以组装或运输,免除外容器试验:

a) 外容器在装有内装液体的易碎(如玻璃)内容器时,成功地通过按照7.2.1以Ⅰ类包装的跌落高度进行的试验;

b) 内容器质量的总和不得超过7.1.1.6a)中的跌落试验中内容器各总质量的一半;

c) 各内容器之间以及内容器与容器外部之间的衬垫材料厚度,不应低于原先试验的容器的相应厚度;如在原先试验中仅使用一个内容器,各内容器之间的衬垫厚度不应少于原先试验中容器

外部和内容器之间的衬垫厚度。如使用较少或较小的内容器(与跌落试验所用的内容器相比),应使用足够的附加衬垫材料填补空隙;

d) 外容器在空载时应成功地通过7.2.4的堆码试验。相同包装件的总质量应根据7.1.1.6a)中的跌落试验所用的内容器的合计质量确定;

e) 装液体的内容器周围应完全裹上吸收材料,其数量足以吸收内容器所装的全部液体;

f) 如果外容器要用于盛装液体的内容器,但不是防渗漏的,或者要用于盛装固体的内容器,但不是防撒漏的,则应通过使用防渗漏内衬、塑料袋或其他等效容器。对于装液体的容器,7.1.1.6e)中要求的吸收材料应放在留住液体内装物的装置内;

g) 容器应按照第5章作标记,表示已通过组合容器的Ⅰ类包装性能试验。所标的以kg计的毛质量(毛重),应为外容器质量和7.1.1.6a)中所述的跌落试验所用的内容器质量的一半之和。这一包装件标记也应包括5.1.4中所述的字母“V”。

7.1.1.7 因安全原因需要有的内层处理或涂层,应在进行试验后仍保持其保护性能。

7.1.1.8 若试验结果的正确性不会受影响,可对一个试样进行几项试验。

7.1.1.9 救助容器应根据拟用于运输固体或内容器的Ⅱ类包装容器所适用的规定进行试验和作标记,以下情况除外:

a) 进行试验时所用的试验物质应是水,容器中所装的水不得少于其最大容量的98%。允许使用添加物,如铅粒袋,以达到所要求的总包装件质量,只要它们放的位置不会影响试验结果。或者,在进行跌落试验时,跌落高度可按照7.2.1.4b)予以改变;

b) 此外,容器应已成功地经受30 kPa的气密试验,并且这一试验的结果反映在7.2.5所要求的试验报告中;和

c) 容器应标有5.1.4所述的字母“T”。

7.1.2 容器的试验准备

7.1.2.1 对准备好供运输的容器,其中包括组合容器所使用的内容器,应进行试验。就内贮器或单贮器或容器而言,所装入的液体不应低于其最大容量的98%,所装入的固体不得低于其最大容量的95%。就组合容器而言,如内容器将装运液体和固体,则需对液体和固体内装物分别作试验。将装入容器运输的物质或物品,可以其他物质或物品代替,除非这样做会使试验结果成为无效。就固体而言,当使用另一种物质代替时,该物质必须与待运物质具有相同的物理特性(质量、颗粒大小等)。允许使用添加物,如铅粒包,以达到要求的包装件总质量,只要它们放的位置不会影响试验结果。

7.1.2.2 对装液体的容器进行跌落试验时,如使用其他物质代替,该物质应有与待运物质相似的相对密度和黏度。水也可以用于进行7.2.1.4条件下的液体跌落试验。

7.1.2.3 纸和纤维板容器应在控制温度和相对湿度的环境下至少放置24 h。有以下三种办法,应选择其一。温度23 ℃±2 ℃和相对湿度(50%±2%)(r. h.)是最好的环境。另外两种办法是:温度20 ℃±2 ℃和相对湿度(65%±2%)(r. h.)或温度27 ℃±2 ℃和相对湿度(65%±2%)(r. h.)。

注:平均值应在这些限值内,短期波动和测量局限可能会使个别相对湿度量度有±5%的变化,但不会对试验结果的复验性有重大影响。

7.1.2.4 首次使用塑料桶(罐)、塑料复合容器及有涂、镀层的容器,在试验前需直接装入拟运危险货物贮存六个月以上进行相容性试验。在贮存期之后,再对样品进行7.2.1、7.2.2、7.2.3和7.2.4所列的适用试验。如果所装的物质可能使塑料桶或罐产生应力裂纹或弱化,则必须在装满该物质、或另一种已知对该种塑料至少具有同样严重应力裂纹作用的物质的样品上面放置一个荷重,此荷重相当于在运输过程中可能堆放在样品上的相同数量包件的总质量。堆垛包括试验样品在内的最小高度是3 m。

7.1.3 检验项目

各种常用水运危险货物包装容器应检验项目遵照附录D。

7.2 试验

7.2.1 跌落试验

7.2.1.1 试验样品数量和跌落方向

每种设计型号试验样品数量和跌落方向见表1。

除了平面着地的跌落之外，重心应位于撞击点的垂直上方。在特定的跌落试验可能有不止一个方向的情况下，应采用最薄弱部位进行试验。

7.2.1.2 跌落试验样品的特殊准备

以下容器进行试验时，应将试验样品及其内装物的温度降至－18 ℃或更低：

a） 塑料桶；

b） 塑料罐；

c） 泡沫塑料箱以外的塑料箱；

d） 复合容器(塑料材料)；

e） 带有塑料内容器的组合容器，准备盛装固体或物品的塑料袋除外。

按这种方式准备的试验样品，可免除7.1.2.3中的预处理。试验液体应保持液态，必要时可添加防冻剂。

表1 试验样品数量和跌落方向

容　器	试验样品数量	跌落方向
钢桶 铝桶 除钢桶或铝桶之外的金属桶 钢罐 铝罐 胶合板桶 纤维板桶 塑料桶和塑料罐 圆柱形复合容器	6个 （每次跌落用3个）	第一次跌落(用3个样品)：容器应以凸边斜着撞击在冲击板上。如果容器没有凸边，则撞击在周边接缝上或一棱边上。 第二次跌落(用另外3个样品)：容器应以第一次跌落未试验过的最弱部位撞击在冲击板上，例如封闭装置，或者某些圆柱形桶，则撞在桶身的纵向焊缝上。
天然木箱 胶合板箱 再生木箱 纤维板箱 塑料箱 钢或铝箱	5个 （每次跌落用1个）	第一次跌落：底部平跌 第二次跌落：顶部平跌 第三次跌落：长侧面平跌 第四次跌落：短侧面平跌 第五次跌落：角跌落
袋-单层有缝边	3个 （每袋跌落3次）	第一次跌落：宽面平跌 第二次跌落：窄面平跌 第三次跌落：端部跌落
袋-单层无缝边，或多层	3个 （每袋跌落2次）	第一次跌落：宽面平跌 第二次跌落：端部跌落

7.2.1.3 试验设备

符合GB/T 4857.5中试验设备的要求。冷冻室(箱)：能满足7.2.1.2要求；温、湿度室(箱)：能满足7.1.2.3要求。

7.2.1.4 跌落高度

对于固体和液体，如果试验是用待运的固体或液体或用具有基本上相同的物理性质的另一物质进行，跌落高度见表2。

表 2 跌落高度

单位为米

Ⅰ类包装	Ⅱ类包装	Ⅲ类包装
1.8	1.2	0.8

对于液体，如果试验是用水进行：

a) 如果待运物质的相对密度不超过 1.2，跌落高度见表 2；

b) 如果待运物质的相对密度超过 1.2，则跌落高度应根据拟运物质的相对密度(d)按表 3 计算(四舍五入至第一位小数)。

表 3 跌落高度与密度换算

单位为米

Ⅰ类包装	Ⅱ类包装	Ⅲ类包装
$d\times1.5$	$d\times1.0$	$d\times0.67$

7.2.1.5 **通过试验的准则**

a) 每一盛装液体的容器在内外压力达到平衡后，应无渗漏，有内涂(镀)层的容器，其内涂(镀)层还应完好无损。但是，对于组合容器的内容器、复合容器(玻璃、陶瓷或粗陶瓷)的内贮器，其压力可不达到平衡。

b) 盛装固体的容器进行跌落试验并以其上端面撞击冲击板，如果全部内装物仍留在内容器或内贮器(例如塑料袋)之中，即使封闭装置不再防撒漏，试验样品即通过试验。

c) 复合或组合容器或其外容器，不应出现可能影响运输安全的破损，也不应有内装物从内贮器或内容器中漏出。若有内涂(镀)层，其内涂(镀)层应完好无损。

d) 袋子的最外层或外容器，不应出现影响运输安全的破损。

e) 在撞击时封闭装置有少许排出物，但无进一步渗漏，仍认为容器合格。

f) 装第 1 类物质的容器不允许出现任何会使爆炸性物质或物品从外容器中撒漏破损。

7.2.2 **气密(密封性)试验**

7.2.2.1 **试验样品数量**

每种设计型号取 3 个试验样品。

7.2.2.2 **试验前试验样品的特殊准备**

将有通气孔的封闭装置以相似的无通气孔的封闭装置代替，或将通气孔堵死。

7.2.2.3 **试验设备**

按 GB/T 17344 的要求。

7.2.2.4 **试验方法和试验压力**

将容器包括其封闭装置箝制在水面下 5 min，同时施加内部空气压力，箝制方法不应影响试验结果。施加的空气压力(表压)见表 4。

表 4 气密试验压力

单位为千帕

Ⅰ类包装	Ⅱ类包装	Ⅲ类包装
不小于 30	不小于 20	不小于 20

其他至少有同等效力的方法也可以使用。

7.2.2.5 **通过试验的准则**

所有试样应无泄漏。

7.2.3 **液压(内压)试验**

7.2.3.1 **试验样品数量**

每种设计型号取 3 个试验样品。

7.2.3.2 **试验前容器的特殊准备**

将有通气孔的封闭装置用相似的无通气孔的封闭装置代替,或将通气孔堵死。

7.2.3.3 **试验设备**

液压危险货物包装试验机或达到相同效果的其他试验设备。

7.2.3.4 **试验方法和试验压力**

a) 金属容器和复合容器(玻璃、陶瓷或粗陶瓷)包括其封闭装置,应经受 5 min 的试验压力。塑料容器和复合容器(塑料)包括其封闭装置,应经受 30 min 的试验压力。这一压力就是 5.2.2d)所要求标记的压力。支撑容器的方式不应使试验结果无效。试验压力应连续地、均匀地施加;在整个试验期间保持恒定。所施加的液压(表压),按下述任何一个方法确定:

——不小于在 55 ℃时测定的容器中的总表压(所装液体的蒸气压加空气或其他惰性气体的分压,减去 100 kPa)乘以安全系数 1.5 的值;此总表压是根据 6.1.5 规定的最大充灌度和 15 ℃的灌装温度确定的;

——不小于待运液体在 50 ℃时的蒸气压的 1.75 倍减去 100 kPa,但最小试验压力为 100 kPa;

——不小于待运液体在 55 ℃时的蒸气压的 1.5 倍减去 100 kPa,但最小试验压力为 100 kPa。

拟装Ⅰ类包装液体的容器最小试验压力为 250 kPa。

b) 在无法获得待运液体的蒸气压时,可按表 5 的压力进行试验。

表 5 液压试验压力

单位为千帕

Ⅰ类包装	Ⅱ类包装	Ⅲ类包装
不小于 250	不小于 100	不小于 100

7.2.3.5 **通过试验的准则**

所有试样应无泄漏。

7.2.4 **堆码试验**

7.2.4.1 **试验样品数量**

每种设计型号取 3 个试验样品。

7.2.4.2 **试验设备**

按 GB/T 4857.3 的要求。

7.2.4.3 **试验方法和堆码载荷**

在试验样品的顶部表面施加一载荷,此载荷重量相当于运输时可能堆码在它上面的同样数量包装件的总重量。如果试验样品内装的液体的相对密度与待运液体的不同,则该载荷应按后者计算。包括试验样品在内的堆码高度不小于 3 m。试验时间为 24 h,但拟装液体的塑料桶、罐和复合容器(6HH1 和 6HH2),应在不低于 40 ℃的温度下经受 28 d 的堆码试验。

堆码载荷(P)按式(1)计算:

$$P=\left(\frac{H-h}{h}\right)\times m \quad \cdots\cdots(1)$$

式中:

P——加载的载荷,单位为千克(kg);

H——堆码高度(不小于 3 m),单位为米(m);

h——单个包装件高度,单位为米(m);

m——单个包装件毛质量(毛重),单位为千克(kg)。

7.2.4.4 **通过试验的准则**

试验样品不得泄漏。对复合或组合容器而言,不允许有所装的物质从内贮器或内容器中漏出。试验样品不允许有可能影响运输安全的损坏，或者可能降低其强度或造成包装件堆码不稳定的变形。在进行判定之前，塑料容器应冷却至环境温度。

7.2.5 **试验（检测）报告**

试验报告内容包括：

a) 试验机构的名称和地址；

b) 申请人的姓名和地址（如适用）；

c) 试验报告的特别标志；

d) 试验报告签发日期；

e) 容器制造厂；

f) 容器设计型号说明（例如尺寸、材料、封闭装置、厚度等），包括制造方法（例如吹塑法），并且可附上图样和/或照片；

g) 最大容量；

h) 试验内装物的特性，例如液体的黏度和相对密度，固体的粒径；

i) 试验说明和结果；

j) 试验报告应由授权签字人签字，写明姓名和身份。

7.3 **检验规则**

7.3.1 生产厂应保证所生产的水路运输危险货物包装应符合本标准规定，并由有关检验部门按本标准检验。

7.3.2 有下列情况之一时，应进行性能检验：

——新产品投产或老产品转产时；

——正式生产后，如结构、材料、工艺有较大改变，可能影响产品性能时；

——在正常生产时，每半年一次；

——产品长期停产后，恢复生产时；

——国家质检部门提出进行性能检验。

7.3.3 性能检验周期为1个月、3个月、6个月三个档次。每种新设计型号检验周期为3个月，连续三个检验周期合格，检验周期可升一档，若发生一次不合格，检验周期降一档。

7.3.4 在性能检验周期内可进行抽查检验，抽查的次数按检验周期1个月、3个月、6个月三个档次分别为一次、两次、三次，每次抽查的样品不应多于2件。

7.3.5 包装容器有效期是自容器生产之日起计算不超过12个月。超过有效期的包装容器需再次进行性能检验，容器有效期自检验完毕日期起计算不超过6个月。

7.3.6 对于再次使用的、修理过的或改制的容器有效期自检验完毕日期起计算不超过6个月。

7.3.7 对于7.3.1至7.3.3规定的检验，应按本标准的要求对每个制造厂的每个设计型号的容器逐项进行检验。若有一个试样未通过其中一项试验，则判定该项目不合格，只要有一项不合格则判定该设计型号容器不合格。

7.3.8 对检验不合格的容器，其制造厂生产的该设计型号的容器不允许用于盛装水路运输危险货物，除非再次检验合格。再次提交检验时，其严格度不变。

8 使用鉴定

8.1 鉴定要求

8.1.1 一般要求

8.1.1.1 包装件的外观

包装件上包装标记应符合6.1.1的要求，并在包装件上加贴（或印刷）符合联合国《关于危险货物运输的建议书　规章范本》等国际规章要求的危险品标志和标签。包装件外表应清洁，不允许有残留物、污染或渗漏。

8.1.1.2 使用单位选用的容器应与水路运输危险货物的性质相适应，其性能应符合第6章和第7章的规定。

8.1.1.3 容器的包装类别应等于或高于盛装的危险货物要求的包装类别。

8.1.1.4 在下列情况时应提供危险货物的分类、定级危险特性检验报告：

a) 首次生产的或未列明的；

b) 首次运输或出口的；

c) 有必要时(如申报的内容物与实际的内容物不相符等)。

8.1.1.5 首次使用的塑料容器或内涂(镀)层容器应提供六个月以上化学相容性试验合格的报告。

8.1.1.6 危险货物包装件单件净质量(净重)不得超过联合国《关于危险货物运输的建议书 规章范本》和《国际海运危险货物规则》规定的质量。

8.1.1.7 一般情况下，液体危险货物灌装至容器容积的98%以下。对于膨胀系数较大的液体货物，应根据其膨胀系数确定容器的预留容积。固体危险货物盛装至容器容积的95%以下。

8.1.1.8 采用液体或惰性气体保护危险货物时，该液体或惰性气体应能有效保证危险货物的安全。

8.1.1.9 危险货物不得撒漏在容器外表或外容器和内贮器之间。

8.1.2 特殊要求

8.1.2.1 桶、罐类容器的要求

a) 闭口桶、罐的大、小封闭器螺盖应紧密配合，并配以适当的密封圈。螺盖拧紧程度应达到密封要求。

b) 开口桶、罐应配以适当的密封圈，无论采用何种形式封口，均应达到紧箍、密封要求。扳手箍还需用销子锁住扳手。

8.1.2.2 箱类包装的要求

a) 木箱、纤维板箱用钉紧固时，应钉实，不得突出钉帽，穿透包装的钉尖必须盘倒。打包带紧箍箱体。

b) 瓦楞纸箱应完好无损，封口应平整牢固。打包带紧箍箱体。

8.1.2.3 袋类包装的要求

a) 外容器用缝线封口时，无内衬袋的外容器袋口应折叠30 mm以上，缝线的开始和结束应有5针以上回针，其缝针密度应保证内容物不撒漏且不降低袋口强度。有内衬袋的外容器袋缝针密度应保证牢固无内容物撒漏。

b) 内容器袋封口时，不论采用绳扎、粘合或其他型式的封口，应保证内容物无撒漏。

c) 绳扎封口时，排出袋内气体、袋口用绳紧绕二道，扎紧打结，再将袋口朝下折转、用绳紧绕二道，扎紧打结。如果是双层袋，则应按此法分层扎紧。

d) 粘合封口时，排出袋内气体、粘合牢固，不允许有孔隙存在。如果是双层袋，则应分层粘合。

8.1.2.4 组合容器的要求

a) 符合6.1.6和7.1.1.6f)要求。

b) 内容器盛装液体时，封口需符合液密封口的规定；如需气密封口的，需符合气密封口的规定。

8.2 抽样

8.2.1 检验批

以相同原材料、相同结构和相同工艺生产的包装件为一检验批，最大批量为10 000件。

8.2.2 抽样规则

按GB/T 2828.1正常检查一次抽样一般检查水平Ⅱ进行抽样。

8.2.3 抽样数量

抽样数量见表6。

表 6　抽样数量

单位为件

批 量 范 围	抽 样 数 量
1～8	2
9～15	3
16～25	5
26～50	8
51～90	13
91～150	20
151～280	32
281～500	50
501～1 200	80
1 201～3 200	125
3 201～10 000	200

8.3　鉴定项目

8.3.1　检查水路运输危险货物容器是否符合 8.1.1.1、8.1.1.3 和 8.1.1.9 的要求。

8.3.2　检查所选用容器是否与水路运输危险货物的性质相适应;是否有容器的性能检验合格报告。

8.3.3　对于 8.1.1.4 提到的水路运输危险货物包装,检查是否具有由国家质检部门或国家质检部门认可的检测机构出具的危险品的分类、定级危险特性检验报告。

8.3.4　检查水路运输危险货物净重是否符合 8.1.1.6 的要求。

8.3.5　检查盛装液体或固体的水路运输危险货物容器盛装容积是否符合 8.1.1.7 的要求。

8.3.6　抽取保护危险货物的液体或惰性气体样品进行分析,按各类危险货物相应的标准检验保护性液体或惰性气体是否符合 8.1.1.8 要求。

8.3.7　检查容器的封口(包括组合容器的内容器封口)、吸附材料是否符合第 6 章的相关规定。

8.3.8　检查危险货物和与之接触的容器、吸附材料、防震和衬垫材料、绳、线等容器附加材料是否发生化学反应,影响其使用性能。

8.3.9　检查桶、罐类容器是否符合 8.1.2.1 的要求。

8.3.10　检查箱类容器是否符合 8.1.2.2 的要求。

8.3.11　检查袋类容器是否符合 8.1.2.3 的要求。

8.3.12　检查组合容器是否符合 8.1.2.4 的要求。

8.4　鉴定规则

8.4.1　危险货物包装的使用企业应保证所使用的水运危险货物包装符合本标准规定,并由有关检验部门按本标准进行鉴定。危险货物的用户有权按本标准的规定,对接收的危险货物包装件提出验收检验。

8.4.2　水运危险货物包装件应逐批鉴定,以订货量为一批,但最大批量不得超过 8.2.1 规定的最大批量。

8.4.3　使用鉴定报告的有效期应自危险货物灌装之日计算,盛装第 8 类危险物质及带有腐蚀性副危险性物质的包装件的使用鉴定报告有效期不超过 6 个月,其他危险货物的包装使用鉴定有效期不超过 1 年,但此有效期不能超过性能检验报告的有效期。

8.4.4　判定规则:若有一项不合格,则该批水运危险货物包装件不合格。上述各项经鉴定合格后,出具使用鉴定报告。

8.4.5　不合格批处理:经返工整理或剔除不合格的包装件后,再次提交检验,其严格度不变。

8.4.6　对检验不合格的包装件,不允许提交水路运输。除非再次检验合格。

附 录 A
（规范性附录）
各种常用的包装容器代码、类别、要求及最大容量和净重的有关要求

表 A.1 给出了各种常用的包装容器代码、类别、要求及最大容量和净重的有关要求。

表 A.1 各种常用的包装容器代码、类别、要求及最大容量和净重的有关要求

种 类	代码	类 别	要 求	最大容量 L	最大净质量 （净重） kg
钢桶	1A1 1A2	非活动盖 活动盖	a) 桶身和桶盖应根据钢桶的容量和用途，使用型号适宜和厚度足够的钢板制造。 b) 拟用于装 40 L 以上液体的钢桶，桶身接缝应焊接。拟用于装固体或者装 40 L 以下液体的钢桶，桶身接缝可用机械方法结合或焊接。 c) 桶的凸边应用机械方法接合，或焊接。也可以使用分开的加强环。 d) 容量超过 60 L 的钢桶桶身，通常应该至少有两个扩张式滚箍，或者至少两个分开的滚箍。如使用分开式滚箍，则应在桶身上固定紧，不应移位。滚箍不应点焊。 e) 非活动盖(1A1)钢桶桶身或桶盖上用于装入、倒空和通风的开口，其直径不应超过 7 cm。开口更大的钢桶将视为活动盖(1A2)钢桶。桶身和桶盖的开口封闭装置的设计和安装应做到在正常运输条件下始终是紧固和不漏的。封闭装置凸缘应用机械方法或焊接方法恰当接合。除非封闭装置本身是防漏的，否则应使用密封垫或其他密封件。 f) 活动盖钢桶的封闭装置的设计和安装，应做到在正常的运输条件下该装置始终是紧固的，钢桶始终是不漏的。所有活动盖都应使用垫圈或其他密封件。 g) 如果桶身、桶盖、封闭装置和连接件所用的材料本身与装运的物质是不相容的，应施加适当的内保护涂层或处理。在正常运输条件下，这些涂层或处理层应始终保持其保护性能。	450	400
铝桶	1B1 1B2	非活动盖 活动盖	a) 桶身和桶盖应由纯度至少 99% 的铝，或以铝为基础的合金制成。应根据铝桶的容量和用途，使用适当型号和足够厚度的材料。 b) 所有接缝应是焊接的。凸边如果有接缝的话，应另外加加强环。 c) 容量大于 60 L 的铝桶桶身，通常应至少装有两个扩张式滚箍，或者两个分开式滚箍。如装有分开式滚箍时，应安装得很牢固，不应移动。滚箍不应点焊。 d) 非活动盖(1B1)铝桶的桶身或桶盖上用于装入、倒空和通风的开口，其直径不应超过 7 cm。开口更大的铝桶将视为活动盖(1B2)铝桶。桶身和桶盖的开口封闭装置的设计和安装应做到在正常运输条件下，它们始终是紧固和不漏的。封闭装置凸缘应焊接恰当，使接缝不漏。除非封闭装置本身是防漏的，否则应使用垫圈或其他密封件。 e) 活动盖铝桶的封闭装置的设计和安装，应做到在正常运输条件下始终是紧固和不漏的。所有活动盖都应使用垫圈或其他密封件。	450	400

表 A.1（续）

种　类	代码	类　别	要　　求	最大容量 L	最大净质量 （净重） kg
钢或铝以外的金属桶	1N1 1N2	非活动盖 活动盖	a) 桶身和桶盖应由钢和铝以外的金属或金属合金制成。应根据桶的容量和用途，使用适当型号和足够厚度的材料。 b) 凸边如果有接缝的话，应另外加加强环。所有接缝应是焊接的。 c) 容量大于 60 L 的金属桶桶身，通常应至少装有两个扩张式滚箍，或者两个分开式滚箍。如装有分开式滚箍时，应安装得很牢固，不应移动。滚箍不应点焊。 d) 非活动盖(1N1)金属桶的桶身或桶盖上用于装入、倒空和通风的开口，其直径不应超过 7 cm。开口更大的金属桶将视为活动盖(1N2)金属桶。桶身和桶盖的开口封闭装置的设计和安装应做到在正常运输条件下，它们始终是紧固和不漏的。封闭装置凸缘应焊接恰当，使接缝不漏。除非封闭装置本身是防漏的，否则应使用垫圈或其他密封件。 e) 活动盖金属桶的封闭装置的设计和安装，应做到在正常运输条件下始终是紧固和不漏的。所有活动盖都应使用垫圈或其他密封件。	450	400
钢罐	3A1 3A2	非活动盖 活动盖	a) 罐身和罐盖应用钢板、至少 99%纯的铝或铝合金制造。应根据罐的容量和用途，使用适当型号和足够厚度的材料。 b) 钢罐的凸边应用机械方法接合或焊接。用于容装 40 L以上液体的钢罐罐身接缝应焊接。用于容装小于或等于 40 L 的钢罐罐身接缝应使用机械方法接合或焊接。对于铝罐，所有接缝应焊接。凸边如果有接缝的话，应另加一条加强环。 c) 罐(3A1 和 3B1)的开口直径不应超过 7 cm。开口更大的罐将视为活动盖型号(3A2 和 3B2)。封闭装置的设计应做到在正常运输条件下始终是紧固和不漏的。除非封闭装置本身是防漏的，否则应使用密封垫或其他密封件。 d) 如果罐身、盖、封闭装置和连接件等所用的材料本身与装运的物质是不相容的，应施加适当的内保护涂层或处理。在正常运输条件下，这些涂层或处理层应始终保持其保护性能。	60	120
铝罐	3B1 3B2	非活动盖 活动盖			
胶合板桶	1D		a) 所用木料应彻底风干，达到商业要求的干燥程度，且没有任何有损于桶的使用效能的缺陷。若用胶合板以外的材料制造桶盖，其质量与胶合板应是相等同的。 b) 桶身至少应用两层胶合板，桶盖至少应用三层胶合板制成。各层胶合板，应按交叉纹理用抗水粘合剂牢固地粘在一起。 c) 桶身、桶盖及其连接部位应根据桶的容量和用途设计。 d) 为防止所装物质撒漏，应使用牛皮纸或其他具有同等效能的材料作桶盖衬里。衬里应紧扣在桶盖上并延伸到整个桶盖周围外。	250	400

表 A.1（续）

种　类	代码	类　别	要　　求	最大容量 L	最大净质量 （净重） kg
纤维板桶	1G		a) 桶身应由多层厚纸或纤维板牢固地胶合或层压在一起，可以有一层或多层由沥青、涂腊牛皮纸、金属薄片、塑料等构成的保护层。 b) 桶盖应由天然木、纤维板、金属、胶合板、塑料或其他适宜材料制成，可包括一层或多层由沥青、涂腊牛皮纸、金属薄片、塑料等构成的保护层。 c) 桶身、桶盖及其连接处的设计应与桶的容量和用途相适应。 d) 装配好的容器应由足够的防水性，在正常运输条件下不应出现剥层现象。	450	400
塑料桶和罐	1H1 1H2 3H1 3H2	桶，非活动盖 桶，活动盖 罐，非活动盖 罐，活动盖	a) 容器应使用适宜的塑料制造，其强度应与容器的容量和用途相适应。除了联合国《关于危险货物运输的建议书 规章范本》中第 1 章界定的回收塑料外，不应使用来自同一制造工序的生产剩料或重新磨合材料以外的用过材料。容器应对老化和由于所装物质或紫外线辐射引起的质量降低具有足够的抵抗能力。 b) 如果需要防紫外线辐射，应在材料内加入炭黑或其他合适的色素或抑制剂。这些添加剂应是与内装物相容的，并应在容器的整个使用期间保持其效能。当使用的炭黑、色素或抑制剂与制造试验过的设计型号所用的不同时，如炭黑含量(按质量)不超过 2%。或色素含量(按质量)不超过 3%，则可不再进行试验；紫外线辐射抑制剂的含量不限。 c) 除了防紫外线辐射的添加剂之外，可以在塑料成分中加入其他添加剂，如果这些添加剂对容器材料的化学和物理性质并无不良作用。在这种情况下，可免除再试验。 d) 容器各点的壁厚，应与其容量、用途以及各个点可能承受的压力相适应。 e) 对非活动盖的桶(1H1)和罐(3H1)而言，桶身(罐身)和桶盖(罐盖)上用于装入、倒空和通风的开口直径不应超过 7 cm。开口更大的桶和罐将视为活动盖型号的桶和罐(1H2 和 3H2)，桶(罐)身或桶(罐)盖上开口的封闭装置的设计和安装应做到在正常运输条件下始终是紧固和不漏的。除非封闭装置本身是防漏的，否则应使用垫圈或其密封件。 f) 设计和安装活动盖桶和罐的封闭装置，应做到在正常运输条件下该装置始终是紧固和不漏的。所有活动盖都应使用垫圈，除非桶或罐的设计是在活动盖夹得很紧时，桶或罐本身是防漏的。	450 450 60 60	400 400 120 120

表 A.1（续）

种 类	代码	类 别	要 求	最大容量 L	最大净质量（净重）kg
天然木箱	4C1 4C2	普通的箱壁 防撒漏	a) 所用木材应彻底风干，达到商业要求的干燥程度，并且没有会实质上降低箱子任何部位强度的缺陷。所用材料的强度和制造方法，应与箱子的容量和用途相适应。顶部和底部可用防水的再生木，如高压板、刨花板或其他合适材料制成。 b) 紧固件应耐得住正常运输条件下经受的振动。可能时应避免用横切面固定法。可能受力很大的接缝应用抱钉或环状钉或类似紧固件接合。 c) 箱 4C2：箱的每一部分应是一块板，或与一块板等效。用下面方法中的一个接合起来的板可视与一块板等效：林德曼(Linderman)连接、舌槽接合、搭接或槽舌接合、或者在每一个接合处至少用两个波纹金属扣件的对头连接。		400
胶合板箱	4D		所用的胶合板至少应为 3 层。胶合板应由彻底风干的旋制、切成或锯制的层板制成，符合商业要求的干燥程度，没有会实质上降低箱子强度的缺陷。所用材料的强度和制造方法应与箱子的容量和用途相适应。所有邻接各层，应用防水粘合剂胶合。其他适宜材料也可与胶合板一起用于制造箱子。应由角柱或端部钉牢或固定住箱子，或用同样适宜的紧固装置装配箱子。		400
再生木箱	4F		a) 箱壁应由防水的再生木制成，例如高压板、刨花板或其他适宜材料。所用材料的强度和制造方法应与箱子的容量和用途相适应。 b) 箱子的其他部位可用其他适宜材料制成。 c) 箱子应使用适当装置牢固地装配。		400
纤维板箱	4G		a) 应使用与箱子的容量和用途相适应、坚固优质的实心或双面波纹纤维板(单层或多层)。外表面的抗水性应是：当使用可勃(Cobb)法确定吸水性时，在 30 min 的试验期内，质量增加值不大于 155 g/m^2(参见 GB/T 1540)。纤维板应有适当的弯曲强度。纤维板应在切割、压折时无裂缝，并应开槽以便装配时不会裂开、表面破裂或者不应有的弯曲。波纹纤维板的槽部，应牢固的胶合在面板上。 b) 箱子的端部可以有一个木制框架，或全部是木材或其他适宜材料。可以用木板条或其他适宜材料加强。 c) 箱体上的接合处，应用胶带粘贴、搭接并胶住，或搭接并用金属卡钉钉牢。搭接处应由适当长度的重叠。 d) 用胶合或胶带粘贴方式进行封闭时，应使用防水胶合剂。 e) 箱子的设计应与所装物品十分相配。		400

表 A.1（续）

种　类	代码	类　别	要　　求	最大容量 L	最大净质量 （净重） kg
塑料箱	4H1 4H2	泡沫塑料箱 硬塑料箱	a）应根据箱的容量和用途，用足够强度的适宜塑料制造箱子。箱子应对老化和由于所装物质或紫外线辐射引起的质量降低具有足够的抵抗力。 b）泡沫塑料箱应包括由模制泡沫塑料制成的两个部分，一为箱底部分，有供放置内容器的模槽，另一为箱顶部分，它将盖在箱底上，并能彼此扣住。箱底和箱顶的设计应使内容器能刚刚好放入。内容器的封闭帽不得与箱顶的内面接触。 c）发货时，泡沫塑料箱应用具有足够抗拉强度的自粘胶带封闭，以防箱子打开。这种自粘胶带应能耐受风吹雨淋日晒，其粘合剂与箱子的泡沫塑料是相容的。可以使用至少同样有效的其他封闭装置。 d）硬塑料箱如果需要防护紫外线辐射，应在材料内添加炭黑或其他合适的色素或抑制剂。这些添加剂应是与内装物相容的，并在箱子的整个使用期限内保持效力。当使用的炭黑、色素或抑制剂与制造试验过的设计型号所使用的不同时，如炭黑含量（按质量）不超过2%，或色素含量（按质量）不超过3%，则可不再进行试验；紫外线辐射抑制剂的含量不限。 e）防紫外线辐射以外的其他添加剂，如果对箱子材料的物理或化学性质不会产生有害影响，可加入塑料成分中。在这种情况下，可免予再试验。 f）硬塑料箱的封闭装置应由具有足够强度的适当材料制成，其设计应使箱子不会意外打开。		60 400
钢或铝箱	4A 4B	钢箱 铝箱	a）金属的强度和箱子的构造，应与箱子的容量和用途相适应。 b）箱子应视需要用纤维板或毡片作内衬，或其他合适材料作的内衬或涂层。如果采用双层压折接合的金属衬，应采取措施防止内装物，特别是爆炸物，进入接缝的凹槽处。 c）封闭装置可以是任何合适类型，在正常运输条件下应始终是紧固的。		400
纺织袋	5L1 5L2 5L3	无内衬或涂层 防撒漏 防水	a）所用纺织品应是优质的。纺织品的强度和袋子的构造应与袋的容量和用途相适应。 b）防撒漏袋5L2：袋应能防止撒漏，例如，可采用下列方法： 1）用抗水粘合剂，如沥青、将纸粘贴在袋的内表面上；或 2）袋的内表面粘贴塑料薄膜；或 3）纸或塑料做的一层或多层衬里。 c）防水袋5L3：袋应具有防水性能以防止潮气进入，例如，可采用下列方法： 1）用防水纸（如涂腊牛皮纸、柏油纸或塑料涂层牛皮纸）做的分开的内衬里；或 2）袋的内表面粘贴塑料薄膜；或 3）塑料做的一层或多层内衬里。		50

表 A.1（续）

种　类	代码	类　别	要　　求	最大容量 L	最大净质量 （净重） kg
塑料 编织袋	5H1 5H2 5H3	无内衬或 涂层 防撒漏 防水	a）袋子应使用适宜的弹性塑料袋或塑料单丝编织而成。材料的强度和袋的构造应与袋的容量和用途相适应。 b）如果织品是平织的，袋子应用缝合或其他方法把袋底和一边缝合。如果是筒状织品，则袋应用缝合、编制或其他能达到同样强度的方法来闭合。 c）防撒漏袋5H2：袋应能防撒漏，例如可采用下列方法： 1）袋的内表面粘贴纸或塑料薄膜；或 2）用纸或塑料做的一层或多层分开的衬里。 d）防水袋5H3：袋应具有防水性能以防止潮气进入，例如，可采用下述方法： 1）用防水纸（例如，涂腊牛皮纸，双面柏油牛皮纸或塑料涂层牛皮纸）做的分开的内衬里；或 2）塑料薄膜粘贴在袋的内表面或外表面；或 3）一层或多层塑料内衬。		50
塑料膜袋	5H4		袋应用适宜塑料制成。材料的强度和袋的构造应与袋的容量和用途相适应。接缝和闭合处应能承受在正常运输条件下可能产生的压力和冲击。		50
纸袋	5M1 5M2	多层 多层，防水	a）袋应使用合适的牛皮纸或性能相同的纸制造，至少有三层，中间一层可以是用粘合剂贴在外层的网状布。纸的强度和袋的构造应与袋的容量和用途相适应。接缝和闭合处应防撒漏。 b）袋5M2：为防止进入潮气，应用下述方法使四层或四层以上的纸袋具有防水性：最外面两层中的一层作为防水层，或在最外面二层中间夹入一层用适当的保护性材料做的防水层。防水的三层纸袋，最外面一层应是防水层。当所装物质可能与潮气发生发应，或者是在潮湿条件下包装的，与内装物接触的一层应是防水层或隔水层，例如，双面柏油牛皮纸、塑料涂层牛皮纸、袋的内表面粘贴塑料薄膜、或一层或多层塑料内衬里。接缝和闭合处应是防水的。		50

表 A.1（续）

种类	代码	类别	要求	最大容量 L	最大净质量（净重） kg
复合容器（塑料材料）	6HA1	塑料贮器与外钢桶	a）内贮器： 1）塑料内贮器应适用附录 A 的有关要求。 2）塑料内贮器应完全合适地装在外容器内，外容器不应有可能擦伤塑料的凸出处。 b）外容器： 外容器的制造应符合附录 A 的有关要求。	250	400
	6HA2	塑料贮器与外钢板条箱或钢箱		60	75
	6HB1	塑料贮器与外铝桶		250	400
	6HB2	塑料贮器与外铝板箱或铝箱		60	75
	6HC	塑料贮器与外木板箱		60	75
	6HD1	塑料贮器与外胶合板桶		250	400
	6HD2	塑料贮器与外胶合板箱		60	75
	6HG1	塑料贮器与外纤维制桶		250	400
	6HG2	塑料贮器与外纤维制箱		60	75
	6HH1	塑料贮器与外塑料桶		250	400
	6HH2	塑料贮器与外硬塑料箱		60	75

表 A.1（续）

种　类	代码	类　别	要　　求	最大容量 L	最大净质量 （净重） kg
复合容器 （玻璃、陶瓷 或粗陶瓷）	6PA1	贮器与外钢桶	a）内贮器： 1）贮器应具有适宜的外形（圆柱形或梨形），材料应是优质的，没有可损害其强度的缺陷。整个贮器应有足够的壁厚。 2）贮器的封闭装置应使用带螺纹的塑料封闭装置、磨砂玻璃塞或是至少具有等同效果的封闭装置。封闭装置可能与贮器所装物质接触的部位，与所装物质应不起作用。应小心地安装好封闭装置，以确保不漏，并且适当紧固以防在运输过程中松脱。如果是需要排气的封闭装置，则封闭装置应符合 6.1.10 的规定。 3）应使用衬垫和/或吸收性材料将贮器牢牢地紧固在外容器中。 b）外容器： 1）贮器与外钢桶 6PA1：外容器的制造应符合附录 A 的有关要求。不过这类容器所需要的活动盖可以是帽形。 2）贮器与外钢板条箱或钢箱 6PA2：外容器的制造应符合附录 A 的有关要求。如系圆柱形贮器，外容器在直立时应高于贮器及其封闭装置。如果梨形贮器外面的板条箱也是梨形，则外容器应装有保护盖（帽）。 3）贮器与外铝桶 6PB1：外容器的制造应符合附录 A 的有关要求。 4）贮器与外铝板条箱或铝箱 6PB2：外容器的制造应符合附录 A 的有关要求。 5）贮器与外木箱 6PC：外容器的制造应符合附录 A 的有关要求。 6）贮器与外胶合板桶 6PD1：外容器的制造应符合附录 A 的有关要求。 7）贮器与外有盖柳条篮 6PD2：有盖柳条篮应由优质材料制成，并装有保护盖（帽）以防伤及贮器。 8）贮器与外纤维质桶 6PG1：外容器的制造应符合附录 A 的有关要求。 9）贮器与外纤维板箱 6PG2：外容器的制造应符合附录 A 的有关要求。 10）贮器与外泡沫塑料或硬塑料容器（6PH1 或 6PH2）：这两种外容器的材料都应符合附录 A 的有关要求。硬塑料容器应由高密度聚乙烯或其他类似塑料制成。不过这类容器的活动盖可以是帽形。	60	75
	6PA2	贮器与外钢板条箱或钢箱			
	6PB1	贮器与外铝桶			
	6PB2	贮器与外铝板条箱或铝箱			
	6PC	贮器与外木箱			
	6PD1	贮器与外胶合板桶			
	6PD2	贮器与外有盖柳条篮			
	6PG1	贮器与外纤维质桶			
	6PG2	贮器与外纤维板箱			
	6PH1	贮器与外泡沫塑料容器			
	6PH2	贮器与外硬塑料容器			
注：对于复合容器，最大容量和最大净质量（净重）是针对内贮器而言。					

附　录　B
（资料性附录）
新容器、修复容器和救助容器的标记示例

B.1　新容器的标记示例

B.1.1　盛装液体货物

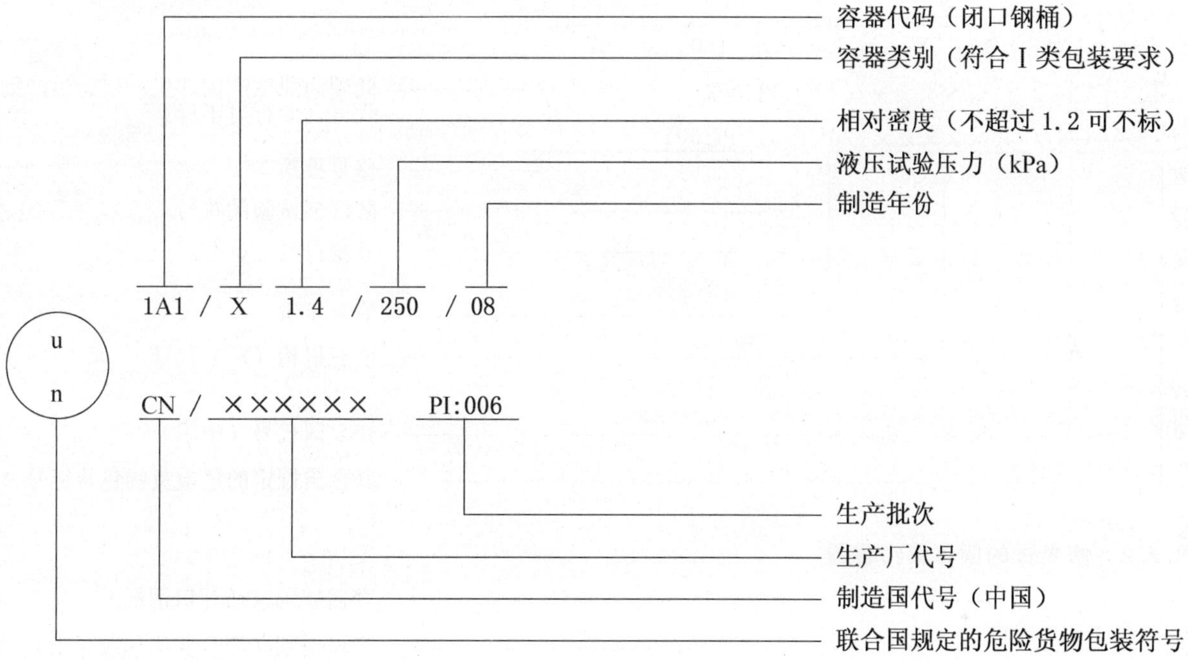

B.1.2　盛装固体物质

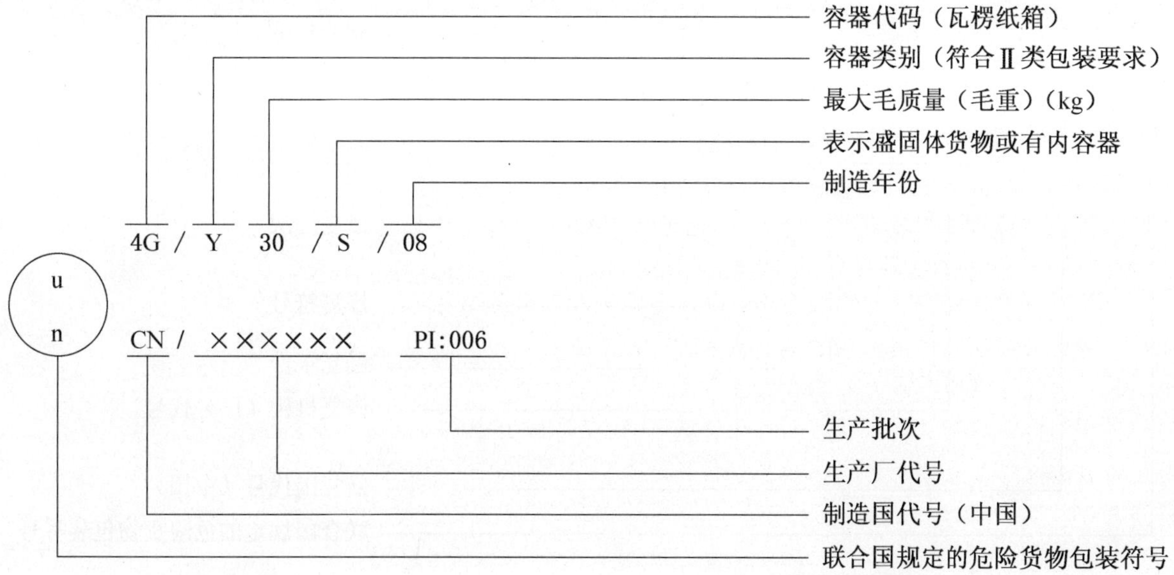

B.2 修复容器的标记示例

B.2.1 修复过的液体货物的容器(非塑料容器)

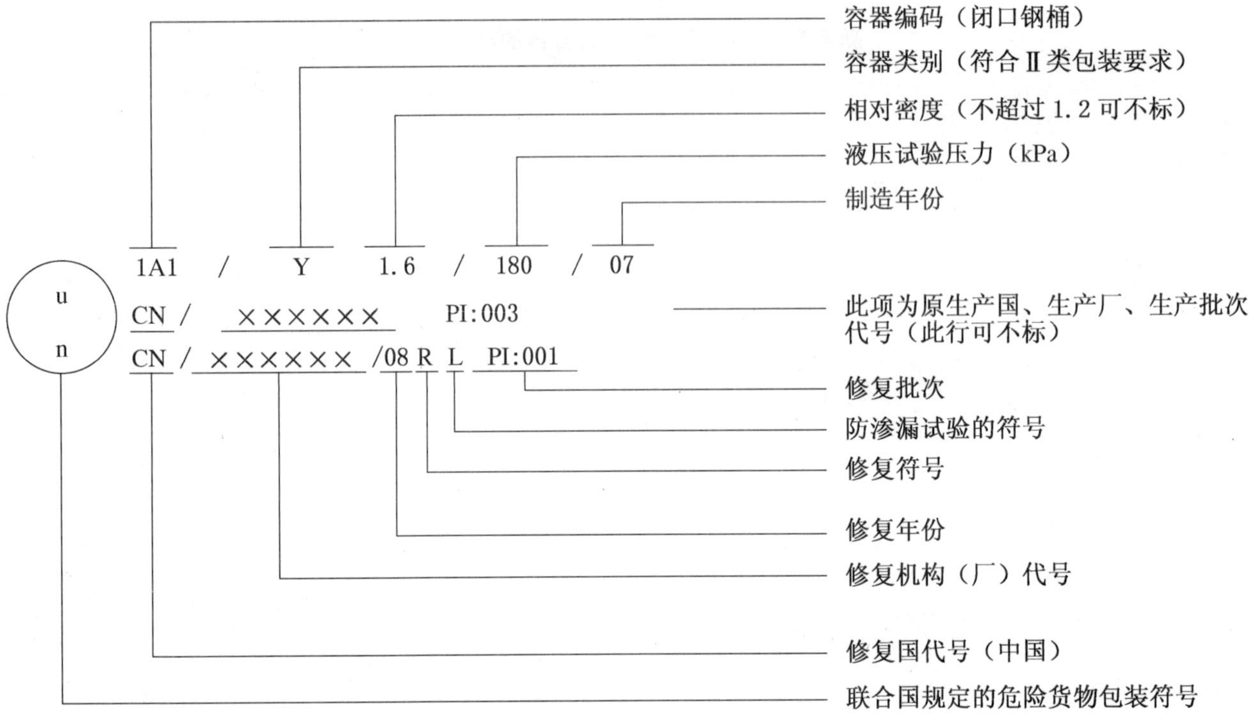

B.2.2 修复过的固体货物容器

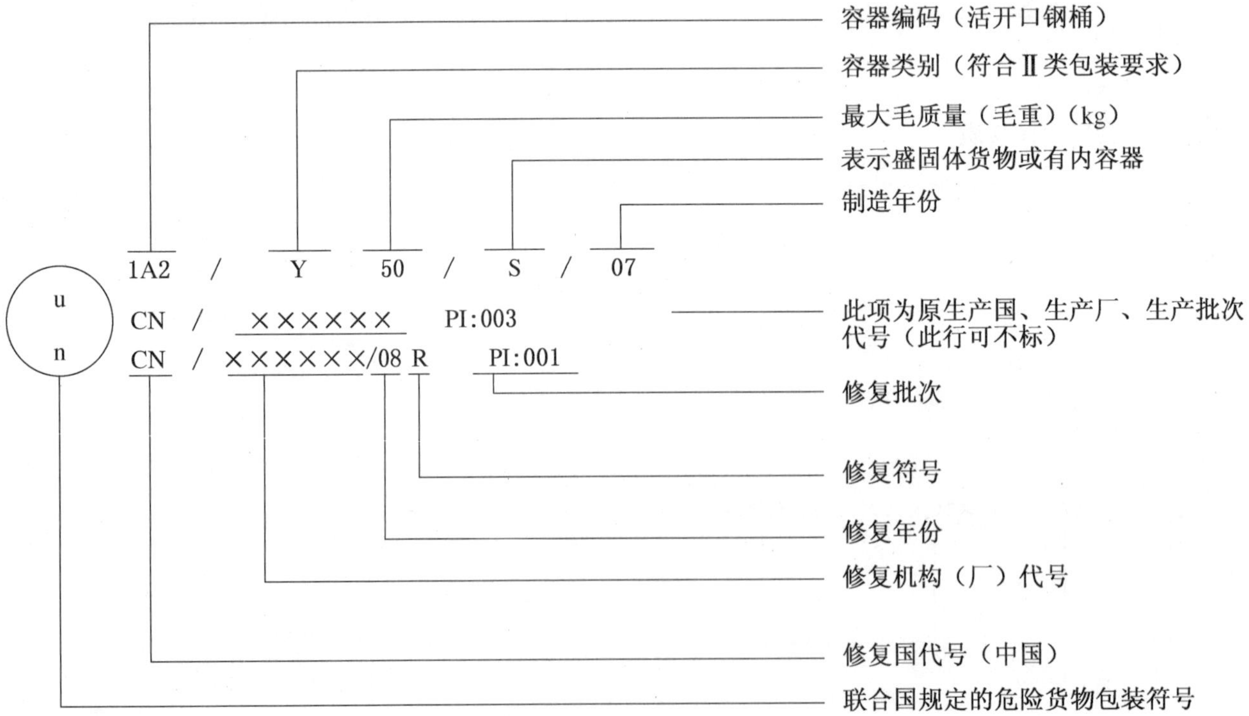

B.3 救助容器的标记示例

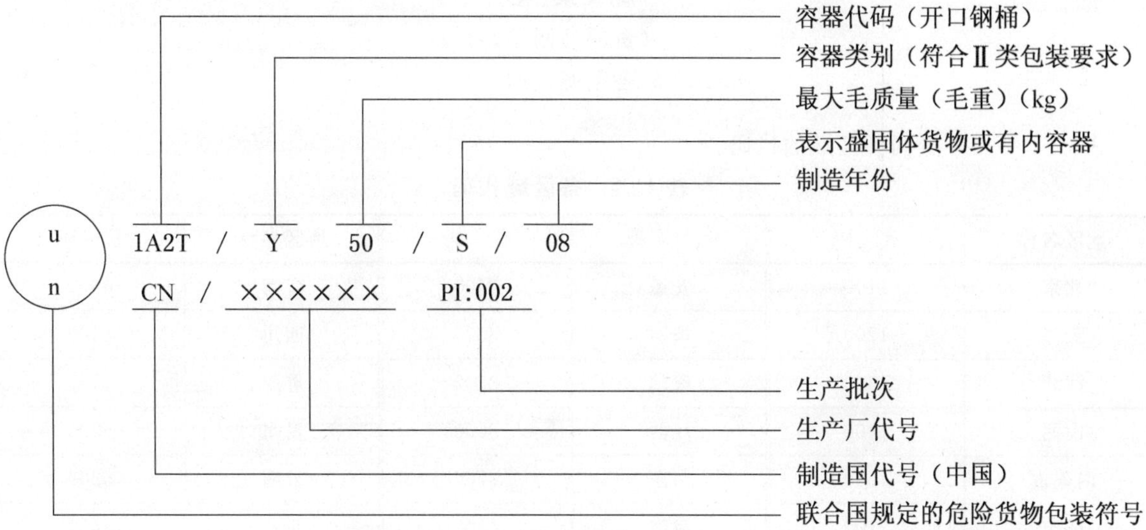

附 录 C
（资料性附录）
各区域代码

表 C.1 给出了全国各区域的代码。

表 C.1 各区域代码

地区名称	代 码	地区名称	代 码	地区名称	代 码
北京	1100	安徽	3400	海南	4600
天津	1200	福建	3500	四川	5100
河北	1300	厦门	3502	重庆	5102
山西	1400	江西	3600	贵州	5200
内蒙古	1500	山东	3700	云南	5300
辽宁	2100	河南	4100	西藏	5400
吉林	2200	湖北	4200	陕西	6100
黑龙江	2300	湖南	4300	甘肃	6200
上海	3100	广东	4400	青海	6300
江苏	3200	深圳	4403	宁夏	6400
浙江	3300	广西	4500	新疆	6500

附 录 D
（规范性附录）
各种常用水运危险货物包装容器应检验项目的要求

表D.1给出了各种常用水路运输危险货物包装容器应检验项目的要求。

表D.1 检验项目表

种 类	代码	类 别	应检验项目			
			跌落	气密	液压	堆码
钢桶	1A1	非活动盖	+	+	+	+
	1A2	活动盖	+			+
铝桶	1B1	非活动盖	+	+	+	+
	1B2	活动盖	+			+
金属桶(不含钢和铝)	1N1	非活动盖	+	+	+	+
	1N2	活动盖	+			+
钢罐	3A1	非活动盖	+	+	+	+
	3A2	活动盖	+			+
铝罐	3B1	非活动盖	+	+	+	+
	3B2	活动盖	+			+
胶合板桶	1D		+			+
纤维板桶	1G		+			+
塑料桶和罐	1H1	桶，非活动盖	+	+	+	+
	1H2	桶，活动盖	+			+
	3H1	罐，非活动盖	+	+	+	+
	3H2	罐，活动盖	+			+
天然木箱	4C1	普通的	+			+
	4C2	箱壁防撒漏	+			+
胶合板箱	4D		+			+
再生木箱	4F		+			+
纤维箱	4G		+			+
塑料箱	4H1	发泡塑料箱	+			+
	4H2	密实塑料箱	+			+
钢或铝箱	4A	钢箱	+			+
	4B	铝箱	+			+
纺织袋	5L1	不带内衬或涂层	+			
	5L2	防撒漏	+			
	5L3	防水	+			
塑料编织袋	5H1	不带内衬或涂层	+			
	5H2	防撒漏	+			
	5H3	防水	+			
塑料膜袋	5H4		+			
纸袋	5M1	多层	+			
	5M2	多层，防水的	+			

表 D.1（续）

种　类	代码	类　别	应检验项目			
			跌落	气密	液压	堆码
复合容器（塑料材料）	6HA1	塑料贮器与外钢桶	+	+	+	+
	6HA2	塑料贮器与外钢板条箱或钢箱	+			+
	6HB1	塑料贮器与外铝桶	+	+	+	+
	6HB2	塑料贮器与外铝板箱或铝箱	+			+
		塑料贮器与外木板箱				
	6HC	塑料贮器与外胶合板桶	+			+
	6HD1	塑料贮器与外胶合板箱	+	+	+	+
	6HD2	塑料贮器与外纤维板桶	+			+
	6HG1	塑料贮器与外纤维板箱	+	+	+	+
	6HG2	塑料贮器与外塑料桶	+			+
	6HH1	塑料贮器与外硬塑料箱	+	+	+	+
	6HH2		+			+
复合容器（玻璃、陶瓷或粗陶瓷）	6PA1	贮器与外钢桶	+			
	6PA2	贮器与外钢板条箱或钢箱	+			
		贮器与外铝桶				
	6PB1	贮器与外铝板条箱或铝箱	+			
	6PB2	贮器与外木箱	+			
		贮器与外胶合板桶				
	6PC	贮器与外有盖柳条篮	+			
	6PD1	贮器与外纤维质桶	+			
	6PD2	贮器与外纤维板箱	+			
	6PG1	贮器与外泡沫塑料容器	+			
	6PG2	贮器与外硬塑料容器	+			
	6PH1		+			
	6PH2		+			

注 1：表中“+”号表示应检测项目。

注 2：凡用于盛装液体的容器，均应进行气密试验和液压试验。

ICS 13.300
A 80

中华人民共和国国家标准

GB 19358—2003

黄磷包装安全规范　使用鉴定

Safety code for the packaging of yellow phosphorus—Use appraisal

2003-11-05 发布　　2004-06-01 实施

中华人民共和国
国家质量监督检验检疫总局　发布

前　言

本标准第 3 章、第 5 章、第 6 章为强制性的，其余为推荐性的。

本标准与联合国《关于危险货物运输的建议书　规章范本》(第 12 修订版)的一致性程度为非等效，其有关包装的技术内容与上述规章范本及规则完全一致，在标准文本格式上按 GB/T 1.1—2000 做了编辑性修改。

本标准由全国危险化学品管理标准化技术委员会(SAC/TC 251)提出并归口。

本标准负责起草单位：云南出入境检验检疫局。

本标准参加起草单位：江苏出入境检验检疫局、安徽出入境检验检疫局、山东出入境检验检疫局、北京出入境检验检疫局、江西出入境检验检疫局。

本标准主要起草人：段宇东、曹海涛、朱平、汤礼军、温劲松、张少岩、唐树田、李江淮。

本标准为首次制定。

黄磷包装安全规范　使用鉴定

1　范围

本标准规定了浸在水中的、400 kg 以下、采用气密封口的黄磷包装使用鉴定的要求、抽样、鉴定和鉴定规则。

本标准适用于黄磷包装的使用鉴定。

2　规范性引用文件

下列文件中的条款通过本标准的引用而成为本标准的条款。凡是注日期的引用文件，其随后所有的修改单（不包括勘误的内容）或修订版均不适用于本标准，然而，鼓励根据本标准达成协议的各方研究是否可使用这些文件的最新版本。凡是不注日期的引用文件，其最新版本适用于本标准。

GB/T 2828—1987　逐批检查记数抽样程序及抽样表（适用于连续批的检查）

联合国《关于危险货物运输的建议书　规章范本》（第 12 修订版）

3　要求

3.1　黄磷包装件上压纹、印刷或粘贴的标记、标志和标签应准确、清晰、牢固，符合联合国《关于危险货物运输的建议书　规章范本》的要求。

3.2　黄磷包装件外表应清洁，不允许有残留物、污染、锈蚀或渗漏。

3.3　黄磷生产企业所选用的黄磷包装须与黄磷的性质相适应，其性能应符合联合国《关于危险货物运输的建议书　规章范本》规定的Ⅰ类包装要求，其申请单、使用鉴定厂检验结果单、性能检验结果单应清楚一致、与实物相符。

3.4　灌装后的黄磷包装件不得堆叠、倾斜、倾倒，桶内黄磷完全凝固后方可封口。黄磷应以水进行保护，防止在贮运过程中与空气接触。包装件内水面与黄磷表面的最小距离不小于 50 mm。黄磷表面的最高处与最低处相差不大于 10 mm。覆盖水表面与黄磷包装件顶部内壁之间的预留空间应占黄磷包装容器总体积的 5%以上。

3.5　黄磷包装件的封闭器螺盖应紧密配合并配以适当的密封圈，螺盖拧紧程度应达到密封圈不损坏、桶内覆盖水不渗漏。

3.6　黄磷包装件的单件最大质量应小于其通过的包装容器性能检验最大允许质量（最大允许质量计算方法为黄磷包装容器的容积乘以盛装物的最大相对密度）。

4　抽样

4.1　检验批

以相同原材料、相同结构和相同工艺生产的包装件为一检验批，最大批量为 3 200 件。

4.2　抽样规则

按 GB/T 2828—1987 规定采用正常检查，一次抽样，一般检查水平Ⅱ进行抽样。

4.3　抽样数量

抽样数量见表 1。

表 1 抽样数量

批量范围	抽样数量(样本大小)
1～8	2
9～15	3
16～25	5
26～50	8
51～90	13
91～150	20
151～280	32
281～500	50
501～1 200	80
1 201～3 200	125

5 鉴定

5.1 目测检查黄磷包装件是否符合 3.1 和 3.2 的要求。

5.2 检查所选用的黄磷包装是否与黄磷的性质相适应，该黄磷包装是否通过了Ⅰ类包装性能检验，其申请单、使用鉴定厂检验结果单、性能检验结果单是否清楚一致，应与实物相符。

5.3 检查黄磷包装件封闭器是否配有密封圈，密封圈是否完好；在注入口处用标尺检查包装件内黄磷表面、覆盖水及预留空间是否符合 3.4 的要求。

5.4 将抽样包装件倾倒，封闭器分别被包装件内覆盖水完全浸没下，检查封闭器是否渗漏。

5.5 用最大量程为 500 kg 的台秤，称量前应校验合格，称量黄磷包装件毛重，检查该毛重是否低于该黄磷包装容器通过性能检验时的最大允许质量。

6 鉴定规则

6.1 黄磷生产企业应保证所使用的黄磷包装符合本标准规定，并由有关检验部分按本标准鉴定。黄磷的用户有权按本标准的规定，对接收黄磷包装件提出验收检验。

6.2 鉴定项目：按本标准第 3 章和第 5 章的要求逐项进行检验。

6.3 黄磷包装件应逐批检验，以订货量为一批，但最大批量不得超过 4.1 规定的最大批量。

6.4 使用鉴定报告的有效期应自黄磷灌装之日计算，有效期不超过一年，但此有效期不能超过性能检验报告的有效期。

6.5 判定规则：若每项有一个包装件不合格则判定该项不合格，若有一项不合格则判定该批包装件不合格。上述各项经鉴定合格后，出具使用鉴定报告。

6.6 不合格批处理：不合格批中的黄磷包装件经返工整理或剔除后，再次提交检验，其严格度不变。

ICS 13.300;55.020
C 66

中华人民共和国国家标准

GB 19359—2009
代替 GB 19359.1—2003,GB 19359.2—2003,GB 19359.3—2003

铁路运输危险货物包装检验安全规范

Safety code for inspection of packaging of dangerous goods transported by railway

2009-06-21 发布　　2010-05-01 实施

中华人民共和国国家质量监督检验检疫总局
中国国家标准化管理委员会　发布

前 言

本标准第5章、第6章、第7章和第8章为强制的，其余条款为推荐性的。

本标准代替了GB 19359.1—2003《铁路运输危险货物包装检验安全规范　通则》、GB 19359.2—2003《铁路运输危险货物包装检验安全规范　性能检验》和GB 19359.3—2003《铁路运输危险货物包装检验安全规范　使用鉴定》等三个标准。

本标准与原标准相比，修改了部分技术内容，使标准有关包装的技术内容与联合国《关于危险货物运输的建议书　规章范本》(第15修订版)一致。

本标准的附录A和附录D为规范性附录，附录B和附录C为资料性附录。

本标准由全国危险化学品管理标准化技术委员会(SAC/TC 251)提出并归口。

本标准负责起草单位：安徽出入境检验检疫局。

本标准参加起草单位：北京出入境检验检疫局。

本标准主要起草人：温劲松、季汝武、卞学东、唐树田、姚剑、高锋、孙政、王伟。

本标准所代替标准的历次版本的发布情况为：

——GB 19359.1—2003；

——GB 19359.2—2003；

——GB 19359.3—2003。

铁路运输危险货物包装检验安全规范

1 范围

本标准规定了铁路运输危险货物包装(不包括军品)的分类、代码和标记、要求、性能检验和使用鉴定。

本标准适用于第4章中除第2类、第6类的6.2项和第7类以外的铁路运输危险货物包装的检验。

本标准不适用于压力贮器、净重大于400 kg的包装件、容积超过450 L的包装件。

2 规范性引用文件

下列文件中的条款通过本标准的引用而成为本标准的条款。凡是注日期的引用文件,其随后所有的修改单(不包括勘误的内容)或修订版均不适用于本标准,然而,鼓励根据本标准达成协议的各方研究是否可使用这些文件的最新版本。凡是不注日期的引用文件,其最新版本适用于本标准。

GB/T 325 包装容器 钢桶

GB/T 1540 纸和纸板吸水性的测定 可勃法

GB/T 2828.1 计数抽样检验程序 第1部分:按接收质量限(AQL)检索的逐批检验抽样计划

GB/T 4122.1 包装术语 第1部分:基础

GB/T 4857.3 包装 运输包装件基本试验 第3部分:静载荷堆码试验方法

GB/T 4857.5 包装 运输包装件 跌落试验方法

GB/T 17344 包装 包装容器 气密试验方法

联合国《关于危险货物运输的建议书 规章范本》(第15修订版)

国际铁路危险货物运输规则(2005版)

3 术语和定义

GB/T 4122.1确立的以及下列术语和定义适用于本标准。

3.1

箱 box

由金属、木材、胶合板、再生木、纤维板、塑料或其他适当材料制做的完整矩形或多角形的容器。

3.2

圆桶(桶) drum

由金属、纤维板、塑料、胶合板或其他适当材料制成的两端为平面或凸面的圆柱形容器。

3.3

袋 bag

由纸张、塑料薄膜、纺织品、编织材料或其他适当材料制作的柔性容器。

3.4

罐 jerrican

横截面呈矩形或多角形的金属或塑料容器。

3.5

贮器 receptacle

用于装放和容纳物质或物品的封闭器具,包括封口装置。

3.6

容器　packaging

贮器和贮器为实现贮放作用所需要的其他部件或材料。

3.7

包装件　package

包装作业的完结产品，包括准备好供运输的容器和其内装物。

3.8

内容器　inner packaging

运输时需用外容器的容器。

3.9

内贮器　inner receptacle

需要有一个外容器才能起容器作用的容器。

3.10

外容器　outer packaging

是复合或组合容器的外保护装置连同为容纳和保护内贮器或内容器所需要的吸收材料、衬垫和其他部件。

3.11

组合容器　combination packaging

为了运输目的而组合在一起的一组容器，由固定在一个外容器中的一个或多个内容器组成。

3.12

复合容器　composite packaging

由一个外容器和一个内贮器组成的容器，其构造使内贮器和外容器形成一个完整的容器。这种容器经装配后，便成为单一的完整装置，整个用于装料、贮存、运输和卸空。

3.13

集合(外)包装　over pack

为了方便运输过程中的装卸和存放，将一个或多个包件装在一起以形成一个单元所用的包装物。

3.14

救助容器　salvage packaging

用于放置为了回收或处理损坏、有缺陷、渗漏或不符合规定的危险货物包装件，或者溢出或漏出的危险货物的特别容器。

3.15

封闭装置　closure

用于封住贮器开口的装置。

3.16

防撒漏的容器　sift proof packaging

所装的干物质，包括在运输中产生的细粒固体物质不向外撒漏的容器。

3.17

吸附性材料　absorbent material

特别能吸收和滞留液体的材料，内容器一旦发生破损、泄漏出来的液体能迅速被吸附滞留在该材料中。

3.18

不相容　incompatible

描述危险货物，如果混合则易于引起危险热量或气体的放出或生成一种腐蚀性物质，或产生理化反应降低包装容器强度的现象。

3.19

牢固封口 securely closed

所装的干燥物质在正常搬运中不致漏出的封口。这是对任何封口的最低要求。

3.20

液密封口 water-tight

又称有效封口,是指不透液体的封口。

3.21

气密封口 hermetically sealed

不透蒸气的封口。

3.22

性能检验 performance inspection

模拟不同运输环境对容器进行的型式试验,以判定容器的构造和性能是否与设计型号一致及是否符合有关规定。

3.23

使用鉴定 use appraisal

容器盛装危险货物以后,对包装件进行鉴定,以判定容器使用是否符合有关规定。

3.24

联合国编号 UN number

由联合国危险货物运输专家委员会编制的4位阿拉伯数编号,用以识别一种物质或一类特定物质。

4 分类

4.1 危险货物分类

4.1.1 按危险货物具有的危险性或最主要的危险性分成9个类别。有些类别再分成项别。类别和项别的号码顺序并不是危险程度的顺序。

4.1.2 第1类:爆炸品

——1.1项:有整体爆炸危险的物质和物品;

——1.2项:有迸射危险但无整体爆炸危险的物质和物品;

——1.3项:有燃烧危险并有局部爆炸危险或局部迸射危险或这两种危险都有,但无整体爆炸危险的物质和物品;

——1.4项:不呈现重大危险的物质和物品;

——1.5项:有整体爆炸危险的非常不敏感物质;

——1.6项:无整体爆炸危险的极端不敏感物品。

4.1.3 第2类:气体

——2.1项:易燃气体;

——2.2项:非易燃无毒气体;

——2.3项:毒性气体。

4.1.4 第3类:易燃液体。

4.1.5 第4类:易燃固体;易于自燃的物质;遇水放出易燃气体的物质

——4.1项:易燃固体、自反应物质和固态退敏爆炸品;

——4.2项:易于自燃的物质;

——4.3项:遇水放出易燃气体的物质。

4.1.6 第5类:氧化性物质和有机过氧化物

——5.1 项：氧化性物质；

——5.2 项：有机过氧化物。

4.1.7 第 6 类：毒性物质和感染性物质

——6.1 项：毒性物质；

——6.2 项：感染性物质。

4.1.8 第 7 类：放射性物质。

4.1.9 第 8 类：腐蚀性物质。

4.1.10 第 9 类：杂类危险物质和物品。

4.2 危险货物包装分类

4.2.1 第 1 类、第 2 类、第 5 类的第 5.2 项、第 6 类的 6.2 项、第 7 类以及第 4 类的 4.1 项自反应物质以外的其他各类危险货物，按照他们具有的危险程度划分为三个包装类别：

Ⅰ类包装——显示高度危险性；

Ⅱ类包装——显示中等危险性；

Ⅲ类包装——显示轻度危险性。

注：通常Ⅰ类包装可盛装显示高度危险性、显示中等危险性和显示轻度危险性的危险货物，Ⅱ类包装可盛装显示中等危险性和显示轻度危险性的危险货物，Ⅲ类包装则只能盛装显示轻度危险性的危险货物。但有时应视具体盛装的危险货物特性而定，例如盛装液体物质应考虑其相对密度的不同。

4.2.2 在联合国《关于危险货物运输的建议书 规章范本》和《国际铁路危险货物运输规则》的危险货物一览表中，列出了物质被划入的包装类别。

5 代码和标记

5.1 容器类型的代码

5.1.1 代码包括：

a) 阿拉伯数字，表示容器的种类，如桶、罐等，后接；

b) 大写拉丁字母，表示材料的性质，如钢、木等；

c) （必要时后接）阿拉伯数字，表示容器在其所属种类中的类别。

5.1.2 如果是复合容器，用两个大写拉丁字母依次写在代码的第二个位置中。第一个字母表示内贮器的材料，第二个字母表示外容器的材料。

5.1.3 如果是组合容器，只使用外容器的代码。

5.1.4 容器编码后面可加上字母“T”、“V”或“W”，字母“T”表示符合联合国《国际铁路危险货物运输规则》要求的救助容器；字母“V”表示符合 7.1.1.6 要求的特别容器；字母“W”表示容器类型虽与编码所表示的相同，而其制造的规格与附录 A 的规格不同，但根据《国际铁路运输危险货物规则》的要求被认为是等效的。

5.1.5 下述数字用于表示容器的种类：

1——桶；

3——罐；

4——箱；

5——袋；

6——复合容器。

5.1.6 下述大写字母用于表示材料的种类：

A——钢（一切型号及表面处理的）；

B——铝；

C——天然木；

D——胶合板；

F——再生木；

G——纤维板；

H——塑料；

L——纺织品；

M——多层纸；

N——金属(钢或铝除外)；

P——玻璃、陶瓷或粗陶瓷。

5.1.7 各种常用包装容器的代码遵照附录A。

5.2 标记

5.2.1 标记用于表明带有该标记的容器已成功地通过第7章规定的试验，并符合附录A的要求，但标记并不一定能证明该容器可以用来盛装任何物质。

5.2.2 每一个容器应带有持久、易辨认、与容器相比位置合适、大小适当的明显标记。对于毛重超过30 kg的包装件，其标记和标记附件应贴在容器顶部或一侧，字母、数字和符号应不小于12 mm高。容量为30 L或30 kg或更少的容器上，其标记至少应为6 mm高。对于容量为5 L或5 kg或更少的容器，其标记的尺寸应大小合适。

标记应表示如下：

a) 联合国包装符号$\binom{u}{n}$。本符号仅用于证明容器符合联合国《关于危险货物运输的建议书 规章范本》第6.1章和本标准第7章的有关规定，不应用于其他目的。对于压纹金属容器，符号可用大写字母“UN”表示。符合上述规定的容器，可以用符号“RID”代替$\binom{u}{n}$或“UN”标记。

b) 根据5.1表示容器种类的代码，例如3H1。

c) 一个由两部分组成的编号：

  1) 一个字母表示设计型号已成功地通过试验的包装类别：

     X 表示Ⅰ类包装；

     Y 表示Ⅱ类包装；

     Z 表示Ⅲ类包装。

  2) 相对密度(四舍五入至第一位小数)，表示已按此相对密度对不带内容器的准备装液体的容器设计型号进行过试验；若相对密度不超过1.2，这一部分可省略。对准备盛装固体或装入内容器的容器而言，以kg表示的最大总质量。

d) 或者用字母“S”表示容器拟用于运输固体或内容器，或者对拟装液体的容器(组合容器除外)而言，容器已证明能承受的液压试验压力，用kPa表示(即四舍五入至10 kPa)。

e) 容器制造年份的最后两位数字。型号为1H1，1H2，3H1和3H2的塑料容器还应适当地标出制造月份；这可与标记的其余部分分开，在容器的空白处标出，最好的方法是：

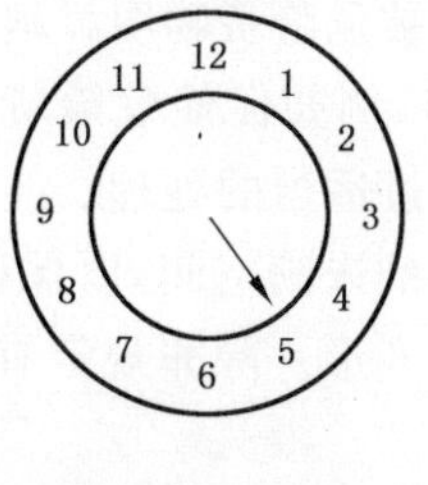

f) 标明生产国代号，中国的代号为大写英文字母CN。

g) 容器制造厂的代号，该代号应体现该容器制造厂所在的行政区域，各区域代码参见附录C。

h) 生产批次。

5.2.3 根据5.2.2对容器进行的标记示例参见附录B。可单行或多行标示。

5.2.4 除了5.2.2中规定的耐久标记外，每一超过100 L的新金属桶，在其底部应有5.2.2a)至e)所述持久性标记，并至少表明桶身所用金属标称厚度(mm，精确到0.1 mm)。如金属桶两个端部中有一个标称厚度小于桶身的标称厚度，那么顶端、桶身和底端的标称厚度应以永久性形式(例如压纹或印刷)在底部标明，例如“1.0-1.2-1.0”或“0.9-1.0-1.0”。

5.2.5 国家主管机关所批准的其他附加标记应保证5.2.2所要求的标记能正确识别。

5.2.6 改制的金属桶，如果没有改变容器型号和没有更换或拆掉组成结构部件，所要求的标记不必是永久性的(例如压纹)。每一其他改制的金属桶都应在顶端或侧面以永久性形式(例如压纹)标明5.2.2a)至e)中所述的标记。

5.2.7 用可不断重复使用的材料(例如不锈钢)制造的金属桶可以永久性形式(例如压纹)标明5.2.2f)至h)中所述的标记。

5.2.8 作标记应按5.2.2所示的顺序进行；这些分段以及视情况5.2.9 a)至5.2.9c)所要求的每一个标记组成部分应用斜线清楚地隔开，以便容易辨认。标注方法可参见附录B。

5.2.9 容器修理后，应按下列顺序在容器上加以持久性的标记标明：

a) 进行修理的所在国；

b) 修理厂代号；

c) 修复年份；字母“R”；对按7.2.2通过了气密试验的每一个容器，另加字母“L”。

5.2.10 对于用联合国《关于危险货物运输的建议书 规章范本》中第1.2章定义的“回收塑料”材料制造的容器应标有“REC”。

5.2.11 修理容器、救助容器的标记示例参见附录B。

5.2.12 不同材质的容器可参照附录B示例，在包装容器上印(压纹)标记。

6 要求

6.1 一般要求

6.1.1 每一容器上应按5.2标明持久性标记、标志。

6.1.2 铁路运输危险货物容器应结构合理、防护性能好、符合联合国《关于危险货物运输的建议书 规章范本》和《国际铁路运输危险货物规则》的规格规定。其设计模式、工艺、材质应适应铁路运输危险货物的特性，适合积载，便于安全装卸和运输，能承受正常运输条件下的风险。

6.1.3 危险货物应装在质量良好的容器内，该容器应足够坚固，能承受得住运输过程中通常遇到的冲击和载荷，包括运输装置之间和运输装置与仓库之间的转载以及搬离托盘或外包装供随后人工或机械操作。容器的结构和封闭状况应能够在正常运输条件下防止由于震动及温度、湿度或压力变化(例如海拔不同产生的)造成的任何内装物损失。在运输过程中不应有任何危险残余物粘附在容器外面。这些要求适用于新的、再次使用的、修整过的或改制的容器。

6.1.4 容器与危险货物直接接触的各个部位：

a) 不应受到危险货物的影响或强度被危险货物明显地减弱；

b) 不应在包装件内造成危险的效应，例如促使危险货物起反应或与危险货物起反应。必要时，这些部位应有适当的内涂层或经过适当的处理。

6.1.5 若容器内装的是液体，应留有足够的未满空间，以保证不会由于在运输过程中可能发生的温度变化造成的液体膨胀而使容器泄漏或永久变形。除非规定有具体要求，否则，液体不得在55 ℃温度下装满容器。

6.1.6 内容器在外容器中的放置方式，应做到在正常运输条件下，不会因内容器的破裂、戳穿或渗漏而使内装物进入外容器中。对于那些易于破裂或易被刺破的内容器，例如，用玻璃、陶瓷、粗陶瓷或某些塑料制成的内容器，应使用适当衬垫材料固定在外容器中。内装物的泄漏不应明显消弱衬垫材料或外容器的保护性能。

6.1.7 危险货物同危险货物或其他货物相互之间发生危险反应并引起以下后果，则不应放置在同一个外容器或大型容器中：

a) 燃烧或放出大量的热；

b) 放出易燃、毒性或窒息性气体；

c) 产生腐蚀性物质；

d) 产生不稳定物质。

6.1.8 装有潮湿或稀释物质的容器的其封闭装置应使液体(水、溶剂或减敏剂等)的百分率在运输过程中不会下降到规定的限度以下。

6.1.9 装运液体的内容器应足以承受正常运输条件下可能产生的内压力。如果包装件中可能由于内装物释放气体(由于温度增加或其他原因)而产生压力时，可在容器上安装一个通气孔，但释放的气体不应因其毒性、易燃性和排放量而造成危险。对拟运输的容器，通气孔应设计成保证在正常的运输条件下防止液体的泄漏和外界物质的渗入。

6.1.10 所有新的、改制的、再次使用的容器应能通过第7章规定的试验。在装货和移交运输之前，应按照第8章对每个容器进行检查，确保无腐蚀，污染或其他破损。当容器显示出的强度与批准的设计型号比较有下降的迹象时，不应再使用，或应予以整修，使之能够通过设计型号试验。

6.1.11 液体应装入对正常运输条件下可能产生的内部压力具有适当承受力的容器。标有5.2.2d)规定的液压试验压力的容器，仅能装载有下述蒸气压力的液体：

a) 在55 ℃时，容器内的总表压(即装载物质的蒸气压加上空气或其他惰性气体的分压，减去100 kPa)，不超过标记试验压力的三分之二；或

b) 在50 ℃时，小于标记试验压力加100 kPa之和的七分之四；或

c) 在55 ℃时，小于标记试验压力加100 kPa之和的三分之二。

6.1.12 拟装液体的每个容器，应在下列情况下成功地通过适当的气密(密封性)试验，并且能够达到第7章所规定的适当试验水平：

a) 在第一次用于运输之前；

b) 任何容器在改制或整理之后，再次用于运输之前。

在进行这项试验时，容器不必装有自己的封闭装置。如试验结果不会受到影响，复合容器的内贮器可在不用外容器的情况下进行试验。复合容器的内贮器可免于此项试验。

6.1.13 在运输过程中可能遇到的温度下会变成液体的固体所用的容器也应具备装载液态物质的能力。

6.1.14 用于装粉末或颗粒状物质的容器，应防筛漏或配备衬里。

6.1.15 除非另有规定，第1类货物、4.1项自反应物质和5.2项有机过氧化物所使用的容器，应符合中等危险类别Ⅱ类包装的规定。

6.1.16 对于损坏、有缺陷、渗漏或不符合规定的危险货物包装件，或者溢出或漏出的危险货物，可以装在救助容器中运输。

6.1.16.1 应采取适当措施，防止损坏或渗漏的包件在救助容器内过分移动。当救助容器装有液体时，应添加足够的惰性吸收材料以消除游离液体的出现。

6.1.16.2 救助容器不得用作从物质或材料产地向外运输的包装。

6.1.16.3 应采取适当措施，确保没有造成危险的压力升高。

6.2 第1类危险货物的特殊包装要求

6.2.1 供运输的所有爆炸性物质和物品应已按照联合国《关于危险货物运输的建议书 规章范本》和《国际铁路危险货物运输规则》所规定的程序加以分类。

6.2.2 第1类危险货物的容器应符合6.1的一般规定。

6.2.3 第1类危险货物的所有容器的设计和制造应达到以下要求：

a) 能够保护爆炸品，使它们在正常运输条件下，包括在可预见的温度、湿度和压力发生变化时，不会漏出，也不会增加无意引燃或引发的危险；

b) 完整的包装件在正常运输条件下可以安全地搬动；

c) 包件能够经受得住运输中可预见的堆叠加在它们之上的任何荷重，不会因此而增加爆炸品具有的危险性，容器的保护功能不会受到损害，容器变形的方式或程度不致于降低其强度或造成堆垛的不稳定。

6.2.4 第1类危险货物应按照《国际铁路危险货物运输规则》的规定包装。

6.2.5 容器应符合第7章的要求，并达到Ⅱ类包装试验要求，而且应遵守5.1.4和6.1.13的规定。可以使用符合Ⅰ类包装试验标准的金属容器以外的容器。为了避免不必要的限制，不得使用Ⅰ类包装的金属容器。

6.2.6 装液态爆炸品的容器的封闭装置应确保有双重防渗漏保护。

6.2.7 金属桶的封闭装置应包括适宜的垫圈；如果封闭装置包括螺纹，应防止爆炸性物质进入螺纹中。

6.2.8 可溶于水的物质的容器应是防水的。装运减敏或退敏物质的容器应封闭以防止浓度在运输过程中发生变化。

6.2.9 当包装件中包括在运输途中可能结冰的双层充水外壳这一装置时，应在水中加入足够的防冻剂以防结冰。不应使用由于其固有的易燃性而可能引起燃烧的防冻剂。

6.2.10 钉子、钩环和其他没有防护涂层的金属制造的封闭装置，不应穿入外容器内部，除非内容器能够防止爆炸品与金属接触。

6.2.11 内容器、连接件和衬垫材料以及爆炸性物质或物品在包装件内的放置方式应能使爆炸性物质或物品在正常运输条件下不会在外容器内散开。应防止物品的金属部件与金属容器接触。含有未用外壳封装的爆炸性物质的物品应互相隔开以防止摩擦和碰撞。可以使用衬垫、托盘、内容器或外容器中的隔板、模衬或贮器，达到这一目的。

6.2.12 制造容器的材料应与包装件所装的爆炸品相容，并且是该爆炸品不能透过的，以防爆炸品与容器材料之间的相互作用或渗漏造成爆炸品不能安全运输，或者造成危险项别或配装组的改变。

6.2.13 应防止爆炸性物质进入有接缝金属容器的凹处。

6.2.14 塑料容器不应容易产生或积累足够的静电，以致放电时可能造成包装件内的爆炸性物质或物品引爆、引燃或发生反应。

6.2.15 爆炸性物质不应装在由于热效应或其他效应引起的内部和外部压力差可能导致爆炸或造成包装件破裂的内容器或外容器。

6.2.16 如果松散的爆炸性物质或者无外壳或部分露出的爆炸性物质可能与金属容器(1A2、1B2、4A、4B和金属贮器)的内表面接触时，金属容器应有内衬或涂层。

6.2.17 内容器、附件、衬垫材料以及爆炸性物质在包装件内应牢固放置，以保证在运输过程中，不会导致危险性移动。

6.3 有机过氧化物(5.2项)和4.1项自反应物质的特殊包装要求

6.3.1 对于有机过氧化物，所有盛装贮器应为“有效封口”。如果包装件内可能因为释放气体而产生较大的内压，可以配备排气孔，但排放的气体不应造成危险，否则内装物的量应加以限制。任何排气装置的结构应使液体在包装件直立时不会漏出，并且应能防止杂质进入。如果有外容器，其设计应使它不会干扰排气装置的作用。

6.3.2 有机过氧化物和自反应物质的容器应符合第7章规定的Ⅱ类包装性能水平的要求，为了避免不必要的限制，不得使用Ⅰ类包装的金属容器。

6.3.3 有机过氧化物和自反应物质的包装方法应符合《国际铁路危险货物运输规则》的有关要求。

6.4 各种容器的要求遵照附录A。

7 性能检验

7.1 试验规定

7.1.1 试验的施行和频率

7.1.1.1 每一容器在投入使用之前，其设计型号应成功地通过试验。容器的设计型号是由设计、规格、材料、材料厚度、制造和包装方式界定的，但可以包括各种表面处理。设计型号也包括仅在设计高度上比设计型号稍小的容器。

7.1.1.2 对生产的容器样品，应按主管当局规定的时间间隔重复进行试验。

7.1.1.3 容器的设计、材料或制造方式发生变化时也应再次进行试验。

7.1.1.4 与试验过的型号仅在小的方面不同的容器，如内容器尺寸较小或净重较小，以及外部尺寸稍许减小的桶、袋、箱等容器，主管当局可允许进行有选择的试验。

7.1.1.5 如组合容器的外容器用不同类型的内容器成功地通过了试验，则这些不同类型的内容器也可以合装在此外容器中。此外，如能保持相同的性能水平，下列内容器的变化形式可不必对包装件再作试验并准予使用：

a) 可使用尺寸相同或较小的内容器，条件是：

——内容器的设计与试验过的内容器相似(例如形状为圆形、长方形等)；

——内容器的制造材料(玻璃、塑料、金属等)承受冲击力和堆码力的能力等于或大于原先试验过的内容器；

——内容器有相同或较小的开口，封闭装置设计相似(如螺旋帽、摩擦盖等)；

——用足够多的额外衬垫材料填补空隙，防止内容器明显移动；

——内容器在外容器中放置的方向与试验过的包装件相同。

b) 如果用足够的衬垫材料填补空隙处防止内容器明显移动，则可用较少的试验过的内容器或7.1.1.5a)中所列的替代型号内容器。

7.1.1.6 在下列条件下，各种装载固体或液体的内容器或物品可以组装或运输，免除外容器试验：

a) 外容器在装有内装液体的易碎(如玻璃)内容器时应成功地通过按照7.2.1以Ⅰ类包装的跌落高度进行的试验；

b) 内容器质量的总合不得超过7.1.1.6a)中的跌落试验中内容器各总质量的一半；

c) 各内容器之间以及内容器与容器外部之间的衬垫材料厚度，不应低于原先试验的容器的相应厚度；如在原先试验中仅使用一个内容器，各内容器之间的衬垫厚度不应少于原先试验中容器外部和内容器之间的衬垫厚度。如使用较少或较小的内容器(与跌落试验所用的内容器相比)，应使用足够的附加衬垫材料填补空隙；

d) 外容器在空载时应成功地通过7.2.4的堆码试验。相同包装件的总质量应根据7.1.1.6a)中的跌落试验所用的内容器的合计质量确定；

e) 装液体的内容器周围应完全裹上吸收材料，其数量足以吸收内容器所装的全部液体；

f) 如果外容器要用于盛装液体的内容器，但不是防渗漏的，或者要用于盛装固体的内容器，但不是防撒漏的，则应通过使用防渗漏内衬、塑料袋或其他等效容器。对于装液体的容器，7.1.1.6e)中要求的吸收材料应放在留住液体内装物的装置内；

g) 容器应按照第5章作标记，表示已通过组合容器的Ⅰ类包装性能试验。所标的以kg计的毛质量(毛重)，应为外容器质量和7.1.1.6a)中所述的跌落试验所用的内容器质量的一半之和。这一包装件标记也应包括5.1.4中所述的字母“V”。

7.1.1.7 因安全原因需要有的内层处理或涂层，应在进行试验后仍保持其保护性能。

7.1.1.8 若试验结果的正确性不会受影响，可对一个试样进行几项试验。

7.1.1.9 救助容器应根据拟用于运输固体或内容器的Ⅱ类包装容器所适用的规定进行试验和作标记，

以下情况除外：

a) 进行试验时所用的试验物质应是水，容器中所装的水不得少于其最大容量的98%。允许使用添加物，如铅粒袋，以达到所要求的总包装件质量，只要它们放的位置不会影响试验结果。或者，在进行跌落试验时，跌落高度可按照7.2.1.4b)予以改变；

b) 此外，容器应已成功地经受30 kPa的气密试验，并且这一试验的结果反映在7.2.5所要求的试验报告中；和

c) 容器应标有5.1.4所述的字母“T”。

7.1.2 容器的试验准备

7.1.2.1 对准备好供运输的容器，其中包括组合容器所使用的内容器，应进行试验。就内贮器或单贮器或容器而言，所装入的液体不应低于其最大容量的98%，所装入的固体不得低于其最大容量的95%。就组合容器而言，如内容器将装运液体和固体，则需对液体和固体内装物分别作试验。将装入容器运输的物质或物品，可以其他物质或物品代替，除非这样做会使试验结果成为无效。就固体而言，当使用另一种物质代替时，该物质必须与待运物质具有相同的物理特性(质量、颗粒大小等)。允许使用添加物，如铅粒包，以达到要求的包装件总质量，只要它们放的位置不会影响试验结果。

7.1.2.2 对装液体的容器进行跌落试验时，如使用其他物质代替，该物质应有与待运物质相似的相对密度和黏度。水也可以用于进行7.2.1.4条件下的液体跌落试验。

7.1.2.3 纸和纤维板容器应在控制温度和相对湿度的环境下至少放置24 h。有以下三种办法，应选择其一。温度23 ℃±2 ℃和相对湿度(50%±2%)(r. h.)是最好的环境。另外两种办法是：温度20 ℃±2 ℃和相对湿度(65%±2%)(r. h.)或温度27 ℃±2 ℃和相对湿度(65%±2%)(r. h.)。

注：平均值应在这些限值内，短期波动和测量局限可能会使个别相对湿度量度有±5%的变化，但不会对试验结果的复验性有重大影响。

7.1.2.4 首次使用塑料桶(罐)、塑料复合容器及有涂、镀层的容器，在试验前需直接装入拟运危险货物贮存六个月以上进行相容性试验。在贮存期之后，再对样品进行7.2.1、7.2.2、7.2.3和7.2.4所列的适用试验。如果所装的物质可能使塑料桶或罐产生应力裂纹或弱化，则必须在装满该物质、或另一种已知对该种塑料至少具有同样严重应力裂纹作用的物质的样品上面放置一个荷重，此荷重相当于在运输过程中可能堆放在样品上的相同数量包件的总质量。堆垛包括试验样品在内的最小高度是3 m。

7.1.3 检验项目

各种常用铁路运输危险货物包装容器应检验项目遵照附录D。

7.2 试验

7.2.1 跌落试验

7.2.1.1 试验样品数量和跌落方向

每种设计型号试验样品数量和跌落方向见表1。

除了平面着地的跌落之外，重心应位于撞击点的垂直上方。在特定的跌落试验可能有不止一个方向的情况下，应采用最薄弱部位进行试验。

7.2.1.2 跌落试验样品的特殊准备

以下容器进行试验时，应将试验样品及其内装物的温度降至−18 ℃或更低：

a) 塑料桶；

b) 塑料罐；

c) 泡沫塑料箱以外的塑料箱；

d) 复合容器(塑料材料)；

e) 带有塑料内容器的组合容器，准备盛装固体或物品的塑料袋除外。

按这种方式准备的试验样品，可免除 7.1.2.3 中的预处理。试验液体应保持液态，必要时可添加防冻剂。

表 1 试验样品数量和跌落方向

容　器	试验样品数量	跌　落　方　向
钢桶 铝桶 除钢桶或铝桶之外的金属桶 钢罐 铝罐 胶合板桶 纤维板桶 塑料桶和塑料罐 圆柱形复合容器	6 个 （每次跌落用 3 个）	第一次跌落(用 3 个样品)：容器应以凸边斜着撞击在冲击板上。如果容器没有凸边，则撞击在周边接缝上或一棱边上。 第二次跌落(用另外 3 个样品)：容器应以第一次跌落未试验过的最弱部位撞击在冲击板上，例如封闭装置，或者某些圆柱形桶，则撞在桶身的纵向焊缝上。
天然木箱 胶合板箱 再生木箱 纤维板箱 塑料箱 钢或铝箱	5 个 （每次跌落用 1 个）	第一次跌落：底部平跌 第二次跌落：顶部平跌 第三次跌落：长侧面平跌 第四次跌落：短侧面平跌 第五次跌落：角跌落
袋-单层有缝边	3 个 （每袋跌落 3 次）	第一次跌落：宽面平跌 第二次跌落：窄面平跌 第三次跌落：端部跌落
袋-单层无缝边，或多层	3 个 （每袋跌落 2 次）	第一次跌落：宽面平跌 第二次跌落：端部跌落

7.2.1.3 试验设备

符合 GB/T 4857.5 中试验设备的要求。冷冻室(箱)：能满足 7.2.1.2 要求；温、湿度室(箱)：能满足 7.1.2.3 要求。

7.2.1.4 跌落高度

对于固体和液体，如果试验是用待运的固体或液体或用具有基本上相同的物理性质的另一物质进行，跌落高度见表 2。

表 2 跌落高度

单位为米

Ⅰ类包装	Ⅱ类包装	Ⅲ类包装
1.8	1.2	0.8

对于液体，如果试验是用水进行：

a) 如果待运物质的相对密度不超过 1.2，跌落高度见表 2；

b) 如果待运物质的相对密度超过 1.2，则跌落高度应根据拟运物质的相对密度(d)按表 3 计算(四舍五入至第一位小数)。

表 3 跌落高度与密度换算

单位为米

Ⅰ类包装	Ⅱ类包装	Ⅲ类包装
$d\times1.5$	$d\times1.0$	$d\times0.67$

7.2.1.5 通过试验的准则

a) 每一盛装液体的容器在内外压力达到平衡后，应无渗漏，有内涂(镀)层的容器，其内涂(镀)层还应完好无损。但是,对于组合容器的内容器、复合容器(玻璃、陶瓷或粗陶瓷)的内贮器,其压力可不达到平衡。

b) 盛装固体的容器进行跌落试验并以其上端面撞击冲击板,如果全部内装物仍留在内容器或内贮器(例如塑料袋)之中,即使封闭装置不再防筛漏,试验样品即通过试验。

c) 复合或组合容器或其外容器,不应出现可能影响运输安全的破损,也不应有内装物从内贮器或内容器中漏出。若有内涂(镀)层,其内涂(镀)层应完好无损。

d) 袋子的最外层或外容器,不应出现影响运输安全的破损。

e) 在撞击时封闭装置有少许排出物,但无进一步渗漏,仍认为容器合格。

f) 装第1类物质的容器不允许出现任何会使爆炸性物质或物品从外容器中撒漏破损。

7.2.2 气密(密封性)试验

7.2.2.1 试验样品数量

每种设计型号取3个试验样品。

7.2.2.2 试验前试验样品的特殊准备

将有通气孔的封闭装置以相似的无通气孔的封闭装置代替,或将通气孔堵死。

7.2.2.3 试验设备

按GB/T 17344的要求。

7.2.2.4 试验方法和试验压力

将容器包括其封闭装置箝制在水面下5 min,同时施加内部空气压力,箝制方法不应影响试验结果。施加的空气压力(表压)见表4。

表4 气密试验压力

单位为千帕

Ⅰ类包装	Ⅱ类包装	Ⅲ类包装
不小于30	不小于20	不小于20

其他至少有同等效力的方法也可以使用。

7.2.2.5 通过试验的准则

所有试样应无泄漏。

7.2.3 液压(内压)试验

7.2.3.1 试验样品数量

每种设计型号取3个试验样品。

7.2.3.2 试验前容器的特殊准备

将有通气孔的封闭装置用相似的无通气孔的封闭装置代替,或将通气孔堵死。

7.2.3.3 试验设备

液压危险货物包装试验机或达到相同效果的其他试验设备。

7.2.3.4 试验方法和试验压力

a) 金属容器和复合容器(玻璃、陶瓷或粗陶瓷)包括其封闭装置,应经受5 min的试验压力。塑料容器和复合容器(塑料)包括其封闭装置,应经受30 min的试验压力。这一压力就是5.2.2d)所要求标记的压力。支撑容器的方式不应使试验结果无效。试验压力应连续地、均匀地施加;在整个试验期间保持恒定。所施加的液压(表压),按下述任何一个方法确定:

——不小于在55 ℃时测定的容器中的总表压(所装液体的蒸气压加空气或其他惰性气体的分压,减去100 kPa)乘以安全系数1.5的值;此总表压是根据6.1.5规定的最大充灌度和15 ℃的灌装温度确定的;

——不小于待运液体在50 ℃时的蒸气压的1.75倍减去100 kPa,但最小试验压力为100 kPa;

——不小于待运液体在55 ℃时的蒸气压的1.5倍减去100 kPa,但最小试验压力为100 kPa。拟装Ⅰ类包装液体的容器最小试验压力为250 kPa。

b) 在无法获得待运液体的蒸气压时,可按表5的压力进行试验。

表5 液压试验压力

单位为千帕

Ⅰ类包装	Ⅱ类包装	Ⅲ类包装
不小于250	不小于100	不小于100

7.2.3.5 通过试验的准则

所有试样应无泄漏。

7.2.4 堆码试验

7.2.4.1 试验样品数量

每种设计型号取3个试验样品。

7.2.4.2 试验设备

按GB/T 4857.3的要求。

7.2.4.3 试验方法和堆码载荷

在试验样品的顶部表面施加一载荷,此载荷重量相当于运输时可能堆码在它上面的同样数量包装件的总重量。如果试验样品内装的液体的相对密度与待运液体的不同,则该载荷应按后者计算。包括试验样品在内的不小于3 m。试验时间为24 h,但拟装液体的塑料桶、罐和复合容器(6HH1和6HH2),应在不低于40 ℃的温度下经受28 d的堆码试验。

堆码载荷(P)按式(1)计算:

$$P=\left(\frac{H-h}{h}\right)\times m \quad \cdots\cdots(1)$$

式中:

P——加载的载荷,单位为千克(kg);

H——堆码高度(不小于3 m),单位为米(m);

h——单个包装件高度,单位为米(m);

m——单个包装件毛质量(毛重),单位为千克(kg)。

7.2.4.4 通过试验的准则

试验样品不得泄漏。对复合或组合容器而言,不允许有所装的物质从内贮器或内容器中漏出。试验样品不允许有可能影响运输安全的损坏,或者可能降低其强度或造成包装件堆码不稳定的变形。在进行判定之前,塑料容器应冷却至环境温度。

7.2.5 试验(检测)报告

试验报告内容包括:

a) 试验机构的名称和地址;

b) 申请人的姓名和地址(如适用);

c) 试验报告的特别标志;

d) 试验报告签发日期;

e) 容器制造厂;

f) 容器设计型号说明(例如尺寸、材料、封闭装置、厚度等),包括制造方法(例如吹塑法),并且可附上图样和/或照片;

g) 最大容量;

h) 试验内装物的特性,例如液体的黏度和相对密度,固体的粒径;

i) 试验说明和结果;

j) 试验报告必须由授权签字人签字，写明姓名和身份。

7.3 检验规则

7.3.1 生产厂应保证所生产的水路运输危险货物包装应符合本标准规定，并由有关检验部门按本标准检验。

7.3.2 有下列情况之一时，应进行性能检验：

——新产品投产或老产品转产时；

——正式生产后，如结构、材料、工艺有较大改变，可能影响产品性能时；

——在正常生产时，每半年一次；

——产品长期停产后，恢复生产时；

——国家质检部门提出进行性能检验。

7.3.3 性能检验周期为1个月、3个月、6个月三个档次。每种新设计型号检验周期为3个月，连续三个检验周期合格，检验周期可升一档，若发生一次不合格，检验周期降一档。

7.3.4 在性能检验周期内可进行抽查检验，抽查的次数按检验周期1个月、3个月、6个月三个档次分别为一次、两次、三次，每次抽查的样品不应多于2件。

7.3.5 包装容器有效期是自容器生产之日起计算不超过12个月。超过有效期的包装容器需再次进行性能检验，容器有效期自检验完毕日期起计算不超过6个月。

7.3.6 对于再次使用的、修理过的或改制的容器有效期自检验完毕日期起计算不超过6个月。

7.3.7 对于7.3.1至7.3.3规定的检验，应按本标准的要求对每个制造厂的每个设计型号的容器逐项进行检验。若有一个试样未通过其中一项试验，则判定该项目不合格，只要有一项不合格则判定该设计型号容器不合格。

7.3.8 对检验不合格的容器，其制造厂生产的该设计型号的容器不允许用于盛装水路运输危险货物，除非再次检验合格。再次提交检验时，其严格度不变。

8 使用鉴定

8.1 鉴定要求

8.1.1 一般要求

8.1.1.1 包装件的外观

包装件上包装标记应符合6.1.1的要求，并在包装件上加贴(或印刷)符合联合国《关于危险货物运输的建议书 规章范本》等国际规章要求的危险品标志和标签。包装件外表应清洁，不允许有残留物、污染或渗漏。

8.1.1.2 使用单位选用的容器须与铁路运输危险货物的性质相适应，其性能应符合第6章和第7章的规定。

8.1.1.3 容器的包装类别应等于或高于盛装的危险货物要求的包装类别。

8.1.1.4 在下列情况时应提供危险货物的分类、定级危险特性检验报告：

a) 首次生产的或未列明的；

b) 首次运输或出口的；

c) 有必要时(如申报的内容物与实际的内容物不相符等)。

8.1.1.5 首次使用的塑料容器或内涂(镀)层容器应提供六个月以上化学相容性试验合格的报告。

8.1.1.6 危险货物包装件单件净质量(净重)不得超过联合国《关于危险货物运输的建议书 规章范本》和《国际铁路危险货物运输规则》规定的质量。

8.1.1.7 一般情况下，液体危险货物灌装至容器容积的98%以下。对于膨胀系数较大的液体货物，应根据其膨胀系数确定容器的预留容积。固体危险货物盛装至容器容积的95%以下。

8.1.1.8 采用液体或惰性气体保护危险货物时，该液体或惰性气体应能有效保证危险货物的安全。

8.1.1.9 危险货物不得撒漏在容器外表或外容器和内贮器之间。

8.1.2 特殊要求

8.1.2.1 桶、罐类容器的要求

a) 闭口桶、罐的大、小封闭器螺盖应紧密配合,并配以适当的密封圈。螺盖拧紧程度应达到密封要求。

b) 开口桶、罐应配以适当的密封圈,无论采用何种形式封口,均应达到紧箍、密封要求。扳手箍还需用销子锁住扳手。

8.1.2.2 箱类包装的要求

a) 木箱、纤维板箱用钉紧固时,应钉实,不得突出钉帽,穿透包装的钉尖必须盘倒。打包带紧箍箱体。

b) 瓦楞纸箱应完好无损,封口应平整牢固。打包带紧箍箱体。

8.1.2.3 袋类包装的要求

a) 外容器用缝线封口时,无内衬袋的外容器袋口应折叠 30 mm 以上,缝线的开始和结束应有5针以上回针,其缝针密度应保证内容物不撒漏且不降低袋口强度。有内衬袋的外容器袋缝针密度应保证牢固无内容物撒漏。

b) 内容器袋封口时,不论采用绳扎、粘合或其他型式的封口,应保证内容物无撒漏。

c) 绳扎封口时,排出袋内气体、袋口用绳紧绕二道,扎紧打结,再将袋口朝下折转、用绳紧绕二道,扎紧打结。如果是双层袋,则应按此法分层扎紧。

d) 粘合封口时,排出袋内气体、粘合牢固,不允许有孔隙存在。如果是双层袋,则应分层粘合。

8.1.2.4 组合容器的要求

a) 符合 6.1.6 和 7.1.1.6 f)要求。

b) 内容器盛装液体时,封口需符合液密封口的规定;如需气密封口的,需符合气密封口的规定。

8.2 抽样

8.2.1 检验批

以相同原材料、相同结构和相同工艺生产的包装件为一检验批,最大批量为 10 000 件。

8.2.2 抽样规则

按 GB/T 2828.1 正常检查一次抽样一般检查水平Ⅱ进行抽样。

8.2.3 抽样数量

抽样数量见表 6。

表 6 抽样数量

单位为件

批量范围	抽样数量
1～8	2
9～15	3
16～25	5
26～50	8
51～90	13
91～150	20
151～280	32
281～500	50

表 6（续） 单位为件

批量范围	抽样数量
501～1 200	80
1 201～3 200	125
3 201～10 000	200

8.3 鉴定项目

8.3.1 检查铁路运输危险货物容器是否符合 8.1.1.1、8.1.1.3 和 8.1.1.9 的要求。

8.3.2 检查所选用容器是否与铁路运输危险货物的性质相适应；是否有容器的性能检验合格报告。

8.3.3 对于 8.1.1.4 提到的铁路运输危险货物包装，检查是否具有由国家质检部门或国家质检部门认可的检测机构出具的危险品的分类、定级危险特性检验报告。

8.3.4 检查铁路运输危险货物净重是否符合 8.1.1.6 的要求。

8.3.5 检查盛装液体或固体的铁路运输危险货物容器盛装容积是否符合 8.1.1.7 的要求。

8.3.6 抽取保护危险货物的液体或惰性气体样品进行分析，按各类危险货物相应的标准检验保护性液体或惰性气体是否符合 8.1.1.8 要求。

8.3.7 检查容器的封口（包括组合容器的内容器封口）、吸附材料是否符合第 6 章的相关规定。

8.3.8 检查危险货物和与之接触的容器、吸附材料、防震和衬垫材料、绳、线等容器附加材料是否发生化学反应，影响其使用性能。

8.3.9 检查桶、罐类容器是否符合 8.1.2.1 的要求。

8.3.10 检查箱类容器是否符合 8.1.2.2 的要求。

8.3.11 检查袋类容器是否符合 8.1.2.3 的要求。

8.3.12 检查组合容器是否符合 8.1.2.4 的要求。

8.4 鉴定规则

8.4.1 危险货物包装的使用企业应保证所使用的铁路运输危险货物包装符合本标准规定，并由有关检验部门按本标准进行鉴定。危险货物的用户有权按本标准的规定，对接收的危险货物包装件提出验收检验。

8.4.2 铁路运输危险货物包装件应逐批鉴定，以订货量为一批，但最大批量不得超过 8.2.1 规定的最大批量。

8.4.3 使用鉴定报告的有效期应自危险货物灌装之日计算，盛装第 8 类危险物质及带有腐蚀性副危险性物质的包装件的使用鉴定报告有效期不超过 6 个月，其他危险货物的包装使用鉴定有效期不超过 1 年，但此有效期不能超过性能检验报告的有效期。

8.4.4 判定规则：若有一项不合格，则该批铁路运输危险货物包装件不合格。上述各项经鉴定合格后，出具使用鉴定报告（报告见附件 H）。

8.4.5 不合格批处理：经返工整理或剔除不合格的包装件后，再次提交检验，其严格度不变。

8.4.6 对检验不合格的包装件，不允许提交铁路运输。除非再次检验合格。

附 录 A
（规范性附录）
各种常用的包装容器代码、类别、要求及最大容量和净重的有关要求

表 A.1 给出了各种常用的包装容器代码、类别、要求及最大容量和净重的有关要求。

表 A.1 各种常用的包装容器代码、类别、要求及最大容量和净重的有关要求

种 类	代码	类 别	要 求	最大容量 L	最大净质量 （净重） kg
钢桶	1A1 1A2	非活动盖 活动盖	a) 桶身和桶盖应根据钢桶的容量和用途，使用型号适宜和厚度足够的钢板制造。 b) 拟用于装 40 L 以上液体的钢桶，桶身接缝应焊接。拟用于装固体或者装 40 L 以下液体的钢桶，桶身接缝可用机械方法结合或焊接。 c) 桶的凸边应用机械方法接合，或焊接。也可以使用分开的加强环。 d) 容量超过 60 L 的钢桶桶身，通常应该至少有两个扩张式滚箍，或者至少两个分开的滚箍。如使用分开式滚箍，则应在桶身上固定紧，不应移位。滚箍不应点焊。 e) 非活动盖(1A1)钢桶桶身或桶盖上用于装入、倒空和通风的开口，其直径不应超过 7 cm。开口更大的钢桶将视为活动盖(1A2)钢桶。桶身和桶盖的开口封闭装置的设计和安装应做到在正常运输条件下始终是紧固和不漏的。封闭装置凸缘应用机械方法或焊接方法恰当接合。除非封闭装置本身是防漏的，否则应使用密封垫或其他密封件。 f) 活动盖钢桶的封闭装置的设计和安装，应做到在正常的运输条件下该装置始终是紧固的，钢桶始终是不漏的。所有活动盖都应使用垫圈或其他密封件。 g) 如果桶身、桶盖、封闭装置和连接件所用的材料本身与装运的物质是不相容的，应施加适当的内保护涂层或处理。在正常运输条件下，这些涂层或处理层应始终保持其保护性能。	450	400
铝桶	1B1 1B2	非活动盖 活动盖	a) 桶身和桶盖应由纯度至少 99％的铝，或以铝为基础的合金制成。应根据铝桶的容量和用途，使用适当型号和足够厚度的材料。 b) 所有接缝应是焊接的。凸边如果有接缝的话，应另外加加强环。 c) 容量大于 60 L 的铝桶桶身，通常应至少装有两个扩张式滚箍，或者两个分开式滚箍。如装有分开式滚箍时，应安装得很牢固，不应移动。滚箍不应点焊。 d) 非活动盖(1B1)铝桶的桶身或桶盖上用于装入、倒空和通风的开口，其直径不应超过 7 cm。开口更大的铝桶将视为活动盖(1B2)铝桶。桶身和桶盖的开口封闭装置的设计和安装应做到在正常运输条件下，它们始终是紧固和不漏的。封闭装置凸缘应焊接恰当，使接缝不漏。除非封闭装置本身是防漏的，否则应使用垫圈或其他密封件。 e) 活动盖铝桶的封闭装置的设计和安装，应做到在正常运输条件下始终是紧固和不漏的。所有活动盖都应使用垫圈或其他密封件。	450	400

表 A.1（续）

种　类	代码	类　别	要　　求	最大容量 L	最大净质量（净重）kg
钢或铝以外的金属桶	1N1 1N2	非活动盖 活动盖	a）桶身和桶盖应由钢和铝以外的金属或金属合金制成。应根据桶的容量和用途，使用适当型号和足够厚度的材料。 b）凸边如果有接缝的话，应另外加加强环。所有接缝应是焊接的。 c）容量大于 60 L 的金属桶桶身，通常应至少装有两个扩张式滚箍，或者两个分开式滚箍。如装有分开式滚箍时，应安装得很牢固，不应移动。滚箍不应点焊。 d）非活动盖（1N1）金属桶的桶身或桶盖上用于装入、倒空和通风的开口，其直径不应超过 7 cm。开口更大的金属桶将视为活动盖（1N2）金属桶。桶身和桶盖的开口封闭装置的设计和安装应做到在正常运输条件下，它们始终是紧固和不漏的。封闭装置凸缘应焊接恰当，使接缝不漏。除非封闭装置本身是防漏的，否则应使用垫圈或其他密封件。 e）活动盖金属桶的封闭装置的设计和安装，应做到在正常运输条件下始终是紧固和不漏的。所有活动盖都应使用垫圈或其他密封件。	450	400
钢罐	3A1 3A2	非活动盖 活动盖	a）罐身和罐盖应用钢板、至少 99％纯的铝或铝合金制造。应根据罐的容量和用途，使用适当型号和足够厚度的材料。 b）钢罐的凸边应用机械方法接合或焊接。用于容装 40 L以上液体的钢罐罐身接缝应焊接。用于容装小于或等于 40 L 的钢罐罐身接缝应使用机械方法接合或焊接。对于铝罐，所有接缝应焊接。凸边如果有接缝的话，应另加一条加强环。 c）罐（3A1 和 3B1）的开口直径不应超过 7 cm。开口更大的罐将视为活动盖型号（3A2 和 3B2）。封闭装置的设计应做到在正常运输条件下始终是紧固和不漏的。除非封闭装置本身是防漏的，否则应使用密封垫或其他密封件。 d）如果罐身、盖、封闭装置和连接件等所用的材料本身与装运的物质是不相容的，应施加适当的内保护涂层或处理。在正常运输条件下，这些涂层或处理层应始终保持其保护性能。	60	120
铝罐	3B1 3B2	非活动盖 活动盖			
胶合板桶	1D		a）所用木料应彻底风干，达到商业要求的干燥程度，且没有任何有损于桶的使用效能的缺陷。若用胶合板以外的材料制造桶盖，其质量与胶合板应是相等同的。 b）桶身至少应用两层胶合板，桶盖至少应用三层胶合板制成。各层胶合板，应按交叉纹理用抗水粘合剂牢固地粘在一起。 c）桶身、桶盖及其连接部位应根据桶的容量和用途设计。 d）为防止所装物质筛漏，应使用牛皮纸或其他具有同等效能的材料作桶盖衬里。衬里应紧扣在桶盖上并延伸到整个桶盖周围外。	250	400

表 A.1（续）

种　类	代码	类　别	要　求	最大容量 L	最大净质量 （净重） kg
纤维板桶	1G		a）桶身应由多层厚纸或纤维板牢固地胶合或层压在一起，可以有一层或多层由沥青、涂腊牛皮纸、金属薄片、塑料等构成的保护层。 b）桶盖应由天然木、纤维板、金属、胶合板、塑料或其他适宜材料制成，可包括一层或多层由沥青、涂腊牛皮纸、金属薄片、塑料等构成的保护层。 c）桶身、桶盖及其连接处的设计应与桶的容量和用途相适应。 d）装配好的容器应由足够的防水性，在正常运输条件下不应出现剥层现象。	450	400
塑料桶和罐	1H1 1H2 3H1 3H2	桶，非活动盖 桶，活动盖 罐，非活动盖 罐，活动盖	a）容器应使用适宜的塑料制造，其强度应与容器的容量和用途相适应。除了联合国《关于危险货物运输的建议书　规章范本》中第1章界定的回收塑料外，不应使用来自同一制造工序的生产剩料或重新磨合材料以外的用过材料。容器应对老化和由于所装物质或紫外线辐射引起的质量降低具有足够的抵抗能力。 b）如果需要防紫外线辐射，应在材料内加入炭黑或其他合适的色素或抑制剂。这些添加剂应是与内装物相容的，并应在容器的整个使用期间保持其效能。当使用的炭黑、色素或抑制剂与制造试验过的设计型号所用的不同时，如炭黑含量（按质量）不超过2%。或色素含量（按质量）不超过3%，则可不再进行试验；紫外线辐射抑制剂的含量不限。 c）除了防紫外线辐射的添加剂之外，可以在塑料成分中加入其他添加剂，如果这些添加剂对容器材料的化学和物理性质并无不良作用。在这种情况下，可免除再试验。 d）容器各点的壁厚，应与其容量、用途以及各个点可能承受的压力相适应。 e）对非活动盖的桶（1H1）和罐（3H1）而言，桶身（罐身）和桶盖（罐盖）上用于装入、倒空和通风的开口直径不应超过7 cm。开口更大的桶和罐将视为活动盖型号的桶和罐（1H2和3H2），桶（罐）身或桶（罐）盖上开口的封闭装置的设计和安装应做到在正常运输条件下始终是紧固和不漏的。除非封闭装置本身是防漏的，否则应使用垫圈或其密封件。 f）设计和安装活动盖桶和罐的封闭装置，应做到在正常运输条件下该装置始终是紧固和不漏的。所有活动盖都应使用垫圈，除非桶或罐的设计是在活动盖夹得很紧时，桶或罐本身是防漏的。	450 450 60 60	400 400 120 120

表 A.1（续）

种 类	代码	类 别	要 求	最大容量 L	最大净质量 （净重） kg
天然木箱	4C1 4C2	普通的箱壁 防筛漏	a）所用木材应彻底风干，达到商业要求的干燥程度，并且没有会实质上降低箱子任何部位强度的缺陷。所用材料的强度和制造方法，应与箱子的容量和用途相适应。顶部和底部可用防水的再生木，如高压板、刨花板或其他合适材料制成。 b）紧固件应耐得住正常运输条件下经受的振动。可能时应避免用横切面固定法。可能受力很大的接缝应用抱钉或环状钉或类似紧固件接合。 c）箱 4C2：箱的每一部分应是一块板，或与一块板等效。用下面方法中的一个接合起来的板可视与一块板等效：林德曼（Linderman）连接、舌槽接合、搭接或槽舌接合、或者在每一个接合处至少用两个波纹金属扣件的对头连接。		400
胶合板箱	4D		所用的胶合板至少应为 3 层。胶合板应由彻底风干的旋制、切成或锯制的层板制成，符合商业要求的干燥程度，没有会实质上降低箱子强度的缺陷。所用材料的强度和制造方法应与箱子的容量和用途相适应。所有邻接各层，应用防水粘合剂胶合。其他适宜材料也可与胶合板一起用于制造箱子。应由角柱或端部钉牢或固定住箱子，或用同样适宜的紧固装置装配箱子。		400
再生木箱	4F		a）箱壁应由防水的再生木制成，例如高压板、刨花板或其他适宜材料。所用材料的强度和制造方法应与箱子的容量和用途相适应。 b）箱子的其他部位可用其他适宜材料制成。 c）箱子应使用适当装置牢固地装配。		400
纤维板箱	4G		a）应使用与箱子的容量和用途相适应、坚固优质的实心或双面波纹纤维板（单层或多层）。外表面的抗水性应是：当使用可勃（Cobb）法确定吸水性时，在 30 min 的试验期内，质量增加值不大于 155 g/m²（参见 GB/T 1540）。纤维板应有适当的弯曲强度。纤维板应在切割、压折时无裂缝，并应开槽以便装配时不会裂开、表面破裂或者不应有的弯曲。波纹纤维板的槽部，应牢固的胶合在面板上。 b）箱子的端部可以有一个木制框架，或全部是木材或其他适宜材料。可以用木板条或其他适宜材料加强。 c）箱体上的接合处，应用胶带粘贴、搭接并胶住，或搭接并用金属卡钉钉牢。搭接处应由适当长度的重叠。 d）用胶合或胶带粘贴方式进行封闭时，应使用防水胶合剂。 e）箱子的设计应与所装物品十分相配。		400

表 A.1（续）

种 类	代码	类 别	要 求	最大容量 L	最大净质量（净重） kg
塑料箱	4H1 4H2	泡沫塑料箱 硬塑料箱	a）应根据箱的容量和用途，用足够强度的适宜塑料制造箱子。箱子应对老化和由于所装物质或紫外线辐射引起的质量降低具有足够的抵抗力。 b）泡沫塑料箱应包括由模制泡沫塑料制成的两个部分，一为箱底部分，有供放置内容器的模槽，另一为箱顶部分，它将盖在箱底上，并能彼此扣住。箱底和箱顶的设计应使内容器能刚刚好放入。内容器的封闭帽不得与箱顶的内面接触。 c）发货时，泡沫塑料箱应用具有足够抗拉强度的自粘胶带封闭，以防箱子打开。这种自粘胶带应能耐受风吹雨淋日晒，其粘合剂与箱子的泡沫塑料是相容的。可以使用至少同样有效的其他封闭装置。 d）硬塑料箱如果需要防护紫外线辐射，应在材料内添加炭黑或其他合适的色素或抑制剂。这些添加剂应是与内装物相容的，并在箱子的整个使用期限内保持效力。当使用的炭黑、色素或抑制剂与制造试验过的设计型号所使用的不同时，如炭黑含量（按质量）不超过2%，或色素含量（按质量）不超过3%，则可不再进行试验；紫外线辐射抑制剂的含量不限。 e）防紫外线辐射以外的其他添加剂，如果对箱子材料的物理或化学性质不会产生有害影响，可加入塑料成分中。在这种情况下，可免予再试验。 f）硬塑料箱的封闭装置应由具有足够强度的适当材料制成，其设计应使箱子不会意外打开。		60 400
钢或铝箱	4A 4B	钢箱 铝箱	a）金属的强度和箱子的构造，应与箱子的容量和用途相适应。 b）箱子应视需要用纤维板或毡片作内衬，或其他合适材料作的内衬或涂层。如果采用双层压折接合的金属衬，应采取措施防止内装物，特别是爆炸物，进入接缝的凹槽处。 c）封闭装置可以是任何合适类型，在正常运输条件下应始终是紧固的。		400
纺织袋	5L1 5L2 5L3	无内衬或涂层 防筛漏 防水	a）所用纺织品应是优质的。纺织品的强度和袋子的构造应与袋的容量和用途相适应。 b）防筛漏袋5L2：袋应能防止筛漏，例如，可采用下列方法： 1）用抗水粘合剂，如沥青、将纸粘贴在袋的内表面上；或 2）袋的内表面粘贴塑料薄膜；或 3）纸或塑料做的一层或多层衬里。 c）防水袋5L3：袋应具有防水性能以防止潮气进入，例如，可采用下列方法： 1）用防水纸（如涂腊牛皮纸、柏油纸或塑料涂层牛皮纸）做的分开的内衬里；或 2）袋的内表面粘贴塑料薄膜；或 3）塑料做的一层或多层内衬里。		50

表 A.1（续）

种 类	代码	类 别	要 求	最大容量 L	最大净质量（净重） kg
塑料编织袋	5H1 5H2 5H3	无内衬或涂层 防筛漏 防水	a) 袋子应使用适宜的弹性塑料袋或塑料单丝编织而成。材料的强度和袋的构造应与袋的容量和用途相适应。 b) 如果织品是平织的，袋子应用缝合或其他方法把袋底和一边缝合。如果是筒状织品，则袋应用缝合、编制或其他能达到同样强度的方法来闭合。 c) 防筛漏袋 5H2：袋应能防筛漏，例如可采用下列方法： 1) 袋的内表面粘贴纸或塑料薄膜；或 2) 用纸或塑料做的一层或多层分开的衬里。 d) 防水袋 5H3：袋应具有防水性能以防止潮气进入，例如，可采用下述方法： 1) 用防水纸（例如，涂腊牛皮纸，双面柏油牛皮纸或塑料涂层牛皮纸）做的分开的内衬里；或 2) 塑料薄膜粘贴在袋的内表面或外表面；或 3) 一层或多层塑料内衬。		50
塑料膜袋	5H4		袋应用适宜塑料制成。材料的强度和袋的构造应与袋的容量和用途相适应。接缝和闭合处应能承受在正常运输条件下可能产生的压力和冲击。		50
纸袋	5M1 5M2	多层 多层，防水	a) 袋应使用合适的牛皮纸或性能相同的纸制造，至少有三层，中间一层可以是用粘合剂贴在外层的网状布。纸的强度和袋的构造应与袋的容量和用途相适应。接缝和闭合处应防筛漏。 b) 袋 5M2：为防止进入潮气，应用下述方法使四层或四层以上的纸袋具有防水性：最外面两层中的一层作为防水层，或在最外面二层中间夹入一层用适当的保护性材料做的防水层。防水的三层纸袋，最外面一层应是防水层。当所装物质可能与潮气发生发应，或者是在潮湿条件下包装的，与内装物接触的一层应是防水层或隔水层，例如，双面柏油牛皮纸、塑料涂层牛皮纸、袋的内表面粘贴塑料薄膜、或一层或多层塑料内衬里。接缝和闭合处应是防水的。		50

表 A.1（续）

种 类	代码	类 别	要 求	最大容量 L	最大净质量（净重） kg
复合容器（塑料材料）	6HA1	塑料贮器与外钢桶	a) 内贮器： 1) 塑料内贮器应适用附录 A 的有关要求。 2) 塑料内贮器应完全合适地装在外容器内，外容器不应有可能擦伤塑料的凸出处。	250	400
	6HA2	塑料贮器与外钢板条箱或钢箱		60	75
	6HB1	塑料贮器与外铝桶	b) 外容器： 外容器的制造应符合附录 A 的有关要求。	250	400
	6HB2	塑料贮器与外铝板箱或铝箱		60	75
	6HC	塑料贮器与外木板箱		60	75
	6HD1	塑料贮器与外胶合板桶		250	400
	6HD2	塑料贮器与外胶合板箱		60	75
	6HG1	塑料贮器与外纤维制桶		250	400
	6HG2	塑料贮器与外纤维制箱		60	75
	6HH1	塑料贮器与外塑料桶		250	400
	6HH2	塑料贮器与外硬塑料箱		60	75

表 A.1（续）

种　类	代码	类　别	要　　求	最大容量 L	最大净质量 （净重） kg
复合容器（玻璃、陶瓷或粗陶瓷）	6PA1 6PA2 6PB1 6PB2 6PC 6PD1 6PD2 6PG1 6PG2 6PH1 6PH2	贮器与外钢桶 贮器与外钢板条箱或钢箱 贮器与外铝桶 贮器与外铝板条箱或铝箱 贮器与外木箱 贮器与外胶合板桶 贮器与外有盖柳条篮 贮器与外纤维质桶 贮器与外纤维板箱 贮器与外泡沫塑料容器 贮器与外硬塑料容器	a) 内贮器： 1) 贮器应具有适宜的外形（圆柱形或梨形），材料应是优质的，没有可损害其强度的缺陷。整个贮器应有足够的壁厚。 2) 贮器的封闭装置应使用带螺纹的塑料封闭装置、磨砂玻璃塞或是至少具有等同效果的封闭装置。封闭装置可能与贮器所装物质接触的部位，与所装物质应不起作用。应小心地安装好封闭装置，以确保不漏，并且适当紧固以防在运输过程中松脱。如果是需要排气的封闭装置，则封闭装置应符合 6.1.10 的规定。 3) 应使用衬垫和/或吸收性材料将贮器牢牢地紧固在外容器中。 b) 外容器： 1) 贮器与外钢桶 6PA1：外容器的制造应符合附录 A 的有关要求。不过这类容器所需要的活动盖可以是帽形。 2) 贮器与外钢板条箱或钢箱 6PA2：外容器的制造应符合附录 A 的有关要求。如系圆柱形贮器，外容器在直立时应高于贮器及其封闭装置。如果梨形贮器外面的板条箱也是梨形，则外容器应装有保护盖（帽）。 3) 贮器与外铝桶 6PB1：外容器的制造应符合附录 A 的有关要求。 4) 贮器与外铝板条箱或铝箱 6PB2：外容器的制造应符合附录 A 的有关要求。 5) 贮器与外木箱 6PC：外容器的制造应符合附录 A 的有关要求。 6) 贮器与外胶合板桶 6PD1：外容器的制造应符合附录 A 的有关要求。 7) 贮器与外有盖柳条篮 6PD2：有盖柳条篮应由优质材料制成，并装有保护盖（帽）以防伤及贮器。 8) 贮器与外纤维质桶 6PG1：外容器的制造应符合附录 A 的有关要求。 9) 贮器与外纤维板箱 6PG2：外容器的制造应符合附录 A 的有关要求。 10) 贮器与外泡沫塑料或硬塑料容器（6PH1 或 6PH2）：这两种外容器的材料都应符合附录 A 的有关要求。硬塑料容器应由高密度聚乙烯或其他类似塑料制成。不过这类容器的活动盖可以是帽形。	60	75
注：对于复合容器，最大容量和最大净质量（净重）是针对内贮器而言。					

附　录　B
（资料性附录）
新容器、修复容器和救助容器的标记示例

B.1　新容器的标记示例

B.1.1　盛装液体货物

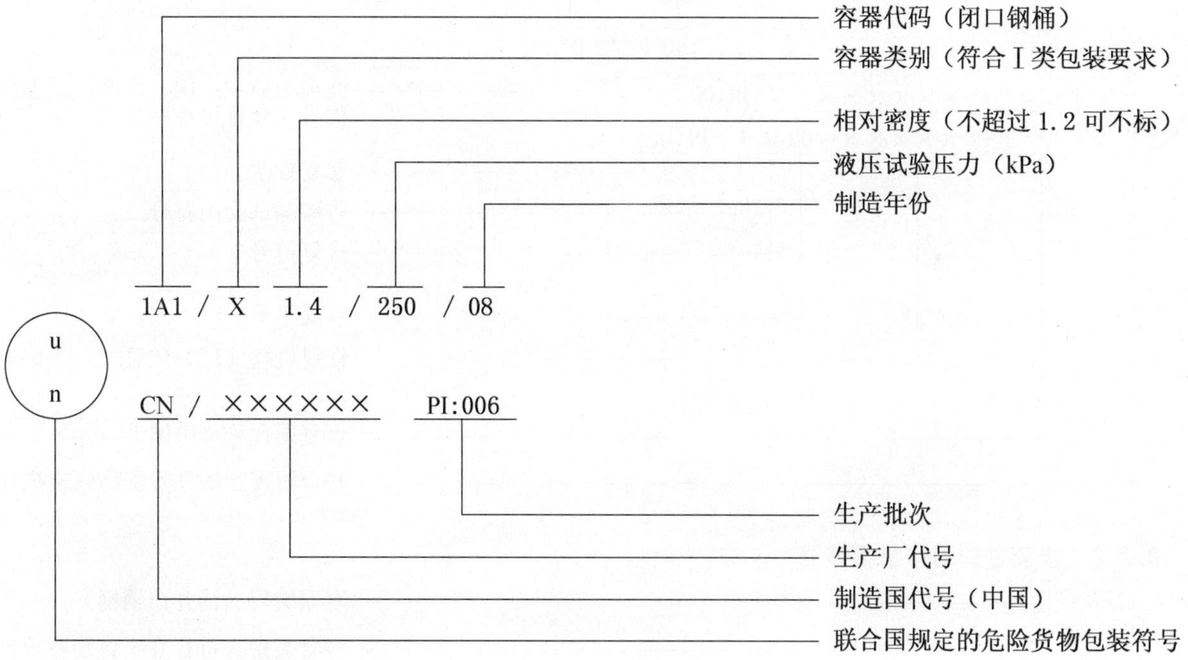

B.1.2　盛装固体物质

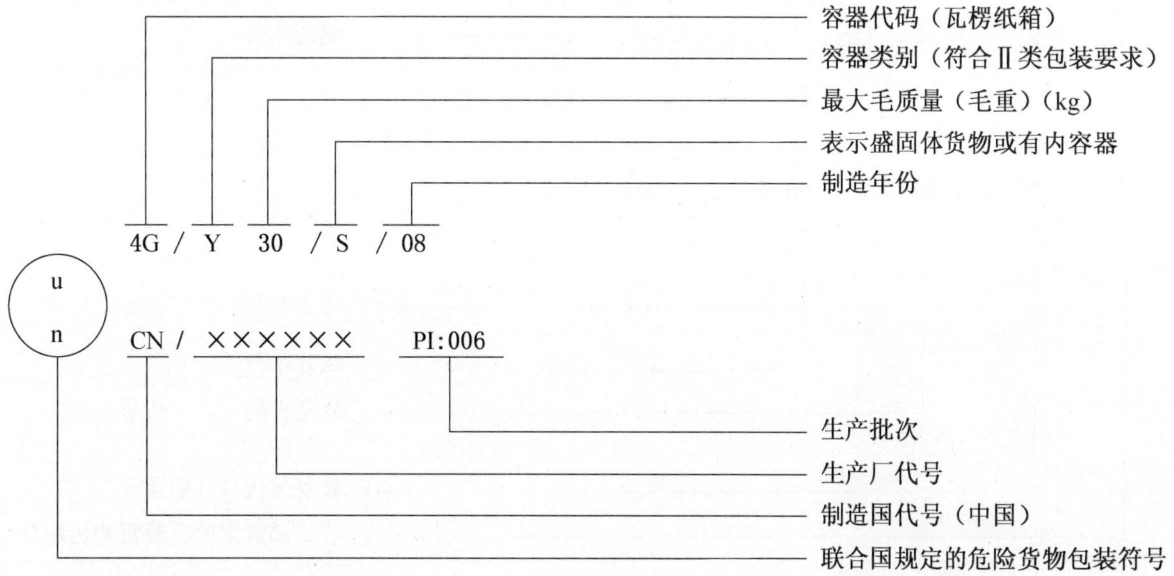

B.2 修复容器的标记示例

B.2.1 修复过的液体货物的容器(非塑料容器)

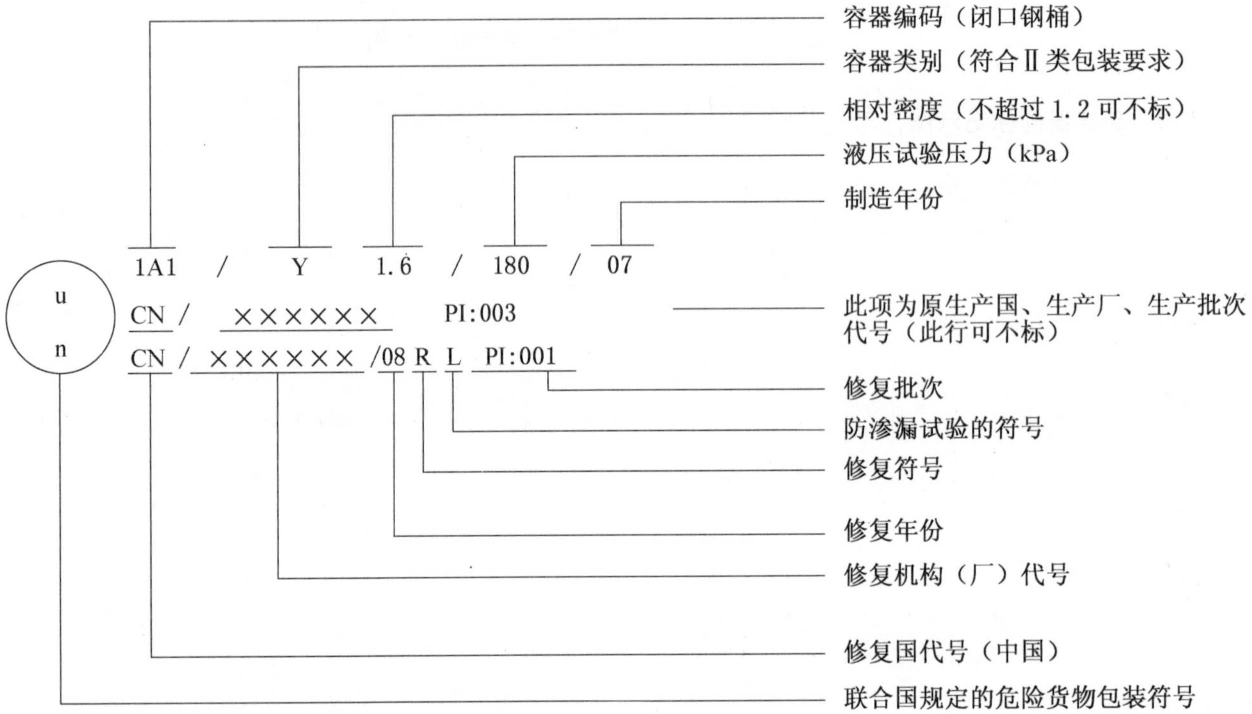

B.2.2 修复过的固体货物容器

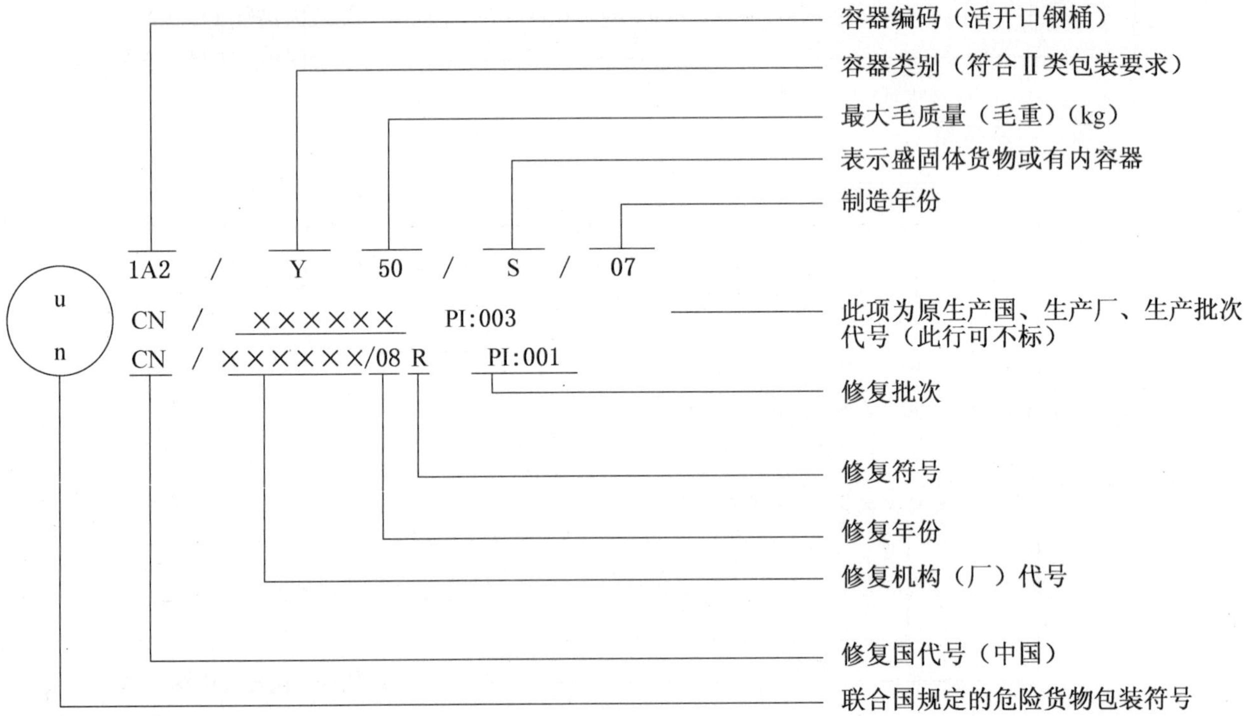

B.3 救助容器的标记示例

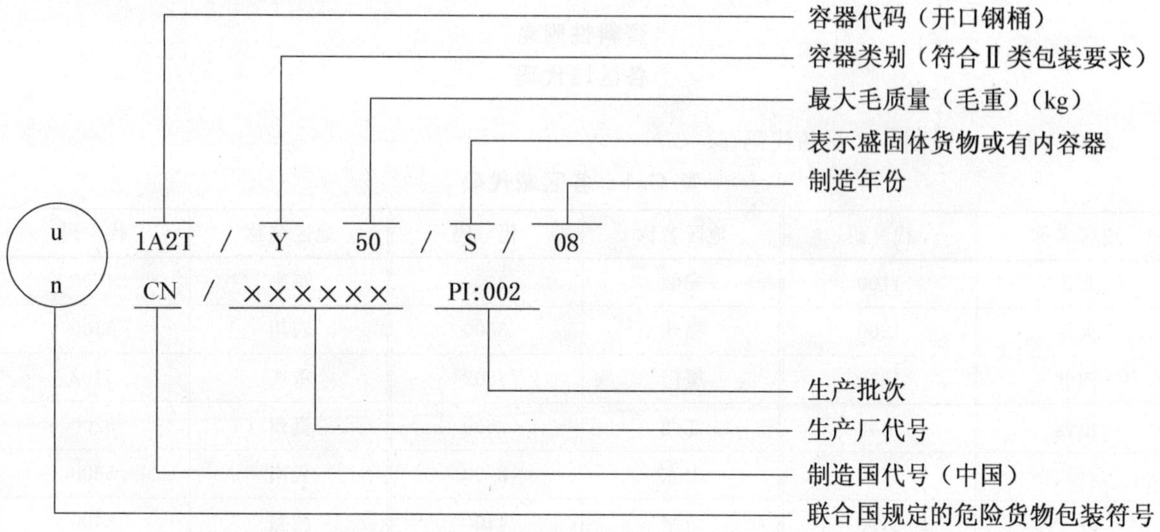

附 录 C
（资料性附录）
各区域代码

表 C.1 给出了全国各区域的代码。

表 C.1 各区域代码

地区名称	代 码	地区名称	代 码	地区名称	代 码
北京	1100	安徽	3400	海南	4600
天津	1200	福建	3500	四川	5100
河北	1300	厦门	3502	重庆	5102
山西	1400	江西	3600	贵州	5200
内蒙古	1500	山东	3700	云南	5300
辽宁	2100	河南	4100	西藏	5400
吉林	2200	湖北	4200	陕西	6100
黑龙江	2300	湖南	4300	甘肃	6200
上海	3100	广东	4400	青海	6300
江苏	3200	深圳	4403	宁夏	6400
浙江	3300	广西	4500	新疆	6500

附　录　D
（规范性附录）
各种常用铁路运输危险货物包装容器应检验项目

表D.1给出了各种常用铁路运输危险货物包装容器应检验项目的要求。

表D.1　检验项目表

种　类	代码	类　别	应检验项目			
			跌落	气密	液压	堆码
钢桶	1A1 1A2	非活动盖 活动盖	+ +	+	+	+ +
铝桶	1B1 1B2	非活动盖 活动盖	+ +	+	+	+ +
金属桶(不含钢和铝)	1N1 1N2	非活动盖 活动盖	+ +	+	+	+ +
钢罐	3A1 3A2	非活动盖 活动盖	+ +	+	+	+ +
铝罐	3B1 3B2	非活动盖 活动盖	+ +	+	+	+ +
胶合板桶	1D		+			+
纤维板桶	1G		+			+
塑料桶和罐	1H1 1H2 3H1 3H2	桶，非活动盖 桶，活动盖 罐，非活动盖 罐，活动盖	+ + + +	+ +	+ +	+ + + +
天然木箱	4C1 4C2	普通的 箱壁防筛漏	+ +			+ +
胶合板箱	4D		+			+
再生木箱	4F		+			+
纤维箱	4G		+			+
塑料箱	4H1 4H2	发泡塑料箱 密实塑料箱	+ +			+ +
钢或铝箱	4A 4B	钢箱 铝箱	+ +			+ +
纺织袋	5L1 5L2 5L3	不带内衬或涂层 防筛漏 防水	+ + +			
塑料编织袋	5H1 5H2 5H3	不带内衬或涂层 防筛漏 防水	+ + +			
塑料膜袋	5H4		+			

表 D.1（续）

种　类	代码	类　别	应检验项目			
			跌落	气密	液压	堆码
纸袋	5M1	多层	+			
	5M2	多层，防水的	+			
复合容器（塑料材料）	6HA1	塑料贮器与外钢桶	+	+	+	+
	6HA2	塑料贮器与外钢板条箱或钢箱	+			+
	6HB1	塑料贮器与外铝桶	+	+	+	+
	6HB2	塑料贮器与外铝板箱或铝箱	+			+
		塑料贮器与外木板箱				
	6HC	塑料贮器与外胶合板桶	+			+
	6HD1	塑料贮器与外胶合板箱	+	+	+	+
	6HD2	塑料贮器与外纤维板桶	+			+
	6HG1	塑料贮器与外纤维板箱	+	+	+	+
	6HG2	塑料贮器与外塑料桶	+			+
	6HH1	塑料贮器与外硬塑料箱	+	+	+	+
	6HH2		+			+
复合容器（玻璃、陶瓷或粗陶瓷）	6PA1	贮器与外钢桶	+			
	6PA2	贮器与外钢板条箱或钢箱	+			
		贮器与外铝桶				
	6PB1	贮器与外铝板条箱或铝箱	+			
	6PB2	贮器与外木箱	+			
		贮器与外胶合板桶				
	6PC	贮器与外有盖柳条篮	+			
	6PD1	贮器与外纤维质桶	+			
	6PD2	贮器与外纤维板箱	+			
	6PG1	贮器与外泡沫塑料容器	+			
	6PG2	贮器与外硬塑料容器	+			
	6PH1		+			
	6PH2		+			

注 1：表中“+”号表示应检测项目。

注 2：凡用于盛装液体的容器，均应进行气密试验和液压试验。

ICS 13.300;55.020
C 66

中华人民共和国国家标准

GB 19432—2009
代替 GB 19432.1—2004,GB 19432.2—2004,GB 19432.3—2004

危险货物大包装检验安全规范

Safety code for inspection of large packagings for dangerous goods

2009-06-21 发布　　2010-05-01 实施

中华人民共和国国家质量监督检验检疫总局
中国国家标准化管理委员会　发布

前　言

本标准第 4 章、第 5 章、第 6 章、第 7 章和第 8 章为强制性的，其余为推荐性的。

本标准代替 GB 19432.1—2004《危险货物大包装检验安全规范　通则》、GB 19432.2—2004《危险货物大包装检验安全规范　性能检验》GB 19432.3—2004《危险货物大包装检验安全规范　使用鉴定》。

本标准与上述三个标准的修改主要内容为：

——对部分技术内容做了修改，使标准有关包装的技术内容与联合国《关于危险货物运输的建议书　规章范本》(第 15 修订版)一致；

——在标准文本格式上按 GB/T 1.1—2000 做了编辑性修改。

本标准的附录 A 和附录 B 是资料性附录。

本标准由全国危险化学品管理标准化技术委员会(SAC/TC 251)提出并归口。

本标准负责起草单位：天津出入境检验检疫局。

本标准参加起草单位：湖南出入境检验检疫局。

本标准主要起草人：王利兵、李宁涛、冯智劼、吕刚、张园、周磊。

本标准所代替标准的历次版本发布情况为：

——GB 19432.1—2004；

——GB 19432.2—2004；

——GB 19432.3—2004。

危险货物大包装检验安全规范

1 范围

本标准规定了危险货物大包装的分类、要求、代码和标记、性能检验和使用鉴定。

本标准适用于危险货物大包装的检验和鉴定。

2 规范性引用文件

下列文件中的条款通过本标准的引用而成为本标准的条款。凡是注日期的引用文件，其随后所有的修改单(不包括勘误的内容)或修订版均不适用于本标准，然而，鼓励根据本标准达成协议的各方研究是否可使用这些文件的最新版本。凡是不注日期的引用文件，其最新版本适用于本标准。

GB/T 1540 纸和纸板吸水性的测定法 可勃法

GB/T 2679.7 纸板 戳穿强度的测定

GB/T 2828.1 计数抽样检验程序 第1部分：按接收质量限(AQL)检索的逐批检验抽样计划

GB/T 4122.1 包装术语 第1部分：基础

GB 19434.1 危险货物中型散装容器检验安全规范 通则

联合国《关于危险货物运输的建议书 规章范本》(第15修订版)

3 术语和定义

GB/T 4122.1 和 GB 19434.1 确立的以及下列术语和定义适用于本标准。

3.1

大包装 large packagings

由一个内装多个物品或内容器的外容器组成的容器，并且设计用机械方法装卸，其净重超过400 kg或容积超过450 L，但不超过3 m^3。

3.2

衬里 liner

另外放入容器(包括大包装和中型散装容器)但不构成其组成部分、包括其开口的封闭装置的管或袋。

3.3

最大许可总质量 maximum permissible gross mass

壳体及其辅助设备和结构装置的质量加上最大许可装载质量(适用于除柔性集装袋所有种类的大包装)。

4 分类

4.1 危险货物分类

4.1.1 按危险货物具有的危险性或最主要的危险性分成9个类别。有些类别再分成项别。类别和项别的号码顺序并不是危险程度的顺序。

4.1.2 第1类：爆炸品

——1.1项：有整体爆炸危险的物质和物品；

——1.2项：有迸射危险但无整体爆炸危险的物质和物品；

——1.3项：有燃烧危险并有局部爆炸危险或局部迸射危险或这两种危险都有，但无整体爆炸危险的物质和物品；

——1.4 项：不呈现重大危险的物质和物品；
——1.5 项：有整体爆炸危险的非常不敏感物质；
——1.6 项：无整体爆炸危险的极端不敏感物品。

4.1.3 第 2 类：气体
——2.1 项：易燃气体；
——2.2 项：非易燃无毒气体；
——2.3 项：毒性气体。

4.1.4 第 3 类：易燃液体

4.1.5 第 4 类：易燃固体；易于自燃的物质；遇水放出易燃气体的物质
——4.1 项：易燃固体、自反应物质；遇水放出易燃气体的物质；
——4.2 项：易于自燃的物质；
——4.3 项：遇水放出易燃气体的物质。

4.1.6 第 5 类：氧化性物质和有机过氧化物
——5.1 项：氧化性物质；
——5.2 项：有机过氧化物。

4.1.7 第 6 类：毒性物质和感染性物质
——6.1 项：毒性物质；
——6.2 项：感染性物质。

4.1.8 第 7 类：放射性物质。

4.1.9 第 8 类：腐蚀性物质。

4.1.10 第 9 类：杂项危险物质和物品。

4.2 危险货物包装分类

除第 1、2、7 类，第 5.2 项，第 6.2 项的危险货物外，其他各类危险货物的包装可按危险程度划分三种包装等级，即：

Ⅰ级包装——高度危险性；
Ⅱ级包装——中等危险性；
Ⅲ级包装——轻度危险性。

各类危险货物危险程度的划分可通过有关危险特性试验来确定。

4.3 大包装的分类

根据大包装结构和材质的不同可分为：
——金属大包装；
——木质大包装；
——柔性大包装；
——纤维板大包装；
——刚性塑料大包装。

5 代码与标记

5.1 大包装代码由二部分组成

5.1.1 第一部分：两位阿拉伯数字表示大包装的形式。见表 1。

表 1 大包装形式代码表

大包装类型	代　码
刚性大包装	50
柔性大包装	51

5.1.2 第二部分:一个或多个大写英文字母表示材质

——A 钢(所有类型及表面处理);

——B 铝;

——C 天然木材;

——D 胶合板;

——F 再生木材;

——G 纤维板;

——H 塑料材料;

——L 编织物;

——M 多层纸;

——N 金属(除钢和铝之外)。

5.1.3 字母“W”可放在大型容器编码后面。字母“W”表示大型容器虽然是与编码所述者相同的型号,不过是按与6.1.2要求所规定者不同的规格制造的。

5.2 大包装基本标记

大包装应具备清晰、耐久的标记。其内容包括:

5.2.1 联合国包装符号 $\binom{u}{n}$

本符号用于证明大包装符合联合国《关于危险货物运输的建议书 规章范本》(第15修订版)的规定。对金属包装,可用模压大写字母“UN”表示。

5.2.2 应有5.1规定的大包装代码。

5.2.3 表示包装级别的字母:

——X 表示Ⅰ级包装;

——Y 表示Ⅱ级包装;

——Z 表示Ⅲ级包装。

5.2.4 制造月份和年份(最后两个数字)。

5.2.5 批准该标记的国家,中国的代号为大写英文字母CN。

5.2.6 大包装的生产地和制造厂的代号,上述代号由有关国家主管机关确定,常见地区代码见附录B。

5.2.7 有关国家主管机关确定的其他标记。

5.2.8 以千克(kg)表示的堆码试验负荷。对于设计上不能堆码的大包装,应写上数字“0”。

5.2.9 最大许可总质量,以千克(kg)表示。

5.2.10 大包装基本标记示例:见附录A。

6 通用要求

6.1 一般技术要求

6.1.1 大包装应在外界环境影响下不会发生变形。

6.1.2 在正常运输条件下,包括振动的影响或温度、湿度或压力的变化,大包装的结构和封口应保证其内装物不会溢漏。

6.1.3 大包装及其封口材料应同所装物质相容,或具有保护内装物而不应发生下列情况:

a) 与内装物接触,使大包装在使用上具有危险性;

b) 与内装物发生反应或分解,或同大包装的制造材料发生反应形成有毒或危险性化合物。

6.1.4 衬垫材料和衬垫物不应受到大包装内装物的侵害。

6.1.5 大包装在设计上应能承受所装物质的压力及正常装卸运输的应力,不会发生内装物流失。需要堆码的大包装应符合堆码设计要求。大包装的提升和紧固装置应具有足够的强度,能承受正常装卸和运输条件而不会发生整体变形或断裂。这些装置应位置得当，不对大包装的任何部位造成过大的应力。

6.1.6　如果大包装由框架内装箱体组成，应满足下列结构要求：

a）框架和箱体之间不应发生碰撞或摩擦而造成箱体损坏；

b）箱体应自始至终位于框架内；

c）如果箱体和框架的连结部分允许相对膨胀或运动，则大包装的各种设备应固定在合适位置，使各种设备不会因为这种相对运动而被损坏。

6.1.7　大包装的底部卸货阀应关闭紧固。整个卸货装置应保护得当，以免损坏。使用杠杆关闭装置的阀门应能防止任何意外开启。开、关位置应明显易辨认。装液体货物的大包装还应配备能封闭卸货口的辅助装置。

6.1.8　大包装在装货和交付运输前应进行认真检查以保证其没有任何腐蚀、污染及其他损坏，各附属设备的功能正常，凡有迹象表明大包装的强度已低于其设计类型的试验强度，该大包装应停止使用，或进行再处理使之能够承受该类型的试验强度。

6.1.9　当大包装装载液体时，液面上方应留有足够的空间，以保证货物的平均温度为 50 ℃时大包装的充灌度不超过其总容量的 98%。

6.1.10　以串联的方式使用两个或两个以上的关闭装置，应最先关闭距运输物质最近的那个关闭装置。

6.1.11　运输期间，大包装的外部不得粘附有任何危险的残留物。

6.1.12　未清洁的，曾装运过危险物质的空大包装也应按本标准的要求，除非已采取了足够的措施消除其危险性。

6.1.13　大包装用于装运闪点≤60 ℃的液体，或用于装运易发生粉尘爆炸的粉末时，应采取防静电措施。

6.1.14　当拟装运的固体物质在运输过程中的温度下可能液化时，大包装还应达到盛装液态物质的有关要求。

6.1.15　拟装有机过氧化物（第 5.2 项）的大包装的特殊要求。

6.1.16　有机过氧化物均应经过试验，并附有报告，证明使用大包装包装该物质是安全的。试验应包括：

a）证明该有机过氧化物符合国际危规的有关分类原则；

b）证明在运输中与该物质接触的材料和该物质的相容性；

c）必要时，根据自行加速分解温度确定和控制应急温度。这些温度可能会低于联合国《关于危险货物运输的建议书　规章范本》（第 15 修订版）所注明的包装件温度；

d）在必要情况下，设计应急减压装置，并制定为保证安全运输有机过氧化物所必须的特别要求。

6.1.17　拟装自反应物质（第 4.1 项）大包装的特殊要求：

a）自反应物质应经过试验，并附有报告，说明使用大包装包装是安全的；

b）需要考虑的应急情况还包括该物质能容易被诸如火花和火焰等外部火源所点燃，及过高的运输温度或污染会容易导致强烈的放热反应；

c）为了防止金属大包装发生爆裂，应急减压装置在设计上应能在卷入火灾时（热负荷 110 kW/m^2）或在自行加速分解过程中，在不超过 1 h 的时间内释放出全部分解产物和蒸气。

6.2　各类大包装的具体要求

6.2.1　金属大包装的具体要求

6.2.1.1　大包装应当用已充分显示其可焊接性的适当韧性金属材料制造。焊接工艺要好，并能保证绝对安全。必要时，应考虑到低温性能。

6.2.1.2　应当注意避免由于不同的金属并列引起的电池效应造成的损坏。

6.2.2　软性材料大包装的具体要求

6.2.2.1　大包装应用适宜的材料制成。材料的强度和软体大包装的构造应与其容量和用途相适应。

6.2.2.2 所有用于制造 51M 型号软体大包装的材料，在完全浸泡于水中不少于 24 h 之后，其抗拉强度应能达到其在 67%湿度或更低试验条件下该材料抗拉强度的 85%。

6.2.2.3 接缝应采取缝合、热封、粘合或其他等效方法。所有缝合的接缝端都应加以紧闭。

6.2.2.4 软体大包装对由于紫外线辐射、气候条件或所装物质造成的老化及强度降低，应有足够的阻抗能力，从而使其适合其用途。

6.2.2.5 对必须防紫外线辐射的塑料软体大包装，应另外添加炭黑、其他合适颜料或抑制剂。这些添加剂应与所装物质相容，并在大包装整个使用期内保持有效。如果使用的炭黑、颜料或抑制剂与制造已通过试验的设计型号所使用的不同，而炭黑含量、颜料含量或抑制剂含量的改变不会对制造材料的物理性质产生有害影响，则可免予重新试验。

6.2.2.6 只要添加剂不损害大包装材料的物理及化学性质，就可把添加剂同该材料混合在一起，以增强其抗老化的能力，或起到其他作用。

6.2.2.7 满装时，高度与宽度的比例应不超过 2∶1。

6.2.3 对塑料大包装的具体要求

6.2.3.1 大包装应使用已知规格的适当塑料制造，要有与其容量和预定用途相适应的足够强度。材料应有充分的抗老化性能，并能抵抗由于所装物质或(如果有关的话)紫外线辐射造成的强度降低。应适当考虑低温性能。所装物质的任何渗透作用在正常运输条件下不应构成危险。

6.2.3.2 如需要防紫外线辐射，应添加炭黑或其他合适颜料或抑制剂。这些添加剂应与所装物质相容，并在大包装整个使用期内保持有效。如使用的炭黑、颜料或抑制剂与制造已通过试验的设计型号所使用的不同，而炭黑含量、颜料含量或抑制剂含量的改变对制造材料的物理性质不会产生不利影响，则可免予重新试验。

6.2.3.3 可将添加剂加入大包装材料，以增强抗老化性能，或充作其他用途，但这类物质不得对材料的物理或化学性质产生不利影响。

6.2.4 对纤维板大包装的具体要求

6.2.4.1 应使用与大包装的容量和预定用途相适应的优质坚固的实心或双面瓦楞纤维板(单层或多层)。外表面的抗水性能应达到：在用确定吸水度的可勃法进行 30 min 的试验中测定的质量增加不超过 155 g/m^2——见 GB/T 1540，纤维板应有适当的弯曲性能。纤维板在切割、压折时不应有裂痕，并应开槽，以便装配时不会破裂、表面断裂或不应有的弯曲。瓦楞纤维板的槽应牢固地粘在面层上。

6.2.4.2 包括顶板和底部在内的容器四壁，应有根据 GB/T 2679.7 测定的最低 15 J 的抗穿孔性能。

6.2.4.3 大包装的外容器接缝的制作应有适当的重叠，应用胶带粘贴、胶合、用金属卡钉缝合，或用其他至少具有同等效力的方式固定。如接缝是靠胶粘合或胶带粘贴实现的，应使用抗水粘合剂。金属卡钉应完全穿过所要钉住的所有件数，并应加以成形或保护，使任何内衬不致被卡钉磨损或刺破。

6.2.4.4 任何构成大包装组成部分的整体托盘底或任何可以拆卸的托盘，应宜于用机械方法装卸装至最大许可总质量的大包装。

6.2.4.5 托盘或整体托盘底的设计应避免大包装底部有在装卸时可能易于损坏的任何凸出部分。

6.2.4.6 容器应固定在任何可拆卸的托盘上，以确保在装卸和运输中的稳定性。在使用可拆卸的托盘时，托盘顶部表面应没有可能损坏大包装的尖凸出物。

6.2.4.7 可使用加强装置，如木材支架，以增强堆叠性能，但这种装置应装在衬里之外。

6.2.4.8 拟用于堆叠的大包装，支承面应能使载荷安全地分布。

6.2.5 对木质大包装的具体要求

6.2.5.1 所用材料的强度和制造的方法应与大包装的容量和用途相适应。

6.2.5.2 天然木材应彻底晾干并达到商业标准，不存在会使大包装任何部分实际上降低强度的缺陷。大包装的每个部件应由一件或相当于一件组成。部件可视为相当于一件，如果采用适当的胶合装配方法，如林德曼接合、舌榫接合、搭叠接合或槽舌接合，或每一接头至少有两个瓦垅金属卡钉的对抵接合，或采用至少有同等效力的其他方法。

6.2.5.3　胶合板大包装所用的胶合板至少应三层。应用彻底晾干的镟切片、切片或锯切片，干燥程度要达到商业标准，不存在会使大包装实际上降低其强度的缺陷。所有贴层应使用抗水粘合剂粘合。可用其他适当的材料连同胶合板一起制造大包装。

6.2.5.4　再生木大包装应使用抗水的再生木料制造，如硬质纤维板、碎料板或其他适当种类材料。

6.2.5.5　大包装应在角柱或端部牢牢地用钉子钉住或卡紧，或用同样适当的装置加以装配。

6.2.5.6　任何构成大包装组成部分的整体托盘底或任何可以拆卸的托盘应宜于用机械方法装卸装至最大许可总质量的大包装。

6.2.5.7　托盘或整体托盘底的设计应避免大包装底部有在装卸时可能易于损坏的任何凸出部分。

6.2.5.8　容器应固定在任何可拆卸的托盘上，以确保在装卸和运输中的稳定性。在使用可拆卸的托盘时，托盘顶部表面应没有可能损坏大包装的尖凸出物。

6.2.5.9　可使用加强装置，如木材支架，以增强堆叠性能，但这种装置应装在衬垫之外。拟用于堆叠的大包装，支承面应能使载荷安全地分布。

7　性能检验

7.1　性能要求

大包装的性能试验要求见表2。

表2　性能试验要求

性能试验项目	性能试验要求
底部提升试验	内装物无损失，大包装无任何危及运输安全的永久性变形
顶部提升试验	内装物无损失，大包装无任何危及运输安全的永久性变形
堆码试验	内装物无损失，大包装无任何危及运输安全的永久性变形
跌落试验	内装物无损失，大包装无任何危及运输安全的永久性变形； 跌落后如果有少量内装物从封口外渗出，只要无进一步渗漏，也应判为合格； 盛装第1类爆炸品的大包装不得有任何泄漏

7.2　试验

7.2.1　试验项目

大包装试验项目见表2。

7.2.2　样品数量

7.2.2.1　不同试验项目的样品数量见表3。

表3　试验项目和抽样数量

单位为件

试验项目	抽样数量
底部提升试验	3
顶部提升试验	3
堆码试验	3
跌落试验	3

7.2.2.2　在不影响检验结果的情况下，允许减少抽样数量，一个样品同时进行多项试验。

7.2.3　试验准备

7.2.3.1　对准备供运输的大包装，包括所使用的内包装和物品，应进行试验，内包装装入的液体应不低于其最大容量的98%,装入的固体应不低于其最大容量的95%。如大包装的内包装将装运液体和固体,则需对液体或固体内装物分别作试验。将用大包装运输的内包装中的物质或物品,可以其他物质或物品代替,但这样做不得使试验结果成为无效。当使用其他内包装或物品时,它们应与所运内包装或物品具有相同的物理特性(质量等)。允许使用添加物,如铅粒包,以达到要求的包件总质量,但这样做不得影响试验结果。

7.2.3.2 塑料做的大包装和装有塑料内包装(用于装固体或物品的塑料袋除外)的大包装,在进行跌落试验时应将试验样品及其内装物的温度降至−18 ℃或更低。如果有关材料在低温下有足够的韧性和抗拉强度,可以不考虑进行这一预处理。按这种方式准备的试验样品,可以免除8.3.3中的预处理。试验液体应保持液态,必要时可添加防冻剂。

7.2.4 纤维板大包装应在控制温度和相对湿度的环境中放置至少24 h。有以下三种方案,可选择其一:最好的环境是温度23 ℃±2 ℃和相对湿度50%±2%。其他两种方案是:温度20 ℃±2 ℃和相对湿度65%±2%;或温度27 ℃±2 ℃和相对湿度65%±2%。

注:平均值应当在这些限度内。短期波动和测量限可能会使个别相对湿度量度有±5%的变化,但不会对试验结果的复验性有重大影响。

7.3 试验内容

7.3.1 底部提升试验

7.3.1.1 适用范围:装有底部提升装置的大包装。

7.3.1.2 试样准备:大包装应装载至其最大允许总质量的1.25倍,负荷应分布均匀。

7.3.1.3 试验方法:大包装由吊车提起和放下两次,叉斗位置居中,间隔为进入边长度的四分之三(进入点固定的除外),叉斗应插入进入方向的四分之三。应从每一可能的进入方向重复试验 。

7.3.2 顶部提升试验

7.3.2.1 适用范围:装有顶部提升装置的大包装。

7.3.2.2 试样准备:大包装应装载至其最大允许总质量的2倍。软体大包装应装到其最大许可总质量的6倍,载荷分布均匀。

7.3.2.3 试验方法:按设计的提升方式把大包装提升到离开地面,并在空中停留5 min。

7.3.3 堆码试验

7.3.3.1 适用范围:用于相互堆积存放的大包装。

7.3.3.2 试样准备:大包装应充灌至其最大允许总质量。

7.3.3.3 试验方法:将大包装的底部放在水平的硬地面上,然后施加分布均匀的叠加试验载荷,持续时间至少5 min,木质、纤维板和塑料材料大包装,持续时间为24 h。

7.3.3.4 试验负荷的计算:施加到大包装上的试验负荷应相当于运输中其上面堆码的相同大包装数目最大允许总质量之和的1.8倍。

7.3.4 跌落试验

7.3.4.1 适用范围:用于所有大包装。

7.3.4.2 试样准备:

a) 按照设计类型,用于装运固体的大包装应充灌至不低于其容量的95%,用于装运液体的中型散装容器应充灌至不低于其容量的98%。减压装置应确定在不工作的状态,或将减压装置拆下并将其开口堵塞。

b) 大包装应按本标准的规定进行装货。拟装货物可以用其他物质代替,但不得影响试验结果。如果是固体物质,当使用另一种物质代替时,该替代物质的物理性质(质量、颗粒大小等)应与待运物质相同。允许使用外加物如铅粒袋等,以便达到规定的包件总质量,只要外加物的放置方式不会使试验结果受到影响。

7.3.4.3 试验方法:大包装应跌落在坚硬、无弹性、光滑、平坦和水平的表面上,确保撞击点落在大包装底部被认为是最脆弱易损的部位。

7.3.4.4 跌落高度:见表4。

表4 跌落高度

单位为米

Ⅰ级包装	Ⅱ级包装	Ⅲ级包装
1.8	1.2	0.8

7.3.4.5 拟装液体的大包装跌落试验时,如使用另一种物质代替,这种物质的相对密度及黏度应与待运输物质相似,也可用水来进行跌落试验,其跌落高度如下:

a) 如待运物质的相对密度不超过1.2,跌落高度见表4;

b) 如待运物质的相对密度大于1.2,应根据待运物质的相对密度 d 计算(四舍五入取第一位小数)其跌落高度。见表5。

表5 跌落高度计算

单位为米

Ⅰ级包装	Ⅱ级包装	Ⅲ级包装
$d\times1.5$	$d\times1.0$	$d\times0.67$

7.4 检验规则

7.4.1 生产厂应保证所生产的大包装符合本标准规定,并由有关检验部门按本标准检验。用户有权按本标准的规定,对接收的产品提出验收检验。

7.4.2 检验项目:按7.1、7.3的要求逐项进行检验。

7.4.3 大包装有下列情况之一时,应进行性能检验:

——新产品投产或老产品转产时进行性能检验。

——正式生产后,如结构、材料、工艺有较大改变,可能影响产品性能时。如果大包装与其设计类型仅存在细微的差别,如外部尺寸稍微缩小等,可允许对此大包装采用选择性试验。

——在正常生产时,每半年一次。

——产品长期停产后,恢复生产时。

——出厂检验结果与上次性能检验结果有较大差异时。

——国家质量监督机构提出进行性能检验。

7.4.4 判定规则:

按本标准的要求逐项进行检验,若每项有一个样品不合格则判断该项不合格,若有一项不合格则评定该批产品不合格。

7.4.5 不合格批处理:

不合格批中的大包装经剔除后,再次提交检验,其严格度不变。

8 使用鉴定

8.1 使用鉴定要求

8.1.1 大包装的外观要求

8.1.1.1 大包装上铸印、印刷或粘贴的标记、标志和危险货物彩色标签应准确清晰,符合第6章有关规定要求。

8.1.1.2 大包装外表应清洁,不允许有残留物、污染或渗漏。

8.1.1.3 凡采用铅封的大包装应在危险货物运输现场查验后进行封识。

8.1.2 使用单位选用的大包装应与内装危险货物的性质相适应,其性能应符合第7章要求的规定。

8.1.3 大包装的包装等级应等于或高于盛装货物要求的包装级别。

8.1.4 在下列情况时应提供由国家质量监督检验检疫部门认可的检验机构出具的危险品分类、定级和危险特性检验报告:

——首次运输或生产的；

——首次出口的；

——国家质检部门认为有必要时。

8.1.5 大包装底部有卸货阀的，应具有关闭紧固特性，卸货装置始终完好，并能防止任何意外开启。

8.1.6 首次使用的塑料、带内(镀)层的大包装应提供6个月以上化学相容性试验合格的报告。

8.1.7 用于装运闭杯闪点≤60 ℃的液体，或用于装运易发生粉尘爆炸的粉末时，应采取相应的防静电措施。

8.1.8 一般液体危险货物灌装至大包装总容积的98%以下，膨胀系数较大的液体货物，应根据其膨胀系数确定容器的预留容积。固体危险货物盛装至大包装容积的95%以下，剩余空间按规定填充或者衬垫。

8.1.9 采用液体或惰性气体保护危险货物时，该液体或惰性气体应能有效保证危险货物的安全。

8.1.10 危险货物不得撒漏在大包装外表和内外包装之间。

8.1.11 危险货物和与之相接触的大包装不得发生任何影响容器强度及发生危险的化学反应。

8.1.12 吸附材料不得与所装危险货物发生有危险的化学反应，并确保内包装破裂时能完全吸附滞留全部危险货物。

8.1.13 防震及衬垫材料不得与所装危险货物发生化学反应，而降低其防震性能。应有足够的衬垫填充材料，防止内包装移动。

8.1.14 大包装的封闭器应紧密配合，并配以适当的密封圈，保证危险货物在运输过程中无泄漏。

8.1.15 木质大包装和纤维板大包装用钉紧固时，应钉实，不得突出钉帽，穿透容器的钉尖应盘倒，并加封盖，以防与内装物发生任何化学反应或物理变化。其封口应平整牢固。

8.1.16 大包装的袋类内包装封口要求：不论采用绳扎、粘合或其他型式的封口，应保证内容物无撒漏。

——绳扎封口：袋内应无气体、袋口用绳紧绕二道，扎紧打结，再将袋口朝下折转、用绳紧绕二道，扎紧打结。如果是双层袋应按此法分层扎紧。

——粘合封口：袋内应无气体、粘合牢固不允许有孔隙存在。如果是双层袋应分层粘合。

8.1.17 下列危险货物不允许使用大包装装运：

第2类、第7类和第6.2项中UN3291危险货物。

8.2 抽样

8.2.1 检验批

以相同原材料、相同结构和相同工艺生产的大包装为一检验批，最大批量为5 000件。

8.2.2 抽样规则

使用鉴定检验按GB/T 2828.1正常检查一次抽样一般检查水平Ⅱ进行抽样。

8.2.3 抽样数量

见表6。

表6 抽样数量

单位为件

批量范围	抽样数量
1～8	2
9～15	3
16～25	5
26～50	8
51～90	13
91～150	20

表 6（续）　　单位为件

批量范围	抽样数量
151～280	32
281～500	50
501～1 200	80
1 201～3 200	125
3 201～5 000	200

8.3 鉴定

8.3.1 检查大包装是否符合 8.1.1、8.1.5、8.1.7 的要求。

8.3.2 按第 7 章检验合格的大包装是否与盛装危险货物的性质相适应；容器的包装等级是否等于或高于盛装危险货物的级别；是否有性能检验的合格报告。

8.3.3 对于 8.1.4、8.1.6 提到的危险货物大包装检查是否具有相应的证明和检验报告。

8.3.4 检查盛装液体或固体的大包装，其盛装容积是否符合 8.1.8 的要求。

8.3.5 提取保护危险货物的液体分析确定保护性液体是否有效保证危险货物的安全。

8.3.6 用微型气体测定仪检测惰性气体含量，确定惰性气体是否有效保证危险货物的安全。

8.3.7 检查危险货物和与之接触的容器、吸附材料、防震和衬垫材料，绳、线等容器附加材料是否发生化学反应，影响其使用性能。

8.3.8 检查封口和封闭器情况是否符合 8.1.14、8.1.15 和 8.1.16 的规定。

8.3.9 检查大包装盛装的危险货物种类是否符合 8.1.17 的规定。

8.4 检验规则

8.4.1 大包装的使用企业应保证所使用的容器符合本标准规定，并由有关检验部门按本标准鉴定。大包装的用户有权按本标准的规定，对接收的产品提出验收鉴定。

8.4.2 鉴定项目：按 8.1 和 8.3 的要求逐项进行鉴定。

8.4.3 大包装应以订货量为批，最大订货批量不超过 5 000 件，逐批鉴定。

8.4.4 判定规则：

按标准的要求逐项进行鉴定，若每项有一个大包装不合格则判断该项不合格，若有一项不合格则评定该批大包装不合格。

8.4.5 不合格批处理：

不合格批中的不合格大包装经剔除后，再次提交鉴定，其严格度不变。

附 录 A
（资料性附录）
大包装基本标记示例

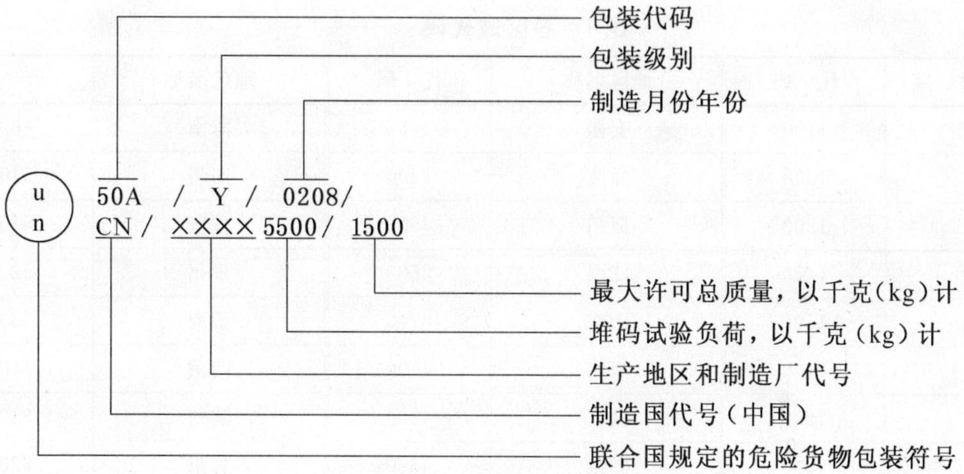

附 录 B
（资料性附录）
各区域代码

表 B.1 给出了全国各区域的代码。

B.1 各区域代码

地区名称	代 码	地区名称	代 码	地区名称	代 码
北京	1100	安徽	3400	海南	4600
天津	1200	福建	3500	四川	5100
河北	1300	厦门	3502	重庆	5102
山西	1400	江西	3600	贵州	5200
内蒙古	1500	山东	3700	云南	5300
辽宁	2100	河南	4100	西藏	5400
吉林	2200	湖北	4200	陕西	6100
黑龙江	2300	湖南	4300	甘肃	6200
上海	3100	广东	4400	青海	6300
江苏	3200	深圳	4403	宁夏	6400
浙江	3300	广西	4500	新疆	6500

ICS 13.300;55.020
A 80

中华人民共和国国家标准

GB 19433—2009
代替 GB 19433.1—2004,GB 19433.2—2004,GB 19433.3—2004

空运危险货物包装检验安全规范

Safety code for inspection of packaging of dangerous goods transported by air

2009-06-21 发布 2010-05-01 实施

中华人民共和国国家质量监督检验检疫总局
中国国家标准化管理委员会 发布

前　言

本标准的第5章、第6章、第7章和第8章为强制性的，其余为推荐性的。

本标准代替GB 19433.1—2004《空运危险货物包装检验安全规范　通则》、GB 19433.2—2004《空运危险货物包装检验安全规范　性能检验》和GB 19433.3—2004《空运危险货物包装检验安全规范　使用鉴定》。

本标准与上述标准的主要修改内容为：

——对部分技术内容做了修改，使其与联合国《关于危险货物运输的建议书　规章范本》(第15修订版)、国际民航组织(ICAO)《航空危险货物安全运输技术规则》(2007-2008版)和国际航空协会(IATA)颁布的《空运危险货物安全技术规范》(2008版)的有关技术内容完全一致；

——在标准文本格式上按GB/T 1.1—2000做了编辑性修改。

本标准的附录A和附录B是规范性附录。

本标准的附录C和附录D是资料性附录。

本标准由全国危险化学品管理标准化技术委员会(SAC/TC 251)提出并归口。

本标准负责起草单位：天津出入境检验检疫局。

本标准参加起草单位：湖南出入境检验检疫局。

本标准主要起草人：王利兵、李宁涛、冯智劼、吕刚、张园、周磊。

本标准所代替标准的历次版本发布情况为：

——GB 19433.1—2004；

——GB 19433.2—2004；

——GB 19433.3—2004。

空运危险货物包装检验安全规范

1 范围

本标准规定了除第4章分类中第2类、第6.2项、第7类以外的空运危险货物包装的分类、代码和标记、要求、性能检验、使用鉴定。

本标准适用于除第4章分类中第2类、第6.2项、第7类以外的空运危险货物包装的性能检验和使用鉴定。

本标准不适用于容积超过450 L、净重超过400 kg的空运危险货物包装的检验。

2 规范性引用文件

下列文件中的条款通过本标准的引用而成为本标准的条款。凡是注日期的引用文件，其随后所有的修改单(不包括勘误的内容)或修订版均不适用于本标准，然而，鼓励根据本标准达成协议的各方研究是否可使用这些文件的最新版本。凡是不注日期的引用文件，其最新版本适用于本标准。

GB 325 包装容器钢桶

GB/T 1540 纸和纸板吸水性的测定法 可勃法

GB/T 2828.1—2003 计数抽样检验程序 第1部分:按接收质量限(AQL)检索的逐批检验抽样计划

GB/T 4122.1 包装术语 第1部分:基础

GB/T 4857.3 包装 运输包装件基本试验 第3部分:静载荷堆码试验方法

GB/T 4857.5 包装 运输包装件 跌落试验方法

GB/T 17344 包装 包装容器 气密试验方法

国际民航组织《航空危险货物安全运输技术规则》

联合国《关于危险货物运输的建议书 规章范本》(第15修订版)

3 术语和定义

GB/T 4122.1确立的以及下列术语和定义适用于本标准。

3.1

箱 boxes

由金属、木材、胶合板、再生木、纤维板、塑料或其他适当材料制做的完整矩形或多角形的容器。只要不破坏或危及包装的完整性，准许包装上带有为了搬运操作或为了符合分类要求的小口(洞)。

3.2

桶 drum

由金属、纤维板、塑料、胶合板或其他适当材料制成的两端为平面或凸面的圆柱形容器。

3.3

袋 bag

由纸张、塑料薄膜、纺织品、编织材料或其他适当材料制作的柔性容器。

3.4

罐 jerrican

横截面呈矩形或多角形的金属或塑料容器。

3.5

容器 receptacle

一个或多个贮器，以及贮器为实现其贮放功能所需要的其他部件或材料。

3.6

内容器 inner receptacle

需要有一个外容器才能起容器作用的容器。

3.7

包装 packaging

容器和容器为实现贮放作用所需要的其他部件或材料。

3.8

外包装 outer packaging

复合或组合包装的外保护装置连同为容纳或保护内容器所需要的吸收材料、衬垫和其他部件。

3.9

内包装 inner packaging

运输时需用外包装的包装。

3.10

单体包装 single packaging

在使用中不需要使用任何内包装而具有盛装功能的包装。

3.11

组合包装 combination packaging

为了运输目的，有一个或多个包装，装在一个外包装内形成的包装组合。

3.12

集合包装 over packaging

一个发货人为了方便运输过程中的装卸和存放将一个或多个包件装在一起以形成一个单元所用的包装物。

3.13

复合包装 composite packaging

由一个外容器和一个内容器组成的包装，其构造使内容器和外容器形成一个完整的包装。这种包装经装配后，便成为单一的完整装置，整个用于装料、贮存、运输和卸空。

3.14

包装件 package

包装作业的完结产品，包括准备好供运输的容器和其内装物。

3.15

吸附性材料 absorbent material

特别能吸收和滞留液体的材料，内容器一旦发生破损、泄漏出来的液体能迅速被吸附滞留在该材料中。

3.16

不相容的 incompatible

描述危险货物，如果混合则易于引起危险热量或气体的放出或生成一种腐蚀性物质，或产生理化反应降低包装容器强度的现象。

3.17

性能检验 performance test

模拟不同运输环境对容器进行型式试验。

3.18

使用鉴定 use appraisal

对盛装危险货物后的包装容器进行鉴定。

3.19

联合国编号 UN number

由联合国危险货物运输专家委员会编制的4位阿拉伯数编号，用以识别一种物质或一类特定物质。

4 分类

4.1 危险货物分类

4.1.1 按危险货物具有的危险性或最主要的危险性分成9个类别。有些类别再分成项别。类别和项别的号码顺序并不是危险程度的顺序。

4.1.2 第1类：爆炸品

——1.1项：有整体爆炸危险的物质和物品；

——1.2项：有迸射危险但无整体爆炸危险的物质和物品；

——1.3项：有燃烧危险并有局部爆炸危险或局部迸射危险或这两种危险都有，但无整体爆炸危险的物质和物品；

——1.4项：不呈现重大危险的物质和物品；

——1.5项：有整体爆炸危险的非常不敏感物质；

——1.6项：无整体爆炸危险的极端不敏感物品。

4.1.3 第2类：气体

——2.1项：易燃气体；

——2.2项：非易燃无毒气体；

——2.3项：毒性气体。

4.1.4 第3类：易燃液体

4.1.5 第4类：易燃固体；易于自燃的物质；遇水放出易燃气体的物质

——4.1项：易燃固体、自反应物质和固态退敏爆炸品；

——4.2项：易于自燃的物质；

——4.3项：遇水放出易燃气体的物质。

4.1.6 第5类：氧化性物质和有机过氧化物

——5.1项：氧化性物质；

——5.2项：有机过氧化物。

4.1.7 第6类：毒性物质和感染性物质

——6.1项：毒性物质；

——6.2项：感染性物质。

4.1.8 第7类：放射性物质。

4.1.9 第8类：腐蚀性物质。

4.1.10 第9类：杂项危险物质和物品。

4.2 危险货物包装分类

除第1、2、7类，第5.2项，第6.2项的危险货物外，其他各类危险货物的包装可按危险程度划分三种包装等级，即：

Ⅰ级包装——高度危险性；

Ⅱ级包装——中等危险性；

Ⅲ级包装——轻度危险性。

各类危险货物危险程度的划分可通过有关危险特性试验来确定。

5 代码和标记

5.1 代码

5.1.1 包装代码用以表示外包装类型，由并列排布的几部分组成。第一部分为阿拉伯数字，表示包装种类；第二部分为大写拉丁字母，表示包装容器的制造材料；如有必要第三部分为阿拉伯数字，表示包装所属种类中的包装种类中的包装形式。

5.1.1.1 阿拉伯数字表明包装种类：

1——桶；

3——罐；

4——箱；

5——袋；

6——复合包装。

5.1.1.2 大写拉丁字母表示包装容器的制造材料。对复合包装，使用两个大写拉丁字母来表示包装制造材料，第一个字母表示内容器的材料，第二个字母表示外包装的材料。

A——钢(包括各类钢及经过表面处理的)；

B——铝；

C——天然木；

D——胶合板；

F——再生木(再制木)；

G——纤维板；

H——塑料；

L——纺织品。

5.1.1.3 阿拉伯数字用以表示包装所属种类中的包装形式。

各种常用包装容器的代码见附录 D。

5.1.2 对组合包装，仅使用表示外包装的代码。

5.1.3 包装容器代码后面可加上字母“T”、“V”或“W”，字母“T”表示符合国际民航组织(ICAO)《航空危险货物安全运输技术规则》要求的救助包装；字母“V”表示符合国际民航组织(ICAO)《航空危险货物安全运输技术规则》要求的特殊包装；字母“W”表示包装类型虽然与标记所表示的相同，但其制造的规格与附录 A 的规格不同，但根据国际民航组织(ICAO)《航空危险货物安全运输技术规则》的要求属等效包装。

5.1.4 使用下列代码表示内包装：

大写的拉丁字母“IP”表示内包装。随后是阿拉伯数字表示内包装类型。

5.2 标记

标记用于表明带有该标记的包装容器已通过第 7 章性能检验规定的试验，并符合附录 A 的要求。

5.2.1 每一个包装容器必须带有持久、易辨认以及与包装规格相比大小适当的明显标记，并包括如下内容。

5.2.1.1 联合国包装符号($\substack{u\\n}$)。本符号仅用于证明包装容器符合联合国《关于危险货物运输的建议书规章范本》(第 15 修订版)及第 7 章的规定。对金属包装，可用模压大写字母“UN”表示。

5.2.1.2 根据 7.1 规定的包装代码；例 3H1。

5.2.1.3 由两部分组成的代码；例/X1.8/。

5.2.1.3.1 第一部分表示包装级别的字母：

X 表示Ⅰ级包装；

Y　表示Ⅱ级包装；

Z　表示Ⅲ级包装。

5.2.1.3.2　第二部分

a)　对盛装液体的单一包装：标明相对密度，四舍五入至第一位小数。若相对密度不超过 1.2 可省略。

b)　对准备盛装固体或带有内包装的包装：标明以千克(kg)表示的最大毛质量(毛重)。

5.2.1.4　在代码后面应标明：

a)　对盛装液体的单一包装：标明最高试验压力，单位为 kPa，四舍五入至十位数；例/250/；

b)　对盛装固体或带有内包装的包装：使用字母“S”；例/S/。

5.2.1.5　标出包装制造年份的最后两位数。包装类型为 1H1，1H2，3H1 和 3H2 的塑料包装，还必须正确标出制造月份；可用以下图形标在包装的其他部位。

5.2.1.6　标明生产国代号：中国的代号为大写英文字母 CN。

5.2.1.7　标明包装容器生产地和制造厂的代号和生产批次代号，上述代号由有关国家行政主管部门确定，各地区主要代码见附录 C。

5.2.2　根据 5.2.1 规定对包装容器进行的标记示例见附录 D。可单行或多行标示。

5.2.2.1　毛质量超过 30 kg 或体积超过 30 L 的包装，在其顶部或边上应有标记。标记字母、数字和符号的高度应大于 12 mm。包装小于或等于 30 kg 或 30 L 时，标记字母大于或等于 6 mm。5 kg 或 5 L 以下的包装也应有适当大小的标记。

5.2.2.2　每一超过 100 L 的新钢桶，在其底部必须有 5.2.1 所述持久性标记。并有表示桶身最薄处金属厚度，用 mm 精确到 0.1 mm 并为持久性(例如模压)。金属桶材料的厚度应符合 GB 325 的要求。当金属桶端的材料厚度比桶身的薄，在桶底必须持久性标出桶顶/桶身/桶底材料厚度，例如“1.0-1.2-1.0”或“0.9-1.0-1.0”。

5.2.2.3　国家行政主管部门所批准的其他附加标记应保证 5.2.1 所要求的标记能正确识别。

5.2.3　包装标记示例见附录 D。

6　通用要求

6.1　一般技术要求

6.1.1　每一包装上必须标明持久性标记、标志。

6.1.2　空运危险货物包装要结构合理、防护性能好、符合国际民航组织(ICAO)《航空危险货物安全运输技术规则》规格规定。其设计模式、工艺、材质应适应空运危险货物特性，适合积载，便于安全装卸和运输，能承受正常运输条件下的风险。

6.1.3　危险货物应装在质量良好的包装内，该包装结构和密封状况，能保证在正常的运输条件下，不会使所运的包装由于温度或压力的变化(例如由于海拔高度变化产生的)而引起任何渗漏。

6.1.4　与危险货物直接接触的包装容器(包括封闭器)不应同所装物质发生化学或其他反应，容器的材料不应含有与内装物易于产生危险的成分，以致产生有害的反应或明显削弱包装的性能。

6.1.5　包装容器及其封闭器必须能经受住正常运输条件下的振动及温度压力变化等产生的影响，封闭盖、封闭塞或其他摩擦型封闭器的封闭必须牢固、安全、有效，封闭器的设计应合理并便于检查。

6.1.6　盛装液体的包装容器应留有足够的膨胀余地，以保证在运输过程中，由于温度变化造成的液体膨胀不至于使容器破漏或产生变形。容器不得在 55 ℃温度下满装。

6.1.7 盛装液体的包装容器(包括内包装)应能经受住 95 kPa 以上的压力差而不泄漏。如放在辅助包装(外包装)内,辅助包装需符合所述压力要求和其他有关规定,内包装可不受上述压力规定限制。

6.1.8 内包装应固定并安全衬垫,限制其在外包装中的移动。以防在正常的运输条件下破裂、渗漏,内包装为玻璃或陶瓷类包装,用Ⅰ类或Ⅱ类外包装盛装第 3、4、8 类及第 5.1、6.1 项的液体时,内包装外应有吸附衬垫材料。吸附衬垫材料不得与内包装中盛装的危险物发生危险性反应,内容物的渗漏也不得引起危险的化学反应或改变衬垫材料的保护特性。

6.1.9 外包装材料的性能和厚度应保证不会因运输过程中的摩擦生热而改变内容物的化学稳定性。

6.1.10 为了减少内装危险货物释放的气体造成的内压力,在包装容器上安装排气孔需经航空运输主管部门批准。

6.1.11 用组合包装盛装危险货物,内容器的封闭口不能倒置。在外包装应标有明显的表示作业方向的标识。

6.1.12 在同一包装内,不允许装有可能相互起化学反应并导致以下后果的其他货物,或其他危险货物不应和与其发生化学反应的危险货物放置在同一个外容器或大型容器中。

a) 燃烧/或释放出大量热能;

b) 释放出易燃、有毒或窒息性的气体;

c) 形成腐蚀性的物质;

d) 形成不稳定性物质。

6.1.13 盛装可能在运输过程因温度变化而变成液体的固体物质时,该包装应符合盛装液态物质的要求。

6.2 爆炸物品包装的特殊要求

6.2.1 第 1 类危险货物(爆炸品)使用的包装容器应达到Ⅱ级以上包装要求,并且符合 6.1 的要求。

6.2.2 钉子、U 型钉和其他没有防护层的金属制造的封闭装置,不应穿入外容器内部。除非内容器能足以防止爆炸品于金属相接触。

6.2.3 内容器、附件、衬垫材料以及爆炸性物质在包装件内应牢固放置,以保证在运输过程中,不会导致危险性移动。

6.2.4 采用双层卷边钢质桶,应采取措施,防止爆炸性物质嵌在接缝隙内。

6.2.5 铝桶或钢桶的封闭装置,应有适宜的垫圈。如果封闭器装置有螺纹,应使爆炸性物质不可能嵌在螺纹内。

6.2.6 如果使用金属衬里的箱子装爆炸性的物质,不应使该项所装爆炸性物质落入到衬里与箱底或衬里与箱侧壁的隔缝中间。

6.2.7 电引爆装置必须防止电、磁辐射及偏离电流。装有发火或引发装置的爆炸品,应有效保护,防止正常运输条件下发生意外事故。

6.3 其他危险品包装的特殊要求

6.3.1 4.2 项物质(易自燃固体)使用的包装应达到Ⅱ级以上包装要求,并符合 6.1 的要求,且不得使用金属容器包装。

6.3.2 盛装 4.1 项和 5.2 项危险货物使用的包装应达到Ⅱ级以上包装要求,并符合 6.1 的要求。不得使用带通气孔的包装。

6.3.3 具有爆炸性副危险性的自反应物质和有机过氧化物应在其包装上贴有副危险性标签。同时其包装还应符合国际民航组织(ICAO)《航空危险货物安全运输技术规则》的其他有关要求。

6.3.4 自反应物质和有机过氧化物的包装必须保证对所有与内容物相接触的材料不起化学反应,对内容物的特性无影响,当发生泄漏时,衬垫物不易燃烧,不会引起有机过氧化物的分解。

6.3.5 各种包装的特殊要求见附录 B。

7 性能检验

7.1 要求

7.1.1 所有包装容器包括组合包装的内包装都应进行性能试验。

7.1.2 如果由于安全原因而需要对包装容器进行内部处理或涂层，这种处理或涂层即使在试验后应能保持其保护性能。

7.1.3 性能试验要求见表1。

表1 包装性能试验要求

性能试验项目	性能试验要求
跌落试验	a) 盛装液体的包装除组合包装的内包装以外，在跌落试验后首先应使包装内部压力和外部压力达到平衡。所有包装均应无渗漏，有内涂(镀)层的包装，其内涂(镀)层还应完好无损。 b) 盛装固体的包装经跌落试验后，即使封闭装置不再具有防筛漏能力，内包装或内容物应仍能保持完整无损、无撒漏。 c) 复合包装或组合包装的外包装，不得出现可能影响运输安全的任何损坏，也不得有内装物从内包装或内容器中漏出，内容器或内包装不得出现渗漏。若有内涂(镀)层，应完好无损。 d) 袋子的最外层或外部包装不得出现影响运输安全的任何损坏。 e) 跌落时可允许有少量内装物从封闭器中漏出，跌落后不得继续泄漏。 f) 第1类物质的包装在跌落过程中不允许出现任何泄漏
气密试验	无渗漏
液压试验	无渗漏
堆码试验	试验样品无泄漏。复合包装的内容器和组合包装的内包装也无泄漏。试验样品不出现可能对运输安全有不利影响的损坏，或者可能降低其强度或造成包装件堆码不稳定的变形。在进行评估前，塑料容器应冷却至环境温度

7.2 试验

7.2.1 试验项目

7.2.1.1 各种常见空运危险货物包装容器的性能试验项目见附录A。

7.2.1.2 每一用于盛装液体的包装容器应进行气密试验。如果组合包装的外包装能达到气密要求或它的衬垫吸附材料能完全吸附滞留内容物，不使它从外包装渗漏出来，则其内包装可免此项试验。

7.2.1.3 一个组合包装的外包装和不同类型的内包装经试验合格，该外包装也可以配用多种类似于这些不同类型的内包装。另外，下列各种内包装当在性能方面具有相同的效能时，不必进一步试验而允许使用。

7.2.1.3.1 内包装尺寸相同或小些时，符合下列条件可以使用：

——与试验过的内包装设计方面相似；

——内包装材质要相同或强度、厚度大于试验过的内包装类型；

——内包装的开口相同或小于原试验过的内包装，且封闭器的设计型式相似；

——足够的附加衬垫材料用于填充空间并防止内包装移动；

——内包装在包装里的定位方式与试验过的包装相同。

7.2.1.3.2 试验过的内包装数量减小，或按上述7.2.1.3.1表明的内包装的替换类型，并且有足够的附加衬垫材料用于填充空间并防止内包装移动时可以使用。

7.2.2 样品数量

7.2.2.1 不同试验项目的样品数量如下：

——跌落试验桶、罐类包装6个样品，箱类包装5个样品，袋类包装3个样品；

——气密试验3个样品；

——液压试验 3 个样品；

——堆码试验 3 个样品。

7.2.2.2 在不影响试验结果时，一个试验样品可以进行两项以上的试验。

7.2.3 试验样品的准备

7.2.3.1 内装物

7.2.3.1.1 样品所盛装的液体不得少于其容量的 98%。

7.2.3.1.2 样品所盛装的固体不得少于其容积的 95%。

7.2.3.1.3 样品的内装物可采用物理性能（质量、粒度等）与拟装物相同的物质来替代。允许使用添加物，例如铅粒袋等。

7.2.3.1.4 盛装液体包装的跌落试验如用代用品时，则该代用品的相对密度和黏度应与拟装运物质相似。也可以按 7.2.4.3.2 所要求的条件，用水进行液体物质的跌落试验。

7.2.3.2 样品预处理

7.2.3.2.1 纸或纤维板包装应在恒温恒湿大气环境中至少处理 24 h。可以从下列三组中选择一组。首先采用控制温度 23 ℃±2 ℃和湿度 50%±2%的大气条件，另外两组分别是控制温度 20 ℃±2 ℃和湿度 65%±2%、控制温度 27 ℃±2 ℃和湿度 65%±2%。

7.2.3.2.2 首次使用塑料桶（罐）、塑料复合桶（罐）及有涂镀层的容器，在试验前需直接装入拟运危险货物进行 6 个月以上的相容性试验。

7.2.3.3 对跌落试验样品的特殊准备

对塑料桶、塑料罐、泡沫聚乙烯箱以外的塑料箱、复合容器（塑料）及带有塑料袋以外的拟用于装固体或物品的塑料内容器的组合包装的试验，在试样和其盛装的物质的温度降至－18 ℃以下进行。试验的液体应保持液态，必要时可添加防冻剂。

7.2.3.4 气密试验、液压试验的样品准备

在包装容器的顶部钻孔，接上进水管及排气管，或接上进气管。对设有排气孔的封闭器，应换成不透气的封闭器或堵住排气孔。

7.2.4 跌落试验

7.2.4.1 试验设备

符合 GB/T 4857.5 中第 2 章试验设备的要求。

a) 冷冻室（箱）：能满足 7.2.3.3 要求；

b) 温、湿度室（箱）：能满足 7.2.3.2.1 要求。

7.2.4.2 试验方法

7.2.4.2.1 跌落试验方法见表 2。

表 2 跌落试验方法

包装容器	跌落方法
钢桶 铝桶 钢罐 纤维板桶 塑料桶和罐 桶状复合包装	第一组跌落（用 3 个试样跌在同一部位，如 5 或 6 或者其他薄弱部位）：应以倾斜的方式使包装的凸边撞击在目标上，重心垂线通过凸边撞击点。如包装无凸边，则应与圆周接缝或边缘撞击，移动顶盖桶须将桶倒置倾斜，锁紧装置通过中心垂线跌落。 第二组跌落（用另外 3 个试样跌在同一部位）：应使第一组跌落时没有试验到的最薄弱的包装部位撞击到目标上，例如封闭器或桶体纵向焊缝，罐的纵向合缝处等
天然木箱 胶合板箱 再生木板箱 纤维板箱、钢或铝箱 箱状复合包装 塑料箱	第一次跌落：以箱底平落 第二次跌落：以箱顶平落 第三次跌落：以一长侧面平落 第四次跌落：以一短侧面平落 第五次跌落：以一个角跌落

表 2（续）

包装容器	跌落方法
无缝边单层或多层袋	第一次跌落：以袋的宽面平面跌落 第二次跌落：以袋的端部跌落
有缝边单层或多层袋	第一次跌落：以袋的宽面平落 第二次跌落：以袋的狭面平落 第三次跌落：以袋的端部跌落
注 1：于非平面跌落，试样的重心（矢量）应垂直于撞击点。 注 2：某一指定方向跌落时试样可能不只一个面，应跌最薄弱的那面。 注 3：试验应在预处理相同的冷冻环境或温、湿度环境中进行。如果达不到相同条件，则应在试样离开预处理环境 5 min 内完成。	

7.2.4.2.2 跌落试验时的其他要求见 GB/T 4857.5。

7.2.4.3 跌落高度

7.2.4.3.1 对于固体或液体危险货物，如采用拟装危险货物，或采用具有基本相同物理性质的其他物质进行试验，其跌落高度见表 3。

表 3 跌落高度 单位为米

Ⅰ级包装	Ⅱ级包装	Ⅲ级包装
1.8	1.2	0.8

7.2.4.3.2 对于液体内装物，如用水来替代进行试验：

a) 如拟运输液体的相对密度小于或等于 1.2 时，其跌落高度见表 3。

b) 如果拟运输的物质相对密度大于 1.2，其跌落高度应根据拟运输物质的相对密度（d）按表 4 计算出，四舍五入至一位小数。

表 4 跌落高度与密度换算表 单位为米

Ⅰ级包装	Ⅱ级包装	Ⅲ级包装
$d\times1.5$	$d\times1.0$	$d\times0.67$

7.2.5 气密试验

所有拟盛装液体的包装均需做此项试验。如果组合包装的外包装能达到气密要求或它的衬垫吸附材料能完全吸附滞留内容物，不使它从外包装渗漏出来，则其内包装可免做此项试验。

7.2.5.1 试验设备和方法

按 GB/T 17344 的要求。

7.2.5.2 试验压力

试验压力见表 5。

表 5 试验压力（表压） 单位为千帕

Ⅰ级包装	Ⅱ级包装	Ⅲ级包装
30	20	20

7.2.6 液压试验

所有拟盛装液体的包装容器均需进行此项试验。如果组合包装的外包装能达到最低的规定要求，则内包装可免做本项试验。

7.2.6.1 试验设备

液压危险品包装试验机或达到相同效果的其他试验设备。

7.2.6.2 **试验压力(表压)**

按下列三种方法之一计算。

7.2.6.2.1 温度55 ℃时测出的包装件内总表压(即盛装物质气压加上空气或惰性气体气压减去100 kPa)乘上安全系数1.5。$p_T=(p_{M55}\times1.5)$kPa,不低于95 kPa。

7.2.6.2.2 待运货物50 ℃时蒸气压的1.75倍,减去100 kPa。$p_T=(V_{P50}\times1.75)-100$ kPa,不低于100 kPa。

7.2.6.2.3 待运货物55 ℃时蒸气压的1.5倍,减去100 kPa。$p_T=(V_{P55}\times1.5)-100$ kPa,不低于100 kPa。

式中:

p_T——试验压力,单位为千帕(kPa);

p_{M55}——温度55 ℃时容器内测得的总表压;

V_{P50}——50 ℃时货物的蒸气压;

V_{P55}——55 ℃时货物的蒸气压。

7.2.6.2.4 其中拟装Ⅰ级液体危险货物的包装容器的试验压力为250 kPa。

7.2.6.3 **试验方法**

启动液压危险包装试验机,向内包装内连续均匀施以液压,同时打开排气阀,排除试验容器内残留气体,然后关闭排气阀。塑料、塑料复合包装包括它们的封闭器,应承受规定恒液压(表压)30 min,其他容器包括它们的封闭器,应承受规定恒液压(表压)5 min。

7.2.7 **堆码试验**

7.2.7.1 **试验设备**

按GB/T 4857.3的要求。

7.2.7.2 **试验方法**

拟装液体的塑料桶、塑料罐和复合包装6HH1和6HH2应在40 ℃的温度下进行28 d的堆码试验。其他包装容器的堆码时间为24 h。其他试验方法按GB/T 4857.3的要求。

7.2.7.3 **堆码载荷**

$$P=K\times\left(\frac{H-h}{h}\right)\times m$$

式中:

P——加载的负荷,单位为千克(kg);

K——劣变系数,K值为1;

H——堆码高度(不少于3 m),单位为米(m);

h——单个包装件高度,单位为米(m);

m——单个包装件毛质量(毛重),单位为千克(kg)。

7.3 **性能检验规则**

7.3.1 生产厂应保证所生产的空运危险货物包装应符合本标准规定,并由有关检验部门按本标准检验。用户有权按本标准的规定,对接收的产品提出验收检验。

7.3.2 检验项目:按7.2的要求逐项进行检验。

7.3.3 性能检验的条件

空运危险货物包装有下列情况之一时,应进行性能检验:

——新产品投产或老产品转产时;

——正式生产后,如结构、材料、工艺有较大改变,可能影响产品性能时;

——在正常生产时,每半年一次;

——产品长期停产后,恢复生产时;

——出厂检验结果与上次性能检验结果有较大差异时；

——国家质量监督机构提出进行性能检验。

7.3.4 判定规则：按标准的要求逐项进行检验，若每项有一个样品不合格则判断该项不合格，若有一项不合格则评定该批产品不合格。

7.3.5 不合格批处理：不合格批中的空运危险货物包装经剔除后，再次提交检验，其严格度不变。

8 使用鉴定

8.1 使用鉴定要求

8.1.1 一般要求

8.1.1.1 包装件的外观要求：包装件上铸印、印刷或粘贴的标记、标志和危险货物彩色标签应准确清晰，符合有关规定要求。包装件外表应清洁，不允许有残留物、污染或渗漏。凡采用铅封的包装件应在航空货运部门现场查验后进行封识。

8.1.1.2 使用单位选用的包装应与航空运输危险货物的性质相适应，其性能本标准的规定。

8.1.1.3 容器的包装等级应等于或高于盛装货物要求的包装级别。

8.1.1.4 在下列情况时应提供由国家质量监督检验检疫部门认可的检验机构出具的危险品分类、定级和危险特性检验报告：

a） 首次运输或生产的；

b） 首次出口的；

c） 国家质检部门认为有必要时。

8.1.1.5 磁性物体或可能有磁性物质，应提交磁场强度测试报告，其磁场强度大于 0.418 A/m 时应屏蔽。

8.1.1.6 首次使用的塑料包装容器或内涂、内镀层容器应提供 6 个月以上化学相容性试验合格的报告。

8.1.1.7 危险货物包装件单件净重不得超过国际民航组织（ICAO）《航空危险货物安全运输技术规则》规定的质量。

8.1.1.8 一般液体危险货物灌装至包装容器总容积的 98%以下，膨胀系数较大的液体货物，应根据其膨胀系数确定容器的预留容积。固体危险货物盛装至包装容积的 95%以下，剩余空间按规定填充或者衬垫。

8.1.1.9 采用液体或惰性气体保护危险货物时，该液体或惰性气体应能有效保证危险货物的安全。

8.1.1.10 危险货物不得撒漏在包装容器外表和内外包装之间。

8.1.1.11 危险货物和与之相接触的包装不得发生任何影响包装强度及发生危险的化学反应。

8.1.1.12 吸附材料不得与所装危险货物起有危险的化学反应，并确保内包装破裂时能完全吸附滞留全部危险货物，不致造成内容物从外包装容器渗漏出来。

8.1.1.13 防震及衬垫材料不得与所装危险货物起化学反应，而降低其防震性能。应有足够的衬垫填充材料，防止内包装移动。

8.1.2 特殊要求

8.1.2.1 桶罐类包装

8.1.2.1.1 闭口桶罐的大、小封闭器螺盖应紧密配合，并配以适当的密封圈。螺盖拧紧程度应达到密封要求。

8.1.2.1.2 开口桶罐应配以适当的密封圈，无论采用何种形式封口，均应达到紧箍、密封要求。扳手箍还需用销子锁住扳手。

8.1.2.2 箱类包装

8.1.2.2.1 木箱、纤维板箱用钉紧固时，应钉实，不得突出钉帽，穿透包装的钉尖必应盘倒，并加封盖，以防与内装物发生任何化学反应或物理变化。打包带紧箍箱体。

8.1.2.2.2 瓦楞纸箱应完好无损，封口应平整牢固，打包带紧箍箱体。

8.1.2.3 袋类包装

8.1.2.3.1 袋类外包装，需经国家行政主管部门批准方可用于盛装空运危险货物。

8.1.2.3.2 袋包装封口要求：

——外包装用缝线封口时，无内衬袋的外包装袋口应折叠 30 mm 以上，缝线的开始和结束应有 5 针以上回针，其缝针密度应保证内容物不撒漏且不降低袋口强度。有内衬袋的外包装袋缝针密度应保证牢固无内容物撒漏。

——内包装袋封口要求：不论采用绳扎、粘合或其他型式的封口，应保证内容物无撒漏。

——绳扎封口：袋内应无气体、袋口用绳紧绕二道，扎紧打结，再将袋口朝下折转、用绳紧绕二道，扎紧打结。如果是双层袋应按此法分层扎紧。

——粘合封口：袋内应无气体、粘合牢固不允许有孔隙存在。如果是双层袋应分层粘合。

8.1.2.4 组合包装

8.1.2.4.1 内包装容器盛装液体时，封口应符合液密封口的规定；如需气密封口的，需符合气密封口的规定。

8.1.2.4.2 盛装液体的易碎内包装(如玻璃等)，其外包装应符合Ⅰ级包装。

8.1.2.4.3 吸附材料应符合 8.1.1.12 的要求。

8.1.2.4.4 衬垫材料应符合 8.1.1.13 的要求。

8.1.2.4.5 箱类外包装如是不防渗漏或不防水的，应使用防渗漏的内衬或内包装。

8.2 抽样

8.2.1 检验批

以相同原材料、相同结构和相同工艺生产的包装为一检验批，最大批量为 5 000 件。

8.2.2 抽样规则

按 GB/T 2828.1 正常检查一次抽样一般检查水平Ⅱ进行抽样。

8.2.3 抽样数量

见表 6。

表 6 抽样数量

单位为件

批量范围	抽样数量
1～8	2
9～15	3
16～25	5
26～50	8
51～90	13
91～150	20
151～280	32
281～500	50
501～1 200	80
1 201～3 200	125
3 201～5 000	200

8.3 鉴定

8.3.1 检查空运危险货物包装是否符合 8.1.1.1 和 8.1.1.9 的要求。

8.3.2 按标准中有关规定检查所选用包装是否与航空运输危险货物的性质相适应；容器的包装等级是否等于或高于盛装货物的级别；是否有性能检验的合格报告。

8.3.3 对于8.1.1.4、8.1.1.6提到的空运危险货物包装检查是否具有相应的证明和检验报告。

8.3.4 检查空运危险货物净重是否符合8.1.1.7的要求。

8.3.5 检查盛装液体或固体的空运危险货物包装，其盛装容积是否符合8.1.1.8的要求。

8.3.6 提取保护危险货物的液体分析确定保护性液体是否有效保证危险货物的安全。

8.3.7 用微型气体测定仪检测惰性气体含量，确定惰性气体是否有效保证危险货物的安全。

8.3.8 检查危险货物和与之接触的包装、吸附材料、防震和衬垫材料，绳、线等包装附加材料是否发生化学反应，影响其使用性能。

8.3.9 检查封口情况是否符合8.1.2.1.2、8.1.2.3.2的规定。

8.3.10 检查桶罐类包装是否符合8.1.2.1的要求。

8.3.11 检查箱类包装，是否符合8.1.2.2的要求。

8.3.12 检查组合包装的内包装封口是否符合8.1.2.4.1的要求。易碎内包装的外包装是否为Ⅰ类包装。吸附材料是否符合8.1.1.12的规定。

8.4 鉴定规则

8.4.1 危险货物包装的使用企业应保证所使用的空运危险货物包装符合本标准规定，并由有关检验部门按本标准鉴定。危险货物的用户有权按本标准的规定，对接收的产品提出验收鉴定。

8.4.2 鉴定项目：按8.1、8.3的要求逐项进行鉴定。

8.4.3 空运危险货物包装应以订货量为批，逐批鉴定。

8.4.4 判定规则：按标准的要求逐项进行鉴定，若每项有一个包装件不合格则判断该项不合格，若有一项不合格则评定该批包装件不合格。

8.4.5 不合格批处理：不合格批中的不合格空运危险货物包装件经剔除后，再次提交鉴定，其严格度不变。

附 录 A
（规范性附录）
常见空运危险货物包装容器的性能试验项目

表 A.1 给出了常见空运危险货物包装容器的性能试验项目。

表 A.1 性能试验项目

类别	代码	型别	应检验项目			
			跌落	气密	液压	堆码
钢桶	1A1	固定顶盖	+	+	+	+
	1A2	活动顶盖	+			+
铝桶	1B1	固定顶盖	+	+	+	+
	1B2	活动顶盖	+			+
钢罐	3A1	固定顶盖	+	+	+	+
	3A2	活动顶盖	+			+
胶合板桶	1D		+			+
纤维板桶	1G		+			+
塑料桶和罐	1H1	桶，固定顶盖	+	+	+	+
	1H2	罐，活动顶盖	+			+
	3H1	桶，固定顶盖	+	+	+	+
	3H2	罐，活动顶盖	+			+
天然木箱	4C1	普通的	+			+
	4C2	带防渗漏层	+			+
胶合板箱	4D		+			+
再生木板箱	4F		+			+
纤维箱	4G		+			+
塑料箱	4H1	发泡塑料箱	+			+
	4H2	密实塑料箱	+			+
钢或铝箱	4A1	钢箱	+			+
	4A2	带内衬或内涂层钢箱	+			+
	4B1	铝箱（不许使用）	+			+
	4B2	带内衬或内涂层铝箱（不许使用）	+			+
纺织袋	5L1	不带内衬或涂层	本标准不可使用			
	5L2	防渗漏	+			
	5L3	防水	+			
塑料编织袋	5H1	不带内衬或涂层	经主管机关批准才可使用			
	5H2	防渗漏	+			
	5H3	防水	+			
塑料膜袋	5H4		+			
纸袋	5M1	多层	本标准不可使用			
	5M2	多层，防水的	+			

表 A.1（续）

类　别	代　码	型　别	应检验项目			
			跌落	气密	液压	堆码
复合包装（塑料材料）	6HA1	外钢桶内塑料容器	+	+	+	+
	6HA2	外钢板条箱内塑料容器	+			+
	6HB1	外铝桶内塑料容器	+	+	+	+
	6HB2	外铝板箱内塑料容器	+			+
	6HC	外木板箱内塑料容器	+			+
	6HD1	外胶合板桶内塑料容器	+	+	+	+
	6HD2	外胶合板箱内塑料容器	+			+
	6HG1	外纤维板桶内塑料容器	+	+	+	+
	6HG2	外纤维板箱内塑料容器	+			+
	6HH1	外塑料桶内塑料容器	+	+	+	+
	6HH2	外塑料箱内塑料容器	+			+

注：表中“＋”号表示应检测项目。

附 录 B
（规范性附录）
各种常用的包装容器代码、类型、要求及最大容量和净重

表 B.1 给出了各种常用的包装容器代码、类型、要求及最大容积和净重的有关要求。

表 B.1 要求

类别	代码	型别	要　　求	最大容量 L	最大净质量（净重） kg
钢桶	1A1 1A2	非活动顶盖 活动顶盖	a) 桶身和桶盖应根据钢桶的容量和用途，使用型号适宜和厚度足够的钢板制造。 b) 拟用于装 40 L 以上液体的钢桶，桶身接缝应焊接。拟用于装固体或者装 40 L 以下液体的钢桶，桶身接缝可用机械方法结合或焊接。 c) 桶的凸边应用机械方法接合，或焊接。也可以使用分开的加强环。 d) 容量超过 60 L 的钢桶桶身，通常应该至少有两个扩张式滚箍，或者至少两个分开的滚箍。如使用分开式滚箍，则应在桶身上固定紧，不得移位。滚箍不应点焊。 e) 非活动盖（1A1）钢桶桶身或桶盖上用于装入、倒空和通风的开口，其直径不得超过 7 cm。开口更大的钢桶将视为活动盖（1A2）钢桶。桶身和桶盖的开口封闭装置的设计和安装应做到在正常运输条件下始终是紧固和不漏的。封闭装置凸缘应用机械方法或焊接方法恰当接合。除非封闭装置本身是防漏的，否则应使用密封垫或其他密封件。 f) 活动盖刚桶的封闭装置的设计和安装，应做到在正常的运输条件下该装置始终是紧固的，钢桶始终是不漏的。所有活动盖都应使用垫圈或其他密封件。 g) 如果桶身、桶盖、封闭装置和连接件等所用的材料本身与装运的物质是不相容的，应施加适当的内保护涂层或处理。在正常运输条件下，这些涂层或处理层应始终保持其保护性能。	450	400
铝桶	1B1 1B2	非活动顶盖 活动顶盖	a) 桶身和桶盖应由纯度至少 99% 的铝或铝合金制成。应根据铝桶的容量和用途，使用适当型号和足够厚度的材料。 b) 所有接缝应是焊接的。凸边如果有接缝的话，应该另外加加强环。 c) 容量大于 60 L 的铝桶桶身，通常至少装有两个扩张式滚箍，或者两个分开式滚箍。如装有分开式滚箍时，应安装的很牢固，不得移动。滚箍不应点焊。 d) 非活动盖（1B1）铝桶的桶身或桶盖上用于装入、倒空和通风的开口，其直径不得超过 7 cm。开口更大的铝桶将视为活动盖（1B2）铝桶。桶身和桶盖的开口封闭装置的设计和安装应做到在正常运输条件下，它们始终是紧固和不漏的。封闭装置凸缘应焊接恰当，使接缝不漏。除非封闭装置本身是防漏的，否则应使用垫圈或其他密封件。 e) 活动盖铝桶的封闭装置的设计和安装，应做到在正常运输条件下始终是紧固和不漏的。所有活动盖都应使用垫圈或其他密封件。	450	400

表 B.1（续）

类别	代码	型别	要求	最大容量 L	最大净质量（净重） kg
钢罐	3A1 3A2	非活动顶盖 活动顶盖	a) 罐身和罐盖应用钢板制造。应根据罐的容量和用途，使用适当型号和足够厚度的材料。 b) 钢罐的凸边应用机械方法接合或焊接。用于容装 40 L 以上液体的钢罐罐身接缝应焊接。用于容装小于或等于 40 L 的钢罐罐身接缝应使用机械方法接合或焊接。 c) 罐（3A1 和 3B1）的开口直径不得超过 7 cm。开口更大的罐将视为活动盖型号（3A2 和 3B2）。封闭装置的设计应做到在正常运输条件下始终是紧固和不漏的。除非封闭装置本身是防漏的，否则应使用密封垫或其他密封件。 d) 如果罐身、盖、封闭装置和连接件等所用的材料本身与装运的物质是不相容的，应施加适当的内保护涂层或处理。在正常运输条件下，这些涂层或处理层应始终保持其保护性能。	60	120
胶合板桶	1D		a) 所用木料应彻底风干，达到商业要求的干燥程度，其没有任何有损于桶的使用效能的缺陷。若用胶合板以外的材料制造桶盖，其质量与胶合板应是相等的。 b) 桶身至少应用两层胶合板，桶盖至少应用三层胶合板制成。各层胶合板，应按交叉纹理用抗水粘合剂牢固的粘在一起。 c) 桶身、桶盖及其连接部位应根据桶的容量和用途设计。 d) 为防止所装物质筛漏，应使用牛皮纸或其他具有同等效能的材料作桶盖衬里。衬里应紧扣在桶盖上并延伸到整个桶盖周围外。	250	400
纤维板桶	1G		a) 桶身应由多层厚纸或纤维板（无绉折）牢固的胶合或层压在一起，可以有一层或多层由沥青、涂腊牛皮纸、金属薄片、塑料等构成的保护层。 b) 桶盖应由天然木、纤维板、金属、胶合板、塑料或其他适宜材料制成，还可包括一层或多层由沥青、涂腊牛皮纸、金属薄片、塑料等构成的保护层。 c) 桶身、桶盖及其连接处的设计应与桶的容量和用途相适应。 d) 装配好的容器应由足够的防水性，在正常运输条件下不应出现剥层现象。	450	400
塑料桶和罐	1H1	桶，非活动顶盖	a) 容器应使用适宜的塑料制造，其强度应与容器的容量和用途相适应。除了联合国《关于危险货物运输的建议书　规章范本》（第 15 修订版）中第 1 章界定的回收塑料外，不可使用生产剩料或来自同样生产过程重新磨合的材料以外的用过材料。容器应对老化和由于所装物质或紫外线辐射引起的质量降低具有足够的抗力。 b) 除非主管当局另有批准，容器允许运输危险物质的使用期应为从其制造日期算起不得超过 5 年，但由于所运物质的性质而规定更短的使用期者除外。用回收塑料制造的容器应在第 7 章规定的标记附近标上“REC”。 c) 如果需要防紫外线辐射，应在材料内加入炭黑或其他合适的色素或抑制剂。这些添加剂应是与内装物相容的，并应在容器的整个	450	400
	1H2	罐，活动顶盖		450	400
	3H1	桶，非活动顶盖		60	120
	3H2	罐，活动顶盖		60	120

表 B.1（续）

类别	代码	型别	要　　求	最大容量 L	最大净质量（净重） kg
塑料桶和罐	1H1 1H2 3H1 3H2	桶，非活动顶盖 罐，活动顶盖 桶，非活动顶盖 罐，活动顶盖	使用期间保持其效能。当使用的炭黑、色素或抑制剂与制造试验过的设计型号所用的不同时，如炭黑按质量分数不超过 2%。或色素含量(按质量)不超过 3%，则不可再进行试验；紫外线辐射抑制剂的含量不限。 d) 除了防紫外线辐射的添加剂之外，可以在塑料成分中加入其他添加剂，如果这些添加剂对容器材料的化学和物理性质并无不良作用。在这种情况下，可免除再试验。 e) 容器各点的壁厚，应与其容量、用途以及各个点可能承受的压力相适应。 f) 对非活动盖的桶(1H1)和罐(3H1)而言，桶身(罐身)和桶盖(罐盖)上用于装入、倒空和通风的开口直径不得超过 7 cm。开口更大的桶和罐将视为活动盖型号的桶和罐(1H2 和 3H2)，桶(罐)身或桶(罐)盖上开口的封闭装置的设计和安装应做到在正常运输条件下始终是紧固和不漏的。除非封闭装置本身是防漏的，否则应使用垫圈或其他密封件。 g) 设计和安装活动盖桶和罐的封闭装置，应做到在正常运输条件下该装置始终是紧固和不漏的。所有活动盖都应使用垫圈，除非桶或罐的设计是在活动盖加的很紧时，桶或罐本身是防漏的。	450 450 60 60	400 400 120 120
天然木箱	4C1 4C2	普通的 带防渗漏层	a) 所用木材应彻底风干，达到商业要求的干燥程度，以及没有会实质上降低箱子任何部位强度的缺陷。所用材料的强度和制造方法，应与箱子的容量和用途相适应。顶部和底部可用防水的再生木，如高压板、刨花板或其他合适材料制成。 b) 紧固件应耐的住正常运输条件下经受的振动。可能时应避免用横切面固定法。可能受力很大的接缝应用抱钉或环状钉会类似紧固件接合。 c) 4C2 箱的每一部分应是一块板，或与一块板等效。用下面方法中的一个接合起来的板可认为与一块板等效：林德曼(Linderman)连接、舌槽接合、搭接或槽舌接合、或者在每一个接合处至少用两个波纹金属扣件的对头连接。		400
胶合板箱	4D		所用的胶合板至少应为 3 层。胶合板应由彻底风干的旋制、切成或锯制的层板制成，它应符合商业要求的干燥程度，没有会实质上降低箱子强度的缺陷。所用材料的强度和制造方法应与箱子的容量和用途相适应。所有邻接各层，应用防水粘合剂胶合。其他适宜材料也可与胶合板一起用于制造箱子。应由角柱或端部钉牢或固定住箱子，或用同样适宜的紧固装置装配箱子。		400
再生木板箱	4F		a) 箱壁应由防水的再生木制成，例如高压板、刨花板或其他适宜材料。所用材料强度和制造方法应与箱子的容量和用途相适应。 b) 箱子的其他部分可用其他适宜材料制成。 c) 应使用适当装置牢固的装配箱子。		400

表 B.1（续）

类别	代码	型别	要　　求	最大容量 L	最大净质量（净重） kg
纤维板箱	4G		a) 应使用与箱子的容量和用途相适应、坚固优质的实心或双面波纹纤维板（单层或多层）。外表面的抗水性应是：当使用可勃(Cobb)法确定吸水性时，在 30 min 的试验期内，质量增加值不大于 155 g/m^2——见 GB/T 1540。纤维板应有适当的纤维强度。纤维板应在切割、压折时无裂缝，并应开槽，以便装配是不会裂开、表面破裂或者不应有的弯曲。波纹纤维板的槽部，应牢固的胶合在面板上。 b) 箱子的端部可以有一个木制框架，或全部是木材或其他适宜材料。可以用木板条或其他适宜材料加强。 c) 箱体上的接合处，应用胶带粘贴、搭接并胶住，或搭接并用金属卡钉钉牢。搭接处应由适当长度的重叠。 d) 用胶合或胶带粘贴方式进行封闭时，应使用防水胶合剂。 e) 箱子的设计应与所装物品十分相配。		400
塑料箱	4H1 4H2	泡沫塑料箱 密实塑料箱	a) 应根据箱的容量和用途，用足够强度的适宜塑料制造箱子。箱子应对老化和由于所装物质或紫外线辐射引起的质量降低具有足够的抗力。 b) 发泡塑料箱应包括由模制泡沫塑料制成的两个部分，一为箱底部分，有可放入内容器的模槽，另一为箱顶部分，它将盖在箱底上，并能彼此扣住。箱底和箱顶的设计应使内容器能刚刚好放入。内容器的封闭帽不得与箱顶的内面接触。 c) 发货时，泡沫塑料箱应用具有足够抗拉强度的自粘胶带封闭，以防箱子打开。这种自胶粘带应能耐受风吹雨淋日晒，其粘合剂与箱子的泡沫塑料是相容的。也可使用至少同样有效的其他封闭装置。 d) 硬塑料箱如果需要防护紫外线辐射，应在材料内添加炭黑或其他合适的色素或抑制剂。这些添加剂应是与内装物相容的，并在箱子的整个使用期限内保持效力。当使用的炭黑、色素或抑制剂与制造试验过的设计型号所使用的不同时，如炭黑质量分数不超过 2%，或色素质量分数不超过 3%，则可不再进行试验；紫外线辐射抑制剂的含量不限。 e) 防紫外线辐射以外的其他添加剂，如果对箱子材料的物理或化学性质不会产生有害影响，可加入塑料成分中。在这种情况下，可免予再试验。 f) 硬塑料箱的封闭装置应具有足够强度的适当材料制成，其设计应使箱子不会意外打开。		60 400
钢或铝箱	4A1 4A2 4B1 4B2	钢箱 带内衬或内涂层钢箱 铝箱（不许使用） 带内衬或内涂层铝箱（不许使用）	a) 金属的强度和箱子的构造，应与箱子的容量和用途相适应。 b) 箱子应视需要用纤维板或毡片作内衬，或有合适材料作的内衬或涂层。如果采用双层压折接合的金属衬，应采取措施防止内装物，特别是爆炸物，进入到接缝的凹槽处。 c) 封闭装置可以是任何合适类型，在正常运输条件下应始终是紧固的。		400

表 B.1（续）

类别	代码	型别	要　　求	最大容量 L	最大净质量（净重） kg
纺织袋	5L1	不带内衬或涂层	本标准规定不可使用		
	5L2 5L3	防渗漏 防水	a）所用纺织品应是优质的。纺织品的强度和袋子的构造应与袋的容量和用途相适应。 b）防渗漏袋 5L2：袋应能防止筛漏，例如，可采用下列方法： 1）用抗水粘合剂，如沥青、将纸粘贴在袋的内表面上；或 2）袋的内表面粘贴塑料薄膜；或 3）纸或塑料做的一层或多层衬里。 c）防水袋 5L3：袋应具有防水性能以防止潮气进入，例如，可采用下列方法： 1）用防水纸（如涂腊牛皮纸、柏油纸或塑料涂层牛皮纸）做的分开的内衬里；或 2）袋的内表面粘贴塑料薄膜；或 3）纸或塑料做的一层或多层衬里。		50
塑料编织袋	5H1	不带内衬或涂层	经主管机关批准才可使用		
	5H2 5H3	防渗漏 防水	a）袋子应使用适宜的弹性塑料袋或塑料单丝编织而成。材料的强度和袋的构造应与袋的容量和用途相适应。 b）如果织品是平织的，袋子应用缝合、编织或其他能达到同样强度的方法来闭合。 c）防渗漏袋 5H2：袋应能防筛漏，例如可采用下列方法： 1）袋的内表面粘贴纸或塑料薄膜； 2）用纸或塑料做的一层或多层分开的衬里。 d）防水袋 5H3：袋应具有防水性能以防止潮气进入，例如，可采用下述方法： 1）用防水纸（例如，涂腊牛皮纸，双面柏油牛皮纸或塑料涂层牛皮纸）做的分开的内衬里； 2）塑料薄膜粘贴在袋的内表面或外表面； 3）一层或多层塑料内衬。		50
塑料膜袋	5H4		袋应用适宜塑料制成。材料的强度和袋的构造应与袋的容量相适应。接缝和闭合处应能承受在正常运输条件下可能产生的压力和冲击。		50
袋	5M1	多层	本标准规定不可使用		
	5M2	多层，防水的	a）袋应使用合适的牛皮纸或性能相同的纸制造，至少有三层，中间一层可以是网格布和粘合剂在外层纸上。 b）袋 5M2：为防止进入潮气，可用下述方法使四层或四层以上的纸袋具有防水性：最外面两层中的一层作为防水层，或在最外面二层中间加入一层用适当的保护性材料作的防水层。防水的三层纸袋，最外面一层应是防水层。当所装物质可能与潮气发生反应，或者是在潮湿条件下包装的，与内装物接触的一层应是防水层或隔水层，例如，双面柏油牛皮纸、塑料涂层牛皮纸、袋的内表面粘贴塑料薄膜、或一层或多层塑料内衬里。接缝和闭合处应是防水的。		50

表 B.1（续）

类别	代码	型别	要　　求	最大容量 L	最大净质量（净重） kg
复合包装（塑料材料）	6HA1	外钢桶内塑料容器	a) 贮器 塑料内贮器应适用本表塑料桶和罐 a)、d)、e)、f)、g)的要求。塑料内贮器应在外容器内配合紧贴，外容器不得有可能擦伤塑料的凸出处。 b) 外容器 塑料贮器与外钢或铝桶 6HA1 或 6HB1；外容器的构造应酌情适用钢桶或铝桶的有关要求。 c) 塑料贮器与外钢或铝板条箱或箱 6HA2 或 6HB2；外容器的构造应适用钢箱或铝箱的有关要求。 d) 塑料贮器与外木箱 6HC；外容器的构造应适用天然木箱的有关要求。 e) 塑料贮器与外胶合板桶 6HD1；外容器的构造应适用胶合板箱的有关要求。 f) 塑料贮器与外胶合板箱 6HD2；外容器的构造应适用胶合板箱的有关要求。 g) 塑料贮器与外纤维质桶 6HG1；外容器的构造应适用纤维板桶 1～4 的要求。 h) 塑料贮器与外纤维板箱 6HG2；外容器的构造应适用纤维板桶的有关要求。塑料贮器与外塑料 6HH1；外容器的构造应适用本表塑料桶和罐 a)，c)～g)的要求。 i) 塑料贮器与外硬塑料箱（包括波纹塑料箱）6HH2；外容器的构造应适用本表塑料箱 a)，d)～f)的要求。	250	400
	6HA2	外钢板条箱内塑料容器		60	75
	6HB1	外铝桶内塑料容器		250	400
	6HB2	外铝板箱内塑料容器		60	75
	6HC	外木板箱内塑料容器		60	75
	6HD1	外胶合板桶内塑料容器		250	400
	6HD	外胶合板箱内塑料容器		60	75
	6HG1	外纤维板桶内塑料容器		250	400
	6HG2	外纤维板箱内塑料容器		60	75
	6HH1	外塑料桶内塑料容器		250	400
	6HH2	外塑料箱内塑料容器		60	75

附 录 C
（资料性附录）
各区域代码

表 C.1 给出了全国各区域的代码。

C.1 各区域代码

地区名称	代码	地区名称	代码	地区名称	代码
北京	1100	安徽	3400	海南	4600
天津	1200	福建	3500	四川	5100
河北	1300	厦门	3502	重庆	5102
山西	1400	江西	3600	贵州	5200
内蒙古	1500	山东	3700	云南	5300
辽宁	2100	河南	4100	西藏	5400
吉林	2200	湖北	4200	陕西	6100
黑龙江	2300	湖南	4300	甘肃	6200
上海	3100	广东	4400	青海	6300
江苏	3200	深圳	4403	宁夏	6400
浙江	3300	广西	4500	新疆	6500

附 录 D
（资料性附录）
包装标记示例

D.1 盛装液体货物

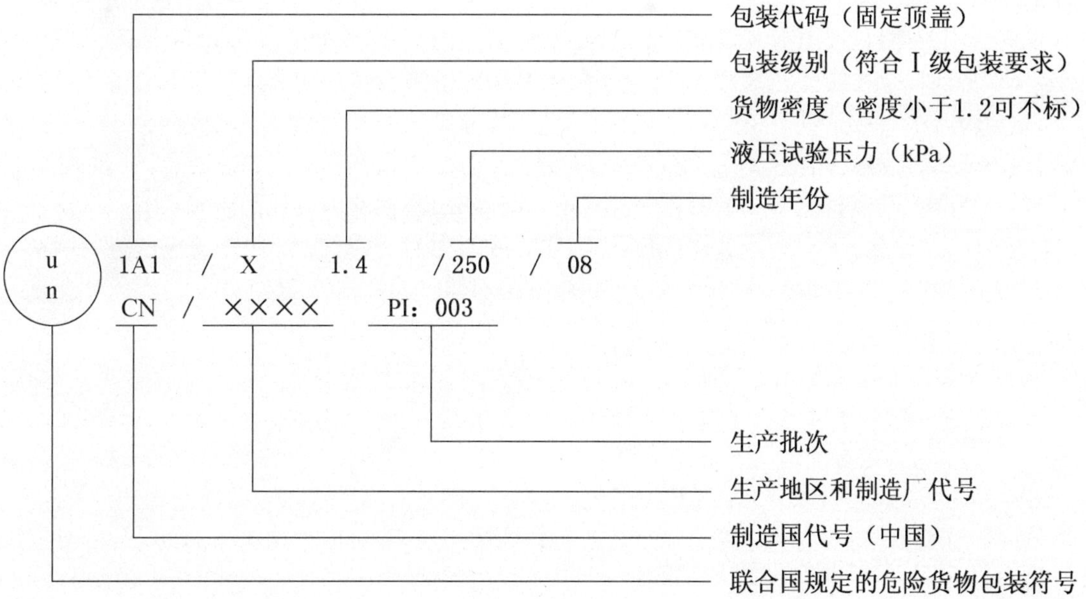

D.2 盛装固体货物

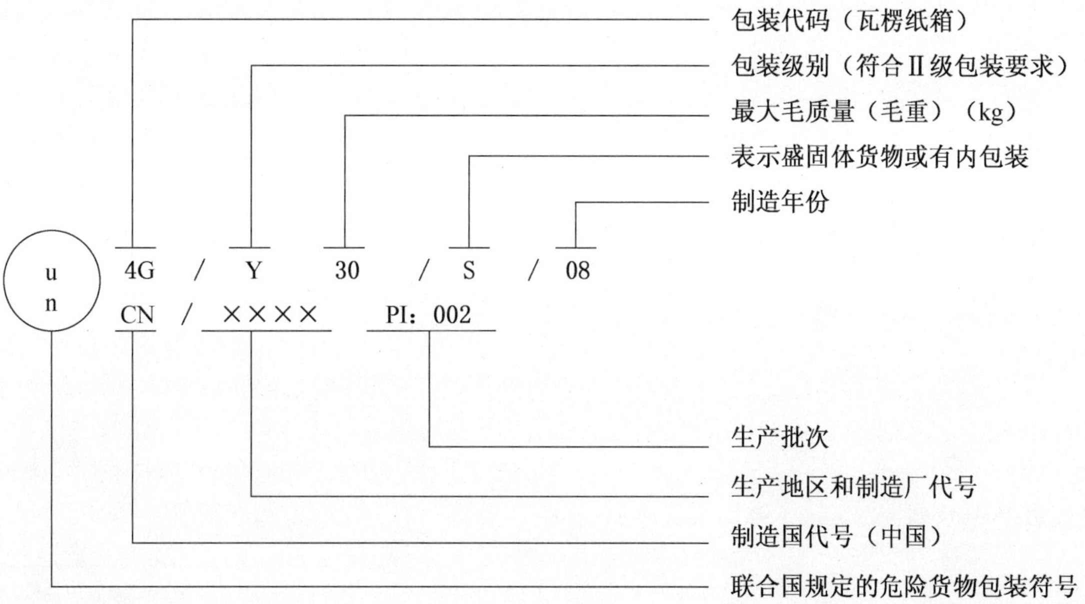

ICS 13.300
A 80

中华人民共和国国家标准

GB 19453—2009
代替 GB 19453.1—2004,GB 19453.2—2004

危险货物电石包装检验安全规范

Safety code for inspection of packaging of dangerous goods for calcium carbide

2009-06-21 发布　　2010-05-01 实施

中华人民共和国国家质量监督检验检疫总局
中国国家标准化管理委员会　发布

前　言

本标准第4章、第5章为强制性的，其余为推荐性的。

本标准代替GB 19453.1—2004《危险货物电石包装检验安全规范　性能检验》、GB 19453.2—2004《危险货物电石包装检验安全规范　使用鉴定》。

本标准与上述两个标准的主要修改内容为：

——对部分技术内容做了修改，使标准有关包装的技术内容与联合国《关于危险货物运输的建议书　规章范本》(第15修订版)和国际海事组织(IMO)《国际海运危险货物规则》(2006版)完全一致；

——在标准文本格式上按GB/T 1.1—2000做了编辑性修改。

本标准的附录A为资料性附录。

本标准由全国危险化学品管理标准化技术委员会(SAC/TC 251)提出并归口。

本标准负责起草单位：天津出入境检验检疫局。

本标准参加起草单位：湖南出入境检验检疫局。

本标准主要起草人：王利兵、李宁涛、冯智劼、张勇、赵青、胡新功。

本标准所代替标准的历次版本发布情况为：

——GB 19453.1—2004；

——GB 19453.2—2004。

危险货物电石包装检验安全规范

1 范围

本标准规定了危险货物电石包装钢桶的性能检验和使用鉴定。

本标准适用于危险货物电石包装钢桶的检验和鉴定。

危险货物电石的其他包装的性能检验也可参照使用。

2 规范性引用文件

下列文件中的条款通过本标准的引用而成为本标准的条款。凡是注日期的引用文件,其随后所有的修改单(不包括勘误的内容)或修订版均不适用于本标准,然而,鼓励根据本标准达成协议的各方研究是否可使用这些文件的最新版本。凡是不注日期的引用文件,其最新版本适用于本标准。

GB/T 325—2000 包装容器 钢桶

GB/T 2828.1 计数抽样检验程序 第1部分:按接收质量限(AQL)检索的逐批检验抽样计划

GB/T 4857.3 包装 运输包装件基本试验 第3部分:静载荷堆码试验方法

GB/T 4857.5—1992 包装 运输包装件 跌落试验方法

GB/T 13040 包装术语 金属容器

GB/T 17344 包装 包装容器 气密试验方法

GB 19433 空运危险货物包装检验安全规范

3 术语和定义

GB/T 325、GB/T 13040 和 GB 19433 确立的术语和定义适用于本标准。

4 性能检验

4.1 要求

4.1.1 危险货物电石包装一般使用开口钢桶。

4.1.2 危险货物电石包装钢桶应符合如下要求。

4.1.2.1 桶身和桶盖应根据钢桶的容量和用途,使用型号适宜和厚度足够的钢板制造。

4.1.2.2 桶身接缝应焊接。

4.1.2.3 桶的凸边应用机械方法接合,或焊接。也可以使用分开的加强环。

4.1.2.4 容量超过 60 L 的钢桶桶身,通常应该至少有两个扩张式滚箍,或者至少两个分开的滚箍。如使用分开式滚箍,则应在桶身上固定紧,不得移位。滚箍不应点焊。

4.1.2.5 桶身和桶盖的开口封闭装置的设计和安装应做到在正常运输条件下保持牢固和内容物无泄漏。封闭装置凸缘应用机械方法或焊接方法恰当接合。除非封闭装置本身是防漏的,否则应使用密封垫或其他密封件。

4.1.2.6 如果桶身、桶盖、封闭装置和连接件等所用的材料本身与装运的物质是不相容的,应施加适当的内保护涂层或处理层。在正常运输条件下,这些涂层或处理层应始终保持其保护性能。

4.1.3 电石包装钢桶用油墨和涂料应附着力强,耐候性好,其漆膜附着力应达到 GB/T 325—2000 附录 A.2 规定的 2 级要求。

4.1.4 电石包装钢桶性能试验要求见表1。

表1

性能检验项目	要　　　求
堆码试验	样品不破裂、不倒塌、无渗漏
跌落试验	样品跌落后，当内外压力达到平衡后不渗漏，具有内涂(镀)层的容器，其涂(镀)层不得有龟裂、剥落
气密试验	样品无渗漏

4.2 试验

4.2.1 试验项目

试验项目见表1。

4.2.2 样品数量

4.2.2.1 不同试验项目的样品数量见表2。

表2 试验项目和抽样数量　　单位为件

试验项目	抽样数量
堆码试验	3
跌落试验	6
气密试验	3

4.2.2.2 在不影响检验结果的情况下，允许减少抽样数量，一个样品同时进行多项试验。

4.2.3 试验样品的准备

4.2.3.1 内装物

样品所盛装的内装物不得少于其容量的95%。内装物可采用物理性能(如质量和粒度等)与拟装物相同的物质来替代。

4.2.3.2 气密试验样品准备

在包装容器的顶部钻孔，接上进水管及排气管，或接上进气管。对设有排气孔的封闭器，应换成不透气的封闭器或堵住排气孔。

4.2.3.3 结构尺寸及外观

用量具及目测方法检验。

4.2.4 跌落试验

4.2.4.1 试验设备

符合GB/T 4857.5—1992中第2章试验设备的要求。

4.2.4.2 试验方法

跌落试验方法按GB 19433中的要求进行。

4.2.4.3 跌落高度为1.2 m。

4.2.5 气密试验

4.2.5.1 试验设备和方法

按GB/T 17344的要求。

4.2.5.2 试验压力为20 kPa。

4.2.6 堆码试验

4.2.6.1 试验设备

按GB /T 4857.3的要求。

4.2.6.2 **试验方法**

包装容器的堆码时间为 24 h。其他试验方法按 GB /T 4857.3 的要求。

4.2.6.3 **堆码载荷**

$$P = K \times \left(\frac{H-h}{h}\right) \times m$$

式中：

P——加载的负荷，单位为千克(kg)；

K——劣变系数，K 值为 1；

H——堆码高度(不少于 3 m)；

h——单个包装件高度，单位为米(m)；

m——单个包装件毛质量(毛重)，单位为千克(kg)。

4.3 检验规则

4.3.1 生产厂应保证所生产的电石包装钢桶符合本标准规定，并由有关检验部门按本标准检验。用户有权按本标准的规定，对接收的产品提出验收检验。

4.3.2 检验项目：按 4.1、4.2 的要求逐项进行检验。

4.3.3 电石包装钢桶有下列情况之一时，应进行性能检验：

——新产品投产或老产品转产时；

——正式生产后，如结构、材料、工艺有较大改变，可能影响产品性能时；

——在正常生产时，每半年一次；

——产品长期停产后，恢复生产时；

——出厂检验结果与上次性能检验结果有较大差异时；

——国家质量监督机构提出进行性能检验。

4.3.4 判定规则：

按标准的要求逐项进行检验，若每项有一个样品不合格则判断该项不合格，若有一项不合格则评定该批产品不合格。

4.3.5 不合格批处理：

不合格批中的电石包装钢桶经剔除后，再次提交检验，其严格度不变。

5 使用鉴定

5.1 要求

5.1.1 外观要求

5.1.1.1 钢桶上铸印、印刷或粘贴的标记、标志和危险货物彩色标签应准确清晰，符合 GB 19433 有关规定要求，并且应明显标注“已充氮气”字样。

5.1.1.2 包装件外表应清洁，不允许有残留物、污染或渗漏。

5.1.1.3 凡采用铅封的包装件应在货运部门现场查验后进行封识。

5.1.2 使用单位选用的钢桶应与运输危险货物的性质相适应，其性能应符合第 4 章性能检验的规定。

5.1.3 钢桶的包装等级应等于或高于盛装货物要求的包装级别。

5.1.4 在下列情况时应提供由国家质量监督检验检疫部门认可的检验机构出具的危险品分类、定级和危险特性检验报告：

a) 首次运输或生产的；

b) 首次出口的；

c) 国家质检部门认为有必要时。

5.1.5 首次使用带内涂、内镀层的钢桶应提供6个月以上化学相容性试验合格的报告。

5.1.6 钢桶应配以适当的密封圈，无论采用何种形式封口，均应达到紧箍、密封要求。扳手箍还需用销子锁住扳手。

5.1.7 充氮要求

电石包装充氮方法应得当，一般可采用附录A的方法，也可采用其他等效方法。应使用含氮99.99%以上的纯氮气，当使用含氮99.9%的普通氮气时，应经过干燥处理，去除水分。

5.1.8 钢桶使用前后应在库内存放，保持干燥。

5.1.9 钢桶气密封口鉴定应无渗漏。

5.1.10 钢桶内乙炔含量(体积分数)不大于1%。

5.2 抽样

5.2.1 鉴定批

以相同原材料、相同结构和相同工艺生产的包装件为一鉴定批，最大批量为5 000件。

5.2.2 抽样规则

按GB/T 2828.1正常检查一次抽样一般检查水平Ⅱ进行抽样。

5.2.3 抽样数量

见表3。

表3 抽样数量

单位为件

批量范围	抽样数量
1～8	2
9～15	3
16～25	5
26～50	8
51～90	13
91～150	20
151～280	32
281～500	50
501～1 200	80
1 201～3 200	125
3 201～5 000	200

5.3 鉴定

5.3.1 检查电石包装钢桶外观是否符合5.1.1的要求。

5.3.2 按第4章有关规定检查所选用钢桶是否与内装物的性质相适应；钢桶的包装等级是否等于或高于盛装危险货物的级别；是否有性能检验的合格报告。

5.3.3 对于5.1.4和5.1.5提到的钢桶检查是否具有相应的证明和检验报告。

5.3.4 检查钢桶的封口和密封圈是否符合5.1.6的规定。

5.3.5 检查包装充氮是否符合5.1.7的要求。

5.3.6 鉴定包装件气密封口是否符合5.1.9的要求。

5.3.6.1 鉴定设备

a) 充氮装置；

b) 压力表；

c) 其他辅助器具。

5.3.6.2　鉴定步骤

打开包装桶盖的一个充氮孔装上通气嘴向桶内充入氮气，入口处压力保持在20 kPa，并在包装桶封口部位涂以肥皂液，观察是否渗漏。

5.3.7　鉴定包装件内乙炔含量是否符合5.1.10的要求。

5.3.7.1　鉴定设备：乙炔测定仪。

5.3.7.2　鉴定步骤：使用经标准乙炔气校正过的乙炔测定仪，打开充氮孔，将仪器的抽气管从充氮孔插入包装件内测定。

5.4　鉴定规则

5.4.1　电石包装钢桶的使用企业应保证所使用的电石包装钢桶符合本标准规定，并由有关检验部门按本标准鉴定。电石包装件的用户有权按本标准的规定，对接收的包装件提出验收鉴定。

5.4.2　鉴定项目：按5.1、5.2的要求逐项进行鉴定。

5.4.3　电石包装件应以订货量为批，最大订货量不超过5 000件，逐批鉴定。

5.4.4　判定规则：

按标准的要求逐项进行鉴定，若每项有一个包装件不合格则判断该项不合格，若有一项不合格则评定该批包装件不合格。

5.4.5　不合格批处理：

不合格批中的不合格电石包装件经剔除后，再次提交鉴定，其严格度不变。

附 录 A
（资料性附录）
电石包装的充氮方法

A.1 负压充氮法

使用三通阀连接包装件、真空泵及充氮管。首先关闭充氮管，开启真空泵抽出包装件内的气体，然后关闭真空泵，开启充氮管充氮至包装件内产生正压为止。

A.2 正压充氮法

在装电石时向包装件底部插入一根充氮管，开始充氮，从底部排除包装件内的混合气体，然后封闭开口，再从顶盖的充氮孔充氮。

ICS 13.300
A 80

中华人民共和国国家标准

GB 19457—2009
代替 GB 19457.1—2004,GB 19457.2—2004

危险货物涂料包装检验安全规范

Safety code for inspection of packaging of dangerous goods for paint

2009-06-21 发布　　2010-05-01 实施

中华人民共和国国家质量监督检验检疫总局
中国国家标准化管理委员会　发布

前　言

本标准第4章、第5章为强制性的，其余为推荐性的。

本标准代替GB 19457.1—2004《危险货物涂料包装检验安全规范　性能检验》、GB 19457.2—2004《危险货物涂料包装检验安全规范　使用鉴定》。

本标准与上述标准的主要修改内容为：

——对部分技术内容做了修改，使标准有关包装的技术内容与联合国《关于危险货物运输的建议书规章范本》(第15修订版)和国际海事组织(IMO)《国际海运危险货物规则》(2006版)的技术内容完全一致；

——在标准文本格式上按GB/T 1.1—2000做了编辑性修改。

本标准由全国危险化学品管理标准化技术委员会(SAC/TC 251)提出并归口。

本标准负责起草单位：天津出入境检验检疫局。

本标准参加起草单位：湖南出入境检验检疫局。

本标准主要起草人：王利兵、李宁涛、冯智劼、赵青、张园、周磊。

本标准所代替标准的历次版本发布情况为：

——GB 19457.1—2004；

——GB 19457.2—2004。

危险货物涂料包装检验安全规范

1 范围

本标准规定了危险货物涂料包装的性能检验和使用鉴定。

本标准适用于危险货物涂料包装的检验和鉴定。

2 规范性引用文件

下列文件中的条款通过本标准的引用而成为本标准的条款。凡是注日期的引用文件,其随后所有的修改单(不包括勘误的内容)或修订版均不适用于本标准,然而,鼓励根据本标准达成协议的各方研究是否可使用这些文件的最新版本。凡是不注日期的引用文件,其最新版本适用于本标准。

GB/T 325—2000 包装容器 钢桶

GB/T 2828.1 计数抽样检验程序 第1部分:按接收质量限(AQL)检索的逐批检验抽样计划

GB/T 4857.3 包装 运输包装件基本试验 第3部分:静载荷堆码试验方法

GB/T 4857.5—1992 包装 运输包装件 跌落试验方法

GB/T 13040 包装术语 金属容器

GB/T 13252 包装容器 钢提桶

GB/T 17344 包装 包装容器 气密试验方法

GB 19432 危险货物大包装检验安全规范

GB 19433 空运危险货物包装检验安全规范

GB 19434 危险货物中型散装容器检验安全规范

GB 19434.5 危险货物金属中型散装容器性能检验安全规范

GB 19434.6 危险货物复合中型散装容器性能检验安全规范

GB 19434.8 危险货物刚性塑料中型散装容器性能检验安全规范

3 术语和定义

GB/T 325、GB 13040 和 GB 19433 确立的以及下列术语和定义适用于本标准。

3.1

钢提桶 steel pail

加有提手的金属包装桶,有开口和闭口两种。

3.2

黏稠性涂料 viscous paint

黏度在 23 ℃时超过 200 mm^2/s 的涂料。

4 性能检验

4.1 要求

4.1.1 涂料包装分为组合包装、单一包装(钢提桶除外)、中型散装容器、大包装和钢提桶。

4.1.2 涂料包装的组合包装、单一包装(钢提桶除外)的要求应符合 GB 19433 附录 A 的有关要求。

4.1.3 蒸气压在 50 ℃时小于或等于 110 kPa 或在 55 ℃时小于或等于 130 kPa 的涂料允许使用下列中型散装容器装运:

——金属(31A,31B 和 31N)(仅限于Ⅱ级或Ⅲ级包装);

——刚性塑料(31H1 和 31H2)(仅限于Ⅱ级或Ⅲ级包装);

——复合(31HZ1)(仅限于Ⅱ级或Ⅲ级包装);

——复合(31HA2,31HB2,31HN2,31HD2 和 31HH2)(仅限于Ⅲ级包装)。

涂料包装中型散装容器应符合 GB 19434 和 GB 19434.5、GB 19434.6、GB 19434.8 中的有关要求。

4.1.4 涂料大包装应符合 GB 19432 的有关要求。

4.1.5 涂料包装钢提桶结构尺寸应符合 GB/T 13252 的规定。钢提桶内、外表面光滑、圆整、无锈蚀、卷边均匀,无皱纹、无毛刺、无铁舌。焊缝平整均匀,无熔瘤、焊渣。漆膜颜色均匀,无明显变色、流挂、起泡等缺陷。

4.1.6 涂料包装钢提桶用油墨和涂料应附着力强,耐候性好,其漆膜附着力应达到 GB/T 325—2000 附录 A2 规定的 2 级以上。

4.1.7 开口钢提桶一般不应用来装用液体涂料。但经本标准检验合格的开口钢提桶可盛装包装类Ⅲ级的黏稠性涂料。

4.1.8 性能要求

a) 组合包装、单一包装(钢提桶除外)、中型散装容器和大包装的性能要求应符合 GB 19433、GB 19434.5、GB 19434.6、GB 19434.8 和 GB 19432 的有关要求。

b) 钢提桶性能要求试验见表 1。

表 1 钢提桶性能要求

性能检验项目	要 求
堆码试验	所有被试验的包装件不破、不倒塌、无渗漏
跌落试验	包装件跌落后,当内外压力(采取戳孔或打开封闭器)达到平衡后不渗漏,具有内涂(镀)层的容器,其涂(镀)层不得有龟裂、剥落
气密试验	包装件无渗漏
液压试验	包装件无渗漏
提梁、提环强度试验	提梁、提环及桶体连接部位均无破损

4.1.9 在不影响涂料运输安全前提下允许采用其他等效包装。对于包装类为Ⅱ级和Ⅲ级的涂料包装容器,如每个金属或塑料容器所装的数量等于或小于 5 L 并且在下列条件下运输,可免除本标准的性能试验:

——装在托盘化货件、集装箱或成组装运设备中,例如个别容器放置或堆叠在托盘上并且用捆扎、收缩包装、拉伸包装或其他适当手段紧固。对于海运,托盘化货件、集装箱或成组装运设备应稳固地堆积在封闭的货物运输装置中并予以紧固;

——作为最大净重 40 kg 的组合容器的内容器。

4.2 试验

4.2.1 涂料组合包装、单一包装(钢提桶除外)按 GB 19433 的要求进行。

4.2.2 涂料包装中型散装容器按 GB 19434.5、GB 19434.6、GB 19434.8 中的要求进行。

4.2.3 涂料大包装按 GB 19432 中的要求进行。

4.2.4 涂料包装钢提桶的试验

4.2.4.1 试验项目见表 2。

4.2.4.2 样品数量:不同试验项目的样品数量见表 2,在不影响检验结果的情况下,允许减少抽样数量,一个样品同时进行多项试验。

表 2　试验项目和抽样数量

单位为件

试验项目	抽样数量
堆码试验	3
跌落试验	6
气密试验	3
液压试验	3
提梁、提环强度试验	3

4.2.4.3　试验样品的准备

4.2.4.3.1　内装物

样品所盛装的涂料不得少于其容量的98%。样品的内装物可采用物理性能与拟装物相同的物质来替代。跌落试验如用代用品时，则该代用品的相对密度和黏度应与拟装运物质相似。也可以按6.4.5.3b）所要求的条件，用水进行跌落试验。

4.2.4.3.2　气密试验、液压试验的样品准备

在包装容器的顶部钻孔，接上进水管及排气管，或接上进气管。对设有排气孔的封闭器，应换成不透气的封闭器或堵住排气孔。

4.2.4.4　结构尺寸及外观

用量具及目测方法检验。

4.2.4.5　跌落试验

4.2.4.5.1　试验设备

符合GB/T 4857.5—1992中第2章试验设备的要求。

4.2.4.5.2　试验方法

4.2.4.5.2.1　跌落试验方法按GB 19433中的要求进行。

4.2.4.5.2.2　盛装黏稠性涂料的开口钢提桶跌落部位按如下进行：

a）第一次跌落3个试样都针对底部薄弱部位进行角跌落；

b）第二次跌落3个试样都跌在底平面；

c）跌落试验时的其他要求见GB/T 4857.5。

4.2.4.5.3　跌落高度

a）如采用拟装涂料或采用具有基本相同物理性质的其他物质进行试验，其跌落高度见表3。

表 3　跌落高度

单位为米

Ⅰ级包装	Ⅱ级包装	Ⅲ级包装
1.8	1.2	0.8

b）如用水来替代进行试验：

——如拟运输涂料的相对密度小于或等于1.2时其跌落高度见表3；

——如果拟运输的涂料相对密度大于1.2，其跌落高度应根据拟运输涂料的相对密度（d）按表4计算出，四舍五入至一位小数。

表 4　跌落高度与密度换算表

单位为米

Ⅰ级包装	Ⅱ级包装	Ⅲ级包装
$d\times1.5$	$d\times1.0$	$d\times0.67$

4.2.4.6　气密试验

4.2.4.6.1　试验设备和方法

按 GB/T 17344 的要求。

4.2.4.6.2 试验压力

试验压力见表 5。

表 5 试验压力(表压)

单位为千帕

Ⅰ级包装	Ⅱ级包装	Ⅲ级包装
30	20	20

4.2.4.7 液压试验

4.2.4.7.1 试验设备

液压危险品包装试验机或达到相同效果的其他试验设备。

4.2.4.7.2 试验压力(表压)

按下列三种方法之一计算:

a) 温度 55 ℃时测出的包装件内总表压(即盛装物质气压加上空气或惰性气体气压减去100 kPa)乘上安全系数 1.5。$p_T=(p_{M55}\times1.5)$kPa,不低于 95 kPa。

b) 待运货物 50℃时蒸气压的 1.75 倍,减去 100 kPa。$p_T=(V_{P50}\times1.75)-100$ kPa,不低于 100 kPa。

c) 待运货物 55℃时蒸气压的 1.5 倍,减去 100 kPa。$p_T=(V_{P55}\times1.5)-100$ kPa,不低于 100 kPa。

其中:

p_T——试验压力,单位为千帕(kPa);

p_{M55}——温度 55 ℃时容器内测得的总表压;

V_{P50}——50 ℃时货物的蒸气压;

V_{P55}——55 ℃时货物的蒸气压。

d) 其中拟装Ⅰ级液体危险货物的包装容器的试验压力为 250 kPa。

4.2.4.7.3 试验方法

启动液压危险包装试验机,向包装内连续均匀施以液压,同时打开排气阀,排除试验容器内残留气体,然后关闭排气阀。容器包括它们的封闭器,应承受规定恒液压(表压)5 min。

4.2.4.8 堆码试验

4.2.4.8.1 试验设备

按 GB/T 4857.3 的要求。

4.2.4.8.2 试验方法

包装容器的堆码时间为 24 h。其他试验方法按 GB/T 4857.3 的要求。

4.2.4.8.3 堆码载荷

$$P=K\times\left(\frac{H-h}{h}\right)\times m$$

式中:

P——加载的负荷,单位为千克(kg);

K——劣变系数,K 值为 1;

H——堆码高度(不少于 3 m);

h——单个包装件高度,单位为米(m);

m——单个包装件毛质量(毛重),单位为千克(kg)。

4.2.4.9 提梁、提环强度试验

将提梁、提环用适当的方法固定,然后在桶身上沿垂直方向加负载 590 N,并保持 5 min。

4.3 检验规则

4.3.1 生产厂应保证所生产的涂料包装符合本标准规定，并由有关检验部门按本标准检验。用户有权按本标准的规定，对接收的产品提出验收检验。

4.3.2 检验项目：按 4.1、4.2 的要求逐项进行检验。

4.3.3 涂料包装有下列情况之一时，应进行性能检验：

——新产品投产或老产品转产时；

——正式生产后，如结构、材料、工艺有较大改变，可能影响产品性能时；

——在正常生产时，每半年一次；

——产品长期停产后，恢复生产时；

——出厂检验结果与上次性能检验结果有较大差异时；

——国家质量监督机构提出进行性能检验。

4.3.4 判定规则：按标准的要求逐项进行检验，若每项有一个样品不合格则判断该项不合格，若有一项不合格则评定该批产品不合格。

4.3.5 不合格批处理：不合格批中的涂料包装经剔除后，再次提交检验，其严格度不变。

5 使用鉴定

5.1 要求

5.1.1 一般要求

5.1.1.1 包装件的外观要求

5.1.1.1.1 包装件上铸印、印刷或粘帖的标记、标志和危险货物彩色标签应准确清晰，符合 GB 19433 有关规定要求。

5.1.1.1.2 包装件外表应清洁，不允许有残留物、污染或渗漏。

5.1.1.1.3 凡采用铅封的包装件应在货运部门现场查验后进行封识。

5.1.1.2 使用单位选用的包装应与运输危险货物的性质相适应，其性能应符合第 4 章的有关规定。

5.1.1.3 容器的包装等级应等于或高于盛装货物要求的包装级别。

5.1.1.4 在下列情况时应提供由国家质量监督检验检疫部门认可的检验机构出具的危险品分类、定级和危险特性检验报告：

a) 首次运输或生产的；

b) 首次出口的；

c) 国家质检部门认为有必要时。

5.1.1.5 首次使用的塑料包装容器或内涂、内镀层容器应提供 6 个月以上化学相容性试验合格的报告。

5.1.1.6 一般涂料危险货物灌装至包装容器总容积的 98%以下，膨胀系数较大的涂料，应根据其膨胀系数确定容器的预留容积。

5.1.1.7 涂料和与之相接触的包装不得发生任何影响包装强度及发生危险的化学反应。

5.1.1.8 吸附材料不得与所装涂料发生有危险的化学反应，并确保内包装破裂时能完全吸附滞留全部危险货物，不致造成内容物从外包装容器渗漏出来。

5.1.1.9 防震及衬垫材料不得与所装涂料起化学反应，而降低其防震性能。应有足够的衬垫填充材料，防止内包装移动。

5.1.2 特殊要求

5.1.2.1 桶类包装的要求

5.1.2.1.1 闭口桶罐的大、小封闭器螺盖应紧密配合，并配以适当的密封圈。螺盖拧紧程度应达到密封要求。

5.1.2.1.2　开口钢提桶一般不应用来装运涂料，但经本标准性能检验合格的允许装运黏稠性涂料，但应组成成组货物运输，即：

——开口钢提桶放置或堆码并采用捆扎、紧缩缠绕或其他合适方法紧固在像托盘之类的货板上；

——开口钢提桶放置在防护外包装内；

——开口钢提桶永久性固定和装在网格内。

5.1.2.1.3　开口钢提桶应配以适当的密封圈，无论采用何种形式封口，均应达到紧箍、密封要求。扳手箍还需用销子锁住扳手。

5.1.2.2　组合包装的要求

5.1.2.2.1　内包装封口应符合液密封口的规定；如需气密封口的，需符合气密封口的规定。

5.1.2.2.2　盛装液体的易碎内包装（如玻璃等），其外包装应符合Ⅰ级包装。

5.1.2.2.3　吸附材料应符合5.1.1.8的要求。

5.1.2.2.4　衬垫材料应符合5.1.1.9的要求。

5.1.2.2.5　箱类外包装如是不防渗漏或不防水的，应使用防渗漏的内衬或内包装。

5.1.2.2.6　木箱、纤维板箱用钉紧固时，应钉实，不得突出钉帽，穿透包装的钉尖应盘倒，并加封盖，以防与内装物发生任何化学反应或物理变化，打包带紧箍箱体。

5.1.2.2.7　瓦楞纸箱应完好无损，封口应平整牢固，打包带紧箍箱体。

5.1.2.3　涂料包装中型散装容器应符合GB 19434的规定。

5.1.2.4　涂料大包装应符合GB 19432的规定。

5.2　抽样

5.2.1　鉴定批

以相同原材料、相同结构和相同工艺生产的包装件为一鉴定批，最大批量为5 000件。

5.2.2　抽样规则

按GB/T 2828.1正常检查一次抽样一般检查水平Ⅱ进行抽样。

5.2.3　抽样数量

见表6。

表6　抽样数量

单位为件

批量范围	抽样数量
1～8	2
9～15	3
16～25	5
26～50	8
51～90	13
91～150	20
151～280	32
281～500	50
501～1 200	80
1 201～3 200	125
3 201～5 000	200

5.3　鉴定

5.3.1　检查涂料包装是否符合5.1.1.1的要求。

5.3.2　按第4章的有关规定检查所选用包装是否与涂料的性质相适应；容器的包装等级是否等于或高

于盛装涂料的级别;是否有性能检验的合格报告。

5.3.3 对于5.1.1.4提到的涂料包装检查是否具有相应的证明和检验报告。

5.3.4 检查涂料和与之接触的包装、吸附材料、防震和衬垫材料,绳、线等包装附加材料是否发生化学反应,影响其使用性能。

5.3.5 检查闭口桶罐的封闭器和密封圈是否符合5.1.2.1.1的规定。

5.3.6 检查桶类包装的封口情况是否符合5.1.2.1.3的规定。

5.3.7 检查盛装黏稠性涂料的开口钢提桶是否符合5.1.2.1.2和5.1.2.1.3的规定。

5.3.8 检查桶类包装是否符合5.1.2.1的要求。

5.3.9 检查组合包装的内包装封口是否符合5.1.2.2.1的要求。易碎内包装的外包装是否为Ⅰ级包装。吸附材料是否符合5.1.1.8的规定。衬垫材料是否符合5.1.1.9的规定。

5.3.10 检查组合包装的外包装是否符合5.1.2.2.5、5.1.2.2.6和5.1.2.2.7的要求。

5.3.11 检查涂料包装中型散装容器是否符合5.1.2.3的规定。

5.3.12 检查涂料大包装是否符合5.1.2.4的规定。

5.4 检验规则

5.4.1 危险货物包装的使用企业应保证所使用的涂料包装符合本标准规定,并由有关检验部门按本标准鉴定。涂料包装件的用户有权按本标准的规定,对接收的涂料包装件提出验收鉴定。

5.4.2 鉴定项目:按5.1、5.3的要求逐项进行鉴定。

5.4.3 涂料包装件应以订货量为批,逐批鉴定。

5.4.4 判定规则:按标准的要求逐项进行鉴定,若每项有一个包装件不合格则判断该项不合格,若有一项不合格则评定该批包装件不合格。

5.4.5 不合格批处理:不合格批中的不合格涂料包装件经剔除后,再次提交鉴定,其严格度不变。

ICS 11.080.30
C 47

中华人民共和国国家标准

GB/T 19633.1—2015/ISO 11607-1:2006
部分代替 GB/T 19633—2005

最终灭菌医疗器械包装 第1部分:材料、无菌屏障系统和包装系统的要求

Packaging for terminally sterilized medical devices—Part 1:Requirements for materials, sterile barrier systems and packaging systems

(ISO 11607-1:2006,IDT)

2015-12-10 发布　　2016-09-01 实施

中华人民共和国国家质量监督检验检疫总局
中国国家标准化管理委员会　发布

前　言

GB/T 19633《最终灭菌医疗器械包装》分为两个部分：

——第 1 部分：材料、无菌屏障系统和包装系统的要求；

——第 2 部分：成形、密封和装配过程的确认的要求。

本部分为 GB/T 19633 的第 1 部分。

本部分按照 GB/T 1.1—2009 给出的规则起草。

本部分部分代替了 GB/T 19663—2005《最终灭菌医疗器械的包装》，与 GB/T 19663—2005 相比主要技术内容变化如下：

——细化了包装系统的设计和开发的考虑因素；

——增加了包装系统性能试验；

——增加了稳定性试验；

——增加了需提供的信息；

——增加了附录 A、附录 B。

本部分使用翻译法等同采用国际标准 ISO 11607-1:2006《最终灭菌医疗器械包装　第 1 部分：材料、无菌屏障系统和包装系统的要求》。

请注意本文件的某些内容可能涉及专利。本文件的发布机构不承担识别这些专利的责任。

本部分由国家食品药品监督管理总局提出。

本部分由全国消毒技术与设备标准化技术委员会(SAC/TC 210)归口。

本部分起草单位：国家食品药品监督管理局济南医疗器械质量监督检验中心。

本部分主要起草人：吴平、张丽梅、刘成虎。

本部分所代替标准的历次版本发布情况为：

——GB/T 19633—2005。

引　言

设计和开发最终灭菌医疗器械包装的过程是一项复杂而重要的工作。器械组件和包装系统共同构建了产品的有效性和安全性,使其在使用者手中能得到有效使用。

GB/T 19633 的本部分为考虑材料范围、医疗器械、包装系统设计和灭菌方法方面规定了预期用于最终灭菌医疗器械包装系统的材料、预成形系统的基本要求。GB/T 19633.2 描述了成形、密封和装配过程的确认要求。本部分规定了所有包装材料的通用要求,而 YY/T 0698.1～YY/T 0698.10 则规定了常用材料的专用要求。GB/T 19633 的两个部分还设计成满足《欧洲医疗器械指令的基本要求》。

为具体材料和预成形无菌屏障系统提供要求的标准见 YY/T 0698 系列标准。符合 YY/T 0698.1～YY/T 0698.10 可用以证实符合本部分的一项或多项要求。

最终灭菌医疗器械包装系统的目标是能进行灭菌、提供物理保护、保持使用前的无菌状态,并能无菌取用。医疗器械的具体特性、预期的灭菌方法、预期使用、有效期限、运输和贮存都对包装系统的设计和材料的选择带来影响。

在 ISO 11607-1 的制定过程中,遇到的主要障碍之一是术语的协调。术语“包装”“最终包装”“初包装”在全球范围内有不同的含义。因此,选用这些术语中的哪一个被认为是完成 ISO 11607-1 的一个障碍。协调的结果是,引入了“无菌屏障系统”这样一个术语,用来描述执行医疗器械包装所需的特有功能的最小包装。其特有功能有:可对其进行灭菌,提供可接受的微生物屏障,可无菌取用。“保护性包装”则用以保护无菌屏障系统,无菌屏障系统和保护性包装组成了包装系统。“预成形无菌屏障系统”可包括任何已完成部分装配的无菌屏障系统,如组合袋、顶头袋、医院用的包装卷材等。附录 A 给出了无菌屏障系统的概述。

无菌屏障系统是最终灭菌医疗器械安全性的基本保证。管理机构之所以将无菌屏障系统视为是医疗器械的一个附件或一个组件,正是认识到了无菌屏障系统的重要特性所在。世界上许多地方把销往医疗机构用于机构内灭菌的预成形无菌屏障系统视为医疗器械。

最终灭菌医疗器械包装 第1部分:材料、无菌屏障系统和包装系统的要求

1 范围

GB/T 19633 的本部分规定了材料、预成形无菌屏障系统、无菌屏障系统和预期在使用前保持最终灭菌医疗器械无菌的包装系统的要求和试验方法。

本部分适用于工业、医疗机构以及任何将医疗器械装入无菌屏障系统后灭菌的情况。

本部分未包括无菌制造医疗器械的无菌屏障系统和包装系统的全部要求。对药物与器械组合的情况,还可能需要有其他要求。

本部分未描述所有制造阶段控制的质量保证体系。

2 规范性引用文件

下列文件对于本文件的应用是必不可少的。凡是注日期的引用文件,仅注日期的版本适用于本文件。凡是不注日期的引用文件,其最新版本(包括所有的修改单)适用于本文件。

ISO 5636-5:2003　纸和纸板　透气度的测定(中等范围)　第5部分:葛尔莱法(Paper and board—Determination of air permeance and air resistance(medium range)—Part 5:Gurley method)

3 术语和定义

下列术语和定义适用于本文件。

3.1

无菌取用　aseptic presentation

采用不受微生物污染的条件和程序取出和传递一个无菌产品。

3.2

生物负载　bioburden

产品或无菌屏障系统上,或产品或无菌屏障系统中存活微生物的数量。

[ISO/T 11139:2006]

3.3

闭合　closure

用不形成密封的方法关闭无菌屏障系统。

注:例如,用一个重复使用的容器密封垫片,或反复折叠,以形成一弯曲路径,都可使一个无菌屏障系统形成闭合。

3.4

闭合完整性　closure integrity

确保能在规定条件下防止微生物进入的闭合特性。

注:另见3.8。

3.5

有效期限　expiry date

至少用年和月表示的一个日期,此日期前产品可以使用。

3.6

标签　labeling

以书写、印刷、电子或图形符号等方式固定在医疗器械或其包装系统上,或医疗器械随附文件上。

注:标签是与医疗器械的识别、技术说明和使用有关的文件,但不包括运输文件。

3.7

医疗器械　medical device

制造商的预期用途是为下列一个或多个特定目的应用于人类的，不论是单独使用还是组合使用的仪器、设备、器具、机器、用具、植入物、体外试剂或校准物、软件、材料或其他相关物品。这些目的是：

——疾病的诊断、预防、监护、治疗或缓解；

——损伤的诊断、监护、治疗、缓解或补偿；

——解剖或生理过程的研究、替代、调节或支持；

——支持或维持生命；

——妊娠的控制；

——医疗器械的消毒；

——通过对取自人体的样本进行体外检查的方式提供医疗信息。

其作用于人体表或体内的主要预期作用不是用药理学、免疫学或代谢的手段获得,但可能有这些手段参与并起一定辅助作用。

注:这一定义出自 YY/T 0287—2003/ISO 13485:2003,是由全球协调特别工作组给出的(GHTF 2002)。

3.8

微生物屏障　microbial barrier

无菌屏障系统在规定条件下防止微生物进入的能力。

3.9

包装材料　packaging material

任何用于制造或密封包装系统的材料。

3.10

包装系统　packaging system

无菌屏障系统和保护性包装的组合。

3.11

预成形无菌屏障系统　preformed sterile barrier system

已完成部分装配供装入和最终闭合或密封的无菌屏障系统(3.22)。

示例:纸袋、组合袋和敞开着的可重复使用的容器。

3.12

产品　product

过程的结果。

[GB/T 19000—2008]

注:在灭菌标准中,产品是有形实体,可以是原材料、中间体、组件和医疗产品。

[ISO/TS 11139:2006]

3.13

保护性包装　protective packaging

为防止无菌屏障系统和其内装物从其装配直到最终使用的时间段内受到损坏的材料结构。

[ISO/TS 11139:2006]

3.14

回收材料　recycled material

通过对废料进行再加工的生产过程，使其可用于原用途或其他用途的材料。

3.15

重复性　repeatability

在相同的测量条件下进行测量时，同一特定被测量的连续测量结果之间的一致性的程度。

注1：这些条件称之为重复性条件。

注2：重复性条件可以包括：

——同一测量程序；

——同一观察者；

——同一条件下使用同一测量仪器；

——同一地点；

——短期内的重复。

注3：重复性可以用结果的离散特性来定量表征。

注4：出自《计量学中的国际间基本词汇和通用术语》，1993，定义3.6。

3.16

再现性　reproducibility

在改变了测量条件下进行测量(计量)时，同一特定被测量的测量结果之间的一致性的程度。

注1：要能有效地表述再现性，需要对改变的条件加以规范。

注2：改变的条件可以包括：

——测量原理；

——测量方法；

——观察者；

——测量仪器；

——基准；

——地点；

——使用条件；

——时间。

注3：再现性可以用结果的离散特性来定量表征。

注4：出自《计量学中的国际间基本词汇和通用术语》，1993，定义3.7。

3.17

重复性使用容器　reusable container

设计成可反复使用的刚性无菌屏障系统。

3.18

密封　seal

表面接合到一起的结果。

注：例如，用粘合剂或热熔法将表面连接在一起。

3.19

密封完整性　seal integrity

在规定条件下密封确保防止微生物进入的特性。

注：另见3.8。

3.20

密封强度　seal strength

密封的机械强度。

3.21

无菌　sterile

无存活微生物。

[ISO/TS 11139:2006]

3.22

无菌屏障系统　sterile barrier system

防止微生物进入并能使产品在使用地点无菌取用的最小包装。

3.23

无菌液路包装　sterile fluid-path packaging

设计成确保医疗器械预期与液体接触部分无菌的端口保护套和/或包装系统。

注：静脉内输液的管路内部是无菌液路包装的示例。

3.24

灭菌适应性　sterilization compatibility

包装材料和/或系统能经受灭菌过程并使包装系统内达到灭菌所需条件的特性。

3.25

灭菌介质　sterilizing agent

在规定条件下具有足够灭活特性使成为无菌的物理实体、化学实体或组合实体。

[ISO/TS 11139:2006]

3.26

最终灭菌　terminal sterilized

产品在其无菌屏障系统内被灭菌的过程。

3.27

使用寿命　useful life

满足所有性能要求的时间。

3.28

确认　validation

(通用) 通过检验和提供客观证据确定某一具体的预期使用的特殊要求能得到持续满足。

注：该定义适用于试验方法和设计的确认。

3.29

确认　validation

(过程) 通过获取、记录和解释所需的结果，来证明某个过程能持续生产出符合预定规范的产品的形成文件的程序。

注：出自 ISO/TS 11139:2006。

4　通用要求

4.1　总则

可使用 YY/T 0698.1～YY/T 0698.10 中的一个或多个部分证实符合本部分的一个或多个要求。

4.2　质量体系

4.2.1　本部分所描述的活动应在正式的质量体系下运行。

注：GB/T 19001 和 YY/T 0287 给出了适用的质量体系的要求。国家或地区可以规定其他要求。

4.2.2　不一定要取得第三方质量体系认证来满足本部分要求。

4.2.3 医疗机构可以采用所在国家或地区所要求的质量体系。

4.3 抽样

用于选择和测试包装系统的抽样方案应适合于被评价的包装系统。抽样方案应建立在统计学原理之上。

注：GB/T 2828.1 或 GB/T 450 给出了适宜的抽样方案。有些国家或地区可能还规定了其他抽样方案。

4.4 试验方法

4.4.1 所有用于表明符合本部分的试验方法应得到确认，并形成文件。

注：附录 B 包含了适宜的试验方法一览表。

4.4.2 试验方法确认应证实所用方法的适宜性。应包括下列要素：

——确定包装系统相应试验的选择原则；

——确定可接受准则；

注：合格/不合格是可接受准则的一种形式。

——确定试验方法的重复性；

——确定试验方法的再现性；

——确定完整性试验方法的灵敏度。

4.4.3 除非在试验方法中另有规定，试验样品应在(23±1)℃和(50±2)%的相对湿度条件下进行状态调节至少 24 h。

4.5 形成文件

4.5.1 证实符合本部分要求应形成文件。

4.5.2 所有文件应保存一个规定的期限。保存期限应考虑的因素有法规要求、医疗器械或灭菌屏障系统的有效期限和可追溯性。

4.5.3 符合要求的文件可包括(但不限于)性能数据、技术规范和出自确认过的试验方法的试验结果。

4.5.4 用于确认、过程控制或其他质量决策过程的电子记录、电子签名和手签署电子记录应真实可靠。

5 材料和预成形无菌屏障系统

5.1 通用要求

5.1.1 对所涉及材料的要求应适用于预成形无菌屏障系统和无菌屏障系统。

5.1.2 本条(5.1)中所列要求并非是所有要求。对于本条中未列的有些材料的特性可能需要用第 6 章给出的性能准则进行评价。

5.1.3 应确立、控制和记录(如适用)材料和/或预成形无菌屏障系统生产和搬运条件，以确保：

a) 这些条件与材料和/或无菌屏障系统的使用相适应；

b) 材料和/或无菌屏障系统的特性得到保持。

5.1.4 至少应考虑下列方面：

a) 温度范围；

b) 压力范围；

c) 湿度范围；

d) 上述三项的最大变化速率(必要时)；

e) 暴露于阳光或紫外光；

f) 洁净度；

g) 生物负载；

h) 静电传导性。

5.1.5 应了解所有材料特别是回收材料的来源、历史和可追溯性，并加以控制，以确保最终产品持续符合本部分的要求。

注：使用当今的工业生产技术，除生产回料以外的回收材料，不可能很好地控制使其安全地用于医疗器械包装。

5.1.6 应评价下列特性：

a) 微生物屏障；

b) 生物相容性和毒理学特性；

注：这一般适用于与器械接触的材料。GB/T 16886.1 给出了生物相容性指南。宜评价灭菌对生物相容性的影响。

c) 物理和化学特性；

d) 与成形和密封过程的适应性；

e) 与预期灭菌过程的适应性(见 5.3)；

f) 灭菌前和灭菌后的贮存寿命。

5.1.7 材料，如包裹材料，例如纸、塑料薄膜或非织造布或可重复使用的织物应符合下列通用性能要求：

a) 材料在规定条件下应无可溶出物并无味，不对与之接触的医疗器械的性能和安全性产生不良影响；

注：由于异味可以得到共识，因此无需用标准化的试验方法测定气味。

b) 材料上不应有穿孔、破损、撕裂、皱褶或局部厚薄不均等影响材料功能的缺陷；

c) 材料的基本重量(每单位面积质量)应与规定值一致；

d) 材料应具有可接受的清洁度、微粒污染和落絮水平；

e) 材料应满足规定的或最低物理性能要求，如抗张强度、厚度差异、抗撕裂性、透气性和耐破度；

f) 材料应满足已确立的最低化学性能，如 pH 值、氯化物和硫酸盐含量，以满足医疗器械、包装系统或灭菌过程的要求；

g) 在使用条件下，材料不论是在灭菌前、灭菌中或灭菌后，应不含有或释放出足以引起健康危害的毒性物质。

5.1.8 除了 5.1.1～5.1.7 给出的要求外，涂胶层的材料还应满足下列要求：

a) 涂层应是连续的，不应出现空白或间断以免导致在密封处形成间断；

b) 涂层质量应与标称值一致；

c) 当材料在规定条件下与另一个特定材料形成密封时，应证实具有所规定的最小密封强度。

5.1.9 无菌屏障系统和预成形无菌屏障系统除符合 5.1.1～5.1.7 和 5.1.8(如适用)以外，还应符合下列要求：

a) 在规定的灭菌过程前、灭菌中和灭菌后，材料及其组成，如涂层、印墨或化学指示物等，不应与医疗器械发生反应、对其污染和/或向其迁移，从而不对医疗器械产生副作用；

b) 如果是密封成形，密封宽度和强度(抗张强度和/或耐破度)应满足规定的要求；

c) 剥离结构应具有连续、均匀的剥离特性，不影响无菌打开和取用的材料分层或撕破；

注 1：纸袋和热封组合袋和卷材有结构和设计要求，也有性能要求。

注 2：如果密封预期打开后无菌取用，可能需要规定最大密封强度。

d) 密封和/或闭合应形成微生物屏障。

5.1.10 对可重复使用的容器，除了满足 5.1.1～5.1.7 的要求外，还应满足下列要求：

a) 每一容器应有“打开迹象”系统，当闭合完整性被破坏时，能提供清晰的指示；

b) 在从灭菌器内取出、运输和贮存过程中，灭菌介质出入口应提供微生物屏障(见 5.2)；

c) 微生物屏障系统形成后，其闭合应对微生物提供屏障；

d) 容器的结构应便于对所有基本部件进行检验；

e) 应建立每次重复性使用前检验的可接受准则；

注 1：最常见的检验程序是目力检验，还可能有其他可接受的方法。

f) 相同模数的容器的各部件应可以完全互换，不同模数的容器的各部件不能互换；

注 2：可用适宜的代码和/或标签来满足这一设计要求。

g) 服务、清洗程序和部件的检验、维护和更换方法等应得到规定。

注 3：重复性使用容器的其他指南见 YY/T 0698.8。

5.1.11 对可重复使用的织物，除了满足 5.1.1～5.1.7 和 5.1.8(如适用)的要求外，还应满足下列要求：

a) 对材料进行修补和每次灭菌后应满足性能要求；

b) 应建立洗涤和整理的处理程序，并形成文件；

注：这可包括目力检验、其他试验方法和再次使用的可接受准则。

c) 处理程序应在产品标签上给出。

5.1.12 对于重复性使用的无菌屏障系统，包括容器和织物，应确定按提供的说明处理时是否会导致降解，从而影响使用寿命。预计会发生降解时，应在产品标签中给出最大允许处理次数，或使用寿命终点应是可测定的。

5.2 微生物屏障特性

5.2.1 应按附录 C 测定材料的不透过性。

注：无菌屏障系统中所用材料的微生物屏障特性对保障包装完整性和产品的安全十分重要。评价微生物屏障特性的方法分两类：适用于不透性材料的方法和适用于透气性材料的方法。

5.2.2 证实了材料是不透性材料后，就意味着满足微生物屏障要求。

5.2.3 透气性材料应能提供适宜的微生物屏障，以提供无菌屏障系统的完整性和产品的安全性。

注：尚无通用的证实微生物屏障特性的方法。透气性材料的微生物屏障特性评价，通常是在规定的试验条件(透过材料的流量、挑战菌种和试验时间)下使携有细菌芽孢的气溶胶或微粒流经样品材料，从而对样品进行挑战试验。在此规定的试验条件下，用通过材料后的细菌或微粒的数量与其初始数量进行比较，来确定该材料的微生物屏障特性。经确认的物理试验方法，只要与经确认过的微生物挑战法有对应关系，其所得的数据也可用于确定微生物屏障特性。将来当有了确认过的材料和微生物屏障系统的微生物挑战方法时，将考虑列入本部分中。(详情见 Sinclair and Tallentire 2002[41]、Tallentire and Sinclair 1996[40]、Scholla *et al*. 1995[39] 和 Scholla *et al*. 2000[38]。)

5.3 与灭菌过程的适应性

5.3.1 应证实材料和预成形无菌屏障系统适合于其预期使用的灭菌过程和周期参数。

5.3.2 灭菌适应性的确定应使用按有关国际标准或欧洲标准设计、生产和运行的灭菌器。

注：例如，见 ISO 17665-1、ISO 11135、ISO 11137(所有部分)、ISO 14937、EN 285、EN 550、EN 552、EN 554、EN 1422 或 EN 14180。在制定 ISO 11607:2006 时，这些国际标准和欧洲标准之间正处于协调中。

5.3.3 应评价材料的性能，以确保在经受规定的灭菌过程后材料的性能仍在规定的限度范围之内。

5.3.4 规定的灭菌过程可包括多次经受相同或不同的灭菌过程。

5.3.5 对预期用途的适应性的确定应考虑材料在常规供应中将会发生的变化。

5.3.6 当产品用多层包裹或多层包装时，可以对内外层材料的性能有不同的限定。

5.3.7 适应性的确定可与所要采用的灭菌过程的确认同步进行。

5.4 与标签系统的适应性

标签系统应：

a) 在使用前保持完整和清晰；

b) 在规定的灭菌过程和周期参数的过程中和过程后，与材料、无菌屏障系统和医疗器械相适应，应不对灭菌过程造成不良影响；

c) 印墨不应向器械上迁移或与包装材料和/或系统起反应，从而影响包装材料和/或系统的有效性，也不应使其变色致使标签难以识别。

注：标签系统可有多种形式。包括直接在材料和/或无菌屏障系统上印刷或书写，或通过粘贴、热合或其他方式将标签上另外一层材料结合到材料和/或系统表面上。

5.5 贮存和运输

5.5.1 材料和预成形无菌屏障系统在运输和贮存过程中应有包装，为保持其性能提供必要的保护。

5.5.2 材料和预成形无菌屏障系统应在确保其性能可以保持在规定限度内的条件下运输和贮存(见5.1)。

这可通过以下来实现：

a) 证实这些特性在规定的贮存条件下的保持性；

b) 确保贮存条件保持在规定的限度内。

6 包装系统的设计和开发要求

6.1 总则

6.1.1 包装系统的设计，应使在特定使用条件下对使用者或患者所造成的安全危害降至最低。

6.1.2 包装系统应提供物理保护并保持无菌屏障系统的完整性。

6.1.3 无菌屏障系统应能对其灭菌并与所选择的灭菌过程相适应。

6.1.4 无菌屏障系统应在使用前或有效期限内保持其无菌状态。

注：另见 6.4.1。

6.1.5 保持无菌屏障的完整性可用来证实无菌状态的保持性。

注：见 ANSI/AAMI ST 65:2000 和 Hansen *et al*.[36]。无菌状态的丧失与事件相关，而不与时间相关。

6.1.6 当相似的医疗器械使用相同的包装系统时，应对其结构相似性和最坏情况的识别加以说明并形成文件。至少应使用最坏情况的条件来确定是否符合本部分。

注：例如，不同规格的同一产品之间可以建立相似性。

6.2 设计

6.2.1 应有形成文件的包装系统的设计与开发程序。

6.2.2 无菌屏障系统应使产品能以无菌方式使用。

6.2.3 包装系统的设计和开发应考虑许多因素，包括但不仅限于：

a) 顾客要求；

b) 产品的质量和结构；

c) 锐边和凸出物的存在；

d) 物理和其他保护的需要；

e） 产品对特定风险的敏感性，如辐射、湿度、机构振动、静电等；

f） 每包装系统中产品的数量；

g） 包装标签要求；

h） 环境限制；

i） 产品有效期限的限制；

j） 流通、处理和贮存环境；

k） 灭菌适应性和残留物。

6.2.4 产品上为无菌液路提供闭合的组件和结构应得到识别和规定，这些宜包括但不限于：

——材料；

——光洁度；

——组件的尺寸；

——安装尺寸（如影响装配的公差）。

6.2.5 设计和开发过程（6.2.1、6.2.3 和 6.2.4）的结果应有记录、验证并在产品放行前得到批准。

6.3 包装系统性能试验

6.3.1 无菌屏障系统的完整性应在灭菌后进行性能试验加以证实。

6.3.2 可用物理试验、透气性包装材料的微生物屏障试验来确定无菌屏障系统保持无菌状态的能力。这方面的内容参见 ANSI/AAMI ST65:2000 和 Hansen et al. 1995[36]。

6.3.3 优先采用标准化的评价无菌屏障系统完整性的试验方法。但在没有适用的评价无菌屏障系统完整性的试验方法时，可通过材料的微生物屏障特性及密封和闭合的完整性来确定系统的微生物屏障特性。

6.3.4 性能试验应是在规定的成形和密封过程临界参数下，经过所有规定的灭菌过程后处于最坏状况下的无菌屏障系统上进行。

注：规定的灭菌过程可包括多次经受相同或不同的灭菌过程。

6.3.5 包装系统应在运输、流通和贮存过程中对产品提供适宜的保护。

6.4 稳定性试验

6.4.1 稳定性试验应证实无菌屏障系统始终保持其完整性。

6.4.2 稳定性试验应采用实际时间老化方案来进行。

6.4.3 采用加速老化方案的稳定性试验，在实际老化研究的数据出具之前，应被视为是标称有效期限的充分证据。

6.4.4 实际时间的老化试验和加速老化试验宜同时开始。

注：稳定性试验和性能试验是两个不同的试验。性能试验是评价在经受生产、灭菌过程、搬运、贮存和运输环境后包装系统和产品之间的相互作用。

6.4.5 当依据产品的性能确定有效期限时，有效期限内的产品稳定性试验宜与包装稳定性试验一起进行。

6.4.6 如果进行加速老化试验，对选择的加速老化条件和试验期的说明应形成文件。

6.4.7 当证实了产品始终不与特定的无菌屏障系统相互作用时，以前形成文件的稳定性试验数据应是符合 6.4.1 的充分依据。

7 需提供的信息

7.1 材料、预成形无菌屏障系统或无菌屏障系统应随附下列信息：

——类型、规格和等级；

——批号或其他追溯生产史的方式；

——预期的灭菌过程；

——有效期限，如适用；

——任何规定的贮存条件，如适用；

——任何对处置或使用的限定(如环境条件)，如适用；

——重复性使用的材料和/或预成形屏障系统保养的频次和方式。

7.2　当国家或地区法规对预成形无菌屏障系统进入市场要求有其他信息时，应提供相应的信息。

附 录 A
（资料性附录）
医用包装指南

A.1 影响材料选择和包装设计的因素

医疗器械的特殊性质、预期的灭菌方法、预期使用、有效期限、运输和贮存，都会影响包装系统的设计和材料的选择。为最终灭菌医疗器械包装系统选择适宜的材料受图 A.1 所示相互关系的影响。

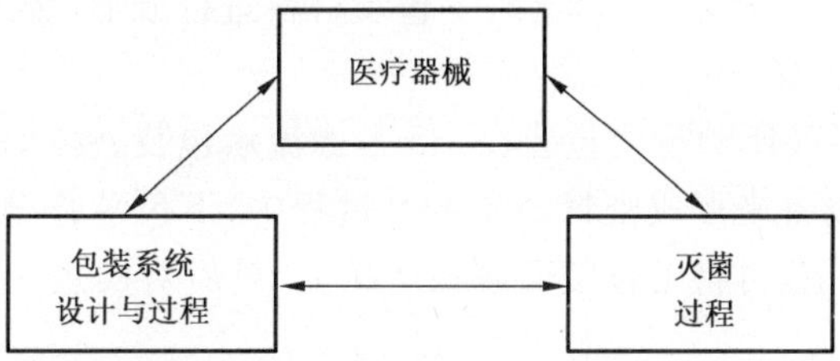

图 A.1 影响最终灭菌医疗器械包装系统选择合适材料的相互关系

A.2 灭菌过程和考虑因素

A.2.1 灭菌过程的选择包括(但不限于)环氧乙烷(EO)、伽马辐射(γ)、电子束(e-beam)、蒸汽和低温氧化灭菌过程。如果器械预期用 EO、蒸汽、氧化过程灭菌，为使灭菌介质进入以杀灭微生物，并排放灭菌气体，降低残留浓度，无菌屏障系统应有透气组件。

A.2.2 如果器械用辐射灭菌(γ 或电子束)，可以不需有透气组件，器械的屏障系统可以完全由不透气材料组成。医疗器械制造商为各种器械选择适宜的灭菌过程时，它们的选择受很多因素制约。如果器械组成材料不具辐射稳定性，则通常使用 EO、蒸汽、氧化剂灭菌。如果器械预期吸附高的 EO 残留浓度，器械制造商可能选择辐射灭菌。

A.3 无菌屏障系统

A.3.1 医疗器械无菌屏障系统有很多通用特性。主要有顶部、底部和两部分的连接方式组成。要求密封有可剥离特性的情况下，可施加一层密封剂，以能使两层热封到一起。该密封剂层通常称之为涂胶层，传统的方式是将涂胶层施加在透气面上，现在，许多膜材在其膜结构中含有密封剂层。当采用熔封时，两个包装面都需要与热合或其他方法(如超声熔合)相适应。

A.3.2 有许多类型的无菌屏障系统用于无菌医疗器械的包装。第一种型式是预成形的硬质托盘和盖材。硬质托盘通常用热压成形工艺使其预成形。盖材可以是透气的或是不透气的，一般涂有密封层，将盖热封于托盘上。这种带盖的托盘一般用于外形较大和较重的器械，如骨科植入物、起搏器和手术套装盒。

A.3.3 第二种型式是易剥离的组合袋。组合袋的典形结构是一面是膜，另一面是膜、纸或非织造布。组合袋常以预成形无菌屏障系统的形式供应，除留有一个开口(一般是底部)外，其他所有的密封都已形成。保留的开口便于装入器械后在灭菌前进行最终封口。由于可以加工成各种不同的规格，多种体积小、重量轻的器械都采用组合袋作为其无菌屏障系统。袋子可以有不同的设计特征(如，可以是折边袋，以便装入较高的器械)。

A.3.4 第三种类型是灭菌纸袋,一个灭菌纸袋只有一种医用级透气纸组成,折成一个长的无折边或有折边的管袋状(平面的或立体的)。管袋沿其长度方向上用双线涂胶密封,然后切成所需规格,一端用一层或多层粘合剂密封,多次折叠也可用于提高闭合强度。开口端通常有一个错边或一个拇指切,以便于打开。纸袋的最终闭合是在灭菌前形成。

A.3.5 第四种类型是顶头袋,顶头袋主要由两个不透气但相容的膜面溶封组成。一个膜面通常比另一面少几英寸并用有涂胶层的透气材料热封。透气材料可以在最后使用时剥离以便打开袋子。顶头袋主要用来装大体积器械,如器械包。

A.3.6 第五种类型是被称之为成形/装入/密封(FFS)的包装过程。这种 FFS 过程中生产出来的无菌屏障系统,可见到的形式有组合袋式、有带盖硬质托盘式,或有一个已吸塑成形的软底膜。在 FFS 过程中,上、下包装部分分别放入 FFS 机器中,机器对下包装材料进行成形,装入器械后,盖上上包装材料后密封该无菌屏障系统。

A.3.7 第六种类型是四边密封(4SS)过程包装。4SS 是像流水包装一样的不间断的包装过程。最为常见的是它使用一种旋转密封设备来形成密封。在 4SS 过程中,下包装部分和上包装部分分别放在 4SS 机器上,产品放在下包装部分上,再将上包装面放在产品上,最后对四边一起密封。手套和创面敷料的包装便是采用 4SS 的实例。

A.3.8 以上列出的无菌屏障系统未能包含全部的包装形式。其他结构也可以作为无菌屏障系统。

A.3.9 无菌液路医疗器械可直接在器械的液路端口处采用无菌液路包装系统。可能包括保护套、塞子、盖子或其他器械专用闭合设计。在这些情况下,产品的初包装可以是以上讨论的四种类型之一,但可不需要为器械提供微生物屏障。

A.3.10 医疗机构中使用的无菌屏障系统典型的有组合袋、卷材、纸袋、灭菌包裹材料或重复性使用容器。

A.3.11 灭菌包裹用来为医疗机构中灭菌的器械提供无菌屏障系统。包裹的过程不是采用热封和胶封,而是采用折叠的过程提供了保持无菌的折转路径。器械在包裹前和在随后的灭菌过程中一般是装在器械分类托盘中。

A.3.12 重复性使用的容器由能反复承受医院灭菌循环的金属或合成的聚合材料制造。这些容器通常有相匹配的顶盖和底箱,并有密封垫圈,以使两部分之间形成密封。容器上的通气系统可使灭菌介质气体进出容器。通风的设计的型式和提供微生物过滤的材料的种类有很多。在容器内灭菌的器械可能需要进行专门的预处理或较长的暴露时间,以确保完成灭菌过程。

A.3.13 基于对病人安全的考虑,无论是何机构实施器械的包装或最终灭菌,最终灭菌并保持无菌状态是最基本的。本部分为提供相应无菌屏障系统的包装系统的使用给出了最低要求。

附 录 B
（资料性附录）
可用于证实符合 GB/T 19633 的本部分要求的标准试验方法和程序

B.1 总则

下列文件包含了可用于证实符合本部分的条款。对于注明日期的文件，宜考虑这些文件以后的修改单或修订版。选用试验方法的具体要求见 4.4。

列入本附录中的方法和程序的准则是，由一个标准技术组织、贸易组织或国家标准化机构推荐并可以向其购买。而参考文献中包含了其他文献出版的试验方法。本附录并未包括所有的方法和程序。

B.2 包装材料和预成形无菌屏障系统

加速老化

YY/T 0681.1—2009	无菌医疗器械包装试验方法　第1部分：加速老化试验指南
YY/T 0698.8—2009	最终灭菌医疗器械包装材料　第8部分：蒸汽灭菌器用重复性使用灭菌容器　要求和试验方法

空气透过性

GB/T 458—2008	纸和纸板透气度的测定
YY/T 0698.2—2009	最终灭菌医疗器械包装材料　第2部分：灭菌包裹材料　要求和试验方法（附录B：孔径测定方法）
GB/T 5453—1997	纺织品　织物透气性的测定

基本重量

GB/T 451.2—2002	纸和纸板定量的测定
GB/T 4669—2008	纺织品　机织物　单位长度质量和单位面积质量的测定
GB/T 20220—2006	塑料薄膜和薄片　样品平均厚度、卷平均厚度及单位质量面积的测定　称量法（称量厚度）

生物相容性

GB/T 16886.1	医疗器械生物学评价　第1部分：风险管理过程中的评价与试验

耐破度

GB/T 454—2002	纸耐破度的测定

洁净度

TAPPI T 437-OM-96	纸和纸板尘埃度的测定（Dirt in paper and paperboard）

氯化物

ISO 9197:1998	纸、纸板和纸浆　水溶性氯化物的测定

涂层重量

YY/T 0681.8	无菌医疗器械包装试验方法　第8部分：涂胶层重量的测定

状态调节		
	GB/T 10739—2002	纸、纸板和纸浆试样处理和试验的标准大气条件
	GB/T 4857.2—2005	包装　运输包装件基本试验　第 2 部分:温湿度调节处理
	ASTM D 4332:2001	试验用容器、包装或包装组件状态调节规程
尺寸		
	GB/T 6673—2001	塑料薄膜和薄片长度和宽度的测定
	ASTM F 2203-02	用精密钢尺进行线测量的试验方法
悬垂性		
	GB/T 23329—2009	纺织品　织物悬垂性的测定
	ISO 2493:1992	纸和纸板　挺度的测定(Paper and board—Determination of resistance to bending)
	YY/T 0698.2—2009	最终灭菌医疗器械包装材料　第 2 部分:灭菌包裹材料要求和试验方法(附录 C:测定悬垂性的试验方法)
抗揉搓		
	YY/T 0681.12	无菌医疗器械包装试验方法　第 12 部分:软性屏障膜抗揉搓性
气体感应		
	ASTM F 2228—2002	用 CO_2 示踪气体法非破坏性测定透气屏障材料的试验方法
完整性		
	YY/T 0681.4	无菌医疗器械包装试验方法　第 4 部分:染色液穿透法测定透气包装的密封泄漏
	ASTM F 2227:2002	用 CO_2 示踪气体法非破坏性测定未密封的空医用包装底盘的试验方法
内部压力		
	YY/T 0681.5	无菌医疗器械包装试验方法　第 5 部分:内压法检测粗大泄漏(气泡法)
低表面张力液体抗性		
	IST 80.8	非织造布抗酒精性[1)]
微生物屏障		
	YY/T 0681.10	无菌医疗器械包装试验方法　第 10 部分:透气包装材料微生物屏障分等试验
	YY/T 0506.5—2009	病人、医护人员和器械用手术单、手术衣和洁净服　第 5 部分:阻干态微生物穿透试验方法
剥离特性		
	YY/T 0681.2	无菌医疗器械包装试验方法　第 2 部分:软性屏障材料的密封强度
	YY/T 0698.5—2009	最终灭菌医疗器械包装材料　第 5 部分:透气材料与塑料膜组成的可密封组合袋和卷材　要求和试验方法(附录 C:组合袋和卷材密封连接处强度测定方法)

1) 我国国家标准《纺织品　非织造布试验方法　抗酒精性》正在制定中(项目编号:20074093-T-608)。

性能试验

GB/T 4857.17—1992	包装　运输包装件　编制性能试验大纲的一般原理
ASTM D 4169:2001	运输容器和系统的性能试验规范
ISTA 1,2 和 3 系列	国际安全运输协会装运前试验程序
YY/T 0698.8—2009	最终灭菌医疗器械包装材料　第 8 部分:蒸汽灭菌器用重复性使用灭菌容器　要求和试验方法

pH

ISO 6588-1:2005	Paper, board and pulps—Determination of pH of aqueous extracts—Part 1: Cold extraction
ISO 6588-2:2005	Paper, board and pulps—Determination of pH of aqueous extracts—Part 2: Hot extraction

压力泄漏

ASTM F 2338:2003	用真空衰减法非破坏性检验包装中泄漏的试验方法

印刷和涂层

YY/T 0681.6	无菌医疗器械包装试验方法　第 6 部分:软包装材料上印墨和涂层抗化学性评价
YY/T 0681.7	无菌医疗器械包装试验方法　第 7 部分:用胶带评价软包装材料上印墨或涂层附着性

穿孔

GB/T 8809—1988	塑料薄膜抗摆锤冲击试验方法
ASTM D 1709:2001	自由降落投掷法测量塑料膜抗冲击性试验方法
YY/T 0681.13	无菌医疗器械包装试验方法　第 13 部分:软性屏障膜和复合膜抗慢速戳穿性

密封强度

YY/T 0681.2	无菌医疗器械包装试验方法　第 2 部分:软性屏障材料的密封强度
YY/T 0681.3	无菌医疗器械包装试验方法　第 3 部分:无约束包装抗内压破坏
YY/T 0681.9	无菌医疗器械包装试验方法　第 9 部分:约束板内部气压法软包装密封胀破

静电

GB/T 22042—2008	服装　防静电性能　表面电阻率试验方法

硫化物

GB/T 2678.6—1996	纸、纸板和纸浆水溶性硫酸盐的测定(电导滴定法)

抗撕裂

GB/T 455—2002	纸和纸板撕裂度的测定
ISO 1974:1990	纸　耐撕裂性试验方法(埃莱门多夫法)[Paper—Determination of tearing resistance(Elmendorf method)]
GB/T 16578.1—2008	塑料薄膜和薄片　耐撕裂性能的测定　第 1 部分:裤形撕裂法

抗张性能

ISO 1924-2:1994	纸和纸板　抗张强度的测定法　第 2 部分:恒速拉伸法(Paper and board—Determination of tensile properties—Part 2: Constant rate of elongation method)

	ASTM D882:2002	塑料薄膜拉伸性能试验方法(Standard test method for tensile properties of thin plastic sheeting)
厚度/密度		
	GB/T 451.3—2002	纸和纸板厚度的测定
	GB/T 6672—2001	塑料薄膜和薄片厚度测定　机械测量法
	ASTM F 2251-03	软包装材料的厚度测量试验方法
真空泄漏		
	GB/T 15171—1994	软包装件密封性能试验方法
	YY/T 0698.8—2009	最终灭菌医疗器械包装材料　第8部分:蒸汽灭菌器用重复性使用灭菌容器　要求和试验方法
目力检验		
	YY/T 0681.11	无菌医疗器械包装试验方法　第11部分:目力检测医用包装密封完整性
	YY/T 0698.8—2009	最终灭菌医疗器械包装材料　第8部分:蒸汽灭菌器用重复性使用灭菌容器　要求和试验方法
阻水性		
	ISO 811:1981	纺织物　抗渗水性测定　静水压试验(Textile fabrics—Determination of resistance to water penetration—Hydrostatic pressure test)
	YY/T 0698.2—2009	最终灭菌医疗器械包装材料　第2部分:灭菌包裹材料　要求和试验方法(附录A:疏水性测定方法;附录D:疏盐水性测定方法)
	GB/T 1540—2002	纸和纸板吸水性的测定　可勃法
湿态耐破度		
	ISO 3689:1983	纸和纸板　按规定时间浸水后耐破度的测定法(Paper and board—Determination of bursting strength after immersion in water)
湿态抗张性能		
	ISO 3781:1983	纸和纸板　按规定时间浸水后抗张强度的测定法(Paper and board—Determination of tensile strength after immersion in water)

附 录 C
(规范性附录)
不透气材料阻气体通过的试验方法

C.1 无菌屏障系统的不透气材料应按 ISO 5636-5:2003 中规定的葛尔莱(Gurley)法进行透气性试验。试验准则:不少于 1 h 后,内圆筒应无可见移动,允差为±1 mm。

C.2 在常规监测和生产试验中可以使用其他试验方法,但这些试验应以本试验方法(C.1)为准并经过确认。

注:可使用其他测定透气性的方法,如按 GB/T 458—2008 中规定的肖波尔法测定透气性。GB/T 22901 中给出了各种仪器测定透气性的方法间的换算因数。

参 考 文 献

[1] GB/T 450 纸和纸板 试样的采取及试样纵横向、正反面的测定

[2] GB/T 458—2008 纸和纸板 透气度的测定

[3] GB/T 2828.1—2012 计数抽样检验程序 第1部分:按接收质量限(AQL)检索的逐批检验抽样计划

[4] ISO 5636-5:2003 纸和纸板 透气率和空气阻力的测定(中等范围) 第5部分:葛尔莱法(Paper and board—Determination of air permeance and air resistance(medium range)—Part 5:Gurley method)

[5] GB 8599—2008 大型蒸汽灭菌器技术要求 自动控制型

[6] GB/T 16886.1 医疗器械生物学评价 第1部分:风险管理过程中的评价与试验

[7] GB 18279—2000 医疗器械 环氧乙烷灭菌 确认和常规控制

[8] GB/T 19001—2008 质量管理体系 要求

[9] GB/T 19633.2—2015 最终灭菌医疗器械的包装 第2部分: 成形、密封和装配过程的确认要求

[10] GB/T 19971—2005 医疗保健产品灭菌 术语

[11] GB/T 19974—2005 医疗保健产品灭菌 灭菌因子的特性及医疗器械灭菌工艺的设定、确认和常规控制的通用要求

[12] GB/T 20367—2006 医疗保健产品灭菌 医疗保健机构湿热灭菌的确认和常规控制要求

[13] GB/T 22901—2008 纸和纸板 透气度的测定(中等范围) 通用方法

[14] YY/T 0287—2003 医疗器械 质量管理体系 用于法规的要求

[15] YY/T 0506.1—2005 病人、医护人员和器械用手术单、手术衣和洁净服 第1部分:制造厂、处理厂和产品的通用要求

[16] YY/T 0698.2—2009 最终灭菌医疗器械包装材料 第2部分:灭菌包裹材料 要求和试验方法

[17] YY/T 0698.3—2009 最终灭菌医疗器械包装材料 第3部分:纸袋(YY/T 0698.4所规定)、组合袋和卷材(YY/T 0698.5所规定)生产用纸 要求和试验方法

[18] YY/T 0698.4—2009 最终灭菌医疗器械包装材料 第4部分:纸袋 要求和试验方法

[19] YY/T 0698.5—2009 最终灭菌医疗器械包装材料 第5部分:透气材料与塑料膜组成的可密封组合袋和卷材 要求和试验方法

[20] YY/T 0698.6—2009 最终灭菌医疗器械包装材料 第6部分:用于低温灭菌过程或辐射灭菌的无菌屏障系统生产用纸 要求和试验方法

[21] YY/T 0698.7—2009 最终灭菌医疗器械包装材料 第7部分:环氧乙烷或辐射灭菌无菌屏障系统生产用可密封涂胶纸 要求和试验方法

[22] YY/T 0698.8—2009 最终灭菌医疗器械包装材料 第8部分:蒸汽灭菌器用重复性使用灭菌容器 要求和试验方法

[23] YY/T 0698.9—2009 最终灭菌医疗器械包装材料 第9部分:可密封组合袋、卷材和盖材生产用无涂胶聚烯烃非织造布材料 要求和试验方法

[24] YY/T 0698.10—2009 最终灭菌医疗器械包装材料 第10部分:可密封组合袋、卷材和盖材生产用涂胶聚烯烃非织造布材料 要求和试验方法

[25] ISO 11137-1:2006 Sterilization of health care products—Radiation—Part 1:Requirements for development,validation and routine control of a sterilization process for medical devices

[26] ISO 11137-2:2006 Sterilization of health care products—Radiation—Part 2:Establishing the sterilization dose

[27] ISO 11137-3:2006 Sterilization of health care products—Radiation—Part 3:Guidance on dosimetric

[28] ISO 17665-1:2006 Sterilization of health care products—Moist heat—Part 1:Requirements for the development,validation and routine control of a sterilization process for medical devices

[29] EN 550:1994 Sterilization of medical devices—Validation and routine control of ethylene oxide sterilization

[30] EN 552:1994 Sterilization of medical devices—Validation and routine control of sterilization by irradiation

[31] EN 554:1994 Sterilization of medical devices—Validation and routine control of sterilization by moist heat

[32] EN 868-1:1997 Packaging materials and systems for medical devices which are to be sterilized—Part 1:General requirements and test methods

[33] EN 1422:1997 Sterilizers for medical purposes—Ethylene oxide sterilizers—Requirements and test methods

[34] EN 14180:2003 Sterilizers for medical purposes—Low temerature steam and formaldehyde sterilizers—Requirements and testing

[35] ANSI/AAMI ST65:2000 Processing of reusable surgical textiles for reprocessing in health care facilities

[36] HANSEN, J., JONES, L., ANDERSON, H., LARSEN, C., SCHOLLA, M., SPITZLEY, J., and BALDWIN, A. 1995. In quest of sterile packaging: Part 1; Approaches to package testing. Med. Dev. & Diag. Ind. 17 (8):pp. 56-61.

[37] JONES, L., HANSEN, J., ANDERSON, H., LARSEN, C., SCHOLLA, M., SPITZLEY, J., and BALDWIN, A. 1995. In quest of sterile packaging: Part 2; Approaches to package testing. Med. Dev. & Diag. Ind. 17 (9):pp. 72-79.

[38] SCHOLLA, M., HACKETT, S., RUDYS, S., MICHELS, C. and BLETSOS, J. 2000. A potential method for the specification of microbial barrier properties. Med. Dev. Technol. 11 (3): pp. 12-16.

[39] SCHOLLA, M., SINCLAIR, C.S., and TALLENTIRE, A. (1995). A European Consortium Effort to Develop a Physical Test for Assessing the Microbial Barrier Properties of Porous Medical Packaging Materials.In: Pharm. Med. Packaging 95, Copenhagen, Denmark.

[40] TALLENTIRE, A. and SINCLAIR, C. S. (1996). A Discriminating Method for Measuring the Microbial Barrier Performance of Medical Packaging Papers. Med. Dev. Diag. Ind., 18 (5), pp. 228-241.

[41] SINCLAIR, C.S. and TALLENTIRE, A. (2002) Definition of a correlation between microbiological and physical articulate barrier performances for porous medical packaging materials.PDA J. Pharm. Sci.Technol. 56 (1): pp. 11-9.

[42] JUNGHANNß, U., WINTERFELD, S., GABELE, L. and KULOW; U. Hygienic-Microbiological and Technical Testing of Sterilizer Container Systems, Zentr. Steril. 1999; 7 (3) pp. 154-162 under Sterile barrier systems, Package Integrity.

[43] GABELE, L. and JUNGHANNß, U. Untersuchung zur Lagerdauer von Sterilgut unter Einbezug des Sterilcontainers; Aseptica 6, 2000, pp. 5-7.

[44] Merkblatt 45, Verpackungs-Rundschau 5/1982; Prüfung von Heißsiegelnähten auf Dichtigkeit, Herausgegeben von den Arbeitsgruppen der Industrievereinigung für Lebensmitteltechnologie und Verpackung e. V. am Fraunhofer-Institut für Lebensmitteltechnologie und Verpackung, Institut an der Technischen Universität München.

[45] DUNKELBERG, H. and WEDEKIND, S. A New Method for Testing the Effectiveness of the Microbial Barrier Properties of Packaging Materials for Sterile Products; Biomed. Technik, 47 (2002), pp. 290-293.

[46] Test method for the microbial barrier properties of wrapping materials, new approach; Report No.319 011.007 RIVM (Rijksinstituut voor volksgezondheid en milieuhygiene), Netherlands.

[47] Test method for the microbial barrier properties of packaging for medical devices; Report No. 31900, RIVM (Rijksinstituut voor volksgezondheid en milieuhygiene), Netherlands.

[48] International Vocabulary of Basic and General Terms in Metrology: 1993, BIPM, IEC, IFCC, ISO, IUPAC, IUPAP, OIML.

[49] AORN Journal 26 (21:334-350) Microbiology of Sterilization. Litsky, Bertha, Y. 1977.

[50] USP 27〈1031〉 The biocompatibility of materials used in drug containers, medical devices and implants.

ICS 11.080.30
C 47

中华人民共和国国家标准

GB/T 19633.2—2015/ISO 11607-2:2006
部分代替 GB/T 19633—2005

最终灭菌医疗器械包装　第2部分：成形、密封和装配过程的确认的要求

Packaging for terminally sterilized medical devices—Part 2: Validation requirements for forming, sealing and assembly processes

(ISO 11607-2:2006,IDT)

2015-12-10 发布　　　　2016-09-01 实施

中华人民共和国国家质量监督检验检疫总局
中国国家标准化管理委员会　发布

前　言

GB/T 19633《最终灭菌医疗器械包装》分为两个部分：

——第1部分：材料、无菌屏障系统和包装系统的要求；

——第2部分：成形、密封和装配过程的确认的要求。

本部分为GB/T 19633的第2部分。

本部分按照GB/T 1.1—2009给出的规则起草。

本部分部分代替了GB/T 19633—2005《最终灭菌医疗器械的包装》，与GB/T 19633—2005相比主要技术内容变化如下：

——细化了过程鉴定的要求(安装鉴定、运行鉴定和性能鉴定)；

——增加了包装系统装配的要求；

——增加了重复性使用无菌屏障系统的使用要求；

——增加了无菌液路包装的要求。

本部分使用翻译法等同采用国际标准ISO 11607-2:2006《最终灭菌医疗器械包装　第2部分：成形、密封和装配过程确认的要求》。

与本部分中规范性引用的国际文件有一致性对应关系的我国文件如下：

——GB/T 19633.1—2015　最终灭菌医疗器械包装　第1部分：材料、无菌屏障系统和包装系统的要求(ISO 11607-1:2006,IDT)

请注意本文件的某些内容可能涉及专利。本文件的发布机构不承担识别这些专利的责任。

本部分由国家食品药品监督管理总局提出。

本部分由全国消毒技术与设备标准化技术委员会(SAC/TC 210)归口。

本部分起草单位：国家食品药品监督管理局济南医疗器械质量监督检验中心。

本部分主要起草人：吴平、张丽梅、刘成虎。

本部分所代替标准的历次版本发布情况为：

——GB/T 19633—2005。

引　言

以无菌状态供应的医疗器械的设计、制造和包装宜确保该医疗器械在投放市场时无菌，并在无菌屏障系统被损坏或被打开前在形成文件的贮存、运输条件下保持无菌。另外，无菌状态供应的医疗器械宜用相应的并被确认过的方法制造和灭菌。

无菌屏障系统和包装系统的最关键特性之一是确保无菌的保持。包装过程的开发与确认对于达到并保持无菌屏障系统的完整性至关重要，以确认无菌医疗器械的使用者在打开包装前保持其完整性。

宜有形成文件的过程确认程序来证实灭菌和包装过程的效率和再现性。不仅仅是灭菌过程，成形、密封或其他闭合系统、剪切和过程处置也会对无菌屏障系统产生影响。GB/T 19633 的本部分为制造和装配包装系统用的过程进行开发和确认提供了行为和要求框架。GB/T 19633.1 和本部分被设计成满足欧洲医疗器械指令的基本要求。

在 ISO 11607-2 的制定过程中，遇到的主要障碍之一是术语的协调。术语“包装”“最终包装”“初包装”在全球范围内有不同的含义。因此，选用这些术语中的哪一个被认为是完成 ISO 11607-2 的一个障碍。协调的结果是，引入了“无菌屏障系统”这样一个术语，用来描述执行医疗器械包装所需的特有功能的最小包装。其特有功能有：可对其进行灭菌，提供可接受的微生物屏障，可无菌取用。“保护性包装”则用以保护无菌屏障系统，无菌屏障系统和保护性包装组成了包装系统。“预成形无菌屏障系统”可包括任何已完成部分装配的无菌屏障系统，如组合袋、顶头袋、医院用的包装卷材等。

无菌屏障系统是最终灭菌医疗器械安全性的基本保证。管理机构之所以将无菌屏障系统视为医疗器械的一个附件或一个组件，正是认识到了无菌屏障系统的重要特性所在。世界上许多地方把销往医疗机构用于机构内灭菌的预成形无菌屏障系统视为医疗器械。

最终灭菌医疗器械包装　第2部分：成形、密封和装配过程的确认的要求

1　范围

GB/T 19633的本部分规定了最终灭菌医疗器械的包装过程的开发与确认要求。这些过程包括了预成形无菌屏障系统、无菌屏障系统和包装系统的成形、密封和装配。

本部分适用于工业、医疗机构对医疗器械的包装和灭菌。

本部分不包括无菌制造医疗器械的包装要求。对于药物与器械的组合，还可能有其他要求。

2　规范性引用文件

下列文件对于本文件的应用是必不可少的。凡是注日期的引用文件，仅注日期的版本适用于本文件。凡是不注日期的引用文件，其最新版本(包括所有的修改单)适用于本文件。

ISO 11607-1　最终灭菌医疗器械包装　第1部分：材料、无菌屏障系统和包装系统的要求(Packaging for terminally sterilized medical devices —Part 1:Requirements for materials, sterile barrier systems and packaging systems)

3　术语和定义

下列术语和定义适用于本文件。

3.1

有效期限　expiry date

至少用年和月表示的一个日期，此日期前产品可以使用。

3.2

安装鉴定　installation qualification;IQ

获取设备已按其技术规范提供并安装的证据并形成文件的过程。

[ISO/TS 11139:2006]

3.3

标签　labeling

以书写、印刷、电子或图形符号等方式固定在医疗器械或其包装系统上，或医疗器械随附文件上。

注：标签是与医疗器械的识别、技术说明和使用有关的文件，但不包括运输文件。

3.4

运行鉴定　operational qualification;OQ

获取安装后的设备按运行程序使用时其运行是在预期确定的限度内的证据并形成文件的过程。

[ISO/TS 11139:2006]

3.5

包装系统　packaging system

无菌屏障系统和保护性包装的组合。

[ISO/TS 11139:2006]

3.6

性能鉴定 performance qualification;PQ

获取安装后并按运行程序运行过的设备持续按预先确定的参数运行的证据并形成文件的过程,从而使生产出符合其技术规范的产品。

[ISO/TS 11139:2006]

3.7

预成形无菌屏障系统 preformed sterile barrier system

已完成部分装配供装入和最终闭合或密封的无菌屏障系统。

示例:纸袋、组合袋和敞开着的可重复使用的容器。

[ISO/TS 11139:2006]

3.8

过程开发 process development

建立关键过程参数的公称值和极限。

3.9

产品 product

过程的结果。

[GB/T 19000—2008]

注:在灭菌标准中,产品是有形实体,如可以是原材料、中间体、部件和医疗产品。

[ISO/TS 11139:2006]

3.10

保护性包装 protective packaging

将其设计成最终使用前防止无菌屏障系统和其内装物品受到损坏的材料结构。

[ISO/TS 11139:2006]

3.11

重复性 repeatability

在相同测量条件下对同一特定量(被测变量)进行测量的成功测量结果之间的接近程度。

[ISO/TS 11139:2006]

注1:这些条件被称之为重复性条件。

注2:重复性条件可包括:

——同一测量程序;

——同一观察者;

——使用相同条件的同一台测量仪器;

——同一地点;

——短时间内的重复。

注3:重复性可以用结果的精密度这一术语来定量表述。

注4:出自《计量学中的国际间基本词汇和通用术语》,1993,定义3.6。

3.12

再现性 reproducibility

在改变的测量条件下对同一特定量(被测变量)进行测量的测量结果之间的接近程度。

[ISO/TS 11139:2006]

注1:有效表述再现性需要有改变条件的技术规范。

注2:改变条件可包括:

——测量原理;

——测量方法;

——观察者;
——测量仪器;
——参照标准;
——地点;
——使用条件;
——时间。

注3:再现性可以用结果的精密度这一术语来定量表述。

注4:出自《计量学中的国际间基本词汇和通用术语》,1993,定义3.7。

3.13

重复性使用容器　reusable container

设计成可反复使用的刚性无菌屏障系统。

3.14

无菌屏障系统　sterile barrier system

防止微生物进入并能使产品在使用地点无菌使用的最小包装。

3.15

无菌液路包装　sterile fluid-path packaging

设计成确保医疗器械预期与液体接触部分无菌的进出口保护套和/或包装系统。

注:静脉内输液管路的内部是无菌液路包装的一个实例。

3.16

确认　validation

(过程)通过获取、记录和解释所需的结果,来证明某个过程能持续生产出符合预定规范的产品的形成文件的程序。

注:出自ISO/TS 11139:2006。

4　通用要求

4.1　质量体系

4.1.1　本部分所描述的活动应在正式的质量体系中进行。

注:GB/T 19001和YY/T 0287给出了适用的质量体系的要求。国家或地区可以规定其他要求。

4.1.2　为了满足本部分要求,不一定要取得第三方质量体系认证。

4.1.3　医疗机构可使用所在的国家或地区所要求的质量体系。

4.2　抽样

用于选择和测试包装系统的抽样方案应适用于评价中的包装系统。抽样方案应建立在统计学原理之上。

注:GB/T 2828.1或GB/T 450给出了适宜的抽样方案。一些国家或地区可能还规定了其他抽样方案。

4.3　试验方法

4.3.1　所有用于表明符合本部分的试验方法应得到确认,并形成文件。

注:ISO 11607-1:2006中的附录B包含了适宜的试验方法一览表。

4.3.2　试验方法的确认应证实所用方法的适宜性。应包括下列要素:

——确定包装系统相应试验的选择原则;
——确定可接受准则;

注:合格/不合格是可接受准则的一种型式。

——确定试验方法的重复性；

——确定试验方法的再现性；

——确定完好性试验方法的灵敏度。

4.3.3 除非在材料试验方法中另有规定，试验样品宜在(23±1)℃和(50±2)%的相对湿度下进行状态调节至少24 h。

4.4 形成文件

4.4.1 证实符合本部分要求应形成文件。

4.4.2 所有文件应保留一个规定的时间。保留期应考虑的因素有法规要求、医疗器械或灭菌屏障系统的有效期和可追溯性。

4.4.3 符合要求的文件可包括(但不限于)性能数据、技术规范、使用确认过的试验方法进行试验的试验结果和方案，以及安装鉴定、运行鉴定和性能鉴定的结果。

4.4.4 确认、过程控制或其他质量决定过程的电子记录、电子签名和电子记录的手写签名应真实可靠。

5 包装过程的确认

5.1 总则

5.1.1 预成形无菌屏障系统和无菌屏障系统制造过程应得到确认。

这些过程示例包括，但不限于：

——刚性和软性的泡罩成形；

——组合袋、卷或纸袋成形和密封；

——成形/充装/密封自动过程；

——套装组合和包裹；

——盘/盖密封；

——重复性使用容器的充装和闭合；

——灭菌纸的折叠和包裹。

5.1.2 过程确认应至少按顺序包括安装鉴定、运行鉴定和性能鉴定。

5.1.3 过程开发不属于过程确认的正式范畴，宜被认为是成形和密封的组成部分(参见附录A)。

5.1.4 现有产品的确认可用以前的安装和运行鉴定数据。这些数据可用于确定关键参数的公差。

5.1.5 当确认相似的预成形无菌屏障系统和无菌屏障系统的制造过程时，确立相似性和最坏情况构型的说明应形成文件，至少应使最坏情况构型按本部分得到确认。

注：例如，不同规格的预成形无菌屏障系统之间具有相似性。

5.2 安装鉴定(IQ)

5.2.1 应进行安装鉴定。

安装鉴定考虑的方面包括：

——设备设计特点；

——安装条件，如布线、效用、功能等；

——安全性；

——设备在标称的设计参数下运行；

——随附的文件、印刷品、图纸和手册；

——配件清单；

——软件确认；

——环境条件，如洁净度、温度和湿度；

——形成文件的操作者培训；

——操作手册和程序。

5.2.2 应规定关键过程参数。

5.2.3 关键过程参数应得到控制和监视。

5.2.4 报警和警示系统或停机应在经受关键过程参数超出预先确定的限值的事件中得到验证。

5.2.5 关键过程仪器、传感器、显示器、控制器等应经过校准并有校准时间表。校准宜在性能鉴定前和后进行。

5.2.6 应有书面的维护保养和清洗时间表。

5.2.7 程序逻辑控制器、数据采集和检验系统等软件系统的应用，应得到确认，确保其预期功能。应进行功能试验，以验证软件、硬件，特别是接口有正确的功能。系统应经过核查（如输入正确和不正确的数据、模拟输入电压的降低），以测定数据或记录的有效性、可靠性、同一性、精确性和可追溯性。

5.3 运行鉴定（OQ）

5.3.1 过程参数应经受所有预期生产条件的挑战，以确保它们将生产出满足规定要求的预成形无菌屏障系统和无菌屏障系统。

5.3.2 应在上极限参数和下极限参数下生产预成形无菌屏障系统和无菌屏障系统，并应具有满足预先规定要求的特性。应考虑以下质量特性：

a） 对于成形和装配：

——完全成形/装配成的无菌屏障系统；

——产品适合于装入该无菌屏障系统；

——满足基本尺寸。

b） 对于密封：

——规定密封宽度的完整密封；

——通道或开封；

——穿孔或撕开；

——材料分层或分离。

注：密封宽度技术规范的示例见 YY/T 0698.5—2009 中 4.3.2。

c） 对于其他闭合系统：

——连续闭合；

——穿孔或撕开；

——材料分层或分离。

5.4 性能鉴定（PQ）

5.4.1 性能鉴定应证实该过程在规定的操作条件下能持续生产可接受的预成形无菌屏障系统和无菌屏障系统。

5.4.2 性能鉴定应包括：

——实际或模拟的产品；

——运行鉴定中确定的过程参数；

——产品包装要求的验证；

——过程控制和能力的保证；

——过程重复性和再现性。

5.4.3 对过程的挑战应包括生产过程中预期遇到的情况。

注：这些挑战可包括，但不限于：机器设置和程序变更，程序启动和重启，电力故障和波动，以及多班组（如适用）。

5.4.4 挑战过程应至少包括三组生产运行，用适宜的抽样来证实一个运行中的变异性和各运行间的再现性。一个生产运行的周期宜能说明过程的变化。

注：这些变量包括，但不仅限于：机器预热，故障停机和班组更换，正常开机和停机，以及材料的批间差。

5.4.5 应建立成形、密封和装配操作的形成文件的程序和技术规范，并结合到性能鉴定中。

5.4.6 应监视并记录基本过程变量。

5.4.7 过程应得到控制并能持续生产出符合预定要求的产品。

5.5 过程确认的正式批准

5.5.1 作为确认程序的最后一个步骤，过程确认应得到评审和正式批准并形成文件。

5.5.2 该文件应总结和参考所有方案和结果，并描述过程确认阶段的结论。

5.6 过程控制与监视

5.6.1 应建立程序来确保过程得到控制，并在常规运行过程中确立的参数范围内。

5.6.2 关键过程参数应得到常规监视并形成文件。

5.7 过程更改和再确认

5.7.1 形成文件、审查和批准发生改变的更改控制程序应包括有关包装和密封过程文件的更改。

5.7.2 如果设备、产品、包装材料或包装过程发生改变会影响原来的确认并会对无菌医疗器械的无菌状态、安全性或有效性带来影响时，应对过程进行再确认。

注：下列改变会对已确认的过程带来影响：

——会影响过程参数的原材料改变；

——安装新的设备部件；

——过程和/或设备从一个地点移向另一个地点；

——灭菌过程改变；

——质量或过程控制显示有下降的趋势。

5.7.3 应对再确认的必要性进行评价并形成文件，如果不需要对原来确认的所有方面重新进行确认，再确认就不必像首次确认那样全面。

5.7.4 由于很多微小变动会对过程的确认状态带来累积性影响，宜考虑对过程进行周期性确认或评审。

6 包装系统装配

6.1 无菌屏障系统应在相适应的环境条件下进行装配，以使医疗器械受到污染的风险为最小。

6.2 应按受控的标识和加工程序对包装系统进行装配，以防止错误标识。

注：其他指南见 DIN 58953-7 和 DIN 58953-8。

6.3 应依据建立在确认过程基础上的说明（用以确保灭菌处于规定的灭菌过程）对包装系统进行装配和充装器械。这些说明书宜包括内装物的构成和隔架、总重量、内包裹和吸水材料。

7 重复性使用无菌屏障系统的使用

除符合第 6 章所列的要求外，还应符合 ISO 11607-1:2006 中 5.1.10 和 5.1.11 的规定（装配、拆开维护、修理和贮存）。

注：重复性使用容器的其他指南见 YY/T 0698.8、DIN 58953-9 和 AAMI/ANSI ST 33。重复性使用织物的其他指南见 YY/T 0506.1 和 ANSI/AAMI ST 65。

8 无菌液路包装

8.1 无菌液路组件的装配和闭合应满足第5章和第6章的要求。

8.2 标示无菌液路的医疗器械，器械的结构和其闭合系统相结合，应保持无菌液路的无菌状态。

注1：ISO 11607-1提供了微生物屏障特性和无菌屏障系统的完整性的要求。

注2：作为本部分要求的解释，器械和其闭合器件共同组成无菌屏障系统。

附 录 A
（资料性附录）
过程开发

过程开发不属于过程确认的正式范畴，宜被认为是成形和密封的组成部分。过程开发或过程设计需得到评定，以识别和评价关键参数及其操作范围、设置和公差。

进行过程评定是为了建立所需过程的上下限和期望的正常运行条件。这些过程极限宜足以远离失败条件或边界条件。采用以下技术会有助于选择最佳过程参数窗口，即绘制出对应于不同条件（如温度）下的密封强度曲线，并附有相应的密封结果的外观实物。

潜在的故障模式和作用水平对过程的影响最大，宜对其加以识别和追溯（故障模式及其作用分析、原因及其作用分析）。

宜使用具有统计意义的有效技术，如筛选试验和统计学设计的试验，来使过程得到优化。

被评价的基本过程参数可能包括，但不限于：

——温度；

——压力/真空度，包括变化速率；

——停滞时间（流水线速度）；

——能量水平/频率（射频/超声波）；

——盖式闭合系统的扭矩极限。

所选的基本参数应选择在能使它们得到控制并能生产出满足既定设计规范的无菌屏障系统和包装系统。

参 考 文 献

[1] GB/T 450—2008 纸和纸板 试样的采取及试样纵横向、正反面的测定(ISO 186:2002,MOD)

[2] GB/T 2828.1—2012 计数抽样检验程序 第1部分:按接收质量限(AQL)检索的逐批检验抽样计划(ISO 2859-1:1999,IDT)

[3] GB/T 19000—2008 质量管理体系 基础和术语(ISO 9000:2005,IDT)

[4] GB/T 19001—2008 质量管理体系 要求(ISO 9001:2008,IDT)

[5] GB/T 19971—2005 医疗保健产品灭菌 术语汇编(ISO/TS 11139:2001,IDT)

[6] YY/T 0287—2003 医疗器械 质量管理体系 用于法规的要求(ISO 13485:2003,IDT)

[7] YY/T 0506.1—2005 病人、医护人员和器械用手术单、手术衣和洁净服 第1部分:制造厂、处理厂和产品的通用要求

[8] YY/T 0698.5 最终灭菌医疗器械包装材料 第5部分:透气材料与塑料膜组成的可密封组合袋和卷材 要求和试验方法

[9] YY/T 0698.6 最终灭菌医疗器械包装材料 第6部分:用于低温灭菌过程或辐射灭菌的无菌屏障系统生产用纸 要求和试验方法

[10] YY/T 0698.8 最终灭菌医疗器械包装材料 第8部分:蒸汽灭菌器用重复性使用灭菌容器 要求和试验方法

[11] AAMI/ANSI ST33:1996 医疗保健机构中环氧乙烷灭菌和蒸汽灭菌用可重复使用的硬质灭菌容器的使用和选择指南

[12] ANSI/AMMI ST65:2000 医疗保健机构中可重复使用布的使用过程

[13] DIN 58953-7:2003 灭菌-灭菌材料供应 第7部分:灭菌纸,非织造布包裹材料,纸袋,热和自密封组合袋和卷材的使用

[14] DIN 58953-8:2003 灭菌-灭菌材料供应 第8部分:无菌医疗器械的后勤

[15] DIN 58953-9:2000 灭菌-无菌材料供应 第9部分:灭菌容器的使用技术

[16] GHTF Study Group 3, Process validation guidance for medical device manufactures.

[17] 计量学中的国际间基本词汇和通用术语(International Vocabulary of Basic and General Terms in Metrology),1993, BIPM, IEC, IFCC,ISO,IUPAC,IUPAP,OIML.

ICS 11.040.30
C 30

YY

中华人民共和国医药行业标准

YY/T 0171—2008
代替 YY/T 0171—1994

外科器械　包装、标志和使用说明书

Surgical instruments—Packaging, marking and instructions

2008-10-17 发布　　2010-01-01 实施

国家食品药品监督管理局　发布

前　言

本标准代替 YY/T 0171—1994《手术器械包装通用技术条件》。

本标准与 YY/T 0171—1994 相比主要变化如下：

——扩大了包装的适用范围，增加了消毒包装和无菌包装的要求；

——规范初包装、外包装的标志；

——更名为《外科器械　包装、标志和使用说明书》。

本标准由全国外科器械标准化技术委员会提出并归口。

本标准由上海医疗器械（集团）有限公司手术器械厂、上海市医疗器械检测所负责起草。

本标准主要起草人：刘伟群、倪芝娣。

本标准所代替标准的历次版本发布情况为：

——YY/T 0171—1994；

——WS2/Z-2—1964。

外科器械　包装、标志和使用说明书

1　范围

本标准规定了外科器械类产品的包装、标志和使用说明书。

本标准适用于外科器械类产品的普通包装、消毒包装和无菌包装。

2　规范性引用文件

下列文件中的条款通过本标准的引用而成为本标准的条款。凡是注日期的引用文件，其随后所有的修改单(不包括勘误的内容)或修订版均不适用于本标准，然而，鼓励根据本标准达成协议的各方研究是否可使用这些文件的最新版本。凡是不注日期的引用文件，其最新版本适用于本标准。

GB 9969.1　工业产品使用说明书　总则

YY 0466　医疗器械　用于医疗器械标签、标记和提供信息的符号(YY 0466—2003，ISO 15223：2000，IDT)

3　包装

3.1　普通包装

3.1.1　产品包装前可进行防锈处理或清洁处理，保证产品在贮存期内不产生锈蚀现象。

3.1.2　对头端尖锐或有锋口的产品，在包装前应对产品进行防护处理，使产品和包装不受损坏。

3.1.3　包装的型式应保证产品在正常的贮存和运输过程中不受影响。

3.1.4　初包装可以是单件独立包装或以器械包型式的包装。

3.1.5　初包装应选用对人体无毒的材料，且包装材料不应与内装物发生反应。单件初包装应密封，不得有开裂现象。器械包内器械的包装应固定牢固。

3.1.6　经初包装后的产品，可单件或同型式、同规格的多件连同合格证进行外包装。器械包可将合格证直接放入包内进行外包装。

3.1.7　经外包装后的产品可进行运输包装。

3.2　消毒包装

3.2.1　消毒包装应符合普通包装中3.1.2～3.1.7的要求。

3.2.2　消毒产品的初包装应保证内装物在失效日期前不受污染并易于拆封。

3.2.3　消毒产品的初包装应有利于内装物所选择的消毒过程。

3.3　无菌包装

3.3.1　无菌包装应符合普通包装中3.1.2～3.1.7的要求。

3.3.2　无菌产品的初包装是供一次性使用的最小包装，若多个同一规格的产品包装在同一包装内，每一产品之间应互相隔开。

3.3.3　无菌产品的包装应密封，并保证产品在灭菌失效日期前无菌直至开封。

3.3.4　无菌包装一旦开封应立即使用。一次性使用的产品禁止二次使用，并应有醒目的警示标志。

3.3.5　无菌包装一旦破损应严禁使用。

4　标志

4.1　包装标志

4.1.1　普通包装标志

普通包装应有下列标志与使用说明：

a) 制造商名称或商标、地址；

b) 产品名称或器械包名称；

c) 型式、数量、规格(器械包不适用)；

d) 产品标准号；

e) 产品注册号。

4.1.2 消毒包装标志

消毒包装的标志除应符合4.1.1的规定外，还应有下列标志：

a) “消毒级”字样；

b) 消毒批号；

c) 消毒有效期。

4.1.3 无菌包装标志

无菌包装的标志除应符合4.1.1的规定外，还应有下列标志：

a) 灭菌批号或日期、失效年月；

b) 灭菌方法、醒目的“无菌”字样和禁止二次使用的标志；

c) 包装若有破损禁止使用或用后销毁或表达等同内容的字样。

4.2 外包装标志

4.2.1 普通外包装标志

普通外包装应有下列标志：

a) 制造商名称、地址和商标；

b) 产品名称、型式；

c) 重量(毛重、净重)；

d) 体积(长×宽×高)；

e) 按产品特性选择需要的防护标志。

4.2.2 消毒外包装标志

消毒外包装上的标志除符合4.2.1的规定外，还应有下列标志：

a) “消毒级”字样；

b) 消毒日期或消毒批号；

c) 消毒有效期。

4.2.3 无菌外包装标志

无菌外包装上的标志除符合4.2.1的规定外，还应有下列标志：

a) 批号、灭菌方法、失效年月；

b) 醒目的“无菌”和禁止二次使用的字样或标志。

4.3 合格证

合格证上应有下列标志：

a) 制造厂名称和商标；

b) 检验员代号；

c) 检验日期。

4.4 包装标志

包装上标志的符号应符合YY 0466中的相应规定。

5 使用说明书

5.1 器械包、有源器械、Ⅲ类产品及对产品使用、灭菌有特殊要求或限制的产品，应有使用说明书。

5.2 使用说明书的编写至少应包含下列内容：

a） 产品名称、型号规格、注册商标；

b） 制造商名称、注册地址、生产地址、邮政编码、联系方式及售后服务单位；

c） 产品标准号、产品注册号；Ⅱ类产品应注明医疗器械生产企业许可证编号；

d） 产品的制造材料、性能、主要结构、适用范围及有关注意事项；

e） 特殊操作说明和特殊贮存、管理要求；

f） 禁忌症、注意事项以及其他需要警示或者提示的内容；

g） 医疗器械标签所用的图形、符号、缩写等内容的解释；

h） 使用说明或者图示；

i） 产品维护和保养方法，特殊储存条件、方法；

j） 器械包应附有产品配置清单。

5.3 无菌产品使用说明书除应包含5.2的内容外，还应有下列内容：

a） "一次性使用"、灭菌方法和失效年月及醒目的"无菌"字样；

b） 保证产品正确、安全使用的要求及丢弃产品的处理要求；

c） 应注明"在最小包装破损时不得使用"和"不得二次使用"的字样。

5.4 使用说明书的编写应符合GB 9969.1中的规定。

ICS 11.080.040
C 30

YY

中华人民共和国医药行业标准

YY/T 0313—2014
代替 YY/T 0313—1998

医用高分子产品 包装和制造商提供信息的要求

**Medical polymer products—
Requirement for package and information supplied by manufacturer**

2014-06-17 发布　　2015-07-01 实施

国家食品药品监督管理总局　发布

前　言

本标准按照GB/T 1.1—2009给出的规则起草。

本标准代替YY/T 0313—1998《医用高分子制品包装、标志、运输和贮存》。与YY/T 0313—1998相比，主要变化如下：

——修改了标准名称；
——修改了标准适用“范围”（见第1章）；
——修改了“规范性引用文件”（见第2章）；
——修改了“术语和定义”的部分内容（见3.7，3.8，3.17，1998年版3.8，3.17，3.18）；
——对产品进行重新分类，取消“消毒制品”及相关内容（1998年版4.1，5.2）；
——将无菌包装的要求修改为符合GB/T 19633.1及相关标准（见5.2.3，1998年版5.3.3）；
——由于规范性引用文件GB 6543更新，瓦楞纸箱的分类由三类变为两类，本标准也做了相应的修改（见5.3.3，1998年版5.4.3）；
——增加了对制造商提供信息的要求（见第6章）；
——对产品包装的标志做了部分修改（见6.3）；
——删除第7章“运输和贮存”（1998年版第7章）；
——附录A修改为“医疗器械满足欧洲指令93/42/EEC要求所需提供信息的指南”（见附录A，1998年版附录A）；
——删除附录B（1998年版附录B）。

请注意本文件的某些内容可能涉及专利。本文件的发布机构不承担识别这些专利的责任。

本标准由全国输液器具标准化技术委员会（SAC/TC 106）归口。

本标准起草单位：山东省医疗器械产品质量检验中心。

本标准主要起草人：吴平、于晓慧。

本标准所代替标准的历次版本发布情况为：

——ZBC 48006—1989；
——YY/T 0313—1998。

医用高分子产品
包装和制造商提供信息的要求

1 范围

本标准规定了医用高分子产品的包装和制造商提供信息的要求。

注：国家法规以及产品标准中的规定优先于本标准。

2 规范性引用文件

下列文件对于本文件的应用是必不可少的。凡是注日期的引用文件，仅注日期的版本适用于本文件。凡是不注日期的引用文件，其最新版本(包括所有的修改单)适用于本文件。

GB/T 3102(所有部分)　量和单位

GB/T 4892　硬质直方体运输包装尺寸系列

GB/T 6543　运输包装用单瓦楞纸箱和双瓦楞纸箱

GB/T 7408　数据元和交换格式　信息交换　日期和时间表示法

GB/T 19633.1[1)]　最终灭菌医疗器械包装　第1部分：材料、无菌屏障系统和包装系统的要求

YY/T 0466.1　医疗器械　用于医疗器械标签、标记和提供信息的符号　第1部分：通用要求

YY/T 0468　命名　用于管理资料交流的医疗器械命名系统规范

YY/T 1119　医用高分子产品　术语

3 术语和定义

GB/T 19633.1 界定的以及下列术语和定义适用于本文件。

3.1

内装物　contents

包装内所装产品、隔板、说明书和/或内部包装等物品的总称。

3.2

初包装　primary package

与产品直接接触的包装。

3.3

单包装　unit package

单件产品、一套操作过程相关的组件或成套供应的系列产品的包装。是产品销售、使用的基本单元。

3.4

小包装　minimum package

产品包装的最小单元。

3.5

中包装　multi-unit package

若干个单包装、小包装(无单包装时)、一次用量包装或多次用量包装的保护性包装单元。

1)　报批中。

3.6

运输包装(外包装)　transport package(outer package)

适于产品运输的包装单元。

3.7

货架包装　shelf package

在遵守制造商贮存条件下,摆放在货架上确保产品在使用期限内符合预期的性能的保护性包装单元。

注:根据情况中包装或运输包装(外包装)可以是货架包装。

3.8

隔板　divider

有足够强度、设计成一套产品的各组件之间或各产品之间不相互挤压的隔档、托盘、支架、套管等保护性包装组件的总称。

3.9

硬包装　rigid package

在装入或取出内装物后,容器形状基本不发生变化的包装。该容器一般用纸板、硬质塑料、玻璃、金属等材料制成。

3.10

密封包装　sealed package

能保证内装物不易受污染的包装。一旦破损,不能保证内部清洁。

3.11

清洁包装　clean package

能保证内装物不受污染的包装。如纸盒、塑料盒、未封口的塑料袋等。

3.12

无菌包装　sterile package

内部保持无菌的包装。一旦破损,不能保证内部无菌。

3.13

双层包装　double-wall package

在密封包装外辅加一层密封包装。其结构可分层开封。

3.14

一次用量包装　single-service package

内装物(如液体、颗粒等)的量仅供一次使用的包装。

3.15

多次用量包装　multi-service package

内装物(如液体、颗粒等)的量可多次消耗性使用的包装。

3.16

便用式包装　convenient-for-use package

对内装材料的临床使用具有一定辅助功能的包装(如,装有透明质酸钠的注射器)。

注:便用式包装多用于D类产品,应视为产品的组成部分。

3.17

使用者　user

预期接受制造商所提供信息的任何法人或自然人。

4 产品分类

4.1 在设计产品包装时，首先要考虑产品的卫生要求，然后结合产品的具体情况和物理性质考虑对包装的要求，因此有必要对产品进行分类。

4.2 产品按卫生要求分为普通产品和无菌产品。

4.3 产品按物理性质分为：

——A 类：耐挤压产品；

——B 类：受挤压对其质量会有一定影响的产品；

——C 类：受挤压对其质量会有严重影响的产品；

——D 类：颗粒、液体或软膏材料或浸在保养液中的产品。

注：按产品的物理性质进行分类，是为了产品标准中便于引用。具体产品可视其结构、大小、价值和安全性等方面来确定。

5 包装要求

5.1 通用要求

5.1.1 产品的包装应适用于贮存、运输过程。应保证产品质量在正常贮存、运输过程中不受损害。

注：GB/T 4857 规定了部分运输包装件的试验方法。

5.1.2 产品的初包装材料应对人体无毒性，不应与内装物发生反应而影响产品和包装的质量，从而保证内装物使用的安全性和有效性。

5.1.3 产品的包装应便于产品的使用。

5.1.4 产品的直方体包装尺寸应优先采用 GB/T 4892 规定的尺寸。

注：对包装的其他要求，可根据供需双方协议来定。

5.2 无菌产品

5.2.1 无菌产品的无菌包装的最大单元应是单包装。

5.2.2 对于由无菌组件和非无菌组件组成的成套供应的产品，无菌包装单元可以是单包装内的小包装。

5.2.3 无菌包装单元应符合 GB/T 19633.1 的要求。

注：YY/T 0698 规定了最终灭菌医疗器械包装材料的要求，YY/T 0681 规定了无菌医疗器械包装试验方法的要求。这些标准可用于部分证明包装符合 GB/T 19633.1 的要求。

5.2.4 对于无菌供应的粉末、液体或软膏材料，应采用一次用量包装。如果一次用量包装无法作为无菌包装单元，应辅加一层单包装作为无菌包装。

5.2.5 产品使用说明书等文件（血袋、血样采集容器等应贴在产品上的标签除外）宜在无菌包装以外。

5.2.6 包装后不再进行灭菌的无菌产品，其初包装应先进行灭菌，并采用无菌操作技术包装。

5.2.7 无菌包装外面宜有一层密封包装或清洁包装（可以直接在单包装外加一层，也可以是中包装）。

注：纸箱运输包装不能作为密封包装和清洁包装。

5.2.8 如只要求产品内部无菌（如无菌液路），应在产品的包装上清晰地注明。

5.2.9 如果产品是在完成了中包装和/或运输包装以后进行灭菌，中包装和/或运输包装也应适应于所选择的灭菌过程。

5.3 A 类产品

5.3.1 A 类产品至少宜有小包装和货架包装。

5.3.2 如果要求内装物使用前保持清洁，其小包装宜是密封包装。

5.3.3 货架包装同时作为运输包装时，宜采用GB/T 6543规定的1类或2类瓦楞纸箱，或采用质量不低于2类瓦楞纸箱的其他材料的包装箱容器。

5.3.4 无菌A类产品还应符合5.2规定。

5.4 B类产品

5.4.1 B类产品至少宜有小包装或单包装和货架包装。

5.4.2 如果要求内装物使用前保持清洁，其小包装或单包装宜是密封包装。

5.4.3 单包装较小时，中包装宜采用硬包装。

5.4.4 货架包装同时作为运输包装时，宜采用GB/T 6543规定的1类或2类瓦楞纸箱，或采用质量不低于2类瓦楞纸箱的其他材料的包装容器。

5.4.5 无菌B类产品还应符合5.2规定。

5.5 C类产品

5.5.1 C类产品至少宜有小包装或单包装、中包装和/或货架包装。当产品单包装较大时，可以没有中包装。

5.5.2 由多个分离的部件组成的成套产品，其单包装中宜设计隔板，以防相互挤压。

5.5.3 单包装内没有隔板时，单包装宜是硬包装，否则，各单包装之间宜有隔板，以防相互挤压。

5.5.4 货架包装同时作为运输包装时，宜采用GB/T 6543规定的1类或2类瓦楞纸箱，或采用质量不低于2类瓦楞纸箱的其他材料的包装容器。

5.5.5 无菌C类产品还应符合5.2规定。

5.6 D类产品

5.6.1 D类产品至少宜有初包装(一次用量包装或多次用量包装)、中包装和/或货架包装。当初包装较大时，可以没有中包装。

5.6.2 初包装宜优先采用便用式包装设计。

5.6.3 由多种材料组合供应且采用一次用量包装的产品，宜装入同一个单包装内。

5.6.4 采用多次用量包装的产品，其包装宜坚固、耐用，关闭后保持密闭，足以保证产品拆封后在制造厂给定的期限内使用的有效性。

5.6.5 货架包装同时作为运输包装时，宜采用GB/T 6543规定的1类或2类瓦楞纸箱，或采用质量不低于2类瓦楞纸箱的其他材料的包装容器。

5.6.6 无菌D类产品还应符合5.2规定。

5.7 其他考虑

5.7.1 在洁净环境下生产或清洗、提供给其他厂商的零配件和原材料，小包装宜采用双层包装。

5.7.2 因受潮会影响其质量的产品，其包装应考虑防潮，必要时可加吸潮剂。

6 制造商提供信息的要求

6.1 产品识别信息

6.1.1 产品类别

当所提供的信息中需要说明产品所属医疗器械类别时，应优先采用YY/T 0468中的命名。

6.1.2 产品命名

产品优先采用相关标准所规范的名称和YY/T 1119所规范的术语。

6.1.3 批次代码

产品的批次代码应由字母和/或数字组成,但也可由其他方式表示,例如使用可机读代码。

6.2 产品使用信息

6.2.1 通用要求

随产品提供信息的任何方式都应考虑预期使用者、使用条件以及针对单个器械使用安全性和有效性等各个方面。

提供信息的适当方式应基于风险评估且与预期使用者的培训、经验和教育程度相符合。

注:在有些医疗器械国际标准中,要求提供的信息符合EN 1041的要求。附录A给出了EN 1041中给出的符合欧洲指令93/42/EEC要求所需提供信息的指南。对于采用这些国际标准的医疗器械,附录A所提供的指南是强制性的。

6.2.2 特殊要求

6.2.2.1 适用性

使用信息应适合于包装中的产品。当有些产品有多种供应形式(如无菌和非无菌)或多种规格,宜分别对各种形式或规格单独提供信息。

例如,带有使用期限的产品不适用于不带使用期限的产品。

6.2.2.2 易懂性

无论预期使用者的年龄、教育程度、知识和培训水平如何,产品随附信息都应是易懂的。在合适的情况下,提供信息的具体方式可限于特定使用者。

注:本要求可导致对多种提供信息方式的需求。

6.2.2.3 易读性

预期通过视觉识别的信息应易读,如需要,考虑特定产品的特殊尺寸和使用条件对其进行调整。

6.2.2.4 可得性

提供信息的方式应考虑产品的使用寿命,只要有合理的需要,信息应在其使用寿命内都具有可得性。

6.2.2.5 安全性

只要实际需要,提供信息的媒介应保证不被除制造商外的其他人破坏或蓄意改变,不管是否是恶意。

如果使用者能方便地识别信息的缺失,例如标记受到了损坏,那么制造商应提供采取相应措施的建议。

如果信息的缺失不明显或不易被发现,制造商应提供如何保持信息的安全性限制不良后果的指南。

注:适当时,制造商宜在客户服务中考虑是否有任何可采取的预防措施来保持信息的安全性。

6.2.2.6 规范性

日期宜按 GB/T 7408 以 YYYY-MM-DD、YYYY-MM 或 YYYY 的格式表示。

计量单位宜使用 GB/T 3102 中规定的国际单位制单位或其他法定单位。

符号和与安全性相关的识别色标宜符合 YY/T 0466.1 和相关标准的要求，如果不是出自于有关标准，应在所提供信息中加以说明。

6.2.2.7 提供信息的变更

对已向使用者提供信息的任何更改，如果对病人安全很重要，则应清晰地向使用者传达。

6.3 产品包装标志

6.3.1 单包装或初包装

单包装或初包装上一般应有下列标志：

a) 产品名称、型号或规格；
b) 制造商名称、地址和商标；
c) 制造日期，如果没有使用期限的信息；
d) 批次代码；
e) “非无菌”[2)]字样，如适用。

无菌产品的单包装或初包装上还应有下列标志：

a) “无菌”字样；
b) “包装破损切勿使用”字样；
c) “一次性使用”字样；
d) 使用期限。

注：可使用 YY/T 0466.1 规定的符号满足上列要求。

6.3.2 货架包装标志

货架包装上一般应有下列标志：

a) 产品名称、型号或规格；
b) 制造商名称、地址和商标；
c) 制造日期，如果没有使用期限的信息；
d) 批次代码；
e) “非无菌”字样，如适用。
f) 毛重，如适用；
g) 体积(长×宽×高)，如适用；
h) 数量；
i) 相应的贮存条件，如适用。

无菌产品的货架包装上还应有下列标志：

a) “无菌”字样；
b) “包装破损切勿使用”字样；
c) “一次性使用”字样；
d) 使用期限。

注：可使用 YY/T 0466.1 规定的符号满足上列要求。

---

2) “非无菌”符号在 YY/T 0466.1 中的名称为“未灭菌”。

附 录 A
（资料性附录）
医疗器械满足欧洲指令 93/42/EEC 要求所需提供信息的指南

表 A.1 给出了医疗器械满足欧洲指令 93/42/EEC 要求所需提供信息的指南。

表 A.1 医疗器械满足欧洲指令 93/42/EEC 要求所需提供信息的指南

医疗器械提供信息的要求	指南
总则	
8.7 器械包装和/或标签必须能区分销售的相同产品和相似产品是处于无菌状态还是非无菌状态	按照本标准，无菌器械最好是用 YY/T 0466.1 给出的符号或描述这一状态的文字标识。无菌器械宜用 YY/T 0466.1 给出的符号醒目地标识。YY/T 0615.1 和 YY/T 0615.2 给出了无菌的定义。同一制造商生产的同样器械会有无菌和非无菌两种供应形式，并采用相似的包装，这种情况下，可能会将非无菌器械误认为是无菌器械，为了保证病人的安全，应对其醒目地给出非无菌的描述。这里讲的相似可能是器械相似，也可能是包装相似
10.3 带有测量系统的器械所进行的测量应用法定单位表述	见 6.2.2.6 的要求
11.4.1 发出辐射的器械的操作说明书必须给出所发出辐射的性质、对病人和使用者的保护措施以及避免误用的方式和消除安装中所存在风险的方式详细的信息	辐射不局限于电离辐射。其他辐射的示例如热辐射和激光辐射
13 由制造商提供的信息	
13.1 每个器械应随附安全使用和识别制造商的所需信息，并考虑使用者所受培训和他们所具备的知识水平	任何信息宜以一种使预期使用者和/或病人能理解的方式给出。 对于复杂的设备，最好在使用说明中给出紧急情况下如何检查和操作该器械的方便用户的指南
标签上和使用说明书中应有这一信息。 只要可行和适合，器械安全使用所需的信息必须在器械上和/或每个单位产品的包装上、销售包装上（如适宜）给出。如果对器械单件包装不可行，则必须在随附于一件或多件器械的活页纸上给出这些信息	当使用说明是以活页纸的形式提供时，多件包装中的活页纸的数量由制造商根据器械使用情况来确定。信息也可通过电子方式（如互联网）提供。 很多器械，尤其是有源器械和许多无源Ⅰ类器械的供应不用包装，只有运输容器。在没有适宜包装的情况下，如果必要，任何信息宜在标记上、随附资料或器械的标志上供应
每个器械的包装中必须有使用说明书，Ⅰ类器械和Ⅱa 类器械不需要提供使用说明书也能安全使用的情况除外	
13.2 如适用，这一信息宜采用符号的形式。所用的任何符号和识别色标必须符合现行标准。在没有标准的领域内，应在随附文件中对符号和色标给出描述	文件可以是标签和/或使用说明。见本标准要求的6.2.2.6
13.3 标签必须有下列内容	13.3～13.6 中所描述的信息需要用所在国语言来描述。 使用现行标准的符号将可避免翻译某些信息

表 A.1（续）

医疗器械提供信息的要求	指南
(a) 制造商的名称和地址。对于进口医疗器械，考虑到它们在国内的流通，如果制造商在国内还没有商务地点，标签、或其他包装、或使用说明还应包括制造商设在国内的授权代理商的名称和地址	如果信息足以与制造商或授权代理商建立联系，可以不必提供其完整的邮政地址。然而，如适宜，地址需足够详细以便得到制造商和/或授权代理商的实际地点。仅有信箱是不够的
(b) 使使用者识别包装内器械和内容物的必要说明	许多器械对预期使用者是熟知的。无包装的器械、透明包装的器械或只用于运输和贮存的容器可以不需要进一步的识别。对于较为复杂的器械，产品的识别可相应标示在产品上、或包装上、或随附信息上。可列出内装物及相应数量
(c) “无菌”字样，如适用	“STERILE”本身不是符号，就需要用所在国语言“无菌”字样表述，而STERILE是 YY/T 0466.1 给出的符号，因此不需要译成所在国语言。如使用该符号，就不需要再有“无菌”字样。如适宜，灭菌方式也宜用合适的符号表示。YY/T 0615.1 和 YY/T 0615.2 给出了“无菌”的定义。 STERILE符号宜醒目。如果器械上只有某些部位是无菌，宜给出描述。如无菌液路
(d) 批次代码，如适用，用字样“批”或序列编号打头	“LOT”本身不是符号，可能需要用所在国语言“批”字样表述，而 YY/T 0466.1 中给出的LOT是符号，不需要翻译。 符号LOT可用于识别批次代码，符号SN可用于识别序列编号
(e) 如适宜，安全使用器械的日期的说明，用年和月表示	YY/T 0466.1 中给出识别“使用期限”日期的符号，这是表示器械预期使用的最后月份。 如果不需要给出“使用期限”日期，可以 YYYY-MM 的形式相应地给出 YY/T 0466.1 中给出的制造日期符号。后者可以与批次代码符号相组合(如：LOT 2006-07 1234)
(f) 如适用，器械一次性使用的说明。制造商的一次性使用说明必须在国内保持一致	YY/T 0466.1 中包括了 GB 16273.1“不得二次使用”的符号
(g) 如果器械是定制的，字样“定制器械”	指令还要求将引号内的文字译成所在国语言
(h) 如果器械预期用于临床研究，字样“仅供临床研究”	指令还要求将引号内的文字译成所在国语言
(i) 任何特殊的贮运条件	只针对非一般性的贮运要求，而不是那些预期使用者期望是一般性的贮运条件。如果贮运条件对于器械的安全性和有效性至关重要，也宜给出这一信息。这样不用通过特定的器械宜避免受到极限温度、气候和电磁幅射的标签，就可以得到一般性的了解。然而，如果一个器械需要贮存在一定的相对湿度和温度范围内，这宜特别给出说明。 可使用国际上公认的符号，如贮存、运输、或运输说明和危害的警示(见 GB/T 191)，如果没规定贮存条件，则认为器械是一般贮存条件

表 A.1（续）

医疗器械提供信息的要求	指南
(j) 任何特殊的操作说明	制造商宜确定提供信息的类型和详细程度。这要考虑到预期使用者(尤其是在家治疗或自我治疗的病人)所具备的知识和技能,任何异常或不熟悉的情况,或可能不是显而易见的操作模式。可使用国际上公认的符号
(k) 任何警示和/或采取的措施	指的是预期使用者不可预测的且不是显而易见的风险。可使用国际上公认的符号
(l) 不适用的有源器械的制造年份。这一说明可包括在批次代码或序列编号中	如果不给出“使用期限”日期,制造日期宜以 YY/T 0466.1 给出的制造日期符号加 YYYY 的形式给出。也可将制造年份组合到批次代码中,如[LOT] 2006-1234,或组合到序列编号中,如[SN] 2006-1234
(m) 灭菌方法,如适用	这是指制造商所用的灭菌方法。可使用 YY/T 0466.1 中规定的相应的符号
13.4 如果器械的预期用途对使用者不是显而易见的,制造商应在其标签或使用说明书上清楚地描述	许多器械对预期使用者是熟知的。无包装的器械或只用运输和贮存容器提供的器械可以不需要进一步的识别。透明包装可减少详细描述的要求
13.5 只要合理和可行,应对器械和可分离的组件加以识别,如适宜,按批来识别,以便能采取相应的措施来确定潜在的风险是由器械还是由可分离组件带来的	这种识别便于器械的召回。任何可拆卸的组件宜能通过其批次代码或其他合适的方法识别
13.6 如适用,使用说明书应含有下列内容	13.3～13.6 中所描述的信息需要用所在国语言来描述。 使用现行标准的符号将可避免翻译某些信息
(a) 13.3 中规定的各项内容,(d)和(e)除外	(d)(批次代码)和(e)(使用期限)除外不是只把这两项除外。13.6 明确 13.3 所列信息只对“如适用”的项适用。 例如,标签上已经有制造日期,再在使用说明书中给出制造日期既不合适也不可行。 见本附录给出的上述 13.3(a)、(b)、(c)、(f)、(g)、(h)、(i)、(j)、(k)、(m)的指南
(b) 器械预期具有的特性和任何不希望的副作用	可采取引用有关规定这些特性的已出版标准的形式
(c) 如果器械应安装于或连接于其他医疗器械或设备上来执行其预期用途所需的操作,详细说明正确识别适用器械或设备的特征,以便得到安全的连接	如果不在预期使用者的常识范围内,或不能显而易见,就需要提供该器械适用设备的连接方法或类型。 可以用符合有关规定这些特性的已出版标准的描述来充分提供其特征(如连接)
(d) 验证器械是否正确安装并能正确和安全操作,以及确保器械正确和安全操作所需维护和校准的性质和频次的所有信息	这一个要求只是指安装由使用者验证,或维护和校准的性质和频次的说明,而不是所包括的实际步骤。安装的信息不需要包括在提供给使用者的使用说明书中。若不是显而易见,且不期望由制造商或其代理商安装,这些信息宜分开提供

表 A.1（续）

医疗器械提供信息的要求	指南
(e) 如适用，避免器械植入带来的确定风险的信息	本条只适用于植入式器械的使用说明书。并只是针对“确定的”(即公认的和可预见的)风险，与之对应的是“不确定的”(即未知的和/或不是必然的)。这一要求只是针对植入过程中所产生的风险，而不是那些器械植入后所产生的风险。对显而易见或常见的风险不需要给出信息。按 13.3(j) 和 13.3(k)，考虑预期使用者的知识和技术水平，宜给出任何特定的操作说明、任何警示和/或推荐的预防措施。可使用国际上公认的符号
(h) 如果器械可重复使用，再次使用前的处理信息，包括清洗、消毒(如适用)、包装和再次灭菌的灭菌方法和任何对重复使用次数的限制； 预期在使用前灭菌的器械，清洗和灭菌的说明应是如果正确遵守，器械仍将符合要求。 如果器械说明为一次性使用，那么若器械重复使用，则已知性能和技术因素的信息会给制造商带来风险。如果与 13.1 一致无需使用说明，则根据要求使得使用者可获得信息	该要求只针对制造商预期重复使用的器械，不针对使用者超出了制造商建议之外的再次使用的器械，如那些标有“一次性使用”的器械。器械再次灭菌时，可使用 YY/T 0802。 该信息宜作为风险评估过程的输出
(i) 器械在使用前需进一步处理或处置的说明(如灭菌、最终安装等)	该要求只针对器械或其特征需要在用前发生某些改变的情况(例如，灭菌和最终安装等)。对于正常使用中绝对要进行的处置，就没有说明的必要。比如，没有必要对一个“无菌”器械建议从其包装中以无菌操作的形式取出
(j) 对于以医疗为目的发生辐射的器械，对辐射的性质、种类、密度和分布的说明。 使用说明书还必须包括使医生向病人告知任何副作用的说明和任何要采取的预防措施，这些说明特别要包括：	辐射不限于电离辐射。其他辐射的示例有热辐射和激光辐射。 宜提供指南，这样医生可向病人简述禁忌并识别器械的相关风险。这些风险可能来自当前技术的提高，尤其是可能对器械性能产生影响的环境因素。制造商风险管理过程(根据 YY/T 0316)的结果宜用于确定警示和建议。 如该信息不需要对病人描述，就不需要包括在内
(o) 作为符合 7.4 的整体部分与器械组合在一起的药物或人体血液的衍生物	宜给出国际非专有名称(INN)或其他通用名称

注：左手栏列出了医疗器械的有关制造商提供信息的要求(条文编号是欧洲指令 93/42/EEC 中的条文编号)。右手栏给出了与之对应的指南和进一步的解释。

参 考 文 献

［1］ GB/T 191　包装储运图示标志
［2］ GB/T 4857(所有部分)　包装　运输包装件
［3］ GB/T 16273.1　设备用图形符号
［4］ YY/T 0316　医疗器械　风险管理对医疗器械的应用
［5］ YY/T 0615.1　标示“无菌”医疗器械的要求　第1部分:最终灭菌医疗器械的要求
［6］ YY/T 0615.2　标示“无菌”医疗器械的要求　第2部分:无菌加工医疗器械的要求
［7］ YY/T 0681(所有部分)　无菌医疗器械包装试验方法
［8］ YY/T 0698(所有部分)　最终灭菌医疗器械包装材料
［9］ YY/T 0802　医疗器械的灭菌　制造商提供的处理可重复灭菌医疗器械的信息
［10］ EN 1041 Information supplied by the manufacturer of medical devices

四、食品、烟草

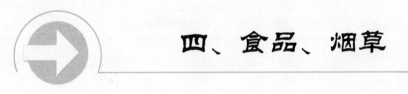

ICS 65.160
X 87

中华人民共和国国家标准

GB 5606.2—2005
代替 GB/T 5606.2—1996

卷烟　第2部分:包装标识

Cigarettes—Part 2:Mark

2005-06-17 发布　　　　2006-01-01 实施

中华人民共和国国家质量监督检验检疫总局
中国国家标准化管理委员会　发布

前　言

GB 5606《卷烟》分为六个部分：

——第1部分：抽样；

——第2部分：包装标识；

——第3部分：包装、卷制技术要求及贮运；

——第4部分：感官技术要求；

——第5部分：主流烟气；

——第6部分：质量综合判定。

本部分为GB 5606的第2部分。

本部分的全部技术内容为强制性。

本部分代替GB/T 5606.2—1996《卷烟　包装、标志与贮运》。

本部分与GB/T 5606.2—1996相比主要变化如下：

——由推荐性标准修改为强制性标准；

——修改了通用条件；

——增加了一氧化碳量的标注要求；

——增加了检验规则；

——将"贮运"调整到GB 5606.3。

本部分由国家烟草专卖局提出。

本部分由全国烟草标准化技术委员会(TC 144)归口。

本部分起草单位：国家烟草专卖局、中国烟草总公司郑州烟草研究院。

本部分主要起草人：于明芳、胡清源、陆益敏、邱龙英、吴殿信、储国海、孙贤军。

本部分所代替标准的历次版本发布情况为：

——GB 5609—1985；

——GB/T 5606.2—1996。

卷烟　第2部分:包装标识

1　范围

GB 5606的本部分规定了卷烟包装标识的要求、试验方法及检验规则。

本部分适用于卷烟。

2　规范性引用文件

下列文件中的条款通过GB 5606的本部分的引用而成为本部分的条款。凡是注日期的引用文件,其随后所有的修改单(不包括勘误的内容)或修订版均不适用于本部分,然而,鼓励根据本部分达成协议的各方研究是否可使用这些文件的最新版本。凡是不注日期的引用文件,其最新版本适用于本部分。

GB/T 5606.1　卷烟　第1部分:抽样

GB 12904　商品条码

YC/T 28.1　卷烟物理性能的测定　第1部分:包装

3　术语和定义

下列术语和定义适用于本部分。

3.1

警句　warnings

《中华人民共和国烟草专卖法》第十八条中规定的"吸烟有害健康"的句子。

3.2

包装标识　mark

包装体上用于识别产品及其质量、数量、特征、特性和使用方法所做的各种标识的统称。包装标识可以用文字、符号、数字、图案以及其他形式表示。

4　要求

4.1　通用条件

4.1.1　卷烟商标应符合《中华人民共和国商标法》的规定,包装标识所使用的中文文字应符合规范汉字的要求,在使用汉字的同时可使用汉语拼音或者外文。

4.1.2　卷烟包装体上应注明省(市)名和企业名称或直接注明企业名称,生产企业的名称应是依法登记注册的,能承担产品质量责任的生产企业的名称。按照合同或者协议的约定相互协作,但又各自独立经营的企业,在其合作生产的卷烟产品包装上,应当注明具有该卷烟产品商标所有权企业,亦可同时标注产品生产企业的名称。

4.1.3　获得国家认可的质量标志的产品,可以在有效期内标注质量标志。

4.1.4　在卷烟包装体上及内附说明中不得使用"保健"、"疗效"、"安全"、"环保"等卷烟成分的功效说明,以及"淡味"、"柔和"等卷烟品质说明。

4.1.5　商品条码应符合GB 12904的要求,能够准确识读。

4.1.6　各类标识应当清晰、牢固,易于识别。

4.2　箱

箱体上应明示以下内容。

4.2.1　卷烟数量,以支计。

4.2.2　箱体规格,标识为(长×宽×高)mm或长mm×宽mm×高mm。

4.2.3 卷烟规格，标识为卷烟长度(滤嘴长＋烟支长)mm×圆周 mm。

4.2.4 卷烟牌号符合 4.1.2 规定的企业名称、生产企业地址、生产日期、价类、商品条码。

4.2.5 符合国家规定的商品贮运安全标志。

4.2.6 执行标准的编号及生产许可证编号。

4.2.7 包装膜包装应附有符合以上要求的说明。

4.3 条、盒

条、盒上应注明以下内容，包装膜条包上注明的内容由生产企业自定。

4.3.1 商标及注册标记。

4.3.2 符合 4.1.2 规定的企业名称。

4.3.3 卷烟数量(支)、商品条码。

4.3.4 焦油量，表示为××mg 或×mg；烟气烟碱量，表示为×.×mg；烟气一氧化碳量，表示为××mg或×mg；标注应与背景色对比明显，其中文字体高度不得小于 2.0 mm。

4.3.5 应注明警句，且中文警句字体高度不得小于 2.0 mm。

5 试验方法

5.1 按 GB/T 5606.1 抽取实验室样品，制备试样。

5.2 按 YC/T 28.1 进行试验。

6 检验规则

6.1 包装标识质量缺陷分为 A、B 两类，其中不符合 4.1.1、4.1.2、4.1.5、4.3.4、4.3.5 要求之一的为 A 类质量缺陷项，不符合其他要求之一的为 B 类质量缺陷项。

6.2 若出现任何一个 A 类质量缺陷项，则判该批卷烟不合格，包装标识得分以零分计。

6.3 箱、条、盒 B 类质量缺陷项的单位扣分值由表 1 给出。各项质量缺陷数乘以单位扣分值等于该项质量缺陷扣分数。卷烟包装标识考核采用百分制表示，其得分为 100 减去各项质量缺陷扣分数总和，得负分时以零分计。

表 1 箱、条、盒 B 类质量缺陷项单位扣分值

包装体	箱	条	盒
B 类质量缺陷项 单位扣分值	5	5	5

ICS 65.160
X 87

中华人民共和国国家标准

GB 5606.3—2005
代替 GB 5606.3—1996

卷烟　第3部分：包装、卷制技术要求及贮运

Cigarettes—Part 3: Technical requirements for packing, making, storage and transport

2005-06-17 发布　　2006-01-01 实施

中华人民共和国国家质量监督检验检疫总局
中国国家标准化管理委员会　发布

前 言

GB 5606《卷烟》分为六个部分：

——第 1 部分：抽样；

——第 2 部分：包装标识；

——第 3 部分：包装、卷制技术要求及贮运；

——第 4 部分：感官技术要求；

——第 5 部分：主流烟气；

——第 6 部分：质量综合判定。

本部分为 GB 5606 的第 3 部分。

本部分 5.2～5.3 的 A、B 类质量缺陷和 7.6 为强制性内容。

本部分代替 GB 5606.3—1996《卷烟　卷制技术要求》。

本部分与 GB 5606.3—1996 相比主要变化如下：

——增加了端部落丝量、总通风率等技术指标和定义；

——将包装与卷制技术要求按质量缺陷轻重程度分为 A、B、C 三类；

——将水分改为含水率，对吸阻、圆周、硬度、质量的允差范围和含末率、含水率的指标要求进行了调整；

——对 A、B、C 三类不同的质量缺陷分别规定了不同的单位扣分值，取消了对各单项最高得分的限定，并规定卷烟包装与卷制的质量得分为负分时以零分计；

——增加了“贮运”的要求。

本部分由国家烟草专卖局提出。

本部分由全国烟草标准化技术委员会（TC 144）归口。

本部分起草单位：国家烟草专卖局、中国烟草总公司郑州烟草研究院。

本部分主要起草人：高学林、邢军、夏正林、王迪汉、郑湖南、阮晓明、舒俊生。

本部分所代替标准的历次版本发布情况为：

——GB 5609—1985；

——GB 5606.3—1996。

卷烟　第3部分：包装、卷制技术要求及贮运

1　范围

GB 5606 的本部分规定了卷烟包装、卷制技术要求、试验方法、检验规则及贮运。

本部分适用于卷烟。

2　规范性引用文件

下列文件中的条款通过 GB 5606 的本部分的引用而成为本部分的条款。凡是注日期的引用文件，其随后所有的修改单(不包括勘误的内容)或修订版均不适用于本部分，然而，鼓励根据本部分达成协议的各方研究是否可使用这些文件的最新版本。凡是不注日期的引用文件，其最新版本适用于本部分。

GB/T 5606.1—2004　卷烟　第1部分：抽样

GB/T 16447　烟草及烟草制品　调节和测试的大气环境(GB/T 16447—2004,ISO 3402:1999,IDT)

GB/T 19610　卷烟　通风的测定　定义和测量原理(GB/T 19610—2004,ISO 9512:2002,IDT)

YC/T 28(所有部分)　卷烟物理性能的测定

YC/T 151.2　卷烟　端部掉落烟丝的测定　第2部分：旋转箱法(YC/T 151.2—2001,idt ISO 3550-2:1997)

3　术语和定义

下列术语和定义适用于本部分。

3.1

吸阻　draw resistance

卷烟抽吸时的阻力。在一定大气环境下，以一定流量的气流通过卷烟时，卷烟两端的静压力差表示。

3.2

硬度　hardness

在一定大气环境下，烟支在径向上抗变形的能力。以一定面积的测头，一定的压力，施加于烟支一定时间后，该处直径方向上长度与原直径之比的百分数表示。

3.3

含末率　dust content

烟丝中一定大小的烟末所占烟丝质量的百分比。

3.4

空头　loose ends

卷烟端头因烟丝未填充而形成的一定面积和深度的空陷。

3.5

爆口　seam open

烟支搭口爆开的裂口。

3.6

熄火　extinguish

卷烟点燃后，停止阴燃的现象。

3.7

总通风率　degree of total ventilation

滤嘴通风率与纸通风率之和。

3.8

端部落丝量　content of loss of tobacco from the ends

在一定条件下，一定数量的试样在翻转过程中从试样端部掉落的烟丝量，以毫克/支表示。

4　产品分类

卷烟按卷制方式分为滤嘴卷烟和无嘴卷烟。

5　要求

5.1　卷烟包装与卷制质量缺陷分类

卷烟包装与卷制质量缺陷分为A、B、C类。其中A类为严重质量缺陷，B类为较严重质量缺陷，C类为一般质量缺陷。

5.2　卷烟包装

5.2.1　箱装

卷烟箱装的各项指标由表1给出。

表1　卷烟箱装的指标要求

序号	指　标　要　求	质量缺陷分类
1	箱内不应错装。	A
2	箱内烟条应排列整齐，不应少装。	
3	箱体包装应完整、牢固，不应破损露出卷烟条盒。	B
4	箱体内壁与条盒或条包不应粘连而破损。	C
5	箱装应有产品质量合格标识。	

5.2.2　条装

卷烟条装的各项指标由表2给出。

5.2.3　盒装

卷烟盒装的各项指标由表3给出。

表2　卷烟条装的指标要求

序号	指　标　要　求	质量缺陷分类
1	条内不应错包。	A
2	条盒、条包不应少装。	
3	条盒、条包及其透明纸包装应完整，不应破损。	B
4	条盒、条包及其透明纸应粘贴牢固、表面洁净无皱折。	C
5	条盒、条包内壁与小盒不应粘连而破损。	
6	条装拉带应完整良好，不应拉不开、拉断或拉开后透明纸散开。	
7	条装表面不应有长度大于等于5.0 mm的污渍。	

表 3　卷烟盒装的指标要求

序号	指 标 要 求	质量缺陷分类
1	盒内不应错支、缺支。	A
2	盒内不应有虫或虫蛀烟支。	
3	盒内不应多支，不应有滤嘴脱落或卷烟长度小于设计值 5 mm 或破损大于 5 mm 的断残烟支。	
4	小盒及其透明纸包装应完整，不应破损或露出烟支。	B
5	盒内烟支不应倒装，盒内不应有与卷烟材料无关的杂物。	
6	小盒拉带应完整良好，不应拉不开、拉断或拉开后透明纸散开。	
7	硬盒内舌不应脱落，内衬纸撕片不应撕不开或撕开后内衬纸整体被拉出。	
8	小盒表面应洁净无皱折，不应有长度大于 3.0 mm 的污渍。	C
9	盒装外包透明纸应粘贴牢固，表面应洁净无折皱。	
10	软盒粘贴应整齐，错位不应大于 1.0 mm；硬盒斜角不应有宽度大于 2.0 mm 的露底。	
11	盒装不应有长度大于 3.0mm 的叠角损伤。	
12	盒装应粘贴牢固，不应翘(翻)边。	
13	软盒封签应粘贴牢固，居中贴正，左右或前后两端偏离中心应小于 1.5 mm。封签不应破损、不应漏贴、反贴、多贴或错贴封签，商标纸针眼不应外露。	

5.3　卷烟卷制

5.3.1　卷烟的各项物理指标由表 4 给出。

5.3.2　卷烟外观的各项指标由表 5 给出，判定卷烟的空头条件见表 6。

表 4　卷烟的各项物理指标要求

项　目	单位	指标要求		质量缺陷分类
		滤嘴卷烟	无嘴卷烟	
熄　火	—	卷烟不应熄火，即卷烟点燃后，烟支连续阴燃的长度不应小于 40 mm。		A
端部落丝量	mg/支	≤8.0	≤10.0	B
吸　阻	Pa	设计标准值±200		
圆　周	mm	设计标准值±0.20		C
硬　度	%	设计标准值±10.0		
质　量	g	设计标准值±0.080		
长　度	mm	设计标准值±0.5		
总通风率[a] (流量分数)	%	设计标准值±10		
含末率(质量分数)	%	<3.50	<4.00	
含水率(质量分数)	%	10.50～13.50		

a　仅指采用滤嘴通风技术的卷烟。

表 5 卷烟外观的指标要求

序号	指 标 要 求	质量缺陷分类
1	卷烟不应漏气，即卷烟不应因滤嘴与烟支相接处部分无胶或胶粘不牢而产生漏气。	A
2	卷烟不应爆口，即卷烟经 90°扭转，烟支搭口处爆开长度不应大于烟支长度的四分之一。	
3	卷烟端头不应空松，即其端头不应同时出现表 6 规定的空陷深度和空陷截面比两种条件。	
4	卷烟应完整无破损，表面不应有长度大于 1.0 mm 的刺破或孔洞。	B
5	卷烟表面应洁净，不应有长度大于 2.0 mm 的油渍、黄斑、污点。	
6	卷烟表面不应有长度大于 2.0 mm 的夹末。	C
7	卷烟表面应无皱纹，不应有环绕卷烟一周的皱纹或多于两条的三分之一周以上的皱纹或多于五点的皱纹。	
8	卷烟两端切口应平齐，滤嘴缩头不应大于 0.5 mm，烟支端面触头不应大于其三分之一圆周，且触点深度不应大于 2.0 mm。	
9	卷烟搭口应匀贴牢固整齐，不应翘边。	
10	卷烟滤嘴不应有泡皱或挤压变形。	
11	接装纸粘贴不齐不应大于 0.5 mm。	
12	卷烟接装纸颜色、图案应均匀一致，不应有明显色差。	
13	卷烟标志应清晰完整，不应模糊、重叠、残缺不全；卷烟标志不应倒置。	

表 6 判定卷烟空头条件

卷制方式	空陷深度/mm	空陷截面比
滤嘴卷烟	>1.0	>2/3
无嘴卷烟	>1.5	>2/3

6 试验方法

6.1 抽样

按 GB/T 5606.1 抽取实验室样品。

6.2 包装

按 YC/T 28.1 进行箱装、条装、盒装试验。

6.3 卷制

从实验室样品中制备试样。除含水率、外观、熄火外，测试前试样应在 GB/T 16447 规定的条件下进行调节和测试。

6.3.1 吸阻

从试样中随机抽取 30 支作为试料，按 YC/T 28.5 的规定逐支进行试验。

6.3.2 端部落丝量

按 YC/T 151.2 的规定进行试验，共试验五组。

6.3.3 圆周

从试样中随机抽取 30 支作为试料，按 YC/T 28.3 的规定逐支进行试验。

6.3.4 硬度

从试样中随机抽取 30 支作为试料，按 YC/T 28.6 的规定逐支进行试验。

6.3.5 含水率

按 GB/T 5606.1—2004 的 5.1.4.2 取得试样，按 YC/T 28.8 进行试验。

6.3.6 质量

从试样中随机抽取 30 支作为试料，按 YC/T 28.4 的规定逐支进行试验。

6.3.7 长度

从试样中随机抽取 30 支作为试料，按 YC/T 28.2 的规定逐支进行试验。

6.3.8 总通风率

从试样中随机抽取 30 支作为试料，按 GB/T 19610 的规定逐支进行试验。

6.3.9 含末率

从试样中随机抽取 20 支作为试料，按 YC/T 28.7 的规定进行试验。

6.4 熄火

从试样中随机抽取 10 支卷烟作为试料，按 YC/T 28.11 逐支进行试验。

6.5 外观

6.5.1 按 GB/T 5606.1—2004 的 5.1.4 取得试料，剔除有包装缺陷的烟支后，按 YC/T 28.9 逐支进行空头试验。

6.5.2 用 6.5.1 剔除空头烟支后的试料，按 YC/T 28.12 逐支进行其他外观的试验。

6.5.3 从 6.5.2 剔除有缺陷的试样中，随机抽取 10 支作为试料，按 YC/T 28.10 逐支进行爆口的试验。

7 检验规则

7.1 按第 5 章的要求判定第 6 章的各项试验结果的各类质量缺陷数。

7.2 各项中各类质量缺陷数乘以相应单位扣分值的总和等于该项目质量缺陷扣分数。

7.3 卷烟包装与卷制质量中 A 类质量缺陷单位扣分值由表 7 给出。

表 7 卷烟包装与卷制质量中 A 类质量缺陷单位扣分值

项目名称	包装								卷烟			
	箱装		条装		盒装							
	错装/条	少装/条	错装/盒	少装/盒	错支或缺支/盒	滤嘴脱落或短支/盒	断残或多支/盒	盒内有虫或虫蛀烟/盒	熄火/支	漏气/支	爆口/支	空头/支
单位扣分值	5	5	4	8	15	15	15	25	15	2.0	15	2.0

7.4 卷烟包装与卷制质量中 B 类和 C 类质量缺陷单位扣分值由表 8 给出。

表 8 卷烟包装与卷制质量中 B 类和 C 类质量缺陷单位扣分值

项目名称		包装			吸阻/支	端部落丝量/组	圆周/支	硬度/支	质量/支	长度/支	总通风率/支	含末率/次	含水率/次	外观/支
		箱	条	盒										
单位扣分值	B	1.0	1.0	1.5	1	8	—	—	—	—	—	—	—	0.5
	C	0.5	0.5	1.0	—	—	0.5	0.5	0.2	0.2	0.2	4	6	0.2

7.5 卷烟包装与卷制质量考核采用百分制表示，其质量得分为100减去各项质量缺陷扣分数总和，得分为负分时以零分计。

7.6 若卷烟包装与卷制质量得分小于60分时，则判该批卷烟不合格。

8 贮运

8.1 贮存卷烟的仓库应清洁、无异味，库内宜有保持卷烟质量的温湿度条件和消防设施。

8.2 卷烟不应与有毒、易燃等化学品一起贮存。

8.3 库内存放的烟箱与地面的距离应不小于120 mm，与墙壁的距离不宜少于300 mm，库内应留有适当通道。烟箱堆放高度不应超过五箱。

8.4 库内卷烟应先进先出。

8.5 卷烟不应与易腐烂、有异味、有毒和潮湿的物品放在一起运输。

8.6 运输卷烟的工具应干燥、清洁、无异味。运输途中应防雨、防潮、防曝晒、防挤压、防剧烈振动。

8.7 装卸卷烟时应轻拿轻放，不应损坏烟箱。

中华人民共和国国家标准

GB 7718—2011

食品安全国家标准
预包装食品标签通则

2011-04-20 发布　　　　2012-04-20 实施

中华人民共和国卫生部 发布

前　言

本标准代替 GB 7718—2004《预包装食品标签通则》。

本标准与 GB 7718—2004 相比，主要变化如下：

——修改了适用范围；

——修改了预包装食品和生产日期的定义，增加了规格的定义，取消了保存期的定义；

——修改了食品添加剂的标示方式；

——增加了规格的标示方式；

——修改了生产者、经销者的名称、地址和联系方式的标示方式；

——修改了强制标示内容的文字、符号、数字的高度不小于 1.8 mm 时的包装物或包装容器的最大表面面积；

——增加了食品中可能含有致敏物质时的推荐标示要求；

——修改了附录 A 中最大表面面积的计算方法；

——增加了附录 B 和附录 C。

食品安全国家标准

预包装食品标签通则

1 范围

本标准适用于直接提供给消费者的预包装食品标签和非直接提供给消费者的预包装食品标签。

本标准不适用于为预包装食品在储藏运输过程中提供保护的食品储运包装标签、散装食品和现制现售食品的标识。

2 术语和定义

2.1 预包装食品

预先定量包装或者制作在包装材料和容器中的食品，包括预先定量包装以及预先定量制作在包装材料和容器中并且在一定量限范围内具有统一的质量或体积标识的食品。

2.2 食品标签

食品包装上的文字、图形、符号及一切说明物。

2.3 配料

在制造或加工食品时使用的，并存在（包括以改性的形式存在）于产品中的任何物质，包括食品添加剂。

2.4 生产日期（制造日期）

食品成为最终产品的日期，也包括包装或灌装日期，即将食品装入（灌入）包装物或容器中，形成最终销售单元的日期。

2.5 保质期

预包装食品在标签指明的贮存条件下，保持品质的期限。在此期限内，产品完全适于销售，并保持标签中不必说明或已经说明的特有品质。

2.6 规格

同一预包装内含有多件预包装食品时，对净含量和内含件数关系的表述。

2.7 主要展示版面

预包装食品包装物或包装容器上容易被观察到的版面。

3 基本要求

3.1 应符合法律、法规的规定，并符合相应食品安全标准的规定。

3.2 应清晰、醒目、持久,应使消费者购买时易于辨认和识读。

3.3 应通俗易懂、有科学依据,不得标示封建迷信、色情、贬低其他食品或违背营养科学常识的内容。

3.4 应真实、准确,不得以虚假、夸大、使消费者误解或欺骗性的文字、图形等方式介绍食品,也不得利用字号大小或色差误导消费者。

3.5 不应直接或以暗示性的语言、图形、符号,误导消费者将购买的食品或食品的某一性质与另一产品混淆。

3.6 不应标注或者暗示具有预防、治疗疾病作用的内容,非保健食品不得明示或者暗示具有保健作用。

3.7 不应与食品或者其包装物(容器)分离。

3.8 应使用规范的汉字(商标除外)。具有装饰作用的各种艺术字,应书写正确,易于辨认。

3.8.1 可以同时使用拼音或少数民族文字,拼音不得大于相应汉字。

3.8.2 可以同时使用外文,但应与中文有对应关系(商标、进口食品的制造者和地址、国外经销者的名称和地址、网址除外)。所有外文不得大于相应的汉字(商标除外)。

3.9 预包装食品包装物或包装容器最大表面面积大于 35 cm^2 时(最大表面面积计算方法见附录 A),强制标示内容的文字、符号、数字的高度不得小于 1.8 mm。

3.10 一个销售单元的包装中含有不同品种、多个独立包装可单独销售的食品,每件独立包装的食品标识应当分别标注。

3.11 若外包装易于开启识别或透过外包装物能清晰地识别内包装物(容器)上的所有强制标示内容或部分强制标示内容,可不在外包装物上重复标示相应的内容;否则应在外包装物上按要求标示所有强制标示内容。

4 标示内容

4.1 直接向消费者提供的预包装食品标签标示内容

4.1.1 一般要求

直接向消费者提供的预包装食品标签标示应包括食品名称、配料表、净含量和规格、生产者和(或)经销者的名称、地址和联系方式、生产日期和保质期、贮存条件、食品生产许可证编号、产品标准代号及其他需要标示的内容。

4.1.2 食品名称

4.1.2.1 应在食品标签的醒目位置,清晰地标示反映食品真实属性的专用名称。

4.1.2.1.1 当国家标准、行业标准或地方标准中已规定了某食品的一个或几个名称时,应选用其中的一个,或等效的名称。

4.1.2.1.2 无国家标准、行业标准或地方标准规定的名称时,应使用不使消费者误解或混淆的常用名称或通俗名称。

4.1.2.2 标示"新创名称"、"奇特名称"、"音译名称"、"牌号名称"、"地区俚语名称"或"商标名称"时,应在所示名称的同一展示版面标示 4.1.2.1 规定的名称。

4.1.2.2.1 当"新创名称"、"奇特名称"、"音译名称"、"牌号名称"、"地区俚语名称"或"商标名称"含有易使人误解食品属性的文字或术语(词语)时,应在所示名称的同一展示版面邻近部位使用同一字号标示食品真实属性的专用名称。

4.1.2.2.2 当食品真实属性的专用名称因字号或字体颜色不同易使人误解食品属性时,也应使用同一字号及同一字体颜色标示食品真实属性的专用名称。

4.1.2.3 为不使消费者误解或混淆食品的真实属性、物理状态或制作方法,可以在食品名称前或食品名称后附加相应的词或短语。如干燥的、浓缩的、复原的、熏制的、油炸的、粉末的、粒状的等。

4.1.3 配料表

4.1.3.1 预包装食品的标签上应标示配料表,配料表中的各种配料应按 4.1.2 的要求标示具体名称,食品添加剂按照 4.1.3.1.4 的要求标示名称。

4.1.3.1.1 配料表应以"配料"或"配料表"为引导词。当加工过程中所用的原料已改变为其他成分(如酒、酱油、食醋等发酵产品)时,可用"原料"或"原料与辅料"代替"配料"、"配料表",并按本标准相应条款的要求标示各种原料、辅料和食品添加剂。加工助剂不需要标示。

4.1.3.1.2 各种配料应按制造或加工食品时加入量的递减顺序一一排列;加入量不超过 2%的配料可以不按递减顺序排列。

4.1.3.1.3 如果某种配料是由两种或两种以上的其他配料构成的复合配料(不包括复合食品添加剂),应在配料表中标示复合配料的名称,随后将复合配料的原始配料在括号内按加入量的递减顺序标示。当某种复合配料已有国家标准、行业标准或地方标准,且其加入量小于食品总量的 25%时,不需要标示复合配料的原始配料。

4.1.3.1.4 食品添加剂应当标示其在 GB 2760 中的食品添加剂通用名称。食品添加剂通用名称可以标示为食品添加剂的具体名称,也可标示为食品添加剂的功能类别名称并同时标示食品添加剂的具体名称或国际编码(INS 号)(标示形式见附录 B)。在同一预包装食品的标签上,应选择附录 B 中的一种形式标示食品添加剂。当采用同时标示食品添加剂的功能类别名称和国际编码的形式时,若某种食品添加剂尚不存在相应的国际编码,或因致敏物质标示需要,可以标示其具体名称。食品添加剂的名称不包括其制法。加入量小于食品总量 25%的复合配料中含有的食品添加剂,若符合 GB 2760 规定的带入原则且在最终产品中不起工艺作用的,不需要标示。

4.1.3.1.5 在食品制造或加工过程中,加入的水应在配料表中标示。在加工过程中已挥发的水或其他挥发性配料不需要标示。

4.1.3.1.6 可食用的包装物也应在配料表中标示原始配料,国家另有法律法规规定的除外。

4.1.3.2 下列食品配料,可以选择按表 1 的方式标示。

表 1 配料标示方式

配料类别	标示方式
各种植物油或精炼植物油,不包括橄榄油	"植物油"或"精炼植物油";如经过氢化处理,应标示为"氢化"或"部分氢化"
各种淀粉,不包括化学改性淀粉	"淀粉"
加入量不超过 2%的各种香辛料或香辛料浸出物(单一的或合计的)	"香辛料"、"香辛料类"或"复合香辛料"
胶基糖果的各种胶基物质制剂	"胶姆糖基础剂"、"胶基"
添加量不超过 10%的各种果脯蜜饯水果	"蜜饯"、"果脯"
食用香精、香料	"食用香精"、"食用香料"、"食用香精香料"

4.1.4 配料的定量标示

4.1.4.1 如果在食品标签或食品说明书上特别强调添加了或含有一种或多种有价值、有特性的配料或成分,应标示所强调配料或成分的添加量或在成品中的含量。

4.1.4.2 如果在食品的标签上特别强调一种或多种配料或成分的含量较低或无时,应标示所强调配料或成分在成品中的含量。

4.1.4.3 食品名称中提及的某种配料或成分而未在标签上特别强调，不需要标示该种配料或成分的添加量或在成品中的含量。

4.1.5 净含量和规格

4.1.5.1 净含量的标示应由净含量、数字和法定计量单位组成（标示形式参见附录C）。

4.1.5.2 应依据法定计量单位，按以下形式标示包装物（容器）中食品的净含量：

a) 液态食品，用体积升(L)(l)、毫升(mL)(ml)，或用质量克(g)、千克(kg)；

b) 固态食品，用质量克(g)、千克(kg)；

c) 半固态或黏性食品，用质量克(g)、千克(kg)或体积升(L)(l)、毫升(mL)(ml)。

4.1.5.3 净含量的计量单位应按表2标示。

表2 净含量计量单位的标示方式

计量方式	净含量(Q)的范围	计量单位
体积	Q<1 000 mL Q≥1 000 mL	毫升(mL)(ml) 升(L)(l)
质量	Q<1 000 g Q≥1 000 g	克(g) 千克(kg)

4.1.5.4 净含量字符的最小高度应符合表3的规定。

表3 净含量字符的最小高度

净含量(Q)的范围	字符的最小高度 mm
Q≤50 mL；Q≤50 g	2
50 mL<Q≤200 mL；50 g<Q≤200 g	3
200 mL<Q≤1 L；200 g<Q≤1 kg	4
Q>1 kg；Q>1 L	6

4.1.5.5 净含量应与食品名称在包装物或容器的同一展示版面标示。

4.1.5.6 容器中含有固、液两相物质的食品，且固相物质为主要食品配料时，除标示净含量外，还应以质量或质量分数的形式标示沥干物（固形物）的含量（标示形式参见附录C）。

4.1.5.7 同一预包装内含有多个单件预包装食品时，大包装在标示净含量的同时还应标示规格。

4.1.5.8 规格的标示应由单件预包装食品净含量和件数组成，或只标示件数，可不标示“规格”二字。单件预包装食品的规格即指净含量（标示形式参见附录C）。

4.1.6 生产者、经销者的名称、地址和联系方式

4.1.6.1 应当标注生产者的名称、地址和联系方式。生产者名称和地址应当是依法登记注册、能够承担产品安全质量责任的生产者的名称、地址。有下列情形之一的，应按下列要求予以标示。

4.1.6.1.1 依法独立承担法律责任的集团公司、集团公司的子公司，应标示各自的名称和地址。

4.1.6.1.2 不能依法独立承担法律责任的集团公司的分公司或集团公司的生产基地，应标示集团公司

和分公司(生产基地)的名称、地址;或仅标示集团公司的名称、地址及产地,产地应当按照行政区划标注到地市级地域。

4.1.6.1.3 受其他单位委托加工预包装食品的,应标示委托单位和受委托单位的名称和地址;或仅标示委托单位的名称和地址及产地,产地应当按照行政区划标注到地市级地域。

4.1.6.2 依法承担法律责任的生产者或经销者的联系方式应标示以下至少一项内容:电话、传真、网络联系方式等,或与地址一并标示的邮政地址。

4.1.6.3 进口预包装食品应标示原产国国名或地区区名(如香港、澳门、台湾),以及在中国依法登记注册的代理商、进口商或经销者的名称、地址和联系方式,可不标示生产者的名称、地址和联系方式。

4.1.7 日期标示

4.1.7.1 应清晰标示预包装食品的生产日期和保质期。如日期标示采用“见包装物某部位”的形式,应标示所在包装物的具体部位。日期标示不得另外加贴、补印或篡改(标示形式参见附录C)。

4.1.7.2 当同一预包装内含有多个标示了生产日期及保质期的单件预包装食品时,外包装上标示的保质期应按最早到期的单件食品的保质期计算。外包装上标示的生产日期应为最早生产的单件食品的生产日期,或外包装形成销售单元的日期;也可在外包装上分别标示各单件装食品的生产日期和保质期。

4.1.7.3 应按年、月、日的顺序标示日期,如果不按此顺序标示,应注明日期标示顺序(标示形式参见附录C)。

4.1.8 贮存条件

预包装食品标签应标示贮存条件(标示形式参见附录C)。

4.1.9 食品生产许可证编号

预包装食品标签应标示食品生产许可证编号的,标示形式按照相关规定执行。

4.1.10 产品标准代号

在国内生产并在国内销售的预包装食品(不包括进口预包装食品)应标示产品所执行的标准代号和顺序号。

4.1.11 其他标示内容

4.1.11.1 辐照食品

4.1.11.1.1 经电离辐射线或电离能量处理过的食品,应在食品名称附近标示“辐照食品”。

4.1.11.1.2 经电离辐射线或电离能量处理过的任何配料,应在配料表中标明。

4.1.11.2 转基因食品

转基因食品的标示应符合相关法律、法规的规定。

4.1.11.3 营养标签

4.1.11.3.1 特殊膳食类食品和专供婴幼儿的主辅类食品,应当标示主要营养成分及其含量,标示方式按照GB 13432执行。

4.1.11.3.2 其他预包装食品如需标示营养标签,标示方式参照相关法规标准执行。

4.1.11.4 质量(品质)等级

食品所执行的相应产品标准已明确规定质量(品质)等级的,应标示质量(品质)等级。

4.2 非直接提供给消费者的预包装食品标签标示内容

非直接提供给消费者的预包装食品标签应按照4.1项下的相应要求标示食品名称、规格、净含量、生产日期、保质期和贮存条件，其他内容如未在标签上标注，则应在说明书或合同中注明。

4.3 标示内容的豁免

4.3.1 下列预包装食品可以免除标示保质期：酒精度大于等于10%的饮料酒；食醋；食用盐；固态食糖类；味精。

4.3.2 当预包装食品包装物或包装容器的最大表面面积小于10 cm^2 时（最大表面面积计算方法见附录A），可以只标示产品名称、净含量、生产者（或经销商）的名称和地址。

4.4 推荐标示内容

4.4.1 批号

根据产品需要，可以标示产品的批号。

4.4.2 食用方法

根据产品需要，可以标示容器的开启方法、食用方法、烹调方法、复水再制方法等对消费者有帮助的说明。

4.4.3 致敏物质

4.4.3.1 以下食品及其制品可能导致过敏反应，如果用作配料，宜在配料表中使用易辨识的名称，或在配料表邻近位置加以提示：

a) 含有麸质的谷物及其制品（如小麦、黑麦、大麦、燕麦、斯佩耳特小麦或它们的杂交品系）；
b) 甲壳纲类动物及其制品（如虾、龙虾、蟹等）；
c) 鱼类及其制品；
d) 蛋类及其制品；
e) 花生及其制品；
f) 大豆及其制品；
g) 乳及乳制品（包括乳糖）；
h) 坚果及其果仁类制品。

4.4.3.2 如加工过程中可能带入上述食品或其制品，宜在配料表临近位置加以提示。

5 其他

按国家相关规定需要特殊审批的食品，其标签标识按照相关规定执行。

附 录 A
包装物或包装容器最大表面面积计算方法

A.1 长方体形包装物或长方体形包装容器计算方法

长方体形包装物或长方体形包装容器的最大一个侧面的高度(cm)乘以宽度(cm)。

A.2 圆柱形包装物、圆柱形包装容器或近似圆柱形包装物、近似圆柱形包装容器计算方法

包装物或包装容器的高度(cm)乘以圆周长(cm)的40%。

A.3 其他形状的包装物或包装容器计算方法

包装物或包装容器的总表面积的40%。

如果包装物或包装容器有明显的主要展示版面,应以主要展示版面的面积为最大表面面积。

包装袋等计算表面面积时应除去封边所占尺寸。瓶形或罐形包装计算表面面积时不包括肩部、颈部、顶部和底部的凸缘。

附 录 B
食品添加剂在配料表中的标示形式

B.1 按照加入量的递减顺序全部标示食品添加剂的具体名称

配料:水,全脂奶粉,稀奶油,植物油,巧克力(可可液块,白砂糖,可可脂,磷脂,聚甘油蓖麻醇酯,食用香精,柠檬黄),葡萄糖浆,丙二醇脂肪酸酯,卡拉胶,瓜尔胶,胭脂树橙,麦芽糊精,食用香料。

B.2 按照加入量的递减顺序全部标示食品添加剂的功能类别名称及国际编码

配料:水,全脂奶粉,稀奶油,植物油,巧克力〔可可液块,白砂糖,可可脂,乳化剂(322,476),食用香精,着色剂(102)〕,葡萄糖浆,乳化剂(477),增稠剂(407,412),着色剂(160b),麦芽糊精,食用香料。

B.3 按照加入量的递减顺序全部标示食品添加剂的功能类别名称及具体名称

配料:水,全脂奶粉,稀奶油,植物油,巧克力〔可可液块,白砂糖,可可脂,乳化剂(磷脂,聚甘油蓖麻醇酯),食用香精,着色剂(柠檬黄)〕,葡萄糖浆,乳化剂(丙二醇脂肪酸酯),增稠剂(卡拉胶,瓜尔胶),着色剂(胭脂树橙),麦芽糊精,食用香料。

B.4 建立食品添加剂项一并标示的形式

B.4.1 一般原则

直接使用的食品添加剂应在食品添加剂项中标注。营养强化剂、食用香精香料、胶基糖果中基础剂物质可在配料表的食品添加剂项外标注。非直接使用的食品添加剂不在食品添加剂项中标注。食品添加剂项在配料表中的标注顺序由需纳入该项的各种食品添加剂的总重量决定。

B.4.2 全部标示食品添加剂的具体名称

配料:水,全脂奶粉,稀奶油,植物油,巧克力(可可液块,白砂糖,可可脂,磷脂,聚甘油蓖麻醇酯,食用香精,柠檬黄),葡萄糖浆,食品添加剂(丙二醇脂肪酸酯,卡拉胶,瓜尔胶,胭脂树橙),麦芽糊精,食用香料。

B.4.3 全部标示食品添加剂的功能类别名称及国际编码

配料:水,全脂奶粉,稀奶油,植物油,巧克力〔可可液块,白砂糖,可可脂,乳化剂(322,476),食用香精,着色剂(102)〕,葡萄糖浆,食品添加剂〔乳化剂(477),增稠剂(407,412),着色剂(160b)〕,麦芽糊精,食用香料。

B.4.4 全部标示食品添加剂的功能类别名称及具体名称

配料:水,全脂奶粉,稀奶油,植物油,巧克力〔可可液块,白砂糖,可可脂,乳化剂(磷脂,聚甘油蓖麻醇酯),食用香精,着色剂(柠檬黄)〕,葡萄糖浆,食品添加剂〔乳化剂(丙二醇脂肪酸酯),增稠剂(卡拉胶,瓜尔胶),着色剂(胭脂树橙)〕,麦芽糊精,食用香料。

附 录 C
部分标签项目的推荐标示形式

C.1 概述

本附录以示例形式提供了预包装食品部分标签项目的推荐标示形式，标示相应项目时可选用但不限于这些形式。如需要根据食品特性或包装特点等对推荐形式调整使用的，应与推荐形式基本涵义保持一致。

C.2 净含量和规格的标示

为方便表述，净含量的示例统一使用质量为计量方式，使用冒号为分隔符。标签上应使用实际产品适用的计量单位，并可根据实际情况选择空格或其他符号作为分隔符，便于识读。

C.2.1 单件预包装食品的净含量(规格)可以有如下标示形式：

净含量(或净含量/规格)：450 g；

净含量(或净含量/规格)：225 克(200 克＋送 25 克)；

净含量(或净含量/规格)：200 克＋赠 25 克；

净含量(或净含量/规格)：(200＋25)克。

C.2.2 净含量和沥干物(固形物)可以有如下标示形式(以“糖水梨罐头”为例)：

净含量(或净含量/规格)：425 克　　沥干物(或　固形物　或　梨块)：不低于 255 克(或不低于 60%)。

C.2.3 同一预包装内含有多件同种类的预包装食品时，净含量和规格均可以有如下标示形式：

净含量(或净含量/规格)：40 克×5；

净含量(或净含量/规格)：5×40 克；

净含量(或净含量/规格)：200 克(5×40 克)；

净含量(或净含量/规格)：200 克(40 克×5)；

净含量(或净含量/规格)：200 克(5 件)；

净含量：200 克　　规格：5×40 克；

净含量：200 克　　规格：40 克×5；

净含量：200 克　　规格：5 件；

净含量(或净含量/规格)：200 克(100 克＋50 克×2)；

净含量(或净含量/规格)：200 克(80 克×2＋40 克)；

净含量：200 克　　规格：100 克＋50 克×2；

净含量：200 克　　规格：80 克×2＋40 克。

C.2.4 同一预包装内含有多件不同种类的预包装食品时，净含量和规格可以有如下标示形式：

净含量(或净含量/规格)：200 克(A 产品 40 克×3，B 产品 40 克×2)；

净含量(或净含量/规格)：200 克(40 克×3，40 克×2)；

净含量(或净含量/规格)：100 克 A 产品，50 克×2 B 产品，50 克 C 产品；

净含量(或净含量/规格)：A 产品：100 克，B 产品：50 克×2，C 产品：50 克；

净含量/规格：100 克(A 产品)，50 克×2(B 产品)，50 克(C 产品)；

净含量/规格：A 产品 100 克，B 产品 50 克×2，C 产品 50 克。

C.3 日期的标示

日期中年、月、日可用空格、斜线、连字符、句点等符号分隔，或不用分隔符。年代号一般应标示 4 位数字，小包装食品也可以标示 2 位数字。月、日应标示 2 位数字。

日期的标示可以有如下形式：

2010 年 3 月 20 日；

2010 03 20；2010/03/20；20100320；

20 日 3 月 2010 年；3 月 20 日 2010 年；

（月/日/年）：03 20 2010；03/20/2010；03202010。

C.4 保质期的标示

保质期可以有如下标示形式：

最好在……之前食（饮）用；……之前食（饮）用最佳；……之前最佳；

此日期前最佳……；此日期前食（饮）用最佳……；

保质期（至）……；保质期××个月（或××日，或××天，或××周，或×年）。

C.5 贮存条件的标示

贮存条件可以标示“贮存条件”、“贮藏条件”、“贮藏方法”等标题，或不标示标题。

贮存条件可以有如下标示形式：

常温（或冷冻，或冷藏，或避光，或阴凉干燥处）保存；

××—××℃保存；

请置于阴凉干燥处；

常温保存，开封后需冷藏；

温度：≤××℃，湿度：≤××%。

ICS 55.120
A 82

中华人民共和国国家标准

GB/T 9106.1—2019
代替 GB/T 9106.1—2009

包装容器　两片罐
第1部分：铝易开盖铝罐

Packaging containers—Two-piece can—
Part 1: Aluminum easy open end and aluminum can

2019-05-10 发布　　　　2019-12-01 实施

国家市场监督管理总局
中国国家标准化管理委员会　发布

前　　言

GB/T 9106《包装容器　两片罐》分为2个部分：

——第1部分：铝易开盖铝罐；

——第2部分：铝易开盖钢罐。

本部分为GB/T 9106的第1部分。

本部分按照GB/T 1.1—2009给出的规则起草。

本部分代替GB/T 9106.1—2009《包装容器　铝易开盖铝两片罐》，与GB/T 9106.1—2009相比主要技术内容变化如下：

——修改了规范性引用文件(见第2章，2009年版的第2章)；

——增加了两片罐200系列和202系列(见4.1.1、表1)；

——修改了两片罐型号代码，增加了标称容量的信息(见4.1.2，2009年版的4.4)；

——增加了两片罐200系列和202系列罐体的结构尺寸(见4.3.1、表2、表3)；

——修改了两片罐206系列罐体结构尺寸(见4.3.1、表4，2009年版的4.3.1、表1)；

——增加了两片罐200系列和202系列铝易开盖结构尺寸(见4.3.2、表5)；

——修改了罐体轴向承压力、罐体内涂膜完整性要求(见5.2.2、表7，2009年版的5.2.1、表3)；

——修改了铝易开盖内涂膜完整性要求、铝易开盖封口胶干膜质量指标(见5.3.2、表9，2009年版的5.3.1、表5)；

——增加了食品安全要求(见5.4)。

本部分由全国包装标准化技术委员会(SAC/TC 49)提出并归口。

本部分起草单位：国家包装产品质量监督检验中心(广州)、中粮包装投资有限公司、嘉美食品包装(滁州)股份有限公司、波尔亚太(佛山)金属容器有限公司、珠海鼎立包装制品有限公司、太平洋制罐(北京)有限公司、上海宝钢包装股份有限公司、昇兴集团股份有限公司、福建福贞金属包装有限公司、厦门保沣实业有限公司、广州质量监督检测研究院、上海宝钢制盖有限公司。

本部分主要起草人：卢明、温少楷、何渊井、吴玉銮、路仕明、陈文阳、刘国良、王兆英、罗菁、老治平、陈慧勇、李继文、李平、朱争礼、顾婕、吴健兴。

本部分所代替标准的历次版本发布情况为：

——GB 9106—1988、GB 9106—1994、GB/T 9106—2001；

——GB/T 9106.1—2009。

包装容器　两片罐
第1部分：铝易开盖铝罐

1　范围

GB/T 9106的本部分规定了铝易开盖铝罐（以下简称两片罐）的规格分类和结构尺寸、技术要求、试验方法、检验规则和标志、包装、运输及贮存。

本部分适用于盛装啤酒、充碳酸气及充氮饮料的未经使用的铝易开盖和铝罐体的制造、流通和监督检验，盛装其他内装物的两片罐可参照使用。

2　规范性引用文件

下列文件对于本文件的应用是必不可少的。凡是注日期的引用文件，仅注日期的版本适用于本文件。凡是不注日期的引用文件，其最新版本（包括所有的修改单）适用于本文件。

GB/T 2828.1—2012　计数抽样检验程序　第1部分：按接收质量限（AQL）检索的逐批检验抽样计划

GB/T 4122.4　包装术语　第4部分：材料与容器

GB 4806.1　食品安全国家标准　食品接触材料及制品通用安全要求

GB 4806.9　食品安全国家标准　食品接触用金属材料及制品

GB 4806.10　食品安全国家标准　食品接触用涂料及涂层

GB 4806.11　食品安全国家标准　食品接触用橡胶材料及制品

GB 9685　食品安全国家标准　食品接触材料及制品用添加剂使用标准

GB/T 18455　包装回收标志

3　术语和定义

GB/T 4122.4界定的术语和定义适用于本文件。

4　规格分类和结构尺寸

4.1　罐体

4.1.1　两片罐按罐口型号分为：200系列、202系列和206系列，其主要规格见表1。

表 1 两片罐主要规格

200 系列	200/202×308(150 mL)、200/202×402(185 mL)、200/202×504(250 mL)
	200/204×312(200 mL)、200/204×408(250 mL)、200/204×413(270 mL)、200/204×507(310 mL)、200/204×512(330 mL)
202 系列	202/204×312(200 mL)、202/204×408(250 mL)、202/204×413(270 mL)、202/204×507(310 mL)、202/204×512(330 mL)
	202/209×610(450 mL)
	202/211×310(250 mL)、202/211×408(330 mL)、202/211×413(355 mL)、202/211×610(500 mL)
206 系列	206/211×310(250 mL)、206/211×314(275 mL)、206/211×408(330 mL)、206/211×413(355 mL)、206/211×610(500 mL)

4.1.2 两片罐型号代码由盖直径、罐口直径代号、罐体标称直径代号、罐高代号和标称容量构成。

示例：

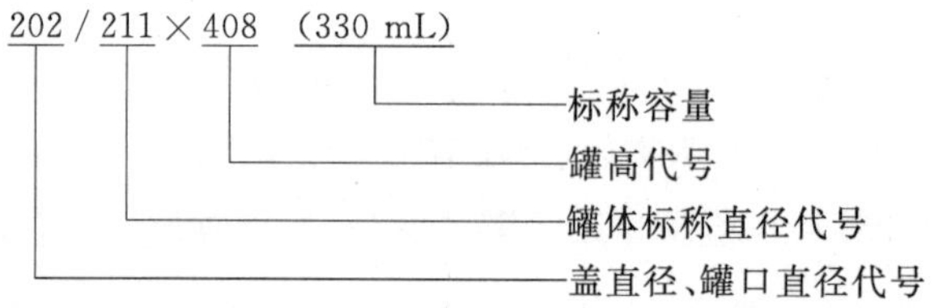

4.2 铝易开盖

铝易开盖分为拉环式和留片式易开盖，见图 1。

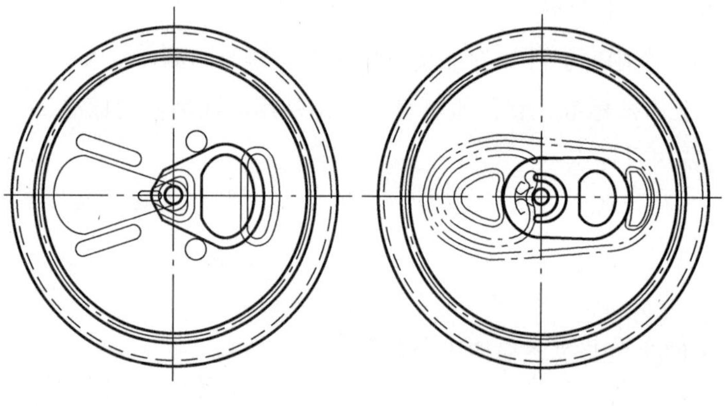

a) 拉环式　　　b) 留片式

图 1 铝易开盖示图

4.3 结构尺寸

4.3.1 罐体的主要尺寸应符合表 2、表 3、表 4 的规定，见图 2。

表 2　200 系列罐体主要尺寸

单位为毫米

项目	符号	公称尺寸								极限偏差
		200/202			200/204					
		150 mL	185 mL	250 mL	200 mL	250 mL	270 mL	310 mL	330 mL	
罐体高度	H	88.40	104.50	134.00	95.63	115.00	122.55	138.56	146.05	±0.38
罐体外径[a]	D_1	53.40			57.40					—
缩颈内径	D_2	50.00								±0.25
翻边宽度	B	2.10								±0.25
[a] 工装模具保证尺寸，极限偏差不作要求。										

表 3　202 系列罐体主要尺寸

单位为毫米

项目	符号	公称尺寸										极限偏差
		202/204					202/209	202/211				
		200 mL	250 mL	270 mL	310 mL	330 mL	450 mL	250 mL	330 mL	355 mL	500 mL	
罐体高度	H	95.63	115.00	122.55	138.56	146.05	168.00	92.00	115.20	122.22	167.84	±0.38
罐体外径[a]	D_1	57.40					63.50	66.10				—
缩颈内径	D_2	52.40										±0.25
翻边宽度	B	2.10										±0.25
[a] 工装模具保证尺寸，极限偏差不作要求。												

表 4　206 系列罐体主要尺寸

单位为毫米

项目	符号	公称尺寸					极限偏差
		206/211					
		250 mL	275 mL	330 mL	355 mL	500 mL	
罐体高度	H	92.00	98.95	115.20	122.22	167.84	±0.38
罐体外径[a]	D_1	66.10					—
缩颈内径	D_2	57.40					±0.25
翻边宽度	B	2.22					±0.25
[a] 工装模具保证尺寸，极限偏差不作要求。							

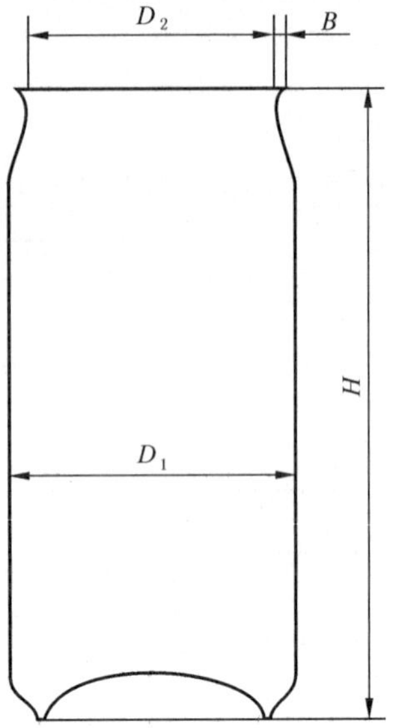

说明：

H ——罐体高度，单位为毫米(mm)；

D_1 ——罐体外径，单位为毫米(mm)；

D_2 ——缩颈内径，单位为毫米(mm)；

B ——翻边宽度，单位为毫米(mm)。

图 2 罐体主要尺寸示图

4.3.2 铝易开盖的主要尺寸应符合表 5 的规定，见图 3。

表 5 铝易开盖主要尺寸

单位为毫米

项目	符号	公称尺寸				极限偏差
		200		202	206	
钩边外径	d	57.40	57.00	59.44	64.82	±0.25
钩边开度	b	≥2.62				—
埋头度	h_1	6.50	6.60	6.86	6.35	±0.15
钩边高度	h_2	2.05		2.03	2.01	±0.20
每 50.80 mm 盖钩边的重叠个数	e	26±2				—

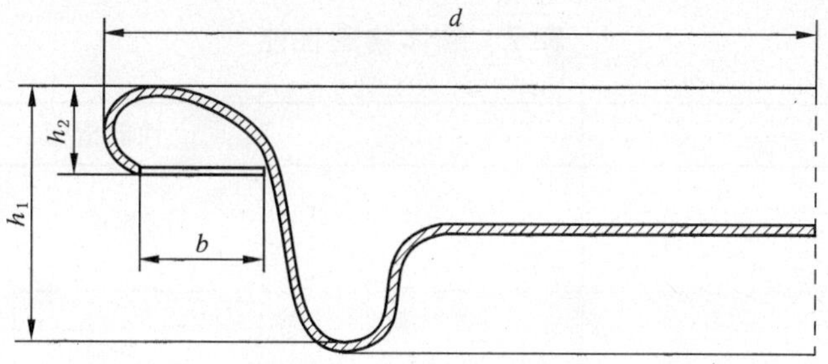

说明：

d ——钩边外径，单位为毫米(mm)；

b ——钩边开度，单位为毫米(mm)；

h_1——埋头度，单位为毫米(mm)；

h_2——钩边高度，单位为毫米(mm)。

图 3 铝易开盖主要尺寸示图

5 技术要求

5.1 基本要求

5.1.1 产品结构尺寸应符合 4.3 的要求，特殊罐型由供需双方商定。

5.1.2 产品因灌装内容物的不同，对内涂膜及密封胶的理化性能要求各异，生产企业应向需方提供样品做灌装试验，并取得确认。

5.2 罐体

5.2.1 外观质量

5.2.1.1 产品的图案及颜色应由供需双方协商确定。

5.2.1.2 罐体的外观质量要求见表 6。

表 6 罐体外观质量要求

不合格分类	缺陷内容
A 类不合格	内涂膜含杂质，罐内明显的油污或其他杂物，针孔，罐身折曲或凹痕导致内涂层损伤，翻边缺损或撞凹，翻边不完全，翻边开裂，翻边有毛刺，有明显异味
B 类不合格	涂料在罐内壁成滴状和斑点，底部内涂膜有大于 2 mm 气泡，底部变形，罐身折曲或凹痕长度大于 10 mm 且未导致内涂膜损伤，缩颈褶皱
C 类不合格	内涂膜斑迹，印色轻微错位，印色以及罩光漆局部不完整，小划痕，印色与色版有轻微差别，缩颈部微折，底部金属轻微损伤

5.2.2 物理性能

罐体的物理性能应符合表 7 的规定。

表 7　罐体物理性能

项目		性能指标
轴向承压力 kN		≥0.8
耐压强度 kPa		≥610
内涂膜完整性 mA	啤酒罐体	单个:≤75;平均:≤35
	饮料罐体	单个:≤25;平均:≤5

5.2.3　涂膜质量

罐体内外涂膜应固化、附着良好。若内容物有杀菌工艺要求，根据内容物的杀菌工艺要求，经内外涂膜杀菌试验后不应有脱落、变色和起泡等缺陷。

5.3　铝易开盖

5.3.1　外观质量

铝易开盖的外观质量要求见表 8。

表 8　铝易开盖外观质量要求

不合格分类	缺陷内容
A 类不合格	破损，盖内侧明显油污、污染，未涂封口胶，有明显异味，涂膜起层或脱落，钩边严重皱折，无拉环(片)
B 类不合格	封口胶粘连，局部漏涂大于 2 mm^2，明显的钩边变形
C 类不合格	内外涂膜划痕、擦伤但金属不裸露，钩边轻度皱折和变形，封口胶搭接不均匀

5.3.2　物理性能

铝易开盖物理性能应符合表 9 的规定。

表 9　铝易开盖物理性能

项目		性能指标		
		200 系列	202 系列	206 系列
耐压强度 kPa		≥610		
密封性		不应泄漏		
内涂膜完整性 mA	啤酒盖	单个:≤75;平均:≤35		
	饮料盖	单个:≤25;平均:≤5		

表 9（续）

项目	性能指标		
	200 系列	202 系列	206 系列
启破力 N	单个：≤31；平均：≤20		
全开力 N	单个：≤45；平均：≤36		
开启可靠性	开启时拉环(片)不脱落及完全开启		
封口胶干膜质量 mg	15～40	15～40	25～50

5.3.3　涂膜质量

铝易开盖内外涂膜应固化、附着良好。若内容物有杀菌工艺要求，根据内容物的杀菌工艺要求，经内外涂膜杀菌试验后不应有脱落、变色和起泡等缺陷。

5.4　食品安全要求

5.4.1　金属材料应符合 GB 4806.9 的规定。

5.4.2　产品内壁涂料应符合 GB 4806.10 的规定。

5.4.3　铝易开盖密封胶应符合 GB 4806.11 的规定。

5.4.4　食品接触材料用添加剂应符合 GB 9685 及国家相关公告的规定。

6　试验方法

6.1　尺寸检验

用专用或通用量具测量，量具最小读数值不大于 0.01 mm。

6.2　外观检验

在自然光线下，相距 60 cm 目视检查。

6.3　罐体轴向承压力试验

使用最小读数值不大于 10 N 的罐体轴向承压力测试仪，读取最大读数值。

6.4　罐体耐压强度试验

使用最小读数值不大于 1 kPa 的罐底耐压强度测试仪，读取最大读数值。

6.5　罐体内涂膜完整性试验

在罐内加入电解液[1%(m/V)氯化钠溶液]，液面距罐口 3 mm，使用最小读数值不大于 0.1 mA 的内涂膜完整性测试仪对罐体内涂膜测试，读取第 4 秒的电流值。

6.6 内外涂膜杀菌试验

6.6.1 巴氏杀菌:使用恒温水浴箱,将试样放入温度为(68±2)℃的蒸馏水中,恒温30 min后取出,检查内外涂膜有无变色、起泡和脱落等现象。
6.6.2 高温杀菌:罐体采用常温蒸馏水灌装,并加盖封口密封,将试样放入高温蒸煮锅内,加入适量蒸馏水,加热至121 ℃并保持30 min,冷却后倒出蒸馏水,自然干燥后,检查内外涂膜有无变色、起泡和脱落等现象。

6.7 铝易开盖耐压强度试验

使用最小读数值不大于1 kPa的易开盖耐压强度测试仪读取盖变形时的读数值。

6.8 铝易开盖密封性试验

在进行6.7试验时,将测试压力保持在610 kPa,保压1 min,观察试样有无漏气现象。

6.9 铝易开盖内涂膜完整性试验

在测试杯中加入电解液[1%(m/V)氯化钠溶液],装好样盖,使用最小读数值不大于0.1 mA的内涂膜完整性测试仪对盖内涂膜测试,读取第4秒的电流值。

6.10 铝易开盖启破力、全开力试验

6.10.1 使用最小读数值不大于1 N的启破力/全开力测试仪,仪器的全行程时间为15 s。
6.10.2 拉环式启破力、全开力试验:将铝易开盖放在测量支架上,支架固定在后倾30°(即与水平成60°)位置,先后读取盖开启瞬间及拉环舌片完全撕离盖体时的读数值。
6.10.3 留片式启破力、全开力试验:将铝易开盖放入水平的支架,支架与拉力链成60°,先后读取盖开启瞬间及舌片按预刻线完全打开时的读数值。

6.11 开启可靠性试验

用手或简单工具正向开启铝易开盖,观察拉环(片)是否脱落及完全开启。

6.12 封口胶干膜质量

使用感量为0.1 mg的精密天平,对铝易开盖称重为m_1,除去封口胶后再称重为m_2,封口胶干膜质量(Δm)按式(1)计算:

$$\Delta m = m_1 - m_2 \qquad \cdots\cdots(1)$$

式中:

Δm ——封口胶干膜质量,单位为毫克(mg);
m_1 ——除去封口胶前铝易开盖质量,单位为毫克(mg);
m_2 ——除去封口胶后铝易开盖质量,单位为毫克(mg)。

6.13 食品安全检验

金属材料、产品内壁涂层、铝易开盖密封胶、食品接触材料用添加剂的食品安全检验按GB 4806.9、GB 4806.10、GB 4806.11、GB 9685执行。

7 检验规则

7.1 基本要求

7.1.1 产品质量按照GB/T 2828.1—2012中11.1.2的二次抽样方案进行抽样,并按第5章、第6章进

行检验。

7.1.2 生产厂质量部门应按本部分的规定对产品进行检验并出具合格证。

7.1.3 产品检验分出厂检验和型式检验。

7.2 出厂检验

出厂检验项目为产品结构尺寸(5.1.1)、罐体外观质量(5.2.1)、铝易开盖外观质量(5.3.1)。

7.3 型式检验

7.3.1 型式检验项目为第5章所有项目(5.1.2除外)。

7.3.2 有下列情况之一时,应进行型式检验。

a) 产品(或老产品转产)试制定型鉴定;
b) 当结构、材料、工艺改变,可能影响产品性能时;
c) 正常生产,每年进行一次检验;
d) 长期停产后,恢复生产时;
e) 出厂检验结果与上次型式检验有较大差异时;
f) 国家质量监督机构提出进行型式检验的要求时。

7.4 抽样检验方案

出厂检验和型式检验(除食品安全要求外)按表10和表11所列的方案抽样检验。

表10 检验项目AQL值

<table>
<tr><th>名称</th><th>检验项目</th><th>检验水平</th><th>不合格分类</th><th>接收质量限AQL</th></tr>
<tr><td rowspan="9">罐体</td><td rowspan="3">外观</td><td rowspan="3">S-4</td><td>A类不合格</td><td>0.65</td></tr>
<tr><td>B类不合格</td><td>2.5</td></tr>
<tr><td>C类不合格</td><td>4.0</td></tr>
<tr><td>尺寸</td><td>S-3</td><td>C类不合格</td><td>4.0</td></tr>
<tr><td>耐压强度</td><td>S-1</td><td>B类不合格</td><td>2.5</td></tr>
<tr><td>轴向承压力</td><td>S-1</td><td>B类不合格</td><td>2.5</td></tr>
<tr><td>内涂膜完整性</td><td>S-1</td><td>A类不合格</td><td>0.65</td></tr>
<tr><td rowspan="2">涂膜质量</td><td rowspan="2">S-1</td><td>B类不合格</td><td>2.5</td></tr>
<tr><td>A类不合格(高温杀菌灌装)</td><td>0.65</td></tr>
<tr><td rowspan="8">铝易开盖</td><td rowspan="3">外观</td><td rowspan="3">S-4</td><td>A类不合格</td><td>0.65</td></tr>
<tr><td>B类不合格</td><td>2.5</td></tr>
<tr><td>C类不合格</td><td>4.0</td></tr>
<tr><td>尺寸</td><td>S-3</td><td>C类不合格</td><td>4.0</td></tr>
<tr><td>耐压强度</td><td>S-1</td><td>B类不合格</td><td>2.5</td></tr>
<tr><td>密封性</td><td>S-1</td><td>A类不合格</td><td>0.65</td></tr>
<tr><td>内涂膜完整性</td><td>S-1</td><td>A类不合格</td><td>0.65</td></tr>
<tr><td>启破力</td><td>S-1</td><td>B类不合格</td><td>2.5</td></tr>
</table>

表 10（续）

名称	检验项目	检验水平	不合格分类	接收质量限 AQL
铝易开盖	全开力	S-1	B类不合格	2.5
	开启可靠性	S-1	A类不合格	0.65
	封口胶干膜质量	S-1	C类不合格	4.0
	涂膜质量	S-1	B类不合格 A类不合格(高温杀菌灌装)	2.5 0.65

表 11　正常检验二次抽样方案

检验水平	批量范围	接收质量限 AQL	样本数	判定数组 [Ac_1,Ac_2,Re_1,Re_2]
S-1	≥35 001	0.65	$n=20$	[0,1]
		2.5	$n=5$	[0,1]
		4.0	$n_1=n_2=8$	[0,1,2,2]
S-3	35 001～500 000	4.0	$n_1=n_2=20$	[1,4,3,5]
	>500 000	4.0	$n_1=n_2=32$	[2,6,5,7]
S-4	35 001～500 000	0.65	$n_1=n_2=50$	[0,1,2,2]
		2.5		[2,6,5,7]
		4.0		[3,9,6,10]
	>500 000	0.65	$n_1=n_2=80$	[0,3,3,4]
		2.5		[3,9,6,10]
		4.0		[5,12,9,13]

7.5　合格批判定

所有检验项目检验结果全部合格，则判定该批产品合格。

8　标志、包装、运输及贮存

8.1　标志

8.1.1　罐体及铝易开盖应有制造厂家的标志。

8.1.2　产品的托盘包装或包装箱应附有检验合格证，合格证上应注明制造厂名、产品名称、规格、制造日期、批号、数量和检验标记。

8.1.3　产品信息标注应符合 GB 4806.1 规定。

8.1.4　回收标志应符合 GB/T 18455 规定。

8.2　包装

8.2.1　包装材料

包装材料应清洁、干燥，无毒、无害，不应有异味和污染等。

8.2.2 罐体包装

8.2.2.1 罐体采用托盘包装。托盘尺寸可根据用户与运输的要求确定。每层罐数及层数由供需双方商定,层与层之间应用中性纸板或适宜的材料隔开,放上顶板后用打包带捆扎,然后用塑料薄膜包封。

8.2.2.2 顶板和托盘应为木质或其他适宜的材料制造。

8.2.3 铝易开盖包装

8.2.3.1 铝易开盖采用中性包装纸袋或适宜材料包装,不应用书钉、铁钉封袋。

8.2.3.2 铝易开盖装袋后用包装箱或托盘包装,也可用其他可靠的方式包装。

8.3 运输

运输工具应清洁、干燥,不应有异味、污染等。运输时应避免雨淋、曝晒、受潮污染及损伤。

8.4 贮存

产品应贮存在干燥、通风、清洁的仓库内,不应有污染、损伤和阳光直照。

ICS 55.120
A 82

中华人民共和国国家标准

GB/T 9106.2—2019
代替 GB/T 29345—2012

包装容器　两片罐
第2部分：铝易开盖钢罐

**Packaging containers—Two-piece can—
Part 2: Aluminum easy open end and steel can**

2019-05-10 发布　　2019-12-01 实施

国家市场监督管理总局
中国国家标准化管理委员会　发布

前 言

GB/T 9106《包装容器 两片罐》分为2个部分:

——第1部分:铝易开盖铝罐;

——第2部分:铝易开盖钢罐。

本部分为GB/T 9106的第2部分。

本部分按照GB/T 1.1—2009给出的规则起草。

本部分代替GB/T 29345—2012《包装容器 铝易开盖钢制两片罐》。与GB/T 29345—2012相比主要技术内容变化如下:

——修改了规范性引用文件(见第2章,GB/T 29345—2012的第2章);

——修改了罐型分类,分为202系列和206系列,(见4.1.1,GB/T 29345—2012的4.1);

——修改了两片罐型号代码,增加了标称容量的信息(见4.1.2、表1,GB/T 29345—2012的4.1);

——修改了铝易开盖肩部胶位高度(见4.2.2、图2,GB/T 29345—2012的4.2.2、图2);

——删除了206系列中206/211×310(250 mL)和206/211×310(275 mL)两个罐型的罐体的结构尺寸(见GB/T 29345—2012的4.3.1、表1);

——增加了202系列罐体的结构尺寸(见4.3.1、表2);

——修改了206系列铝易开盖结构尺寸,增加了202系列铝易开盖结构尺寸(见4.3.2、表3,GB/T 29345—2012的4.3.2、表2);

——修改了罐体轴向承压力、罐底耐压强度指标(见5.2.2、表5,GB/T 29345—2012的5.2.1、表3);

——修改了铝易开盖耐压强度指标、内涂膜完整性要求,铝易开盖封口胶干膜体积指标改为封口胶干膜质量指标(见5.3.2、表7,GB/T 29345—2012的5.3.1、表5);

——修改了食品安全要求(见5.4,GB/T 29345—2012的5.4)。

本部分由全国包装标准化技术委员会(SAC/TC 49)提出并归口。

本部分起草单位:国家包装产品质量监督检验中心(广州)、上海宝钢包装股份有限公司、上海宝钢制盖有限公司、广州质量监督检测研究院、厦门保沣实业有限公司。

本部分主要起草人:温少楷、何渊井、卢明、吴楚森、曹清、张清、罗菁、李慧慧、李春球、顾婕、高红亮、赵剑波、李平、吴玉銮。

本部分所代替标准的历次版本发布情况为:

——GB/T 29345—2012。

包装容器　两片罐
第2部分：铝易开盖钢罐

1　范围

GB/T 9106的本部分规定了铝易开盖钢罐(以下简称两片罐)的规格分类和结构尺寸、技术要求、试验方法、检验规则和标志、包装、运输及贮存。

本部分适用于盛装啤酒、充碳酸气及充氮软饮料的未经使用的铝易开盖和钢制罐体的制造、流通和监督检验，盛装其他内装物的两片罐可参照使用。

2　规范性引用文件

下列文件对于本文件的应用是必不可少的。凡是注日期的引用文件，仅注日期的版本适用于本文件。凡是不注日期的引用文件，其最新版本(包括所有的修改单)适用于本文件。

GB/T 2520—2017　冷轧电镀锡钢板及钢带

GB/T 2828.1—2012　计数抽样检验程序　第1部分：按接收质量限(AQL)检索的逐批检验抽样计划

GB/T 4122.4　包装术语　第4部分：材料与容器

GB 4806.1　食品安全国家标准　食品接触材料及制品通用安全要求

GB 4806.9　食品安全国家标准　食品接触用金属材料及制品

GB 4806.10　食品安全国家标准　食品接触用涂料及涂层

GB 4806.11　食品安全国家标准　食品接触用橡胶材料及制品

GB 9685　食品安全国家标准　食品接触材料及制品用添加剂使用标准

GB/T 18455　包装回收标志

3　术语和定义

GB/T 4122.4界定的术语和定义适用于本文件。

4　规格分类和结构尺寸

4.1　罐体

4.1.1　两片罐按罐口型号分为：202系列和206系列，其主要规格见表1。

表1　两片罐主要规格

202系列	202/211×408(330 mL)、202/211×413(355 mL)、202/211×610(500 mL)
206系列	206/211×408(330 mL)、206/211×413(355 mL)、206/211×610(500 mL)

4.1.2　两片罐型号代码由盖直径、罐口直径代号、罐体标称直径代号、罐高代号和标称容量构成。

示例：

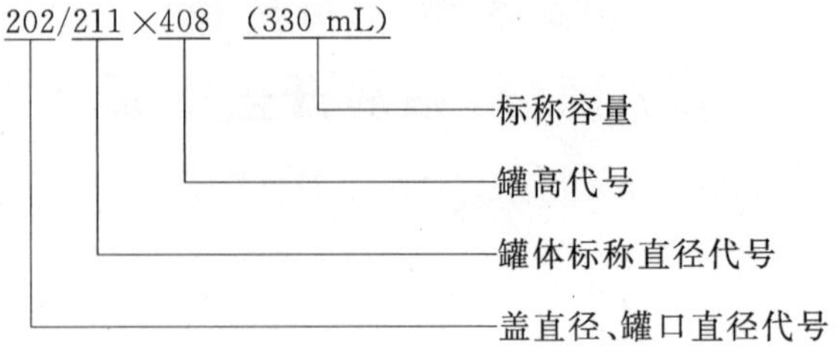

4.2　铝易开盖

4.2.1　铝易开盖分为拉环式和留片式易开盖，见图1。

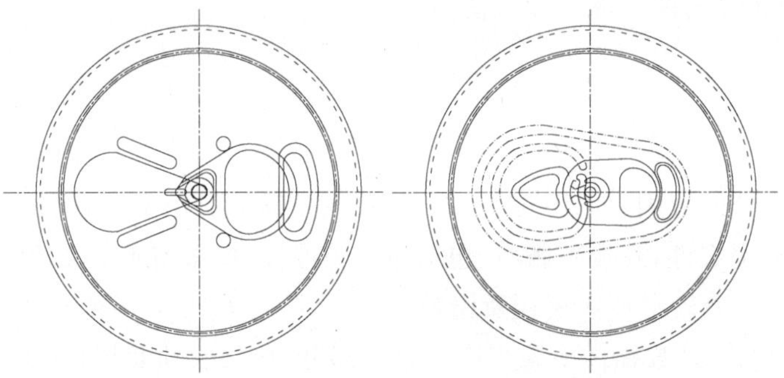

a）　拉环式　　　　b）　留片式

图1　铝易开盖示图

4.2.2　钢制两片罐使用高肩部注胶盖，注胶部位见图2。

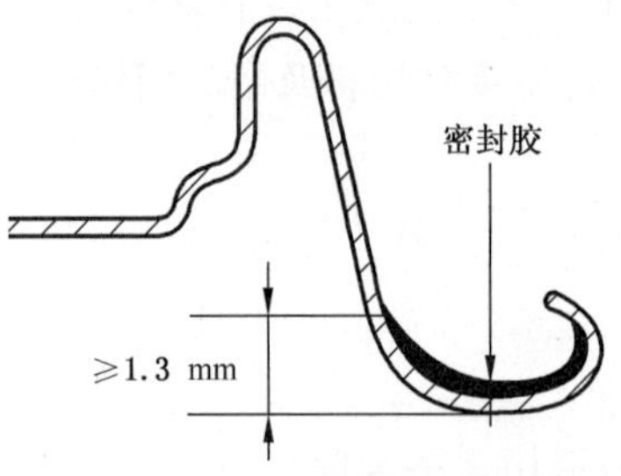

图2　注胶部位示图

4.3　结构尺寸

4.3.1　罐体的主要尺寸应符合表2的规定，见图3。

表 2 罐体主要尺寸

单位为毫米

项目	符号	公称尺寸						极限偏差
		202/211			206/211			
		330 mL	355 mL	500 mL	330 mL	355 mL	500 mL	
罐体高度	H	115.20	122.22	167.84	115.20	122.22	167.84	±0.38
罐体外径[a]	D_1	66.04						—
缩颈内径	D_2	52.40			57.40			±0.25
翻边宽度	B	2.10			2.24			±0.25

[a] 工装模具保证尺寸,极限偏差不作要求。

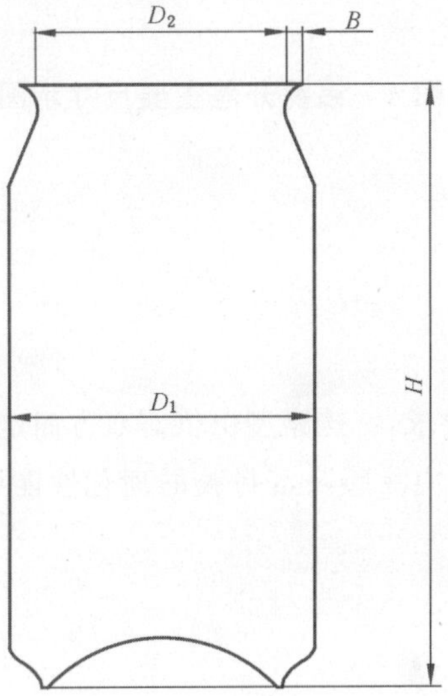

说明:

H ——罐体高度,单位为毫米(mm);

D_1 ——罐体外径,单位为毫米(mm);

D_2 ——缩颈内径,单位为毫米(mm);

B —— 翻边宽度,单位为毫米(mm)。

图 3 罐体主要尺寸示图

4.3.2 铝易开盖的主要尺寸应符合表 3 的规定,见图 4。

表 3 铝易开盖主要尺寸

单位为毫米

项目	符号	公称尺寸		极限偏差
		202	206	
钩边外径	d	59.44	64.82	±0.25
钩边开度	b	≥2.62	≥2.62	—
埋头度	h_1	6.86	6.35	±0.15
钩边高度	h_2	2.03	2.01	±0.20
每 50.80 mm 盖钩边的重叠个数	e	26±2		

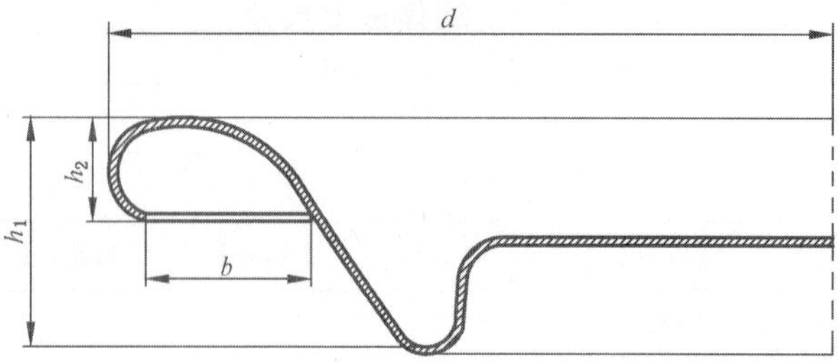

说明：

d ——钩边外径，单位为毫米(mm)；

b ——钩边开度，单位为毫米(mm)；

h_1 ——埋头度，单位为毫米(mm)；

h_2 ——钩边高度，单位为毫米(mm)。

图 4　铝易开盖主要尺寸示图

5　技术要求

5.1　基本要求

5.1.1　产品结构尺寸应符合 4.3 的要求，特殊罐型由供需双方商定。

5.1.2　产品因灌装内容物的不同，对内涂膜及密封胶的理化性能要求各异，生产企业应向需方提供样品做灌装试验，并取得确认。

5.2　罐体

5.2.1　外观质量

5.2.1.1　产品的图案及颜色应由供需双方协商确定。

5.2.1.2　罐体的外观质量要求见表 4。

表 4　罐体外观质量要求

不合格分类	缺陷内容
A 类不合格	内涂膜含杂质，罐内明显的油污或其他杂物，针孔，罐身折曲或凹痕导致内涂膜损伤，翻边缺损或撞凹，翻边不完全，翻边开裂，翻边有毛刺，有明显异味
B 类不合格	涂料在罐内壁成滴状和斑点，底部内涂膜有大于 2 mm 气泡，底部变形，罐身折曲或凹痕长度大于 10 mm 且未导致内涂膜损伤，缩颈褶皱
C 类不合格	内涂膜斑迹，印色轻微错位，印色以及罩光漆局部不完整，小划痕，印色与色版有轻微差别，缩颈部微折，底部金属轻微损伤

5.2.2　物理性能

罐体的物理性能应符合表 5 的规定。

表5 罐体物理性能

项目		性能指标
轴向承压力 kN		≥0.8
耐压强度 kPa		≥610
内涂膜完整性 mA	啤酒罐体	单个:≤10;平均:≤3
	饮料罐体	单个:≤5;平均:≤1

5.2.3 涂膜质量

罐体内外涂膜应固化、附着良好。若内容物有杀菌工艺要求,根据内容物的杀菌工艺要求,经内外涂膜杀菌试验后不应有脱落、变色和起泡等缺陷。

5.3 铝易开盖

5.3.1 外观质量

铝易开盖的外观质量要求见表6。

表6 铝易开盖外观质量要求

不合格分类	缺陷内容
A类不合格	破损,盖内侧明显油污、污染,未涂封口胶,肩部胶位高度小于1.3 mm,有明显异味,涂膜起层或脱落,钩边严重皱折,无拉环(片)
B类不合格	封口胶粘连,局部漏涂大于2 mm^2,明显的钩边变形
C类不合格	内外涂膜有划痕、擦伤但金属不裸露,钩边轻度皱折和变形,封口胶搭接不均匀

5.3.2 物理性能

铝易开盖的物理性能应符合表7的规定。

表7 铝易开盖物理性能

项目		要求	
		202	206
耐压强度 kPa		≥610	
密封性		不应泄漏	
内涂膜完整性 mA	啤酒盖	单个:≤75;平均:≤35	
	饮料盖	单个:≤25;平均:≤5	

表 7 (续)

项目	要求	
	202	206
启破力 N	单个:≤31;平均:≤20	
全开力 N	单个:≤45;平均:≤36	
开启可靠性	开启时拉环(片)不脱落及完全开启	
封口胶干膜质量 mg	16～36	26～46

5.3.3 涂膜质量

铝易开盖内外涂膜应固化、附着良好。若内容物有杀菌工艺要求,根据内容物的杀菌工艺要求,经内外涂膜杀菌试验后不应有脱落、变色和起泡等缺陷。

5.4 食品安全要求

5.4.1 金属材料应符合 GB 4806.9 的规定。镀锡钢板有害元素含量应符合 GB/T 2520—2017 中 7.1.3 的要求。

5.4.2 产品内壁涂料应符合 GB 4806.10 的规定。

5.4.3 铝易开盖密封胶应符合 GB 4806.11 的规定。

5.4.4 食品接触材料用添加剂应符合 GB 9685 及国家相关公告的规定。

6 试验方法

6.1 尺寸检验

用专用或通用量具测量,量具最小读数值不大于 0.01 mm。

6.2 外观检验

在自然光线下,相距 60 cm 目视检查。

6.3 罐体轴向承压力试验

使用最小读数值不大于 10 N 的罐体轴向承压力测试仪,读取最大读数值。

6.4 罐体耐压强度试验

使用最小读数值不大于 1 kPa 的罐底耐压强度测试仪,读取最大读数值。

6.5 罐体内涂膜完整性试验

在罐内加入电解液[2%(m/V)硫酸钠水溶液],液面距罐口 3 mm,使用最小读数值不大于 0.1 mA

的内涂膜完整性测试仪对罐体内涂膜测试，读取第4秒的电流值。

6.6 罐体内外涂膜杀菌试验

6.6.1 巴氏杀菌：使用恒温水浴箱，将试样放入温度为(68±2)℃的蒸馏水中，恒温30 min后取出，检查内外涂膜有无变色、起泡和脱落等现象。

6.6.2 高温杀菌：罐体采用常温蒸馏水灌装，并加盖封口密封，将试样放入高温蒸煮锅内，加入适量蒸馏水，加热至121 ℃并保持30 min，冷却后倒出蒸馏水，自然干燥后，检查内外涂膜有无变色、起泡和脱落等现象。

6.7 铝易开盖耐压强度试验

使用最小读数值不大于1 kPa的易开盖耐压强度测试仪读取盖变形时的读数值。

6.8 铝易开盖密封性试验

在进行6.7试验时，将测试压力保持在610 kPa，保压1 min，观察试样有无漏气现象。

6.9 铝易开盖内涂膜完整性试验

在测试杯中加入电解液[1%(m/V)氯化钠溶液]，装好样盖，使用最小读数值不大于0.1 mA的内涂膜完整性测试仪对盖内涂膜测试，读取第4秒的电流值。

6.10 铝易开盖启破力、全开力试验

6.10.1 使用最小读数值不大于1 N的启破力/全开力测试仪，仪器的全行程时间为15 s。

6.10.2 拉环式启破力、全开力试验：将铝易开盖放在测量支架上，支架固定在后倾30°(即与水平成60°)位置，先后读取盖开启瞬间及拉环舌片完全撕离盖体时的读数值。

6.10.3 留片式启破力、全开力试验：将铝易开盖放入水平的支架，支架与拉力链成60°，先后读取盖开启瞬间及舌片按预刻线完全打开时的读数值。

6.11 开启可靠性试验

用手或简单工具正向开启易拉盖，观察拉环(片)是否脱落及完全开启。

6.12 封口胶干膜质量

使用感量为0.1 mg的精密天平，对铝易开盖称重为m_1，除去封口胶后再称重为m_2，封口胶干膜质量(Δm)按式(1)计算：

$$\Delta m = m_1 - m_2 \quad \cdots\cdots(1)$$

式中：

Δm ——封口胶干膜质量，单位为毫克(mg)；

m_1 ——除去封口胶前铝易开盖质量，单位为毫克(mg)；

m_2 ——除去封口胶后铝易开盖质量，单位为毫克(mg)。

6.13 食品安全要求检验

6.13.1 金属材料、产品内壁涂层、铝易开盖密封胶、食品接触材料用添加剂的食品安全检验按GB 4806.9、GB 4806.10、GB 4806.11、GB 9685执行。

6.13.2 镀锡钢板有害元素含量检测按 GB/T 2520—2017 中 8.7 执行。

7 检验规则

7.1 基本要求

7.1.1 产品质量按照 GB/T 2828.1—2012 中 11.1.2 的二次抽样方案进行抽样，并按第 5 章、第 6 章进行检验。

7.1.2 生产厂质量部门应按本部分的规定对产品进行检验并出具合格证。

7.1.3 产品检验分出厂检验和型式检验。

7.2 出厂检验

出厂检验项目为产品结构尺寸(5.1.1)、罐体外观质量(5.2.1)、铝易开盖外观质量(5.3.1)。

7.3 型式检验

7.3.1 型式检验项目为第 5 章所有项目(5.1.2 除外)。

7.3.2 有下列情况之一时，应进行型式检验。

a) 产品(或老产品转产)试制定型鉴定；

b) 当结构、材料、工艺改变，可能影响产品性能时；

c) 正常生产，每年进行一次检验；

d) 长期停产后，恢复生产时；

e) 出厂检验结果与上次型式检验有较大差异时；

f) 国家质量监督机构提出进行型式检验的要求时。

7.4 抽样检验方案

出厂检验和型式检验(除食品安全要求外)按表 8 和表 9 所列的方案抽样检验。

表 8 检验项目 AQL 值

名称	检验项目	检验水平	不合格分类	接收质量限 AQL
罐体	外观	S-4	A 类不合格	0.65
			B 类不合格	2.5
			C 类不合格	4.0
	尺寸	S-3	C 类不合格	4.0
	耐压强度	S-1	B 类不合格	2.5
	轴向承压力	S-1	B 类不合格	2.5
	内涂膜完整性	S-1	A 类不合格	0.65
	涂膜质量	S-1	B 类不合格 A 类不合格(高温杀菌灌装)	2.5 0.65

表 8（续）

名称	检验项目	检验水平	不合格分类	接收质量限 AQL
铝易开盖	外观	S-4	A类不合格	0.65
			B类不合格	2.5
			C类不合格	4.0
	尺寸	S-3	C类不合格	4.0
	耐压强度	S-1	B类不合格	2.5
	密封性	S-1	A类不合格	0.65
	内涂膜完整性	S-1	A类不合格	0.65
	启破力	S-1	B类不合格	2.5
	全开力	S-1	B类不合格	2.5
	开启可靠性	S-1	A类不合格	0.65
	封口胶干膜质量	S-1	C类不合格	4.0
	涂膜质量	S-1	B类不合格	2.5
			A类不合格(高温杀菌灌装)	0.65

表 9　正常检验二次抽样方案

检验水平	批量范围	接收质量限 AQL	样本数	判定数组 [Ac_1,Ac_2,Re_1,Re_2]
S-1	≥35 001	0.65	$n=20$	[0,1]
		2.5	$n=5$	[0,1]
		4.0	$n_1=n_2=8$	[0,1,2,2]
S-3	35 001～500 000	4.0	$n_1=n_2=20$	[1,4,3,5]
	＞500 000	4.0	$n_1=n_2=32$	[2,6,5,7]
S-4	35 001～500 000	0.65	$n_1=n_2=50$	[0,1,2,2]
		2.5		[2,6,5,7]
		4.0		[3,9,6,10]
	＞500 000	0.65	$n_1=n_2=80$	[0,3,3,4]
		2.5		[3,9,6,10]
		4.0		[5,12,9,13]

7.5　合格批判定

所有检验项目检验结果全部合格，则判定该批产品合格。

8 标志、包装、运输及贮存

8.1 标志

8.1.1 罐体及铝易开盖应有制造厂家的标志。

8.1.2 产品的托盘包装或包装箱应附有检验合格证，合格证上应注明制造厂名、产品名称、规格、制造日期、批号、数量和检验标记。

8.1.3 产品信息标注应符合 GB 4806.1 规定。

8.1.4 回收标志应符合 GB/T 18455 规定。

8.2 包装

8.2.1 包装材料

包装材料应清洁、干燥，无毒、无害，不应有异味和污染等。

8.2.2 罐体包装

8.2.2.1 罐体采用托盘包装。托盘尺寸可根据用户与运输的要求确定。每层罐数及层数由供需双方商定，层与层之间应用中性纸板或适宜的材料隔开，放上顶板后用打包带捆扎，然后用塑料薄膜包封。

8.2.2.2 顶板和托盘应为木质或其他适宜的材料制造。

8.2.3 铝易开盖包装

8.2.3.1 铝易开盖采用中性包装纸袋或适宜材料包装，不应用书钉、铁钉封袋。

8.2.3.2 铝易开盖装袋后用包装箱或托盘包装，也可用其他可靠的方式包装。

8.3 运输

运输工具应清洁、干燥，不应有异味、污染等。运输时应避免雨淋、曝晒、受潮污染及损伤。

8.4 贮存

产品应贮存在干燥、通风、清洁的仓库内，不应有污染、损伤和阳光直照。

ICS 67.160.10
X 60

中华人民共和国国家标准

GB 10344—2005
代替 GB 10344—1989

预包装饮料酒标签通则

General standard for the labeling of prepackaged alcoholic beverage

2005-09-15 发布　　2006-10-01 实施

中华人民共和国国家质量监督检验检疫总局
中国国家标准化管理委员会　发布

前 言

本标准的5.3为推荐性条文，其余是强制性的。

本标准是与GB 7718—2004《预包装食品标签通则》相配套的食品标签系列国家标准之一，其基本要求和共性条款同GB 7718—2004。GB 7718—2004是非等效采用国际食品法典委员会(CAC)CODEX STAN 1—1985(1991、1999年修订)《预包装食品标签通用标准》。

本标准代替GB 10344—1989《饮料酒标签标准》。

本标准与GB 10344—1989相比，主要变化如下：

——标准名称改为：预包装饮料酒标签通则；

——饮料酒的酒精度由原来的"0.5%～65.0%(V/V)"改为"0.5%vol以上"；

——将GB 10344—1989第4章"总则"改为"基本要求"；对GB 7718—2004中4.10作了适当修改；增加了"4.11　所有标示内容均不应另外加贴、补印或篡改"；

——删除了GB 10344—1989第6章；

——明确了强制标示内容、强制标示内容的免除和非强制标示内容(见5.1、5.2、5.3)；

——增加了除甜味剂、防腐剂、着色剂应标示具体名称外，其余食品添加剂可按GB 2760《食品添加剂使用卫生标准》规定的类别名称标示(见5.1.2.2)；"加工助剂"不需要在"原料"或"原料与辅料"中标示(见5.1.2.3)；

——玻璃瓶包装的啤酒要求标示"警示语"(见5.1.10)；

——已实施工业产品生产许可证管理的酒类，要求标示生产许可证标记和编号(见5.1.11)；

——葡萄酒和酒精度超过10%vol的其他饮料酒可以免除标示保质期(见5.2)；

——推荐采用标示饮酒的"劝说语"(见5.3.2.2)。

本标准由中国轻工业联合会提出。

本标准由全国食品发酵标准化中心归口。

本标准起草单位：中国食品发酵工业研究院、青岛啤酒股份有限公司、北京燕京啤酒集团公司、中国长城葡萄酒有限公司和五粮液集团有限公司。

本标准主要起草人：田栖静、樊伟、冯景章、田雅丽、刘沛龙、陈斌、李小青、董建军、熊正河、刘文、郭新光。

本标准所代替标准的历次版本发布情况为：

——GB 10344—1989。

预包装饮料酒标签通则

1 范围

本标准规定了：

——预包装饮料酒标签的术语和定义(见第3章)；

——预包装饮料酒标签的基本要求(见第4章)；

——预包装饮料酒标签的强制标示内容(见5.1)；

——预包装饮料酒标签强制标示内容的免除(见5.2)；

——预包装饮料酒标签的非强制标示内容(见5.3)。

本标准适用于提供给消费者的所有预包装饮料酒标签。

2 规范性引用文件

下列文件中的条款通过本标准的引用而成为本标准的条款。凡是注日期的引用文件，其随后所有的修改单(不包括勘误的内容)或修订版均不适用于本标准；然而，鼓励根据本标准达成协议的各方研究是否可使用这些文件的最新版本。凡是不注日期的引用文件，其最新版本适用于本标准。

GB 2760　食品添加剂使用卫生标准

GB 4927—2001　啤酒

GB 7718—2004　预包装食品标签通则

GB/T 12493　食品添加剂分类和代码

GB/T 17204—1998　饮料酒分类

3 术语和定义

GB 7718—2004确立的以及下列术语和定义适用于本标准。

3.1

饮料酒　alcoholic beverage

酒精度在0.5%vol以上的酒精饮料。包括各种发酵酒、蒸馏酒和配制酒。

3.2

发酵酒　fermented alcoholic drink

酿造酒　brewed alcoholic drink

以粮谷、水果、乳类等为原料，经发酵酿制而成的饮料酒。

注：改写GB/T 17204—1998，定义3.1。

3.3

蒸馏酒　distilled spirits

以粮谷、薯类、水果等为主要原料，经发酵、蒸馏、陈酿、勾兑而制成的饮料酒。

注：改写GB/T 17204—1998，定义3.2。

3.4

配制酒　blended alcoholic beverage

露酒　liqueur

以发酵酒、蒸馏酒或食用酒精为酒基，加入可食用的辅料或食品添加剂，进行调配、混合或再加工而制成的、已改变了其原酒基风格的饮料酒。

[GB/T 17204—1998，定义 3.3]

3.5

酒精度　alcoholic strength

乙醇含量　ethanol content

在 20℃时，100 mL 饮料酒中含有乙醇的毫升数，或 100 g 饮料酒中含有乙醇的克数。

注 1：考虑到目前国际通行情况，酒精度可以用体积分数表示，符号为：%vol。

注 2：在 ISO 4805:1982 中已指出应优先使用 %vol 和 %mass。

4　基本要求

4.1　预包装饮料酒标签的所有内容，应符合国家法律、法规的规定，并符合相应产品标准的规定。

4.2　预包装饮料酒标签的所有内容应清晰、醒目、持久；应使消费者购买时易于辨认和识读。

4.3　预包装饮料酒标签的所有内容，应通俗易懂、准确、有科学依据；不得标示封建迷信、黄色、贬低其他饮料酒或违背科学营养常识的内容。

4.4　预包装饮料酒标签的所有内容，不得以虚假、使消费者误解或欺骗性的文字、图形等方式介绍饮料酒；也不得利用字号大小或色差误导消费者。

4.5　预包装饮料酒标签的所有内容，不得以直接或间接暗示性的语言、图形、符号，导致消费者将购买的饮料酒或饮料酒的某一性质与另一产品混淆。

4.6　预包装饮料酒的标签不得与包装物(容器)分离。

4.7　预包装饮料酒的标签内容应使用规范的汉字，但不包括注册商标。

4.7.1　可以同时使用拼音或少数民族文字，但不得大于相应的汉字。

4.7.2　可以同时使用外文，但应与汉字有对应关系(进口饮料酒的制造者和地址，国外经销者的名称和地址、网址除外)。所有外文不得大于相应的汉字(国外注册商标除外)。

4.8　包装物或包装容器最大表面面积大于 20 cm^2 时，强制标示内容的文字、符号、数字的高度不得小于 1.8 mm。

4.9　如果透过外包装物能清晰地识别内包装物或容器上的所有或部分强制标示内容，可以不在外包装物上重复标示相应的内容。

4.10　每个最小包装(销售单元)都应有 5.1 规定的标示内容；如果在内包装容器(瓶)的外面另有直接向消费者交货的包装物(盒)时，也可以只在包装物(盒)上标注强制标示内容。其外包装(或大包装)按相关产品标准执行。

4.11　所有标示内容均不应另外加贴、补印或篡改。

5　标示内容

5.1　强制标示内容

5.1.1　酒名称

5.1.1.1　应在标签的醒目位置，清晰地标示反映饮料酒真实属性的专用名称。

5.1.1.1.1　当国家标准或行业标准中已规定了几个名称时，应选用其中的一个名称。

5.1.1.1.2　无国家标准或行业标准规定的名称时，应使用不使消费者误解或混淆的常用名称或通俗名称。

5.1.1.2　可以标示"新创名称"、"奇特名称"、"音译名称"、"牌号名称"、"地区俚语名称"或"商标名称"；但应在所示酒名称的邻近部位标示 5.1.1.1 规定的任意一个名称。

5.1.2　配料清单

5.1.2.1　预包装饮料酒标签上应标示配料清单。单一原料的饮料酒除外。

5.1.2.1.1　饮料酒的"配料清单"，宜以"原料"或"原料与辅料"为标题。

5.1.2.1.2 各种原料、配料应按生产过程中加入量从多到少顺序列出，加入量不超过2%的配料可以不按递减顺序排列。

5.1.2.1.3 在酿酒或加工过程中，加入的水和食用酒精应在配料清单中标示。

5.1.2.1.4 配制酒应标示所用酒基，串蒸、浸泡、添加的食用动植物(或其制品)、国家允许使用的中草药以及食品添加剂等。

5.1.2.2 当酒类产品的国家标准或行业标准中规定允许使用食品添加剂时，食品添加剂应符合GB 2760的规定；甜味剂、防腐剂、着色剂应标示具体名称；其他食品添加剂可以按GB 2760的规定标示具体名称或类别名称。当一种酒中添加了两种或两种以上"着色剂"时，可以标示其类别名称(着色剂)，再在其后加括号，标示GB/T 12493规定的代码。

5.1.2.3 在饮料酒生产与加工中使用的加工助剂，不需要在"原料"或"原料与辅料"中标示。

5.1.3 酒精度

5.1.3.1 凡是饮料酒，均应标示酒精度。

5.1.3.2 标示酒精度时，应以"酒精度"作为标题。

5.1.4 原麦汁、原果汁含量

5.1.4.1 啤酒应标示"原麦汁浓度"。其标注方式：以"柏拉图度"符号"°P"表示；在GB/T 17204—1998修订前，可以使用符号"°"表示原麦汁浓度，如"原麦汁浓度：12°"。

5.1.4.2 果酒(葡萄酒除外)应标注原果汁含量。其标注方式：在"原料与辅料"中，用"××%"表示。

5.1.5 制造者、经销者的名称和地址

同GB 7718—2004中5.1.5。

5.1.6 日期标示和贮藏说明

5.1.6.1 应清晰地标示预包装饮料酒的包装(灌装)日期和保质期，也可以附加标示保存期。如日期标示采用"见包装物某部位"的方式，应标示所在包装物的具体部位。

5.1.6.2 日期的标示应按年、月、日顺序；年代号一般应标示4位数字；难以标示4位数字的小包装酒，可以标示后2位数字。

示例1：

包装(灌装)日期：2004年1月15日灌装的酒，可以标示为

"2004 01 15"(年月日用间隔字符分开)；

或"20040115"(年月日不用分隔符)；

或"2004-01-15"(年月日用连字符分隔)；

或"2004年1月15日"。

示例2：

保质期：可以标示为

"2004年7月15日之前饮用最佳"

或"保质期至2004-07-15"；

或"保质期6个月(或180天)"。

5.1.6.3 如果饮料酒的保质期(或保存期)与贮藏条件有关，应标示饮料酒的特定贮藏条件，具体按相关产品标准执行。

5.1.7 净含量

5.1.7.1 净含量的标示应由净含量、数字和法定计量单位组成。

5.1.7.2 饮料酒的净含量一般用体积表示，单位：毫升或mL(ml)、升或L(l)。大坛黄酒可用质量表示，单位：千克或kg。

5.1.7.3 净含量的计量单位、字符的最小高度要求同GB 7718—2004中5.1.4.3和5.1.4.4。

5.1.7.4 净含量应与酒名称排在包装物或容器的同一展示版面。

5.1.7.5 同一预包装内如果含有相互独立的几件相同的小包装时，在标示小包装净含量的同时，还应

标示其数量或件数。

5.1.8　**产品标准号**

同GB 7718—2004中5.1.7。

5.1.9　**质量等级**

同GB 7718—2004中5.1.8。

5.1.10　**警示语**

用玻璃瓶包装的啤酒,应按GB 4927—2001中7.1.1的规定标示“警示语”。

5.1.11　**生产许可证**

已实施工业产品生产许可证管理制度的酒行业,其产品应标示生产许可证标记和编号。

5.2　**强制标示内容的免除**

葡萄酒和酒精度超过10%vol的其他饮料酒可免除标示保质期。

5.3　**非强制标示内容**

5.3.1　**批号**

同GB 7718—2004中5.3.1。

5.3.2　**饮用方法**

5.3.2.1　如有必要,可以标示(瓶、罐)容器的开启方法、饮用方法、每日(餐)饮用量、兑制(混合)方法等对消费者有帮助的说明。

5.3.2.2　推荐采用标示“过度饮酒,有害健康”、“孕妇和儿童不宜饮酒”等劝说语。

5.3.3　**能量和营养素**

同GB 7718—2004中5.3.3。

5.3.4　**产品类型**

5.3.4.1　果酒、葡萄酒和黄酒可以标示产品类型或含糖量。果酒、葡萄酒和黄酒宜标示“干”、“半干”、“半甜”或“甜”型,或者标示其含糖量,标示方法按相关产品标准规定执行。

5.3.4.2　配制酒如以果酒、葡萄酒和黄酒为酒基或添加了糖的酒,宜标示其含糖量。

5.3.4.3　已确立香型的白酒,可以标示“香型”。

ICS 67.160.10
X 61

中华人民共和国国家标准

GB/T 10346—2006
代替 GB/T 10346—1989

白酒检验规则和标志、包装、运输、贮存

General principle of inspection for Chinese spirits

2006-07-18 发布　　2007-05-01 实施

中华人民共和国国家质量监督检验检疫总局
中国国家标准化管理委员会　发布

前　言

本标准是对 GB/T 10346—1989《白酒检验规则》的修订。

本标准代替 GB/T 10346—1989。

本标准与 GB/T 10346—1989 相比主要变化如下：

1）增加了组批和抽样表；

2）增加了检验分类，规定了出厂检验、型式检验项目；

3）增加了判定规则。

本标准由中国轻工业联合会提出。

本标准由全国食品发酵标准化中心归口。

本标准起草单位：中国食品发酵工业研究院。

本标准主要起草人：康永璞、郭新光、张宿义。

本标准所代替标准的历次版本发布情况为：

——GB/T 10346—1989。

白酒检验规则和标志、包装、运输、贮存

1 范围

本标准规定了白酒产品的检验规则和标志、包装、运输、贮存要求。

本标准适用于白酒产品的出厂检验、验收与检查。

2 规范性引用文件

下列文件中的条款通过本标准的引用而成为本标准的条款。凡是注日期的引用文件，其随后所有的修改单(不包括勘误的内容)或修订版均不适用于本标准，然而，鼓励根据本标准达成协议的各方研究是否可使用这些文件的最新版本。凡是不注日期的引用文件，其最新版本适用于本标准。

GB/T 191 包装储运图示标志

GB 2757 蒸馏酒及配制酒卫生标准

GB 2760 食品添加剂使用卫生标准

GB 10344 预包装饮料酒标签通则

国家质量监督检验检疫总局[2005]第75号令 定量包装商品计量监督管理办法

3 检验规则

3.1 组批

每次经勾兑、灌装、包装后的，质量、品种、规格相同的产品为一批。

3.2 抽样

3.2.1 按表1抽取样本，从每箱中任取一瓶，单件包装净含量小于500 mL，总取样量不足1 500 mL时，可按比例增加抽样量。

表1 抽样表

批量范围/箱	样本数/箱	单位样本数/瓶
50以下	3	3
50～1 200	5	2
1 201～35 000	8	1
35 000以上	13	1

3.2.2 采样后应立即贴上标签，注明：样品名称、品种规格、数量、制造者名称、采样时间与地点、采样人。将样品分为两份，一份样品封存，保留1个月备查。另一份样品立即送化验室，进行感官、理化和卫生检验。

3.3 检验分类

3.3.1 出厂检验

检验项目：甲醇、杂醇油、感官要求、酒精度、总酸、总酯、固形物、香型特征指标、净含量和标签。

3.3.2 型式检验

3.3.2.1 检验项目：产品标准中技术要求的全部项目。

3.3.2.2 一般情况下，同一类产品的型式检验每年进行一次，有下列情况之一者，亦应进行：

a) 原辅材料有较大变化时；

b) 更改关键工艺或设备；

c) 新试制的产品或正常生产的产品停产3个月后，重新恢复生产时；

d) 出厂检验与上次型式检验结果有较大差异时；

e) 国家质量监督检验机构按有关规定需要抽检时。

3.4 判定规则

3.4.1 检验结果有不超过两项指标不符合相应的产品标准要求时，应重新自同批产品中抽取两倍量样品进行复检，以复检结果为准。

3.4.2 若复检结果卫生指标不符合GB 2757要求，则判该批产品为不合格。

3.4.3 若产品标签上标注为“优级”品，复检结果仍有一项理化指标不符合“优级”，但符合“一级”指标要求，可按“一级”判定为合格；若不符合“一级”指标要求时，则判该批产品为不合格。

3.4.4 当供需双方对检验结果有异议时，可由有关各方协商解决，或委托有关单位进行仲裁检验，以仲裁检验结果为准。

4 标志、包装、运输、贮存

4.1 标志

4.1.1 预包装白酒标签应符合GB 10344的有关规定。非传统发酵法生产的白酒，应在“原料与配料”中标注添加的食用酒精及非白酒发酵产生的呈香呈味物质(符合GB 2760要求)。

4.1.2 外包装纸箱上除标明产品名称、制造者名称和地址外，还应标明单位包装的净含量和总数量。

4.1.3 包装储运图示标志应符合GB/T 191的要求。

4.2 包装

4.2.1 包装容器应使用符合食品卫生要求的包装瓶、盖。

4.2.2 包装容器体端正、清洁，封装严密，无渗漏酒现象。

4.2.3 外包装应使用合格的包装材料，箱内宜有防震、防碰撞的间隔材料。

4.2.4 产品出厂前，应由生产厂的质量监督检验部门按本标准规定逐批进行检验，检验合格，并附质量合格证，方可出厂。产品质量检验合格证明(合格证)可以放在包装箱内，或放在独立的包装盒内，也可以在标签上打印“合格”二字。

4.3 运输、贮存

4.3.1 运输时应避免强烈振荡、日晒、雨淋，装卸时应轻拿轻放。

4.3.2 成品应贮存在干燥、通风、阴凉和清洁的库房中，库内温度宜保持在10℃～25℃。

4.3.3 不得与有毒、有害、有腐蚀性物品和污染物混运、混贮。

4.3.4 成品不得与潮湿地面直接接触。

中华人民共和国国家标准

GB 13432—2013

食品安全国家标准
预包装特殊膳食用食品标签

2013-12-26 发布　　　　2015-07-01 实施

中华人民共和国
国家卫生和计划生育委员会　发布

前　言

本标准代替 GB 13432—2004《预包装特殊膳食用食品标签通则》。

本标准与 GB 13432—2004 相比，主要技术变化如下：

——修改了标准名称；

——修改了特殊膳食用食品的定义，明确了其包含的食品类别(范围)；

——修改了基本要求；

——修改了强制标示内容的部分要求；

——合并了允许标示内容和推荐标示内容，修改为可选择标示内容；

——修改了能量和营养成分的含量声称要求；

——删除了能量和营养成分的比较声称；

——修改了能量和营养成分的功能声称用语；

——删除了原标准的附录 A；

——增加了附录 A 特殊膳食用食品的类别。

食品安全国家标准
预包装特殊膳食用食品标签

1 范围

本标准适用于预包装特殊膳食用食品的标签(含营养标签)。

2 术语和定义

GB 7718 中规定的以及下列术语和定义适用于本标准。

2.1 特殊膳食用食品

为满足特殊的身体或生理状况和(或)满足疾病、紊乱等状态下的特殊膳食需求,专门加工或配方的食品。这类食品的营养素和(或)其他营养成分的含量与可类比的普通食品有显著不同。

特殊膳食用食品所包含的食品类别见附录 A。

2.2 营养素

食物中具有特定生理作用,能维持机体生长、发育、活动、繁殖以及正常代谢所需的物质,包括蛋白质、脂肪、碳水化合物、矿物质及维生素等。

2.3 营养成分

食物中的营养素和除营养素以外的具有营养和(或)生理功能的其他食物成分。

2.4 推荐摄入量

可以满足某一特定性别、年龄及生理状况群体中绝大多数个体需要的营养素摄入水平。

2.5 适宜摄入量

营养素的一个安全摄入水平。是通过观察或实验获得的健康人群某种营养素的摄入量。

3 基本要求

预包装特殊膳食用食品的标签应符合 GB 7718 规定的基本要求的内容,还应符合以下要求:

——不应涉及疾病预防、治疗功能;

——应符合预包装特殊膳食用食品相应产品标准中标签、说明书的有关规定;

——不应对 0～6 月龄婴儿配方食品中的必需成分进行含量声称和功能声称。

4 强制标示内容

4.1 一般要求

预包装特殊膳食用食品标签的标示内容应符合 GB 7718 中相应条款的要求。

4.2 食品名称

只有符合2.1定义的食品才可以在名称中使用“特殊膳食用食品”或相应的描述产品特殊性的名称。

4.3 能量和营养成分的标示

4.3.1 应以“方框表”的形式标示能量、蛋白质、脂肪、碳水化合物和钠，以及相应产品标准中要求的其他营养成分及其含量。方框可为任意尺寸，并与包装的基线垂直，表题为“营养成分表”。如果产品根据相关法规或标准，添加了可选择性成分或强化了某些物质，则还应标示这些成分及其含量。

4.3.2 预包装特殊膳食用食品中能量和营养成分的含量应以每100 g(克)和(或)每100 mL(毫升)和(或)每份食品可食部中的具体数值来标示。当用份标示时，应标明每份食品的量，份的大小可根据食品的特点或推荐量规定。如有必要或相应产品标准中另有要求的，还应标示出每100 kJ(千焦)产品中各营养成分的含量。

4.3.3 能量或营养成分的标示数值可通过产品检测或原料计算获得。在产品保质期内，能量和营养成分的实际含量不应低于标示值的80%，并应符合相应产品标准的要求。

4.3.4 当预包装特殊膳食用食品中的蛋白质由水解蛋白质或氨基酸提供时，“蛋白质”项可用“蛋白质”、“蛋白质(等同物)”或“氨基酸总量”任意一种方式来标示。

4.4 食用方法和适宜人群

4.4.1 应标示预包装特殊膳食用食品的食用方法、每日或每餐食用量，必要时应标示调配方法或复水再制方法。

4.4.2 应标示预包装特殊膳食用食品的适宜人群。对于特殊医学用途婴儿配方食品和特殊医学用途配方食品，适宜人群按产品标准要求标示。

4.5 贮存条件

4.5.1 应在标签上标明预包装特殊膳食用食品的贮存条件，必要时应标明开封后的贮存条件。

4.5.2 如果开封后的预包装特殊膳食用食品不宜贮存或不宜在原包装容器内贮存，应向消费者特别提示。

4.6 标示内容的豁免

当预包装特殊膳食用食品包装物或包装容器的最大表面面积小于10 cm^2 时，可只标示产品名称、净含量、生产者(或经销者)的名称和地址、生产日期和保质期。

5 可选择标示内容

5.1 能量和营养成分占推荐摄入量或适宜摄入量的质量百分比

在标示能量值和营养成分含量值的同时，可依据适宜人群，标示每100 g(克)和(或)每100 mL(毫升)和(或)每份食品中的能量和营养成分含量占《中国居民膳食营养素参考摄入量》中的推荐摄入量(RNI)或适宜摄入量(AI)的质量百分比。无推荐摄入量(RNI)或适宜摄入量(AI)的营养成分，可不标示质量百分比，或者用“—”等方式标示。

5.2 能量和营养成分的含量声称

5.2.1 能量或营养成分在产品中的含量达到相应产品标准的最小值或允许强化的最低值时，可进行含量声称。

5.2.2 某营养成分在产品标准中无最小值要求或无最低强化量要求的，应提供其他国家和(或)国际组织允许对该营养成分进行含量声称的依据。

5.2.3 含量声称用语包括“含有”“提供”“来源”“含”“有”等。

5.3 能量和营养成分的功能声称

5.3.1 符合含量声称要求的预包装特殊膳食用食品，可对能量和(或)营养成分进行功能声称。功能声称的用语应选择使用 GB 28050 中规定的功能声称标准用语。

5.3.2 对于 GB 28050 中没有列出功能声称标准用语的营养成分，应提供其他国家和(或)国际组织关于该物质功能声称用语的依据。

附 录 A

特殊膳食用食品的类别

特殊膳食用食品的类别主要包括：

a) 婴幼儿配方食品：

——婴儿配方食品；

——较大婴儿和幼儿配方食品；

——特殊医学用途婴儿配方食品；

b) 婴幼儿辅助食品：

——婴幼儿谷类辅助食品；

——婴幼儿罐装辅助食品；

c) 特殊医学用途配方食品(特殊医学用途婴儿配方食品涉及的品种除外)；

d) 除上述类别外的其他特殊膳食用食品(包括辅食营养补充品、运动营养食品，以及其他具有相应国家标准的特殊膳食用食品)。

中华人民共和国国家标准

GB/T 13607—92

苹 果、 柑 桔 包 装

Packaging of apples and citrus fruit

1 主题内容与适用范围

本标准规定了苹果、柑桔包装的技术要求，包装件的储存与运输、试验方法及检测规则等。

本标准瓦楞纸箱适用于苹果、柑桔的包装，钙塑瓦楞箱适用于晚秋苹果和柑、橙类包装。

2 引用标准

GB 191 包装储运图示标志

GB 450 纸和纸板试样的采取

GB 462 纸与纸板水分的测定法

GB 2679.7 纸板戳穿强度的测定方法

GB 2828 逐批检查计数抽样程序及抽样表（适用于连续批的检查）

GB 3538 运输包装件各部位的标示方法

GB 3561 食品包装用原纸卫生标准的分析方法

GB/T 4857.3 包装 运输包装件 堆码方法

GB/T 4857.4 包装 运输包装件 压力试验方法

GB/T 4857.5 包装 运输包装件 垂直冲击跌落试验方法

GB 6388 运输包装收发货标志

GB 6543 瓦楞纸箱

GB 6544 瓦楞纸板

GB 6545 瓦楞纸板 耐破强度的测定方法

GB 6546 瓦楞纸板 边压强度的测定方法

GB 6980 钙塑瓦楞箱

GB 10651 鲜苹果

GB/T 12947 鲜柑桔

3 包装技术要求

3.1 包装的准备

3.1.1 包装环境

3.1.1.1 苹果、柑桔包装场地要求通风、防潮、防雨。

3.1.1.2 包装场地温湿度，常温和一般湿度即可。

3.1.1.3 卫生条件要求按国家有关食品卫生法的具体规定办理。

3.1.2 产品要求

苹果、柑桔应符合 GB 10651 和 GB/T 12947 标准要求。

3.1.3 包装材料

国家技术监督局1992-08-14批准 1993-09-01实施

3.1.3.1 苹果、柑桔包装为双瓦楞纸板箱或单瓦楞钙塑板箱。纸板应是木浆、竹浆、棉杆浆、红麻浆制成，草浆纸板不能作为苹果、柑桔的包装材料。单瓦楞钙塑箱其低压聚乙烯含量不低于59%，碳酸钙不高于39%，加适量抗氧剂和硬脂酸锌等。

3.1.3.2 瓦楞纸板的性能要求

a. 箱面纸板性能要求见表1。

表1

指标名称	单位	指标		
定量	g/m²	300±15	320±16	360±18.
耐破强度	kPa(kgf/cm²)	852.6(8.7)	911.4(9.3)	1 029.0(10.5)
环压强度(横向)≥	N(kgf)	382.2(39)	401.8(41)	450.8(46)
含水率	%	10±2	10±2	10±2

注：含水率系按GB 450标准进行处理后的测试值。

b. 瓦楞原纸性能要求见表2。

表2

指标名称	单位	指标
定量	g/m²	180^{+5}_{-9}
耐破强度	kPa(kgf/cm²)	343.0(3.5)
环压强度(横向) ≥	N(kgf)	235.2(24)

c. 双瓦楞纸板的性能要求见表3。

表3

指标名称	单位	指标
破裂强度	kPa(kgf/cm²)	2 156(22)
戳穿强度	J(kg·cm)	12.74(130)
边压强度	N/m(kgf/cm)	0.83(8.5)
含水率	%	10±2

3.1.3.3 瓦楞钙塑板的性能要求

a. 瓦楞钙塑板的规格要求见表4。

表4

项目	指标
瓦楞板厚度,mm	4
瓦楞筋数,根/100 mm	13

b. 瓦楞钙塑板机械性能要求见表5。

表 5

项　　目		指　　标
揺断力,N	≥	350
断裂伸长率,%	≥	10
平面压缩力,N	≥	1 200
垂直压缩力,N	≥	700
撕裂力,N	≥	80
低温耐折		−40℃不裂

3.1.4　包装容器

3.1.4.1　销售包装

a.　销售包装材料要求无毒。

b.　销售包装规格尺寸应充分适合运输包装要求。

c.　销售包装应符合卫生要求,不破裂、吸潮。

3.1.4.2　运输包装

3.1.4.2.1　箱形及结构

a.　箱形:采用下图箱形

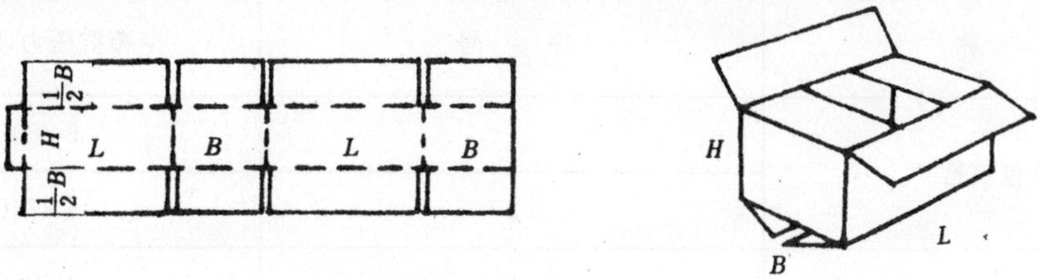

b.　箱内结构:苹果瓦楞纸箱内部,采用十字格或“#”字格,层与层之间加一隔板。柑桔箱内若加隔板可采用“#”字格,每格一果。

3.1.4.2.2　包装材料按 3.1.3 要求。

3.1.4.2.3　箱子的规格尺寸要求见表 6。

表 6　　mm

产品名称	包装容器	序　号	尺寸(长×宽)	公　差
苹果	瓦楞纸箱	1	480×320	−2
		2	500×300	−2
	钙塑箱	1	590×290	−2
		2	570×270	−2

续表 6 mm

产品名称	包装容器	序 号	尺寸(长×宽)	公 差
柑桔	瓦楞纸箱	1	500×320	−2
		2	480×280	−2
	钙塑箱	1	500×320	−2
		2	480×280	−2

3.1.4.2.4 箱体强度要求

a. 双瓦楞纸箱空箱抗压强度要求见表 7。

表 7

名 称	序 号	空箱抗压力,N(kgf) ≥
苹果包装箱	1	8 330(850)
	2	7 350(750)
柑桔包装箱	1	7 350(750)
	2	7 840(800)

b. 单瓦楞钙塑箱空箱抗压强度要求见表 8。

表 8

名 称	序 号	空箱抗压力,N(kgf) ≥
苹果包装箱	1	6 860(700)
	2	6 370(650)
柑桔包装箱	1	6 370(650)
	2	6 860(700)

3.1.4.2.5 纸箱、钙塑箱的制作、粘合、钉合、压线及其外观要求,应分别符合 GB 6543 和 GB 6980 标准。

3.1.4.2.6 纸箱要求内外都涂防潮油,单瓦楞钙塑箱要求打孔,箱子 2、4 面各开 8 个长 20 mm,宽 15 mm的椭圆形透气孔。5、6 面各开 4 个透气孔。

3.1.4.2.7 所有包装材料卫生标准应符合 GB 3561 标准的要求。

3.2 包装要求

3.2.1 纸箱、钙塑箱包装苹果,每箱装果 15~20 kg,包装柑桔 15 kg 左右。

3.2.2 将包装底部摇盖折起,并用金属丝钉牢。

3.2.3 用无毒包装纸张或塑料薄膜进行单果包装,并将隔板分层装入箱内。

3.2.4 封箱,纸箱可用胶粘带粘牢,也可用低碳钢扁丝钉牢或采用粘合剂粘合,钙塑箱采用镀镍或镀锌等铁丝钉合。

3.2.5 将果品品种、等级、数量、产地全部填写清楚。

3.3 包装标志

3.3.1 包装的第3面应标明纸箱生产厂名或代号。

3.3.2 包装的2、4面标志应相同。左上角为注册商标，右上角选用GB 191中的怕湿和堆码极限两种图示标志，中间为产品名称和美术图案，下方为经营单位具体名称。

3.3.3 包装的5、6面标志应相同。左上角选用GB 6388中的农副产品标志，左下角为商品条形码（出口优质商品），中间纵向列有"品种______"、"等级______"、"数量______"、"规格______"。

4 包装件的储存与运输

4.1 装运苹果、柑桔的火车、汽车、船舱等，应清洁、干燥、无毒，便于通风。应用棚车运输或敞车加防雨篷布运输。

4.2 库房要求低温、干燥。

4.3 包装件分批、分品种码垛堆放，每垛应挂牌分类，标明品种、入库日期、数量、质量检查记录。要求箱体堆码整齐，并留有通风道。

5 试验方法

5.1 苹果、柑桔单瓦楞钙塑箱的试验方法按GB 6980标准中内容进行。

5.2 苹果、柑桔瓦楞纸箱的试验方法。

5.2.1 在制造果品包装箱时，应进行纸板的性能测试。

5.2.2 边压强度的测定按GB 6546进行。

5.2.3 耐破强度测定按GB 6545进行。

5.2.4 含水量的测定按GB 462进行。

5.2.5 戳穿强度的测定按GB 2679.7规定进行。

5.2.6 测纸箱内尺寸时，把纸箱撑开成型，相邻夹角成90°，量取搭接舌边以外构成长宽两面的距离为箱长、箱宽。

5.2.7 空箱抗压力测试，按GB 4857.4的规定进行。试样制备时，用胶粘带、金属钉或粘合剂封合，并将采用的方法写在试验报告内，试样数量应不少于3只。

5.2.8 瓦楞纸箱耐冲击强度按GB 4857.5的规定进行试验。跌落高度及顺序按GB 4857.5附录A或供需双方商定。试验数量应不少于3只。

5.2.9 堆码试验按GB 4857.3规定进行。

6 检验规则

6.1 出厂检验

6.1.1 检验批的组成

同一材料、规格、条件连续包装下交收的为一个检验批。

6.1.2 检验项目为3.1.3.1、3.1.4.2.3、3.1.4.2.5、3.1.4.2.6、3.2和3.3。

6.1.3 批量范围与样本大小

检验样本数量"n"由检验批的批量"N"决定，按表9抽取。

表9

批量范围 N，件	样本大小 n，件	合格判定件数 A_c
小于500	5	0
501～1 200	8	1
1 201～3 200	8	1

续表 9

批量范围 N,件	样本大小 n,件	合格判定件数 A_c
3 201～10 000	13	2
10 000 以上	13	2

6.1.4 判定规则

a. 件的判定

件的判定按 6.1.2 进行。其中有一条不合格,判该件不合格。

b. 批的判定

批的判定按表 9 批量范围的总数"N"件随机抽取"n"件进行检验。若"n"件中不合格数小于等于 A_c,则该检验批合格,否则,该检验批不合格。

6.2 型式检验

6.2.1 在下列情况之一时,应进行型式检验:

a. 正式生产后,如结构、材料、工艺有较大改变,可能影响包装质量时;

b. 出厂检验结果与上次型式检验有较大差异时;

c. 国家质量监督机构提出进行型式检验要求时。

6.2.2 型式检验项目为 3.1.3.2、3.1.3.3、3.1.4.2.4。

6.2.2.1 钙塑瓦楞箱按 GB 6980 中第 4 章规定进行。

6.2.2.2 瓦楞纸板箱

a. 从该批中任取 6 个以上纸箱,检测 3.1.3.2 和 3.1.3.3,取其平均值,低于规定值 10%或 10%以上的,整批为不合格。

b. 按 3.1.4.2.4 任取 3 个以上的包装箱测定其平均强度值,低于规定值则该批判为不合格。

附加说明:

本标准由中华人民共和国商业部提出。

本标准由商业部包装办公室归口。

本标准由商业部济南果品研究所负责起草。

本标准主要起草人张星政、赵霞。

ICS 55.040
A 82

中华人民共和国国家标准

GB/T 17030—2019
代替 GB/T 17030—2008

食品包装用聚偏二氯乙烯(PVDC)片状肠衣膜

Polyvinylidene chloride (PVDC) flat-film for food-packaging

2019-05-10 发布　　2019-12-01 实施

国家市场监督管理总局
中国国家标准化管理委员会　发布

前　言

本标准按照 GB/T 1.1—2009 给出的规则起草。

本标准代替 GB/T 17030—2008《食品包装用聚偏二氯乙烯(PVDC)片状肠衣膜》，与 GB/T 17030—2008 相比主要技术内容变化如下：

——修改了规格尺寸(见 4.3，2008 年版的 4.3)；

——修改了卫生指标(见 4.5，2008 年版的 4.5)；

——删除了溶剂残留量(见 2008 年版的 4.6)；

——修改了组批(见 6.1，2008 年版的 6.1)。

本标准由全国包装标准化技术委员会(SAC/TC 49)提出并归口。

本标准起草单位：河南省漯河市双汇实业集团有限责任公司、南通汇羽丰新材料有限公司、安徽金田高新材料股份有限公司、郑州宝蓝包装技术有限公司、河南久之盛智能科技有限公司。

本标准主要起草人：刘长海、张金虎、尤圣隆、胡曦、陈宝元、崔婧琪、马相杰、谢华、王兆中、陈利佳、孟少华。

本标准所代替标准的历次版本发布情况为：

——GB/T 17030—1997、GB/T 17030—2008。

食品包装用聚偏二氯乙烯(PVDC)片状肠衣膜

1 范围

本标准规定了食品包装用聚偏二氯乙烯(PVDC)片状肠衣膜的分类、技术要求、试验方法、检验规则、标志、包装、运输及贮存。

本标准适用于以聚偏二氯乙烯树脂为主要原料,采用吹塑法制成的食品包装用聚偏二氯乙烯(PVDC)片状肠衣膜(以下简称肠衣膜)。

2 规范性引用文件

下列文件对于本文件的应用是必不可少的。凡是注日期的引用文件,仅注日期的版本适用于本文件。凡是不注日期的引用文件,其最新版本(包括所有的修改单)适用于本文件。

GB/T 1037—1988 塑料薄膜和片材透水蒸气性试验方法 杯式法

GB/T 1038 塑料薄膜和薄片气体透过性试验方法 压差法

GB/T 1040.3—2006 塑料 拉伸性能的测定 第3部分:薄膜和薄片的试验条件

GB/T 2918 塑料试样状态调节和试验的标准环境

GB 4806.1 食品安全国家标准 食品接触材料及制品通用安全要求

GB 4806.7 食品安全国家标准 食品接触用塑料材料及制品

GB/T 6672 塑料薄膜和薄片厚度测定 机械测量法

GB/T 6673 塑料薄膜和薄片长度和宽度的测定

GB/T 12027 塑料 薄膜和薄片 加热尺寸变化率试验方法

GB/T 16578.2 塑料 薄膜和薄片 耐撕裂性能的测定 第2部分:埃莱门多夫(Elmendor)法

GB/T 19789 包装材料 塑料薄膜和薄片氧气透过性试验 库仑计检测法

GB/T 26253—2010 塑料薄膜和薄片水蒸气透过率的测定 红外检测器法

3 分类

肠衣膜分为:印刷肠衣膜与非印刷肠衣膜。其中印刷肠衣膜分为:表印肠衣膜与表层里印肠衣膜。

4 技术要求

4.1 外观

4.1.1 着色肠衣膜中颜料分散应均匀,不应有影响使用的色差、色斑、水纹和波浪状色纹。

4.1.2 肠衣膜不应有污染、碰伤、划伤、穿孔、叠边、折皱、僵块和气泡等。

4.1.3 肠衣膜不应存在直径大于1 mm的碳化点及杂质;每平方米直径小于或等于1 mm的碳化点及杂质的数量应不超过20个。

4.1.4 接头处双面应用与薄膜颜色有区别的胶带连接。接头应平整、牢固。

4.1.5　肠衣膜卷表面应平整，可有轻微的活褶，但不应有明显的暴筋、翘边。经分切的肠衣膜端面应平整，膜卷张力适当，无脱卷现象。膜卷中心线和芯管中心线之间的偏差应不大于 4 mm。

4.1.6　每卷断头数量应不超过 2 个，每段长度应不小于 80 m。

4.2　印刷质量

4.2.1　印刷肠衣膜应整洁，无明显的脏污、残缺、刀丝；文字印刷应清晰完整，5 号字以下不误字意；印刷边缘光洁；网纹应清晰、均匀，无明显变形和残缺。

4.2.2　印刷肠衣膜的套印误差应符合表 1 规定。

表 1　套印误差

单位为毫米

套印部位	极限偏差	
	实地印刷	网纹印刷
主要部位[a]	≤0.8	≤0.6
次要部位	≤1.0	≤0.8
[a] 主要部位指画面上反映主题的部分，如图案、文字、标志等。		

4.3　规格尺寸

4.3.1　肠衣膜的公称厚度为 0.040 mm，厚度偏差为±0.003 mm，特殊需求由供需双方商定。

4.3.2　肠衣膜的长度和宽度由供需双方商定，长度不应有负偏差，经分切的膜卷宽度偏差见表 2。

表 2　宽度偏差

单位为毫米

项目	宽度	
	≤100	>100
宽度偏差	±1.0	±2.0

4.4　物理机械性能

肠衣膜的物理机械性能应符合表 3 要求，特殊产品的热收缩率、氧气透过量由供需双方商定。

表 3　物理机械性能

项　目		要求
拉伸强度 MPa	纵向	≥60
	横向	≥80
断裂标称应变 %	纵向	≥50
	横向	≥40
耐撕裂力 N	纵向	≥0.20
	横向	≥0.20
热收缩率 %	纵向	−15～−30
	横向	−15～−30

表 3(续)

项　　目		要求
水蒸气透过量 g/(m^2 · 24 h)		≤5.0
氧气透过量 cm^3/(m^2 · 24 h · 0.1 MPa)	表印肠衣膜	≤25.0
	表层里印肠衣膜	≤50.0
	非印刷肠衣膜	≤25.0

4.5 食品安全

应符合 GB 4806.7 及其他食品安全相关标准的规定。

5 试验方法

5.1 取样

从肠衣膜的膜卷上去掉外层,取足够数量的肠衣膜作为检验试样。

5.2 试样状态调节和试验标准环境

试样的状态调节和试验环境按 GB/T 2918 规定的标准环境和正常偏差范围进行,状态调节时间不小于 4 h,并在此环境下进行试验。

5.3 外观

5.3.1 在自然光线下目视检查肠衣膜外观质量。

5.3.2 用最小分度值为 0.5 mm 的钢直尺测量膜卷中心线和芯管中心线之间的偏差。用不低于 10 倍刻度的放大镜测量肠衣膜中碳化点及杂质的直径。

5.4 印刷质量

5.4.1 在自然光线下目视检查肠衣膜印刷质量。

5.4.2 用精度为 0.01 mm 的 20 倍读数放大镜测量试样主要部位和次要部位任两色间的套印误差,各测三点取其平均值作为主要部位和次要部位的套印误差。

5.5 规格尺寸

5.5.1 厚度检验按 GB/T 6672 的规定进行,用最大、最小厚度测量值计算厚度极限偏差。

5.5.2 长度和宽度检验按 GB/T 6673 的规定进行。

5.6 物理机械性能

5.6.1 拉伸强度和断裂标称应变

按 GB/T 1040.3—2006 规定进行。采用 2 型试样,试样宽度为 15 mm±0.1 mm,长度大于或等于 150 mm,试样的夹具间距为 100 mm±1 mm,试验速度(空载)为 250 mm/min±25 mm/min。结果取平均值,保留整数位。

5.6.2 耐撕裂力

按 GB/T 16578.2 的规定进行。

5.6.3 热收缩率

按 GB/T 12027 的规定进行。加热介质为空气，试验温度为 120 ℃±2 ℃，试验时间为 30 min。

5.6.4 水蒸气透过量

按 GB/T 26253—2010 条件 2 或 GB/T 1037—1988 条件 A 规定进行，以 GB/T 26253—2010 为仲裁方法。

5.6.5 氧气透过量

按 GB/T 19789 或 GB/T 1038 规定进行，试验温度为 23 ℃±2 ℃，以 GB/T 19789 为仲裁方法。

5.7 食品安全指标

按 GB 4806.7 及食品安全相关标准规定的检验方法进行。

6 检验规则

6.1 组批

肠衣膜的验收以批为单位，分切的肠衣膜同一品种、同一工艺和同一天生产的为一批；不分切的肠衣膜同一品种、同一工艺和同一旬生产的为一批。最大批量应不超过 5 000 卷。

6.2 抽样

6.2.1 从每批产品中抽取 3%的样品进行外观、印刷质量及规格尺寸的检验。取样数不足整数的向上取整，如：取样数为 1.2 卷时按 2 卷取样。产品批量超过 500 卷的按 15 卷取样。

6.2.2 从每批产品中任取一卷肠衣膜进行物理机械性能和食品安全指标检验。

6.3 检验方案

6.3.1 出厂检验

肠衣膜出厂检验项目为：外观、印刷质量和规格尺寸。

6.3.2 型式检验

型式检验为第 4 章中全部项目。有下列情况之一时，应进行型式检验：

a) 新产品或老产品转厂生产的试制定型鉴定；
b) 正常生产时，每年检验一次；
c) 配方、工艺有较大改变时；
d) 停产半年以上恢复生产时；
e) 出厂检验结果与上次型式检验有较大差异时；
f) 质量监督机构提出检验要求时。

6.4 判定规则

6.4.1 肠衣膜的外观、印刷质量和规格尺寸检验结果符合技术要求，则判定该批产品合格；若有一项不合格，经双倍取样复验仍不合格，则判该批产品不合格。

6.4.2 物理机械性能各项检测结果均合格，则判定该批产品的物理机械性能合格；若有一项不合格，应双倍取样复检，仍不合格，则判定该批产品不合格。

6.4.3 食品安全指标检测结果若有一项不合格，则判定该批产品不合格。

7 标志、包装、运输及贮存

7.1 标志

产品的标志、标签应符合 GB 4806.1 和 GB 4806.7 的规定。产品应附合格证，其上应注明：产品名称、类别、生产厂家、厂址、生产日期、检验员章、批号、执行标准和产品颜色。

7.2 包装

肠衣膜应用塑料袋作内包装，瓦楞纸箱作为外包装。每卷肠衣膜应按芯管竖立方向装入纸箱。特殊包装由供需双方商定。

7.3 运输

产品在运输过程中应防止机械碰撞和日晒雨淋，不应与有毒、有害物质共运。

7.4 贮存

产品应贮存在整洁、阴凉、干燥、无阳光直射的库房内，库房温度应为 10 ℃～30 ℃。贮存期间不应使纸箱损伤，不应与有毒、有害物质共同贮存。产品自生产之日起贮存期应不超过 18 个月，超过贮存期的产品应经检验合格后方可使用。

ICS 67.040
X 08

中华人民共和国国家标准

GB/T 17109—2008
代替 GB/T 17109—1997

粮食销售包装

Package of grain sells

2008-11-04 发布　　2009-01-20 实施

中华人民共和国国家质量监督检验检疫总局
中国国家标准化管理委员会　发布

前 言

本标准是对 GB/T 17109—1997《粮食销售包装》的修订。

本标准与 GB/T 17109—1997 的主要技术差异为：

——修改了适用范围；

——修改了术语和定义；

——修改了对包装材料的要求；

——修改了包装规格的要求；

——取消了对内装物的要求。

本标准自发布之日起代替 GB/T 17109—1997。

本标准由国家粮食局提出。

本标准由全国粮油标准化技术委员会归口。

本标准起草单位：河南工业大学、新乡面粉厂、杭州恒天面粉集团有限公司。

本标准主要起草人：吴存荣、刘继兴、孔金祥、唐怀建、闵国春、邬大江、陈志成、张娟。

本标准所代替标准的历次版本发布情况为：

——GB/T 17109—1997。

粮食销售包装

1 范围

本标准规定了粮食销售包装的术语和定义、技术要求、检验方法、检验规则、标签标识和储存、运输的要求。

本标准适用于颗粒状和粉状粮食的销售包装。

2 规范性引用文件

下列文件中的条款通过本标准的引用而成为本标准的条款。凡是注日期的引用文件，其随后所有的修改单(不包括勘误的内容)或修订版均不适用于本标准，然而，鼓励根据本标准达成协议的各方研究是否可使用这些文件的最新版本。凡是不注日期的引用文件，其最新版本适用于本标准。

GB/T 191 包装储运图示图标

GB/T 4857.5 包装 运输包装件 跌落试验方法

GB 9683 复合食品包装袋卫生标准

GB 9685 食品容器、包装材料用助剂使用卫生标准

GB 9686 食品容器内壁聚酰胺环氧树脂涂料卫生标准

GB/T 17344 包装 包装容器 气密试验方法

3 术语和定义

下列术语和定义适用于本标准。

3.1

粮食销售包装 package of grain sells

以销售为目的，为保护粮食品质，方便储运，按一定的技术要求制作的包装容器及材料的总称。

3.2

包装材料 packaging container and material

直接接触或可能接触供直接销售粮食的材料。

3.3

包装容器 container

盛装粮食加工产品的器具的总称。

4 技术要求

4.1 基本要求

4.1.1 包装材料应清洁、卫生，不应与粮食发生化学作用而产生变化，符合国家有关食品卫生标准和管理办法的规定。

4.1.2 包装容器应便于消费者开启、使用、搬运、储存；应能保护食用粮食安全、卫生，符合相应包装容器的卫生标准。

4.1.3 包装容器的生产应取得食品包装卫生许可证。对于已纳入容器生产许可管理范围的，应通过相应机构认证并取得生产许可证。

4.2 包装材料要求

4.2.1 应按包装技术要求，合理选择安全、卫生、环保的包装材料。

4.2.2 包装材料不应与内装物发生任何物理和化学作用而损坏内装物。

4.2.3 与内装物直接接触的包装容器和材料应符合相应材质卫生标准及产品标准的要求。

4.2.4 辅助包装材料应符合 GB 9685 的要求,内壁涂料应符合 GB 9686 的要求。

4.2.5 采用气调、真空等包装技术的,气密性应符合相关标准的要求。

4.3 包装容器要求

4.3.1 各种包装容器应符合相应的产品标准,并符合 4.3.2～4.3.5 的要求。

4.3.2 包装产品规格尺寸的设计应给封口、气调或采用真空包装留有足够余量,规格尺寸应参照有关尺寸标准规定,并与运输包装尺寸相匹配。

4.3.3 包装规格系列应符合表 1 规定。

表 1 粮食销售包装规格系列

品名	规格系列/kg
颗粒状粮食	1,2,2.5,5,10,15,20,25,50
粉状粮食	0.5,1,1.5,2,2.5,5,10,25,40,50

4.3.4 包装容器的强度应符合 GB/T 4857.5 的要求。

4.3.5 复合包装袋应符合 GB 9683 的要求。

5 检验方法

5.1 质量检验:各类包装容器产品质量检验按相应产品标准中规定执行。

5.2 气密性检验:按 GB/T 17344 的规定执行。

5.3 包装强度检验:按 GB/T 4857.5 的规定执行。

6 检验规则

6.1 抽样:不同材质、不同形状的包装容器按相应的方法进行抽样。袋类的包装容器抽样件数按表 2 规定进行随机抽样。

6.2 销售包装质量要求按 4.3 的要求检验,有一项不合格时,即判定为不合格,不能作为粮食包装。

表 2 抽样件数

批量/件	抽样件数
≤10	全抽
10～250	≥10
＞250	≥30

7 标签标识

7.1 采用陶瓷、玻璃、搪瓷等材料制造的包装上的标志应符合 GB/T 191 的规定。

7.2 包装容器表面装潢与印刷应符合商标法的规定。

8 运输和储存

8.1 陶瓷、玻璃、搪瓷容器以及桶状容器在运输中应避免碰撞和滚动,袋类容器应防止日晒、雨淋及污染。

8.2 包装件应存放在干燥、通风处,不应雨淋、日晒、受潮。

8.3 存放处应符合卫生要求,不应对内装物产生污染。

ICS 67.200
X 14

中华人民共和国国家标准

GB/T 17374—2008
代替 GB/T 17374—1998

食用植物油销售包装

Sales package of edible vegetable oil

2008-11-04 发布 2009-01-20 实施

中华人民共和国国家质量监督检验检疫总局
中国国家标准化管理委员会 发布

前　　言

本标准是对 GB/T 17374—1998《食用植物油销售包装》的修订。

本标准与 GB/T 17374—1998 的主要技术差异有：

——修改了术语和定义；

——修改了对包装容器规格的要求；

——修改了对包装容器型式的要求；

——取消了对内装物的要求。

本标准自实施之日起代替 GB/T 17374—1998。

本标准由国家粮食局提出。

本标准由全国粮油标准化技术委员会归口。

本标准负责起草单位：河南工业大学。

本标准参与起草单位：武汉工业学院、中粮北海粮油工业（天津）有限公司、益海嘉里粮油（天津）有限公司、山东鲁花集团有限公司。

本标准主要起草人：刘玉兰、何东平、郝克非、吴晓晨、宫永帅、汪学德。

本标准所代替标准的历次版本发布情况为：

——GB/T 17374—1998。

食用植物油销售包装

1 范围

本标准规定了食用植物油销售包装的术语和定义、技术要求、检验方法、检验规则，以及对标志、储存和运输要求。

本标准适用于食用植物油包装的生产和销售以及提供给消费者的食用植物油销售包装。

2 规范性引用文件

下列文件中的条款通过本标准的引用而成为本标准的条款。凡是注日期的引用文件，其随后所有的修改单（不包括勘误的内容）或修订版均不适用于本标准，然而，鼓励根据本标准达成协议的各方研究是否可使用这些文件的最新版本。凡是不注日期的引用文件，其最新版本适用于本标准。

GB/T 191 包装储运图示标志

GB/T 4857.3 包装 运输包装件基本试验 第3部分：静载荷堆码试验方法

GB/T 4857.5 包装 运输包装件 跌落试验方法

GB 9685 食品容器、包装材料用助剂使用卫生标准

GB/T 13251 包装容器 钢桶封闭器

GB/T 13508 聚乙烯吹塑桶

GB/T 17344 包装 包装容器 气密试验方法

GB/T 17449 包装 玻璃容器 螺纹瓶口尺寸

GB/T 17876 包装容器 塑料防盗瓶盖

3 术语和定义

下列术语和定义适用于本标准。

3.1

销售包装 sales package

以销售食用植物油为目的，所采用的包装容器及材料的总称。

3.2

包装容器 container

盛装食用植物油产品的器具的总称。

3.3

包装材料 packaging material

用于制造包装容器和构成食用植物油包装的材料总称。

3.4

预留容量 headspace

食用植物油包装容器内的空间，以避免密封后由于温度变化而引起的油脂体积膨胀可能造成的容器损坏。

4 技术要求

4.1 基本要求

4.1.1 包装材料应清洁、卫生，不应与油脂发生化学作用而产生变化，符合国家有关食品卫生标准和管理规定。

4.1.2 包装容器应便于消费者开启、使用、搬运、储存；应能保护食用油脂安全、卫生，符合相应包装容器的卫生标准。

4.1.3 包装容器的生产应取得食品包装卫生许可证。对于已纳入容器生产许可管理范围的，应通过相应机构认证并取得生产许可证。

4.2 包装材料要求

4.2.1 金属容器应采用符合国家有关标准规定的薄钢板，与食用植物油接触的表面喷涂的涂料应采用符合食品卫生要求的食品级涂料。

4.2.2 玻璃容器应采用无污染的玻璃制作。

4.2.3 塑料容器材料应采用国家允许使用的材料，并符合 GB 9685 标准规定，如：PE(聚乙烯)、PET(聚酯)等。

4.2.4 复合型包装容器应采用内层为食品级的复合材料。

4.3 包装容器要求

4.3.1 各种包装容器应按照相应产品标准制造，并符合 4.3.2～4.3.6 的要求。

4.3.2 玻璃瓶、塑料桶和塑料软包装袋其内装物净含量应小于 25 L，钢制油桶其内装物净含量应小于 220 L。

4.3.3 应有良好的密闭性及足够的强度。采用旋盖、压盖、铝箔封口等应确保其密封性、无渗漏，并便于开启。

4.3.4 容器形状、规格大小应以使用方便为原则并利于标签牢固粘贴。

4.3.5 瓶口尺寸：螺纹玻璃瓶口尺寸应符合 GB/T 17449 的规定。塑料(桶)容器瓶口尺寸应符合 GB/T 13508 和 GB/T 17876 规定。钢制油桶瓶口尺寸应符合 GB/T 13251 的规定。

4.3.6 预留容量：为容器容量的 3%～10%。

5 检验方法

5.1 质量检验：各类包装容器的产品质量检验按相应产品标准中规定执行。

5.2 密封性检验：容器的气密性试验按 GB/T 17344 规定执行。

5.3 强度检验：容器的跌落试验按 GB/T 4857.5 规定执行。容器的堆码试验按 GB/T 4857.3 规定进行。

6 检验规则

6.1 抽样：不同容器按相应标准规定的抽样方法执行。

6.2 判定规则：销售包装质量要求按 4.3 的要求检验，有一项不合格时，即判定为不合格，不能作为食用油包装。

7 标签和标识

7.1 塑料容器和玻璃容器的外包装纸板箱的标识应符合 GB/T 191 的规定及国家有关部门的其他法律法规要求。并应标明产品名称、厂名、厂址、标称容量及瓶(桶)数、生产日期(或包装日期)和保质期等。

7.2 钢制油桶应在桶的某部位压印制造厂标志和生产日期，每批产品应有合格证。

8 运输和储存

8.1 运输

运输要注意安全，避免碰撞、摔跌和滚动，防止挤压变形、污染、日晒、雨淋及受潮。

8.2 储存

应储存于阴凉、干燥及避光的专用仓房内，不应与有毒、有害物质混存。钢桶堆码存放时底层应置垫层。聚乙烯吹塑桶储存温度应在 40 ℃以下。

ICS 55.040
A 82

中华人民共和国国家标准

GB/T 18454—2019
代替 GB/T 18454—2001

液体食品无菌包装用复合袋

Laminated bags for aseptic packaging of liquid food

2019-05-10 发布　　2019-12-01 实施

国家市场监督管理总局
中国国家标准化管理委员会　发布

前　　言

本标准按照 GB/T 1.1—2009 给出的规则起草。

本标准代替 GB/T 18454—2001《液体食品无菌包装用复合袋》。与 GB/T 18454—2001 相比，除编辑性修改外主要技术变化如下：

——修改了范围(见第 1 章，2001 年版的第 1 章)；

——修改了术语和定义(见第 3 章，2001 年版的第 3 章)；

——增加了结构与分类(见第 4 章)；

——修改了外观质量要求(见 5.1，2001 年版的 4.1)；

——修改了尺寸偏差要求(见 5.2，2001 年版的 4.2)；

——增加了水蒸气透过率性能要求(见表 3)；

——修改了物理机械性能要求(见 5.3，2001 年版的 4.3)；

——修改了耐压性能要求(见 5.4，2001 年版的 4.3)；

——删除了卫生指标要求(见 2001 年版的 4.4)；

——增加了食品安全性能要求(见 5.6)；

——修改了灭菌要求(见 5.7，2001 年版的 4.5)；

——增加了试验的标准环境和试样状态调节的要求 (见 6.1)；

——修改了尺寸偏差的试验方法(见 6.3，见 2001 年版的 5.2，5.3)；

——修改了氧气透过率试验方法(见 6.4.1，2001 年版的 5.6)；

——增加了水蒸气透过率试验方法(见 6.4.2)；

——修改了拉伸强度和断裂标称应变的试验方法(见 6.4.4，2001 年版的 5.7，5.8)；

——修改了袋口和袋体热合强度的试验方法(见 6.4.7，2001 年版的 5.11)；

——修改了耐压性能的检验方法(见 6.5，2001 年版的 5.13)；

——修改了跌落试验方法(见 6.6，2001 年版的 5.14)；

——修改了食品安全性能试验方法(见 6.7，2001 年版的 5.15)；

——修改了灭菌要求的试验方法(见 6.8，2001 年版的 5.16，5.17)；

——修改了出厂检验要求(见 7.2.1，2001 年版的 6.2)；

——修改了型式检验要求(见 7.2.2，2001 年版的 6.3)；

——增加了外观质量、尺寸偏差的检验水平及接受质量限(见 7.3)；

——增加了外观质量、尺寸偏差的抽样方案和判定数(见 7.4)；

——修改了标志、包装、运输和贮存(见第 8 章，2001 年版的第 7 章)。

本标准由全国包装标准化技术委员会(SAC/TC 49)提出并归口。

本标准起草单位：超力包装(苏州)有限公司、杭州环申包装新材料股份有限公司、上海金鹏源辐照技术有限公司、河南坤和信息科技有限公司、济南兰光机电技术有限公司。

本标准主要起草人：赵辉、陈强、王彪、陈宝元、陈欣、赵璐毅、胡晓娜、章定严、贾晶。

本标准所代替标准的历次版本发布情况为：

——GB/T 18454—2001。

液体食品无菌包装用复合袋

1 范围

本标准规定了液体食品无菌包装用复合袋的结构与分类、技术要求、试验方法、检验规则、标志、包装、运输和贮存。

本标准适用于由塑料与塑料或塑料与铝箔、金属蒸镀膜等材料制成的，并配有灌装口等密封件，经过灭菌供液体食品无菌包装用的复合袋(以下简称复合袋)。

本标准不适用于纸基复合袋。

2 规范性引用文件

下列文件对于本文件的应用是必不可少的。凡是注日期的引用文件，仅注日期的版本适用于本文件。凡是不注日期的引用文件，其最新版本(包括所有的修改单)适用于本文件。

GB/T 191 包装储运图示标志

GB/T 1037 塑料薄膜和片材透水蒸气性试验方法 杯式法

GB/T 1038 塑料薄膜和薄片气体透过性试验方法 压差法

GB/T 1040.1 塑料 拉伸性能的测定 第1部分：总则

GB/T 1040.3 塑料 拉伸性能的测定 第3部分：薄膜和薄片的试验条件

GB/T 2410 透明塑料透光率和雾度的测定

GB/T 2828.1 计数抽样检验程序 第1部分：按接收质量限(AQL)检索的逐批检验抽样计划

GB 4789.2 食品安全国家标准 食品微生物学检验 菌落总数测定

GB 4789.3 食品安全国家标准 食品微生物学检验 大肠菌群计数

GB 4789.4 食品安全国家标准 食品微生物学检验 沙门氏菌检验

GB 4789.5 食品安全国家标准 食品微生物学检验 志贺氏菌检验

GB 4789.10 食品安全国家标准 食品微生物学检验 金黄色葡萄球菌检验

GB 4789.11 食品安全国家标准 食品微生物学检验 β型溶血性链球菌检验

GB 4789.15 食品安全国家标准 食品微生物学检验 霉菌和酵母菌计数

GB 4806.6 食品安全国家标准 食品接触用塑料树脂

GB 4806.7 食品安全国家标准 食品接触用塑料材料及制品

GB 4806.11 食品安全国家标准 食品接触用橡胶材料及制品

GB/T 4857.5 包装 运输包装件 跌落试验方法

GB/T 6672 塑料薄膜和薄片厚度的测定 机械测量法

GB/T 6673 塑料薄膜和薄片长度和宽度的测定

GB/T 8808—1988 软质复合塑料材料剥离试验方法

GB 9683 复合食品包装袋卫生标准

GB 9685 食品安全国家标准 食品接触材料及制品用添加剂使用标准

GB 18280.1 医疗保健产品灭菌 辐射 第1部分：医疗器械灭菌过程的开发、确认和常规控制要求

GB 18280.2—2015 医疗保健产品灭菌 辐射 第2部分：建立灭菌剂量

GB/T 18706 液体食品保鲜包装用纸基复合材料

GB/T 19789 包装材料 塑料薄膜和薄片氧气透过性试验 库仑计检测法

GB/T 19973.1 医疗器械的灭菌 微生物学方法 第1部分:产品上微生物总数的测定

GB/T 19973.2 医疗器械的灭菌 微生物学方法 第2部分:用于灭菌过程的定义、确认和维护的无菌试验

GB/T 26253 塑料薄膜和薄片水蒸气透过率的测定 红外检测器法

QB/T 2358 塑料薄膜包装袋热合强度试验方法

YY/T 0884 适用于辐射灭菌的医疗保健产品的材料评价

YY/T 1607—2018 医疗器械辐射灭菌剂量设定的方法

ISO 14470 食品辐照 食品处理用电离辐射照射工艺的设定、确认和常规控制要求(Food irradiation—Requirements for the development, validation and routine control of the process of irradiation using ionizing radiation for the treatment of food)

3 术语和定义

GB/T 1040.1 界定的以及下列术语和定义适用于本文件。

3.1

液体食品 liquid food

可在管道中流动的液态、带颗粒液态、酱态等食品(如:果汁、果酱、饮料、奶制品等)。

3.2

无菌包装 aseptic packaging

将经过灭菌的食品在无菌环境中包装、封装在经过灭菌的容器中,使其在常温、不加防腐剂情况下仍保持较长货架寿命,并能最大限度地保留食品中原有的营养成分和风味的包装。

3.3

液体食品无菌包装用复合袋 laminated bags for aseptic packaging of liquid food

由多层薄膜结构制成并配有灌装口等密封件,用于灌装杀菌后的液体食品的复合袋。

注:复合袋为内包装,配合纸盒、纸箱、圆桶或木箱等容器使用。

3.4

灭菌 sterilization

使产品无活微生物的经确认的过程。

注1:在灭菌过程中,微生物灭活的性质是呈指数级的关系,在单个产品上微生物的存活能用概率来表示,虽然这个概率能被降到很低,但不可能降到零。

注2:改写 GB 18280.1—2015,定义 3.39。

3.5

生物负载 bioburden

一件产品和/或无菌屏障系统上和/或其中活微生物的总数。

[GB 18280.2—2015,定义 3.2.2]

3.6

无菌保证水平 sterility assurance level;SAL

灭菌后产品单元上存在单个活微生物的概率。

注:SAL 表示一个量值,一般是 10^{-6} 或 10^{-3},尽管 10^{-6} 较 10^{-3} 小,但提供的保障大于 10^{-3}。

[GB 18280.2—2015,定义 3.2.11]

4 结构与分类

4.1 复合袋结构由外膜、内膜(如选用)及装配灌装口等密封件组成。外膜中的金属蒸镀膜包括真空镀铝薄膜、乙烯-乙烯醇共聚物薄膜(以下简称“EVOH 薄膜”)和金属或无机氧化物蒸镀薄膜等材料。

4.2 产品按应用方式可分为:

——盒中袋,通常小于 30 L;

——桶装袋,通常为 200 L～240 L;

——箱装袋,通常为 1 000 L 以上。

4.3 复合袋按外膜结构分为镀铝聚酯袋、铝箔袋、聚酰胺袋和聚乙烯袋等,外膜材料结构为聚乙烯/聚酯镀铝膜/聚乙烯(PE/VMPET/PE)、聚乙烯/铝/聚乙烯/双向拉伸尼龙薄膜/聚乙烯(PE/AL/PE/BOPA/PE)、聚乙烯/双向拉伸尼龙薄膜/聚乙烯(PE/BOPA/PE)和聚乙烯(PE)共挤膜等。

5 技术要求

5.1 外观质量

外观质量应符合表 1 的规定。

表 1 外观质量

项目		要求
袋面		平整,无破损、无烫伤,无对使用有影响的表面瑕疵,允许有不影响包装使用性能的折皱 印刷图案完整清晰,无明显变形和色差,无残缺和错印
晶点(鱼眼或僵块)直径	＞2 mm	不应有
	0.6 mm～2 mm	10 000 cm^2 应不超过 15 个;分散度应为 100 cm^2 不超过 5 个
	＜0.6 mm	100 cm^2 应不超过 10 个
热合缝		平直,封合严密,允许有不影响使用的气泡,无开裂或烫伤
灌装口和密封件		配合紧密,不偏斜,无松动、开裂

5.2 尺寸偏差

尺寸与偏差应符合表 2 的规定。

表 2 尺寸与偏差

袋的长度 mm	长度偏差 mm	宽度偏差 mm	厚度偏差 %	袋体热合宽度 mm	灌装口热合宽度 mm	灌装口位置偏差 mm
≤400	±4	±4	±10	≥2	≥2	±6
＞400～1 000	±7	±7	±10	≥2	≥2	±8
＞1 000～2 000	±10	±10	±10	≥2	≥2	±10
＞2 000	±20	±20	±10	≥2	≥2	±20
注:以上尺寸为内尺寸,长度以长边为准。						

5.3 物理机械性能

物理机械性能应符合表 3 规定。

表 3 物理机械性能

序号	项目	要求			
		镀铝聚酯袋	铝箔袋	聚酰胺袋	聚乙烯袋
1	氧气透过率 $cm^3/(m^2 \cdot 24\ h)$	≤ 1.0	≤ 0.5	≤ 100	—
2	水蒸气透过率 $g/(m^2 \cdot 24\ h)$	≤ 0.5	≤ 0.5	≤ 10	≤ 15
3	透光率 %	≤ 0.2	≤ 0.2	—	—
4	拉伸强度(纵向/横向) MPa	≥ 30	≥ 30	≥ 30	≥ 20
5	断裂标称应变(纵向/横向) %	≥45	≥45	≥45	≥45
6	剥离力 N/15 mm	≥3.0	≥3.0	≥3.0	—
7	袋体热合强度 N/15 mm	≥40	≥40	≥40	≥15
8	袋口和袋体热合强度 N/15 mm	≥40	≥40	≥40	≥30
注:序号 1～序号 6 为外膜的指标。					

5.4 耐压性能

耐压性能应符合表 4 的规定。

表 4 耐压性能

容积(*V*) L	保持压力(2 min) kPa		
	镀铝聚酯袋/铝箔袋/聚酰胺袋	聚乙烯袋	要求
≤25	18	10	无渗漏、无破裂
>25～200	10	10	无渗漏、无破裂
>200	5	5	无渗漏、无破裂

5.5 跌落性能

跌落性能应符合表 5 的规定。

表 5 跌落性能

容积(*V*) L	跌落高度 m	要求
≤5	0.8	无渗漏、无破裂
>5～25	0.6	无渗漏、无破裂
>25～30	0.5	无渗漏、无破裂
>30	不进行试验	—

5.6 食品安全性能

外膜、内衬、灌装口及密封件等食品安全性能应符合 GB 4806.6、GB 4806.7、GB 4806.11、GB 9683、GB 9685 等食品接触材料国家标准的规定。

5.7 灭菌要求

5.7.1 辐射灭菌剂量要求

5.7.1.1 应根据 ISO 14470 的要求选择或者自建合格的辐射设施，并定期进行审核，确保其有效性。

5.7.1.2 应根据产品材质的耐辐射性及 YY/T 0884 的要求，建立最大可接受剂量，确保辐照后的产品在其货架期内符合要求。

5.7.1.3 应按照 GB 18280.2—2015 的 7.2 要求或 YY/T 1607—2018 第 6 章要求建立灭菌剂量(最低辐射剂量)，建立的灭菌剂量至少应满足无菌保证水平 10^{-3}(SAL 为 10^{-3})，生物负载测试和无菌试验分别按照 GB/T 19973.1 和 GB/T 19973.2 执行。

5.7.1.4 按照 GB 18280.1 规定要求执行过程确认，完成性能鉴定，并制定辐照工艺参数要求。

5.7.1.5 按照 GB 18280.2—2015 的 10.2 执行定期生物负载测试和剂量审核，确保辐射灭菌剂量的持续有效。

5.7.2 辐射灭菌状态标识

产品的运输包装应设有辐射灭菌状态标识，以区分已辐照产品和未辐照产品，例如：照否标志，辐照前其颜色为黄色，辐照后颜色变为红色；或者灭菌商的辐照标签。

5.7.3 微生物指标

微生物指标应符合表 6 的规定。

表 6 微生物指标

项目	要求
菌落总数 ($CFU/100\ cm^2$)	<1
霉菌、酵母菌	不应检出
大肠菌群	不应检出
致病菌(金黄色葡萄球菌、沙门氏菌、志贺氏菌、溶血性链球菌)	不应检出

6 试验方法

6.1 试验的标准环境和试样状态调节

试验环境温度为(23±2)℃,相对湿度为(50±10)%;试样的状态调节时间为 24 h。

6.2 外观质量

在自然光下用目视检验。

6.3 尺寸偏差

袋长偏差按 GB/T 6673 的规定进行;袋厚偏差按 GB/T 6672 的规定进行。袋体、灌装口热合宽度及灌装口的位置偏差用刻度为 1 mm 的直尺或卷尺进行测量,每次测量从两端及中部各取一个数据,计算 3 个数据的平均值,精确到小数一位。

厚度偏差按 GB/T 6672 的规定进行,并应按式(1)计算:

$$T=\frac{H_{M}-H_{S}}{S}\times 100 \qquad \cdots\cdots(1)$$

式中:

T ——厚度偏差,%;

H_{M} ——厚度测量值,单位为微米(μm);

H_{S} ——厚度标准值,单位为微米(μm);

S ——规范标准厚度,单位为微米(μm)。

6.4 物理机械性能

6.4.1 氧气透过率

铝箔袋外膜按 GB/T 19789 的规定从外向内检测;聚酰胺袋、聚乙烯外膜按 GB/T 1038 的规定从外向内检测;镀铝聚酯袋外膜的检测按 GB/T 19789 或 GB/T 1038 的规定均可;仲裁时应按 GB/T 19789的规定检测。

6.4.2 水蒸气透过率

按 GB/T 26253 或 GB/T 1037 的规定从外向内检测。检测条件温度为(38±0.5)℃,相对湿度为(90±2)%,仲裁时应按 GB/T 26253 的规定检测。

6.4.3 透光率

按 GB/T 2410 中规定检测。

6.4.4 拉伸强度和断裂标称应变

按 GB/T 1040.1 和 GB/T 1040.3 的规定检测。采用长度为 150 mm,宽度为 15 mm,标距为(100±1)mm的条形式样。试样拉伸速度(空载)为(200±20)mm/min。

6.4.5 剥离力

按 GB/T 8808—1988 中 A 法的规定检测,试样无法剥开时视为合格。

6.4.6 袋体热合强度

按 QB/T 2358 的规定检测。

6.4.7 袋口和袋体热合强度

按 QB/T 2358 的规定检测，其取样位置和试样数量的要求如下：

a) 袋口大于 25 mm 时，应每隔 60°取一条宽度为(15±0.5)mm 的试样，一个袋口共取 6 条试样。取样位置如图 1 所示。

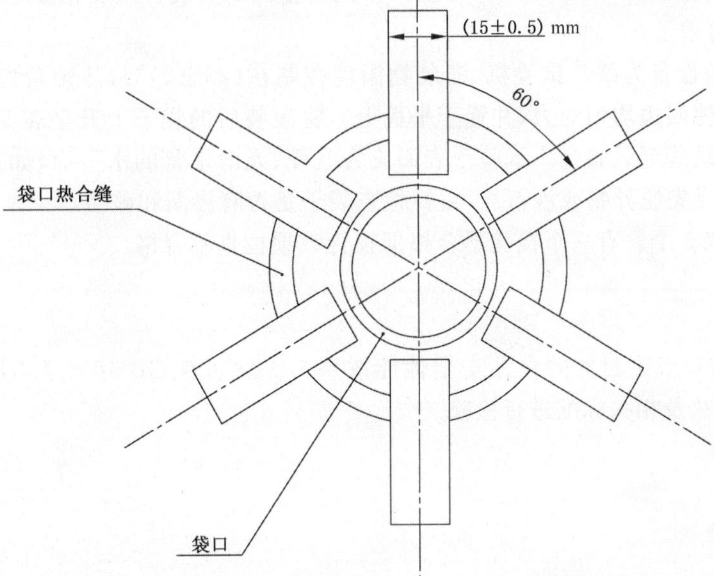

图 1

b) 袋口小于 25 mm 时，每个袋口取样的数量及每个试样相隔的角度应遵循尽可能多取试样的原则，但试样的宽度应保证为(15±0.5)mm，取样位置应沿圆周均匀分布。

c) 检测时应展开试样，一端为袋口底边，另一端为与其热合的复合膜，分别夹在试验机的两个夹具上。

6.5 耐压性能

6.5.1 试验装置如图 2 所示。

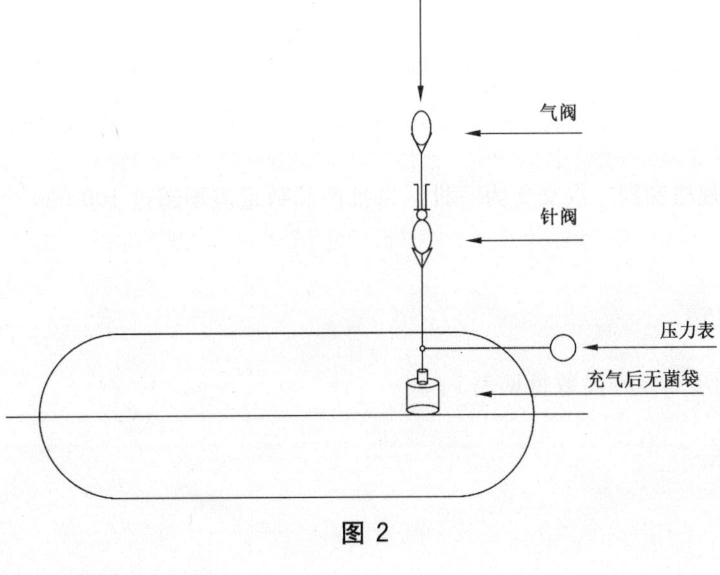

图 2

6.5.2 将试验袋密封件打开,插入配合紧密的适配器,将袋子缓慢充气至所要求的保压压力。
6.5.3 达到表4规定的压力值后停止充气,保压2 min,如出现渗漏、破裂为不合格。
6.5.4 试验袋至少取3个。有一个检验不合格即视为该项检查不合格。

6.6 跌落性能

6.6.1 跌落性能检验应按照GB/T 4857.5进行,不同容量的试验袋宜灌装相应容量的水或与实际内容物类似的物料并盖好盖子。
6.6.2 跌落性能检验设备为跌落试验机,灌装物温度控制在(23±2)℃,灌装量按袋子容积,灌装后袋子表面应保持平整,使四边均匀受力,并置于平板上。将灌装后的袋子上升至表5规定的高度,然后使其做自由落体运动,跌落至试验台。试验台表面应为坚硬、光滑平整的水平面(如压光水泥地面或水磨石地面等,其表面应无尖锐异物或沙石)。目视检查袋子是否有渗漏和破裂。
6.6.3 试验袋至少取3个。有一个检验不合格即视为该项检查不合格。

6.7 食品安全性能

外膜、内衬、灌装口及密封件的食品安全性能按照GB 4806.6、GB 4806.7、GB 4806.11、GB 9683、GB 9685中规定的方法及相关标准进行检验。

6.8 灭菌要求

6.8.1 辐射灭菌剂量

检查辐照灭菌厂家提供的辐照证明书,确定产品吸收剂量符合要求的剂量范围。辐照证明书内容至少包括辐照灭菌批号、产品名称、产品批号、产品数量、要求的剂量范围和产品吸收剂量。

6.8.2 辐照灭菌状态标识

目视检测辐照状态标识。

6.8.3 微生物试验方法

取样方法按GB/T 18706中的规定执行。检验按GB 4789.2、GB 4789.3、GB 4789.4、GB 4789.5、GB 4789.10、GB 4789.11、GB 4789.15中的规定执行。

7 检验规则

7.1 组批

同一品种、同一规格和同一次交货为一批。每批产品数量应不超过100 000个。

7.2 检验类型

7.2.1 出厂检验

7.2.1.1 出厂检验的项目及样品数量见表7。

表 7 出厂检验项目及样品数量

项目	技术要求条款	试验方法章条	检验数量
外观质量	表 1	6.2	按 GB/T 2828.1 中 S-3,二次抽样,AQL=2.5 的规定进行检验
尺寸偏差	表 2	6.3	按 GB/T 2828.1 中 S-3,二次抽样,AQL=2.5 的规定进行检验
热合强度	表 3 中序号 7、8 规定	6.4.6 和 6.4.7	从已抽出样品中抽取一组试样进行检验
耐压性能	表 4	6.5	从已抽出样品中抽取一组试样进行检验
跌落性能	表 5	6.6	从已抽出样品中抽取一组试样进行检验
辐射灭菌剂量	5.7.1	6.8.1	批次辐射证明书
辐射灭菌状态标识	5.7.2	6.8.2	对外包装箱标识进行 100% 检验

7.2.1.2 出厂检验的合格判定规定如下：

a) 外观质量和尺寸偏差的质量判定按 GB/T 2828.1 规定进行判定，采用正常检验二次抽样方案，特殊检验水平 S-3，接收质量限(AQL)=2.5 的规定；

b) 其他项目的检验，有 1 项以上(含 1 项)样品不符合技术要求时，加倍抽取样品进行复查；

c) 其他项目复查时，如所有项目均符合技术要求，该批产品仍为合格品；有 1 项以上(含 1 项)不符合技术要求时，该批产品即为不合格品。

7.2.2 型式检验

7.2.2.1 有下列情况之一时，应进行型式检验：

a) 当原材料品种或来源、产品结构、生产工艺改变、承担辐射灭菌单位或设备改变；

b) 停产 6 个月以上，重新恢复生产；

c) 连续生产满一年；

d) 首次生产；

e) 国家质量监督部门提出型式检验要求。

7.2.2.2 型式检验的项目及样品数量见表 8。

表 8 型式检验项目及样品数量

项目	技术要求条款	试验方法章条	检验数量
外观质量	表 1	6.2	按 GB/T 2828.1 中 S-3,二次抽样,AQL=2.5 的规定进行检验
尺寸偏差	表 2	6.3	按 GB/T 2828.1 中 S-3,二次抽样,AQL=2.5 的规定进行检验
物理性能和机械性能	表 3	6.4	从已抽出样品中抽取一组试样进行检验
耐压性能	表 4	6.5	从已抽出样品中抽取一组试样进行检验
跌落性能	表 5	6.6	从已抽出样品中抽取一组试样进行检验

表 8（续）

项目	技术要求条款	试验方法章条	检验数量
食品安全	5.6	6.7	从已抽出样品中抽取一组试样进行检验
辐射灭菌剂量	5.7.1	6.8.1	批次辐射证明书
辐射灭菌状态标识	5.7.2	6.8.2	对外包装箱标识进行100%检验
微生物指标	5.7.3	6.8.3	从已抽出样品中抽取一组试样进行检验

7.2.2.3 型式检验的合格判定规定如下：

a) 外观质量和尺寸偏差的质量判定按 GB/T 2828.1 规定进行，采用正常检验二次抽样方案，特殊检验水平 S-3，接收质量限(AQL)＝2.5 的规定；

b) 其他项目的检验，有 1 项样品不符合技术要求时，则应加倍抽取样品进行复检；

c) 其他项目复检时，如所有项目均符合技术要求，该批产品仍为合格品；有 1 项不符合技术要求时，则该批产品为不合格品。

7.3 外观质量、尺寸偏差的检验水平及接收质量限

外观质量、尺寸偏差的检验水平及接收质量限见表 9。

表 9 外观质量、尺寸偏差的检验水平和接收质量限

检验项目	要求条款	试验方法章条	检验水平	接收质量限(AQL)
外观质量、尺寸偏差	5.1	6.2	S-3	2.5
	5.2	6.3	S-3	2.5

7.4 外观质量、尺寸偏差的抽样方案和判定数

外观质量、尺寸偏差的抽样方案和判定数见表 10。

表 10 外观质量、尺寸偏差项目的抽样方案和判定数

批量个数	样本量字码	样本量(n)	C类不合格	
			接收数(Ac)	拒收数(Re)
151～280	D	第一次 5	0	2
		第二次 5	1	2
281～500	D	第一次 5	0	2
		第二次 5	1	2
501～1 200	E	第一次 8	0	2
		第二次 8	1	2
1 201～3 200	E	第一次 8	0	2
		第二次 8	1	2
3 201～10 000	F	第一次 13	0	2
		第二次 13	1	2

表 10（续）

批量个数	样本量字码	样本量(*n*)	C类不合格	
			接收数(Ac)	拒收数(Re)
10 001～35 000	F	第一次 13 第二次 13	0 1	2 2
35 001～150 000	G	第一次 20 第二次 20	0 3	3 4
150 001～500 000	G	第一次 20 第二次 20	0 3	3 4
500 001 以上	H	第一次 32 第二次 32	1 4	3 5

8 标志、包装、运输和贮存

8.1 标志

8.1.1 产品外包装应标明产品名称、产品批号、产品规格、每箱产品数量、生产厂家、生产日期、生产厂地址，其标志方法按 GB/T 191 的规定进行。

8.1.2 产品外包装内(外)应附有证明产品合格的文件、标签或其他标记。

8.2 包装

产品通常应用塑料包装袋进行内包装，用瓦楞纸箱作为运输包装。

8.3 运输

产品运输时应避免日晒、雨淋、机械碰撞和接触尖锐物件。

8.4 贮存

8.4.1 产品应储存于清洁、卫生、空气流通、阴凉的库房内，远离热源和污染源。

8.4.2 不应与有害、有毒物品同仓库混放。

8.4.3 堆放高度应以外包装箱不变形为限。

8.4.4 贮存期限自生产之日起一般应不超过 2 年，超过期限则应进行验证，验证合格后方可使用。

ICS 65.160
X 87

中华人民共和国国家标准

GB/T 22838.1—2009

卷烟和滤棒物理性能的测定
第1部分：卷烟包装和标识

Determination of physical characteristics for cigarettes and filter rods—
Part 1: Cigarettes packing and mark

2009-04-03 发布

2009-05-01 实施

中华人民共和国国家质量监督检验检疫总局
中国国家标准化管理委员会
发布

前　言

GB/T 22838《卷烟和滤棒物理性能的测定》分为 18 个部分：

——第 1 部分：卷烟包装和标识；

——第 2 部分：长度　光电法；

——第 3 部分：圆周　激光法；

——第 4 部分：卷烟质量；

——第 5 部分：卷烟吸阻和滤棒压降；

——第 6 部分：硬度；

——第 7 部分：卷烟含末率；

——第 8 部分：含水率；

——第 9 部分：卷烟空头；

——第 10 部分：爆口；

——第 11 部分：卷烟熄火；

——第 12 部分：卷烟外观；

——第 13 部分：滤棒圆度；

——第 14 部分：滤棒外观；

——第 15 部分：卷烟　通风的测定　定义和测量原理；

——第 16 部分：卷烟　端部掉落烟丝的测定　旋转笼法；

——第 17 部分：卷烟　端部掉落烟丝的测定　振动法；

——第 18 部分：卷烟　端部掉落烟丝的测定　旋转箱法。

本部分为 GB/T 22838 的第 1 部分。

本部分由国家烟草专卖局提出。

本部分由全国烟草标准化技术委员会(SAC/TC 144)归口。

本部分主要起草单位：国家烟草质量监督检验中心。

本部分主要起草人：周德成、李晓辉、周明珠、邢军、刘锋、辛宝珺。

卷烟和滤棒物理性能的测定
第1部分:卷烟包装和标识

1 范围

GB/T 22838的本部分规定了卷烟包装标识和卷烟包装的测定方法。

本部分适用于卷烟。

2 规范性引用文件

下列文件中的条款通过GB/T 22838的本部分的引用而成为本部分的条款。凡是注日期的引用文件,其随后所有的修改单(不包括勘误的内容)或修订版均不适用于本部分,然而,鼓励根据本部分达成协议的各方研究是否可使用这些文件的最新版本。凡是不注日期的引用文件,其最新版本适用于本部分。

GB/T 5606.1 卷烟 第1部分:抽样

GB 5606.2—2005 卷烟 第2部分:包装标识

GB 5606.3—2005 卷烟 第3部分:包装、卷制技术要求及贮运

GB/T 18348 商品条码 条码符号印制质量的检验

3 仪器设备

3.1 条码检测设备

3.1.1 综合特性测量仪器

综合特性测量仪器应具有测量条码符号反射率、给出扫描反射率曲线的图形或根据对扫描反射率曲线的分析给出条码符号综合特性数据的能力。测量应采用单色光。

3.1.1.1 测量光波长

测量光峰值波长为670 nm±10 nm。

3.1.1.2 测量孔径

测量孔径的标称直径为0.15 mm,孔径标号为06。

注:孔径标号是接近测量孔径直径的、以千分之一英寸为单位的长度数值。

3.1.1.3 测量光路

入射光路的光轴应与测量表面法线成45°,并处于一个与测量表面垂直,与条码符号的条平行的平面内。反射光采集光路的光轴应与测量表面垂直,反射光的采集应该在一个顶角为15°的、中心轴垂直于测量表面且通过测量孔径中心的锥形范围内。

3.1.1.4 反射率参照标准

以氧化镁(MgO)或硫酸钡($BaSO_4$)作为100%反射率的参照标准。

3.1.2 长度测量仪器

3.1.2.1 空白区宽度测量仪器

最小分度值不大于0.1 mm的长度测量仪器。

3.1.2.2 放大系数、条高测量仪器

最小分度值不大于0.5 mm的钢板尺。

3.2 字高测量仪器

钢尺:量程≥150 mm;分度值:0.5 mm;准确度:0.1 mm。

4 取样及样品制备

按照 GB/T 5606.1 抽取实验室样品，并制备试样。

5 测定步骤

5.1 测定顺序

箱包装标识、箱装检验应在抽样时进行。箱包装标识、箱装检验后，每箱随机抽取 1 条(5 箱共 5 条)作为条包装标识、条装检验试样。条装检验后，每条随机抽取两盒(5 条共 10 盒)组成盒包装标识、盒装检验试样。检验应按箱包装标识、箱装、条包装标识、条装、盒包装标识、盒装的先后顺序逐项进行。

5.2 包装标识

5.2.1 通用条件

5.2.1.1 目测包装体(箱、条、盒)上的包装标识，卷烟商标是否符合商标法规定，包装标识使用的中文文字是否符合国家规范汉字要求；各类包装标识中应使用汉字的是否未使用汉字而仅单独使用汉语拼音或者外文；汉语拼音或者外文是否小于相对应的中文文字，字体高度用钢尺测量，测量字体的最大高度。

5.2.1.2 目测包装体，生产企业名称的标注是否符合 GB 5606.2—2005 中 4.1.2 的要求。

5.2.1.3 目测质量标志，是否是获得国家认可的质量标志，是否在有效期内标注。

5.2.1.4 目测卷烟包装体上及内附说明中是否使用“保健”、“疗效”、“安全”、“环保”等卷烟成分的功效说明以及“淡味”、“柔和”等卷烟品质说明。

5.2.1.5 目测包装体上面的各类包装标识，是否清晰、牢固，易于识别。

5.2.1.6 商品条码按 GB/T 18348 测定。

5.2.2 箱包装标识

5.2.2.1 目测箱体或包装膜，是否标注卷烟数量标识，卷烟数量是否以支计。

5.2.2.2 目测箱体或包装膜，是否标注箱体规格标识，箱体规格标识是否为：(长×宽×高)mm^3 或长 mm×宽 mm×高 mm。

5.2.2.3 目测箱体或包装膜，是否标注卷烟规格标识，卷烟规格标识是否标注为：卷烟长度 mm×圆周 mm，或卷烟长度(滤嘴长＋烟支长)mm×圆周 mm。

5.2.2.4 目测箱体或包装膜，是否标注产品名称、卷烟牌号、生产企业地址、生产日期、价类、生产企业名称、商品条码、中文警句、焦油量、烟气烟碱量、烟气一氧化碳量、执行标准的编号及生产许可证编号。

5.2.2.5 目测箱体或包装膜，是否标注商品储运安全标志，商品储运安全标志是否符合国家相关规定。

5.2.3 条、盒包装标识

5.2.3.1 目测条、盒表面，是否标注产品名称、商标及注册标记、企业名称、卷烟数量、商品条码。

5.2.3.2 目测条、盒表面，是否标注焦油量、烟气烟碱量、烟气一氧化碳量，标注是否符合 GB 5606.2—2005 中 4.3.4 的要求，标注与背景色对比是否明显，中文字体高度是否小于 2.0 mm。字体高度用钢尺测量，测量字体的最大高度。

5.2.3.3 目测条、盒表面，是否标注警句，中文警句字体高度是否小于 2.0 mm，字体高度用钢尺测量，测量字体的最大高度。

5.2.3.4 目测包装膜条包的包装膜表面，是否标注商品条码。

5.3 包装

5.3.1 箱装

5.3.1.1 目测箱体，是否有包装不完整，或不牢固，或破损露出卷烟条盒。

注：箱包装不完整是指：同一牌号、同一规格、同一包装、同一价类、同一商品条码的卷烟产品，箱包装未使用同样的包装材料；或其中部分箱体与整批相比，缺少或多出任何一种包装材料。

5.3.1.2 目测箱体,有无产品质量合格标识。

5.3.1.3 打开烟箱,逐层取出烟条,目测箱内烟条排列是否整齐,有无错装、少装,箱体内壁与烟条之间有无因粘连而拉开后破损。

5.3.2 条装

5.3.2.1 目测条盒、条包及其透明纸,是否包装不完整,或破损。

注:条包装不完整是指:① 同一牌号、同一规格、同一包装、同一价类、同一商品条码的卷烟产品,条装未使用同样的包装材料;或其中部分包装体与整批相比,缺少或多出任何一种包装材料。② 缺少应有的包装材料。如无透明纸,软条包装无横头等。

5.3.2.2 目测条盒、条包及其透明纸,是否粘贴牢固,是否有翘边、散开、折皱。

5.3.2.3 一只手横握条盒,另一只手捏着拉带头,沿拉带封口处绕条盒均匀拉动一周后,拉带两侧透明纸分为两部分的为拉带拉开。拉带拉开时观察拉带是否有断裂、拉不开或拉开后透明纸散开。

5.3.2.4 用钢尺测量条表面油污、黄斑、脱色、油墨等污渍的最大长度。

5.3.2.5 打开条,逐层取出烟盒,目测条内是否有错装、少装,条内壁有无因与小盒粘连拉开后破损。

5.3.3 盒装

5.3.3.1 目测小盒包装透明纸有无翘边、散开、折皱。

5.3.3.2 目测小盒及其透明纸,小盒及其透明纸有无包装不完整、破损、烟支外露。

注:盒包装不完整是指:① 同一牌号、同一规格、同一包装、同一价类、同一商品条码的卷烟产品,盒装未使用同样的包装材料;或其中部分包装体与整批相比,缺少或多出任何一种包装材料。② 缺少应有的包装材料。如无透明纸,无拉带,软盒无封签等。

5.3.3.3 目测小盒硬盒包装斜角是否露底,用钢尺测量斜角露底的最大宽度。

5.3.3.4 目测小盒拉带,是否有拉带头,或拉带断裂、残缺等。用一只手横握小盒,另一只手拉着拉带头,沿拉带封口处绕小盒均匀拉动一周后,拉带两侧透明纸在拉带两侧分成两部分的为拉带拉开。拉带拉开时,观察拉带是否有断裂、拉不开或拉开后透明纸散开。

5.3.3.5 去除透明纸后,目测小盒表面是否有表面油污、黄斑、脱色、油墨等污渍,用钢尺测量盒表面油污、黄斑、脱色、油墨等污渍的最大长度。

5.3.3.6 去除透明纸后,目测小盒包装是否有包装错位,用钢尺测量小盒包装错位的最大长度。

5.3.3.7 去除透明纸后,目测小盒表面是否有叠角损伤,用钢尺测量叠角损伤的最大长度。

5.3.3.8 去除透明纸后,目测小盒粘贴是否牢固,是否有翘边、翻边、散开。

5.3.3.9 去除透明纸打开硬盒翻盖后,目测盒内是否有内舌脱落;沿小盒开口方向用力拉内衬纸撕片,观察是否有内衬纸撕片拉不开或内衬纸整体被拉出。

5.3.3.10 去除透明纸后,目测软盒封签是否破损、翘边、脱落、叠角、漏贴、反贴、多贴或错贴封签,商标纸是否针眼外露。用钢尺分别测量封签四角到盒上端及两侧边线的最大和最小长度,并计算封签左右或前后两端偏离中心的距离。

5.3.3.11 打开小盒,取出烟支,目测有无烟支错支、缺支、有虫或虫蛀烟支、多支、滤嘴脱落、短支、断残烟支;烟支偏短时,用钢尺沿卷烟搭口测量卷烟的长度,并计算与设计值的差值;烟支破损时,用钢尺测量烟支破损部分的最大长度。

5.3.3.12 打开小盒,取出烟支,目测盒内是否有烟支倒装,或盒内有无与卷烟材料无关的杂物。

6 结果表示

6.1 详细记录测定中的各种缺陷情况,包装标识质量缺陷判定与分类按照 GB 5606.2—2005 中的 6.1 执行,包装质量缺陷判定与分类按照 GB 5606.3—2005 中的第 5 章执行。

6.2 若箱、条、盒的某一箱、某一条、某一盒同时存在多项(条)质量缺陷,应按缺陷扣分值最多的项目进行记录。

6.3　长度(宽度、高度)测定结果用毫米表示,精确至0.1 mm。

7　测定报告

测定报告应包括以下内容:

——试样标志及说明;

——使用标准的编号;

——使用仪器和型号;

——测定时间;

——测定结果。

ICS 67.250
X 08

中华人民共和国国家标准

GB/T 23887—2009

食品包装容器及材料生产企业通用良好操作规范

General good manufacturing practice for food packaging containers and materials factory

2009-05-19 发布　　2009-12-01 实施

中华人民共和国国家质量监督检验检疫总局
中国国家标准化管理委员会　发布

前　言

本标准参考了欧盟《食品接触材料和物品良好操作规范》(2023/2006/EC)。

本标准由中国标准化研究院提出并归口。

本标准起草单位:中国标准化研究院、国家塑料制品质量监督检验中心、国家环保产品质量监督检验中心、中国制浆造纸研究院、河北科技大学、北京市海淀区产品质量监督检验所等。

本标准主要起草人:马爱进、王菁、刘文、翁云宣、郭丽敏、李兴峰、邱文伦、李雪梅、王朝晖等。

食品包装容器及材料生产企业通用良好操作规范

1 范围

本标准规定了食品包装容器及材料生产企业的厂区环境、厂房和设施、设备、人员、生产加工过程和控制、卫生管理、质量管理、文件和记录、投诉处理和产品召回、产品信息和宣传引导等方面的基本要求。

本标准适用于食品包装容器及材料生产企业。

2 规范性引用文件

下列文件中的条款通过本标准的引用而成为本标准的条款。凡是注日期的引用文件，其随后所有的修改单(不包括勘误的内容)或修订版均不适用于本标准，然而，鼓励根据本标准达成协议的各方研究是否可使用这些文件的最新版本。凡是不注日期的引用文件，其最新版本适用于本标准。

GB 5749 生活饮用水卫生标准

GB 9685 食品容器、包装材料用添加剂使用卫生标准

3 术语和定义

下列术语和定义适用于本标准。

3.1

食品包装容器及材料 food packaging containers and materials

包装、盛放食品或者食品添加剂用的纸、竹、木、金属、搪瓷、陶瓷、塑料、橡胶、天然纤维、化学纤维、玻璃等制品和直接接触食品或者食品添加剂的涂料。

3.2

厂房 workshop

用于食品包装容器及材料加工、制造、包装、贮存等或与其有关的全部或部分建筑及设施。

3.3

物料 materials

为了产品销售，所有需要列入计划、控制库存、控制成本的一切物品的统称。

3.4

产品 products

食品包装容器及材料半成品、成品的总称。

3.5

半成品 semifinished products

任何成品制造过程中间产品，经后续制造过程可制成成品。

3.6

成品 finished products

经过完整的加工制造过程并包装标示完成的待销售产品。

3.7

缓冲区 buffer area

原材料或半成品进入管制作业区时，为避免管制作业区直接与外界相通，在入口处所设置的缓冲场所。

3.8

外协件　purchased parts

经外加工的食品包装容器及材料零部件。

4　厂区环境

4.1　厂区应与有毒有害源保持一定的安全距离。

4.2　厂区内外环境应整洁、卫生，生产区的空气、水质、场地应符合生产要求。

4.3　企业的生产、行政、生活和辅助区的总体布局应合理，不得互相妨碍。

5　厂房和设施

5.1　厂房要求

5.1.1　厂房面积应与生产能力相适应，有足够的空间和场地放置设备、物料和产品，并满足操作和安全生产需要。

5.1.2　厂房应按生产工艺流程及需求进行合理布局。

5.1.3　企业应根据需求使生产车间墙壁、地面、天花板表面平整光滑，并能耐受清理和消毒，以减少灰尘积聚和便于清洁。

5.1.4　同一生产车间内以及相邻生产车间之间的生产操作不得相互妨碍。不同卫生要求的产品应避免在同一生产车间内生产。生产车间内设备与设备间、设备与墙壁间，应有适当的空间，便于操作。

5.1.5　生产车间应根据需要建立人员通道和物流通道，物流通道应与生产区隔离，且具备与生产相适应的隔离区。

5.2　设施要求

5.2.1　应具备与生产能力相适应的卫生、通风、搬运、输送等设施，并维护完好。

5.2.2　应根据需要在生产车间设置消毒、防尘、防虫、防鸟、防鼠等设施。

5.2.3　应根据需求为厂房配置足够的照明设施，对照明度有特殊要求的生产区域可设置局部照明。厂房应有应急照明设施。

5.2.4　应根据生产工艺对温度、湿度有要求的生产车间配置温湿度调节设施。

5.2.5　应根据需求在车间入口处设缓冲区或缓冲措施，并装备除尘、消毒设施，定期消毒。

5.2.6　应在生产车间附近设置更衣室。更衣室大小应与生产人员数量相适应，并配备照明等设施。

5.2.7　应根据需要在库房设置防漏、防潮、防尘、防虫、防鸟、防鼠及其他防害设施。

5.2.8　根据需要在必要的地方设置适宜的清洁和消毒设施。

5.2.9　应为员工提供适当的、方便的卫生间，卫生间应与生产车间隔离。

5.2.10　应配备废料处理设施，防止对食品包装容器及材料的生产产生污染。

5.2.11　应配备适当的供水、排水系统。

6　设备

6.1　应具备符合生产要求的生产设备和分析检测仪器或设备。

6.2　生产设备的设计、选型、布局、安装应符合生产要求，易于清洁，便于生产操作和维修、保养，确保安全生产。

6.3　生产设备应定期维修和保养。

6.4　用于生产和检验的仪器、仪表、量具、衡器等的适用范围和精度应符合生产和质量检验的要求，应有明显的状态标志，并按期校正。

6.5　生产和检验设备（包括备品、备件）应建立设备档案，记录其使用、维修、保养的实际情况，并由专人管理。

7 人员

7.1 企业应配备数量足够、与生产产品相适应的人员。

7.2 企业负责人应了解其在质量安全管理中的职责与作用、相关的专业技术知识、产品标准、主要性能指标、产品生产工艺流程和检验要求等。

7.3 质量管理、卫生管理负责人应具有食品包装容器及材料质量和卫生管理的实践经验，有能力对产品生产过程中出现的问题作出正确处理。

7.4 技术人员应掌握专业技术知识，并具有一定的质量安全管理知识。

7.5 生产操作人员应熟悉自己的岗位职责，具有基础理论知识和实际操作技能，能熟练地按工艺文件进行生产操作。

7.6 直接接触产品的从业人员应按法律法规要求进行体检和取得健康证明。

7.7 检验人员应熟悉产品检验规定，具有与工作相适应的质量安全知识、技能和相应的资格。

7.8 应对与产品质量安全相关的人员进行必要的培训和考核。

7.9 电工、锅炉工、叉车工等特殊岗位工作人员应持证上岗。

8 原辅料控制

8.1 生产食品包装容器、材料的原辅料应符合国家法律法规或标准要求。食品包装容器、材料用添加剂应符合 GB 9685 及相关法规要求。

8.2 应对原辅材料供应商进行评价，选择合格供应商。应索取原辅材料供应商检验合格证明或报告，并保存供应商提供的合格证明，保存期限 2 年以上。

8.3 应按原辅料采购制度和采购标准实施采购，应使用食品原辅材料，塑料和纸制品不得使用回收再生料。

8.4 应根据生产需要和加工能力有计划采购原辅料。

8.5 应按规定对采购的原辅料以及外协件进行质量检验或根据有关规定进行质量验证，并保存检验/验证记录，保存期限 2 年以上。

8.6 原辅料入库后，应有醒目的“待验”标志，质量管理部门检验或验证合格后方能使用。检验合格后的原辅料以“先进先出”为原则进行使用。不合格的原辅料不得使用并由授权人员批准按有关规定及时处理、记录在案。

8.7 原辅料的贮存应根据原辅料的物理特性和化学特性，选择合适的贮存条件分别储存。有毒有害物料、易燃易爆物料应单独存放，明确标识，并由专人保管。

8.8 待检、合格、不合格原辅料应分区存放，按批次存放，并有易于识别的明显标志。

8.9 原辅料的使用应用准确的定量工具称量。

9 生产过程控制

9.1 生产加工操作要求

9.1.1 企业生产人员应严格执行工艺管理制度，按操作规程、作业指导书等工艺文件进行生产操作。各个环节应在一定的生产技术条件下进行，以尽量减少产品质量安全受到影响的可能性。

9.1.2 对有特殊生产要求(如：无菌包装)产品，应监测其生产区的空气质量，并将结果记录存档。

9.1.3 生产过程中与产品直接接触的水应符合 GB 5749 要求。

9.1.4 生产过程中应采取有效措施防止交叉污染。

9.1.5 应正确操作和维护生产用设备及工具，以避免加工过程中对产品造成污染。

9.1.6 应根据产品特点，合理使用搬运工具。

9.2 包装、贮存、运输要求

9.2.1 用于包装食品包装的材料应清洁、卫生,不应对产品造成污染;包装方式能有效防止二次污染。

9.2.2 应根据产品的物理特性和化学特性,选择合适的贮存条件贮存,以保证产品质量不受影响。在贮存过程中应加强防护,防止成品出现损伤、污染。

9.2.3 应根据产品特点,规定产品的保质期。

9.2.4 成品应标明检验状态,不合格品应单独存放,并明显标识。

9.2.5 用于运输食品包装容器及材料的运输工具(如:车辆、集装箱等)应清洁、干燥,且有防雨措施;不应与有毒有害或有异味的物品混运。

10 卫生管理

10.1 应有相应的卫生管理部门,对本企业的卫生工作进行全面管理。负责宣传和贯彻有关法规和制度,监督、检查在本企业的执行情况;制修订本企业的各项卫生管理制度和规划;组织卫生宣传教育工作,培训有关人员;定期组织本企业人员的健康检查,并做好善后处理等工作。

10.2 企业厂区应无鼠、蝇、害虫等滋生地,并根据情况在必要时采取措施防止鼠类等聚集和滋生。

10.3 车间内地面、墙壁、屋顶应清洁、符合卫生要求,防止对产品产生污染。

10.4 生产车间内安装的水池、地漏不得对生产造成污染。

10.5 应根据生产对洁净度要求的不同,对厂区内的生产车间和公共场所实行分级卫生管理。

10.6 所有进入生产车间的人员均应严格遵守有关卫生制度。

10.7 生产车间人员应保持个人清洁、卫生,按规定穿戴工作衣帽、鞋,不得将与生产无关的物品、饰物带入车间。

10.8 生产车间内的更衣室和洗手设施等公共设施应由专人管理,并按制度及时清洗和消毒,保持清洁状态,不应给生产带来污染。

10.9 人员通道和物流通道应保持畅通,无杂物堆集。

10.10 特殊卫生要求的车间应按制度定期消毒,防止对产品产生污染。

10.11 特殊车间禁止使用鼠药,防止对产品污染。

10.12 库房的地面、墙面、顶棚应整洁卫生。

10.13 应确保设施、设备和工具卫生状况良好,防止污染产品。

10.14 设备使用的润滑剂、脱模剂、清洗剂等不得对产品造成污染。

10.15 废水、废气、废料排放、噪声污染及卫生要求等应符合国家有关规定,废弃物的存放、处理对生产无污染危害。

10.16 有毒化学物品均应有固定包装,并在明显处标示“有毒品”字样,贮存于专门库房或柜橱内,加锁并由专人负责保管。使用时应由经过培训的人员按照使用方法进行,防止污染和人身中毒。

10.17 在生产、运输、贮存产品过程中,应防止有毒化学品的污染。厂区内不得同时生产有毒化学物品。

11 质量管理

11.1 应有相应的质量管理部门,负责食品包装容器及材料产品生产全过程的质量管理和检验,对产品质量具有否决权。

11.2 应识别工艺过程质量安全的危害因素,设定关键控制点,并制定控制措施。生产过程应对关键控制点实施严格监控,并建立追溯性记录。

11.3 生产过程中质量管理结果若发现异常现象时,应迅速追查原因,并妥善处理。

11.4 应对首次使用的原辅料、新工艺和新配方等进行试制,并进行主要控制指标的检测。试制品经检测合格后,方可投入批量生产。

11.5 应按规定开展过程检验,应根据工艺规程的有关参数要求,对过程产品进行检验,并记录。

11.6 应根据标准要求对所生产产品进行型式试验。如有委托检验项目,应委托具有法定检验资质的机构进行检验。

11.7 应按相应标准要求随机抽样对产品进行出厂检验,做好原始记录,并出具产品检验合格证明。

11.8 应根据不合格品管理制度,对检验不合格的产品,按规定做出相应处置。

11.9 应制定成品留样保存计划,保存时间应不短于成品标示的保质期。

11.10 应按批号或生产日期归档批生产记录,且保存至产品有效期后1年。未规定有效期的产品生产记录至少保存3年。

12 文件和记录

12.1 应有设施和设备的使用、维护、保养、检修等制度和记录。

12.2 应建立生产所需的原辅料采购、贮存、使用等方面的管理制度。包括原辅材料采购计划、采购清单、采购协议、采购合同等采购文件及使用台账等。

12.3 应有物料验收、生产操作、检验、发放、成品销售、用户投诉和产品召回等制度和记录。

12.4 应有不合格品管理、原辅料退库和报废、紧急情况处理等制度和记录。

12.5 应有环境、厂房、设备、人员等卫生管理制度和记录。

12.6 应建立文件程序对人员的个人卫生状况进行监控,并保存相关记录。

12.7 应有本规范和专业技术培训等制度和记录。

12.8 如有外协加工等委托服务项目,应制定相应的质量安全管理控制办法。

12.9 应有生产工艺规程、岗位操作法或标准操作规程生产工艺规程。

12.10 应有批生产记录,内容包括产品名称、生产批号、生产日期、操作者、复核者的签名,有关操作与设备、相关生产阶段的产品数量、物料平稳的计算、生产过程的控制记录及特殊问题记录等。

12.11 应有物料、半成品和成品质量标准及其检验操作规程。

12.12 应有批检验记录。

12.13 应建立文件的起草、修订审查、批准、撤销、印制及保管的管理制度。

13 投诉处理和产品召回

13.1 所有投诉,无论以口头或书面方式收到,都应当根据书面程序进行记录和调查。质量管理负责人(必要时,应协调其他有关部门)应及时追查,妥善解决。

13.2 管理者应实施有效的工作程序处理产品安全问题,确保将所有可疑批次的产品迅速从市场上召回。召回的产品应置于监督下妥善保管直至销毁,或用于非包装食品用的其他目的,或进行确保其安全性的再加工。

14 产品信息和宣传引导

14.1 出厂产品应具有合格证和产品标签。产品标签标识应包括产品名称、产地、生产者的名称和地址、生产日期等内容,必要时在标签上注明“食品用”字样。

14.2 出厂产品应具有或提供充分的产品信息,特殊产品应注明使用方法、使用注意事项、用途、使用环境、使用温度、主要原辅材料名称等内容。以使用户能够安全、正确地对产品进行处理、展示、贮存和使用。

14.3 健康教育应包括产品安全常识,应能使消费者认识到各种产品信息的重要性,并能够按照产品说明正确地使用。

ICS 55.040
A 82

中华人民共和国国家标准

GB/T 24334—2009

聚偏二氯乙烯(PVDC)自粘性食品包装膜

Polyvinylidene chloride (PVDC) cling wrap film for food-packaging

2009-09-30 发布

2009-12-01 实施

中华人民共和国国家质量监督检验检疫总局
中国国家标准化管理委员会 发布

前 言

本标准由中国标准化研究院提出并归口。

本标准起草单位:广东省汕头市金丛包装材料有限公司、浙江省巨化股份有限公司电化厂、国家包装产品质量监督检验中心(济南)、广东省汕头市质量计量监督检测所。

本标准主要起草人:陈明泉、陈繁荣、周强、王兴东、黄继彬、吴玉华、陈旭霞。

聚偏二氯乙烯(PVDC)自粘性食品包装膜

1 范围

本标准规定了聚偏二氯乙烯(PVDC)自粘性食品包装膜(以下简称“薄膜”)的术语和定义、要求、试验方法、检验规则、标识、包装、运输和贮存等。

本标准适用于以偏二氯乙烯-氯乙烯共聚树脂为原料,经吹塑制成的具有自粘性的薄膜。该薄膜主要用于冷藏、冷冻食品的保鲜包装和微波炉加热食品的覆盖。

2 规范性引用文件

下列文件中的条款通过本标准的引用而成为本标准的条款。凡是注日期的引用文件,其随后所有的修改单(不包括勘误的内容)或修订版均不适用于本标准,然而,鼓励根据本标准达成协议的各方研究是否可使用这些文件的最新版本。凡是不注日期的引用文件,其最新版本适用于本标准。

GB/T 1037—1988 塑料薄膜和片材透水蒸气性试验方法 杯式法

GB/T 1038 塑料薄膜和薄片气体透过性试验方法 压差法

GB/T 1040.3 塑料 拉伸性能的测定 第3部分:薄膜和薄片的试验条件

GB/T 2410 透明塑料透光率和雾度的测定

GB/T 2918 塑料试样状态调节和试验的标准环境

GB/T 5009.60 食品包装用聚乙烯、聚苯乙烯、聚丙烯成型品卫生标准的分析方法

GB/T 5009.122 食品容器、包装材料用聚氯乙烯树脂及成型品中残留1,1-二氯乙烷的测定

GB/T 5009.156 食品用包装材料及其制品的浸泡试验方法通则

GB/T 6388 运输包装收发货标志

GB/T 6672 塑料薄膜和薄片厚度测定 机械测量法

GB/T 6673 塑料薄膜和薄片长度和宽度的测定

GB/T 7141 塑料热老化试验方法

GB 15204 食品容器、包装材料用偏氯乙烯-氯乙烯共聚树脂卫生标准

GB/T 17030 食品包装用聚偏二氯乙烯(PVDC)片状肠衣膜

3 术语和定义

下列术语和定义适用于本标准。

3.1

自粘性 self-cling

薄膜本身具有的相互粘着性。

3.2

开卷性 open-wrapping

使用时薄膜由膜卷中引出的难易程度。

3.3

耐热温度 heat-resisting temperature

薄膜在一定加热条件下出现破裂或穿孔时的温度。

4 要求

4.1 规格及偏差

单卷产品的规格及偏差应符合表1。

表1 规格及偏差

序号	项目	规格	极限偏差
1	宽度/mm	100,300,600,900,1100	±2
2	厚度/mm	0.009,0.010,0.011,0.012	±0.002
3	长度/m	6～600	不允许有负偏差
注：特殊规格可按合同规定执行。			

4.2 外观

4.2.1 薄膜透明，色泽正常，无异嗅；无气泡、穿孔、破裂；允许有轻微的活褶；膜卷端面整齐，纸芯边缘大于膜边端面1 mm。

4.2.2 薄膜每卷长度30 m内不允许断头。超过30 m～600 m每卷不超过3个断头，每段长度不少于30 m。

4.2.3 薄膜不允许有尺寸大于1.0 mm的颗粒（碳化物和未完全熔化晶点）；尺寸0.3 mm～1.0 mm的颗粒不多于20个/m^2；颗粒不多于2个/(10 cm×10 cm)。

4.3 物理性能

物理性能应符合表2。

表2 物理性能

序号	检验项目	指标
1	拉伸强度/MPa	纵向≥30
		横向≥30
2	断裂伸长率/%	纵向≥20
		横向≥20
3	自粘性（剪切剥离强度）/(N/cm^2)	≥0.8
4	雾度/%	≤2.0
5	透光率/%	≥85
6	氧气透过量/[cm^3/(m^2·24 h·0.1 MPa)]	≤85
7	水蒸气透过量/[g/(m^2·24 h)]	≤12
8	耐热温度/℃	≥140
9	开卷性	5 s内完全剥开

4.4 卫生指标

4.4.1 薄膜的偏二氯乙烯、氯乙烯单体残留量应符合GB 15204中的规定。

4.4.2 薄膜的蒸发残渣、高锰酸钾消耗量、重金属含量应符合GB/T 17030中的规定。

5 试验方法

5.1 取样方法

从供检验的膜卷外层剥去2 m后，取卷内中间缠绕平整的膜段作为检验试样膜。

5.2 试样状态调整和试验的环境

试样状态调节和试验环境，按 GB/T 2918 的规定，环境温度 23 ℃±2 ℃，相对湿度 50%±5%，状态调节时间不得小于 4 h，并在此条件下进行试验。

5.3 规格的测定

5.3.1 厚度的测定

按 GB/T 6672 的规定进行，用精度为 1 μm 的厚度测量仪测定。

5.3.2 宽度和长度的测定

按 GB/T 6673 的规定进行。

5.4 外观检验

5.4.1 薄膜的色泽、透明度、气味、气泡、穿孔、破裂等，在自然光线下用感官检查。

5.4.2 碳化物和未完全熔化晶点的尺寸，用 10 倍的刻度放大镜进行检查，从最大尺寸颗粒数起，依次计算 1 m^2 和 10 cm×10 cm 薄膜内所含颗粒的数目。

5.5 物理性能的测定

5.5.1 拉伸强度和断裂伸长率的测定

按 GB/T 1040.3 的规定进行。试样采用长条形，长度至少为 150 mm，宽度为 15 mm，试样标距(100±1)mm，夹具间距 120 mm，拉伸速度为(200±25)mm/min。

5.5.2 自粘性(剪切剥离强度)的测定

5.5.2.1 试样的制备

从试样上沿纵向裁取 100 mm×25 mm 的试样 10 条，每两条为一组。将每组试样在长度方向上首尾搭接，第 1 条尾部和第 2 条首部相互搭接，搭接部位长度为 15 mm、宽度为 25 mm，将搭接好的试样铺在光滑的平面上，用直径 40 mm、长度 100 mm、质量 300 g 的橡胶滚轱在试样搭接部位往复拖动滚压 5 次，使搭接处紧密结合，不得留有气泡。将制好的试样在试验环境条件下放置 20 min，然后进行测试。

5.5.2.2 试验方法

参照 GB/T 1040.3 的规定，把每组试样的两端夹在拉力机上拉伸，拉伸速度为(200±25)mm/min，测出两条试样分离所需要的力，自粘性按式(1)计算：

$$P=\frac{F}{a\cdot b}\times 100 \qquad \cdots\cdots(1)$$

式中：

P——自粘性(剪切剥离强度)，单位为牛顿每平方厘米(N/cm^2)；

F——试样分离所需要的力，单位为牛顿(N)；

a——搭接长度，单位为毫米(mm)；

b——搭接宽度，单位为毫米(mm)。

取五组试样测试结果的算术平均值。

5.5.3 雾度和透光率的测定

按 GB/T 2410 的规定进行。

5.5.4 氧气透过量的测定

按 GB/T 1038 的规定进行。

5.5.5 水蒸气透过量的测定

按 GB/T 1037—1988 方法 A 的规定进行。

5.5.6 耐热温度的测定

5.5.6.1 试验设备和器具

试验设备：带有观察窗的温度自动控制电热箱，技术条件符合 GB/T 7141 的规定。测温计最小读数 0.5 ℃。

试验器具：直径 150 mm，深度 60 mm 的陶瓷圆形平盘。

5.5.6.2 试样的制备

截取 300 mm×300 mm 的薄膜，双手拉展覆盖到陶瓷圆形平盘上，靠薄膜的自粘性把盘口密封，并在盘口形成绷紧的平整的膜面。将试样盘放入电热箱中央，试样膜面要尽量靠近测温计。

5.5.6.3 试验方法

先接通电热箱电源，把电热箱温度升高到 100 ℃，然后将试样放入电热箱中，再调节电热箱升温速度在(3.0～5.0)℃/min。观察盘口膜面变化，一直到膜面出现破裂或穿孔时为止，此时电热箱的温度即薄膜的耐热温度。试验进行 5 次，取算术平均值。

5.6 开卷性的测定

5.6.1 试样的制备

沿纵向裁取 50 mm 宽、150 mm 长的试样 6 条，每两条为一组，相对贴合。按照 5.5.2.1 规定的方法处理。

5.6.2 试验方法

如图 1 所示，将试样的一端固定，另一端用胶带纸固定上负荷 4 g 重的重物，缓慢放下重物，让其自然剥离，用秒表测量试样剥离贴合 100 mm 长度所需要的时间。取三组试样的测定结果算术平均值。

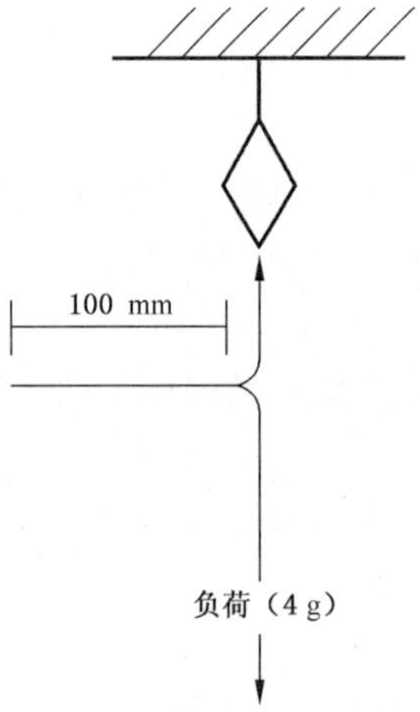

图 1 开卷性试验示意图

5.7 卫生指标的测定

5.7.1 偏二氯乙烯、氯乙烯单体残留量的检验按 GB/T 5009.122 规定进行。

5.7.2 蒸发残渣、高锰酸钾消耗量、重金属含量的检验按 GB/T 5009.60 和 GB/T 5009.156 规定进行。

6 检验规则

6.1 组批

检验以批为单位，使用同一批号的树脂，在相同生产工艺条件下吹制的同一厚度薄膜为一批，最大批量不超过 10 t。

6.2 检验分类

6.2.1 出厂检验

每批产品应进行出厂检验，检验项目为本标准要求中的 4.1、4.2 和 4.3 表 2 中的 1、2、3、8、9 项。

6.2.2 型式检验

有下列情况之一时，应进行型式检验，检验项目为本标准要求中的全部项目。

a) 新产品试制定型鉴定时；

b) 正常生产时,每 12 个月检验 1 次;

c) 停产 6 个月以上恢复生产或老产品转厂生产时;

d) 生产材料及工艺有较大改变,可能影响产品性能时;

e) 出厂检验结果与上次型式检验有较大差异时;

f) 国家质量监督机构提出要求时。

6.3 抽样

6.3.1 从同一批中任取 10 卷进行规格及偏差、外观项目的检验。

6.3.2 从同一批中任取 1 卷进行物理性能项目的检验。

6.3.3 从同一批中任取 1 卷进行卫生指标的检验。

6.4 判定规则

6.4.1 规格及偏差、外观的项目,任何一项达不到标准要求者,则判定该卷产品为不合格。10 卷产品的合格率不小于 90%,则判定该批产品规格及偏差、外观为合格;若达不到的,应取双倍数量的样品复检,若合格率不小于 90%,则判定该批产品合格,否则为不合格。

6.4.2 物理性能各项检测结果符合本标准规定,则判定该批的物理性能合格;若有不合格项,经双倍取样复测仍不合格,则判定该批的物理性能为不合格。

6.4.3 卫生指标检测结果若有不合格项,则判定该批产品为不合格。

6.4.4 若 6.4.1、6.4.2、6.4.3 所有项目检验合格,则判定该批产品合格。

7 标识、包装、运输及贮存

7.1 标识

7.1.1 每个产品包装上应有标识,标明产品名称、材质、商标、规格、生产日期、保质期和生产厂家的名称、地址、电话、执行标准及使用方法与注意事项等,并附产品合格证。

7.1.2 产品外包装应有标识,标明产品名称、规格、生产日期、生产厂家的名称、执行标准、防热、防雨淋、防日晒、轻拿轻放等专用标识并符合 GB/T 6388 的规定。

7.1.3 专用于微波炉加热使用的薄膜,应标明"可供微波炉使用"、耐热温度。

7.2 包装

7.2.1 产品分为内包装、外包装。

7.2.2 内包装分为筒装和盒装。

筒装:外套用塑料膜密封包装。

盒装:膜卷装入带有切割功能的盒子。

7.2.3 外包装采用瓦楞纸箱或其他合适的材料包装。

7.3 运输

产品在运输中应轻拿轻放,防止重压和碰撞造成包装损伤,防止日晒和雨淋,不得与有毒有害物品混装共运。

7.4 贮存

产品应贮存在清洁、通风、阴凉、干燥的常温室内,远离高温,不得与有毒有害物品共贮。产品自生产之日起保质期为 5 年。

ICS 83.180
G 39

中华人民共和国国家标准

GB/T 33320—2016

食品包装材料和容器用胶粘剂

Adhesives in food packaging materials and containers

2016-12-13 发布 2017-07-01 实施

中华人民共和国国家质量监督检验检疫总局
中国国家标准化管理委员会 发布

前　言

本标准按照 GB/T 1.1—2009 给出的规则起草。

本标准由中国石油和化学工业联合会提出。

本标准由全国胶粘剂标准化技术委员会(SAC/TC 185)归口。

本标准起草单位:中国标准化研究院、宏峰行化工(深圳)有限公司、北京华腾新材料股份有限公司、北京东方亚科力化工科技有限公司、上海邦中高分子材料有限公司、上海橡胶制品研究所有限公司。

本标准主要起草人:马爱进、何先湧、陈宇、韩艳茹、储江顺、张建庆、江强、郑云、朱玉和、崔正。

食品包装材料和容器用胶粘剂

1 范围

本标准规定了食品包装材料和容器用胶粘剂的术语和定义、分类、技术要求、试验方法、检验规则、标志、包装、运输和贮存。

本标准适用于食品包装材料和容器用胶粘剂的生产、管理和检测等。

2 规范性引用文件

下列文件对于本文件的应用是必不可少的。凡是注日期的引用文件，仅注日期的版本适用于本文件。凡是不注日期的引用文件，其最新版本(包括所有的修改单)适用于本文件。

GB/T 1633 热塑性塑料维卡软化温度(VST)的测定

GB/T 2791 胶粘剂 T 剥离强度试验方法 挠性材料对挠性材料

GB/T 2793 胶粘剂不挥发物含量的测定

GB/T 2794 胶黏剂黏度的测定 单圆筒旋转黏度计法

GB/T 2943 胶粘剂术语

GB/T 3682 热塑性塑料熔体质量流动速率和熔体体积流动速率的测定

GB/T 8170 数值修约规则与极限数值的表示和判定

GB 9685 食品容器、包装材料用添加剂使用卫生标准

GB/T 14518 胶粘剂的 pH 值测定

GB/T 15332 热熔胶粘剂软化点的测定 环球法

GB/T 20740 胶粘剂取样

GB/T 30778 聚醋酸乙烯-丙烯酸酯乳液纸塑冷贴复合胶

HG/T 3075 胶粘剂产品包装、标志、运输和贮存的规定

HG/T 3660 热熔胶粘剂熔融粘度的测定

HG/T 4362 水性干法纸塑复膜胶

JJF 1070 定量包装商品净含量计量检验规则

3 术语和定义

GB/T 2943 界定的以及下列术语和定义适用于本文件。

3.1

热封 heat sealing

在加热条件下进行食品包装材料或容器的封合，达到既定功能的生产工艺方式。

3.2

冷封 cold sealing

在常温条件下进行食品包装材料或容器的封合，达到既定功能的生产工艺方式。

4 胶粘剂的分类

4.1 按照分散介质,食品包装材料和容器用胶粘剂主要包括溶剂型胶粘剂、无溶剂型胶粘剂和水性胶粘剂等。

4.2 按照用途,食品包装材料和容器用胶粘剂主要包括复合用胶粘剂、共挤用胶粘剂和封合用胶粘剂等。

5 要求

5.1 添加剂

添加剂应符合 GB 9685 和其他相关国家标准或规定的要求。

5.2 性能

食品包装材料和容器用胶粘剂性能应符合表 1 的要求。

表 1 食品包装材料和容器用胶粘剂性能表

项目	指标							
胶粘剂类型	复合					共挤	封合	
							热封	冷封
	水性丙烯酸酯类			溶剂型聚氨酯类	无溶剂型聚氨酯类	热熔胶	热熔胶	水性胶
	塑-塑	纸-塑						
		干法	湿法					
外观	均匀分散液体,不分层,无沉淀,无结皮			均匀液体	均匀液体	均匀颗粒	均匀颗粒	均匀分散液
pH	6.0～8.5		4.0～7.0	—				标称值±1
不挥发物含量/%,≥	40	35	15	48	—			38
黏度(25 ℃)/(mPa·s),≤	100	500	8 000	标称值±25%	标称值±25%	—		标称值±15%
熔体流动速率/(g/10 min)	—					标称值±25%	—	
熔融黏度[a]/(mPa·s)	—						标称值±25%,	—
软化点/℃	—					≥85	标称值±25%	—
剥离强度/(N/m),≥	50	178 或基材破坏	170 或基材破坏	130	130	3.2×10^3	240 或基材破坏	130

表 1（续）

项目	指标	
解卷强度[b]/(N/m)，≤	—	40
[a] 在产品说明书标示的测试温度下。 [b] 胶与 PET 无脱胶。		

5.3 净含量

参见国家质量监督检验检疫总局令〔2005〕第 75 号规定。

6 试验的一般条件

6.1 实验室的温度和相对湿度

实验室的温度为(23±2)℃，相对湿度为(50±10)%。

6.2 试样的状态调节

试样在测试前存放时间一般在 4 h 以上。

6.3 试验结果的数值整理

按 GB/T 8170 的规定处理。

6.4 取样

按 GB/T 20740 的规定进行。

7 试验方法

7.1 外观

目视法。

7.2 pH

按 GB/T 14518 的规定进行测定。

7.3 不挥发物含量

按 GB/T 2793 的规定进行测定。

7.4 黏度

按 GB/T 2794 的规定进行测定。

7.5 熔体流动速率

按 GB/T 3682 的规定进行测定。

7.6 熔融黏度

按 HG/T 3660 的规定进行测定。

7.7 软化点

共挤型热熔胶按 GB/T 1633 的规定进行。

热封型热熔胶按 GB/T 15332 的规定进行测定。

7.8 剥离强度

7.8.1 复合用水性丙烯酸酯类胶粘剂剥离强度

7.8.1.1 塑-塑复合

7.8.1.1.1 薄膜材料：

a) 试验薄膜均为透明光膜，无污染，无印刷，未涂覆其他涂层；

b) BOPP 膜厚度为 18 μm，CPP 膜厚度为 30 μm；

c) 膜材无爽滑剂析出，表面张力≥38 mN/m。

7.8.1.1.2 制样：使用符合要求的复膜机[烘道温度(80±10)℃、热辊温度(60±10)℃、辊压(3±1)MPa]，控制上胶干胶量在 1.8 g/m^2～2.2 g/m^2 范围，将 BOPP 涂胶面与 CPP 复合，制成样卷。在(45±5)℃熟化室熟化 4 h。

7.8.1.1.3 测试：剥离强度测试按照 GB/T 2791 的规定进行。试验机分离速度由(100±10)mm/min 改为(300±10)mm/min，将试样进行状态调节后进行测试。

7.8.1.2 纸-塑复合

湿法纸塑复合的剥离强度按 GB/T 30778 的规定进行。

干法纸塑复合的剥离强度按 HG/T 4362 的规定进行。

7.8.2 复合用溶剂型聚氨酯类胶粘剂剥离强度

7.8.2.1 薄膜材料：

a) 试验薄膜均为透明光膜，无污染，无印刷，未涂覆其他涂层；

b) PET 膜厚度为 12 μm，PE 膜厚度为 70 μm；

c) PE 膜无爽滑剂析出，PE 膜经电晕处理，表面张力≥38 mN/m。

7.8.2.2 制样：

a) 按照胶粘剂使用说明书将胶粘剂进行稀释并混合均匀；

b) 将稀释后的胶粘剂均匀涂于 PET 薄膜上，控制上胶量(干胶量)2.0 g/m^2～3.5 g/m^2；

c) 将涂胶后的 PET 膜在 80 ℃干燥 2 min，使溶剂完全挥发，将 PE 膜通过加热辊 50 ℃～70 ℃下复合在一起；

d) 用可加温加压的复合辊(钢辊对橡胶辊，橡胶辊的邵 A 硬度不低于 85°)对复合膜进行压合，复合压力≥1.0 MPa，温度控制在 55 ℃～60 ℃；

e) 复合好的样品在 50 ℃～55 ℃条件下养护 48 h。

7.8.2.3 剥离强度测试按照 GB/T 2791 的规定进行。试验机分离速度由(100±10)mm/min 改为(300±10)mm/min。

7.8.3 复合用无溶剂型聚氨酯类胶粘剂剥离强度

7.8.3.1 薄膜材料：

同7.8.2.1。

7.8.3.2 制样：

a) 按照胶粘剂使用说明书将胶粘剂双组分按比例配胶，混合均匀；

b) 在无溶剂复膜机上将混合后的胶粘剂均匀涂布在PET薄膜上，控制上胶量(干胶量)1.8 g/m^2～2.2 g/m^2；

c) 涂胶后的PET膜与PE膜进行压合，其中加热辊的温度控制在50 ℃～65 ℃，PET/PE复合膜经冷却，完成复合；

d) 复合好的样品在产品说明书规定的熟化条件下(一定的温度，一定的时间)进行熟化，然后裁成样条备用。

7.8.3.3 剥离强度测试按照GB/T 2791的规定进行。试验机分离速度由(100±10)mm/min改为(300±10)mm/min。

7.8.4 共挤用热熔胶剥离强度

将长约30 cm的铝带(厚度为0.2 mm)对弯成双层，用固定量具取10 g左右胶粘剂样品平铺在铝带中间，合起铝带，盖上夹板，平放进平板硫化机，在230 ℃预热5 min，固化5 min后，冷水冷却至室温(制好样条厚度控制在2.0 mm)，清理边缘多余残胶，裁切成约25 mm宽的待测试件。

测试时，将制好的样片一端剥开30 mm，分成"T"形，分别并装入拉力机夹具上(注意保持铝片垂直)。以100 mm/min的速率剥离，按照GB/T 2791的规定测试剥离强度。

7.8.5 热封用热熔胶剥离强度

7.8.5.1 薄膜材料：

a) 试验薄膜均为透明光膜，无污染，无印刷，未涂覆其他涂层；

b) PET膜厚度为50 μm。

注：胶粘剂使用说明书有明确指定被粘材料的，使用指定的材料进行测试。

7.8.5.2 制样：

a) 按照胶粘剂使用说明书将胶粘剂进行熔融；

b) 将熔融后的胶粘剂均匀涂于一面PET薄膜上，控制上胶量(15±2)g/m^2(或胶粘剂使用说明书指定的上胶量)，并在胶粘剂熔融状态下与另一面PET复合；

c) 复合好的样品在标准环境下条件下固化，养护不少于2 h，裁成样条备用。

7.8.5.3 剥离强度测试按照GB/T 2791的规定进行。试验机分离速度由(100±10)mm/min改为(300±10)mm/min。

7.8.6 冷封用水性胶剥离强度

7.8.6.1 薄膜材料：

a) 试验薄膜均为透明光膜，无污染，无印刷，未涂覆其他涂层；

b) BOPP膜厚度为23 μm，PET膜厚度为12 μm；

c) BOPP膜无爽滑剂析出，PET膜表面张力≥42 mN/m。

7.8.6.2 制样：

a) 按照胶粘剂使用说明书将冷封胶用涂胶器(线棒)均匀涂于PET薄膜上，控制上胶量(干胶量)4.2 g/m^2～4.8 g/m^2；

b) 将涂胶后的膜在90 ℃鼓风烘箱中干燥1 min，使水分完全挥发；

c) 在常温25 ℃下，用封合仪器将两片涂布了冷封胶的膜相压合，复合压力≥3.0 MPa，复合温度控制在25 ℃；

d) 将压合好的膜材切割成样条，立即测试剥离强度。

7.8.6.3 剥离强度测试按照 GB/T 2791 的规定进行。试验机分离速度由(100±10)mm/min 改为(300±10)mm/min。

7.8.7 冷封胶卷膜的解卷强度

按照胶粘剂使用说明书将冷封胶用涂胶器(线棒)均匀涂于 PET 薄膜上(A4 纸张大小)，控制上胶量(干胶量)4.2 g/m^2～4.8 g/m^2，将涂胶后的膜在 90 ℃鼓风烘箱中干燥 1 min，使水分完全挥发。在常温 25 ℃下，用另一张 BOPP/PET 的 BOPP 面将冷封胶面覆盖，然后将两张膜一起，裁切成 10 cm×5 cm的样条，将所有的样条堆叠在一起，分别在压力 689.5 kPa(100 psi)，温度 25 ℃时老化 16 h；压力 689.5 kPa(100 psi)，温度 50 ℃时老化 16 h。

将老化好的膜材，按照剥离强度测试按照 GB/T 2791 的规定，试验机分离速度由(100±10)mm/min 改为(300±10)mm/min，用拉力机检测解卷强度，即 BOPP 膜与冷封胶层之间的强度，记录剥离的强度平均值，冷封胶层的破坏情况等。

7.9 净含量

按 JJF 1070 的规定进行检验。

8 检验规则

8.1 组批与采样

检验以批为单位，以同一原料、同一配方、同一工艺生产的胶粘剂为一批。采样数量按 GB 20740 进行。

8.2 出厂检验

8.2.1 复合用胶粘剂的出厂检验

8.2.1.1 水基型胶粘剂出厂检验项目为外观、pH 值、不挥发物含量、黏度。

8.2.1.2 溶剂型胶粘剂出厂检验项目为外观、黏度、不挥发物含量。

8.2.1.3 无溶剂型胶粘剂出厂检验项目外观、黏度。

8.2.2 挤出用胶粘剂的出厂检验

出厂检验项目为外观、维卡软化点、熔融速率。

8.2.3 封合用胶粘剂的出厂检验

8.2.3.1 热熔胶的出厂检验项目为外观、熔融黏度、软化点。

8.2.3.2 水性胶的出厂检验项目为外观、pH 值、不挥发物含量、黏度。

8.3 型式检验

型式检验为全项目检验。正常生产时，每年应进行一次型式检验，有下列情况之一时，也应进行型式检验：

a) 新产品试制鉴定时；

b) 正式投产后，如原料、生产工艺有较大改变，可能影响产品质量时；

c) 产品停产半年以上，恢复生产时；

d) 出厂检验结果与上次型式检验有较大差异时；

e) 国家食品质量监管部门提出要求时。

8.4 判定规则

8.4.1 出厂检验判定和复检

出厂检验项目全部符合本标准规定，判为合格品。出厂检验项目中只要有1项不符合本标准规定的要求，可以加倍随机抽样复检，复检后只要有1项不符合本标准规定的要求，判定该批产品为不合格品。

8.4.2 型式检验判定和复检

型式检验项目全部符合本标准规定的要求，判为合格品。不符合本标准规定要求，不超过3项的可以加倍抽样复检，复检后只要有1项不符合本标准规定的要求，则判定该批产品为不合格品；超过3项的，不应复检，直接判定该批产品为不合格品。

9 标志、包装、运输和贮存

9.1 标志

胶粘剂外包装上应有明显的标志。标志应包含以下内容：

a) 产品名称及商标；

b) 执行产品标准编号；

c) 生产批号；

d) 保质期；

e) 使用警示标志或中文警示说明(适用时)；

f) 生产企业名称、详细地址、邮编、电话；

g) 净重；

h) 危险货物包装标志(适用时)；

i) 胶粘剂的标志，如采标标志等。

9.2 包装

胶粘剂的包装材料应选用密封性能优异、不影响胶粘剂产品质量的包装。

9.3 运输和贮存

9.3.1 胶粘剂的运输和贮存应按HG/T 3075规定进行。

9.3.2 属于危险化学品的胶粘剂应在通风、温度不大于30 ℃的危险品仓库中贮存。

9.3.3 胶粘剂中的溶剂蒸汽有害，库存及工作场所注意防火通风，防止长期与皮肤接触。

9.3.4 胶粘剂的贮存期应在未开封并满足本标准贮存的条件下。

参 考 文 献

[1] 定量包装商品计量监督管理办法(国家质量监督检验检疫总局令〔2005〕第75号)

ICS 55.100
A 80

BB

中华人民共和国包装行业标准

BB/T 0034—2017
代替 BB/T 0034—2006

铝 防 盗 瓶 盖

Aluminium ROPP closure

2017-04-21 发布　　　　2017-10-01 实施

中华人民共和国工业和信息化部　发布

前　言

本标准按照 GB/T 1.1—2009《标准化工作导则　第1部分：标准的结构和编写》给出的规则起草。

本标准代替 BB/T 0034—2006《铝防伪瓶盖》，与 BB/T 0034—2006《铝防伪瓶盖》相比，除编辑性修改外，主要技术变化如下：

——标准名称发生了变更，修改为铝防盗瓶盖；

——增加了规范性引用文件；

——删除了嵌入衬垫、滴塑衬垫、模塑衬垫术语，增加了衬垫式铝防盗瓶盖和内塞式铝防盗瓶盖术语；

——删除了按瓶盖衬垫结构的产品分类方式；产品分类中增加了按密封形式及灌装杀菌的瓶盖分类方式；

——修改了瓶盖适用的标准瓶口；

——在外观中增加了无异物、无异味的感官质量要求，外观要求做了部分修改；

——修改了瓶盖的尺寸精度要求；

——物理性能中外表面涂膜硬度进行了修改；

——物理性能中增加了涂膜、图案附着力及检验方法；

——物理性能中增加了耐高低温性能及检验方法；

——修改了耐醇性能的检验方法；

——物理性能中增加了耐杀菌性能及检验方法；

——物理性能中增加了封装性能及检验方法；

——修改了开启力矩；

——功能特性中增加了防盗性能及检验方法；

——增加了内塞式瓶盖的防逆灌和流出速度性能要求及检验方法；

——修改了卫生性能和检验方法，将原卫生性能中的异物、异味要求纳入到瓶盖的外观和感官要求；

——修改了出厂检验和型式检验内容；

——增加了内塞式瓶口标准的附录。

本标准由中国包装联合会提出。

本标准由全国包装标准化技术委员会(SAC/TC 49)归口。

本标准起草单位：山东丽鹏股份有限公司、海普制盖股份有限公司、泗阳县成达制盖有限公司、海南椰岛制盖厂、国家包装产品质量监督检验中心(广州)。

本标准主要起草人：邢路坤、徐聚元、修艳华、胡建、曹俊峰、苗华涛、张翼、周亚、卢明、朱丽萍、何渊井。

本标准历次版本发布情况为：

——GB/T 14803—1993；

——BB/T 0034—2006。

铝 防 盗 瓶 盖

1 范围

本标准规定了酒类、软饮料、保健品、调味品等包装用铝防盗瓶盖的术语和定义、产品分类和规格、要求、试验方法、检验规则及标志、包装、运输和贮存。

本标准适用于以铝板涂覆品、衬垫或聚乙烯、聚苯乙烯、聚碳酸酯等塑料成型品、玻璃件加工成形的铝防盗瓶盖(以下简称瓶盖)。药品、化妆品等其他产品包装用瓶盖可参照本标准执行。

2 规范性引用文件

下列文件对于本文件的应用是必不可少的。凡是注日期的引用文件,仅注日期的版本适用于本文件。凡是不注日期的引用文件,其最新版本(包括所有的修改单)适用于本文件。

GB/T 191　包装储运图示标志

GB/T 2828.1　计数抽样检验程序　第1部分:按接收质量限(AQL)检索的逐批检验抽样计划

GB/T 2829　周期检验计数抽样程序及表(适用于对过程稳定性的检验)

GB/T 6739　色漆和清漆　铅笔法测定漆膜硬度

GB/T 9286　色漆和清漆　漆膜的划格试验

GB/T 17449　包装　玻璃容器　螺纹瓶口尺寸

GB/T 24694　玻璃容器　白酒瓶

3 术语和定义

下列术语和定义适用于本文件。

3.1

铝防盗瓶盖　aluminium ROPP closure

由涂印铝板和衬垫或由涂印铝板和塑料件、玻璃件制成,与螺纹瓶口封装,开启使用后不能再复原的瓶盖。

3.2

衬垫式铝防盗瓶盖　aluminium ROPP closure with liner

由铝质筒件与垫片组成的铝防盗瓶盖。垫片包括嵌入垫片、滴塑垫片、模塑垫片。

3.3

内塞式铝防盗瓶盖　aluminium ROPP closure with plastic fitment

由铝质筒件和塑料件、玻璃件组成的铝防盗瓶盖。

4 产品分类和规格

4.1 产品分类

4.1.1 按密封形式分为衬垫式瓶盖和内塞式瓶盖;衬垫式瓶盖结构示意图见图1a),内塞式瓶盖结构示意图见图1b)。

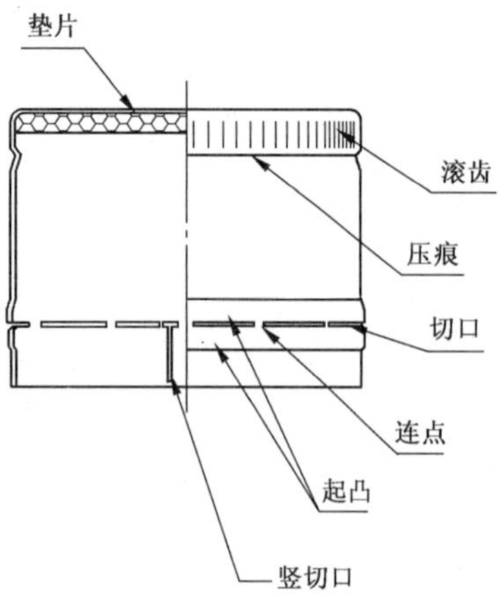

a） 衬垫式瓶盖结构示意图

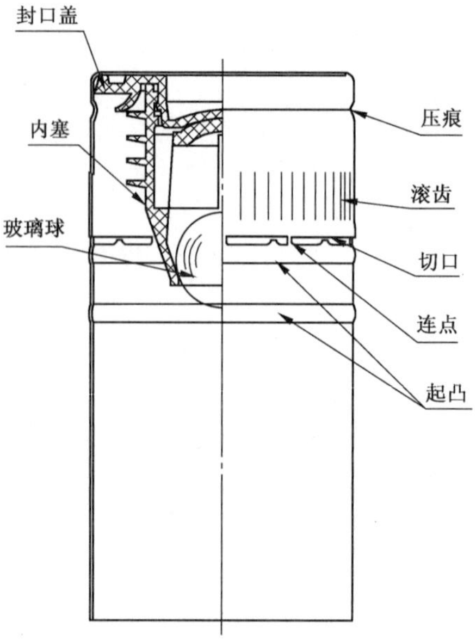

b） 内塞式瓶盖结构示意图

图 1 瓶盖结构示意图

4.1.2 按灌装杀菌方式分为加压加热杀菌瓶盖、常压加热杀菌瓶盖和巴氏杀菌瓶盖。

4.1.3 按承压方式分为常压瓶盖和承压瓶盖。

4.2 规格

4.2.1 衬垫式瓶盖的规格适用于符合 GB/T 17449 标准的瓶口。

4.2.2 内塞式瓶盖的规格适用于符合 GB/T 17449 和附录 A 的标准瓶口。

5 要求

5.1 外观及感官质量

5.1.1 瓶盖形状完整，表面碰凹深度不大于 0.5 mm，面积不大于(3×3)mm^2，碰凹部位不超过 3 处，口部无明显毛刺；垫片、塑料件完整，无毛边，无缺损，无变形，表面清洁、光滑，无油污。

5.1.2 内外表面无污渍，涂膜无明显划伤，无脱漆。

5.1.3 表饰色调分明、清晰；表饰图案和文字完整，无明显漏印、划伤；无图案处应无多余的表饰；顶部表饰图案中心对瓶盖外径中心的位置偏差不大于 0.6 mm；侧部表饰接头错位不大于 0.3 mm，接头重叠不大于 1.5 mm，接头无间隙。

5.1.4 防盗特征无断裂、变形；滚齿清晰，重齿不多于 3 个，空齿不多于 1 个，滚齿无损伤；切口平齐，无毛刺，无外翻，切口接头错位不大于 0.2 mm。

5.1.5 无异物，无异味。

5.2 尺寸

瓶盖的尺寸偏差符合表 1 的规定。

表 1 尺寸偏差

单位为毫米

高度 h	高度 h 偏差	直径 d 偏差
$h \leqslant 35$	± 0.2	$^{+0.15}_{0}$
$h > 35$	$^{0}_{-0.5}$	

5.3 物理机械性能

5.3.1 同批同色色差

同批同色色差符合表 2 的规定。

表 2 同批同色色差

指标名称	符　号	标　准　值	
同批同色色差　CIE*Lab*	ΔE^*_{ab}	$L^* > 50.00$	$L^* \leqslant 50.00$
		$\leqslant 4.0$	$\leqslant 3.0$

5.3.2 涂膜硬度

瓶盖外表面涂膜硬度不小于 2H 铅笔硬度。

5.3.3 附着力

涂膜附着力不小于 1 级,表饰图案完整、清晰。

5.3.4 耐高低温性能

耐高低温性能符合表 3 的规定。

表 3 耐高低温性能

项　　目	要　　求
耐低温性能	−24 ℃,不变形,无漏液,表面涂膜、图案无裂纹、无明显变色
耐高温性能	40 ℃,不变形,无漏液,表面涂膜、图案无裂纹、无明显变色

5.3.5 耐醇性能

需经受耐醇性能检验的瓶盖,经耐醇试验后,涂膜、表饰图案无明显变色,无脱落,无起皱。

5.3.6 耐杀菌性能

需经受杀菌过程的瓶盖,在杀菌试验后,涂膜、表饰图案无明显变色,无脱落,无裂纹;不漏液、不漏气。

5.3.7 封装性能

封装后铝筒无破裂,涂膜无明显脱落,防盗特征完整。

5.3.8 密封性能

瓶盖经密封性能试验，不漏液，不漏气。

5.3.9 开启力矩

开启力矩(0.5～2.5)N·m。

5.4 功能特性

5.4.1 防盗性能

瓶盖开启后，防盗特征有明显破坏、变化，不能复原。

5.4.2 防逆灌性能

具有防逆灌性能要求的内塞式瓶盖，经防逆灌性能试验，液体流入瓶内速度不大于 0.8 mL/s。

5.4.3 流出速度

内塞式瓶盖流出速度：浓度为(40±5)%的酒精流出速度不小于 5 mL/s。

5.5 卫生要求

产品卫生要求应符合国家法律法规及相关卫生标准规定。

6 试验方法

6.1 外观及感官质量

6.1.1 目测、通用量具检测。

6.1.2 顶部表饰图案位置偏差：用精度为 0.02 mm 的游标卡尺测量试样最大、最小对称部位的空白宽度；图案中心偏差值 $a=(b_1-b_2)/2$；见图 2。

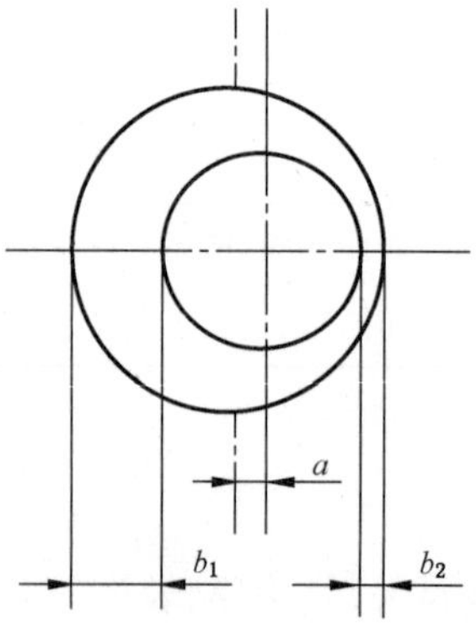

图 2 瓶盖顶部表饰图案中心偏差

6.1.3 接头错位、切口错位用读数放大镜检测。

6.1.4 异物：室温下，在洁净的适用样瓶中注入适量的浓度 75%的酒精，封装后上下冲涮 12 下，在灯箱内观察瓶里面是否有异物。

6.1.5 异味：将瓶盖放在密闭容器内，放置于 40 ℃烘箱中，8 h 后嗅觉检验瓶盖是否有异味。

6.2 尺寸测量

用精度 0.02 mm 的游标卡尺或专用量具检验。

6.3 物理机械性能

6.3.1 同批同色色差

用色差计测量样品与基准的同色同部位色差(ΔE)。

6.3.2 涂膜硬度

外表面涂膜硬度检验按 GB/T 6739 进行。

6.3.3 附着力

6.3.3.1 涂膜附着力检验按 GB/T 9286 进行。

6.3.3.2 表饰图案附着力:用粘着力为(10±1)N/25 mm 的胶带粘贴于瓶盖印刷图案表面,胶带与盖面贴合无气泡后沿贴面垂直方向(90°)快速拉起胶带,检查表饰图案。

6.3.4 耐高低温性能

6.3.4.1 在适用的样瓶中装入浓度为 75%的染色酒精至额定容量,封装后平放于冷冻箱内,调整温度至−24 ℃,稳定 24 h 后,目测检查瓶盖。

6.3.4.2 在适用的样瓶中装入浓度为 75%的染色酒精至额定容量,封装后平放于恒温箱内,调整温度至 40 ℃,稳定 24 h 后,目测检查瓶盖。

6.3.5 耐醇性能

将瓶盖在浓度为 50%酒精中浸泡 10 min,自然晾干,目测检查瓶盖。

6.3.6 耐杀菌性能

6.3.6.1 巴氏杀菌瓶盖:在适用的样瓶中装入浓度为 75%的染色酒精至额定容量,封装后置于 80 ℃蒸馏水中浸泡 30 min,取出冷却至室温,目测;同时按 6.3.8.1 或 6.3.8.2 测试检查有无漏液或漏气。

6.3.6.2 常压加热杀菌的瓶盖:在适用的样瓶中装入浓度为 75%的染色酒精至额定容量,封装后置于 100 ℃蒸馏水中 30 min,取出冷却至室温,目测;同时按 6.3.8.1 或 6.3.8.2 测试检查有无漏液或漏气。

6.3.6.3 加压加热杀菌的瓶盖:在适用的样瓶中装入额定容量的水,封装后置入医用高压锅内,密闭升温至 121 ℃,保持 30 min,取出冷却至室温,目测;同时按 6.3.8.1 或 6.3.8.2 测试检查有无漏液或漏气。

6.3.7 封装性能

将瓶盖在适用的瓶口上封装,目测铝筒有无破裂,涂膜有无明显脱落,防盗特征是否完整。

6.3.8 密封性能

6.3.8.1 常压瓶盖检验:在适用的样瓶中装入浓度为 75%的染色酒精至额定容量,封装,静置 30 min,在常温下倒置 8 h 后检查有无液体渗漏。

6.3.8.2 承压瓶盖检验:将瓶盖压在装有单向阀和压力表的耐压装置瓶口上,封装后,放入水箱中,在 800 kPa 气压下保压 1 min,观察瓶口有无气泡溢出。

6.3.9 开启力矩

瓶盖在适用的瓶口上封装，在专用的扭矩仪上测定开启时的力矩。

6.4 功能特性

6.4.1 防盗性能

瓶盖在适用的瓶口上封装，开启后目测检查防盗特征破裂情况。

6.4.2 防逆灌性能

室温下，封装开启后放入盛有浓度为(40±5)%酒精的容器里，瓶口浸在液面下 50 mm，倾斜 45°，静置 5 min，取出样瓶，用医用针筒测试样瓶中逆灌的酒精体积。

6.4.3 流出速度

在适用的样瓶内装入浓度为(40±5)%的酒精至额定容量，封装开启后放置在倾斜 45°的支架上，均匀转动倾倒，用秒表测量倒空额定容量酒精的时间。

流出速率按照式(1)进行计算：

$$S = V/T \qquad \cdots\cdots (1)$$

式中：

S ——流出速率，单位为毫升每秒(mL/s)；

V ——额定容量，单位为毫升(mL)；

T ——时间，单位为秒(s)。

6.5 卫生要求

卫生要求检验按国家法律法规及相关卫生标准规定进行。

7 检验规则

瓶盖的检验分为出厂检验和型式检验。采用每百单位不合格品数计数。

7.1 出厂检验

7.1.1 出厂检验按 GB/T 2828.1 规定进行，采用正常检验二次抽样方案。

7.1.2 出厂检验的项目、接收质量限及检验水平见表 4。

表 4 出厂检验

序号	检验项目	对应条款		接收质量限(AQL)	检验水平
		技术要求	检验方法		
1	密封性能	5.3.8	6.3.8	0.65	S-3
2	异物	5.1.5	6.1.4		
3	异味	5.1.5	6.1.5		
4	尺寸	5.2	6.2	1.5	
5	封装性能	5.3.7	6.3.7		

表 4（续）

序号	检验项目	对应条款		接收质量限(AQL)	检验水平
		技术要求	检验方法		
6	开启力矩	5.3.9	6.3.9	1.5	S-3
7	防盗性能	5.4.1	6.4.1		
8	外观质量	5.1.1～5.1.4	6.1.1～6.1.3	4.0	

7.2 型式检验

7.2.1 型式检验每一年至少进行 1 次，有下列情况之一时，应进行型式检验：

a) 新产品或老产品转厂生产的检验定型；

b) 正式生产后如材料、工艺等有较大改变影响产品性能时；

c) 停产 6 个月以上，恢复生产时；

d) 出现较大质量问题时；

e) 用户提出进行型式检验要求时；

f) 国家质量监督机构提出进行型式检验要求时。

7.2.2 型式检验项目为第 5 章的全部要求。

7.2.3 型式检验按 GB/T 2829 的规定进行，采用判别水平Ⅱ的二次抽样方案；卫生性能按相关标准进行。

7.2.4 型式检验的项目、不合格质量水平(RQL)、样本大小、判定数组具体见表 5。

表 5 型式检验

组别	序号	检验项目	对应条款		不合格质量水平 RQL	样本大小 n	判定数组 $[A_1,A_2,R_1,R_2]$
			技术要求	检验方法			
Ⅰ	1	密封性能	5.3.8	6.3.8	10	$n_1=n_2=20$	[0,1,2,2]
	2	异物	5.1.5	6.1.4			
	3	异味	5.1.5	6.1.5			
Ⅱ	4	尺寸	5.2	6.2	12	$n_1=n_2=16$	[0,1,2,2]
	5	封装性能	5.3.7	6.3.7			
	6	开启力矩	5.3.9	6.3.9			
	7	防盗性能	5.4.1	6.4.1			
	8	防逆灌性能	5.4.2	6.4.2			
	9	流出速度	5.4.3	6.4.3			
Ⅲ	10	同批同色色差	5.3.1	6.3.1	15	$n_1=n_2=16$	[0,3,3,4]
	11	涂膜硬度	5.3.2	6.3.2			
	12	附着力	5.3.3	6.3.3			
	13	耐高低温性能	5.3.4	6.3.4			
	14	耐醇性能	5.3.5	6.3.5			
	15	耐杀菌性能	5.3.6	6.3.6			
Ⅳ	16	外观质量	5.1.1～5.1.4	6.1.1～6.1.3	20	$n_1=n_2=16$	[1,4,3,5]
	17	卫生要求	5.5	6.5	—	—	—

7.3 判定规则

7.3.1 出厂检验判定规则:出厂检验项目全部符合本标准,判定该批为合格。出厂检验如有不合格项目,可以再次抽样复检,复检后仍不合格的,判定该批为不合格。

7.3.2 型式检验判定规则:型式检验项目全部符合本标准,判定型式检验合格。型式检验如有不合格项目,可以再次抽样复检,复检后仍不合格的,判为型式检验不合格。

8 标志、包装、运输、贮存

8.1 标志

8.1.1 包装上应有产品名称、生产批号、规格、数量、生产厂家、生产日期、包装箱的尺寸,包装箱上或箱内应有产品检验合格证明。

8.1.2 包装箱表面应标有“小心轻放”“怕湿”等包装储运标志,标志应符合 GB/T 191 中的规定。

8.2 包装

8.2.1 瓶盖的外包装采用瓦楞纸箱并用胶带封箱,内包装用塑料袋并应封口或供需双方商定。

8.2.2 与瓶盖接触的包装材料应符合相关材料的卫生要求。

8.3 运输

运输工具应清洁干燥、无异味,运输时应轻装轻卸,严禁抛掷,避免雨淋及曝晒。

8.4 贮存

8.4.1 产品应存放在通风、干燥处,自生产之日起贮存期不超过 12 个月;超过 12 个月后复检合格方可使用。

8.4.2 产品一般应常温贮存,不宜低于 −24 ℃;当贮存温度低于 0 ℃时,使用前应在高于 15 ℃环境下放置 8 h 以上。

8.4.3 不允许在有毒、有异味等环境中贮存,底层应有隔地垫板。

附 录 A
（规范性附录）
内塞式铝防盗瓶盖用螺纹瓶口

A.1 内塞式铝防盗瓶盖用螺纹瓶口见图 A.1。

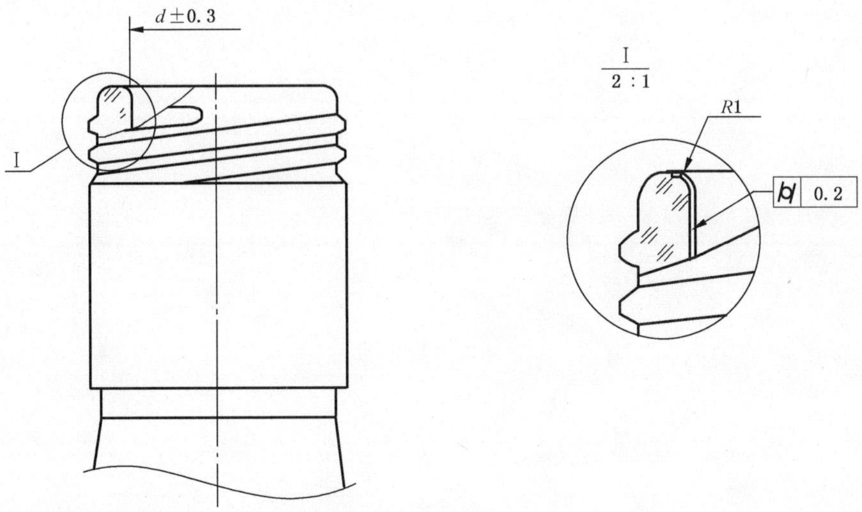

注：瓶口内径距瓶口上平面至少 6 mm 内保持平直、光滑。

图 A.1 内塞式铝防盗瓶盖用螺纹瓶口图

A.2 内塞式铝防盗瓶盖用螺纹瓶口其他要求符合 GB/T 24694 标准。

ICS 55.100
A 82

BB

中华人民共和国包装行业标准

BB/T 0048—2017
代替 BB/T 0048—2007

组合式防伪瓶盖

Composite anti-counterfeiting closures

2017-04-21 发布

2017-10-01 实施

中华人民共和国工业和信息化部 发布

前　言

本标准按照 GB/T 1.1—2009《标准化工作导则　第 1 部分：标准的结构和编写》给出的规则起草。

本标准代替 BB/T 0048—2007《组合式防伪瓶盖》，与 BB/T 0048—2007《组合式防伪瓶盖》相比，除编辑性修改外，主要技术变化如下：

——修改了标准的范围；

——修改了规范性引用文件；

——增加了瓶盖内置件术语；

——产品分类中删除了按与瓶口结合和开启的分类方式；

——修改了瓶盖适用的标准瓶口；

——修改了瓶盖尺寸偏差；

——在外观中增加了无异物、无异味的感官质量要求，外观要求做了部分修改；

——物理性能中增加了涂膜、图案附着力和检验方法；

——物理性能中增加了耐醇性能和检验方法；

——耐温性能中增加了对涂膜和表饰图案的性能要求；

——修改了开启力矩；

——流出速度由原来的 s(秒)修改为 mL/s；

——增加了瓶盖封装、开启前、后的防伪性能要求和检验方法；

——修改了防逆灌性能要求和检验方法；

——修改了卫生性能和检验方法，将原卫生性能中的异物、异味要求纳入到瓶盖的外观和感官要求；

——修改了出厂检验和型式检验内容。

本标准由中国包装联合会提出。

本标准由全国包装标准化技术委员会(SAC/TC 49)归口。

本标准起草单位：海普制盖股份有限公司、山东丽鹏股份有限公司、泗阳县成达制盖有限公司、四川省宜宾普拉斯包装材料有限公司、海南椰岛制盖厂、国家包装产品质量监督检验中心(广州)。

本标准主要起草人：徐聚元、修艳华、曹俊峰、邢路坤、胡建、张翼、张世杰、周亚、卢明、朱丽萍、何渊井。

本标准的历次版本发布情况为：

——BB/T 0048—2007。

组合式防伪瓶盖

1 范围

本标准规定了酒包装用组合式防伪瓶盖的术语和定义、产品分类和规格、要求、试验方法、检验规则及标志、包装、运输、贮存。

本标准适用于以铝板涂覆品、塑料(如聚乙烯、聚丙烯、聚苯乙烯、聚碳酸酯、聚对苯二甲酸乙二醇酯、丙烯腈-苯乙烯共聚物等)、玻璃等加工成形的组合式防伪瓶盖(以下简称瓶盖)。调味品、保健品、药品、化妆品等其他产品包装用瓶盖可参照本标准执行。

2 规范性引用文件

下列文件对于本文件的应用是必不可少的。凡是注日期的引用文件,仅注日期的版本适用于本文件。凡是不注日期的引用文件,其最新版本(包括所有的修改单)适用于本文件。

GB/T 191 包装储运图示标志

GB/T 2828.1 计数抽样检验程序 第1部分:按接收质量限(AQL)检索的逐批检验抽样计划

GB/T 2829 周期检验计数抽样程序及表(适用于对过程稳定性的检验)

GB/T 6739 色漆和清漆 铅笔法测定漆膜硬度

GB/T 9286 色漆和清漆 漆膜的划格试验

BB/T 0071 包装 玻璃容器 卡式瓶口尺寸

3 术语和定义

下列术语和定义适用于本文件。

3.1

组合式防伪瓶盖 composite anti-counterfeiting closure

由铝板涂覆品、塑料、玻璃等材料制成,结构复杂且难以仿制,经封装开启使用后,防伪特征被破坏不能再复原的瓶盖。

3.2

组合式铝塑防伪瓶盖 aluminum-plastic composite anti-counterfeiting closure

由铝质筒件与多种不同作用的塑料件、玻璃件等组成的组合式防伪瓶盖。

3.3

组合式塑料防伪瓶盖 plastic composite anti-counterfeiting closure

由多种塑料件、玻璃件等组成的组合式防伪瓶盖。

3.4

瓶盖内置件 direct-contact parts

与内容物直接接触的瓶盖各零部件。

4 产品分类和规格

4.1 产品分类

按使用材料分为组合式铝塑防伪瓶盖和组合式塑料防伪瓶盖。

4.2 产品规格

瓶盖的规格适用于BB/T 0071的瓶口以及其他由供需双方商定的瓶口。

5 要求

5.1 外观及感官质量

5.1.1 瓶盖形状完整。组合式铝塑防伪瓶盖外观表面碰凹深度不大于0.3 mm,面积不大于(3×3)mm^2,碰凹部位不超过3处,口部无明显毛刺;瓶盖外观合模线突出表面高度不超过0.2 mm;塑料件完整,无缺损,无变形,表面清洁、光滑,无油污。

5.1.2 内外表面无污渍,涂膜无明显划伤,无脱漆。

5.1.3 表饰色调分明、清晰,表饰图案和文字完整,无明显漏印、划伤,无图案处应无多余的表饰;顶部表饰图案中心对瓶盖外径中心的位置偏差不大于0.6 mm;侧部表饰接头错位不大于0.3 mm,接头重叠不大于2 mm,接头无间隙。

5.1.4 经冲涮试验,不允许有大于0.5 mm的渣或大于2 mm的丝。

5.1.5 无异味。

5.2 尺寸

瓶盖的尺寸偏差应符合表1的规定。

表1 尺寸偏差

单位为毫米

分 类	直径偏差	高度偏差
铝塑组合盖	$^{+0.2}_{-0.1}$	±0.5
全塑组合盖	±0.2	±0.3

5.3 物理机械性能

5.3.1 同批同色色差

组合式铝塑防伪瓶盖同批同色色差应符合表2的规定。

表2 同批同色色差

指标名称	符号	指标值	
同批同色色差 CIE*Lab*	ΔE_{ab}^*	$L^*>50.00$	$L^*\leqslant 50.00$
		≤4.00	≤3.00

5.3.2 涂膜硬度

组合式铝塑防伪瓶盖外表面涂膜硬度不小于 2H 铅笔硬度。

5.3.3 附着力

涂膜附着力不小于 1 级，表饰图案完整、清晰。

5.3.4 耐高低温性能

耐高低温性能应符合表 3 的规定。

表 3 耐高低温性能

项 目	要 求
耐低温性能	−24 ℃，不爆裂、不变形，无漏液，涂膜、表饰图案无裂纹、无明显变色
耐高温性能	40 ℃，不爆裂、不变形，无漏液，涂膜、表饰图案无裂纹、无明显变色

5.3.5 耐醇性能

经耐醇试验，涂膜、表饰图案无明显变色，无脱落，无起皱；塑料件无脱色。

5.3.6 密封性能

经密封性能试验，不发生液体渗漏。

5.3.7 开启力矩

开启力矩(0.5～3.5)N·m。

5.4 功能特性

5.4.1 流出速度

浓度为(40±5)%的酒精流出速度不小于 5 mL/s。

5.4.2 防伪性能

5.4.2.1 正常封盖后防伪特征完好、无破损。
5.4.2.2 开启前经 100 N 的拉力拔起试验，防伪特征无失效；或一旦拔起时，防伪特征被破坏。
5.4.2.3 开启后防伪特征有明显的破坏，易于识别。
5.4.2.4 已开启的瓶盖再旋紧后，防伪特征不能复原。

5.4.3 防逆灌性能

具有防逆灌性能要求的瓶盖，经防逆灌性能试验，液体流入瓶内速度不大于 0.6 mL/s。

5.5 卫生要求

内置件应符合国家法律法规及相关卫生标准规定。

6 试验方法

6.1 外观及感官质量

6.1.1 目测、通用量具检测。

6.1.2 顶部表饰图案位置偏差:用精度为 0.02 mm 的游标卡尺测量试样最大、最小对称部位的空白宽度;表饰图案中心偏差值 $a=(b_1-b_2)/2$;见图 1。

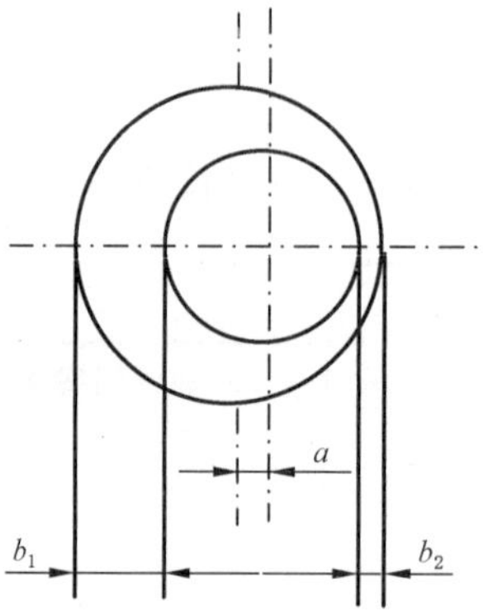

图 1 瓶盖顶部表饰图案中心偏差

6.1.3 表饰接头错位、接头重叠用读数放大镜检测。

6.1.4 异物:室温下,在洁净的适用样瓶中注入适量的浓度 75%的酒精,封装后上下冲涮 12 下,在灯箱内目测。

6.1.5 异味:将瓶盖放在密闭容器内,置于 40 ℃烘箱中,8 h 后嗅觉检验瓶盖是否有异味。

6.2 尺寸测量

用精度 0.02 mm 的游标卡尺或专用量具检测。

6.3 物理机械性能

6.3.1 同批同色色差

组合式铝塑防伪瓶盖:用色差计测量样品与基准的同色同部位色差(ΔE)。

6.3.2 涂膜硬度

外表面涂膜硬度检验按 GB/T 6739 进行。

6.3.3 附着力

6.3.3.1 涂膜附着力检验按 GB/T 9286 进行。

6.3.3.2 表饰附着力:用粘着力为(10±1)N/25 mm 的胶带粘贴于瓶盖表饰图案表面,胶带与盖面贴合无气泡后沿贴面垂直方向(90°)快速拉起胶带,检查表饰图案。

6.3.4 耐高低温性能

6.3.4.1 室温下,在适用的样瓶中装入浓度为 75%的染色酒精至额定容量,封装后平放于冷冻箱内,调整温度至−24 ℃,稳定 24 h 后,目测检查瓶盖。

6.3.4.2 室温下,在适用的样瓶中装入浓度为 75%的染色酒精至额定容量,封装后平放于恒温箱内,调整温度至 40 ℃,稳定 24 h 后,目测检查瓶盖。

6.3.5 耐醇性能

将瓶盖在浓度为 50%的酒精中浸泡 10 min,取出,目测检查瓶盖。

6.3.6 密封性能

室温下,在适用的样瓶中,装入浓度为 75%的染色酒精至额定容量,封装,静置 30 min 后,倒置 8 h 检查有无漏液。

6.3.7 开启力矩

瓶盖在适用的瓶口上封装,在专用的扭矩仪上测定开启时的力矩。

6.4 功能特性

6.4.1 流出速度

在适用的样瓶内装入浓度为(40±5)%的酒精至额定容量,封装开启后放置在倾斜 45°的支架上,均匀转动倾倒,用秒表测量倒空额定容量酒精的时间。

流出速率按照下式进行计算:

$$S = V/T$$

式中:

S ——流出速率,单位为毫升每秒(mL/s);

V ——额定容量,单位为毫升(mL);

T ——时间,单位为秒(s)。

6.4.2 防伪性能

6.4.2.1 在适用的样瓶上封装后目测。

6.4.2.2 在适用的样瓶上封装,用拉力试验装置测定,试验速度 50 mm/min。

6.4.2.3 在适用的样瓶上封装,开启后目测。

6.4.2.4 在适用的样瓶上封装开启后再旋紧,目测。

6.4.3 防逆灌性能

室温下,封装开启后放入盛有浓度为(40±5)%酒精的容器里,瓶口浸在液面下 50 mm,倾斜 45°,静置 5 min,取出样瓶,用医用针筒测试样瓶中逆灌的酒精体积。

6.5 卫生要求

内置件卫生要求检验按国家法律法规及相关卫生标准规定进行。

7 检验规则

瓶盖的检验分为出厂检验和型式检验。采用每百单位不合格品数计数。

7.1 出厂检验

7.1.1 出厂检验按 GB/T 2828.1 规定进行,采用正常检验二次抽样方案。

7.1.2 出厂检验的项目、接收质量限及检验水平见表4。

表4 出厂检验

序号	检验项目	对应条款		接收质量限(AQL)	检验水平
		技术要求	检验方法		
1	密封性能	5.3.6	6.3.6	0.65	S-3
2	异物	5.1.4	6.1.4		
3	异味	5.1.5	6.1.5		
4	尺寸	5.2	6.2	1.5	
5	开启力矩	5.3.7	6.3.7		
6	防伪性能	5.4.2	6.4.2		
7	外观质量	5.1.1～5.1.3	6.1.1～6.1.3	4.0	

7.2 型式检验

7.2.1 型式检验每一年至少进行1次,或有下列情况之一时,应进行型式检验。

a) 新产品或老产品转厂生产的检验定型;

b) 正式生产后如材料、工艺等有较大改变,影响产品性能时;

c) 停产6个月以上,恢复生产时;

d) 出现较大质量问题时;

e) 用户提出进行型式检验要求时;

f) 国家质量监督机构提出进行型式检验要求时。

7.2.2 型式检验项目为第5章的全部要求。

7.2.3 型式检验按GB/T 2829的规定进行,采用判别水平Ⅱ的二次抽样方案;卫生指标按相关标准进行。

7.2.4 型式检验的项目、不合格质量水平(RQL)、样本大小、判定数组具体见表5。

表5 型式检验

组别	序号	检验项目	对应条款		不合格质量水平(RQL)	样本大小 n	判定数组 $[A_1,A_2,R_1,R_2]$
			技术要求	检验方法			
Ⅰ	1	密封性能	5.3.6	6.3.6	10	$n_1=n_2=20$	[0,1,2,2]
	2	异物	5.1.4	6.1.4			
	3	异味	5.1.5	6.1.5			
Ⅱ	4	尺寸	5.2	6.2	12	$n_1=n_2=16$	[0,1,2,2]
	5	耐高低温性能	5.3.4	6.3.4			
	6	开启力矩	5.3.7	6.3.7			
	7	流出性能	5.4.1	6.4.1			
	8	防伪性能	5.4.2	6.4.2			
	9	防逆灌性能	5.4.3	6.4.3			

表 5（续）

组别	序号	检验项目	对应条款		不合格质量水平 (RQL)	样本大小 n	判定数组 $[A_1,A_2,R_1,R_2]$
			技术要求	检验方法			
Ⅲ	10	同批同色色差	5.3.1	6.3.1	15	$n_1=n_2=16$	[0,3,3,4]
	11	涂膜硬度	5.3.2	6.3.2			
	12	附着力	5.3.3	6.3.3			
	13	耐醇性能	5.3.5	6.3.5			
Ⅳ	14	外观质量	5.1.1～5.1.3	6.1.1～6.1.3	20	$n_1=n_2=16$	[1,4,3,5]
	15	卫生要求	5.5	6.5	—	—	—

7.3 判定规则

7.3.1 出厂检验判定规则：出厂检验项目全部符合本标准，判定该批为合格。出厂检验如有不合格项目，可以再次抽样复检，复检后仍不合格的，判定该批为不合格。

7.3.2 型式检验判定规则：型式检验项目全部符合本标准，判定型式检验合格。型式检验如有不合格项目，可以再次抽样复检，复检后仍不合格的，判为型式检验不合格。

8 标志、包装、运输、贮存

8.1 标志

8.1.1 包装上应有产品名称、生产批号、规格、数量、生产厂家、生产日期、包装箱的尺寸，包装箱上或箱内应有产品检验合格证明。

8.1.2 包装箱表面应标有“小心轻放”“怕湿”等包装储运标志，标志应符合 GB/T 191 中的规定。

8.2 包装

8.2.1 瓶盖的外包装采用瓦楞纸箱并用胶带封箱，内包装用塑料袋并应封口或供需双方商定。

8.2.2 与瓶盖接触的包装材料应符合相关材料的卫生要求。

8.3 运输

运输工具应清洁干燥、无异味，运输时应轻装轻卸，严禁抛掷，避免雨淋及曝晒。

8.4 贮存

8.4.1 产品应存放在通风、干燥处，自生产之日起贮存期不超过 12 个月；超过 12 个月后复检合格方可使用。

8.4.2 产品一般应常温贮存，不宜低于 −24 ℃；当贮存温度低于 0 ℃时，使用前应在高于 15 ℃环境下放置 8 h 以上。

8.4.3 不允许在有毒、有异味等环境中贮存，底层应有隔地垫板。

ICS 55.100
A 80

BB

中华人民共和国包装行业标准

BB/T 0071—2017

包装　玻璃容器　卡式瓶口尺寸

Packaging—Glass containers—Snap-on bottle finish dimensions

2017-04-21 发布　　2017-10-01 实施

中华人民共和国工业和信息化部　发布

前　言

本标准按照 GB/T 1.1—2009《标准化工作导则　第1部分:标准的结构和编写》给出的规则起草。

本标准由中国包装联合会提出。

本标准由全国包装标准化技术委员会(SAC/TC 49)归口。

本标准起草单位:海普制盖股份有限公司、山东丽鹏股份有限公司、海南椰岛制盖厂。

本标准主要起草人:徐聚元、邢路坤、曹俊峰、修艳华、周亚。

本标准为首次发布。

包装　玻璃容器　卡式瓶口尺寸

1　范围

本标准规定了玻璃容器卡式瓶口的术语和定义及尺寸。

本标准适用于盛装酒类用的卡式瓶口玻璃容器。软饮料、调味品、保健品、药品、化妆品等其他包装用瓶口可参照本标准执行。

2　规范性引用文件

下列文件对于本文件的应用是必不可少的。凡是注日期的引用文件，仅注日期的版本适用于本文件。凡是不注日期的引用文件，其最新版本（包括所有的修改单）适用于本文件。

GB/T 24694　玻璃容器　白酒瓶

3　术语和定义

下列术语和定义适用本文件。

3.1

卡式瓶口　snap-on bottle finish

组装过程无需专业的封装设备，采用外力轴向压装即可实现密封的瓶口。

3.2

公称直径　nominal diameter

标准化以后的标准外径，又称平均外径，意指瓶口外径的名义尺寸。

4　尺寸

4.1　卡式瓶口尺寸应符合图1和表1的规定。

4.2　卡式瓶口不平行度应符合GB/T 24694的规定。

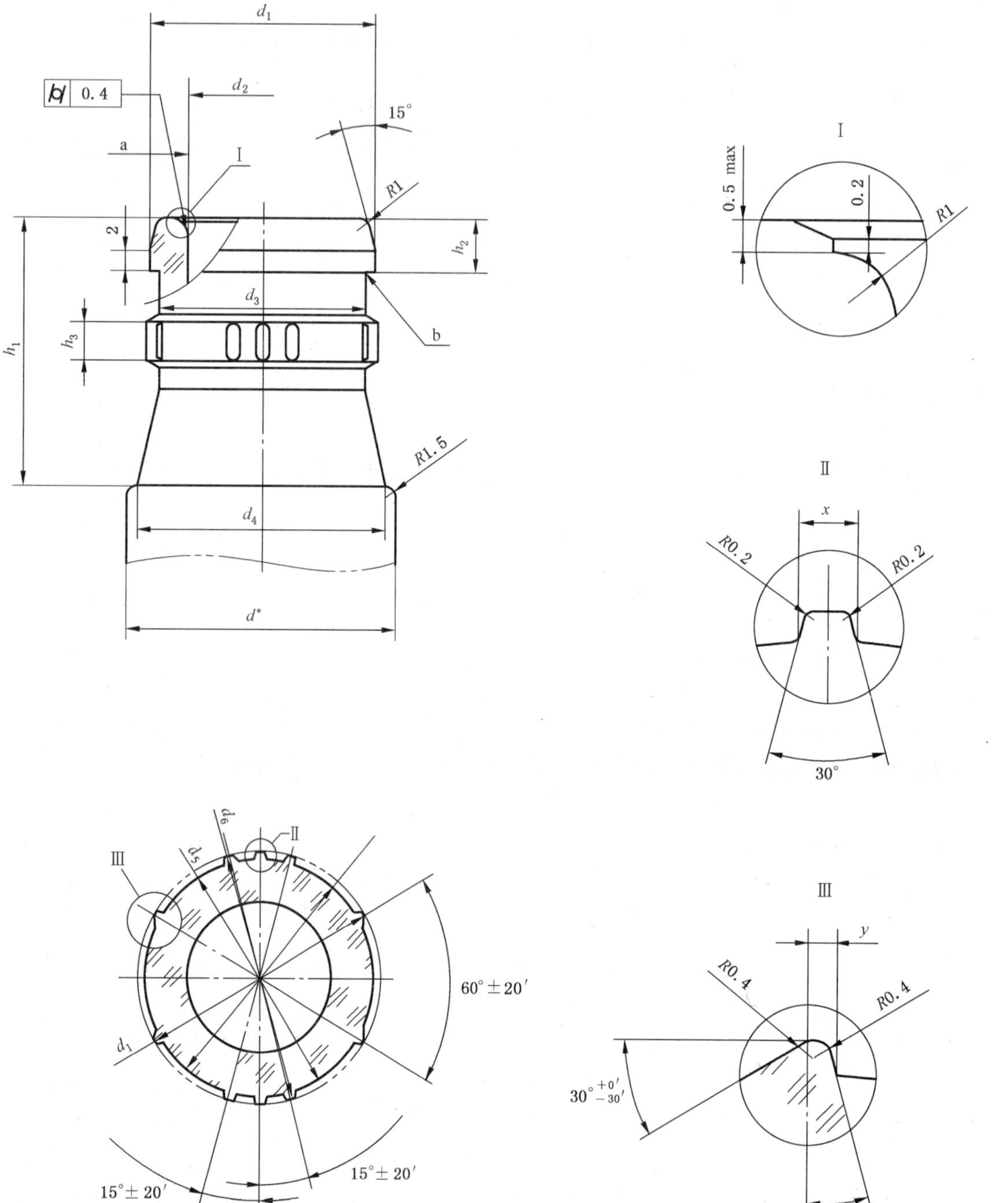

说明：

R——工艺圆角。

[a] 瓶口内径距瓶口平面至少 4.5 mm 内保持平直、光滑，不允许有圆柱台阶、凹陷等缺陷；瓶口端面应平整，光滑，不应有畸形、毛刺等缺陷。

[b] 最小工艺圆角。

图 1　卡式玻璃瓶口图

表 1　卡式玻璃瓶口尺寸

单位为毫米

公称直径 D	瓶口直径 d_1		瓶口内径 d_2		卡台内径 d_3		口模外径 d_4		止转筋根径 d_5		止转筋顶径 d_6		瓶颈直径 d^*	瓶口高度 h_1		卡台高度 h_2		止转筋长度 h_3	止转筋宽度 x	防滑齿顶径 d_7		防滑齿宽度 y
	公称尺寸	公差	公称尺寸	公差	公称尺寸	公差	公称尺寸	公差	公称尺寸	公差	公称尺寸	公差		公称尺寸	公差	公称尺寸	公差			公称尺寸	公差	
23	19.7	±0.3	13	±0.3	18	±0.3	18	±0.3	20.1	±0.3	21.3	±0.3	—	17.5	±0.3	5	±0.2	5	1.2	21.1	±0.3	0.6
25	21.8		14.2		20		24		22.4		23.6			22		5		5	1.2	23.4		0.6
30	25.6		17.6		23.5		28.3		26		27.6			24		5.7		7	1.4	27.4		0.7
														31								
														36								
31	29.4		19		27		29		29.4		30.6			26.5		4.7		5	1.5	30.4		0.7
														36.5								
38	32.2		20.3		29.7		33		33		35			30.5		7.3		10.2	2	34.8		1

注：止转筋长度 h_3、止转筋宽度 x、防滑齿宽度 y 的公差执行工艺公差。

* 公称尺寸依据产品类型确定。

ICS 67.260
X 99
备案号:47009—2014

SB

中华人民共和国国内贸易行业标准

SB/T 229—2013
代替 SB/T 229—2007

食品机械通用技术条件 产品包装技术要求

General specifications for food machinery—Technical requirements for product packing

2014-04-06 发布　　2014-12-01 实施

中华人民共和国商务部　发布

前　言

本标准是《食品机械通用技术条件》系列行业标准之一。本系列行业标准包括：

——SB/T 222　食品机械通用技术条件　基本技术要求；

——SB/T 223　食品机械通用技术条件　机械加工技术要求；

——SB/T 224　食品机械通用技术条件　装配技术要求；

——SB/T 225　食品机械通用技术条件　铸件技术要求；

——SB/T 226　食品机械通用技术条件　焊接、铆接件技术要求；

——SB/T 227　食品机械通用技术条件　电气装置技术要求；

——SB/T 228　食品机械通用技术条件　表面涂漆；

——SB/T 229　食品机械通用技术条件　产品包装技术要求；

——SB/T 230　食品机械通用技术条件　产品检验规则；

——SB/T 231　食品机械通用技术条件　产品的标志、运输与贮存。

本标准按照 GB/T 1.1—2009 给出的规则起草。

本标准是对 SB/T 229—2007《食品机械通用技术条件　产品包装技术要求》的修订，本标准与 SB/T 229—2007 的主要差异如下：

——增加了术语和定义；

——细化了检验规则。

本标准由全国商业机械标准化技术委员会提出。

本标准由全国商业机械标准化技术委员会归口。

本标准起草单位：北京市服务机械研究所、广东恒联食品机械有限公司、安徽华菱西厨装备股份有限公司。

本标准主要起草人：刘旭、刘文忠、许正华、肖如、宋斌。

本标准所代替标准的历次版本发布情况为：

——SB 229—1985；

——SB/T 229—2007。

食品机械通用技术条件
产品包装技术要求

1 范围

本标准规定了食品机械产品包装的相关术语和定义、技术要求、试验方法、检验规则及包装标志与随机文件。

本标准适用于食品机械的产品包装。

2 规范性引用文件

下列文件对于本文件的应用是必不可少的。凡是注日期的引用文件，仅注日期的版本适用于本文件。凡是不注日期的引用文件，其最新版本(包括所有的修改单)适用于本文件。

GB/T 4768 防霉包装

GB/T 4857.3 包装 运输包装件 基本试验 第3部分：静载荷堆码试验方法

GB/T 4857.5 包装 运输包装件 跌落试验方法

GB/T 4879 防锈包装

GB/T 5048 防潮包装

GB/T 5398 大型运输包装件试验方法

GB/T 6543 运输包装用单瓦楞纸箱和双瓦楞纸箱

GB/T 6980 钙塑瓦楞箱

GB/T 7350 防水包装

GB/T 8166 缓冲包装设计

GB/T 12339 防护用内包装材料

3 术语和定义

下列术语和定义适用于本文件。

3.1

包装材料 packaging material

产品包装所使用的材料。

3.2

包装件 package

产品经过包装所形成的整体。

4 技术要求

4.1 一般要求

4.1.1 产品的包装应符合科学、经济、牢固和美观要求。

4.1.2 包装设计应根据产品特点、流通环境条件和客户要求进行，满足食品机械安全卫生要求并做到包装紧凑、防护合理。

4.1.3 产品需经检验合格，做好防护处理，方可进行内外包装。

4.1.4 包装件外形尺寸和重量应符合国内外运输方面有关超限、超重的规定。

4.2 包装材料要求

4.2.1 基本要求

包装所用的材料应符合国家规定的包装材料要求，材料应无毒、不发生降解或释放有毒物质。

4.2.2 木材

包装箱所用木材应在保证包装强度的前提下，合理用材。

4.2.3 瓦楞纸箱

应符合 GB/T 6543 的规定，具有合适的厚度、黏合度、戳穿强度，并具有较好的防水性以及印刷质量。

4.2.4 钙塑瓦楞箱

应符合 GB/T 6980 的规定。

4.2.5 内包装材料

应符合 GB/T 12339 和安全卫生的要求。

4.2.6 其他材料

包装箱也可采用经试验证明性能可靠的其他材料或采用两种或两种以上的材料。例如，胶合板、纤维板、刨花板、塑料、金属、钢木材料制成的包装箱。但不管使用何种材料，都应确保包装材料无毒、安全卫生。

4.3 包装要求

4.3.1 包装箱结构

4.3.1.1 包装箱可选用木箱、胶合板箱、纤维板箱、钙塑瓦楞箱及瓦楞纸箱等材料的箱体。

4.3.1.2 包装箱的结构类型应根据产品(被包装物)的特点，包装重量、运输要求和包装方式设计，裸装件、捆装件必要时应有起吊装置。

4.3.2 装箱

4.3.2.1 产品装箱时应尽量使其重心位置居中靠下。重心偏高的产品应尽可能采用卧式包装。重心偏离中心较明显的产品应采取相应的平衡措施。

4.3.2.2 在不影响精度的情况下，产品上能够移动的零部件应移至使产品具有最小外形尺寸的位置，并加以固定。产品上凸出的零部件应尽可能拆下，标上记号，根据其特点另行包装，一般应固定在同一箱内。

4.3.2.3 普通包装木箱按产品重量、箱体大小选择适当的箱档、氧化钢带等加固箱体。用箱档加固时，在箱档结合处一般采用包棱角铁加固。

4.4 防护要求

4.4.1 防水

应符合 GB/T 7350 的规定。

4.4.2 防潮

应符合 GB/T 5048 的规定。

4.4.3 防霉

应符合 GB/T 4768 的规定。

4.4.4 防锈

应符合 GB/T 4879 的规定。

4.4.5 防振

4.4.5.1 需防振的产品应采用防振包装，产品在箱内不应窜动。

4.4.5.2 防振包装可采用衬垫缓冲材料、泡沫材料成型盒或弹簧悬吊等。

4.4.5.3 防振材料要具有无毒、安全卫生、质地柔软、不易虫蛀、不易长霉、不易疲劳变形等特点。

4.4.5.4 根据产品特点，采用不同的防振方法：

a) 在产品与包装箱的间隙中，用干木丝、无字纸丝等充填，将产品塞紧卡牢；
b) 采用可发性聚苯乙烯泡沫塑料按产品外形发泡成型，然后将产品卡牢，并装入包装箱内；
c) 采用塑料气垫、海棉橡胶垫、瓦楞纸等，将产品衬垫固定在包装箱内；
d) 缓冲材料应紧贴(或紧固)于产品(或内包装箱、盒)和外包装箱的内壁之间。

4.4.5.5 防振包装的设计方法可采用 GB/T 8166 规定的方法。

4.5 性能要求

包装箱应具有足够的强度。根据包装件的质量和特点，以及实际流通环境条件，适当选做堆码试验、跌落试验和起吊试验，经堆码、跌落、起吊试验后，箱内固定物无明显位移，产品外观、性能和有关技术参数应符合产品标准，包装箱应无明显破损和变形并符合有关标准的规定和设计要求。

5 试验方法

5.1 包装及防护试验

有引用标准的按标准规定方法进行，其他要求通过视检和常规测量进行。

5.2 性能试验

5.2.1 堆码试验按 GB/T 4857.3 的规定进行。

5.2.2 跌落试验按 GB/T 4857.5 的规定进行。

5.2.3 起吊试验按 GB/T 5398 的规定进行。

6 检验规则

6.1 分类

检验分为出厂检验和型式检验。

6.2 出厂检验

6.2.1 每台产品应经出厂检验合格后方可出厂。

6.2.2 出厂检验项目应包括包装件尺寸、结构、材料及装箱质量。

6.3 型式检验

6.3.1 新设计的包装件(箱)或在包装的设计、工艺、材料有较大改变时,制造厂在成批投产前应对包装件(箱)进行试验。

6.3.2 型式检验采取随机抽样方法,从合格品中抽取至少 1 台。

6.3.3 按第 4 章的要求全项检验。

6.4 判定原则

6.4.1 型式检验结果应符合第 4 章的要求。

6.4.2 对任一项检验不合格可加倍抽样复检,以复检结果为准,若仍不符合要求则判定为不合格。

7 包装标志与随机文件

7.1 包装标志应包括产品标志、包装储运指示标志和收发货标志。

7.2 随机文件应至少包括:

a) 产品使用说明书;

b) 产品检验合格证;

c) 装箱单。

ICS 67.040
X 08
备案号：22441—2008

SB

中华人民共和国国内贸易行业标准

SB/T 10448—2007

热带水果和蔬菜包装与运输操作规程

Recommended international code of practice for packaging and transport of tropical fresh fruit and vegetables

(CAC/RCP 44—1995,IDT)

2007-12-28 发布　　2008-05-01 实施

中华人民共和国商务部　发布

前　言

本标准等同采用国际食品法典委员会(CAC)标准 CAC/RCP 44—1995《热带水果和蔬菜包装与运输操作规程》(英文版),其技术内容和文本结构与 CAC/RCP 44—1995 一致。

本标准与 CAC/RCP 44—1995 相比,主要有如下编辑性修改:

——将 CAC 标准中的"SECTION Ⅰ～SECTION Ⅳ"改为"1～4";

——删除 1.1、2.19.1、3.5.1、3.6.1 和 3.9.1 的标题;

——对标点符号进行了删改。

本标准由中国商业联合会提出。

本标准由中华人民共和国商务部归口。

本标准起草单位:中国蔬菜流通协会、中国人民大学环境学院。

本标准主要起草人:宫占平、李江华、张蓓蓓、朱蓉。

热带水果和蔬菜包装与运输操作规程

1 范围

本标准规定了热带新鲜水果和蔬菜的包装与运输操作方法，目的是使产品在运输和销售过程中能保持其质量。

2 运输设备的设计、状况和装载方法

2.1 运输方式和设备类型

选择运输方式和设备时应考虑以下因素：

——目的地；

——产品价值；

——产品的易腐程度；

——产品的数量；

——贮藏的温度和相对湿度；

——运输起始地和目的地的室外温度状况；

——到达目的地所需的空运、陆运或海运时间；

——运输费用；

——运输的服务质量。

2.2 应仔细考察不同运输方所提供的运输服务质量、可靠程度和运输费用。服务和时间每周都会被制定或修改，有时还会突然取消。发货方应随时从运输起始地和目的地的空港或海港当局处获得相关的最新信息。当地的贸易类刊物也是很好的信息来源，很多运输公司及其代理机构会把他们的时间表和目的地等信息以广告的形式刊登在这些刊物上。

2.3 当大宗货物的运输和贮藏时间为一周或一周以上时，应使用冷藏拖车和货运集装箱运输。这样可以保证销售环节中的产品质量。有运输车或集装箱的运输公司还可提供门对门的服务，可有效地减少产品因装卸、暴露、机械损伤和被盗所造成的损失。

2.4 空运集装箱也可用于门对门的服务。价值高或极易腐烂的产品通常采用空运。空运的费用相对较高，但运输时间通常能从几天缩短为几小时。

2.5 许多产品是采用没有冷藏设备的空运集装箱或货物托盘运输。这就需要运输起始地和目的地的机场在航班延误时能紧密协调以确保货物的质量。机场应具备温控贮藏设施以保证货物的质量；应具备冷藏集装箱，并在需要时使用；采用保温箱是作为备用的另一方案。

2.6 可用冷藏拖车和货运集装箱运输的产品有时也可利用短暂的市场商机而采用空运，比如在旺季伊始，货源有限、货价较高的时候。在这种情况下就需考虑建立一个准确有力的系统，用以显示或监控运输途中整个运输集装箱中的温度和湿度。

2.7 途经炎热或寒冷地区的长途运输需要设计优良、保障有力的运输设备，以在严酷的运输环境中保证产品质量。冷藏拖车的长度应达到14.6 m(48 ft)，货运集装箱的长度应达到12 m(40 ft)。此外还应满足下列指标：

——在环境温度为38℃(100℉)、回风温度为2℃(36℉)的条件下，制冷量能达到42 000 kJ/h (40 000 BTU/h)；

——有能持续工作的高效鼓风干燥器，以提高相对湿度和使温度分布更加均匀；

——货车前部有坚固的回风夹层，以确保货物间的空气循环；

——货车后门有纵向凹纹，以辅助空气循环；
——有充足的隔热材料或供暖设备，以便在不适的气候条件下使用；
——货车地板上要有深 50 mm～75 mm(2 mm～3 mm)的沟槽，即使货物被直接放置在地板上，仍能使空气在货物下面进行循环；
——应能对制冷设备的温度进行检测，以减少产品的冷害和冻害；
——应具备通风装置，以防止乙烯或二氧化碳积聚；
——应具有减震装置(如气囊等)，以减少运输及搬运过程中集装箱和箱内产品之间的冲撞和震动；
——在新式集装箱中，冷空气应从箱前部送出，沿箱下部(紧贴地板的部分)循环至箱尾部，再上升到箱体的上部。

2.8　运输公司应在装货之前对运输设备进行检查。运输设备的状况对保证产品质量极为重要。发货方还应亲自检查运输设备，以确保其处于良好的工作状态并能满足产品的要求。运输公司还应对制冷系统的操作和检查提供指导。

2.9　所有的运输设备都应检查以下项目：
——清洁：装载货物的部分应采用蒸汽等方法定期进行清洁处理；
——四壁、地板、门、顶部的损坏应及时维修，使其处于良好状态；
——温度控制：制冷设备应在每次使用前进行校准，以确保其能提供持续的空气循环并使产品温度保持稳定。

2.10　发货方应要求使用干净的运输设备。因装运的货物可能受到以下因素的影响而损坏：
——上次配送的货物留下的气味或上次配送的不相容货物；
——残留的有毒化学物质；
——在设备中筑巢的昆虫；
——腐烂的农产品残留物；
——残留碎屑堵塞排水口或地板上的空气流通槽。

2.11　发货方应要求使用维护良好的设备，并检查以下项目：
——四壁、地板、门及顶部的损坏情况，这些损害可能会使外界的热量、冷空气、湿气、灰尘和昆虫进入；
——门、通风口及密封的运行状况；
——货物的固定及支撑装置。

2.12　冷藏拖车和货运集装箱应检查以下附加项目：
——进入货物装载部位，关门并观察是否有光线透过——门上的密封圈须密封良好，也可用烟气发生器检查密封情况及泄漏处；
——制冷装置应由高速到低速循环运行，当达到理想的温度时，应保持高速运行；
——确定测量排出气体温度的感应装置的位置，如果该装置是用于测定回风温度，自动调温器则应安装在较高处，以免货物发生冷害或冻害；
——前部应有坚固的回风夹层；
——应备有供暖设备，以便于在严寒地区的运输；
——货车的顶部装有气体传送系统，采用软气槽和金属导气管创造良好的送风条件。

2.13　产品在冷藏前应进行预冷，应在装入运输设备之前进行预冷。用温度计测量货物的温度，并记录在提货单上。运输设备的载货区域也应预冷至货物的运输或贮藏温度。载货区域应当密封，载货区域的出入口也应装有气体密封装置。

2.14　正确的装载操作十分重要，它能够保持温度和湿度、避免运输中的挤压和颠簸、避免昆虫的进入以及避免对货物造成的不良影响。装载不同种类的货物时应格外注意，彼此之间应不互相影响。

2.15　通常的装载方法有以下几种：

——采用机械或人工操作散装，一般用于未包装的产品；

——人工装载单个运输集装箱，采用或不采用托盘；

——以托盘为单元的装载或使用托盘升降机和叉车的集装箱装载。

2.16 即使在设计优良的运输工具中，若空气流通不畅，也会造成货物的损害。载货集装箱应使用托盘、货架或填充垫料，以使产品不直接接触地板和侧壁。上排的纸板箱和集装箱顶部之间应留有足够的空间，可以用绳子捆绑或粘牢上排纸箱，或是采用专为此设计的包装来达到这一要求。所载货物的下方、四周和货物之间应留有空气流通的空间，以防止下列情况发生：

——因天气炎热而从外部获得的热量；

——产品自身呼吸产生的热量；

——产品成熟过程中而产生的乙烯聚集；

——因天气寒冷而向外流失热量；

——冷藏单元操作中的冷害或冻害。

2.17 采用冷藏运输设备的发货方应遵从运输公司关于装载运输设备上的载货舱的建议，以避免产品发生冷害或冻害。如果制冷系统有回风温度检测装置，则排出的气体温度可能会低于设定值。

2.18 所载货物应采用以下一种或几种材料进行保护，以避免运输或搬运过程中由于挤压或震动带来的损害：

——铝制或木制的负荷闭锁；

——纸板或纤维板的蜂窝状填料；

——木垫条和受钉条；

——可充气的牛皮纸充气袋；

——货用网或条带；

——木制货栅，规格为 25 mm×100 mm(1 in×4 in)。

2.19 应在货物间温度最高的地方放置一个小型空气温度记录仪。应将记录仪放置在载物顶部、靠近侧壁、距后门 1/3 的载货箱处，并避开直接吹出的冷气。货车载货厢应放置两个或三个记录仪。如果货物顶部覆冰或载货箱内的湿度为 95%以上时，放置的记录仪应具有防水功能或将记录仪封在塑料袋内。

应遵从温度记录仪记录的装货初始温度读数，必要时可将温度记录仪送回公司进行校准和认证，以上步骤对解决运输中的温度管理至关重要。

2.20 混合装载时，尺寸相似的运输容器应码放在一起以增加稳定性。较重的载货容器应最先装载，均匀分布在货车或集装箱的地板上，较轻的载货容器可紧靠较重的容器放置或置于较重的容器之上，加上负荷闭锁以稳固由不同大小载货容器码放的堆垛。为了便于进货港口对混装货物的检验，在近门处应放置具有代表性的各种产品的样品，以减少为检查而卸载货物的操作。

2.21 不能把水果和蔬菜以及其他食品与有气味的或残留有毒化学物质的货物混装在一起。混装农产品的运输时间越长，风险越大。因此遵守这一准则对于保持在运输过程的产品质量十分重要。

2.22 装载完成后，应向载货厢或集装箱内输入氧气含量较低、二氧化碳和氮气含量较高的改良气体。载货厢和集装箱应在出入口处安装由塑料薄膜覆盖的管道和进行输气操作的气体舷窗口。

2.23 载货厢的制冷装置、四壁、天花板、地板和门应能保证厢内的货物与外界空气隔离开来，否则会使厢内的改良气体很快散失。应贴有警告标识，警示载货厢内的气体不能维持生命活动，在进入载货箱卸货前必须进行通风换气。

3 包装以保持运输和销售过程中的产品质量

3.1 包装应能够承受：

——装卸过程中剧烈的搬运；

——其他容器的压迫；

——运输过程中的冲撞和颠簸；

——预冷、运输和贮藏过程中的高湿度。

3.2 包装材料应根据产品的需求、包装方法、预冷方法、材料的强度、成本、可得性、买方说明以及运费等进行选择。进口商、买方和包装生产商会提供的有益的建议。包装材料包括：

——纸板或纤维板制成的箱子、盒子(粘黏制成、两脚钉钉制成或两种方法组合而制成)、吊耳、托盘、平板、隔板或垫板以及滑托板；

——木质箱子、板条箱(金属线捆扎、钉子固定)、篮子、托盘、吊耳、栈板；

——纸质袋子、套子、包装纸、衬里、衬垫、优质刨屑以及标签；

——塑料制的箱子、盒子、托盘、袋子(有孔的、无孔的)、罐子、套子、薄膜包装纸、衬里、隔板或垫板以及滑托板；

——泡沫材料制的盒子、托盘、吊耳、套子、衬里、隔板以及衬垫。

3.3 常用的运输容器有箱子、盒子、板条箱、托盘、吊耳、篮子和袋子。但篮子在与长方形盒子混装时较难处理，袋子对产品的保护作用有限，所以纤维板制成的盒子被广泛使用，主要包括以下几种类型：

——由粘合剂、两脚钉或可自行封闭的折片构成的一片式开槽型盒子；

——带盖的两片式半开槽型盒子；

——有全折叠式盖子、坚固四壁和四角的两片式半开槽型盒子；

——底部用两脚钉或粘合剂固定、有坚固四角的三片式防窃开槽型盒子；

——有全折叠式盖子的一片式开槽型盒子；

——有全折叠式盖子的两片式模具切割型盒子；

——带金属线或纤维板制挂钩或硬纸板插入端和塑料插口的一片式盒子，可使堆垛整齐牢固。

3.3.1 潮湿的产品或与冰一起包装的产品应使用纤维板制的盒子，而且应浸蜡或覆有防水材料。未经处理的纤维板的抗压强度在相对湿度90%的环境下会降至原来的1/2以下。除了保持盒子的承压能力之外，蜡还可以减少产品的水分损失。所有胶粘的盒子都应附有防水胶带。

3.3.2 大部分纤维板制的盒子和木制板条箱都是为了垂直堆垛而设计。堆垛时，当上层盒子或板条箱被放置在下层盒子或板条箱的底面或边缘时，下层盒子或板条箱的抗压强度和对产品的保护功能都会大大减弱，未对齐码放的盒子的抗压强度会减少至原来的1/2。

3.4 在运输容器中加入不同的材料，可增加容器的抗压强度和保护功能。增加隔板或垫板、加厚纤维板制盒子的底面和箱壁增厚至双层或三层都能起到增加抗压强度并能减少产品损坏的作用。

3.4.1 衬垫、包装纸、套子和优质刨屑可用于减少产品的碰伤。加衬垫包装的芦笋，可以保持产品的湿度；葡萄使用经二氧化硫处理的衬垫包装和运输，可以减少产品的腐烂；衬垫还有吸收乙烯的作用，可使用经高锰酸钾处理过的衬垫包装和运输香蕉和鲜花。

3.4.2 塑料薄膜制成的衬里或袋子可用于保持水分。大多数产品使用接缝处有孔的塑料袋，是为了气体交换和避免湿度过大。无孔的塑料袋可用于密封产品以及气调包装，以减少包装袋内的氧气量，抑制产品的呼吸和后熟，例如在香蕉、草莓、番茄和柑橘类水果的运输中使用。

3.5 包装方式包括：

——田间包装：有些产品在采收后直接装入纤维盒、塑料板条箱或木质板条箱中，有些产品需要先进行独立包装再装箱。包装和装箱后应送至预冷处理间，除去田间热。

——周转包装：产品在室内或有棚的地点进行包装或处理。产品可散装在板条箱、纸箱或卡车内从田间运至包装场所。应根据产品自身的特性不同，在装入运输容器之前或之后对其进行预冷处理。

——重新包装：产品从包装容器中取出，重新分级后再装入另一包装容器。通常情况下，重新包装是为了使包装容器变小，以满足零售商和消费者的需求。

包装形式包括：

——大包装：使用人工或机械将产品装入到包装容器中，直到达到预期的容量、质量或数量。

——托盘或单元包装：将产品装入成型的托盘或单元格中，产品分隔，可减少碰伤。

——防震包装：产品被小心地装入包装容器，以减少产品的碰伤并使产品美观。

——销售包装或小包装：数量相对较少的产品经称量、包装后贴上标签以供零售。

——薄膜或热收缩包装：每个水果或蔬菜都用薄膜单独包装和密封，以减少水分损失和腐烂。薄膜可经允许使用的杀菌剂或其他化学品处理。

——气调包装：将单独的销售包装、运输容器或托盘包装用塑料膜或袋子密封，以降低氧气的含量，增加二氧化碳的含量，降低产品的呼吸作用、减缓后熟过程。

3.6 包装容器的大小应统一，装箱操作应正确。宽度较大且质量超过 23 kg(50 lb)的包装容器在搬运过程中就不易做到小心轻放，也会引起产品的损坏或容器的破损。装填过度会导致产品碰伤，也会使包装容器四周过度鼓胀，从而导致容器的抗压强度下降和容器破损。装填过少也会引起产品损坏，在搬运和运输过程中产品在包装容器内来回移动而导致相互碰伤。

在实际应用中会有许多不同尺寸的包装容器，因而包装应规范化。

符合标准的包装容器应满足下列条件：

——可与其他包装容器一起使用，面积最大的平面上没有突起或凹陷；

——可用于单元装载和稳固的混合托盘装载；

——可减少运输和销售成本。

3.7 很多发货方都选择单元货载包装而减少使用单个的运输容器。大多数配送中心都用三层货架贮藏托盘包装。

3.7.1 单元货载的特点：

——与单个的运输容器相比，减少了搬运次数；

——对容器及其装载的产品损伤较少；

——装卸的速度快；

——配送中心的处理效率提高。

3.7.2 单元货载可能需要以下物品：

——标准木制托盘或滑托板，如：1 200 mm×1 000 mm(48 in×40 in)，800 mm×1 000 mm，800 mm×1 200 mm，1 000 mm×1 200 mm；

——各包装盒之间的纤维板制、塑料制或金属制垂直咬合挂钩；

——有孔的箱子，可供空气流通，当箱子整齐的上下码放时，这些孔便排成一线；

——胶水，用于箱子之间的粘连，防止水平滑动；

——罩在码放箱子的托盘上的塑料布；

——纤维板制的、塑料制的或金属制的角板；

——箱子、角板四周的塑料制或金属制的带子。

3.8 贮藏货物的木制托盘应非常坚固。托盘应满足叉车和托盘起重机操作的需要。托盘底部的设计不应阻隔空气流通。

3.8.1 托盘应有数量足够的顶面板来支撑纤维板箱，以防止上方的箱子过重而掉落，压坏产品，还可能导致整个托盘架倾斜甚至坍塌。可用有孔、可供空气流通的纤维薄板来引导托盘间的空气流动。

3.8.2 码放的箱子不能超过托盘的边缘，超过托盘边缘箱子的抗压强度会减少 1/3，可能会导致整个载货托盘的坍塌，压坏产品，也增加了在货架中的装载、卸货和贮藏的难度。此外，如果箱子所占托盘的面积不足 90%，且没与托盘边缘对齐，则会在运输中来回滑动。

3.8.3 托盘载货运输中如果没用带子或网固定，至少应把超过三层的容器重叠式码放以增加稳定性。也可用薄膜包裹、胶带粘贴或用黏胶胶粘顶层容器来代替重叠式码放。容器应有足够的强度，保证重叠式码放后不会散落。如果运输的产品需要通风换气的话，就不能用薄膜包裹的方法。

3.9 一些发货方会因滑托板的成本较低，用它来代替托盘，可免除运输和归还托盘的费用。但使用滑托板载货时，需要一种特殊的叉车将货物从配送中心的托盘上转移到滑托板上，再将运到的货物从滑托板上转移到托盘上。如果收货人没有这种特殊的叉车，就要用人力卸货和堆垛。滑托板上的运输容器需重叠式码放、用膜包裹或用角板和带子固定。

纤维板制或塑料制的滑托板应足够结实，满载时可被叉车举起并拖至叉车的叉齿或托盘上以便搬运。在潮湿环境下使用的纤维制滑托板应进行浸蜡处理。在运输设备中使用的滑托板上要有孔洞，以便货物下方的空气流通。冷藏运输中虽然也要求货物下方的空气能充分流通，但冷藏设备的地板上有浅地槽，所以冷藏运输中可不使用滑托板。

4 预冷操作

4.1 采收后的新鲜水果和蔬菜应进行预冷处理，冷却到适宜的温度和湿度，除去田间热，保持水果和蔬菜的质量。没有进行预冷处理的水果和蔬菜，由于没有除去田间热，品质会迅速降低。

4.2 冷藏运输设备是用于保持温度的，不应用来去除田间热。同样，冷藏单元也不能增加或控制相对湿度。

4.3 预冷可以延长产品的贮藏寿命，是通过减少以下指标来实现的：

——田间热；

——产品的呼吸率和产品产生的热量；

——后熟速率；

——水分损失（萎蔫和枯萎）；

——乙烯的产生（产品自身产生的催熟气体）；

——腐烂的蔓延。

4.4 有效的预冷取决于：

——产品从收获到预冷之间的时间间隔；

——如果产品在预冷之前包装，包装容器的类型；

——产品的初温；

——用于预冷的冷空气、水或冰的体积或数量；

——产品的最终温度；

——预冷的冷空气和水的清洁程度，可减少腐败微生物；

——预冷后温度的保持。

4.5 预冷应在产品收获后尽快进行。对大多数产品而言，采收应在清晨进行，以使田间热最小化，也降低了制冷设备的负荷。收获后的产品在送入预冷间之前应被覆盖，避免阳光照射。

4.6 许多产品是在田间或棚内先进行包装，然后再预冷。金属线捆扎或钉子固定的板条箱以及浸蜡的纤维板制箱子都可用于包装那些经过小包装后又经冰或水预冷的产品。预冷对于运输包装并被统一堆码在托盘上的产品十分重要，因为在运输和贮藏过程中，包装箱的内部和四周的空气流通会受到限制。

4.7 预冷方法的选择应考虑产品的特性、价值和质量因素以及劳动力、设备和材料的成本。预冷方法包括：

——室内预冷：将产品的包装堆码在冷藏室中进行预冷，有些产品还可以进行喷淋预冷；

——强制通风冷却或湿压预冷：将冷空气通入到冷藏室内进行预冷，有些产品须在通入的冷空气中加入水；

——水预冷：用大量冰水冲洗装有产品的罐子、箱子或运输集装箱；

——真空预冷：在密闭的贮藏室内抽真空，以除去包装容器中产品产生的热量；

——加水真空预冷：在抽真空之前或抽真空的过程中向包装容器内加水，以加速除热过程；

——加冰预冷：向装有产品的包装容器内加入碎冰或冰泥，有时是大体积的包装容器。

4.8　由于热带水果和蔬菜对冷极为敏感，应注意不能在低于推荐的温度下进行预冷或贮藏，通常冷害的影响要到销售时才显现出来。冷害的影响主要表现为无法后熟、产品表面产生凹陷、腐烂、产品表面出水型损伤以及变色或出现斑点。

4.9　所有的产品都是易于腐烂的，预冷的设备和水应持续消毒，如可采用次氯酸钠除去腐烂产生的有机物。预冷后应注意避免产品温度的回升，预冷后的产品在温度较高时表面结露也会导致腐烂。

4.10　运输方式、运输设备、装载方法以及搬运和贮藏操作都会影响预冷操作的有效性。如果预冷后没有保持推荐的温度和湿度，产品质量将会降低。

ICS 65.160
X 94
备案号：62750—2018

YC

中华人民共和国烟草行业标准

YC/T 10.13—2018
代替 YC/T 10.13—2006

烟草机械　通用技术条件
第13部分：包装

Tobacco machinery—General requirements—
Part 13: Packing

2018-04-03 发布　　2018-04-15 实施

国家烟草专卖局　发布

前　言

YC/T 10《烟草机械　通用技术条件》分为16部分：

——第1部分：切削加工件；

——第2部分：冷作件；

——第3部分：焊接件；

——第4部分：灰铸铁件；

——第5部分：球墨铸铁件；

——第6部分：铸造碳钢件；

——第7部分：铜合金铸件；

——第8部分：铝合金铸件；

——第9部分：锻件；

——第10部分：金属涂覆与化学处理；

——第11部分：涂漆；

——第12部分：装配；

——第13部分：包装；

——第14部分：电气控制系统；

——第15部分：电气控制系统装配；

——第16部分：不锈钢件抛光、拉丝。

本部分为YC/T 10的第13部分。

本部分按照GB/T 1.1—2009给出的规则起草。

本部分代替YC/T 10.13—2006《烟草机械　通用技术条件　第13部分：包装》，与YC/T 10.13—2006相比，除编辑性修改外主要技术变化如下：

——增加了产品包装准备中对产品上的金属裸露加工面及易锈蚀零部件的防锈处理应达到的要求(见3.1.4，2006年版的3.1.4)；

——修改了胶合板的选用类别(见3.2.2，2006年版的3.2.2)；

——修改了纤维板应达到的技术要求(见3.2.3，2006年版的3.2.3)；

——修改了出口包装所用材料应符合的要求(见3.2.9，2006年版的3.2.9)；

——修改了包装箱尺寸和重量的范围(见3.3.3，2006年版的3.3.3)；

——修改了包装箱上的叉孔设计尺寸执行的标准(见3.3.4，2006年版的3.3.4)；

——修改了包装箱制作时各结合处使用各类护铁的设计要求(见3.3.8，2006年版的3.3.8)；

——增加了包装箱制作的基本要求(见3.3.10、3.3.11)；

——增加了产品包装的防潮要求(见3.4.19)；

——增加了产品包装的防水要求(见3.4.20)；

——增加了产品包装需加薄膜罩的要求(见3.4.21、3.4.22)；

——增加了出口包装要求(见3.4.23)；

——重新对包装时的烟草设备进行分类标志区分，增加电控设备为"交电"类设备。(见3.5.2，2006年版的3.5.2)；

——将除"防震措施"以外的"防震"修改为"缓冲"，与国标统一(见3.2.8、3.4.3、3.4.5、3.4.11、3.4.12、3.4.13，2006年版的3.2.8、3.4.3、3.4.5、3.4.11、3.4.12、3.4.13)。

本部分由国家烟草专卖局提出。

本部分由全国烟草标准化技术委员会烟机分技术委员会(SAC/TC 144/SC 3)归口。

本部分起草单位:中烟机械技术中心有限责任公司、昆明船舶设备集团有限公司、上海烟草机械有限责任公司、常德烟草机械有限责任公司、许昌烟草机械有限责任公司、秦皇岛烟草机械有限责任公司。

本部分主要起草人:王艳琼、白炜、王帆、邓钢锋、朱成生、徐庆涛、胡淑云、竺海斌、郑根甫、侯敬芬。

本部分所代替标准的历次版本发布情况为:

——YC/T 10.12—1993;

——YC/T 10.13—2006。

烟草机械　通用技术条件
第13部分：包装

1　范围

YC/T 10本部分规定了烟草机械产品包装的技术要求及产品包装对运输与贮存的要求。

本部分适用于烟草机械产品的包装、运输与贮存。

本部分不适用于带有放射性产品的包装。

2　规范性引用文件

下列文件对于本文件的应用是必不可少的。凡是注日期的引用文件，仅注日期的版本适用于本文件。凡是不注日期的引用文件，其最新版本（包括所有的修订单）适用于本文件。

GB/T 191　包装储运图示标志

GB/T 4879　防锈包装

GB/T 5048—1999　防潮包装

GB/T 6388　运输包装收发货标志

GB/T 7284—2016　框架木箱

GB/T 7350—1999　防水包装

GB/T 8166　缓冲包装设计

GB/T 9846—2015　普通胶合板

GB/T 12464　普通木箱

GB/T 12626.2—2009　湿法硬质纤维板　第2部分：对所有板型的共同要求

GB/T 13123　竹编胶合板

GB/T 16471　运输包装件尺寸与质量界限

GB/T 19142　出口商品包装　通则

JB/T 3085—1999　电力传动控制装置的产品包装与运输规程

3　技术要求

3.1　产品包装的准备

3.1.1　待包装产品需经质检部门按产品出厂技术文件检验合格，并签发产品合格证后，方可进行包装。

3.1.2　清除产品内存的油、水等液体及其他渣滓、污物等。

注：对于密封在产品中（包括外购件）的油、油脂等，在运输过程中不会产生飞溅、渗漏的例外。

3.1.3　产品涂漆后漆膜已干。

3.1.4　产品上的金属裸露加工面及易锈蚀零部件等应按GB/T 4879的规定进行防锈处理，达到1级防锈包装等级。

3.1.5　产品的运动零部件，应移至使机器（或装置）具有最小外形尺寸的位置加以固定。

3.1.6　拆下的液压、气动、润滑、冷却等元件应清洗干净，并将出入口封严加标志后，另行封装。

3.1.7　精密的仪器仪表、电子装置、功能单元插件等可拆卸加标志后，另行包装，其要求按JB/T 3085—1999中第5章执行。

3.1.8　拆下的皮带、软管、线缆等，应分类编号另行封装。

3.1.9 凸出的零部件、接口、支撑体、传动部分等需拆下时，应作标志后另行封装。

3.1.10 所有备件、附件、工具等，按 GB/T 4879 的规定进行防锈处理，分类编号后另行封装。

3.1.11 随机文件配齐后用防潮材料封装完好。

3.1.12 产品包装应保证在正常贮运条件下，一年内不致引起产品出现锈蚀及损坏。

3.2 包装材料

3.2.1 木材应符合 GB/T 7284—2016 中 5.1.1 的规定。

3.2.2 胶合板一般按 GB/T 9846—2015 中规定的Ⅰ类、Ⅱ类、Ⅲ类或性能与之同等以上的其他胶合板及其他材质的胶合板。如选用竹编胶合板，其性能应符合 GB/T 13123 的规定。

3.2.3 纤维板一般按 GB/T 12626.2—2009 中第 3 章的规定。

3.2.4 金属件一般按 GB/T 7284—2016 中 5.1.4 的规定。

3.2.5 防潮材料应具有良好的耐水性，透湿量应小于 10 g/(m^2 · 24 h)，用于密封的各种塑料薄膜应完整、无破损和针孔，具有一定的柔韧性。

3.2.6 干燥剂的含水率不大于 4%。

3.2.7 防锈材料应对金属材料表面有良好的附着力、无腐蚀，且易于清除。

3.2.8 缓冲材料应具有质地柔软、富有弹性、不易疲劳变形等特点。

3.2.9 出口包装所用材料应符合 GB/T 19142 中相关内容规定。

3.3 包装箱

3.3.1 包装箱应根据产品的特点、运输、装卸、保管等条件及制造工艺水平等进行设计，且符合牢固、经济、安全可靠的要求。

3.3.2 包装箱型式宜用 GB/T 7284—2016 表 1 中 1 类或 2 类，采用 1 类时，箱板的铺法为木板封闭箱。

3.3.3 包装箱应符合运输部门有关重量和外形尺寸等方面的规定。包装箱尺寸和重量(质量)按 GB/T 16471 的规定。

3.3.4 包装箱上的叉孔尺寸应按 GB/T 7284—2016 中 6.1.3.3 的规定设计。

3.3.5 木箱一般做成滑木式，滑木分一般式和辅助式两种。滑木两端的制作按 GB/T 7284—2016 第 6.1.2、6.1.3 要求。

3.3.6 木箱的端板、侧板、顶盖均应合理选材，保证使用强度。板内须衬防潮材料。若材料有接缝，其搭接宽度不小于 60 mm，且应压紧固牢。

3.3.7 包装箱端面上方根据贮运条件及产品包装性能要求宜设置通风孔罩，通风孔罩应防淋。

3.3.8 框架木箱的各结合处根据需要可增设包棱角铁及 U 型、L 型、T 型加固铁板或钉；在起吊受力处和与吊绳接触处，可根据需要设计起吊护铁。包棱角铁、加固铁板和起吊护铁的设计应布置整齐，且按设计要求安装牢固。

3.3.9 备件、附件、工具等单独包装箱及小于 200 kg 的产品(含电气传动控制装置)的包装箱可做成普通木箱，但应保证便于紧固、储运。普通木箱的制作应按 GB/T 12464 的规定。

3.3.10 包装箱成箱后，侧、端框架合缝处，不应离缝。

3.3.11 包装箱上的钢钉不应中途弯曲。钉尖不应裸露出外面。

3.4 产品包装

3.4.1 产品包装物已配齐，且符合 3.1 要求后方可进行包装。产品包装分箱装、敞装、捆装、简易包装等。

3.4.2 产品各包装物在包装箱内的位置、固定方式及其他包装要求应符合包装设计文件的规定。

3.4.3 产品应可靠地固定在底座上(木箱底上须加铺一层防潮材料，铁质箱底座上加垫一层缓冲材料)，不应松动。

3.4.4 产品装箱时应尽量使重心居中、靠下。若重心太高，则须采取相应的措施(如卧装)。

3.4.5 另行封装的零部件等宜采取必要的防震措施后，按包装图所示的位置及固定方式紧固于底板上。缓冲包装按 GB/T 8166 执行。

3.4.6 各小型普通木箱等单独包装件(单独出厂的除外)采用相应的防震、防碰撞措施后,按包装图所示位置及固定方式紧固于底板上。

3.4.7 一台产品尽可能整机装箱,若多箱包装时,按3.5.6的规定作出标志。

3.4.8 当产品〈含另行封装件〉不能直接固定时,可采用压杆、挂钩、铁箍、撑杆等方式进行紧固。

3.4.9 包装箱内任何部位都不应悬挂包装件。

3.4.10 产品外轮廓离包装箱的四周内壁距离为80 mm～150 mm,离顶盖的距离为50 mm～80 mm。

3.4.11 产品的重要加工表面不应与包装箱底座、紧固木方、压板等直接接触,其表面应有缓冲、防锈、防划伤保护。

3.4.12 所有易碎、精密部位均须采用缓冲包装。

3.4.13 电气控制装置四周箱底须衬垫缓冲材料,八个角可安放缓冲包角。

3.4.14 敞装件的底座要求与木质包装箱的要求相同,产品可采用压杆、挂钩、铁箍等形式紧固于底座上,需防护的部位应采用相应的措施。

3.4.15 捆装件每捆重量不超过2 t,捆扎距离以1 m～2 m为宜。如为管件,应将管口堵封;螺纹等需防护的部位,应使用麻布等包扎好。

3.4.16 近距离采用汽车运输的产品,可采用简易外包装或敞装,但应保证产品贮运安全。

3.4.17 随机技术文件应放入主机(或第1箱)箱内的规定位置。

3.4.18 产品包装应按包装技术文件执行。

3.4.19 产品包装的防潮要求应符合GB/T 5048—1999中3.3表1的规定。一般包装选用2级防潮包装等级。

3.4.20 产品包装的防水要求应符合GB/T 7350—1999中3.3表1的规定。一般包装选用B类1级防水包装等级。

3.4.21 产品封装前需加薄膜罩并根据需要进行相应的防潮处理。

3.4.22 敞装时,在产品包装完成后,需加薄膜罩。

3.4.23 出口包装按GB/T 19142的规定执行。

3.5 包装箱的标志

3.5.1 包装箱外壁应有正确、统一、完整、清晰、醒目、不脱落、不退色的发货标志和储运图示标志。

3.5.2 烟草设备中机械及机电一体化设备的分类标志为“机械”。电控柜、现场操作柜等电控设备的分类标志为“交电”。图形与尺寸见GB/T 6388,标志位置在包装箱端面(或正侧面)的左上部。

3.5.3 收发货标志按GB/T 6388规定。

3.5.4 储运图示标志按GB/T 191规定。

3.5.5 包装箱端面方向重心居中时,重心点只标示在两侧面;若不居中,还应在两端面标示。

3.5.6 多箱包装时,箱号采用分数表示,分子为分箱号,分母为总箱数。

3.5.7 其他有关标志,根据需要可标在端面或侧面的左下部。

3.5.8 敞装、捆装的产品,用挂标志牌的方式标明各种必需的包装标志,每件上同一标志牌应不少于两个。

3.5.9 出口产品的收发货标志(唛头),宜按出口合同或外方信用证规定;收发货标志的文字内容,用英文书写。

4 产品包装对运输与贮存的要求

4.1.1 在装卸、运输、贮存过程中,应遵照箱壁上的标志进行操作。

4.1.2 在装卸、运输、贮存时,应保证无酸、碱等腐蚀性气体、液体侵害产品。

4.1.3 贮存环境:温度为−40 ℃～+40 ℃;相对湿度不大于80%。

前　　言

复烤片烟包装系列标准共分三部分：

即 YC/T 137.1—1998　复烤片烟包装　瓦楞纸箱包装；

YC/T 137.2—1998　复烤片烟包装　木夹板包装；

YC/T 137.3—1998　复烤片烟包装　麻布包装。

本标准规范了复烤片烟的木夹板包装方法、包装的技术要求、贮存及运输。

本标准由国家烟草专卖局提出。

本标准由全国烟草标准化技术委员会归口。

本标准起草单位：中国烟草总公司郑州烟草研究院、玉溪卷烟厂。

本标准主要起草人：肖玉沛、朱维敏、李新华、王洪权。

中华人民共和国烟草行业标准

复烤片烟包装　木夹板包装

YC/T 137.2—1998

Redried-lamina packing—Wood platen packaging

1　范围

本标准规定了复烤片烟木夹板的包装方法、包装的技术要求、贮存及运输。

本标准适用于烤烟和白肋烟。

2　引用标准

下列标准所包含的条文，通过在本标准中引用而构成为本标准的条文。本标准出版时，所示版本均为有效。所有标准都会被修订，使用本标准的各方应探讨使用下列标准最新版本的可能性。

GB 739—75　胶合板物理机械性能试验方法

GB 1349—78　针叶树胶合板

GB 1931—91　木材含水率测定方法

GB 2635—92　烤烟

GB 3538—83　运输包装件各部位的标志方法

GB 4173—84　包装用钢带

GB 4456—84　包装用聚乙烯吹塑薄膜

YC/T 17—1994　烟叶复烤质量及检验方法

YC/T 137.1—1998　复烤片烟包装　瓦楞纸箱包装

3　包装方法

木夹板包装是用上下两块夹板，将装入塑料袋的烟坯夹在中间或在塑料袋外再套上单层瓦楞纸筒并捆扎固定的包装（见图1）。

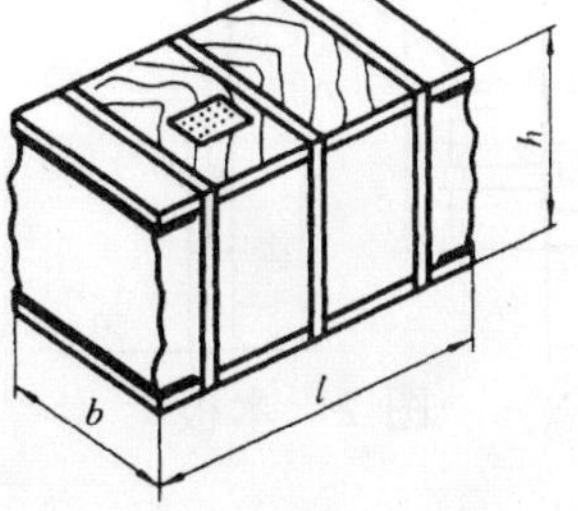

图1　木夹板包装

4　规格

木夹板包装规格见表1。

国家烟草专卖局1998-03-12批准　　1998-05-01实施

表 1　木夹板包装的规格

烟包净重 kg	重量偏差 kg	烟包长度 *l*,mm		烟包宽度 *b*,mm		烟包高度 *h*,mm	
		尺寸	偏差	尺寸	偏差	尺寸	偏差
150	±0.5	1 000	±2	600	±2	670	±20
200		1 100		670		735	
400		1 200		1 000		950	
注：烟包高度尺寸，不包括上下夹板的厚度。							

5　包装材料及其技术要求

5.1　夹板

5.1.1　材料

一种是采用马尾松、云南松、落叶松等无异味和质地坚实树种的板材；另外一种是采用针叶树材Ⅱ类(NS)耐水胶合板。

5.1.2　规格(见表 2 和图 2)

表 2　夹板的规格

尺寸 mm ＼ 烟包净重 kg	150	200	400
长度 l	1 000±2	1 100±2	1 200±2
宽度 b	600±2	670±2	1 000±2
厚度 h_1	松木板 25±2，胶合板 20±1.5		

单位：mm

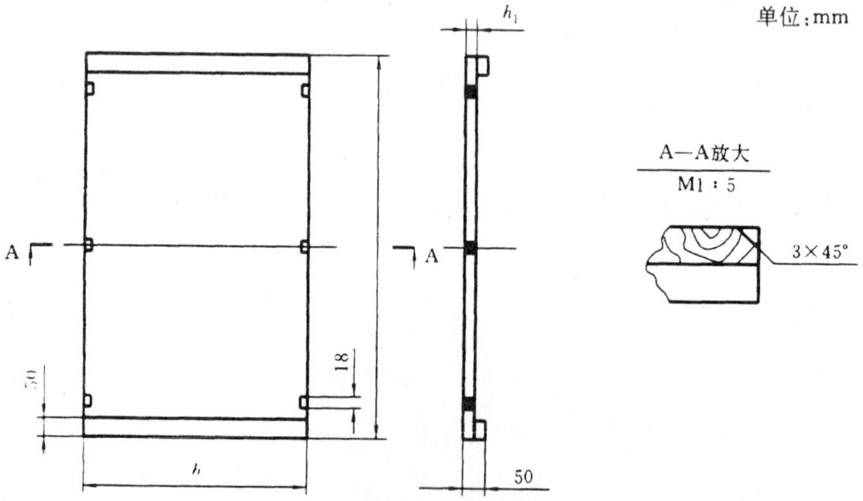

图 2　木板

5.1.3　技术要求

a）木板

1）木板要求采用马尾松、云南松、落叶松等无异味和质地坚实树种的板材。

2）木板质量按国家一、二等木材标准要求执行，木材含水率 11％～13％(按 GB 1931 检验)。

3）整块板横向允许 4～5 块木板拼接，拼接间隙必须控制在 3 mm 以内。

4）为了便于捆扎固定，在木板长度方向的棱边开一宽 18 mm 的缺口，并成 3 mm×45°的倒角。

5）木板无虫蛀、无异味、无腐烂。

b）胶合板

1）采用针叶树材Ⅱ类(NS)耐水胶合板，其胶合强度为1.2 MPa(按GB 739规定检验)。

2）胶合板的技术条件应符合GB 1349—78中第3章的规定。

3）胶合板制作所用胶需达到食品包装规定。

4）胶合板含水率为11%～13%(按GB 739规定检验)。

5）胶合板周边采用0.5 mm镀锌铁皮包边。

5.2 塑料袋

5.2.1 材料

棕黑色聚乙烯吹塑薄膜。

5.2.2 规格(见表3)

表3 塑料袋规格

尺寸 mm ＼ 烟包净重 kg	150	200	400	备注
长	1 040±2	1 140±2	1 240±2	
宽	640±2	710±2	1 040±2	
高	1 370±2	1 505±2	2 050±2	
厚度	0.12±0.02			

5.2.3 技术要求

厚度(0.12±0.02) mm棕黑色聚乙烯吹塑薄膜的外观要求和物理机械性能应符合GB 4456—84中1.2和1.3一级品的规定。按GB 4456—84中第2章和第3章规定进行检验、验收。

5.3 瓦楞纸筒

5.3.1 箱型

同YC/T 137.1—1998 4.1中图1的内箱的箱型，由两块瓦楞纸板通过钉合将接缝封合制成纸箱。箱底部折片(俗称下摇盖)构成箱底，无箱盖。空箱运输时可折叠平放，使用时将纸箱撑开(见图3)。

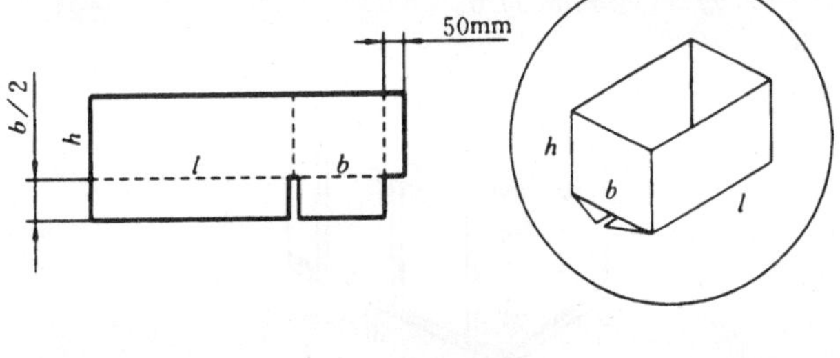

图3 瓦楞纸筒

5.3.2 规格(见表4)

表4 瓦楞纸筒规格(内量)

烟包净重 kg	长度 l,mm		宽度 b,mm		高度 h,mm	
	尺寸	偏差	尺寸	偏差	尺寸	偏差
150	1 000	+5 −3	600	+5 −3	670	+5 −3
200	1 100		670		735	
400	1 200		1 000		950	
注：烟包高度尺寸，不包括上下夹板的厚度。						

5.3.3 材料(见表5)

表5 瓦楞纸筒的材料

名　称	层　数	纸的定量,g/m^2
箱面	1	进口箱板纸 300
箱里	1	国产箱板纸 300
瓦楞	1	国产瓦楞纸 180

5.3.4 技术要求

见 YC/T 137.1—1998 中表 3。

6 捆扎

6.1 选用力学性能为Ⅳ组、厚度为普通精度、镰刀弯为较高精度的 0.4 mm×16 mm 发蓝钢带,包装钢带的标记按 GB 4173—84 中 2.4 规定:Ⅳ—P—L—F—0.4×16。

6.2 钢带厚度偏差为 0.4 mm±0.20 mm;

宽度偏差为 16 mm±0.10 mm;

镰刀弯不大于 1.7 mm。

6.3 技术要求按 GB 4173—84 中第 3 章规定。

6.4 捆扎钢带接扣规格:

(32±5)mm×(31±1)mm×(0.27±0.2)mm。

6.5 150 kg 烟包宽度方向捆扎三道,200 kg 和 400 kg 烟包宽度方向捆扎四道。距离均匀,偏差不大于 100 mm;偏斜不超过 60 mm。两边捆扎带距箱边的距离:150 kg 烟包为 100 mm;200 kg 和 400 kg 的烟包为 200 mm。

6.6 人工捆扎时,卡扣夹紧,用人力张拉时不脱扣。

7 包装标志

7.1 标示方法按 GB 3538—83 中 2.1 的规定(见图 4):表面(上木夹板)标示为 1,右侧面为 2,底面(下木夹板)为 3,左侧面为 4,近端面为 5,远端面为 6。

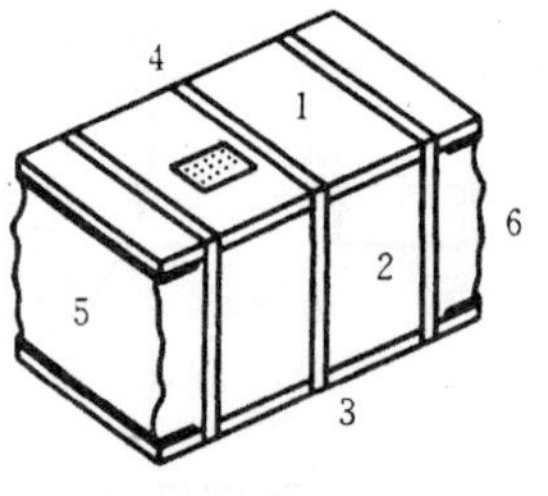

图 4 标示方法

7.2 采用贴标签方式标志,每包木夹板复烤片烟贴两张标志,分别贴在两块木板上(即 1 面和 3 面)。

7.3 标签上应注明复烤厂(车间)名、班次、烟叶产地、类型、等级、年限、净重、体积、生产日期。

8 包装的技术要求

8.1 复烤片烟在包装前需经检验,并有产品合格证。

8.1.1 复烤片烟的等级标准和纯度要求参照 GB 2635 有关规定检验。

8.1.2 复烤片烟的水分、以及大、中、小片率、叶和梗含量的要求参照 YC/T 17 有关规定检验。

8.2 成品烟包应不缺角,无大小头现象。

8.3 烟包外检验合格率100%。

8.4 重量检验合格率≥96%。

9 贮存

9.1 捆扎好的烟包再装放在铁框架中(见图5),并用钢皮捆扎带将烟包再捆扎一道。铁框架上附升降钢丝绳2根,以备吊装之用。

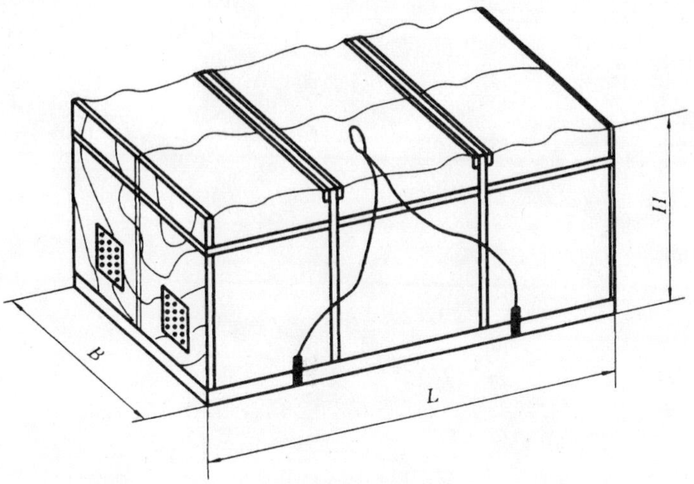

图5 成架烟包

9.2 烟包放置方法及铁框架的规格(见表6)

表6 烟包放置方法及铁框架的规格

烟包净重 kg	烟包放置方法烟包与铁柜架内接触面 (见7.1图4)	铁框架放置烟包的个数 包	规格($L \times B$),mm (见图5)
150	5	6	2 250×1 230
200	2或4	3	2 445×1 130
400	2或4	2	2 070×1 230

9.3 贮存复烤片烟的仓库必须干燥、清洁、无异味,库内应有良好的通风条件和消防设施。

9.4 库房烟架距离墙壁应大于300 mm,库内应留适当通道。库内地面有良好的防潮设施,严防片烟受潮、霉变。

9.5 库内成架烟包堆码高度为八层。

10 运输

10.1 烟包不许与易腐烂、有异味、剧毒、潮湿的货物放在一起运输。

10.2 运输时,烟包上应有防潮、防雨遮盖物。

ICS 65.160
X 85
备案号:25989—2009

YC

中华人民共和国烟草行业标准

YC/T 169.12—2009
代替 YC/T 169.12—2002

烟用丝束理化性能的测定
第 12 部分:包装与外观

Determination of physical and chemical characteristics of tow for cigarette—
Part 12:Packing and outward appearance

2009-03-30 发布

2009-05-01 实施

国家烟草专卖局　发布

前　言

YC/T 169《烟用丝束理化性能的测定》分为12个部分：

——第1部分：丝束线密度；

——第2部分：单丝线密度；

——第3部分：卷曲数；

——第4部分：丝束卷曲指数及丝束卷曲弹性回复率；

——第5部分：断裂强度；

——第6部分：截面形状和径向异形度；

——第7部分：回潮率；

——第8部分：水分含量；

——第9部分：油剂含量；

——第10部分：残余丙酮含量；

——第11部分：二氧化钛含量；

——第12部分：包装与外观。

本部分为YC/T 169的第12部分。

本部分代替YC/T 169.12—2002《烟用丝束测定系列标准　第12部分：包装与外观》。

本部分与YC/T 169.12—2002相比主要变化如下：

——本部分的名称由《烟用丝束测定系列标准　第12部分：包装与外观》更改为《烟用丝束理化性能的测定　第12部分：包装与外观》；

——增加了规范性引用文件GB 9687《食品包装用聚乙烯成型品卫生标准》和GB 9688《食品包装用聚丙烯成型品卫生标准》；

——修改了包装测定步骤；

——测定报告中增加两项内容："与本部分规定的测定步骤的差异"和"在试验中观察到的异常现象"；

——增加了附录A。

本部分的附录A为规范性附录。

本部分由国家烟草专卖局提出。

本部分由全国烟草标准化技术委员会烟用材料分技术委员会(SAC/TC 144/SC 8)归口。

本部分起草单位：国家烟草质量监督检验中心、珠海醋酸纤维有限公司、南通醋酸纤维有限公司、昆明醋酸纤维有限公司、大亚科技股份有限公司。

本部分主要起草人：周德成、邢军、刘锋、李晓辉、周明珠、冷雅莉、曹建国、陶冬梅、范忠辉。

本部分所代替标准的历次版本发布情况为：YC/T 169.12—2002。

烟用丝束理化性能的测定 第12部分:包装与外观

1 范围

YC/T 169的本部分规定了烟用丝束包装与外观的测定方法。

本部分适用于烟用二醋酸纤维素丝束和烟用聚丙烯纤维丝束。

2 规范性引用文件

下列文件中的条款通过YC/T 169的本部分的引用而成为本部分的条款。凡是注日期的引用文件,其随后所有的修改单(不包括勘误的内容)或修订版均不适用于本部分,然而,鼓励根据本部分达成协议的各方研究是否可使用这些文件的最新版本。凡是不注日期的引用文件,其最新版本适用于本部分。

GB 9687 食品包装用聚乙烯成型品卫生标准

GB 9688 食品包装用聚丙烯成型品卫生标准

YC/T 26 烟用二醋酸纤维素丝束

YC/T 27 烟用聚丙烯纤维丝束

3 取样

烟用二醋酸纤维素丝束按YC/T 26的规定取样。

烟用聚丙烯纤维丝束按YC/T 27的规定取样。

4 测定步骤

4.1 包装

4.1.1 目测丝束包的包装是否完整、牢固。

4.1.2 目测丝束外包装有无产品名称、产品标准编号、生产企业名称、地址、商标、丝束规格、生产日期、毛重、净重、丝束包编号、许可证编号(仅适用于国内丝束)、物流跟踪码、防潮、防日光曝晒、防重压、勿倒置、顶端、底端等标志。

4.1.3 目测丝束包的标志净重是否符合YC/T 26或YC/T 27规定。

4.1.4 目测丝束包有无产品合格证。

4.1.5 目测丝束包的包装是否完整,有无内衬防潮薄膜材料,是否符合GB 9687和GB 9688的规定。

4.2 外观

4.2.1 开包检查丝束是否有异味或霉变,目测丝束颜色是否符合YC/T 26或YC/T 27要求。异味或霉变按附录A进行检验。

4.2.2 目测丝束包内的接头是否符合YC/T 26或YC/T 27规定,接头处有无醒目的标志。

4.2.3 将丝束引入成型机,在丝束抽出过程中,目测丝束在包内的排放是否规则,是否易于抽出;在丝束开松过程中,目测烟用二醋酸纤维素丝束有无滴浆、切断、分裂等缺陷,目测烟用聚丙烯纤维丝束有无浆块、毛边、分股、污渍等缺陷。丝束生产企业可在铺丝过程中目测烟用二醋酸纤维素丝束有无滴浆、切断、分裂等缺陷,目测烟用聚丙烯纤维丝束有无浆块、毛边、分股、污渍等缺陷。目测的丝束长度约为1 000 m。

5 结果表示

5.1 详细记录各项检查的情况。

5.2 若同一包样品中同时存在多种缺陷时，记录时应加以注明。

6 测定报告

测定报告应包括以下内容：

——YC/T 169 本部分的编号；

——试样的标志及说明；

——检验人员、检验日期；

——测定结果；

——与本部分规定的测定步骤的差异；

——在试验中观察到的异常现象。

附 录 A
（规范性附录）
丝束异味的检验

A.1 测定方法

异味的检验采用嗅觉评判的方法。

A.2 人员

检验人员应是经过一定训练和考核的专业人员。

A.3 取样及处理

从丝束包中怀疑有异味的部位抽取不少于 300 g 丝束，抽取的样品立即装入洁净的 PE 袋后密封。取样应快速准确，并确保样品不受污染。

注：PE 袋上应标明样品信息，包括样品名称、规格、生产厂家、生产日期、取样日期、取样地点和取样人等。

A.4 检验步骤及结果处理

A.4.1 检验应在洁净的无异常气味的环境中进行。

A.4.2 样品开封后，立即进行该项目的检验。

A.4.3 检验人员须戴手套，双手托起试样靠近鼻腔，仔细嗅闻试样所带有的气味，若检验出丝束本身固有气味之外的气味，如霉味、高沸程石油味（如汽油、煤油味）、鱼腥味、芳香烃气味、过量残留的化学试剂气味等，则判为有异味，否则判为无异味。

A.4.4 检验应有三个人，检验人员独立进行检验，并以两个人一致的结果为样品检验结果。

参 考 文 献

[1] GB 18401—2003 国家纺织产品基本安全技术规范

《中国包装标准汇编》产品包装卷（上）（第二版）

鸣谢单位

山东丽鹏股份有限公司	孙鲸鹏　孙世尧　张本杰
北京高盟新材料股份有限公司	郝晓祎　唐志萍
东莞市冠力胶业有限公司	赵建国　卢智燊　胡德志
四川省宜宾普拉斯包装材料有限公司	周立权　阳培翔　徐胜英
海普智联科技股份有限公司	孙瑞远　徐聚元
北京华腾新材料股份有限公司	陈　宇　李　明
上海帆铭机械有限公司	徐　冰
重庆正合印务有限公司	何荣均
安徽百世佳包装有限公司	江传宝
珠海鼎立包装制品有限公司	老治平
山东烟郓包装科技有限公司	张来彬　孟繁林
山东景泰瓶盖有限公司	鞠延龙　鞠　坡
福建福贞金属包装有限公司	李荣福
天津炬坤金属科技有限公司	吕刚刚　李传国　韩　健
上海烟草包装印刷有限公司	罗　龙　郦　彬
杭州永创智能设备股份有限公司	翁士山　张彩芹
盐城宏景机械科技有限公司	庞春华　崔道学
合肥美邦新材料科技有限公司	周四化
广东宝佳利彩印实业有限公司	李志明　陈克之
威德霍尔机械（太仓）有限公司	戴京辉
上海首达包装机械材料股份有限公司	孙步达
新协力包装制品（深圳）有限公司	杨衔镛　杨靖民
义乌市港华塑胶制品厂	李坤勇　吴锦凌
奥瑞金科技股份有限公司	周云杰
福建标新易开盖集团有限公司	林清标
上海创发包装材料有限公司	林玉军
江阴升辉包装材料有限公司	宋建新　杨　伟
四川美丰化工股份有限公司射洪分公司	杨德奎
江门市辉隆塑料机械有限公司	许锦才
江苏中金玛泰医药包装有限公司	徐银华
广东粤东机械实业有限公司	李文英
河北晓进机械制造股份有限公司	闵晓进
上海宝钢包装股份有限公司	曹　清
广州市花都联华包装材料有限公司	陈毕峰　朱晓敏
江苏景宏新材料科技有限公司	吴培龙　符朝贵
江西万申机械有限责任公司	周胜如
广州康迅包装设备有限公司	李大军

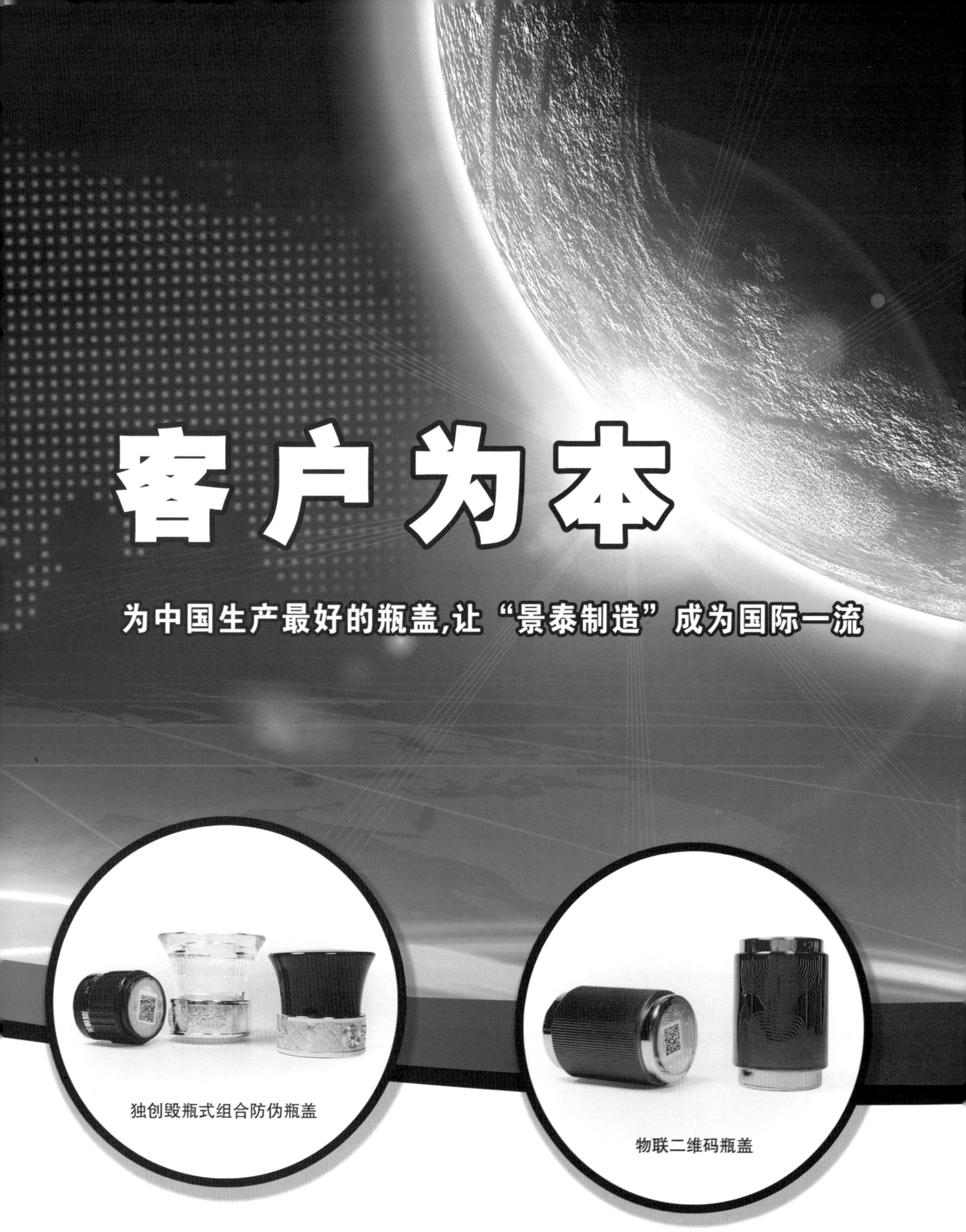
客户为本
为中国生产最好的瓶盖,让"景泰制造"成为国际一流
独创毁瓶式组合防伪瓶盖
物联二维码瓶盖

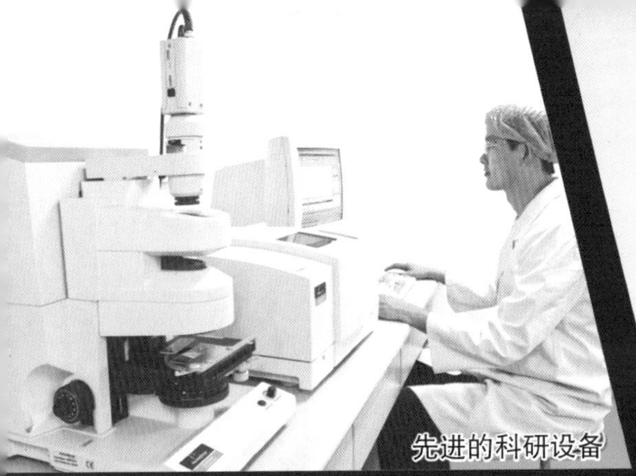

先进的科研设备

RTO尾气治理设备

VOCs回收处理系统

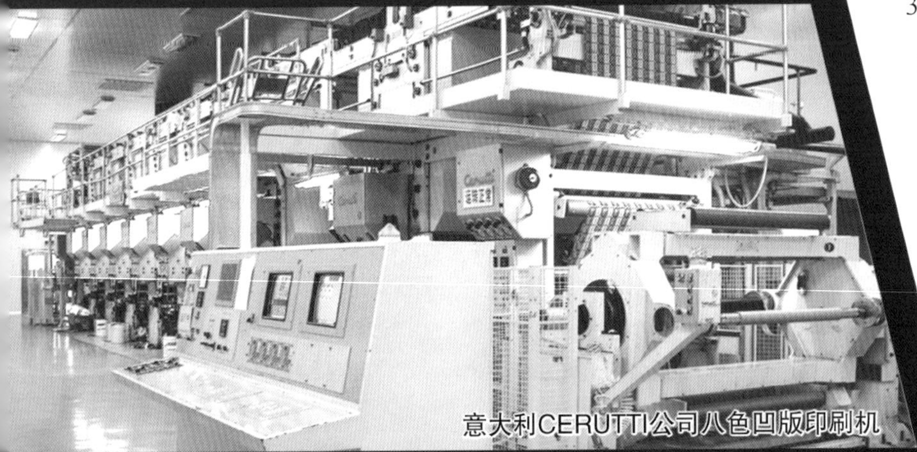

意大利CERUTTI公司八色凹版印刷机

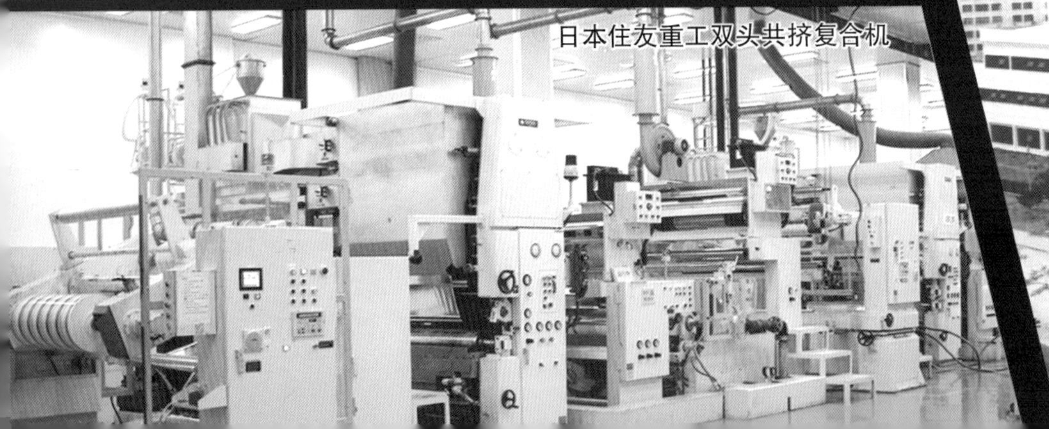

日本住友重工双头共挤复合机

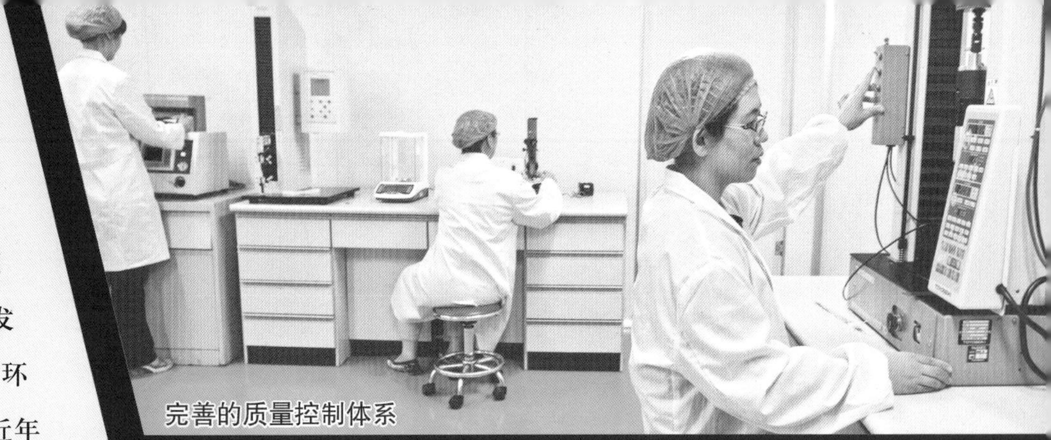
完善的质量控制体系

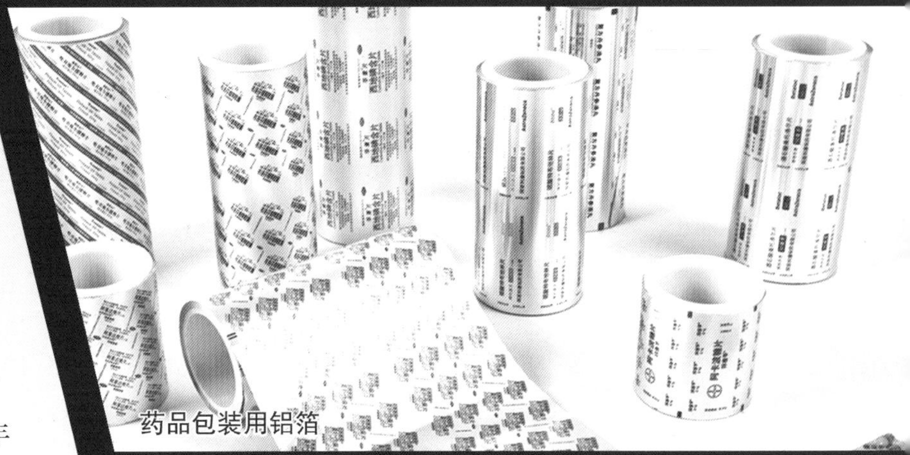
药品包装用铝箔

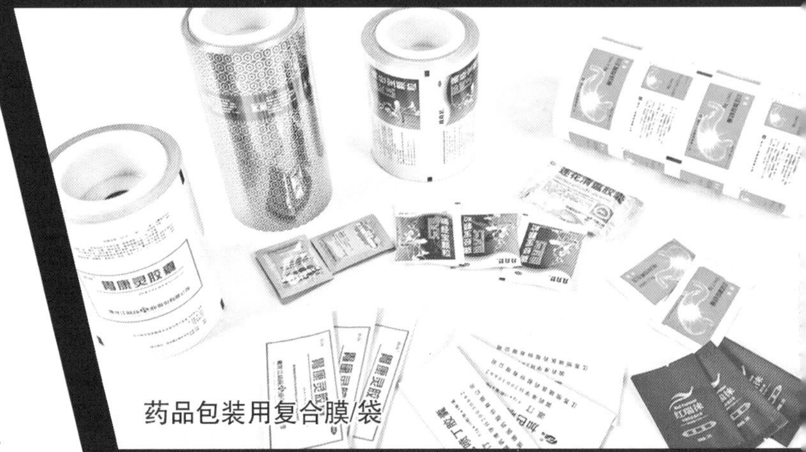
药品包装用复合膜/袋

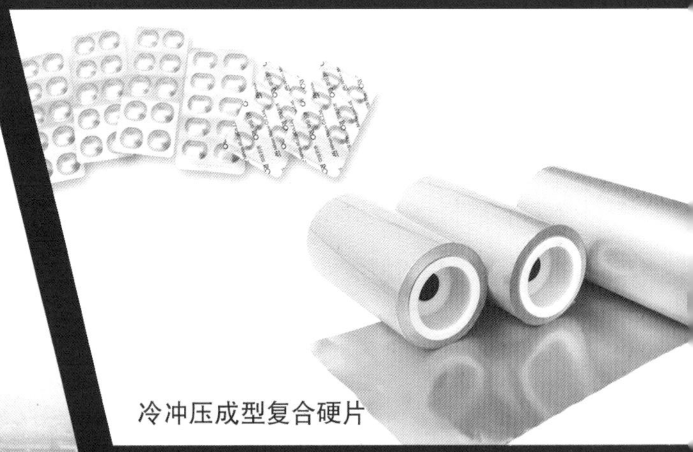
冷冲压成型复合硬片

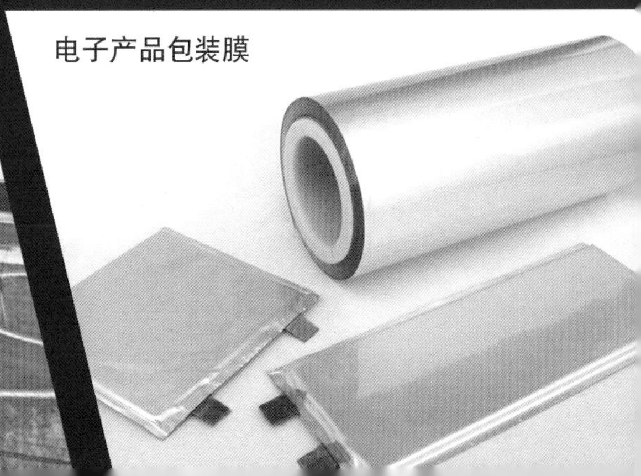
电子产品包装膜

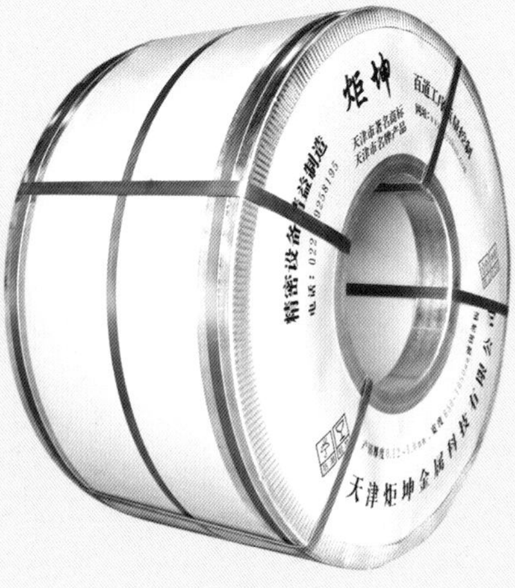

冷轧薄板

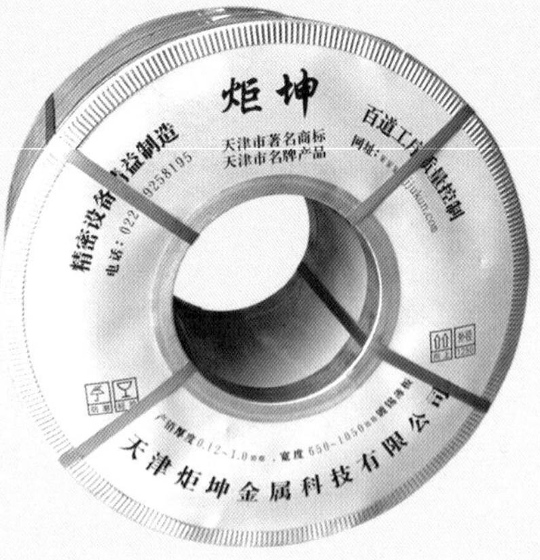

薄板产品

镀锡钢卷

镀铬板

天津炬坤金属科技有限公司

天津炬坤金属科技有限公司是制造、销售冷轧薄钢带、马口铁等金属包装原料的专业企业。公司主要生产冷轧薄钢带、镀锡薄板和镀铬薄板，产品厚度0.08mm～1.00mm，宽度600mm～1200mm，硬度T-2～DR-9，镀锡量1.1/1.1g/m^2、2.8/2.8 g/m^2、2.8/5.6g/m^2，年设计生产25万吨。公司产品质量稳定、工艺和设备行业先进、产品性能卓越、用途广泛、品牌著名，已成为国内、国际金属包装行业的专业知名企业。

公司以首钢集团为原材料供应商。首钢原料质量稳定，板面平整、光洁，硬度和厚度公差可靠。优质的原材料及原料供应商，为公司生产高品质产品提供了保障。

公司配备先进的生产设备，并通过设备的不断更新和改造升级，提高了设备的自动化程度，在保证高要求的工艺水平的同时也做到环保、节能。公司具有环评审批和验收手续，噪声排放达标，废水治理设备齐全，处理流程符合环保规定。

公司产品主要用于印铁制罐、制桶和制盖，可广泛用于食品、饮料、茶叶、营养品包装和油脂桶罐、化工桶罐、家用电器、电子产品等金属包装领域，畅销国内外30多个国家及地区。

公司产品被认定为“天津市著名商标”“天津市名牌产品”“专精特新”产品（技术）、“杀手锏”产品，公司被评为天津市和国家级高新技术企业，“炬坤”品牌已成为国内、国际金属包装行业的著名品牌。

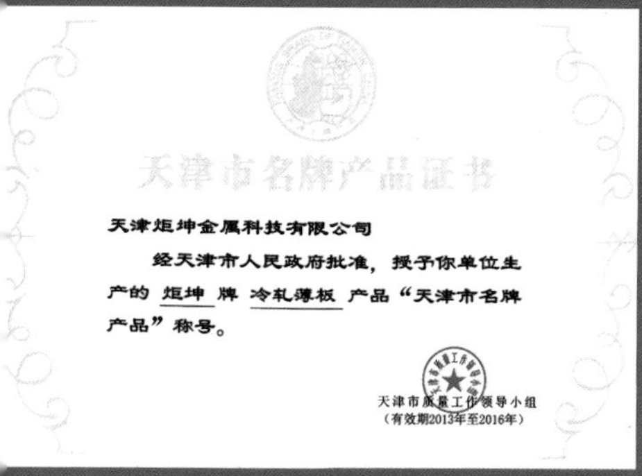
天津市名牌产品证书
天津炬坤金属科技有限公司
经天津市人民政府批准，授予你单位生产的 炬坤 牌 冷轧薄板 产品“天津市名牌产品”称号。
天津市质量工作领导小组
（有效期2013年至2016年）

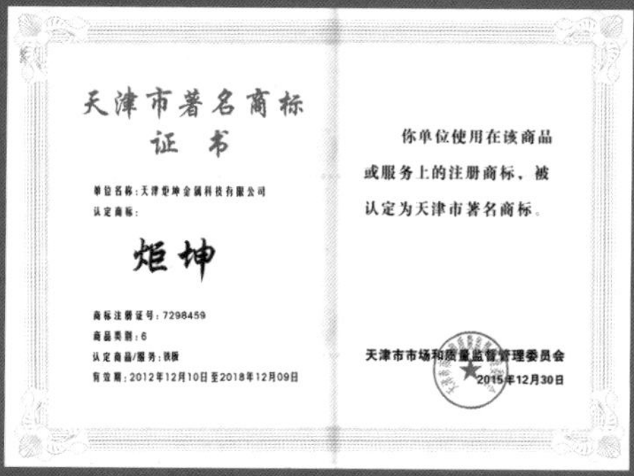
天津市著名商标
证书
单位名称：天津炬坤金属科技有限公司
认定商标：
炬坤
商标注册证号：7298459
商品类别：6
认定商品/服务：铁板
有效期：2012年12月10日至2018年12月09日
你单位使用在该商品或服务上的注册商标，被认定为天津市著名商标。
天津市市场和质量监督管理委员会
2015年12月30日

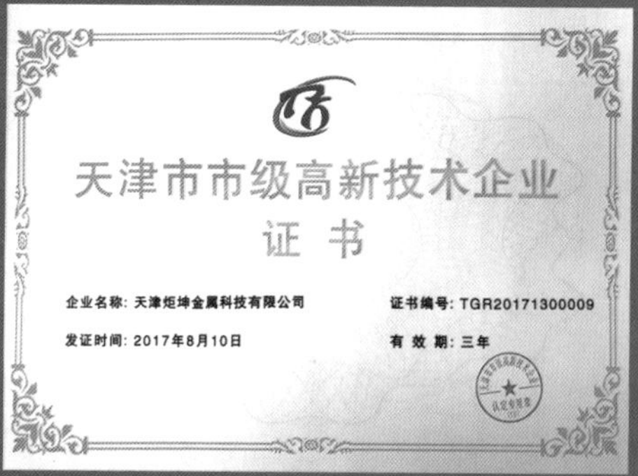
天津市市级高新技术企业
证书
企业名称：天津炬坤金属科技有限公司
证书编号：TGR20171300009
发证时间：2017年8月10日
有效期：三年

资质荣誉

环境管理体系认证证书
天津炬坤金属科技有限公司

职业健康安全管理体系
认证证书
天津炬坤金属科技有限公司

质量管理体系认证证书
天津炬坤金属科技有限公司

产品检测

杯突试验

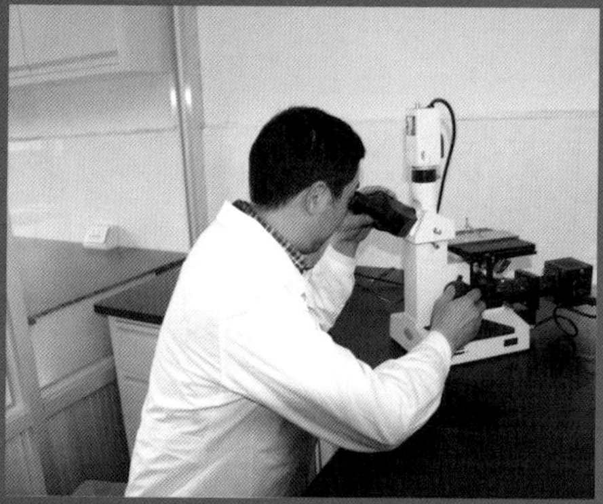
金相分析

炬坤
JUKUN

地址：天津市宁河区岳龙镇丰李公路北侧
电话：+86-022-69258195
+86-022-69258126
网址：www.jukun.cc

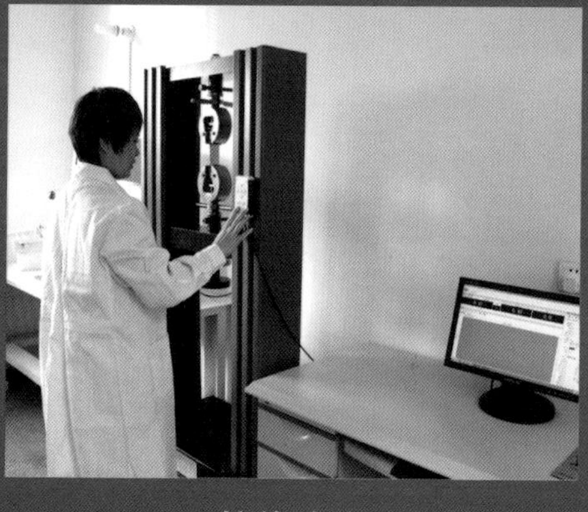
拉伸试验

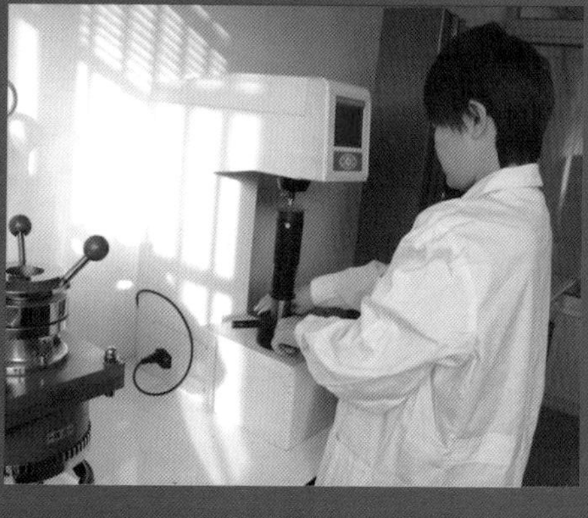
硬度分析

2016 年，荣获国家高新技术企业认证。

2016 年，通过中国环境标志产品认证（十环认证）。

2017 年 9 月，正式成为中国包装印刷标准研究基地。

2018 年 6 月，参与起草《印刷产品分类》国家标准。

2018 年，成功入围广东省东莞市“协同倍增”企业库名单。

2019 年，计划投资打造生产研发基地（广东省四会市）。

中国环境标志产品认证证书

申请方

东莞市冠力胶业有限公司

地址：广东省东莞市樟木头镇官仓社区银岭工业区1–3栋

制造商：东莞市冠力胶业有限公司

地址：广东省东莞市樟木头镇官仓社区银岭工业区1–3栋

生产厂：东莞市冠力胶业有限公司

地址：广东省东莞市樟木头镇官仓社区银岭工业区1–3栋

申请的胶粘剂符合中华人民共和国环境保护部颁布的环境标志产品技术要求HJ/T 220–2005

符合的认证产品商标、名称及型号：

水基胶粘剂

（认证产品的商标、单元、名称、型号见证书附件）

认证模式：型式试验+现场审核+产品抽样检验+证后监督

本证书的有效性依据发证机构的监督获得保持

有效期至：二〇一九年十二月四日

授权机构：中华人民共和国环境保护部

签发人：

中环联合(北京)认证中心有限公司

http://www.mepcec.com

高新技术企业

证书

企业名称：东莞市冠力胶业有限公司

证书编号：GR201644004440

发证时间：2016年10月10日

有效期：三年

批准机关：

广东省科学技术厅　广东省财政厅　广东省国家税务局　广东省地方税务局

广东省高新技术产品

证书

东莞市冠力胶业有限公司：

经审核，你公司的 全自动制盒机水胶系列产品2016年被认定为广东省高新技术产品。

批准文号：粤高企协[2016] 26号。

有效期：三年。

2016年12月

编号：00456

东莞市冠力胶业有限公司

地址：广东省东莞市樟木头镇官仓社区银岭工业区 1–3 栋

电话：+86–0769–89074222

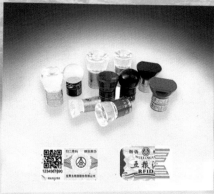

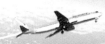

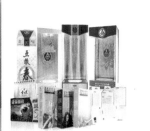

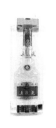

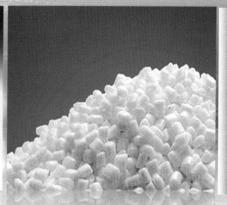

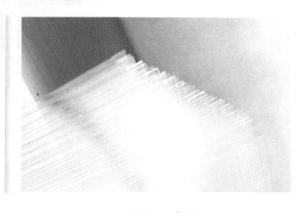

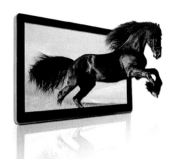

福贞集团

中国驰名商标

CORPORATION BACKGROUND

福贞集团成立于1993年，以质量为基石，专业化生产各类型易拉全开型三片式马口铁饮料罐、食品蔬果罐及二片式铝制品饮料罐等金属包装容器，另提供专业一站式食品及饮料充填灌装代工业务。集团更不断以创新为目标，致力于新罐体、新罐型开发及原材料减薄技术应用，为客户提供全方位产品解决方案。

目前全集团年产量中，三片式马口铁罐可达30亿支，二片罐铝罐可达14亿支以上。集团内最主要营运据点——福建福贞金属包装有限公司于1996年通过ISO9000质量管理体系认证，为中国制罐行业认证之先驱。公司始终秉持“诚信务实、永续经营”之经营理念，并以“质第一、客户至上、国际标准”为目标，多年来为客户提供出货量大、质量稳定的优质金属包装材产品，产品品质深受客户肯定。

1993
成立龙海联天

1995
成立福建福贞
中国包装技术协会
牡丹杯质量评比优质奖

1996
通过ISO 9000认证
中国制罐业之首

2007
设立山东福贞

2008
中国金属包装容器第五名
福建省注名商标
福建省知名产品

2010
福建福贞取得
高新技术企业认证

2011
福贞控股台湾上市
股票代号8411

2012
筹建福建福天食品
福建凤山厂区投产

2013
设立广东福贞
设立湖北福贞

2014
福建福天食品投产

2015
福建福贞二片罐投产
荣获中国驰名商标认证
湖北福天食品投产
荣获福建省金属印刷包装
前十名企业

2016
山东福贞取得
高新技术企业认证
山东福贞二片罐投产

2018
筹建河南福贞

18立升方桶

福建福贞 福建福天
三片罐、二片罐、食品厂

山东福贞
三片罐、二片罐

湖北福贞 湖北福天
三片罐

广东福贞
三片罐

截至目前，福贞集团拥有三片罐、二片罐及罐装充填加工服务。共六个生产基地，2017年筹建河南生产基地。

主要产品

三片异型罐

三片饮料罐

二片罐

集团网址：http:// www.kchld.com　集团邮箱：fuzhen@kingcan.net

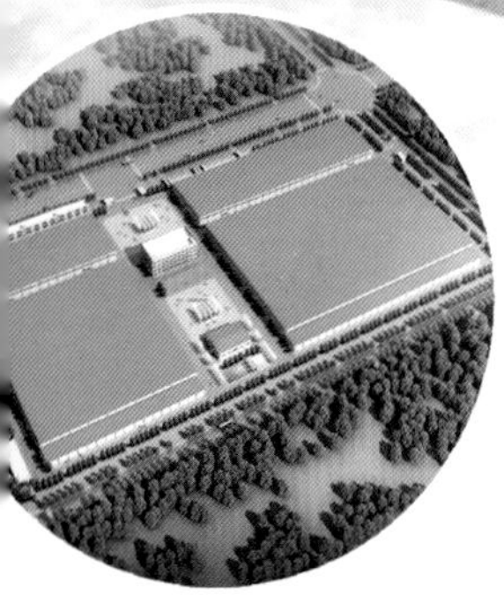

河南福贞

全方位产品解决方案制作商

福建福贞金属包装有限公司 / 福建福天食品有限公司

地址：福建省漳州市台商投资区凤山工业园角江路 40 号

地址：福建省漳州市台商投资区凤山工业园角泰路 13 号

电话：+86-0596-6765345

湖北福贞金属包装有限公司 / 湖北福天食品有限公司

地址：湖北省葛店经济技术开发区 2 号工业区

电话：+86-0711-5920388 / 5920389

山东福贞金属包装有限公司

地址：山东省章丘市明水经济开发区工业五路 1075 号

电话：+86-0531-61323233

广东福贞金属包装有限公司

地址：广东省佛山市三水区南山镇迳口华侨经济区草塘园 1-2 号地

电话：+86-0757-87219900

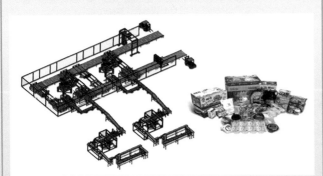

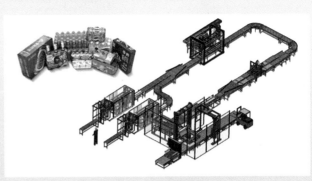

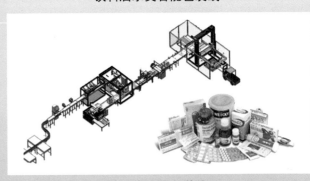

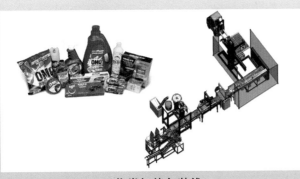

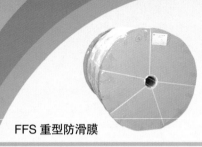

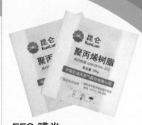

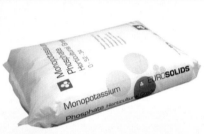

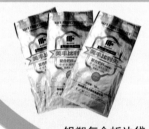

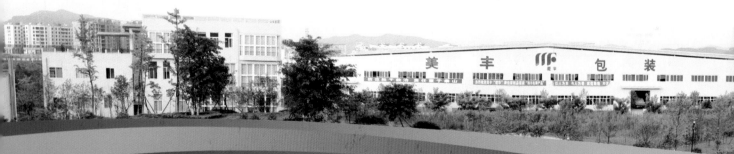

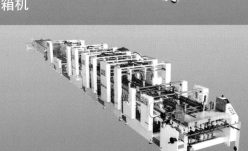

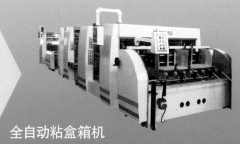

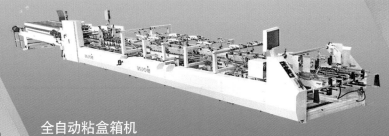

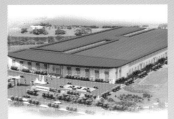

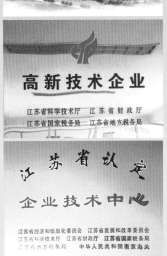

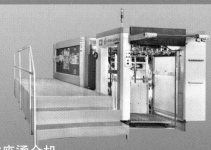

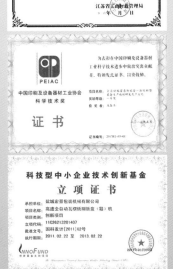

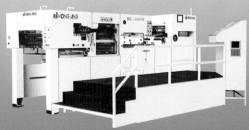

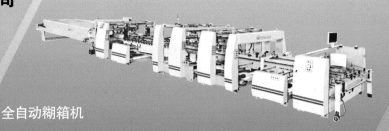

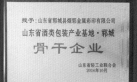

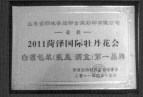

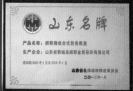

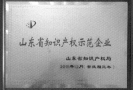

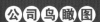

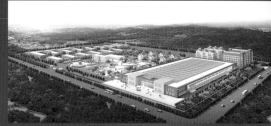

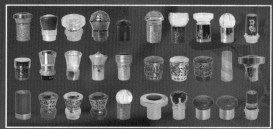

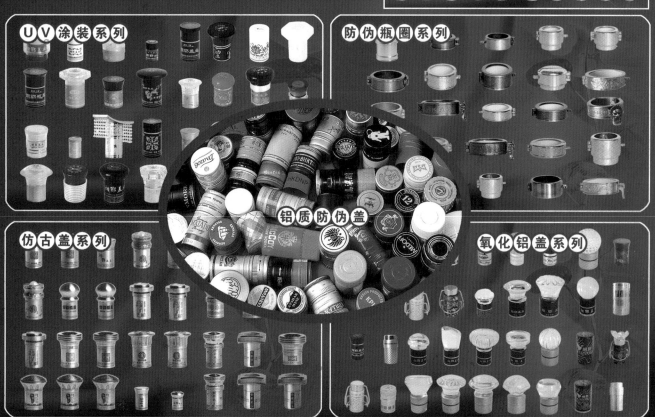

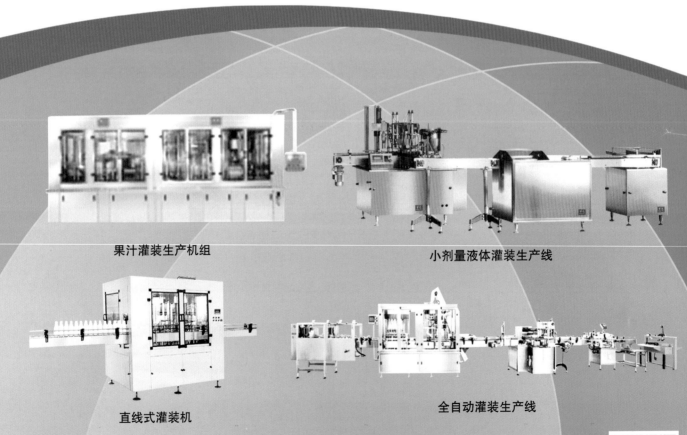

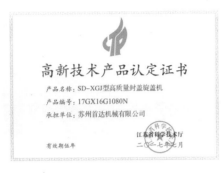

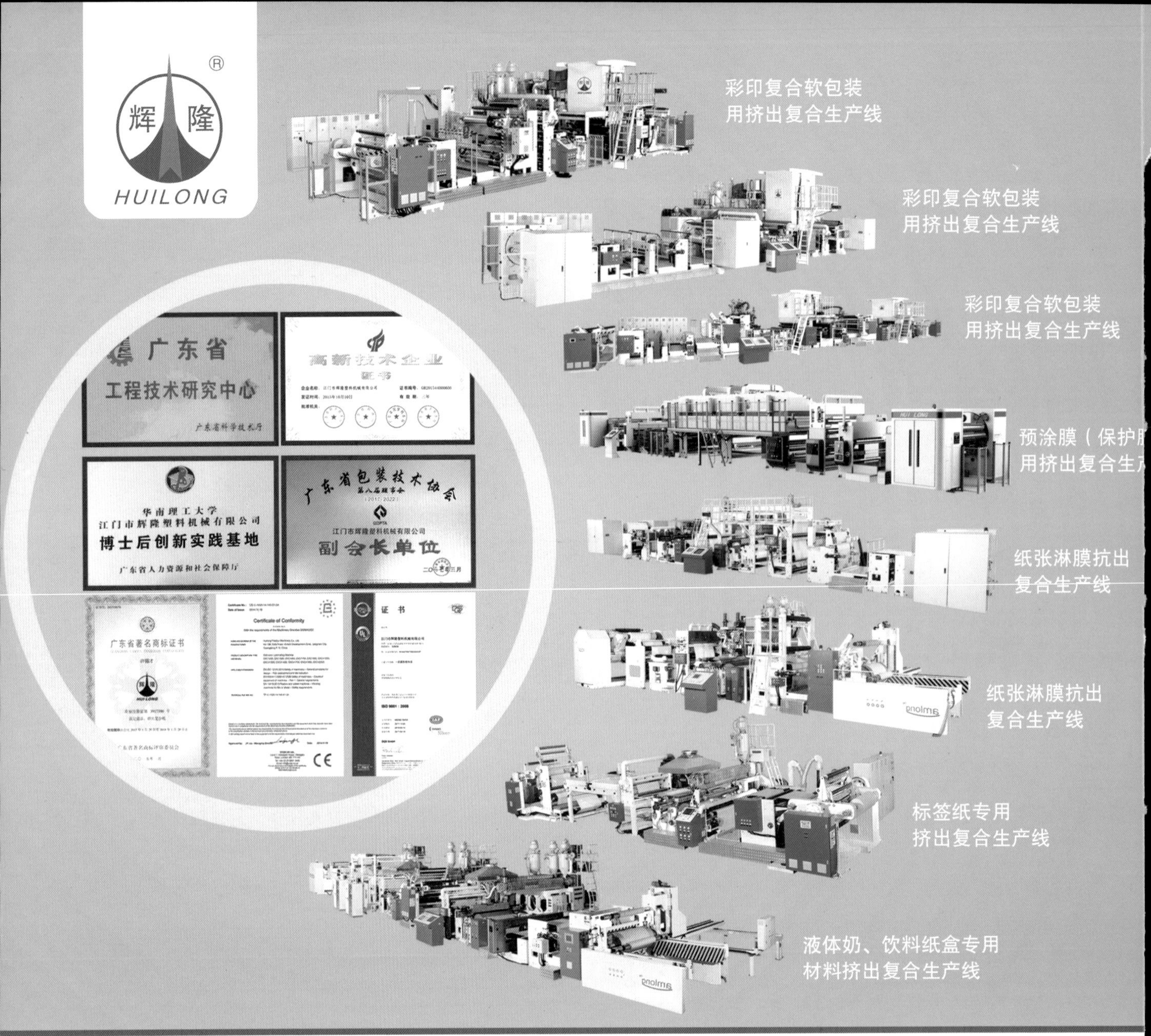
辉隆
HUILONG
彩印复合软包装
用挤出复合生产线
彩印复合软包装
用挤出复合生产线
彩印复合软包装
用挤出复合生产线
广东省
工程技术研究中心
广东省科学技术厅
高新技术企业
证书
华南理工大学
江门市辉隆塑料机械有限公司
博士后创新实践基地
广东省人力资源和社会保障厅
广东省包装技术协会
副会长单位
广东省著名商标证书
Certificate of Conformity
证书
纸张淋膜抗出
复合生产线
纸张淋膜抗出
复合生产线
标签纸专用
挤出复合生产线
液体奶、饮料纸盒专用
材料挤出复合生产线

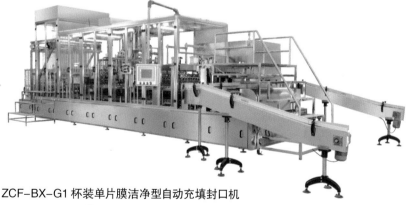

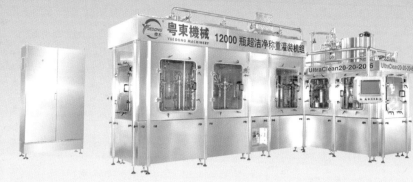

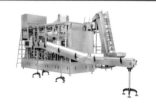

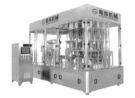

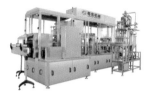

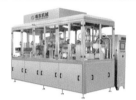

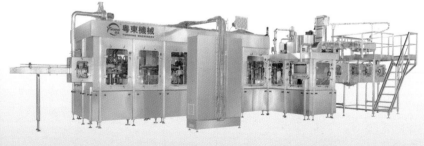

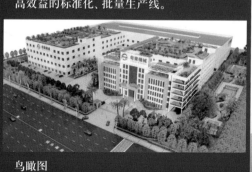

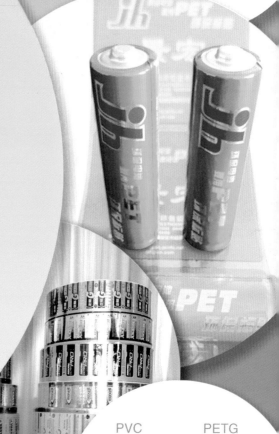

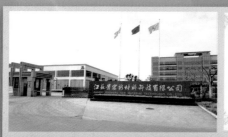

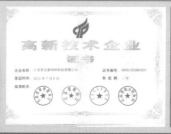

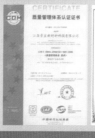

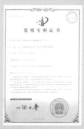

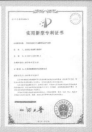

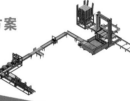

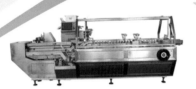

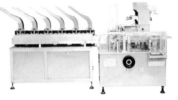

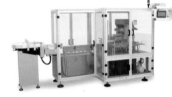

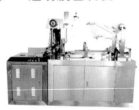

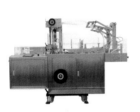

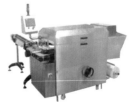

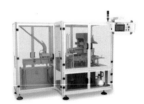

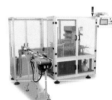